Computational Photonics: An Introduction with MATLAB

计算光子学

—— MATLAB 导论

〔加〕 Marek S. Wartak 著

吴宗森　吴小山　译

科学出版社

北　京

图字：01-2015-2768 号

内 容 简 介

本书是光电子学和光电器件理论系统化和计算图像化的最新专著. 本书从光学和电磁场基础理论讲起, 逐一讨论了激光束在光波导和线状光纤中的传播模式和特性, 以及激光器、光接收器, 各种光放大器以及波分多路和光链接. 最后, 本书论述了光孤子、太阳能光电池和最近几年才出现的超材料. 本书不仅有系统的光子学的理论和计算公式, 而且通过 Matlab 进行各种仿真计算, 获得了激光束在波导和光纤中传播以及光放大器工作时的效果图. 全书收录了 60 多个在 Matlab 中使用的编程, 可供读者学习使用.

本书可用作理工科大学光电专业、光通信和微电子专业高年级本科生教科书, 也可作为计算物理专业教学参考书. 同时本书可为光电、通信企业科技研发人员和研究生的研究课题设计提供参考.

图书在版编目(CIP)数据

计算光子学/(加)瓦泰克(Wartak, M. S.)著；吴宗森，吴小山译. —北京：科学出版社, 2015.5

书名原文：Computational Photonics: An Introduction with MATLAB

ISBN 978-7-03-044406-6

I. ①计… II. ①瓦… ②吴… ③吴… III. ①光子 IV. ①O572.31

中国版本图书馆 CIP 数据核字(2015) 第 110768 号

责任编辑：钱 俊 / 责任校对：张凤琴
责任印制：赵 博 / 封面设计：耕者设计工作室

科学出版社 出版
北京东黄城根北街 16 号
邮政编码：100717
http://www.sciencep.com
北京建宏印刷有限公司印刷
科学出版社发行　各地新华书店经销
*
2015 年 6 月第 一 版　开本: 720 × 1000 1/16
2025 年 5 月第九次印刷　印张: 34 3/4
字数: 665 000

定价: 198.00 元

(如有印装质量问题，我社负责调换)

中 文 版 序

我十分欣慰地获悉我撰写的、2013 年由剑桥大学出版社出版的《计算光子学》在英文版出版两年后, 将于 2015 年 6 月由科学出版社出版中文版.

联合国把 2015 年定为光和光技术国际年, 旨在提高全球对光学及其应用的认知. 本书恰好于 2015 年在中国推向市场, 正好和联合国的全球倡议一致.

我非常感谢吴宗森教授和吴小山教授付出的努力把我的书翻译成为中文.

令我感到格外高兴的是, 我将在 2015 年 7 月去南京大学物理学院由吴小山教授主持的物理暑期学校主讲“计算光子学”. 我十分期待和这些物理学的学生见面并共同探讨光子学的有趣课题.

马利克 · 瓦泰克

加拿大劳瑞尔大学物理与计算机科学系主任

序

55 年前激光器发明时我正在读小学. 记得当时电话还很稀缺, 有时家中有急事要与上班的父母联系, 不得不走很远的路找电话亭. 今天这种情况已经不复存在了, 每人每天随身携带的智能手机已能在任何时间、任何地点与远在世界各地的亲友通话, 相互之间发送消息, 甚至瞬间传送图像, 这一切都归因于激光的发明和光纤通信技术的发展. 光与电都是信息和能量的载体, 但光的频率高、传输速度快, 在透明介质中传输损耗低, 用光来传输信息自然具有独特的优势. 激光的发明和利用催生了包括光子学和光电子学在内的一些新的光学分支学科和交叉学科, 光的应用研究和光子技术在过去 20 多年里发展迅猛. 光纤通信是光子学和光电子学关注的一个重要领域, 互联网的显著增长和普及在很大程度上都要归功于光子学和光电子学的进步, 今天我们在享受日益便利的通信方式的同时也见证了光子无处不在的事实.

光子学和光电子学, 是研究光的激发、传输、检测、控制以及和物质相互作用的学科, 经过 50 多年的努力, 大量新的物理效应被发现和利用, 功能各异的先进光电子材料与元器件首先出现在尖端科技中并通过产业化造福人类. 光纤、半导体激光器、光调制器、光接收器件的发明, 推动了光子学和光电子学的快速发展, 人类科技发生了翻天覆地的变化. 激光雷达、激光制导、航空/航天飞机、手机、计算机等的出现和广泛应用, 无不凝聚了光子技术发展的贡献. 在能源危机威胁人类生存和发展的今天, 利用光电效应和电光效应分别制成的太阳能光伏电池和白光发光二极管正在为解决这一危机提供行之有效的技术途径. 仅管对于光子究竟是什么, 人类经过近一个世纪的努力, 它仍然是犹抱琵琶半遮面, 但已经形成的光子学学科体系和高度成熟的光子技术正在不断改变着人类社会生活的方方面面.

这本书是作者总结多年研究成果和长期授课的基础上完成的. 作者发展出一种方法去理解光子学以及光电子器件的原理和基础, 提倡在讲授光子学基本原理的同时, 提供给读者一个独立开发的仿真程序, 为研究生或高年级本科生在计算光子学中可能遇到的问题提供了解决办法, 从而使得学生通过这些计算机仿真和编制程序代码获得完整的光子学知识.

本书从物理概念出发, 建立相应的理论模型, 针对光学器件的工作原理、工作模式, 将光子学问题归结为特征方程求根、积分求解、常微分方程求解等积分数值求解问题, 在对相应数值分析方法进行简要介绍的基础上结合 Matlab 强大的数值计算和图形显示功能, 完成光子学问题的仿真计算并给出图形化的显示结果. 本书内容涵盖的材料和器件包括光纤、平面波导、激光二极管、检测器、光放大器和半导体光放大器、接收器一些波分复用器件, 光伏电池和超构材料等. 书中的习题, 研究型小课题和课堂实例可以帮助读者厘清光子学中的一些基本问题. 本书可作为本科高年级、研究生和工程师等和其他相关专业人员学习光子学和光电子学的学习用书或参考书.

祝世宁
中国科学院院士
2015 年 5 月 29 日

译 者 序

马利克・瓦泰克 (Marek Wartak) 是加拿大劳瑞尔大学 (Wilfrid Laurier University) 物理与计算机科学系的系主任和资深教授, 他常年活跃在光子学 (photonics), 特别是半导体放大器 (AOS) 领域.《计算光子学》(*Computational Photonics*) 一书是马利克根据自己的研究背景和教学经历撰写而成. 本书自 2013 年由剑桥大学出版社 (Cambridge University Press) 出版以来深受计算物理界的同行和师生的欢迎. 译者之一曾和作者是劳瑞尔大学的同事, 有机会与作者探讨书中的内容, 对其有深刻理解. 在得到作者和剑桥大学出版社的授权后, 经过一年的努力, 我们终于完成了该书的中文翻译. 本书的中文版也将在他即将来华参加南京大学组织的全国暑期理论物理学校之际与读者见面.

今年恰逢联合国确立的“光与光技术国际年 (International Year of Light and Light-based Technologies)”. 自 1000 年前阿拉伯学者海什木 (Ibn Al-Haytham) 撰写的世界上首部光学著作问世以来, 光学带给了人类文明的巨大进步. 1865 年麦克斯韦 (Maxwell) 的电磁场理论和 1905 年爱因斯坦 (Einstein) 的光电效应理论在光学和光技术上都具有划时代的意义. 从量子观点处理光学的光子学是物理学中与人类最密切相关的科学分支之一, 它是集激光学、光电子学、导波光学、非线性光学、光伏效应和隐形技术于一体的源远流长又发展迅猛的学科, 也是与人类经济 (通信, 信息, 能源, 遥感, 医疗和娱乐) 和军事最密不可分的领域.

本书的特点是: ① 完整和严谨的理论体系; ② 充分和翔实的计算机仿真; ③ 最新和诸多的技术跟踪; ④ 翔实和实用的例题和习题. 因此, 本书不失为大学计算物理和光电专业教科书的首选, 也是科技人员和工程师的必备参考书.

南京大学物理学院王康同学调试并勘正了本书中所有 Matlab 程序的代码, 南京大学刘闯同学也做了部分翻译工作. 加拿大劳瑞尔大学物理与计算机系的韦丽教授 (Dr. Li Wei) 对本书有关术语中文译法提出过有益的建议, 科学出版社的钱俊先生为本书的编辑和出版奉献良多. 我们向他 (她) 们表示由衷的感谢.

由于译者水平有限, 书中不免存在不妥和疏漏之处, 恳请广大读者和同行批评指正.

译 者

于南京大学物理学院

2015 年 5 月

重印前言

本书自 2015 年出版以来颇受读者的青睐, 连续两次印刷均已售罄. 经与原书作者 (加拿大)Marek Wartak 教授多次磋商讨论, 借助本书第 3 次印刷之际, 我们更正了原书和译本存在的错误, 并分别在第 2, 3, 5, 6 和 7 章中添加了一些有用的 Matlab 程序. 除此之外, 在中科院院士祝世宁教授和张涵教授的建议和审阅下, 本书还新增加了 "光子及其量子特性和应用" 的章节 (第 18 章). 我校孙雪雪同学和匡泽宇同学为本书增添了一些新的 Matlab 程序. 我们在此谨向祝世宁院士和张涵教授以及两位同学表示衷心的感谢.

由于我们水平有限, 书中仍不免疏漏和错误之处, 恳请广大读者对本书提出批评指正.

译　者
于南京大学物理学院
2017 年 3 月

前　言

光子学 (也称为光电学) 是一门有关光的激发, 传输, 检测, 控制和应用的科学和技术. 光子学在科学和工程的各种领域中具有广泛的应用. 光纤通信使用光子在光纤中传递信息, 它是光子学的一个重要组成部分. 在过去的 20 年里, 我们见证了光子在我们的日常生活中无处不在以及其影响力显著增长的事实. 因为光子技术产生了巨大的进步, 光子器件的飞速发展, 光纤的明显改进, 波长多路复用 (WDM) 技术的应用, 因而使英特网和万维网的诞生和推广变得可能. 互联网的显著增长和普及在很大程度上要归功于光子学和光电设备的进步.

这本书尝试收集研究生和高年级本科生所需计算的光子相关问题. 本书的主要动机是发展出一种方法去理解光子学以及光电子器件的原理和基础.

在这本书中, 我大力提倡用仿真法来教授光子学的基本原理. 我提供了一个独立开发的仿真程序, 其中包括对基础理论的模拟, 与此同时, 针对工程实际中遇到的器件和设备, 书中也列举了诸多用 Matlab 代码实施的仿真.

我要强调, 这本非常实用的教科书有以下的特征:

- 通过计算机仿真完成学习过程;
- 通过编写和分析计算机代码更好地理解所有物理参数的意义和价值;
- 依托有限的基础知识掌握完整的理论背景;
- 始于基本的光学知识, 止于一些热门课题的讨论, 使本书具备完整地自成系统的特质.

作者相信通过商用软件或自我开发出来的程序, 人们不仅可以学习理论而且可以进行数值模拟或者说数值实验. 我们接收这样一种观点: 最好的方法是开发软件完善自己; 相反, 最坏的是所有一切来自市场. 此外, 在学习过程中还有一种来源于实际生活的实验, 不过, 这已超出本书的视野之外. 我们的目标是使学生通过我们的课程不仅学到扎实的理论基础知识而且把学到的理论知识运用在 Matlab 中去创建简单的程序. Matlab 不仅展现出理论上的概念而且让学生通过他们自身的数值经历更好地理解理论.

此外, 学生也可以利用www.octave.org 网站对本书开发和提供的程序进行仿真实验. 渐渐地他们就能结合学到的知识和自己的思路, 开发出属于自己的大型计算机程序. 到了这一步, 根据 Donald Knuth (引自 J. Grabmeier, E. Kaltofen and V. Weispfenning, eds., Springer, 2003 合写的计算机代数手册), 我要提醒这些学生, 他们将日益面对增多的困难任务是:

① 发表论文;

② 出版了一本书;

③ 撰写一个大的计算机程序.

本书是我在芬兰的 Oulu University 电子及电工程系, Wroclaw 大学工程技术学院物理所, 以及加拿大位于 Wateloo 市的 Wilfrid Laurier 大学物理和计算机科学系使用的讲稿演变而来. 这本书是为了满足为期 12 周的课程而设计的. 书中一些额外的章节为教师在选择他们所需要的教材时提供了更多的灵活性. 这本书的重要组成部分是向读者提供解决问题的 Matlab 代码. 学生可以修改它, 使用或改变不同的参数, 看看自己能扮演什么不同的角色, 这在学习过程中是非常有价值的. 本书还含有一些已解决的问题 (称为实例), 其意在充当对所讨论主题的实际例证. 在每章的结尾有许多习题和研究小课题用来测试的学生的理解力.

本书可作为工程师, 物理学家, 实习科学家和其他专业人士的参考书. 本书专注于光学器件的工作原理, 以及它们的工作模式和描述它们的数值方法. 涵盖的材料包括光纤, 平板波导, 激光二极管, 检测器, 光放大器和半导体光放大器, 接收器, 光束传播法, 一些波分复用设备, 时域有限差分法, 线性和非线性脉冲, 光伏电池和超材料.

本书也可以用来作为大学教科书, 因为书中附有习题, 研究型小课题和课堂实例. 它也可以用来作为物理和电工程系的本科生和研究生一学期课程的教学辅助书.

这本书包含 17 个章节和两个附录. 前两章总结光学和电磁学的基本知识和要领. 后 15 章分别阐述各个不同的领域. 书中还包含了大量的用 Matlab 软件书写的示例, 旨在提高和帮助理解我所讨论的课题. 许多新的光学设计以及新的器件和设备及其对应的 Matlab 数值方法以及仿真结果来不及在初版中呈现给读者. 这些进展将会呈现在本书的第二版中. 笔者衷心祝福祈愿阅读本书并尝试书中程序的读者和我在写作时有类似地愉悦的心情.

最后, 我欢迎读者发表各种不同的意见, 特别是有关的错误, 不准确的地方和遗漏之处. 请将您的意见发到我的邮箱：mwartak@wlu.ca.

要求

我不强调任何特定的专业知识, 因为我已经在书中概括了理解本书所有的基本概念和原理. 当然, 如果读者已经接触过光学和电磁学的理论, 那么这对于学习本书应该是十分有益的.

致谢

感谢 Harri Kopola 教授和 Risto Myllyla 教授 (University of Oulu) 以及 Jan Misiewicz 教授 (Wroclaw University of Technology) 如期将讲稿交给我. 我还要感谢我以前在芬兰、波兰和加拿大的学生对我过去讲稿的各个部分发表意见. 我很感谢我的妻子看完了整个手稿. 也感谢 Miloszewski 博士为本书准备索引和为封面提供图片.

我特别感谢在剑桥的朋友们, 尤其是 Dr. Simon Capelin 和 Mrs Antoaneta Ouzounova 的耐心和良好的建议, 以及 Lynette James 的出色工作.

感谢劳瑞尔大学的研究办公室对本书的资助. 长久以来加拿大各机构, 包括联邦 NSERC 以及安大略省支持我的研究, 我向他们表示诚挚的谢意.

我把这本书献给我的家人.

马利克 · 瓦泰克

加拿大劳瑞尔大学物理与计算机科学系主任

目 录

第1章　绪　　言

1.1　什么是光子学

联合国宣布 2015 年为光和光技术国际年 (The International Year of Light and Light-based Technologies, 2015), 因为 2015 年恰逢光科学历史上一系列重要的里程碑周年纪念, 包括 1015 年伊本 • 海赛姆 (Ibn Ai-Haythan) 的光学著作、1815 年菲涅耳 (Fresnel) 提出的光波概念、1865 年麦克斯韦 (Maxwell) 提出的光电磁传播理论、1905 年爱因斯坦 (Einstein) 的光电效应理论和 1915 年通过广义相对论将光列为宇宙学的内在要素. 考虑到光对人类生活和科技的巨大影响, 2015 年举办光年的一系列的纪念活动实属十分必要和及时. 光量子, 简称光子, 是传递电磁相互作用的基本粒子, 是一种规范玻色子. 光子是电磁辐射的载体, 而在量子场论中光子被认为是电磁相互作用的媒介子. 与大多数基本粒子 (如电子和夸克) 相比, 光子没有静止质量 (爱因斯坦的运动质量公式 $E=mc^2$ 中, 光子的 $v = c$, 使得公式分母为 0, 但光子的运动质量 m 具有有限值, 故光子的静止质量必须为零), 光子有速度、能量、动量、质量, 这意味着其在真空中的传播速度是光速.

光子学与电磁场学紧密相关, 从某种意义上说, 光子是电磁场中的基本粒子. 光子与电子是相互平行并列的, 电子涉及电子器件, 而光子则与光电器件, 或者光电系统密切关联. 事实上, 这两个领域 (电子和光子) 有很多共同点. 不仅如此, 光子学和电子学相互渗透, 已浑然成一体. 例如, 激光器是用电驱动, 使激光物质内部的粒子数反转通过能级跃迁发射出光束, 又例如, 电信号用来调制光束以便传送数据、语音和视频.

光子学的应用离不开光子, 与此类似, 电子学的应用靠的是电子. 然而, 用光传送数据比用电传送信息要更胜一筹. 此外, 光子本身之间没有相互作用 (这是其优点, 有时又是缺点), 所以光束之间可以相互穿越, 而彼此无互动不受干扰.

即使大约十多年前发生的电信“泡沫”时期, 光子学下属的光纤通信仍然是一个非常重要和活跃的领域. 例如, 一根光纤具有同时进行大约三百万对电话通话的能力. 2014 年 10 月, 来自美国和荷兰的科学家利用光学信号在新型的光纤中创下了 255TB/s 的骄人成绩. 通俗点说, 他们能在 1s 内传输 255T 字节 (terabytes) 的数据, 或者用 0.004s 的时间即可把 1TB 硬盘里的全部内容传输到另一地方. 这一速度要比目前商用光纤的带宽高出 21 倍, 还远高于同年由丹麦 DTU 大学创造的

43Tbit/s 的速率. 这是以前电缆时代根本无法想象的超快速传输. 2011 年诺贝尔物理学奖颁发给了光纤技术的鼻祖高锟, 3 年后, 2014 年的诺贝尔物理学奖又授予发明蓝光发光二极管 (蓝光 LED) 的日本科学家. 由此可见光学在人类生活和科技中的显要地位. 自 2000 年的危机后, 光子的许多新应用逐渐涌现并受到注意. 生物光子学和医学光子学是其中的佼佼者. 开宗明义, 本书讨论的是光子学的计算方法和程序. 我们将广为科技界使用的 Matlab 运用到光子学的各个领域. 尝试从更广的角度来讨论什么是计算光子学以及学习计算光子学的意义. 我们将简要地总结光子学下属的几个分领域, 特别侧重于光纤通信, 以了解光子学未来的潜能. 计算光子学对我们所设计的光学器件和光学系统有着极其重要的作用, 它不仅减少了投资新建测试设备的成本, 而且极大地加快了研发的速度和进程. 我们还将用更宽阔的视野看待什么是光子学, 什么是光子学当前的活跃领域, 以及在哪里可以得到有关光子学最新的信息.

在我们尝试定义计算光子学之前, 让我们汇集一下在成书前 (2011 年冬季) 有关光子学会议的一些信息.

对光子学及其较传统的应用以及未来光子学新方向的研讨组织得相当完善的会议有:

美西光电: 每年 1 月在加里福尼亚州举行, 这里是 2011 的资讯[1];

美东光电: 每年秋季在美国东部举行;

光纤会议每年 3 月举行[2].

一种新的研讨会, 全球光电会议 (PGC), 自 2008 年以来每两年举行一次[3].

会议的目的在于促进众多学科之间的相互交流, 它特别关注光电子学的新兴方向. 我们把 2011 年的专题讨论会和特别会议小结如下:

专题讨论会: ① 光流体学 (Optofluidics) 和生物光子学 (Biphotonics). ② 基于光纤的设备和应用程序. ③ 绿色光子学 (Green Photonics). ④ 高功率激光器及其工业应用. ⑤ 超材料 (Metamaterials) 和等离子体学 (Plasmonics) . ⑥ 纳米光子学 (Nanophotonics). ⑦ 光通信与网络.

特别会议: ① 量子通信 (Quantum Communication). ② 光子晶体光纤 (Photonic Crystal Fibers) 及其应用. ③ 光子碳纳米管 (Photonic Carbon Nanotube) 和石墨烯 (Graphene) 的应用. ④ 太赫兹技术 (Teraherts Technology). ⑤ 弥散性光学成像 (Diffuse Optical Imaging).

通过浏览所讨论的课题, 人们多少可以知道什么是当前光子学活跃领域以及它未来的走向.

1.2 什么是计算光子学

计算光子学是物理学的一个新兴分支, 它使用数值方法研究光 (在这里, 光是广义上的电磁波) 在波导结构中的属性和传播. 在这个领域中, 其核心部分是通过分析和计算机建模的手段研究光以及光与物质的相互作用. 这种新兴的计算科学领域对设计新一代的集成光学模块, 长距离传输和通信系统正发挥着举足轻重的作用. 通常, 计算光子学可以理解为实验的“替代”法, 即在计算机上进行的相关“实验”. 显然, 这种方法大大地降低了开发成本, 极大地加快了开发新产品的速度. 我们将试图涵括其中的一些进展. 但是, 该领域是如此地广泛以至于我们无法涉及它的所有方面. 当然, 本书讨论的课题与作者的专业知识有关. 作为光子学的一个单独的课题, 人们往往选择集成光电子学, 它汇聚了所有对波导、波导模式和光子结构的仿真[4]. 这里, 核心部分是本书后面即将讨论的光束传播法.

1.2.1 计算光子学和计算电磁学的方法

根据 Joannopoulos[5], 广义地说计算光子学有三大类问题: 频域特征值求解, 频域方程组求解和时域仿真. 这些问题均受到广泛的讨论, 并已收录在文献 [5]~[7] 中.

Gallagher[8] 介绍了用于计算机辅助设计 (CAD) 建模光子学的主要算法, 与此同时, 他还讨论了这些算法各自的优缺点. 主要的算法有以下三种:

(1) 波束传播方法 (Beam Propagation Method, BPM),

(2) 本征模展开方法 (Eigenmode Expansion Method, EME),

(3) 时域有限差分法 (Finite Difference Time Domain, FDTD).

我们对上面的三种方法就它们各自的计算速度和内存的使用, 以及它们在计算器件中的数值孔径、折射系数、偏振、损耗、反射和非线性进行了比较. 作者的结论是, 没有任何一种算法对所有的应用程序是完美无缺的.

我们要指出的是计算电磁学已取得远比计算光子学好得多的十分令人振奋的成绩, 深入的讨论参阅 Jin 的讨论[6]. 事实上, 从电磁波对各种物体散射的分析, 天线的分析与设计, 微波器件的建模和仿真, 直到电磁干扰和电磁兼容性的数值分析, 计算电磁学都有极其宽泛的应用.

1.2.2 计算纳米光子学

计算纳米光子学这个子域的出现只是近几年以来发生的事情. 光子器件尺寸缩小的趋势今后必将使得与光波波长数量级相当的纳米结构发挥越来越重要的作用. 在光波波长的尺度内, 多次散射和近场效应对光的传播以及光与物质的相互作用将产生深远的影响. 因而也将促进新机制的基础研究, 以及扩展它在各学科中新的应用.

例如, 光子晶体的修正色散关系以及光子晶体光纤将催生新的非线性波传播的效应, 如巨孤子的转变和超连续谱的产生. 它们将在通信、计量学和医疗诊断方面获得新的应用. 由于波干扰和互动过程的复杂性, 实验研究在很大程度上依赖于如何设计这种系统以及如何在理论上对测量结果进行解释和指导. 在几乎所有情况下, 这种系统的定量理论的描述必须借助于先进的数值计算技术, 以便求解计算量非常大的线性、非线性或耦合的偏微分方程.

高校在光子晶体结构方面的研究工作正在蓬勃展开, 我们相信它必将应用到光通信的全新组件中去, 因为目前实验室已经能够实现纳米尺度的晶体结构. 纳米技术提供了低成本而更高效的集成光学电路的途径, 从无源器件, 如滤波器和均衡器, 到有源功能器件, 如光交换器、互连器件甚至新颖的激光器, 处处都可以看到它们的身影. 此外, 该技术体积更小、带宽更大和损耗更低, 因而使新功能的出现和光通信整体成本的降低变得可能.

最终的目标是创建三维光子结构, 以便促使计算技术逐步地光学化, 甚至迎来全光学计算化的一天. 最近对光子学建模, 包括对重要的计算方法的回顾可以阅读 Obayya 的书[9].

1.2.3 光电商用软件一览

在光子学中出现的突出进展, 在很大的范围内, 与可资利用的可靠的软件和技术支撑密不可分. 一些主要的商业供应商如下:

(1) 在撰写本书时, OPTIWAVE(www.optiwave.com) 已为我们提供了全面的工程设计工具, 它为光子学、生物光子学和系统设计工程师创造了综合性的设计环境. 目前 OPTIWAVE 产品包括两大类: ① OptiSystem—— 适合做放大器和光通信系统的设计软件. ② OptiSPICE —— 首个光电电路的设计软件. 对于器件设计, 它们有以下产品: ① OptiBPM, 基于光束传播法 (BPM), 用来设计导波、交换、分叉、复用和去复用光信号中的复杂光子传导器件. ② OptiFDTD, 基于具有二阶数值精度的时域有限差分 (FDTD) 算法并采用最佳边界条件, 即单轴理想匹配层的方法进行设计. 它在电场和磁场中的解适合时域和空域所使用的全矢量微分形式的麦克斯韦方程组. ③ OptiFiber, 使用的数值模式和其他模式, 专门用于计算光纤的色散、损失、双折射和偏振模色散 (PMD). ④OptiGrating, 采用耦合模理论对光建模, 并且分析和合成光栅.

(2) RSoft(www.rsoftdesign.com) 产品系列, 它包括: 通过业界领先的计算机辅助设计系统分析复杂的光子器件和组件, 通过全面的仿真技术和组件模型确定光通信和数据通信网络的性能, 以及针对成本–有效部署的 DWDM 和 SONET 技术与设计和优化光网络的网络建模.

(3) 光电设计 (www.photond.com) 提供的产品有：无源和有源元件的设计，一款是 FIMMWAVE, 另一款是 CrystalWave. FIMMWAVE 是用于波导结构的一个通用的全矢量模式奠基者. 它把基于半解析法与其他更多的数值方法, 如有限差分或有限元结合了起来.

FIMMWAVE 配备了一系列用户友好的可视化工具, 适用于波导设计. 对各种不同的几何形状实行最优化设计. 例如, 在外延生长的集成光学器件经常遇到矩形波导, 光纤波导中遇到的圆形波导, 以及在扩散波导或其他特别的几何结构的波导.

CrystalWave 为我们提供了在集成光学元件的布局和设计中使光子晶体结构设计最优化的一个设计环境. 它是时域有限差分和频域有限元 (FEFD) 的仿真器, 并拥有一个用于平面光子晶体结构进行优化的模板文件生成器.

(4) CST 微波工作室 (www.cst.com/Content/Products/MWS/Overview.aspx) 是一个三维电磁高频器件的仿真专业工具, 它对诸如天线、滤波器、耦合器、平面和多层结构的高频器件进行的分析快速又准确.

几个网站专门致力于在光子学软件和光子学中的数值模拟. 我们特别提出以下几个, Optical Waveguides: Numerical Modeling[10], Photonics resources page[11] 以及 Photonics 软件[12].

1.3 光纤通信

本节将系统地介绍光子学在以光纤为基础的光通信中的重要性.

1.3.1 光纤通信的简介

光用作通信的手段大概开始于人类文明的起源之时. 但是, 它在电信上的现代应用还是 20 世纪的事, 它可以归结为两个基本事实：

(1) 性能稳定又优良的光纤;

(2) 体积小巧又可靠的光源.

在本节的后面, 我们将讨论一些有光光纤主要进展的细节. 我们从通信, 特别是光通信的简短历史开始讨论. 最近 Hecht 出版了一本颇为流行的介绍通信近代史的书, 侧重点放在光通信上[13]. 作为一个绪论性的入门书, 我们建议读者阅读由 Bateman [14] 所撰写的数字通信基础的书.

1.3.2 通信简史

马可尼、特斯拉和其他人发现了电磁波, 并创建了工作在 0.5 ~ 2MHz 频率范围以及带宽为 15kHz 的无线电. 随着电视的出现, 带宽要求达到 6MHz, 载波频率提高到大约 100MHz. 第二次世界大战期间, 雷达的发明把频率提升到微波波段 (约千兆赫). 现在, 手机以及无线网络的使用频率也在此波段的 2.4~5GHz 范围.

向着更高频率迈出的一大步与 20 世纪 60 年代发明的激光器有关. 第一个激光器工作在 694nm 的波长, 这对应于约 5×10^{14}Hz (5×10^5GHz = 500THz) 的频率. 假设只将该频率的 1%, 即 5THz 用作传递信号的带宽, 那么, 它可容纳 10^6 道模拟视频通道, 每通道有 6MHz 的带宽, 或者说, 这个 5THz 的单个频道可容纳 10^9 道各为 5kHz 的电话通话.

连接两个点, 即点至点的链接 (图 1.1 作为一个例子) 的一个典型的通信频道, 由光发射机 (通常是一个半导体激光二极管)、传输信号的光纤和一个接收器所组成. 半导体激光二极管, 可直接调制或用外部调制器来调制在光纤中的光束. 信息被注入光脉冲中. 光纤的一端输入光信号, 传播一段距离后, 在光纤的另一端, 光信号被还原成人类可以理解的信号. 当然, 所有这些部件都应该有效地工作在相应的载波频率 (或波长) 上, 可惜的是, 在 20 世纪 60 年代只有一个部件 (发送器, 即激光器) 就绪到位, 其他两个要素是不存在的. 幸运的是, 接下来我们有了关键的一步：1966 年由高锟和 Hockham [15] 展示了世界上第一根二氧化硅系光纤. 它具有相当低的传播损耗, 足已担当传送信息的载体. 很快, 基于二氧化硅的光纤脱颖而出, 首次出现在长途和短途的通信传输网络中. 全光网络具有比电和光混合型的网络更大的优势, 并且具有更高的数据传输速率. 更为可贵的是, 由于光束之间的不干扰性, 在一个光纤链路中可以同时发送多个信号, 也就是多路复用的功能, 使得光纤的利用率进一步提升. 下面总结早期远程通信系统历史中的一些重要事件 (引自 Hecht [13] 和 Einarsson [16])：

图 1.1　光纤系统的示意图

(1) TAT-1：1956 年, TAT-1 系统的第一条横跨大西洋的双同轴电缆服役. 真空管的中继站距离为 70km. 传输能力是 36 对电话.

(2) TAT-6：1976 年, 双向 4200 对电话信道的 TAT-6 系统服役. 基于晶体管的中继站之间的距离为 9.4 km.

(3) TAT-7: 1983 年, 与 TAT-6 类似的 TAT-7 系统服役.

(4) TAT-8: 1988 年, 作为第一个洲际光纤系统, TAT-8 开始美国和欧洲之间的运营.

(5) HAW-4: 与 TAT-8 系统类似的 HAW-4 系统于 1988 年安装并运行于美国本土和夏威夷之间.

(6) TCP-3：该系统是 HAW-4 系统的延伸, 工作于日本和关岛之间.

(7) TAT-12：1996 年, 第一个用光放大器的跨大西洋 TAT-12 系统开始工作.

让我们来看一根用于 TAT-8 系统的单模传输的普通光缆[16]. 光纤的外径是 125μm, 纤芯是 8.3μm. 工作的波长是 1.3μm. 数字信号以 295.6Mbit/s 的速率传输. 使光信号再激励的中继站相距 46km.

光纤通信发展中发生的一些重要事件总结如下[13]：

(1) 1956 年 10 月: L.E. Curtiss 和 C.W. Peters 在美国纽约全美光学协会上提出塑料–包层光纤的想法.

(2) 1965 年秋季: 高锟断言玻璃的损耗小于 20 dB/km 时即可付诸通信应用.

(3) 1970 年夏季: 美国康宁玻璃公司的 R.D. Maurer、D. Keck 和 P. Schultz 利用在光纤纤芯中掺钛的办法制造出在波长 633nm 时损耗为 16 dB/km 的单模光纤.

(4) 1977 年 4 月 22 日:GTT 公司首次用单模光纤以 6 Mbit/s 的速率在美国加利福尼亚州长滩现场电话处理交通事故.

(5) 1981 年: 英国电信 (British Telecom) 以 140 Mbit/s 的速率和 1.3μm 的波长向 49 km 长的单模光纤发送信号.

(6) 1981 年年底: 加拿大开始在 Elie、Manitoba 试验光纤到户.

(7) 1988 年: 贝尔实验室的 L. Mollenauer 展示向一根 4000km 的单模光纤发送孤子信号.

(8) 1989 年 12 月: 日本 NTT 的 M. Nakazawa 向一根百万公里长的光纤发送孤子信号.

(9) 1994 年: 全球网站的服务器从 500 台增加到 10 000 台.

(10) 1996 年: 启动商用波分复用 (WDM) 系统.

(11) 2000 年 7 月: 电信泡沫的顶峰. JDS Uniphase 宣布了与 SDL 合并的计划, 股市交易价值 400 亿美元.

(12) 2001 年：NFC 公司和阿尔斯通在一根光纤中以 10 Tbit/s 的速率传送信号[17].

(13) 2001 年 12 月: TAT-8 海底光缆发生故障.

光纤通信系统的能力增长得非常快. 与计算机能力每 18 个月翻倍的摩尔定律相比, 光纤增加得更快[18]. 1980 年, 一条典型的光纤可以携带约 45 MB/s 的数据, 到了 2002 年, 单根光纤能够传输超过 3.5TB/s 的数据. 22 年来计算机计算能力增加了 26 000 倍, 而光纤同期却增加 110 000 倍.

1.3.3 光纤的发展

玻璃是用于制造光纤的主要材料. 作为传输介质, 它的质地必须非常纯净和均匀. 由图 1.2 我们看到历来玻璃损耗–时间的演变过程 (引自文献 [19]). 为了能使玻璃实际上成为传送光的介质, 一个重要的要素, 也是事实上遇到的第一个挑战是对玻璃的纯洁度的要求, 以至于光从 1km 厚的玻璃块输入后在另一端仍保留剩余的 1%. 用衰减的术语表示, 1% 的损耗代表着 20dB/km 的衰减. 1966 年, 高锟和 Hockhman[15] 提出光在玻璃中的高损耗是由于杂质存在, 而不是它固有特性的看法. 因此, 高锟建议使用光纤作为传输介质. 高锟的想法最终变成现实, 1970 年, 康宁玻璃公司的研究团队制造出低损耗的玻璃纤维[20]. 这项工作揭示了光通信的巨大潜力, 为大带宽和长距离数据传输网络开辟了新的一页. 康宁玻璃公司首次生产了传输损耗为 20dB/km 的光学玻璃. 这曾经被认为是实现光通信的阈值, 从而开创了高效率光通信的新时代. 而在康宁玻璃公司之前, 大约在 1966 年, 玻璃的最佳功耗约为 1000dB/km, 这意味着 3m 距离就使得光的功率损耗了 50%[21]. 今天, 大

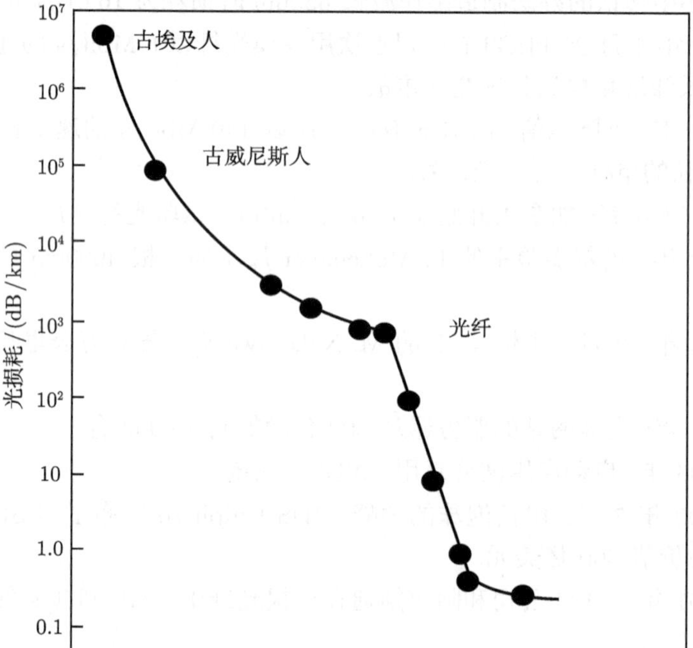

图 1.2　从远古时期直到最近损耗降低的历史进程 (获 S.R. Nagel, IEEE Communications Magazine 25, 33 (1987) 授权转载)

多数通信商使用所谓的单模光纤, 从而确保它在传输信号时以单一模式 (见后面章节的相关讨论) 运作. 当下, 市售的光纤在波长为 1550nm, 传输速率为 2~10 Gbit/s 时大约有 0.2dB/km 的损耗.

一根典型的低损耗光纤的损耗实验测量结果如图 1.3 所示[22]. 被测光纤的纤芯为 9.4μm, 纤芯和包层的折射率差为 0.0028. 损耗峰值出现在 0.94μm, 1.24μm 和 1.39μm 的波长处, 它们是由 OH 的共振吸收引起的. 在 1.7μm 附近的损耗隆起主要归因于玻璃的红外吸收特性. 该图还显示第一、第二和第三通信窗口的位置. 光通信中最常用的波长介于 0.83μm 和 1.55μm 之间. 早期的技术中使用 0.8 ~ 0.9μm 的波段 (简称为第一窗口), 主要是因为当时的光源和光检测器处于这些波长. 第二窗口, 集中在对应于光纤零色散 (约 1.3μm) 的区域. 色散是由不同波长的光有不同传播速度引起的, 其结果是当脉冲通过一个色散介质时它的脉冲拉长了, 最终限制了数字传输的速度. 第三窗口, 中心在 1.55μm 左右, 这时, 它的损耗最低. 在该波长, 玻璃的损失接近最低, 约 0.15dB/km. 大约 0.2dB/km 的损失相当于 15km 的传输距离后功率损耗了 50%, 这些数字有助于理解分贝数和百分比的关系.

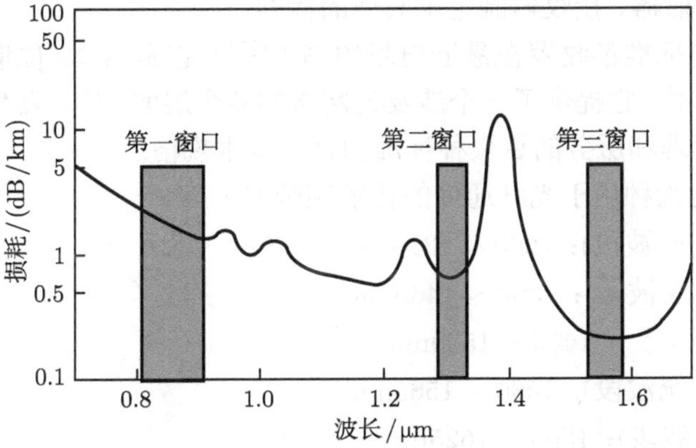

图 1.3 一根典型光纤的损耗波谱 (获 IET 授权转载[22])

1.3.4 与电传输的比较

从历史上看, 铜是通过电学方法传输信息的传统介质, 然而, 它的数据处理能力十分有限. 只有在 1970 年左右, 生产出损耗比较低的光纤后, 人们开始越来越大规模地使用光纤通信. 从实用的角度来看, 在铜和玻璃之间作出的选择是由几个因素决定的. 在一般情况下, 人们选择光纤是基于长程通信系统和更高的带宽需求, 而电信号传输主要用在短距离和相对低的带宽的场合. 电信号传输的主要优点如下:

(1) 发射机和接收机的成本相对较低;

(2) 易于传输, 也易于使用电源;

(3) 适用于数量不太大, 材料成本相对较低的场合;

(4) 电线 (或电缆) 的连接比较简单.

然而必须认识到, 光纤比铜轻得多. 例如, 700km 长的电通信铜缆质量为 20 吨, 而相同长度的光纤质量只有约 7kg [23].

光纤的主要优点如下:

(1) 光缆间无串扰;

(2) 不受电磁干扰;

(3) 重量很轻;

(4) 没有电磁辐射;

(5) 光缆尺寸小.

1.3.5 管理标准

为了使不同的制造商能够开发在光纤通信系统中功能兼容的组件, 国际电信联盟 (ITU) 已经制定和公布了不少标准[24]. 各种不同的标准机构也就总体符合系统性能的光纤、发射器、接收器制定了其他的标准.

这些相关的标准都收罗在最近出版的书中[25]. 它是由 25 位世界知名撰稿人和编辑完成的工作. 它提供了一个涉及光网络的各个层面 (从元器件到全球网络系统), 覆盖网络管理和服务的百余种标准和行业技术规格.

ITU 已指定六种用于光纤通信的传输频带[18]:

O- 波段 (初始波段): 1260 ~ 1310nm;

E- 波段 (扩展波段): 1360 ~ 1460nm;

S- 波段 (短波段): 1460 ~ 1530nm;

C- 波段 (传统波段): 1530 ~ 1565nm;

L- 波段 (长波段): 1565 ~ 1625nm;

U- 波段 (超长波段): 1625 ~ 1675nm.

第 7 个波段的波长在 850nm 附近, 用作私用网路, 不在 ITU 规定范围之内.

1.3.6 波分复用

波分复用 (WDM) 是一种复用技术, 它允许波长不同的光信号在一根光纤中传播, 而不会互相干扰. 该技术的发明增加了一根光纤所携带信息的容量. WDM 不是增加光纤能力的唯一办法. 在图 1.4 中我们说明两种基本的复用格式, 都能增加光纤的容量: 时分复用 (TDM)和波分复用 (WDM). 两种格式中都把来自各种渠道的信息组合 (复用) 到一个单一的信息渠道, 这既可以在时间上又可以用不同的频率 (波长) 来完成.

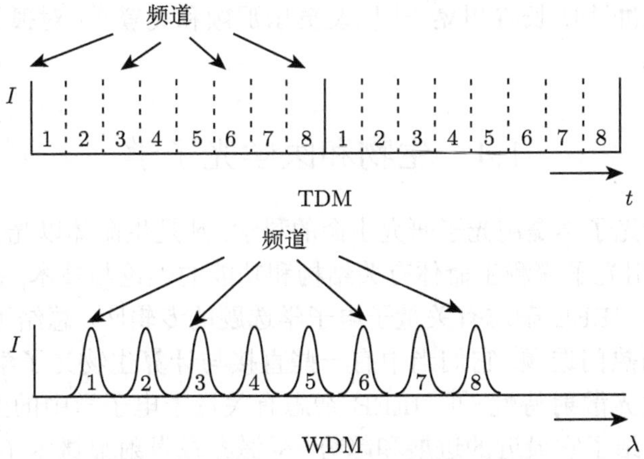

图 1.4 TDM 和 WDM 的格式说明

讨论到 WDM 的原则, 涉及概念和使用器件的文献很多, 这里仅举几篇: 文献 [26]～[30]. WDM 传输系统如图 1.5 所示. 图中, MUX 表示多路复用器, 其作用是将光从几个不同的来源结合起来, 它们按各自特定的波长在光纤中沿各自的通道传输. 到达接收端后, 多路分解器 (DMUX) 又把它们分离回各自不同的波长信道中去.

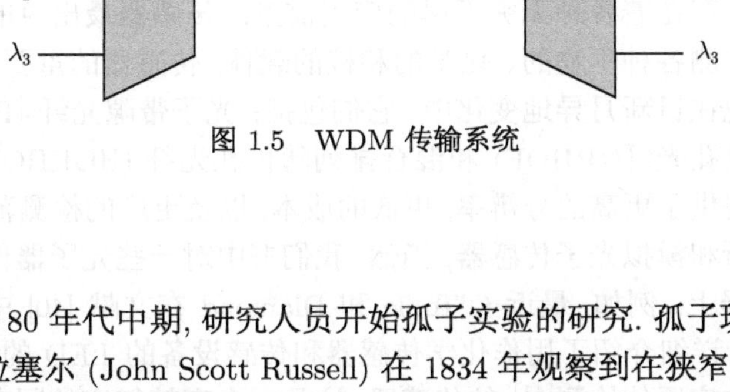

图 1.5 WDM 传输系统

1.3.7 孤子

在 20 世纪 80 年代中期, 研究人员开始孤子实验的研究. 孤子现象最早是由约翰·斯科特·拉塞尔 (John Scott Russell) 在 1834 年观察到在狭窄的水通道 (位于苏格兰的联盟运河) 内存在着孤立的波, 后来被他称为孤子. 孤子是一种特殊形状的脉冲, 它在行进过程中不改变形状. 脉冲展宽指的是某些波长的传输速度比其他波长更快, 这是色散造成的结果. 此外, 在光纤中还存在某种非线性效应. 当色散和非线性效应结合在一起时, 它们相互补偿, 从而造成一定的条件, 使得光脉冲的形状保持不变. 为了形成孤子, 初始脉冲必须有一个特定的峰值能量和特定的脉冲形状. 1973 年, AT&T 贝尔实验室的长谷川晃 (Akira Hasegawa) 首先提出孤子有可能存在于光纤中. 1988 年, 莫乐那额 (Mollenauer) 和他的团队在一根 4000km 长的光纤中发射孤子脉冲[31]. 长谷川晃[32] 以及莫乐那额和戈登[33] 对孤子光通信的近期概况作了介绍.

1.4 生物和医学光子学

生物和医学光子学是用光子研究生命的科学. 凡是生命体以光子形式发出的能量和信息, 或者用光子探测生命体有关结构和功能的理论与技术, 都是光子学这门分支的热门课题. IEEE 杂志有关量子电子学选题的专辑[34] 总结了直到大约 2005 年生物光子学的热门选题. 它们当中有一些直接与计算生物光子学有关, 例如, 生物体组织的弹性光散射特性[35]. IEEE 杂志有关量子电子学中的生物光子学的两个专辑[36, 37] 总结了它最近的进展和趋势. 受激参量发射显微术 (stimulated parametric emission microcopy) 和受激拉曼散射显微术 (stimulated Raman scattering microscopy) 的生物应用部分由梶山 (Kajiyama) 等撰写[38]. 作为"生物和医学光子学"的入门介绍, 我们向读者推荐普拉萨德 (Prasad) 的书[39].

1.5 光子传感器

在过去的 20 年, 人们已经深入研究了光子传感器. 它已发展成为光子学的一个重要分支. 光子传感器的开发与光信号的分析, 如强度、偏振、脉冲形状、到达时间以及诸如干扰的其他现象, 密不可分. 这些不同的应用导致了不同类型的传感器. 传感器几乎存在着各种无穷无尽的应用前景. 传感器最出色的应用是在民用和军事环境下检测各种生物的、化学的和核的载体. 传感器的重要环节是光纤, 传感的应用方式也在日新月异地变化中. 它们包括: 光子带隙光纤 (PBG), 微结构光纤 (MOF), 随机孔光纤 (RHOF) 和混合排列随机孔光纤 (HORHOF). 它们为检测源和检测方案提供了更高的分辨率, 更低的成本, 以及更广的检测范围. 本书中, 我们不会专门分析和模拟光子传感器, 当然, 我们书中对一些光子器件的讨论可以直接应用到传感器上. 例如, 最近 O'Toole 和 Diamond 在文献 [40] 中概述了用于传感的 LED. 作者详细介绍了用作化学传感器和传感设备的 LED 的进展. 另一个例子是可用于生物病原体检测[41] 的传感器, 这是一个高精细度的回音壁模式碟状谐振器的装置. 当生物物质落到它的活性区域上面时, 该谐振器的传输特性随即出现变化, 该装置通过监视其变化发出传感信号. 致力于传感器和生物传感器科学技术的开放性期刊《传感器》(ISSN1424-8220, CODEN：SENSC9)[42] 每月公布在网上, 它的特刊《用于化学, 生物和核剂检测的光子传感器》不久前刚出版, 可以被视为目前有关传感新物理现象的发展和应用的一个良好信息来源.

1.6 硅光子学

硅光子学的应用有必要单独进行讨论. 硅是电子产品所选择的材料, 也是制造光子器件的合理选择, 参见文献 [43]. Soref [44] 也有对硅材料上制造光电子集成电路的阐述. 然而, 硅不是直接能隙材料, 因此不能有效地产生光. 许多研究机构对此做了深入细致的工作, 参见近期英特尔–加州大学圣塔芭芭拉分校合作的有关混合型硅激光的汇总[45]. 另外, 随着计算机技术的进步和摩尔定律的延续, 微处理器之间及其内部的超高速数据传输越来越重要. 现有的互联网预期很快会被高速光互连所取代. 而硅光子学由于把电子和光学能力整合在同一个硅芯片上被认为是特别有希望和特别有用的. 硅基光调制器方面也已展现特别显著的进步, 请参阅最近发布的一份报告 [46]. 设计和优化这些器件的仿真起到非常重要的作用. Passaro 和 De Leonardis [47] 总结了建模和仿真的硅光子器件的研究进展. 他们回顾最近开发的亚微米创新硅–绝缘体 (SOI) 的波导结构和光子器件的仿真技术.

1.7 光量子信息科学

光子学中一个新出现的方向是量子通信和量子信息处理. Politi 等[48] 总结了该子域的最新进展. 在这里, 我们简单介绍一下近期主要发展.

由于光量子的低噪声特性和单个量子比特易于操纵的特点, 光子可能在量子信息处理过程中扮演着重要角色. 近年来, 由于使用集成光子电路, 一些量子门已经在使用和实施中.

(1) 理论建议通过光子晶体的结构实施量子 Hadamard 门[49]. 已经提出集成光学 Y 结型分束器实现光量子门, 有数值模拟的报道支持该理论概念.

(2) Bristol 的小组展示了在小型波导器件[50] 和光纤[51] 建设光量子电路的能力. 最近, 他们报道了高保真硅对硅集成的关键量子光子电路的光学实现, 包括双光子量子干涉和控制非逻辑门[52]. 他们还展示了多达四个光子在芯片上的受控操纵, 包括高保真的单量子比特运行, 以及使用光刻成型的电阻式移相器[53].

参考文献

[1] http://spie.org/x2584.xml.

[2] http://www.ofcnfoec.org/home.aspx.

[3] http://www.photonicsglobal.org/.

[4] C. R. Pollock and M. Lipson. *Integrated Photonics.* Kluwer Academic Publishers, Boston, 2003.

[5] J.D. Joannopoulos, S.G. Johnson, J.N. Winn, and R.D. Meade. *Photonic Crystals: Molding the Flow of Light.* Princeton University Press, Princeton and Oxford, 2008.

[6] J.-M. Jin. *Theory and Computation of Electromagnetic Fields.* Wiley-IEEE Press, Hoboken, New Jersey, 2010.

[7] A. Taflove and S.C. Hagness. *Computational Electrodynamics. The Finite-Difference Time-Domain Method.* Artech House, Boston, 2005.

[8] D. Gallagher. Photonic CAD matures. *IEEE LEOS Newsletter*, 2:8–14, 2008.

[9] S. Obayya. *Computational Photonics.* Wiley, Chichester, 2011.

[10] http://optical-waveguides-modeling.net/.

[11] http://www.ashokpm.org/photonics.htm.

[12] http://www.skywise711.com/lasers/software.html.

[13] J. Hecht. *City of Light: The Story of Fiber Optics.* Oxford University Press, Oxford, 1999.

[14] A. Bateman. *Digital Communications: Design for the Real World.* Addison-Wesley, Harlow, England, 1999.

[15] K.C. Kao and G.A. Hockman. Dielectric-fibre surface waveguides for optical frequencies. *Proc. IEE*, 133:1151–1158, 1966.

[16] G. Einarsson. *Principles of Lightwave Communications.* Wiley, Chichester, 1996.

[17] J. Hecht. Computers full of light: a short history of optical data communications. In C. DeCusatis, editor, *Handbook of Fiber Optic Data Communication*, pages 3–17, Amsterdam, 2008. Elsevier.

[18] D.R. Goff, K. S. Hansen, and M. K. Stull. *Fiber Optic Video Transmission: The Complete Guide.* Focal Press, Oxford, 2002.

[19] S.R. Nagel. Optical fiber - the expanding medium. *IEEE Communications Magazine*, 25:33–43, 1987.

[20] F.P. Kapron, D.B. Keck, and R.D. Maurer. Radiation losses in glass optical waveguides. *Appl. Phys. Let.*, 17:423–425, 1970.

[21] G. Ghatak and K. Thyagarajan. *Introduction to fiber optics.* Cambridge University Press, Cambridge, United Kingdom, 1998.

[22] T. Miya, Y. Terunuma, T. Hosaka, and T. Miyashita. Ultimate low-loss single-mode fibre at 1.55μm. *Electronics Letters*, 15:106–108, 1979.

[23] http://en.wikipedia.org/wiki/Optical_fiber
Optical fiber,Wikipedia, the free encyclopedia.

[24] http://www.itu.int/net/home/index.aspx.

[25] K. Kazi. *Optical networking standards:a comprehensive guide.* Springer, New York, 2006.

[26] In R.T. Chen and L.S. Lome, editors, *Wavelength Division Multiplexing*, Bellington, Washington USA, 1999. SPIE Optical Engineering Press.

[27] G. Keiser. *Optical Fiber Communications. Third Edition.* McGraw-Hill, Boston, 2000.

[28] S.V. Kartalopoulos. *DWDM. Networks, Devices and Technology.* IEEE Press, Wiley-Interscience, Hoboken, NJ, 2003.

[29] J. Zheng and H.T. Mouftah. *Optical WDM Networks. Concepts and Design Principles.* IEEE Press, Wiley-Interscience, Hoboken, NJ, 2004.

[30] J.C. Palais. *Fiber Optic Communications. Fifth Edition.* Prentice Hall, Upper Saddle River, New Jersey, 2005.

[31] L.F. Mollenauer and K. Smith. Demonstration of soliton transmission over more than 4,000 km in fiber with loss periodically compensated by Raman gain. *Opt. Lett.*, 13:675–677, 1988.

[32] A. Hasegawa. Soliton-based optical communications: An overview. *IEEE J. Select. Topics Quantum Electron.*, 6:1161–1172, 2000.

[33] L.F. Mollenauer and J.P. Gordon. *Solitons in Optical Fibers. Fundamentals and Applications.* Elsevier, Amsterdam, 2006.

[34] R. R. Jacobs. Introduction to the issue on biophotonics. *IEEE J. Select. Topics Quantum Electron.*, 11:729–732, 2005.

[35] X. Li, A. Taflove, and V. Backman. Recent progress in exact and reduced-order modeling of light-scattering properties of complex structures. *IEEE J. Select. Topics Quantum Electron.*, 11:759–765, 2005.

[36] I.K. Ilev, L.V. Wang, S.A. Boppart, S. Andersson-Engels, and B.-M. Kim. Introduction to the special issue on biophotonics. Part 1. *IEEE J. Select. Topics Quantum Electron.*, 16:475 – 477, 2010.

[37] I.K. Ilev, L.V. Wang, S.A. Boppart, S. Andersson-Engels, and B.-M. Kim. Introduction to the special issue on biophotonics. Part 2. *IEEE J. Select. Topics Quantum Electron.*, 16:703–705, 2010.

[38] S. Kajiyama, Y. Ozeki, K. Fukui, and K. Itoh. Biological applications of stimulated parametric emission microscopy and stimulated Raman scattering microscopy. In B. Javidi and T. Fournel, editors, *Information Optics and Photonics. Algorithms, Systems, and Applications*, pages 89–100. Springer, New York, 2010.

[39] P.N. Prasad. *Introduction to Biophotonics.* Wiley, Hoboken, 2003.

[40] M. O'Toole and D. Diamond. Absorbance based light emitting diode optical sensors and sensing devices. *Sensors*, 8:2453–2479, 2008.

[41] R.W. Boyd and J.E. Heebner. Sensitive disk resonator photonic biosensor. *Applied Optics*, 40:5742–5747, 2001.

[42] http://www.mdpi.com/journal/sensors/.

[43] G.T. Reed and A. P. Knights. *Silicon photonics: an introduction.* Wiley, Chichester ; Hoboken, NJ, 2004.

[44] R. Soref. Introduction: the opto-electronics integrated circuit. In G.T. Reed, editor, *Silicon photonics : the state of the art*, pages 1–13. John Wiley & Sons, Chichester ; Hoboken, NJ, 2008.

[45] J.E. Bowers, D. Liang, A.W. Fang, H. Park, R. Jones, and M.J. Paniccia. Hybrid silicon lasers: The final frontier to integrated computing. *Optics & Photonics News*, 21:28–33, 2010.

[46] D.J. D. J. Thomson, F.Y. Gardes, G.T. Reed, F. Milesi, and J-M Fedeli. High speed silicon optical modulator with self aligned fabrication process. *Optics Express*, 18:19064–19069, 2011.

[47] V.M.N Passaro and F. De Leonardis. Recent advances in modelling and simulation of silicon photonic devices. In G. Petrone and G. Cammarata, editors, *Modelling and Simulation*, pages 367–390. I-Tech Education and Publishing, 2008.

[48] A. Politi, J. Matthews, M.G. Thompson, and J.L. O'Brien. Integrated quantum photonics. *IEEE J. Select. Topics Quantum Electron.*, 15:1673 – 1684, 2009.

[49] S. Salemian and S. Mohammadnejad. Quantum Hadamard gate implementation using planar lightwave circuit and photonic crystal structures. *American Journal of Applied Sciences*,

5:1144–1148, 2008.

[50] A. Politi, M. J. Cryan, J. G. Rarity, S. Yu, and J.L. O'Brien. Silica-on-silicon waveguide quantum circuits. *Science*, 320:646–649, 2008.

[51] A. S. Clark, J. Fulconis, J. G. Rarity, W. J. Wadsworth, and J. L. O'Brien. All-optical-fiber polarization-based quantum logic gate. *Phys. Rev.* **A**, 79:030303, 2009.

[52] A. Laing, A. Peruzzo, . Politi, A, M. Rodas Verde, M. Halder, T.C. Ralph, M.G. Thompson, and J.L. O'Brien. High-fidelity operation of quantum photonic circuits. *Appl. Phys. Let.*, 97:211109, 2010.

[53] J.C.F. Matthews, A. Politi, A. Stefanov, and J. L. O'Brien. Manipulation of multiphoton entanglement in waveguide quantum circuits. *Nature Photonics*, 3:346–350, 2009.

第 2 章　光学的基本知识

光学由几何光学和波动光学所组成. 我们在本章先回顾几何光学, 然后再浏览波动光学的基本知识. 更深入的推导和讨论则放在后面的章节中. 几何光学用几何学的观念考虑光线的诸多光学效应. Pedrotti 和 Pedrotti [1] 的书对几何光学的概念有了非常完善的阐述.

2.1　几何光学

2.1.1　射线理论及其应用

我们把光的传播通过光束的概念图像化地表达出来. 这些光线需遵守以下几项守则:

(1) 它们在介质中传播时速度 v 为

$$v = \frac{c}{\overline{n}} \tag{2.1}$$

式中, $c = 3 \times 10^8 \mathrm{m/s}$ 是光在真空中的速度, 而物理量 $\overline{n}$ 是折射率 (我们这里引入 $\overline{n}$ 作为折射率的符号, 而不是光学书籍中广为使用的 n, 为的是不和下面章节中出现的电子浓度 n 相混淆). 一些典型折射率的数值见表 2.1.

表 2.1　一些材料的折射率

材料	折射率
空气	1.0
水	1.33
硅玻璃	1.5
GaAs	3.35
硅	3.5
锗	4.0

(2) 在均匀介质中光线沿直线传播.

(3) 在两种介质之间有分界面时, 反射角与入射角相等, 如图 2.1 所示. 折射角由斯涅耳定律 (Snell law)所决定.

$$\overline{n}_1 \sin\theta_1 = \overline{n}_2 \sin\theta_2 \tag{2.2}$$

式中, $\overline{n}_1$ 和 $\overline{n}_2$ 是两种介质的折射率, 而 θ_1 和 θ_2 分别是入射角和折射角.

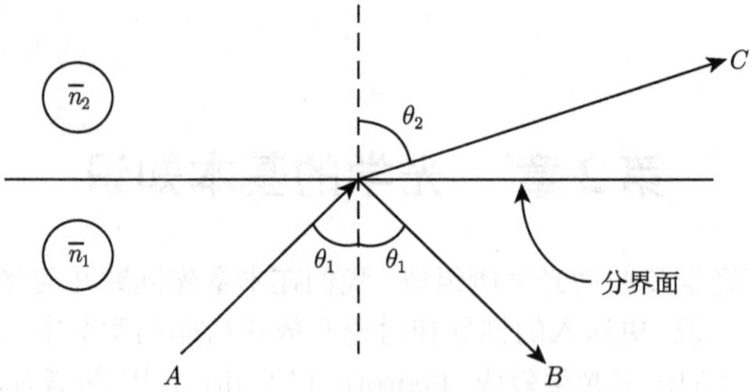

图 2.1　斯涅耳定律

入射光线 A 与反射光线 B 之间的一般关系式是

$$B = R \cdot A \tag{2.3}$$

式中, R 是反射系数 (复数). 两种能在平板波导中传播的主要类型的反射系数由菲涅耳公式 (Fresnel formulas) 决定, 我们将在第 3 章中讨论.

2.1.2　临界角

由斯涅耳定律, 我们推断出在什么条件下光线反射后会留在同一个介质 (如光密介质) 内, 如图 2.2 所示. 这种情况的出现对应于 $\theta_2 = \pi/2$. 角度 θ_1 成为所谓的临界角 θ_c, 其大小为

$$\sin\theta_c = \frac{\overline{n}_2}{\overline{n}_1} \tag{2.4}$$

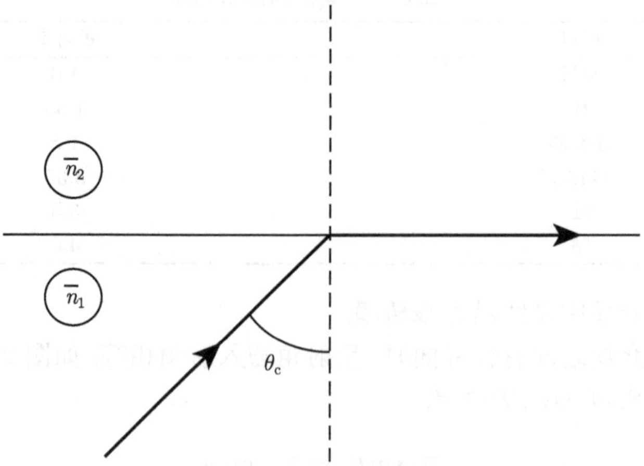

图 2.2　临界角的图解

2.1.3 透镜

我们这里要讨论的是薄透镜系统, 即光线穿过透镜时其垂直位移可以忽略不计. 对于透镜轴, 光线进入和离开透镜几乎是等距离的. 光纤光学中透镜之所以重要, 是因为我们需要使用透镜把光聚焦到光纤上, 如图 2.3 所示. 这时, 光的准直光束 (与透镜轴线平行的光) 被聚焦到透镜的焦点上, 其距离为 f, 俗称透镜的焦距. 所有的准直光线都会聚到焦点上. 焦距 f 与透镜的曲率半径 R_1 及 R_2 有以下的关系:

$$\frac{1}{f} = (\overline{n} - 1)\left(\frac{1}{R_1} + \frac{1}{R_2}\right) \tag{2.5}$$

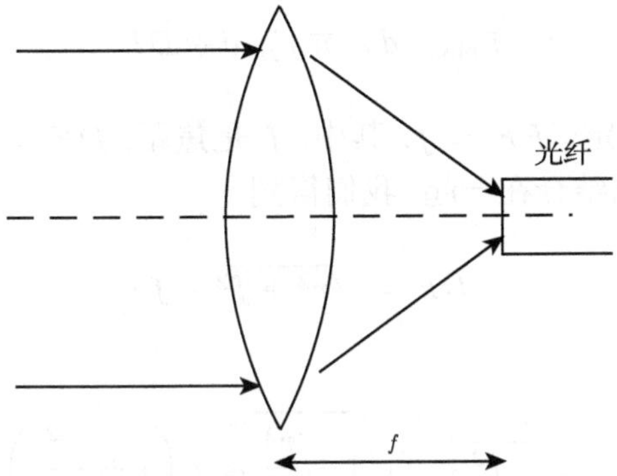

图 2.3 聚焦到光纤上的光束

如果光束相对于透镜轴线以某个角度射入 (图 2.4), 那么光束将聚焦在焦平面上.

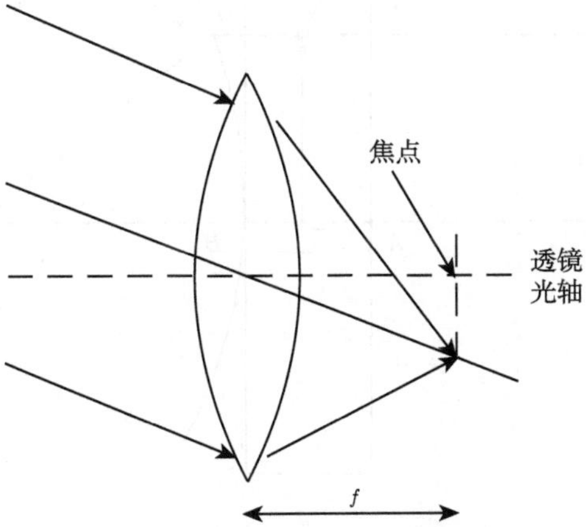

图 2.4 偏离轴线的光束聚焦

2.1.4 折射率梯度变化系统

折射率渐变透镜的名称源于 GRIN(GRadient in the Index of Refraction) 系统, 它所起的作用和透镜类似. 这里, 材料的折射率不再是一个常数, 它与空间的位置有关. 因此, 让折射率在空间产生变化成为设计理想透镜的另一个渠道.

GRIN 结构的简单分析[2] 如图 2.5 所示. 它如同一个扁平的圆柱体, 它的折射率 $\overline{n}(r)$ 与它的半径 r(光束到轴心的距离) 有关, 在光轴处为极大值, 向外递减. 为了把光束会聚到焦点 F, 所有光束的光路必须相同 (光路定义为在给定范围内的几何距离与其折射率的乘积). 穿过圆柱轴心的光束和穿过 $\overline{n}(r)$ 区域内的光束之间的光程差应该为零, 也就是说

$$\overline{n}_{\max} \cdot d \approx \overline{n}(r) \cdot d + DE \tag{2.6}$$

距离 DE 可以这样决定: $EF = f$, 其中, f 是焦距, $DF = DE + f$, 而且 $DF \approx \sqrt{r^2 + f^2}$. 把这些关系结合在一起, 我们得到

$$DE = \sqrt{r^2 + f^2} - f \tag{2.7}$$

利用展开式

$$\sqrt{r^2 + f^2} = f\sqrt{1 + \frac{r^2}{f^2}} \approx f\left(1 + \frac{r^2}{2f^2}\right) \tag{2.8}$$

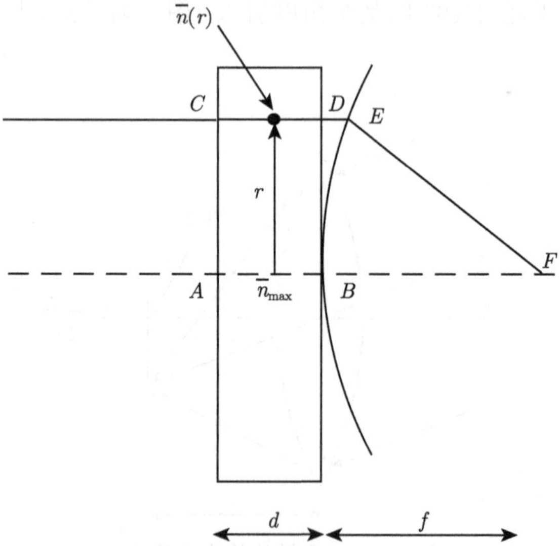

(a) 一个扁平圆柱体的GRIN

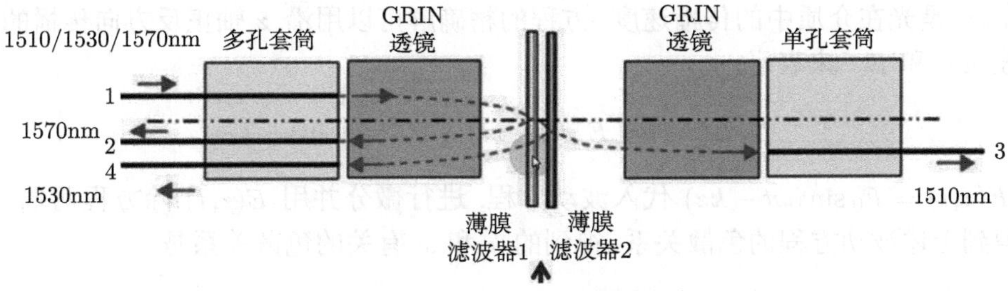

(b) GRIN在DWDM系统中的应用

图 2.5 一个折射率呈梯度变化的扁平圆柱体

由图 2.5(b) 我们看到, GRIN 器件在光纤通讯中的一个重要应用. 两块 GRIN 透镜和两个薄膜滤波器 (TTF) 一起在波分多路复原 (DWDM) 系统中将一根光纤 (1 号) 中的三路信号 (1510/1530/1570nm) 分别馈送到三个不同的光纤 (2, 3 和 4 号) 中, 然后通过多孔 (multi-hole ferrule) 或单孔套筒 (single-hole ferrule) 传送到接收系统中去.

把上述展开式应用到式 (2.7), 于是得到

$$DE \approx f + \frac{r^2}{2f} - f = \frac{r^2}{2f} \tag{2.9}$$

最终, 折射率的表示式成为

$$\overline{n}(r) = \overline{n}_{\max} - \frac{r^2}{2df} \tag{2.10}$$

上述方程告诉我们, 为了使用 GRIN 板聚焦平行光, 其折射率必须和半径 r 呈抛物线式的关系.

2.2 波动光学

光是由电场矢量和与之垂直的磁场矢量组合在一起以极高的速率振荡 (高达 10^{14}Hz 的数量级) 并在空间沿着与电场及磁场相垂直的方向传播的电磁波 (第 3 章我们将详细讨论该课题). 这里我们要说的是电场矢量 $\boldsymbol{E}(\boldsymbol{r},t)$, 它所遵循的波动方程是

$$\nabla^2 \boldsymbol{E}(\boldsymbol{r},t) - \frac{1}{c^2}\frac{\partial^2 \boldsymbol{E}(\boldsymbol{r},t)}{\partial t^2} = 0 \tag{2.11}$$

上述波动方程服从时间不变性的规定, 即在作 $t \to -t$ 替换后方程不变. 利用这一事实我们很快建立起所谓的斯托克斯关系 (Stokes relations).

介质中的一维波动方程是

$$\frac{1}{v^2}\frac{\partial^2}{\partial t^2}E(z,t) = \frac{\partial^2}{\partial z^2}E(z,t)$$

式中, v 是光在介质中的传播速度. 方程的精确解可以用沿 z 轴正反方向传播的两个波 E^+ 和 E^- 来表示:

$$E(z,t) = E^+(z - vt) + E^-(z + vt)$$

将 $E(z,t) = E_0 \sin(\omega t - kz)$ 代入波动方程, 进行微分并用 $E(z,t)$ 除方程两端, 可以得到上述波动方程的色散关系. 得到的 k 和 ω 有关的色散关系是

$$\omega = \pm v \cdot k$$

它表明波的角频率 ω 和它的波数 k 呈线性关系. 角频率 ω 与频率的关系是 $\omega = 2\pi f$, 而波数定义为

$$k = \frac{\omega}{v} = \frac{2\pi}{\lambda}$$

式中, λ 是光波的波长, 而 v 是波的相速度. 因子 $\omega t - kz$ 被称为波的**相位**.

实例

当电磁波在介质中传播时, 它的损耗是显著的, 其衰减必须出现在波的电场表示式中. 因此, 存在衰减的电场表示式是

$$E(z,t) = E_0 \mathrm{e}^{-\alpha z} \sin(\omega t - kz)$$

式中, α 是衰减系数. 光的强度和它的电场的平方成正比. 因此, 光束的功率在传播距离 L 后按 $\exp(-2\alpha L)$ 减小. 如果距离以 km 计, 那么 α 的单位是 km^{-1}. 功率的减小若按 dB 计, 则由

$$\mathrm{dB} = 10 \log_{10} \mathrm{e}^{-2\alpha L} \tag{2.12}$$

找出衰减系数和 dB/km 之间的关系.

答案

我们有

$$\begin{aligned}\mathrm{Loss(dB)} &= 10 \log_{10} \mathrm{e}^{-2\alpha L} \\ &= -20 \cdot \alpha \cdot L \cdot \log \mathrm{e} \\ &= -8.685 \cdot \alpha \cdot L\end{aligned}$$

因此

$$\mathrm{Loss(dB)}/L(\mathrm{km}) = -8.685 \cdot \alpha$$

或者

$$\mathrm{dB/km} = -8.685 \cdot \alpha \tag{2.13}$$

式中, α 用 km^{-1} 来表示.

2.2.1 相速度

考虑沿 z 方向的单色平面波在无限介质中的传播, 如图 2.6 所示.

$$E(z,t) = E_0 \cos(kz - \omega t) \tag{2.14}$$

选择一个点, 如在图 2.6 中箭头处的波峰, 我们来分析该点的运动. 如果该点的相位是个常数

$$kz - \omega t = \text{const}$$

我们可以决定那个点的速度. 由上式有

$$k\frac{\mathrm{d}z}{\mathrm{d}t} - \omega = 0$$

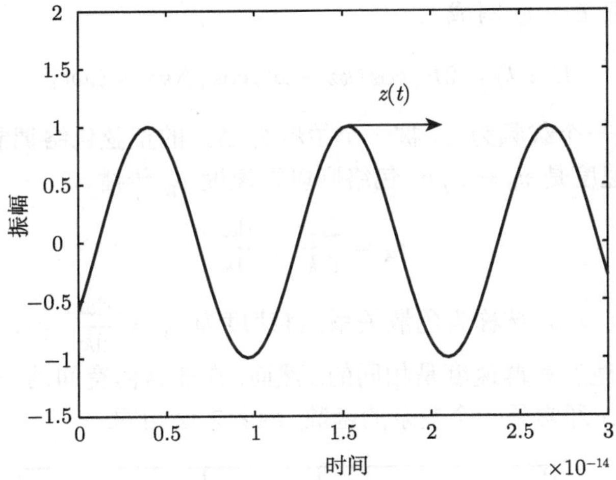

图 2.6 相速度的图示

或者

$$v_{\mathrm{p}} = \frac{\mathrm{d}z}{\mathrm{d}t} = \frac{\omega}{k} \tag{2.15}$$

相速度 v_{p} 代表介质相位固定不变的表面移动的速度. 方程 (2.1) 中的速度可以解释为相速度, 而方程 (2.1) 可以替换为

$$v_{\mathrm{p}} = \frac{c}{n} \tag{2.16}$$

2.2.2 群速度

群速度代表一个脉冲在介质中的传播速度. 为了看清这一事实, 考虑两个有不同参数但是有相同振幅的平面波:

$$E_1(z,t) = E_0 \cos(k_1 z - \omega_1 t), \quad E_2(z,t) = E_0 \cos(k_2 z - \omega_2 t) \tag{2.17}$$

假设它们的频率和波数相差 $2\Delta\omega$ 和 $2\Delta k$, 并写为

$$\omega_1=\omega+\Delta\omega,\quad \omega_2=\omega-\Delta\omega$$

$$k_1=k+\Delta k,\quad k_2=k-\Delta k$$

两个波叠加成一个波 $E(z,t)$, 并表示为

$$\begin{aligned}E(z,t)&=E_1(z,t)+E_2(z,t)\\&=E_0\left\{\cos\left[(k+\Delta k)\,z-(\omega+\Delta\omega)\,t\right]+\cos\left[(k-\Delta k)\,z-(\omega-\Delta\omega)\,t\right]\right\}\end{aligned}$$

利用三角恒等式

$$2\cos\alpha\cos\beta=\cos(\alpha+\beta)+\cos(\alpha-\beta)$$

于是, 我们可以把 $E(z,t)$ 写成

$$E(z,t)=2E_0\cos(kz-\omega t)\cos(\Delta kz-\Delta\omega t) \tag{2.18}$$

方程 (2.18) 代表一个载频为 ω, 被一个拍频为 $\Delta\omega$ 的正弦包络调制的波, 如图 2.7 所示. 载频的相速度是 $v_{\mathrm{p}}=\omega/k$. 包络则以群速度 v_{g} 传播

$$v_{\mathrm{g}}=\frac{\Delta\omega}{\Delta k}\to\frac{\mathrm{d}\omega}{\mathrm{d}k} \tag{2.19}$$

在自由空间中, $\omega=kc$ 被称为色散关系, 群速度为 $v_{\mathrm{g}}=\dfrac{\mathrm{d}\omega}{\mathrm{d}k}=c$. 因此, 在自由空间 (真空) 中, 相速度和群速度是相同的. 然而, 在非自由空间的一般介质中, 色散关系, 即 $\omega=\omega(k)$ 通常是一个复杂的函数, 两者未必相同.

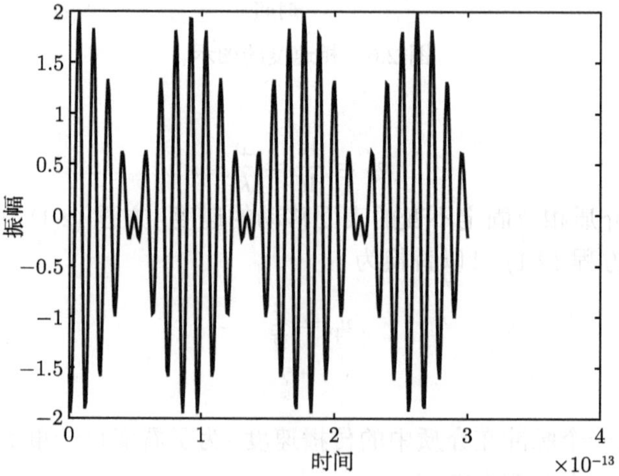

图 2.7　群速度的图示

实例

写出 Matlab 的程序使方程 (2.15) 和方程 (2.19) 可视化.

答案

相速度的 Matlab 代码提供在附录 2A.1 的清单中, 而群速度在附录 2A.2 的清单中. 其结果如图 2.6 和图 2.7 所示.

2.2.3 斯托克斯关系

斯托克斯关系把光在两种介质的分界面上的反射率和透射率之间关联起来. 假设电场 E 入射到界面上, 一部分反射回去, 一部分透射下去, 如图 2.8 所示. 这里 r, t 是电场 (不是强度) 从介质 2 传播到介质 1(此时, 不是从上面向下面) 时的反射和透射系数. 类似地, r', t' 代表场从介质 1 传播到介质 2 时的反射系数和透射系数.

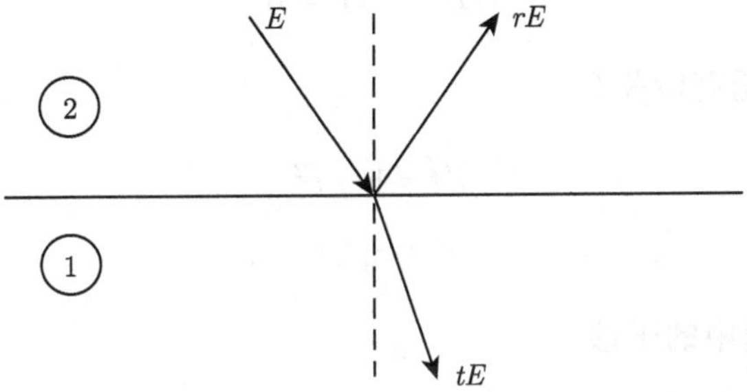

图 2.8 用于推导斯托克斯关系分界面上的透射和反射

本节一开始, 我们知道波动方程的时间服从不变性. 时间倒置不变性告诉我们图 2.8(反射和透射) 当时间倒置时也应该成立, 如图 2.9 所示, 此时我们把 tE 和 rE 合并起来形成场 E.

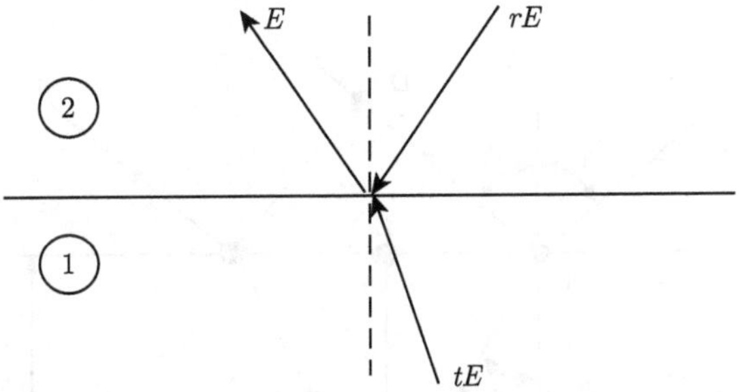

图 2.9 用于推导斯托克斯关系分界面上的透射和反射 (时间倒置的过程)

然而, 当两束光 (tE 和 rE), 一束从上面而另一束从下面, 射入在介质 1 和介质 2 之间的分界面上, 这两束光必定存在部分的反射和部分的透射, 如图 2.10 所示.

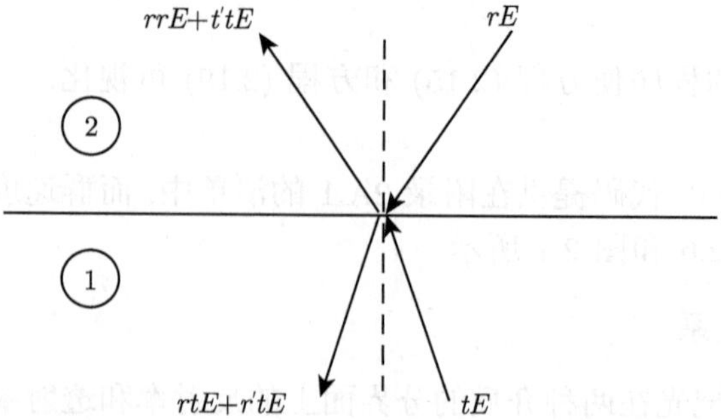

图 2.10　用于推导斯托克斯关系分界面上的透射和反射 (全过程)

我们发现它们在物理上的相似处改为基于它们在物理上的一致性存在:

$$r^2E + t'tE = E$$

$$rtE + r'tE = 0$$

由此, 我们得到斯托克斯关系

$$t't = 1 - r^2$$

$$r' = -r$$

2.2.4　电介质薄膜中的干涉

在使用光学器件 (如滤波器) 时, 电介质薄膜中的干涉是我们遇到的一个基本的物理现象. 它同样在法布里–珀罗 (Fabry-Perot, FP) 干涉仪中起着重要的作用. 为了分析这种干涉, 让我们考虑一层折射率为 $\overline{n}_{\mathrm{f}}$ 的介电薄膜, 上面与折射率为 $\overline{n}_0$ 的介质相接触, 如图 2.11 所示. 我们将通过计算光程差推导这种结构中相长干涉和相消干涉的条件.

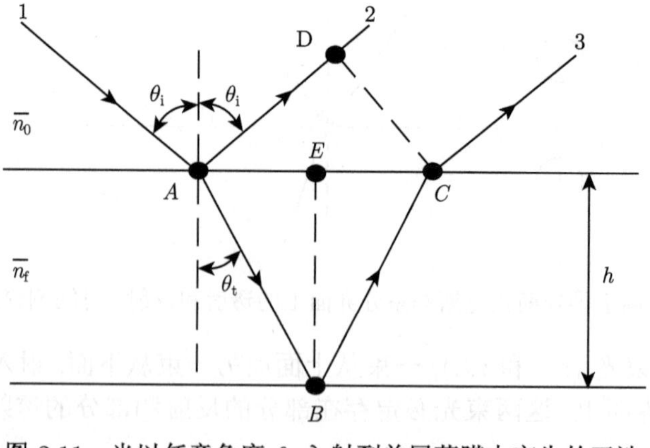

图 2.11　光以任意角度 θ_{i} 入射到单层薄膜中产生的干涉

入射光束 1 引起光束 2 和 3 的出现. 在 C 和 D 点测量的光束 2 和 3 的光程差是由光程差 $\varDelta$(光程差定义为几何长度与折射率的乘积) 造成的:

$$\varDelta = \overline{n}_{\mathrm{f}}(AB + BC) - \overline{n}_0 AD \tag{2.20}$$

由图 2.11 我们可以决定下列的三角关系:

$$\frac{AD}{AC} = \cos(90^\circ - \theta_{\mathrm{i}}) = \sin\theta_{\mathrm{i}} \tag{2.21}$$

$$\frac{h}{AB} = \cos\theta_{\mathrm{t}} \tag{2.22}$$

$$\frac{AE}{h} = \tan\theta_{\mathrm{t}} \tag{2.23}$$

另外

$$AC = 2 \cdot AE \tag{2.24}$$

把方程 (2.23) 和方程 (2.24) 结合起来, 得到

$$AC = 2 \cdot h \cdot \tan\theta_{\mathrm{t}} \tag{2.25}$$

把方程 (2.25) 代入方程 (2.21) 得到 AD 的几何长度部分

$$AD = 2 \cdot h \cdot \tan\theta_{\mathrm{t}} \cdot \sin\theta_{\mathrm{i}} \tag{2.26}$$

利用方程 (2.22), 几何长度 $AB + AC$ 可以表示为

$$AB + AC = 2 \cdot AB = 2 \cdot \frac{h}{\cos\theta_{\mathrm{t}}} \tag{2.27}$$

把方程 (2.26) 和方程 (2.27) 与方程 (2.20) 合并起来, 找到如下的光程差:

$$\varDelta = \overline{n}_{\mathrm{f}} \cdot 2 \cdot \frac{h}{\cos\theta_{\mathrm{t}}} - \overline{n}_0 \cdot 2 \cdot h \cdot \frac{\sin\theta_{\mathrm{t}}}{\cos\theta_{\mathrm{t}}} \cdot \sin\theta_{\mathrm{i}} \tag{2.28}$$

$$= \frac{2h\overline{n}_{\mathrm{f}}}{\cos\theta_{\mathrm{t}}} \left\{ 1 - \frac{\overline{n}_0}{\overline{n}_{\mathrm{f}}} \sin\theta_{\mathrm{t}} \sin\theta_{\mathrm{i}} \right\} \tag{2.29}$$

利用斯涅耳定律

$$\overline{n}_0 \sin\theta_{\mathrm{i}} = \overline{n}_{\mathrm{f}} \sin\theta_{\mathrm{t}}$$

和三角恒等式

$$\cos^2\theta_{\mathrm{t}} + \sin^2\theta_{\mathrm{t}} = 1$$

在方程 (2.29) 中, 大括号内的项为

$$1-\frac{\overline{n}_0}{\overline{n}_\mathrm{f}}\sin\theta_t\sin\theta_\mathrm{i}=1-\frac{1}{\overline{n}_\mathrm{f}}\sin\theta_\mathrm{t}\overline{n}_\mathrm{f}\sin\theta_\mathrm{t}$$
$$=1-\sin^2\theta_\mathrm{t}=\cos^2\theta_\mathrm{t}$$

利用方程 (2.29) 中的最后结果, 我们最终得到了**光程差**:

$$\varDelta=2\cdot h\cdot\overline{n}_\mathrm{f}\cdot\cos\theta_\mathrm{t} \tag{2.30}$$

因此, 光程差可以用折射角来表示. 当正入射时, $\theta_\mathrm{i}=\theta_\mathrm{t}=0$ 而且 $\varDelta=2\overline{n}_\mathrm{f}h$. 该相位差 δ 是光束在薄膜中传播光程差 $\varDelta$ 后获取的:

$$\delta=k\cdot\varDelta=\frac{2\pi}{\lambda_0}\cdot\varDelta \tag{2.31}$$

2.2.5　平板中光束的多次干涉

基于上面的讨论, 我们现在来考虑在平板中的光束的多次干涉, 如图 2.12 所示. 这里 E_0 是入射光的振幅, r、t 是外部的反射和透射系数, 而 r'、t' 是内部的反射和透射系数.

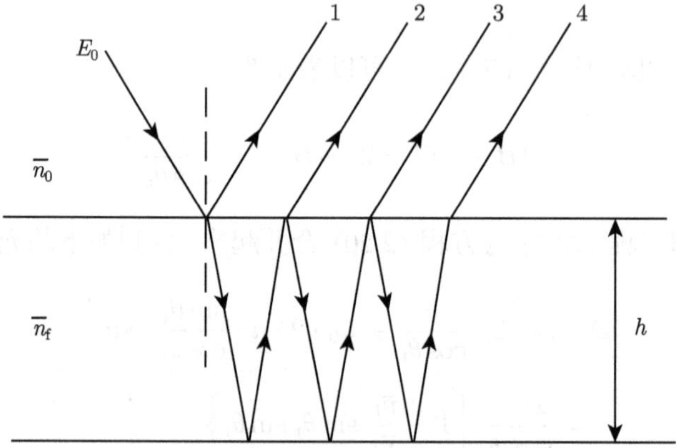

图 2.12　平板中光束的多次干涉

两束相邻反射光束由于在折射率为 $\overline{n}_\mathrm{f}$ 的薄膜中传播, 它们的相位差 (见方程 (2.31)) 是

$$\delta=k\cdot\varDelta$$

式中, $\varDelta$ 由方程 (2.30) 给出. 对方程 (2.12) 进行分析, 对于板外的光束可以写出下列表示式:

$$E_0 e^{i\omega t} \qquad \text{(入射光束)}$$

$$E_1 = rE_0 e^{i\omega t} \qquad \text{(第一次反射光束)}$$

$$E_2 = tt'r'E_0 e^{i\omega t - i\delta} \qquad \text{(第二次反射光束)}$$

$$E_3 = tt'r'^3 E_0 e^{i\omega t - i2\delta} \qquad \text{(第三次反射光束)}$$

$$E_4 = tt'r'^5 E_0 e^{i\omega t - i3\delta} \qquad \text{(第四次反射光束)}$$

第 k 个反射光束是

$$E_k = tt'r'^{(2k-3)} E_0 e^{i\omega t - i(k-1)\delta}$$

因而, 所有反射光束的总和 E_R 变成

$$E_R = \sum_{k=1}^{\infty} E_k = rE_0 e^{i\omega t} + \sum_{k=2}^{\infty} tt'r'^{(2k-3)} E_0 e^{i\omega t} e^{-j(k-1)\delta}$$

$$= E_0 e^{i\omega t} \left\{ r + tt'r' e^{-i\delta} \sum_{k=2}^{\infty} r'^{(2k-4)} e^{-i(k-2)\delta} \right\}$$

为了对上述无限项求和, 我们利用几何级数求和的基本关系:

$$S = \sum_{k=2}^{\infty} x^{k-2} = 1 + x + x^2 + \cdots$$

当 $|x| < 1$ 时, 该求和项变成 $S = 1/(1-x)$. 在本节的情况下, $x = r'^2 e^{-i\delta}$, 因此总的反射为

$$E_R = E_0 e^{i\omega t} \left\{ r + \frac{tt'r' e^{-i\delta}}{1 - r'^2 e^{-i\delta}} \right\}$$

利用斯托克斯关系, 我们得到

$$E_R = E_0 e^{i\omega t} \left\{ r - \frac{(1-r^2) r e^{-i\delta}}{1 - r^2 e^{-i\delta}} \right\}$$

$$= E_0 e^{i\omega t} \frac{r(1 - e^{-i\delta})}{1 - r^2 e^{-i\delta}}$$

反射光束的光强与辐照度 I_R 成正比, 后者为

$$I_R \sim |E_R|^2 = E_0^2 r^2 \left\{ \frac{e^{i\omega t}(1 - e^{-i\delta})}{1 - r^2 e^{-i\delta}} \right\} \left\{ \frac{e^{-i\omega t}(1 - e^{i\delta})}{1 - r^2 e^{i\delta}} \right\}$$

$$= E_0^2 r^2 \frac{2(1 - \cos\delta)}{1 + r^4 - 2r^2 \cos\delta}$$

引入 I_i 作为入射光束的辐照度, 而 I_T 是透射光的辐照度. 于是, 我们有

$$\frac{I_\mathrm{R}}{I_\mathrm{i}} = \frac{|E_\mathrm{R}|^2}{|E_\mathrm{i}|^2}$$

以及

$$I_\mathrm{R} + I_\mathrm{T} = I_\mathrm{i}$$

它来自非吸收薄膜中的能量守恒定律. 基于上述关系, 我们得到

$$I_\mathrm{R} = \frac{2r^2(1-\cos\delta)}{1+r^4-2r^2\cos\delta} I_\mathrm{i} \tag{2.32}$$

以及

$$I_\mathrm{T} = \frac{(1-r^2)^2}{1+r^4-2r^2\cos\delta} I_\mathrm{i} \tag{2.33}$$

2.2.6 法布里 – 珀罗干涉仪

法布里–珀罗 (FP) 干涉仪由两片平板及夹在其中的介质 (通常为空气) 组成. 2.2.5 节中已经推导了在这种系统中透射和反射的表示式. 透射表示式可以用来决定透射率 T (或 Airy 函数)

$$\begin{aligned} T \equiv \frac{I_\mathrm{T}}{I_\mathrm{i}} &= \frac{(1-r^2)^2}{1+r^4-2r^2\cos\delta} \\ &= \frac{1-2r^2+r^4}{1+r^4-2r^2+4r^2\sin^2\dfrac{\delta}{2}} \\ &= \frac{1}{1+\dfrac{4r^2}{(1-r^2)^2}\sin^2\dfrac{\delta}{2}} \end{aligned}$$

利用三角恒等式 $\cos\delta = 1-2\sin^2\dfrac{\delta}{2}$.

精细度系数定义为

$$F \equiv \frac{4r^2}{(1-r^2)^2} \tag{2.34}$$

透射率因而表示为

$$T = \frac{1}{1+F\sin^2\dfrac{\delta}{2}} \tag{2.35}$$

实例

书写并分析由方程 (2.35) 给出的 FP 标准具透射率的 Matlab 程序.

答案

Matlab 代码见附录 2A.3 中的清单, 而 FP 的条纹如图 2.13 所示. 该图表明在多种不同的外反射 r 的情况下, 透射率是相位差 δ 的函数.

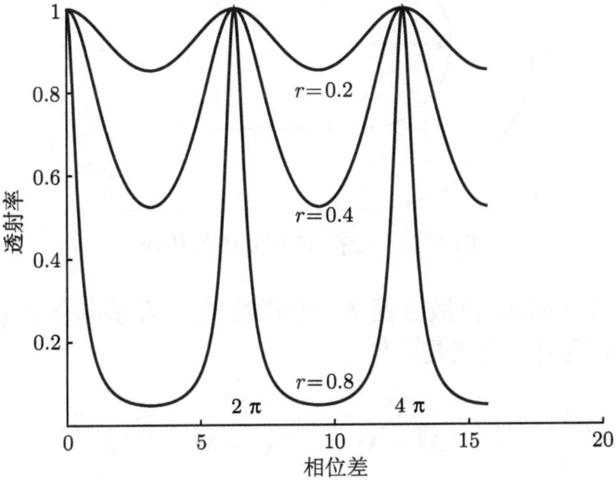

图 2.13　FP 干涉条纹的剖面

2.3 习　题

1. 利用斯涅耳定律推导出临界角 θ_c 的表示式. 计算水 ($\overline{n}_{\text{water}} = 1.33$)–空气界面的 θ_c 数值.

2. 各向同性的光源置于水下 d 的距离, 向上照射半径为 5m 的圆形区. 决定 d 的大小.

3. 水箱用 1cm 厚的亚麻油 ($\overline{n}_{\text{oil}} = 1.48$) 覆盖, 它的上面是空气. 试求从水箱中发出光的角度以至于光不会从水–油界面逸出.

4. 假定玻璃的折射率为 $\overline{n}$, 分析光线通过平行玻璃板的传输. 决定外出光线的位移.

5. 点光源 S 位于离平凸薄透镜 30cm 的轴线上, 透镜的半径为 5cm. 玻璃透镜放在空气中. 如果 (a) 平面对着 S 以及 (b) 凸面对着 S, 决定像距的大小.

6. FP 标准具由两块平行的平板所组成, 平板之间有一层增益为 g 的活性物质[3]. 推导信号增益的表示式.

7. 方形横截面的玻璃棒弯成 U 形, 如图 2.14 [4] 所示. 平行光束垂直投射到它的 A 面上. 如果全部入射光通过 A 面进入而从 B 面逸出, 计算比值 R/d 的最小值. 假设玻璃的折射系数是 1.5.

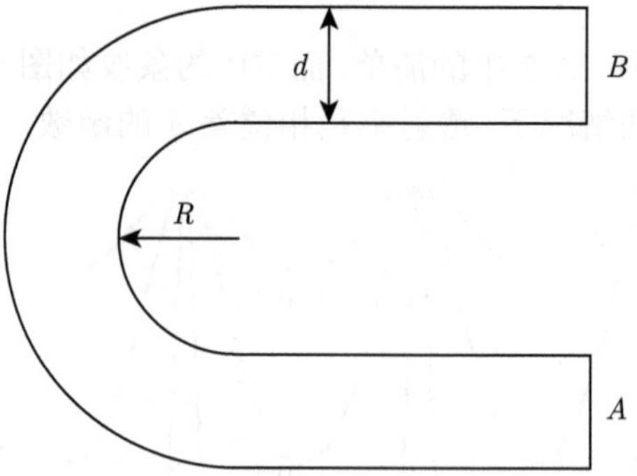

图 2.14　光在 U 形管中的传播

8. 谢米尔 (Sellmeier) 色散方程是一个用波长 λ 表示电介质 (如玻璃) 折射系数的经验公式. 最通用表达式是[5, 6]

$$\overline{n}^2 = 1 + G_1 \frac{\lambda^2}{\lambda^2 - \lambda_1^2} + G_2 \frac{\lambda^2}{\lambda^2 - \lambda_2^2} + G_3 \frac{\lambda^2}{\lambda^2 - \lambda_3^2} \tag{2.36}$$

式中, G_1、G_2、G_3 和 λ_1、λ_2、λ_3 是常数 (称为谢米尔参数), 这些常数需要通过实验数据弥合上述表示式来决定. 玻璃的一些谢米尔参数见表 2.2(该数据来自文献 [5]～ [7]).

表 2.2　玻璃 SiO_2 的谢米尔参数

参数	G_1	G_2	G_3	λ_1/μm	λ_2/μm	λ_3/μm
SiO_2	0.696749	0.408218	0.890815	0.0690660	0.115662	9.900559

写出 Matlab 程序以便绘出纯玻璃的折射率在 $0.5 \sim 1.8\mu m$ 波长范围内的变化曲线.

9. 利用谢米尔关系, 绘出对于 SiO_2 的倒群速度及群速度图. 假定 $1.36 < \lambda[\mu m] < 1.65$.

附录 2A: 本章 Matlab 的函数清单和代码

在表 2.3 中我们提供了用于第 2 章的 Matlab 文件的清单以及对它们的简短描述.

表 2.3 第 2 章的 Matlab 函数清单

清单	函数文件名	描述
2A.1	phase_velocity.m	绘制相速度
2A.2	group_velocity.m	绘制群速度
2A.3	FP_transmit.m	绘制 FP 标准具的透射率

清单 2A.1 程序 phase_velocity.m: 用来绘制相速度的 Matlab 代码.

```
% 文件名: phase_velocity.m
% Illustrative plot of phase velocity
clear all
N_max = 101;                         % number of points for plot
t = linspace(0,30d-15,N_max);        % creation of theta arguments
%
c = 3d14;                            % velocity of light in microns/s
n = 3.4;                             % refractive index
v_p = c/n;                           % phase velocity
lambda = 1.0;                        % microns
k = 2*pi/lambda;
frequency = v_p/lambda;
z = 0.6;                             % distance in microns
omega = 2*pi*frequency;
A = sin(k*z - omega*t);
plot(t,A,'LineWidth',1.5)
xlabel('Time','FontSize',14);
ylabel('Amplitude','FontSize',14);
set(gca,'FontSize',14);              % size of tick marks on both axes
axis([0 30d-15 -1.5 2])
text(17d-15, 1.3, 'z(t)','Fontsize',16)
line([1.53d-14,2d-14],[1,1],'LineWidth',3.0) % drawing arrow
line([1.9d-14,2d-14],[1.1,1],'LineWidth',3.0)
line([1.9d-14,2d-14],[0.9,1],'LineWidth',3.0)
pause
close all
```

清单 2A.2 程序 group_velocity.m: 用来绘制两个平面波叠加后波群速度的

Matlab 代码.

```
% 文件名: group_velocity.m
% Illustrative plot of group velocity by superposition
% of two plane waves
clear all
N_max = 300;                        % number of points for plot
t = linspace(0,300d-15,N_max);      % creation of theta arguments
%
c = 3d14;                           % velocity of light in microns/s
n = 3.4;                            % refractive index
v_p = c/n;                          % phase velocity
lambda = 1.0;                       % microns
frequency = v_p/lambda;
z = 0.6;                            % distance in microns
omega = 2*pi*frequency;
k = 2*pi/lambda;
Delta_omega = omega/15.0;
Delta_k = k/15.0;
%
omega_1 = omega + Delta_omega;
omega_2 = omega - Delta_omega;
k_1 = k + Delta_k;
k_2 = k - Delta_k;
A = 2*cos(k*z - omega*t).*cos(Delta_k*z - Delta_omega*t);
plot(t,A,'LineWidth',1.3)
xlabel('Time','FontSize',14)
ylabel('Amplitude','FontSize',14)
set(gca,'FontSize',14);             % size of tick marks on both axes
pause
close all
```

清单 2A.3　程序 FP_transmit.m: 用来绘制 FP 标准具透射率的 Matlab 代码.

```
% 文件名:  FP_transmit.m
% Plot of transmittance of FP etalon
clear all
```

```
N_max = 401;                      % number of points for plot
t = linspace(0,1,N_max);          % creation of theta arguments
delta = (5*pi)*t;                 % angles in radians
%
hold on
for r = [0.2 0.4 0.8]             % reflection coefficient
F = 4*r^2/(1-r^2).^2;             % coefficient of finesse
T = 1./(1 + F*(sin(delta/2)).^2);
plot(delta,T,'LineWidth',1.5)
end
%
% Redefine figure properties
ylabel('Transmittance','FontSize',14)
xlabel('Phase difference (rad)','FontSize',14)
set(gca,'FontSize',14);           % size of tick marks on both axes
text(6.1, 0.05, '2 \pi','Fontsize',14)
text(12.2, 0.05, '4 \pi','Fontsize',14)
text(8.5, 0.1, 'r = 0.8','Fontsize',14)
text(8.5, 0.5, 'r = 0.4','Fontsize',14)
text(8.5, 0.8, 'r = 0.2','Fontsize',14)
%
pause
close all
```

参 考 文 献

[1] F. L. Pedrotti and L. S. Pedrotti. *Introduction to Optics. Third Edition.* Prentice Hall, Upper Saddle River, New Jersey, 2007.

[2] E. Hecht. *Optics. 4-th Edition.* Addison-Wesley, San Francisco, 2002.

[3] Y. Yamamoto. Characteristics of AlGaAs Fabry-Perot cavity type laser amplifiers. *IEEE J. Quantum Electron.*, 16:1047 – 1052, 1980.

[4] L. Yung-Kuo, editor. *Problems and Solutions on Optics.* World Scientific, Singapore, 1991.

[5] J.W. Fleming. Dispersion in $GeO_2 - SiO_2$ glasses. *Applied Optics*, 23:4486–4493, 1984.

[6] S.O. Kasap. *Optoelectronics and Photonics: Principles and Practices.* Prentice Hall, Upper Saddle River, New Jersey, 2001.

[7] G. Ghosh, M. Endo, and T. Iwasaki. Temperature-dependent Sellmeier coefficients and chromatic dispersions for some optical fiber glasses. *J. Lightwave Technol.*, 12:1338–1342, 1994.

第 3 章　电磁学基础

光波是一种超高频的电磁波, 而描述电磁波行为的基本方程是麦克斯韦方程 (Maxwell's equation). 分析光波在各种波导中的传输模式、色散以及非线性效应的规律, 本质上, 就是在不同边界条件下求解麦克斯韦方程或相应的波动方程. 我们在本章从麦克斯韦方程开始讨论电磁学的基本定律和光的基本特性.

3.1　麦克斯韦方程组

麦克斯韦方程组是英国伟大的物理学家麦克斯韦在 19 世纪建立的描述电场和磁场的四个基本方程构成的方程组. 该方程组具有微分和积分两种形式. 在麦克斯韦方程组中, 电场和磁场已经成为不可分割的整体. 该方程组系统而完整地概括了电磁场的基本规律, 揭示了光和电磁现象的本质, 并预言了电磁场的存在.

麦克斯韦方程组的微分形式为 [1, 2]

$$\nabla \times \boldsymbol{E} = -\frac{\partial \boldsymbol{B}}{\partial t} \tag{3.1}$$

$$\nabla \times \boldsymbol{H} = \boldsymbol{J} + \frac{\partial \boldsymbol{D}}{\partial t} \tag{3.2}$$

$$\nabla \cdot \boldsymbol{D} = \rho_v \tag{3.3}$$

$$\nabla \cdot \boldsymbol{B} = 0 \tag{3.4}$$

式中, $\boldsymbol{E}$ 是电场强度 [V/m]; $\boldsymbol{B}$ 是磁感应强度 [T]; $\boldsymbol{H}$ 是磁场强度 [A/m]; $\boldsymbol{D}$ 是电位移矢量 [C/m^2]; $\boldsymbol{J}$ 是传导电流密度 [A/m^2]; ρ_v 是电荷密度 [C/m^3].

笛卡儿坐标系中的矢量 ∇

$$\nabla = \left[\frac{\partial}{\partial x}, \frac{\partial}{\partial y}, \frac{\partial}{\partial z}\right] \tag{3.5}$$

上述关系式需辅佐下面的基本公式 (也称为本构公式或称物质公式):

$$\boldsymbol{D} = \varepsilon \boldsymbol{E} \tag{3.6}$$

$$\boldsymbol{B} = \mu \boldsymbol{H} \tag{3.7}$$

$$\boldsymbol{J} = \sigma \boldsymbol{E} \tag{3.8}$$

式中，$\varepsilon=\varepsilon_0\varepsilon_{\mathrm{r}}$ 是介电常数 [F/m]; $\mu=\mu_0\mu_{\mathrm{r}}$ 是磁导率 [H/m]; σ 是电导率; ε_{r} 是相对介电常数. 对于这里所考虑的光学问题，$\mu_{\mathrm{r}}=1$.

让我们来回顾两个数学定理：高斯定理和斯托克斯定理. 高斯定理是

$$\oint_S \boldsymbol{F}\cdot\mathrm{d}s=\int_V \nabla\cdot\boldsymbol{F}\mathrm{d}v \tag{3.9}$$

式中，S 是包围体积 V 的封闭表面. 斯托克斯定理是

$$\oint_L \boldsymbol{F}\cdot\mathrm{d}l=\int_A \nabla\times\boldsymbol{F}\cdot\mathrm{d}\boldsymbol{s} \tag{3.10}$$

式中，路径 L 定义了表面积 A. 借助上述两个定理，麦克斯韦方程组的微分形式转换为其积分方程组. 麦克斯韦方程组的积分形式是

$$\oint_S \boldsymbol{D}\cdot\mathrm{d}\boldsymbol{s}=\int_V \rho_v\mathrm{d}v \tag{3.11}$$

$$\oint_S \boldsymbol{B}\cdot\mathrm{d}\boldsymbol{s}=0 \tag{3.12}$$

$$\oint \boldsymbol{E}\cdot\mathrm{d}\boldsymbol{l}=-\int_A \frac{\partial\boldsymbol{B}}{\partial t}\cdot\mathrm{d}\boldsymbol{S} \tag{3.13}$$

$$\oint \boldsymbol{H}\cdot\mathrm{d}\boldsymbol{l}=-\int_A\left(\frac{\partial\boldsymbol{D}}{\partial t}+I\right)\cdot\mathrm{d}\boldsymbol{S} \tag{3.14}$$

方程 (3.11) 描述了电场的性质. 在通常情况下，电场是库仑场，它可以被变化的磁场所激发，形成感应电场. 而感应电场是涡旋场，它的电位移是闭合的，对封闭曲面的通量贡献为零. 方程 (3.12) 描述了磁场的性质. 磁场可以由传导电流所激发，也可以由变化的电位移所激发. 但是，它们的磁场都是涡旋场，磁感应线都是闭合的，对封闭曲面的通量贡献为零. 方程 (3.13) 描述了变化的磁场激发电场的规律. 方程 (3.14) 描述了电流源和变化的电场激发磁场的规律.

传播介质的特性主要由 ε, μ 和 σ 决定. 另外，对于电介质起主要作用的是 ε. 如果 ε 与 E 独立无关，那么，介质是线性的，反之，它是非线性的. 如果 ε 与空间中的位置无关，那么，它被称为匀质介质，反之，它是非匀质介质. 再者，如果特性与方向无关，介质是各向同性的，反之，为各向异性.

3.2 边界条件

边界条件源于积分形式的麦克斯韦方程组. 为此，我们将所有矢量分解为两个分量，一个平行于界面，另一个则垂直于界面. 通过使用如图 3.1 所示的路径和圆柱体，推导边界条件. 推导时，电场和磁场分别独立进行.

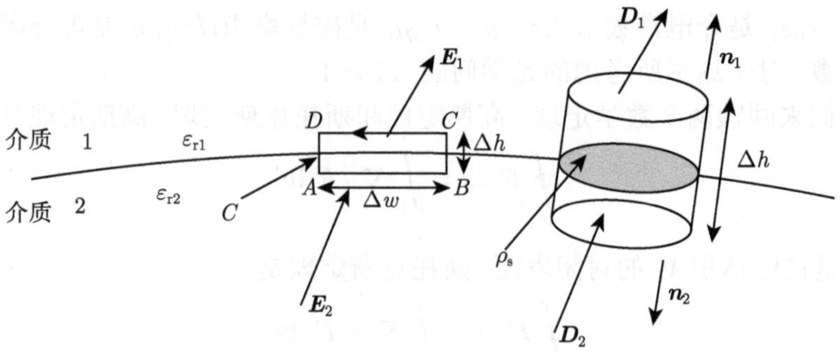

图 3.1　两个介质的界面

路径和体积被用来推导两个如图所示的不同电介质电磁场的边界条件

3.2.1　电场边界条件

首先, 让我们分析切向分量. 将方程 (3.13) 沿封闭的路径 C 积分, 如图 3.1 所示, 然后, 使得 $\Delta h \to 0$

$$\int_{ABCDA} \boldsymbol{E}\cdot \mathrm{d}\boldsymbol{l} = -\boldsymbol{E}_1 \cdot \mathrm{d}\boldsymbol{l} + \boldsymbol{E}_2 \cdot \mathrm{d}\boldsymbol{l} = -E_{1\mathrm{t}}\Delta w + E_{2\mathrm{t}}\Delta w = 0$$

于是

$$E_{1\mathrm{t}} = E_{2\mathrm{t}} \tag{3.15}$$

因此, 任何两个电介质在边界两侧电场的切向分量是连续的. 利用上述的一般关系 (3.6), 我们得到了矢量 $\boldsymbol{D}$ 的切向分量的边界条件

$$\frac{D_{1\mathrm{t}}}{\varepsilon_{\mathrm{r}1}} = \frac{D_{2\mathrm{t}}}{\varepsilon_{\mathrm{r}2}} \tag{3.16}$$

为了获取垂直分量的边界条件, 我们考虑如图 3.1 所示的圆柱体. 这里 $\boldsymbol{n}_1$ 和 $\boldsymbol{n}_2$ 是圆柱体上下表面 S 指向对应电介质的法向分量. 运用高斯定律, 沿着圆柱体的表面进行积分

$$\int_S \boldsymbol{D}\cdot \mathrm{d}\boldsymbol{s} = \int_{\mathrm{top}} \boldsymbol{D}_1 \cdot \boldsymbol{n}_1 \mathrm{d}s + \int_{\mathrm{bottom}} \boldsymbol{D}_2 \cdot \boldsymbol{n}_2 \mathrm{d}s = \rho_s \Delta s$$

圆柱体外表面的贡献在极限 $\Delta h \to 0$ 时消失殆尽. 利用 $\boldsymbol{n}_2 = -\boldsymbol{n}_1$ 的事实以及基于基本公式 (3.6), 我们得到

$$\boldsymbol{n}_1 \cdot (\boldsymbol{D}_1 - \boldsymbol{D}_2) = \rho_s \tag{3.17}$$

或

$$\varepsilon_{\mathrm{r}1} E_{2\mathrm{n}} - \varepsilon_{\mathrm{r}2} E_{1\mathrm{n}} = \rho_s \tag{3.18}$$

因此, 矢量 $\boldsymbol{D}$ 的法向分量在边界面两边是不连续的 (除非 $\rho_s = 0$).

3.2.2 磁场边界条件

利用和电场类似的方法推导出磁场的边界条件. 对于方程 (3.12), 沿着圆柱面进行积分:

$$\int_S \boldsymbol{B}\cdot\mathrm{d}\boldsymbol{s} = 0$$

或者

$$B_{1\mathrm{n}} = B_{2\mathrm{n}} \tag{3.19}$$

利用基本公式 (3.7), 得到磁场的边界条件 $\boldsymbol{H}$:

$$\mu_{\mathrm{r}1} H_{1\mathrm{n}} = \mu_{\mathrm{r}2} H_{2\mathrm{n}} \tag{3.20}$$

上述关系告诉我们, 其 $\boldsymbol{B}$ 的法向分量在边界上是连续的. 为了得到切向磁场分量在边界上的表达式, 把安培定律用在路径 C 上, 并使得 $\Delta h \to 0$. 接着, 可以得到

$$\int_C \boldsymbol{H}\cdot\mathrm{d}\boldsymbol{l} = \int_A^B \boldsymbol{H}_2\cdot\mathrm{d}\boldsymbol{l} - \int_C^D \boldsymbol{H}_1\cdot\mathrm{d}\boldsymbol{l} = I$$

式中, I 是穿过圆环面的净电流. 如果我们让 Δh 趋于零, 圆环面则接近一根短线 Δw. 于是, 穿过这根短线的电流是 $I = J_s \cdot \Delta w$, 其中 J_s 是流过圆环表面的电流密度. 因此, 可以把上述方程式表示为

$$H_{2\mathrm{t}} - H_{1\mathrm{t}} = J_s \tag{3.21}$$

利用单位矢量 $\boldsymbol{n}_2$, 上述关系可以改写为

$$\boldsymbol{n}_2 \times (\boldsymbol{H}_1 - \boldsymbol{H}_2) = \boldsymbol{J}_s \tag{3.22}$$

式中, $\boldsymbol{n}_2$ 是介质 2 向外的法向矢量, 如图 3.1 所示; $\boldsymbol{J}_s$ 是表面电流.

在表 3.1 中, 我们列举了两个电介质之间电场和磁场的边界条件. 各种场分量的变化用图 3.2 加以说明.

表 3.1 电场和磁场的边界条件总结

场分量	一般形式	特定形式
$\boldsymbol{E}$ 的切向分量	$\boldsymbol{n}_2 \times (\boldsymbol{E}_1 - \boldsymbol{E}_2) = 0$	$E_{1\mathrm{t}} = E_{2\mathrm{t}}$
$\boldsymbol{D}$ 的法向分量	$\boldsymbol{n}_2 \cdot (\boldsymbol{D}_1 - \boldsymbol{D}_2) = \rho_s$	$D_{1\mathrm{n}} - D_{2\mathrm{n}} = \rho_s$
$\boldsymbol{H}$ 的切向分量	$\boldsymbol{n}_2 \times (\boldsymbol{H}_1 - \boldsymbol{H}_2) = \boldsymbol{J}_s$	$H_{2\mathrm{t}} = H_{1\mathrm{t}}$
$\boldsymbol{B}$ 的法向分量	$\boldsymbol{n}_2 \cdot (\boldsymbol{B}_1 - \boldsymbol{B}_2) = 0$	$B_{1\mathrm{n}} = B_{2\mathrm{n}}$

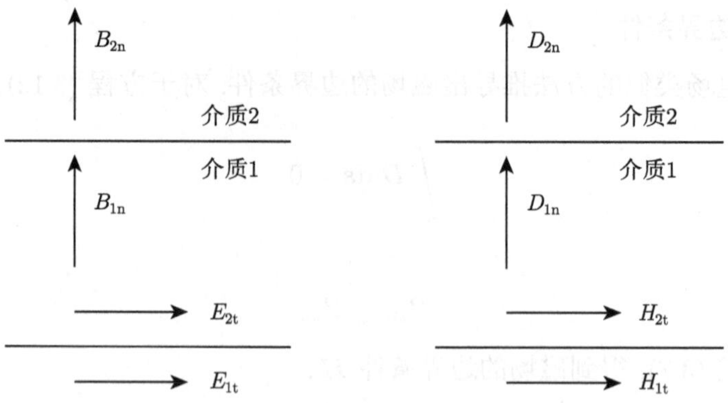

图 3.2 电磁场的边界条件

3.3 波动方程

在本节我们将推导无源介质的波动方程. 此时 $\varrho_v = 0$ 和 $\boldsymbol{J} = 0$. 把运算子 $\nabla\times$ 施加于方程 (3.1) 的两端, 我们发现

$$\nabla \times \nabla \times \boldsymbol{E} = -\frac{\partial}{\partial t}(\nabla \times \boldsymbol{B}) = -\mu\frac{\partial}{\partial t}(\nabla \times \boldsymbol{H}) = -\mu\frac{\partial}{\partial t}\frac{\partial \boldsymbol{D}}{\partial t} = -\mu\varepsilon\frac{\partial^2 \boldsymbol{E}}{\partial t^2}$$

这里我们利用了麦克斯韦方程 (3.2) 和基本公式 (3.6). 接着, 我们使用下面的数学公式:

$$\nabla \times \nabla \times \boldsymbol{E} = \nabla(\nabla \cdot \boldsymbol{E}) - \nabla^2 \boldsymbol{E} \tag{3.23}$$

借助于麦克斯韦方程 (3.3), 最终得到

$$\nabla^2 \boldsymbol{E} - \mu\varepsilon\frac{\partial^2}{\partial t^2}\boldsymbol{E} = 0 \tag{3.24}$$

上述方程就是我们所期待的波动方程. 麦克斯韦方程表明电磁场的变化具有波动性, 它脱离激发源以后可以以波的形式在介质中传播. 物理量 $\mu\varepsilon$ 与光在真空中的速度有以下关系 (假设 $\mu_{\mathrm{r}} = 1$):

$$\mu\varepsilon = \mu_0\varepsilon_0\varepsilon_{\mathrm{r}} = \frac{\overline{n}^2}{c^2} \tag{3.25}$$

式中, $\overline{n}$ 是介质的折射率.

3.4 时谐场

在许多实际情况下, 电磁场随时间按正弦变化, 俗称时谐场. 任何复杂变化的场都可以通过傅里叶积分的方法分解为许多正弦变化场, 或时谐场的叠加. 时谐电

场可以表示为

$$\boldsymbol{E}(\boldsymbol{r},t)=\mathrm{Re}\left\{\boldsymbol{E}(\boldsymbol{r})\,\mathrm{e}^{\mathrm{j}\omega t}\right\} \tag{3.26}$$

式中，$\boldsymbol{E}(\boldsymbol{r})$ 是 $\boldsymbol{E}(\boldsymbol{r},t)$ 的相位复矢量, 因此它通常是个复数; $\mathrm{Re}\{\cdots\}$ 代表把括号中的量“取实数”的结果; ω 是圆频率, 单位是 rad/s. 必须知道所有的电场和磁场都是用矢量表示的, 因此波动方程是矢量方程. 但是, 我们要将它们由矢量方程简化成或拆分成标量方程, 以方便求解.

施以时谐的假设后, 无源的麦克斯韦方程组式 (3.26) 最终成为

$$\nabla\times\boldsymbol{E}=-\mathrm{j}\omega\mu\boldsymbol{H} \tag{3.27}$$

$$\nabla\times\boldsymbol{H}=\mathrm{j}\omega\varepsilon\boldsymbol{E} \tag{3.28}$$

再加上时谐的假设, 波动方程 (3.24) 便成为

$$\nabla^2\boldsymbol{E}+k^2\boldsymbol{E}=0 \tag{3.29}$$

式中，$k=\omega\sqrt{\mu\varepsilon}$. 该方程可以简洁地表达为

$$\left(\frac{\partial^2}{\partial x^2}+\frac{\partial^2}{\partial y^2}+\frac{\partial^2}{\partial z^2}+k^2\right)E_i=0 \tag{3.30}$$

式中，$i=x,y,z$.

实例

作为例子, 考虑一个等幅平面波的传播. E_x 是非零的均匀电场. 又假定

$$\frac{\partial^2 E_x}{\partial x^2}=0,\quad \frac{\partial^2 E_x}{\partial y^2}=0 \tag{3.31}$$

波动方程则简化为

$$\frac{\partial^2 E_x}{\partial z^2}+k^2E_x=0 \tag{3.32}$$

方程前向传播的解是

$$E_x(z)=E_0\mathrm{e}^{-\mathrm{j}kz} \tag{3.33}$$

磁场由麦克斯韦方程 (3.27) 所决定

$$\nabla\times\boldsymbol{E}=\begin{vmatrix}\boldsymbol{a}_x & \boldsymbol{a}_y & \boldsymbol{a}_z\\ 0 & 0 & \dfrac{\partial}{\partial z}\\ E_x(z) & 0 & 0\end{vmatrix}=-\mathrm{j}\omega\mu\left(\boldsymbol{a}_xH_x+\boldsymbol{a}_yH_y+\boldsymbol{a}_zH_z\right) \tag{3.34}$$

式中, $\boldsymbol{a}_x, \boldsymbol{a}_y, \boldsymbol{a}_z$ 分别是沿着 x, y, z 轴的单位矢量. 由上述方程, 我们发现

$$\begin{cases} H_x = 0 \\ H_y = \dfrac{1}{\mathrm{j}\omega\mu}\dfrac{\partial E_x(z)}{\partial z} \\ H_z = 0 \end{cases} \tag{3.35}$$

利用 $E_x(z)$ 的解, 我们最终得到了磁场的表达式

$$\boldsymbol{H} = \boldsymbol{a}_y H_y(z) \tag{3.36}$$

$$= \frac{1}{-\mathrm{j}\omega\mu}(-\mathrm{j}kE_0)\boldsymbol{a}_y \tag{3.37}$$

$$= \boldsymbol{a}_y \frac{k}{\omega\mu} E_0(z)$$

$$= \boldsymbol{a}_y \frac{1}{Z} E_0(z)$$

式中, 介质的阻抗 Z 定义为 $Z = \sqrt{\dfrac{\mu}{\varepsilon}}$. 传播的波如图 3.3 所示.

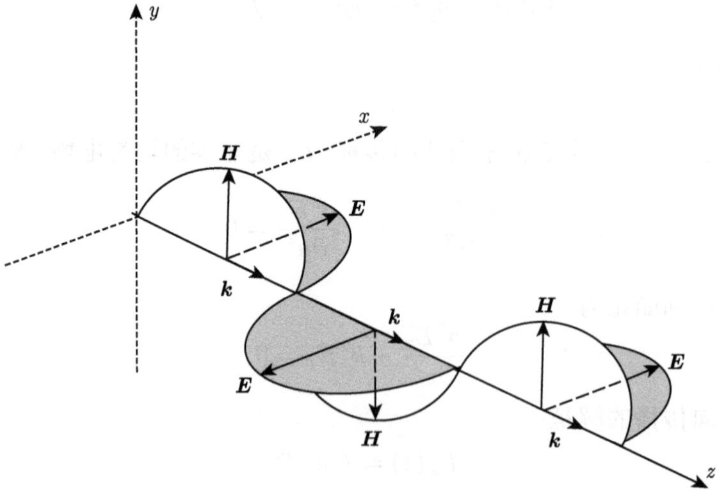

图 3.3　形象化的电磁场

至此, 我们已经获得了十分有用的电场和磁场之间的相互关系. 假设电场和磁场两者都是相关的时谐平面波

$$\boldsymbol{E} \sim \exp\left(\mathrm{i}\,\omega\, t - \mathrm{i}\,\boldsymbol{k}\cdot\boldsymbol{r}\right)$$

此外, 利用本构公式 (3.7), 麦克斯韦方程 (3.1) 遂变成

$$\boldsymbol{k} \times \boldsymbol{E} = \omega \mu_0 \boldsymbol{H}$$

引入单位矢量 $\widehat{k}$ 和波矢量 $\boldsymbol{k}$ 以及波数的表示式 $k = \omega \overline{n}\ \sqrt{\mu_0 \varepsilon_0}$ 后, 我们发现

$$\overline{n}\ \widehat{k} \times \boldsymbol{E} = Z_0 \boldsymbol{H}$$

式中, Z_0 是自由空间中的阻抗.

3.5 偏 振 波

本节将讨论电磁波偏振的概念. 偏振使得在垂直于传播方向的平面上矢量 $\boldsymbol{E}$ 末端在空间给定点画出随时间而变化的轨迹 (曲线或直线). 在最一般的情况下, 该曲线产生的是一个椭圆, 因此它称为椭圆偏振波. 在一定条件下, 椭圆可退化为一个圆或一条直线. 在这种情况下, 它意味着波分别沿着圆形或线性方向偏振. 由于磁场矢量与电场矢量遵循相同规律, 所以我们不需要分开加以讨论. 首先考虑单个电磁波.

3.5.1 线偏振波

考虑一个沿 x 轴振动的电场矢量 $\boldsymbol{E}$ 的电磁波:

$$\boldsymbol{E} = \boldsymbol{a}_x E_0 \cos(\omega t - kz + \phi) \tag{3.38}$$

我们知道它是一个线性偏振的平面波, 其电场矢量沿着 x 方向来回振荡, 波沿着 z 方向传播. 在方程 (3.38) 中, $\omega = 2\pi\nu$ 是圆周频率, 而 k 是定义为

$$k = \frac{\omega}{v}$$

的传播常数, 其中 $v = c/\overline{n}$ 是电磁波在折射率为 $\overline{n}$ 的介质中的传播速度. ϕ 是电磁波的相位.

电磁波也可以用复数形式表示:

$$\boldsymbol{E} = \boldsymbol{a}_x E_0 \mathrm{e}^{\mathrm{i}(\omega t - kz + \phi)} \tag{3.39}$$

用方程 (3.38) 表示的实际电场可以对方程 (3.39) 取实数部分而获得. 电磁波更一般的表示式是

$$\boldsymbol{E} = \widehat{e} E_0 \mathrm{e}^{\mathrm{i}(\omega t - \boldsymbol{k} \cdot \boldsymbol{r} + \phi)}$$

它被称为平面偏振波. 这里单位矢量 $\widehat{e}$ 处在称为偏振面的平面中, 它与描述传播方向的矢量相垂直, 因此

$$\boldsymbol{k}\cdot\widehat{\boldsymbol{e}}=0$$

3.5.2　圆偏振和椭圆偏振波

在一般情况下, 当我们有任意数量传播在同一个方向的平面波时, 它们合成起来就会变成一个复杂的形状. 最简单的情况是仅有两个平面波. 更具体地说, 考虑两个沿正交方向振动的平面波. 它们合成起来便是传播在同一方向上而且具有相同的频率的线偏振波.

$$\boldsymbol{E}_1=E_x\boldsymbol{a}_x=\boldsymbol{a}_xE_{0x}\cos(\omega t-kz) \tag{3.40}$$

$$\boldsymbol{E}_2=E_y\boldsymbol{a}_y=\boldsymbol{a}_yE_{0y}\cos(\omega t-kz-\phi) \tag{3.41}$$

我们要知道的是合成波的类型和最终电场矢量 $\boldsymbol{E}=\boldsymbol{E}_1+\boldsymbol{E}_2$ 末端的轨迹曲线.

$$\boldsymbol{E}=\boldsymbol{E}_1+\boldsymbol{E}_2=\boldsymbol{a}_xE_{0x}\cos(\omega t-kz)+\boldsymbol{a}_yE_{0y}\cos(\omega t-kz-\phi) \tag{3.42}$$

首先消除掉 $\cos(\omega t-kz)$ 这一项. 对于方程 (3.40)

$$\cos(\omega t-kz)=\frac{E_x}{E_{0x}} \tag{3.43}$$

利用三角恒等式

$$\cos(\alpha-\beta)=\cos\alpha\cos\beta+\sin\alpha\sin\beta$$

把方程 (3.42) 表示成下面的方程式:

$$E_y=E_{0y}\left\{\cos(\omega t-kz)\cos\phi+\left[1-\cos^2(\omega t-kz)\right]^{1/2}\sin\phi\right\}$$

把方程 (3.43) 代入上式, 于是有

$$\frac{E_y}{E_{0y}}=\frac{E_x}{E_{0x}}\cos\phi+\left(1-\frac{E_x^2}{E_{0x}^2}\right)^{1/2}\sin\phi$$

两边取平方得到

$$\left(\frac{E_y}{E_{0y}}-\frac{E_x}{E_{0x}}\cos\phi\right)^2=\left(1-\frac{E_x^2}{E_{0x}^2}\right)\sin^2\phi$$

或者

$$\frac{E_y^2}{E_{0y}^2}-2\cos\phi\frac{E_y}{E_{0y}}\frac{E_x}{E_{0x}}+\frac{E_x^2}{E_{0x}^2}\cos^2\phi+\frac{E_x^2}{E_{0x}^2}\sin^2\phi=\sin^2\phi$$

最终, 上述方程变成

$$\left(\frac{E_y}{E_{0y}}\right)^2+\left(\frac{E_x}{E_{0x}}\right)^2-2\left(\frac{E_y}{E_{0y}}\right)\left(\frac{E_x}{E_{0x}}\right)\cos\phi=\sin^2\phi \tag{3.44}$$

这是一个椭圆的一般性方程. 因此 $\boldsymbol{E}(z,t)$ 的末端在空间一个给定的位置呈现一个椭圆形的轨迹. 换言之, 这个波是椭圆偏振的. 当相位 $\phi=\dfrac{\pi}{2}$ 时, 合成的总电场是

$$\left(\frac{E_y}{E_{0y}}\right)^2+\left(\frac{E_x}{E_{0x}}\right)^2=1$$

它代表一个右旋的椭圆偏振波. 随着时间的推移, 电场矢量 $\boldsymbol{E}$ 末端沿着椭圆形逆时针地旋转. 我们把椭圆形、圆形和线性等三种偏振状态汇总在图 3.4 中.

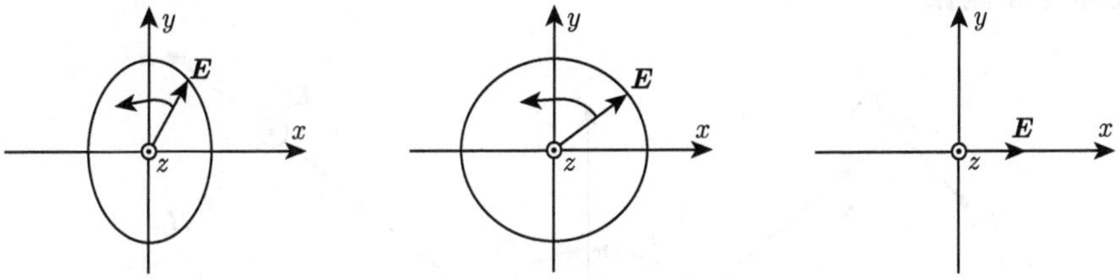

(a) 椭圆形　　(b) 圆形　　(c) 线性

图 3.4　三种典型的偏振状态

3.6　菲涅耳系数和相位

本节我们讨论电磁波在两个电介质之间的界面遇到的反射, 如图 3.5 所示. 垂直于两种介质之间的界面的单位矢量 $\boldsymbol{n}$ 的与入射波和反射波传播方向所组成平面定义为入射面.

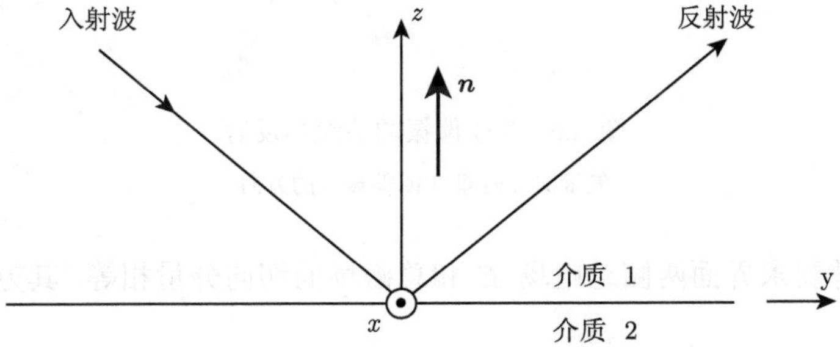

图 3.5　用于定义入射面的图

我们将推导所谓的菲涅耳系数[3], 即基于波的入射角和两边电介质的材料特性计算的波反射系数和透射系数. 下面是菲涅耳系数的定义[1]:

$$r\mathrm{e}^{-2\mathrm{j}\phi} \tag{3.45}$$

我们将计算 TE 和 TM 两个模式的反射系数 r 及它们的相位 ϕ.

3.6.1 TE 偏振

参照图 3.6, $E_{1\mathrm{i}}, E_{1\mathrm{r}}, E_{2\mathrm{t}}$ 分别是在介质 1 和 2 中入射, 反射和透射的电场. 在介质 1 中的入射电场 ($E_{1\mathrm{i}}$) 平行于这两个介质之间的分界面, 这样的取向被称为 TE 偏振. 偏振的另一种参考系是入射面, 如果电场矢量 $\boldsymbol{E}$ 和入射面垂直, 这种偏振又被称为 s 偏振.

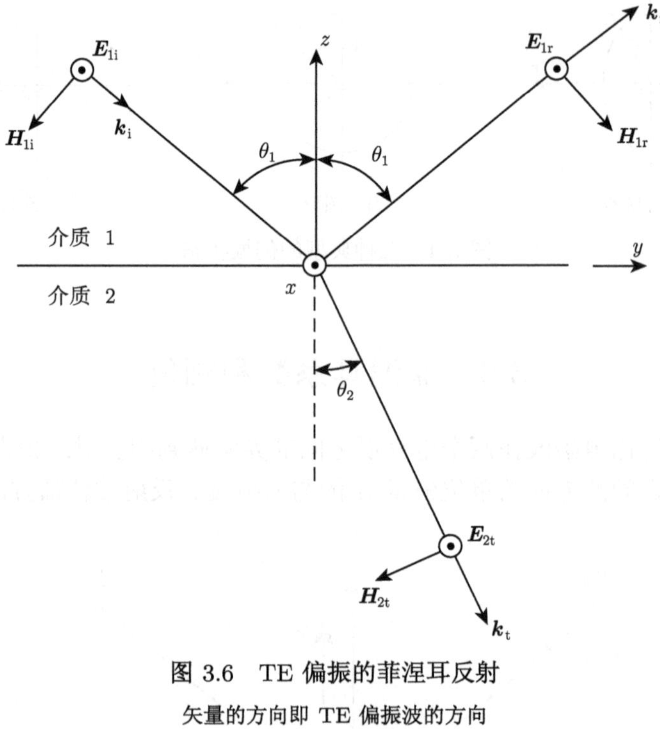

图 3.6　TE 偏振的菲涅耳反射

矢量的方向即 TE 偏振波的方向

边界条件要求界面两侧总电场 $\boldsymbol{E}$ 和总磁场的切向分量相等. 其方程为

$$\begin{gathered}E_{1\mathrm{i}}+E_{1\mathrm{r}}=E_{2\mathrm{t}}\\-H_{1\mathrm{i}}\cos\theta_1+H_{1\mathrm{r}}\cos\theta_1=-H_{2\mathrm{t}}\cos\theta_2\end{gathered} \tag{3.46}$$

另外, 两边介质的阻抗表示式为

$$\frac{E_{1\mathrm{i}}}{H_{1\mathrm{i}}}=Z_1,\quad \frac{E_{1\mathrm{r}}}{H_{1\mathrm{r}}}=Z_1,\quad \frac{E_{2\mathrm{t}}}{H_{2\mathrm{t}}}=Z_2 \tag{3.47}$$

对于非磁性介质 ($\mu_\mathrm{r}=1$) 阻抗可以写成 $Z=\dfrac{Z_0}{\overline{n}}$, 其中 $\overline{n}$ 是介质的折射率, 而且

$$Z_0=\sqrt{\frac{\mu_0}{\varepsilon_0}}$$

是自由空间的阻抗. 第二个方程中的磁场 (3.46) 被方程 (3.47) 的电场所替换, 我们得到

$$\begin{aligned} E_{1\mathrm{i}}+E_{1\mathrm{r}}&=E_{2\mathrm{t}} \\ -\frac{E_{1\mathrm{i}}}{Z_1}\cos\theta_1+\frac{E_{1\mathrm{r}}}{Z_1}\cos\theta_1&=-\frac{E_{2\mathrm{t}}}{Z_2}\cos\theta_2 \end{aligned} \tag{3.48}$$

反射系数定义为

$$r_{\mathrm{TE}}=\frac{E_{1\mathrm{r}}}{E_{1\mathrm{i}}} \tag{3.49}$$

方程 (3.48) 两边除以 $E_{2\mathrm{t}}$, 再代入方程 (3.49), 我们获得

$$r_{\mathrm{TE}}=\frac{Z_2\cos\theta_1-Z_1\cos\theta_2}{Z_2\cos\theta_1+Z_1\cos\theta_2}$$

用折射率 $\overline{n}$ 取代阻抗 Z , 最终得到

$$\begin{aligned} r_{\mathrm{TE}}&=\frac{\overline{n}_1\cos\theta_1-\overline{n}_2\cos\theta_2}{\overline{n}_1\cos\theta_1+\overline{n}_2\cos\theta_2} \\ &=\frac{\overline{n}_1\cos\theta_1-\sqrt{\overline{n}_2^2-\overline{n}_1^2\sin^2\theta_1}}{\overline{n}_1\cos\theta_1+\sqrt{\overline{n}_2^2-\overline{n}_1^2\sin^2\theta_1}} \end{aligned} \tag{3.50}$$

使用斯涅耳定律. 角度 θ_1 达到某个数值时, $\overline{n}_2^2-\overline{n}_1^2\sin^2\theta_1<0$ 的情况出现了, 这时, 反射系数变成复数. 我们把它写成

$$r_{\mathrm{TE}}=\frac{\overline{n_1}\cos\theta_1-j\sqrt{\overline{n_1}^2\sin^2\theta_1-\overline{n_2}^2}}{\overline{n_1}\cos\theta_1+j\sqrt{\overline{n_1}^2\sin^2\theta_1-\overline{n_2}^2}}\equiv\frac{a-jb}{a+jb}$$

上式可以改写成

$$r_{\mathrm{TE}}=\frac{\mathrm{e}^{-\mathrm{j}\phi_{\mathrm{TE}}}}{\mathrm{e}^{\mathrm{j}\phi_{\mathrm{TE}}}}=\mathrm{e}^{-2\mathrm{j}\phi_{\mathrm{TE}}}$$

这里, 我们定义 $a+\mathrm{j}b=\mathrm{e}^{j\phi_{\mathrm{TE}}}$. 最终, 利用菲涅耳相位 (3.45) 的定义, 得到

$$\tan\phi_{\mathrm{TE}}=\frac{\sqrt{\overline{n}_1^2\sin^2\theta_1-\overline{n}_2^2}}{\overline{n}_1\cos\theta_1} \tag{3.51}$$

上述方程表示 TE 偏振电磁波在反射时产生了相位移. 关于反射相移更详细的讨论, 可以参考 Pedrotti 等[4] 和 Liu [5] 的书.

实例

(1) 考虑光垂直入射在空气 - 石英界面上. 计算反射和发射功率各占多少比例. 再用分贝为单位计算传输的损失. 此时, 假定二氧化硅的折射率为 1.45.

(2) 同理计算光源硅与空气的耦合, 假定硅的折射率 $\overline{n} = 3.50$.

(3) 再计算折射率为 3.6 的砷化镓光源与折射率为 1.48 的石英光纤的耦合. 假设光纤末端与光源之间无缝对接.

答案

(1) 对应的系数即光强反射率[4] 为

$$R = |r|^2 = \left(\frac{\overline{n}_1 - \overline{n}_2}{\overline{n}_1 + \overline{n}_2}\right)^2 \tag{3.52}$$

代入空气和玻璃的数值, 有

$$R = \left(\frac{1.45 - 1.00}{1.45 + 1.00}\right)^2 = 0.03$$

于是, 大约 3% 的光被反射掉. 余下的 97% 透射进入玻璃.

透射损失按分贝计是

$$-10\log_{10} 0.97 = 0.13[\mathrm{dB}]$$

这个结果表明当光从空气进入玻璃时, 大约有 0.2dB 的损失.

(2) 对于硅, 采用相同的程序得到

$$R = \left(\frac{1.00 - 3.50}{1.00 + 3.50}\right)^2 = 0.309$$

这表明大约 31% 的光被反射掉.

(3) 界面上的菲涅耳反射为

$$R = \left(\frac{3.60 - 1.48}{3.60 + 1.48}\right)^2 = 0.174$$

因此, 大约 17.4% 的光功率反射回到光源. 耦合进光纤的功率是

$$P_{\text{coupled}} = (1 - R)\,P_{\text{emitted}}$$

功率损失 α 以分贝计算时可以表示为

$$\begin{aligned}\alpha &= -10\log_{10}\frac{P_{\text{coupled}}}{P_{\text{emitted}}} = -10\log_{10}(1 - R)\\ &= -10\log_{10}(1 - 0.174) - 10\log_{10}(0.826) = 0.83[\mathrm{dB}]\end{aligned}$$

3.6.2 TM 偏振

分析 TM 偏振 (磁场与界面平行) 的场结构如图 3.7 所示. 这里, 电场矢量与入射平面平行. 当入射面作为偏振的评判时, 它又称为 p 偏振. 我们将推导 TM 模式的反射系数 r_{TM}. 和前面一样, $E_{1\mathrm{i}}, E_{1\mathrm{r}}, E_{2\mathrm{t}}$ 是介质 1 和 2 复数形式的入射, 反射和透射电场. 磁场矢量也使用类似的记号. 边界条件要求切向分量在界面上连续. 相关的方程为

$$E_{1\mathrm{i}}\cos\theta_1 - E_{1\mathrm{r}}\cos\theta_1 = E_{2\mathrm{t}}\cos\theta_2 \tag{3.53}$$
$$H_{1\mathrm{i}} + H_{1\mathrm{r}} = H_{2\mathrm{t}}$$

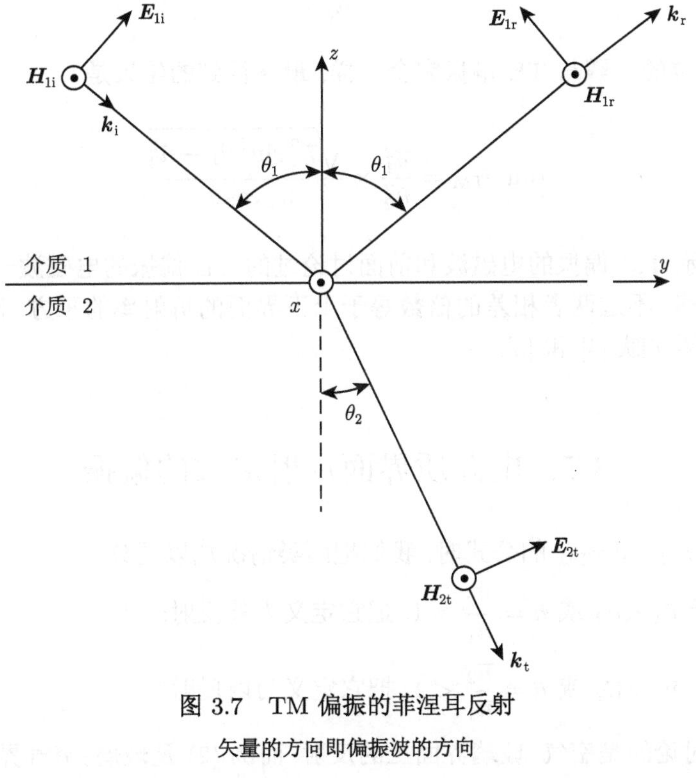

图 3.7 TM 偏振的菲涅耳反射

矢量的方向即偏振波的方向

利用阻抗方程式 (3.47) 把磁场置换掉后, 方程 (3.53) 变成

$$E_{1\mathrm{i}}\cos\theta_1 - E_{1\mathrm{r}}\cos\theta_1 = E_{2\mathrm{t}}\cos\theta_2 \tag{3.54}$$
$$\frac{E_{1\mathrm{i}}}{Z_1} + \frac{E_{1\mathrm{r}}}{Z_1} = \frac{E_{2\mathrm{t}}}{Z_2}$$

反射系数定义为

$$r_{\mathrm{TM}} = \frac{E_{1\mathrm{r}}}{E_{1\mathrm{i}}} \tag{3.55}$$

由方程 (3.54) 有

$$r_{\rm TM}=\frac{Z_1\cos\theta_1-Z_2\cos\theta_2}{Z_1\cos\theta_1+Z_2\cos\theta_2}$$

也可以用折射率来表示:

$$\begin{aligned}r_{\rm TM}&=\frac{\overline{n}_2\cos\theta_1-\overline{n}_1\cos\theta_2}{\overline{n}_2\cos\theta_1+\overline{n}_1\cos\theta_2}\\&=\frac{\overline{n}_2\cos\theta_1-\dfrac{\overline{n}_1}{\overline{n}_2}\sqrt{\overline{n}_2^2-\overline{n}_1^2\sin^2\theta_1}}{\overline{n}_2\cos\theta_1+\dfrac{\overline{n}_1}{\overline{n}_2}\sqrt{\overline{n}_2^2-\overline{n}_1^2\sin^2\theta_1}}\end{aligned}\tag{3.56}$$

处理 TM 相位的步骤与 TE 偏振完全一样. 最终得到的结果是

$$\tan\phi_{\rm TM}=\frac{\overline{n}_1^2}{\overline{n}_2^2}\times\frac{\sqrt{\overline{n}_1^2\sin^2\theta_1-\overline{n}_2^2}}{\overline{n}_1\cos\theta_1}\tag{3.57}$$

上述方程表示 TM 偏振的电磁波和前面讨论过的 TE 偏振的电磁波一样在反射时产生了相位移, 不过两者相差的倍数等于上下界面的折射率的平方. 同样, 更多的信息可以参阅文献 [4] 和 [5].

3.7　电介质界面反射造成的偏振

在解释 $r_{\rm TE}$ 和 $r_{\rm TM}$ 的公式时, 我们把两类情况加以区分:

(1) 对于 $\overline{n}_1<\overline{n}_2$ 或 $\overline{n}=\dfrac{\overline{n}_2}{\overline{n}_1}>1$, 把它定义为外反射;

(2) 对于 $\overline{n}_1>\overline{n}_2$ 或 $\overline{n}=\dfrac{\overline{n}_2}{\overline{n}_1}<1$, 把它定义为内反射.

例 (1) 讨论的是空气–玻璃界面上的反射, 而例 (2) 是玻璃–空气界面上的反射. 反射系数在 $\overline{n}=1.50$ 的作图如图 3.8 所示. Matlab 的代码见附录 A.1. 的清单 3. 我们看到, 在布儒斯特角时, $r_{\rm TM}=0$. 更多的信息请浏览 Pedrotti 等的书[4].

我们可以在布儒斯特角获得偏振, 如图 3.9 所示. 图中, 我们标示了布儒斯特角时反射光和透射光在表面上的特性. 非偏振光以布儒斯特角 $\theta_{\rm B}$ 入射在表面上. 由于反射, 我们得到了 TM 偏振光. 与此同时, 由于 $r_{\rm TE}$ 不为零, 折射光仅是部分偏振的.

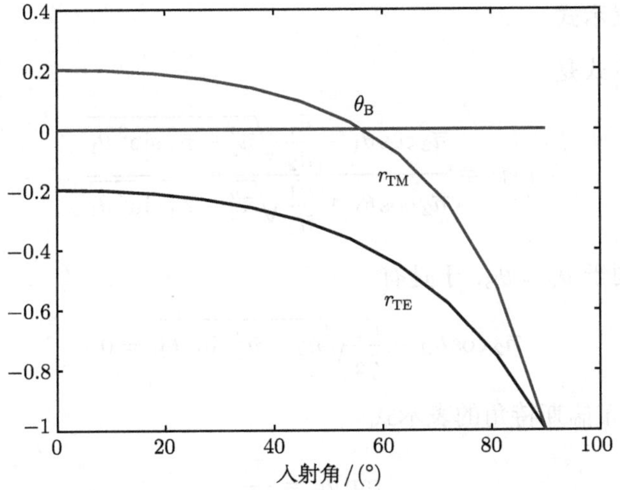

图 3.8 当 n=1.50 时 TE 和 TM 模式的外反射
图中标出布儒斯特角

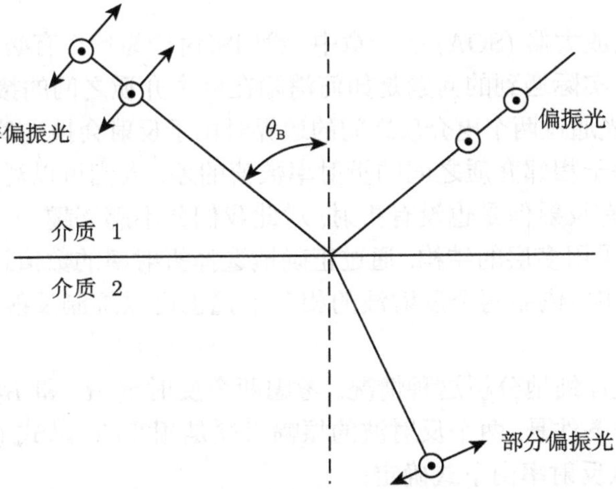

图 3.9 布儒斯特角时的偏振

在以布儒斯特角 θ_B 入射时, 反射系数 r_{TM} (也称为 $r_\parallel$, 因为 $\boldsymbol{E}$ 与入射面平行) 为零. 上述现象发生时, 入射角与折射角的和等于 π/2:

$$\theta_1 + \theta_2 = \frac{\pi}{2}$$

这样的角度对于 s(TE) 偏振不存在. 因此, 如果一个非偏振光在布儒斯特角入射时, 反射光将是线性偏振光, 或者说, 反射光是 s 偏振光.

布儒斯特角的表示式

r_{TM} 的表示式是

$$r_{\mathrm{TM}}=\frac{\overline{n}_2\cos\theta_1-\dfrac{\overline{n}_1}{\overline{n}_2}\sqrt{\overline{n}_2^2-\overline{n}_1^2\sin^2\theta_1}}{\overline{n}_2\cos\theta_1+\dfrac{\overline{n}_1}{\overline{n}_2}\sqrt{\overline{n}_2^2-\overline{n}_1^2\sin^2\theta_1}}$$

r_{TM} 的消失等同于 $\theta_1=\theta_{\mathrm{B}}$. 于是有

$$\overline{n}_2\cos\theta_{\mathrm{B}}-\frac{\overline{n}_1}{\overline{n}_2}\sqrt{\overline{n}_2^2-\overline{n}_1^2\sin^2\theta_{\mathrm{B}}}=0$$

因此, 我们得到布儒斯特角的表示式

$$\tan\theta_{\mathrm{B}}=\frac{\overline{n}_2}{\overline{n}_1}$$

3.8　抗反射涂层

在半导体光放大器 (SOA) 的一章中, 我们将讨论为什么有必要减少 (或完全消除) 反射. 因此, 实际遇到的问题是如何消除在两个介质之间的接口上的反射.

如前所示, 光通过两个电介质之间的边界时由于反射会损失功率, 参见式 (3.52). 其损失大小取决于相邻介质之间的折射率数值的差. 人们可以观察到, 对于相等的折射率, 将不会有反射但是也没有折射, 对此我们并不感兴趣.

实用上, 是采用多层的结构, 通过正确地选择折射率的数值达到减少反射的目的. 对于单层结构, 依靠两个反射波的相互干扰也可以抑制反射, 但仅适合于特定波长的光.

让我们来更详细地分析这种情况. 考虑两个反射波 R_1 和 R_2, 如图 3.10 所示. 相消干涉的一个条件是, 两个反射波的振幅必须是相等的. 从式 (3.52), 射线 R_1 在界面 a 上的光强反射率由下式确定:

$$R=\left(\frac{\overline{n}_0-\overline{n}_{\mathrm{f}}}{\overline{n}_0+\overline{n}_{\mathrm{f}}}\right)^2$$

而在界面 b 上的光强反射率 R_2 决定于

$$R=\left(\frac{\overline{n}_{\mathrm{s}}-\overline{n}_{\mathrm{f}}}{\overline{n}_{\mathrm{s}}+\overline{n}_{\mathrm{f}}}\right)^2$$

两者相等, 于是给出

$$\left(\frac{\overline{n}_0-\overline{n}_{\mathrm{f}}}{\overline{n}_0+\overline{n}_{\mathrm{f}}}\right)^2=\left(\frac{\overline{n}_{\mathrm{s}}-\overline{n}_{\mathrm{f}}}{\overline{n}_{\mathrm{s}}+\overline{n}_f}\right)^2$$

假定上层介质是空气, 即 $\overline{n}_0 = 1$, 基于上面的讨论, 我们获得了涂层折射率数值的表达式:

$$\overline{n}_{\rm f} = \sqrt{\overline{n}_{\rm s}} \tag{3.58}$$

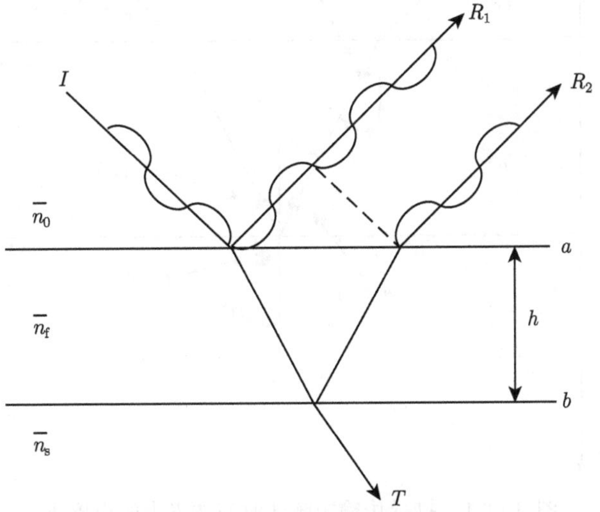

图 3.10　单层电介质薄膜层上的反射

图中显示的是非相干性的干涉

因此, 如果涂层的折射率满足式 (3.58), 则在一个特定的波长也不会有反射. 如果有必要设计在一定的频段范围内均无反射的结构, 必须设计出具有不同折射率的多层结构. 为了设计这样的结构, 需要使用较为复杂的传输矩阵法. 下面让我们周详地讨论传输矩阵法及其计算方法.

传输矩阵法

现在, 我们来讨论传输矩阵法, 或者说, 特征矩阵法[6].

考虑一个单独的电介质层, 折射率 $\overline{n}$ 沉淀在折射率为 $\overline{n}_{\rm s}$ 的基体上. 在它上方, 有一个折射率为 $\overline{n}_0$ 的介质, 如图 3.11 所示.

我们考虑一个 s 偏振波, 其电场矢量 $\boldsymbol{E}$ 垂直于入射面. 边界条件要求 $\boldsymbol{E}$ 和 $\boldsymbol{H}$ 的切向分量在界面上, 即在 $z = z_1$ 和 $z = z_2$ 位置上是连续的.

我们引入了 $\boldsymbol{E}^+(z)$ 的约定, 它代表位于正 z 方向, 而 $\boldsymbol{E}^-(z)$ 代表光在 z 的反方向传播. 在界面上方说明 $z = z_1$, 由于切向分量的连续性, 我们得到

$$\boldsymbol{E}(z_1) = \boldsymbol{E}^+(z_1^+) + \boldsymbol{E}^-(z_1^+) = \boldsymbol{E}^+(z_1^-) + \boldsymbol{E}^-(z_1^-) \tag{3.59}$$

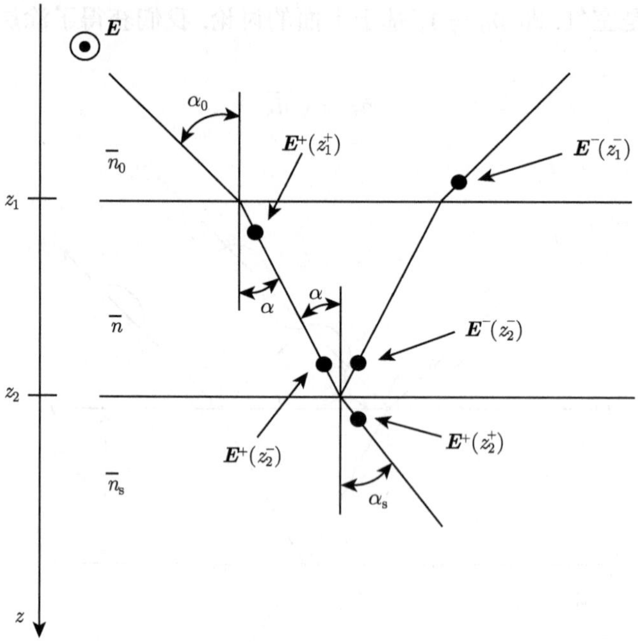

图 3.11-1　推导传输矩阵法时在边界上的电磁场

式中, z_1^+ 代表坐标 z 上的这一位置比 z_1 略微大一点. 相似地, 对 $z = z_2$ 有同样的约定.

$$E(z_2) = E^+(z_2^+) + E^-(z_2^+) = E^+(z_2^-) + E^-(z_2^-) \tag{3.60}$$

为了下面的工作, 引入 $d = z_2 - z_1$. 当电场 $E(z)$ 在涂层中传播一段距离 d 后, 它获取了我们前面推导出来的相位 δ (参见方程 (2.31)):

$$\delta = \frac{2\pi}{\lambda_0}\overline{n}d\cos\alpha \tag{3.61}$$

因此, 接近界面的电场存在如下关联:

$$E^+(z_2^-) = E^+(z_1^+)e^{-i\delta} \tag{3.62}$$

而且

$$E^-(z_2^-) = E^-(z_1^+)e^{i\delta} \tag{3.63}$$

为了揭示磁场的特性, 我们利用电场 E 和磁场 H 间的如下关系:

$$H = \frac{\overline{n}}{Z_0}\widehat{k} \times E$$

式中, $\widehat{\boldsymbol{k}}$ 是沿着波矢量 $\boldsymbol{k}$ 的单位矢量. $Z_0=\sqrt{\dfrac{\mu_0}{\varepsilon_0}}$ 是自由空间的阻抗, 磁场 $\boldsymbol{H}$ 的切向分量连续性条件给出了在 $z=z_1$

$$Z_0\boldsymbol{H}(z_1)=\left[\boldsymbol{E}^+(z_1^-)-\boldsymbol{E}^-(z_1^-)\right]\overline{n}_0\cos\alpha_0=\left[\boldsymbol{E}^+(z_1^+)-\boldsymbol{E}^-(z_1^+)\right]\overline{n}\cos\alpha \tag{3.64}$$

在 $z=z_2$

$$Z_0\boldsymbol{H}(z_2)=\left[\boldsymbol{E}^+(z_2^-)-\boldsymbol{E}^-(z_2^-)\right]\overline{n}\cos\alpha=\boldsymbol{E}^+(z_2^+)\overline{n}_{\mathrm{s}}\cos\alpha_{\mathrm{s}} \tag{3.65}$$

把方程 (3.62) 和相位 δ 有关的方程 (3.63) 代入方程 (3.60) 和方程 (3.65), 于是得到

$$\boldsymbol{E}(z_2)=\boldsymbol{E}^+(z_1^+)\mathrm{e}^{-\mathrm{i}\delta}+\boldsymbol{E}^-(z_1^+)\mathrm{e}^{\mathrm{i}\delta}$$

$$\boldsymbol{H}(z_2)=\frac{\overline{n}\cos\alpha}{Z_0}\left[\boldsymbol{E}^+(z_1^+)\mathrm{e}^{-\mathrm{i}\delta}-\boldsymbol{E}^-(z_1^+)\mathrm{e}^{\mathrm{i}\delta}\right]$$

上述方程的解是

$$2\boldsymbol{E}^-(z_1^+)\mathrm{e}^{\mathrm{i}\delta}=\boldsymbol{E}(z_2)-\frac{Z_0}{\overline{n}\cos\alpha}\boldsymbol{H}(z_2)$$

$$2\boldsymbol{E}^+(z_1^+)\mathrm{e}^{-\mathrm{i}\delta}=\boldsymbol{E}(z_2)+\frac{Z_0}{\overline{n}\cos\alpha}\boldsymbol{H}(z_2)$$

依靠上述解及方程 (3.59) 和方程 (3.64) 我们能够估计在 z_1 和 z_2

$$\boldsymbol{E}(z_1)=\boldsymbol{E}(z_2)\cos\delta+\frac{Z_0}{\overline{n}\cos\alpha}\boldsymbol{H}(z_2)\mathrm{i}\sin\delta$$

以及

$$Z_0\boldsymbol{H}(z_1)=\boldsymbol{E}(z_2)\mathrm{i}\sin\delta\overline{n}\cos\alpha+Z_0\boldsymbol{H}(z_2)\cos\delta$$

上述方程可以写成矩阵形式

$$\begin{bmatrix}\boldsymbol{E}(z_1)\\ Z_0\boldsymbol{H}(z_1)\end{bmatrix}=\begin{bmatrix}\cos\delta & \dfrac{\mathrm{i}\sin\delta}{\overline{n}\cos\alpha}\\ \mathrm{i}\overline{n}\sin\delta\cos\alpha & \cos\delta\end{bmatrix}\begin{bmatrix}\boldsymbol{E}(z_2)\\ Z_0\boldsymbol{H}(z_2)\end{bmatrix}=\overleftrightarrow{M}\begin{bmatrix}\boldsymbol{E}(z_2)\\ Z_0\boldsymbol{H}(z_2)\end{bmatrix} \tag{3.66}$$

对于垂直入射, 也就是说 $\alpha=0$, 传输矩阵是

$$\overleftrightarrow{M}=\begin{bmatrix}\cos\delta & \dfrac{\mathrm{i}\sin\delta}{\overline{n}}\\ \mathrm{i}\overline{n}\sin\delta & \cos\delta\end{bmatrix} \tag{3.67}$$

特别重要的情况是:

(1) **四分之一波长层**. 当 $\overline{n}d=\lambda_0/4$, $\delta=\pi/2$ 时, 矩阵 $\overleftrightarrow{M}$ 为

$$\overleftrightarrow{M}_{\lambda/4}=\begin{bmatrix}0 & \dfrac{\mathrm{i}}{\overline{n}}\\ \mathrm{i}\overline{n} & 0\end{bmatrix} \tag{3.68}$$

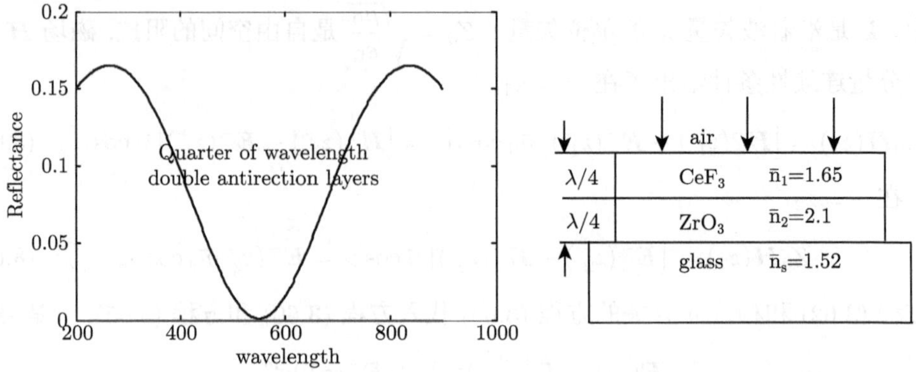

(a) 双λ/4涂层的反射率　　　　(b) 双λ/4涂层的结构

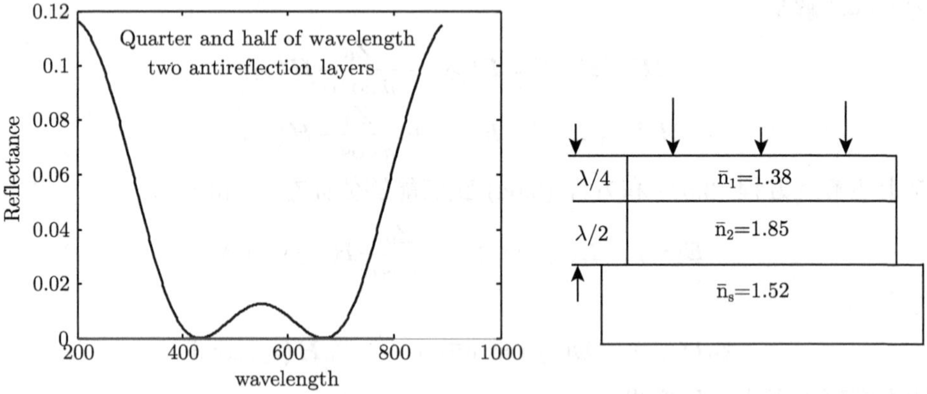

(c) 双层（λ/2 和λ/4）涂层的反射率　　　　(d) 双层（λ/2和λ/4）涂层的结构

图 3.11-2　双层抗反射涂层的反射率的两种实例

(2) **半波长层**. 当 $\bar{n}d = \lambda_0/2, \delta = \pi$ 时, 矩阵 $\overleftrightarrow{M}$ 为

$$\overleftrightarrow{M}_{\lambda/2} = \begin{bmatrix} -1 & 0 \\ 0 & -1 \end{bmatrix} \tag{3.69}$$

矩阵 (3.68) 适用于单片涂层, 若采用双层 1/4 波长的涂层, 则矩阵将变成

$$\overleftrightarrow{M}_{2\times\lambda/4} = \overleftrightarrow{M}\overleftrightarrow{M} = \begin{bmatrix} 0 & \dfrac{i}{\bar{n}_1} \\ \dfrac{i}{\bar{n}_1} & 0 \end{bmatrix} \begin{bmatrix} 0 & \dfrac{i}{\bar{n}_2} \\ \dfrac{i}{\bar{n}_2} & 0 \end{bmatrix} = \begin{bmatrix} -\dfrac{\bar{n}_2}{\bar{n}_1} & 0 \\ 0 & -\dfrac{\bar{n}_1}{\bar{n}_2} \end{bmatrix}$$

根据定义, 我们不难求出正入射时的反射系数 $r = \dfrac{\bar{n}_2^2\bar{n}_0 - \bar{n}_s\bar{n}_1^2}{\bar{n}_2^2\bar{n}_0 + \bar{n}_s\bar{n}_1^2}$ 而光强的反射率则为 $R = \left(\dfrac{\bar{n}_2^2\bar{n}_0 - \bar{n}_s\bar{n}_1^2}{\bar{n}_2^2\bar{n}_0 + \bar{n}_s\bar{n}_1^2}\right)^2$. 显而易见, 当 $\bar{n}_2^2\bar{n}_0 = \bar{n}_s\bar{n}_1^2$ 时, 出现了零反射率的情况

(见图 3.11-2 的 a 与 b 所示). 另一种的双层抗反射的涂层结构为半波长和 $\lambda/4$ 的组合 (如图 3.11-2 的 c 与 d 所示), 也能达到抗反射的目的. 这种把反射率减小到尽量小的涂层正是光接收器和太阳电池板所企望的.

3.9 布拉格镜

布拉格反射镜, 也称为布拉格反射器, 由数个折射率高低不同的电介质层所组成, 如图 3.12 所示. 制造这种结构的主要兴趣源于它们在可见光和红外线的频率有极高的反射率. 当垂直腔表面发射激光器 (VCSEL) 的高反射率和一定带宽变得十分重要时, 它们就是必不可少的部件 (见图 3.15b). 一个典型的布拉格反射镜结构由 N 层折射率为 $\overline{n}_{\mathrm{L}}$ (低折射率) 和 $\overline{n}_{\mathrm{H}}$ (高折射率) 的电介质组成. 折射率的比值, 即所谓的对比度对其性能起着重要的作用.

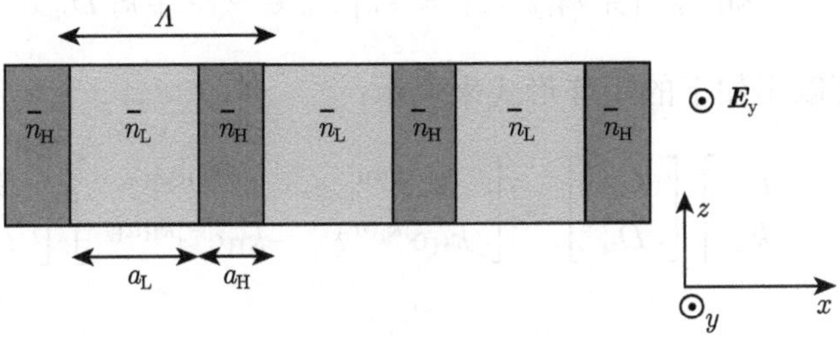

图 3.12 七层电介质布拉格反射镜的示意图

周期数 $N=3$

称为四分之一波电介质叠层的布拉格反射镜意味着它的光学厚度为四分之一的波长, 即 $\overline{n}_{\mathrm{H}}\cdot a_{\mathrm{H}}=\overline{n}_{\mathrm{L}}\cdot a_{\mathrm{L}}=\lambda_0/4$ (在某些波长 λ_0). 该结构由一个奇数的叠层组成, 最上层和底层具有高的折射率[7].

这里我们概括地说明用在设计布拉格反射镜上的形式, 通过一个例子说明它的应用. 我们把讨论局限于 s 偏振 (TE 模式). 电场矢量朝向 y 轴, $\boldsymbol{E}=E(x)\cdot\widehat{\boldsymbol{a}}_y$, 如图 3.12 所示. 图中我们明示了电场的方向, 并对该结构进行了分析.

我们开发的传输矩阵表示法是基于从区段 n 到区段 $n-1$ 场的传输. 每个区由两个相邻的层组成从而创建了一个基本的周期性结构, 然后重复数次这样的周期结构. 现在我们要出示三个周期的电场表达式, 在区 n 中, 我们把电场表达为

$$E_y(x)=\begin{cases} A_n\,\mathrm{e}^{-\mathrm{j}k_{\mathrm{H}}(x-x_n)}+B_n\,\mathrm{e}^{\mathrm{j}k_{\mathrm{H}}(x-x_n)}, & x_n<x<x_{p+1} \\ C_n\,\mathrm{e}^{-\mathrm{j}k_{\mathrm{L}}(x-x_p)}+D_n\,\mathrm{e}^{\mathrm{j}k_{\mathrm{L}}(x-x_p)}, & x_p<x<x_n \end{cases} \tag{3.70}$$

式中, $k_{\mathrm{H}}^2=\left(\dfrac{\overline{n}_{\mathrm{H}}\omega}{c}\right)^2$; $k_{\mathrm{L}}^2=\left(\dfrac{\overline{n}_{\mathrm{L}}\omega}{c}\right)^2$. 我们还有下面的层坐标的关系: $x_n=$

$n \cdot \Lambda, x_{n-1} = (n-1) \cdot \Lambda, x_p = n \cdot \Lambda - a_L$. 这里 $\Lambda = a_H + a_L$ 是结构的周期.

磁场矢量由麦克斯韦方程 (3.1) 所决定. 对于我们的几何结构, 电场和磁场之间有下列关系：

$$\frac{\partial E_y(x)}{\partial x} = -\mathrm{j}\omega\mu_0 H_z \tag{3.71}$$

在 x_p 和 x_{n-1} 处, 电场连续得到

$$\begin{aligned} x = x_p: &\quad C_n + D_n = A_n \, \mathrm{e}^{\mathrm{j}k_\mathrm{H} \cdot a_\mathrm{H}} + B_n \, \mathrm{e}^{-\mathrm{j}k_\mathrm{H} \cdot a_\mathrm{H}} \\ x = x_{n-1}: &\quad A_{n-1} + B_{n-1} = C_n \, \mathrm{e}^{\mathrm{j}k_\mathrm{L} \cdot a_\mathrm{L}} + D_n \, \mathrm{e}^{-\mathrm{j}k_\mathrm{L} \cdot a_\mathrm{L}} \end{aligned} \tag{3.72}$$

相似地, 磁场连续得到

$$\begin{aligned} x = x_p: &\quad -k_\mathrm{L} C_n + k_\mathrm{L} D_n = -k_\mathrm{H} A_n \, \mathrm{e}^{\mathrm{j}k_\mathrm{H} \cdot a_\mathrm{H}} + k_\mathrm{H} B_n \, \mathrm{e}^{-\mathrm{j}k_\mathrm{H} \cdot a_\mathrm{H}} \\ x = x_{n-1}: &\quad -k_\mathrm{H} A_{n-1} + k_\mathrm{H} B_{n-1} = -k_\mathrm{L} C_n \, \mathrm{e}^{\mathrm{j}k_\mathrm{L} \cdot a_\mathrm{L}} + k_\mathrm{L} D_n \, \mathrm{e}^{-\mathrm{j}k_\mathrm{L} \cdot a_\mathrm{L}} \end{aligned} \tag{3.73}$$

上面四个方程可以用如下的矩阵形式来表示：

$$\begin{bmatrix} 1 & 1 \\ k_\mathrm{L} & -k_\mathrm{L} \end{bmatrix} \begin{bmatrix} C_n \\ D_n \end{bmatrix} = \begin{bmatrix} \mathrm{e}^{\mathrm{j}k_\mathrm{H} a_\mathrm{H}} & \mathrm{e}^{-\mathrm{j}k_\mathrm{H} a_\mathrm{H}} \\ k_\mathrm{H} \mathrm{e}^{\mathrm{j}k_\mathrm{H} a_\mathrm{H}} & -k_\mathrm{H} \mathrm{e}^{-\mathrm{j}k_\mathrm{H} a_\mathrm{H}} \end{bmatrix} \begin{bmatrix} A_n \\ B_n \end{bmatrix}$$

以及

$$\begin{vmatrix} 1 & 1 \\ k_\mathrm{H} & -k_\mathrm{H} \end{vmatrix} \begin{bmatrix} A_{n-1} \\ B_{n-1} \end{bmatrix} = \begin{bmatrix} \mathrm{e}^{\mathrm{j}k_\mathrm{L} a_\mathrm{L}} & \mathrm{e}^{-\mathrm{j}k_\mathrm{L} a_\mathrm{L}} \\ k_\mathrm{L} \mathrm{e}^{\mathrm{j}k_\mathrm{L} a_\mathrm{L}} & -k_\mathrm{L} \mathrm{e}^{-\mathrm{j}k_\mathrm{L} a_\mathrm{L}} \end{bmatrix} \begin{bmatrix} C_n \\ D_n \end{bmatrix}$$

上述方程把电磁场从一个区块 n 传递到另一个区块 $n-1$. 下一步, 振幅 $\begin{bmatrix} C_n \\ D_n \end{bmatrix}$ 将被抹去, 传递过程将用振幅 $\begin{bmatrix} A_n \\ B_n \end{bmatrix}$ 来表示. 这样一来, 我们获得了一个实际方程

$$\begin{bmatrix} A_{n-1} \\ B_{n-1} \end{bmatrix} = \overleftrightarrow{T} \begin{bmatrix} A_n \\ B_n \end{bmatrix} \tag{3.74}$$

矩阵 $\overleftrightarrow{T}$ 可以表示为

$$\overleftrightarrow{T} = \overleftrightarrow{X}_\mathrm{H} \cdot \overleftrightarrow{T}_\mathrm{L} \cdot \overleftrightarrow{X}_\mathrm{L} \cdot \overleftrightarrow{T}_\mathrm{H} \tag{3.75}$$

矩阵 $\overleftrightarrow{T}_\mathrm{L}$ 描述在折射率为 $\bar{n}_\mathrm{L}$ 的均匀介质中的传播, 而且厚度是 a_L, 其形式为

$$\overleftrightarrow{T}_\mathrm{L} = \begin{bmatrix} \mathrm{e}^{\mathrm{j}k_\mathrm{L} a_\mathrm{L}} & 0 \\ 0 & \mathrm{e}^{-\mathrm{j}k_\mathrm{L} a_\mathrm{L}} \end{bmatrix} \tag{3.76}$$

同样, 矩阵 $\overleftrightarrow{T}_{\mathrm{H}}$ 描述在折射率为 $\overline{n}_{\mathrm{H}}$ 的均匀介质中的传播, 而且厚度是 a_{H}. 矩阵 $\overleftrightarrow{X}_{\mathrm{H}}$ 和 $\overleftrightarrow{X}_{\mathrm{L}}$ 描述在界面中的行为. 它们是

$$\overleftrightarrow{X}_{\mathrm{H}}=\begin{bmatrix}\dfrac{k_{\mathrm{H}}+k_{\mathrm{L}}}{2k_{\mathrm{H}}} & \dfrac{k_{\mathrm{H}}-k_{\mathrm{L}}}{2k_{\mathrm{H}}}\\ \dfrac{k_{\mathrm{H}}-k_{\mathrm{L}}}{2k_{\mathrm{H}}} & \dfrac{k_{\mathrm{H}}+k_{\mathrm{L}}}{2k_{\mathrm{H}}}\end{bmatrix} \tag{3.77}$$

以及

$$\overleftrightarrow{X}_{\mathrm{L}}=\begin{bmatrix}\dfrac{k_{\mathrm{L}}+k_{\mathrm{H}}}{2k_{\mathrm{L}}} & \dfrac{k_{\mathrm{L}}-k_{\mathrm{H}}}{2k_{\mathrm{L}}}\\ \dfrac{k_{\mathrm{L}}-k_{\mathrm{H}}}{2k_{\mathrm{L}}} & \dfrac{k_{\mathrm{L}}+k_{\mathrm{H}}}{2k_{\mathrm{L}}}\end{bmatrix} \tag{3.78}$$

参照图 3.13, 我们讨论该结构中的任意一点, 例如, 从 x_n 出发, 用矩阵 $\overleftrightarrow{T}_{\mathrm{H}}$ 表示它在均匀区域 $\overline{n}_{\mathrm{H}}$ 内的传播, 跨过界面从 $\overline{n}_{\mathrm{H}}$ 到另一个均匀区域 $\overline{n}_{\mathrm{L}}$ 的传播用矩阵 $\overleftrightarrow{X}_{\mathrm{L}}$ 来表示. 接着在区域 $\overline{n}_{\mathrm{L}}$ 内, 传播用矩阵 $\overleftrightarrow{T}_{\mathrm{L}}$ 表示. 最后, 从 $\overline{n}_{\mathrm{L}}$ 跨过界面传播到 $\overline{n}_{\mathrm{H}}$, 其传播用矩阵 $\overleftrightarrow{X}_{\mathrm{H}}$ 来表示.

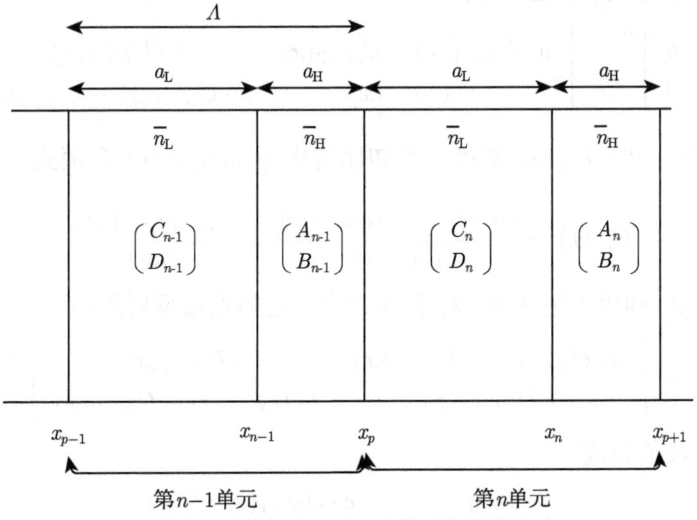

图 3.13　用于分析布拉格反射镜的符号

矩阵 $\overleftrightarrow{T}$ 可以表示为

$$\overleftrightarrow{T}=\begin{bmatrix}a & b\\ c & d\end{bmatrix} \tag{3.79}$$

式中, 四个矩阵元素分别是

$$a=\mathrm{e}^{\mathrm{i}a_{\mathrm{H}}k_{\mathrm{H}}}\left[\cos a_{\mathrm{L}}k_{\mathrm{L}}+\frac{i}{2}\left(\frac{k_{\mathrm{H}}}{k_{\mathrm{L}}}+\frac{k_{\mathrm{L}}}{k_{\mathrm{H}}}\right)\sin a_{\mathrm{L}}k_{\mathrm{L}}\right] \tag{3.80}$$

$$b=\frac{\mathrm{i}}{2}\mathrm{e}^{-\mathrm{i}a_{\mathrm{H}}k_{\mathrm{H}}}\left(\frac{k_{\mathrm{L}}}{k_{\mathrm{H}}}-\frac{k_{\mathrm{H}}}{k_{\mathrm{L}}}\right)\sin a_{\mathrm{L}}k_{\mathrm{L}} \tag{3.81}$$

$$c=\frac{\mathrm{i}}{2}\mathrm{e}^{\mathrm{i}a_{\mathrm{H}}k_{\mathrm{H}}}\left(\frac{k_{\mathrm{H}}}{k_{\mathrm{L}}}-\frac{k_{\mathrm{L}}}{k_{\mathrm{H}}}\right)\sin a_{\mathrm{L}}k_{\mathrm{L}} \tag{3.82}$$

$$d=\mathrm{e}^{-\mathrm{i}a_{\mathrm{H}}k_{\mathrm{H}}}\left[\cos a_{\mathrm{L}}k_{\mathrm{L}}-\frac{i}{2}\left(\frac{k_{\mathrm{H}}}{k_{\mathrm{L}}}+\frac{k_{\mathrm{L}}}{k_{\mathrm{H}}}\right)\sin a_{\mathrm{L}}k_{\mathrm{L}}\right] \tag{3.83}$$

矩阵 $\overleftrightarrow{T}$ 是单模矩阵, 即真正的方矩阵, 其行列式 $ad-bc=\pm 1$[8].

参照图 3.14, 振幅反射系数定义为

$$r=\frac{B_0}{A_0} \tag{3.84}$$

选择层的一个列矢量, 并且记住所有的区块是完全一样的, 于是对于 N 个区块我们得到

$$\begin{bmatrix} A_0 \\ B_0 \end{bmatrix}=\begin{bmatrix} a & b \\ c & d \end{bmatrix}^N\begin{bmatrix} A_n \\ B_n \end{bmatrix}=\overleftrightarrow{T}^N\begin{bmatrix} A_n \\ B_n \end{bmatrix}$$

既然 $\overleftrightarrow{T}$ 是单模矩阵, 于是有下列的关系[8]:

$$\begin{bmatrix} a & b \\ c & d \end{bmatrix}^N=\begin{bmatrix} a\cdot U_{N-1}(x)-U_{N-2}(x) & b\cdot U_{N-1}(x) \\ c\cdot U_{N-1}(x) & d\cdot U_{N-1}(x)-U_{N-2}(x) \end{bmatrix}$$

式中, $x=\dfrac{1}{2}(a+d)$; $U_N(x)$ 是第二类切比雪夫 (Chebyshev) 多项式

$$U_m(x)=\frac{\sin\left[(m+1)\cos^{-1}x\right]}{\sqrt{1-x^2}}=\frac{\sin\left[(m+1)\,\theta\right]}{\sin\theta}$$

其中, $x=\cos\theta$. 利用上述关系, 对于 N 区块, 它的振幅反射系数:

$$\begin{bmatrix} A_0 \\ B_0 \end{bmatrix}=\begin{bmatrix} a\cdot U_{N-1}(x)-U_{N-2}(x) & b\cdot U_{N-1}(x) \\ c\cdot U_{N-1}(x) & d\cdot U_{N-1}(x)-U_{N-2}(x) \end{bmatrix}\begin{bmatrix} A_N \\ B_N \end{bmatrix}$$

由上述关系, 我们发现

$$r=\frac{B_0}{A_0}=\frac{c\cdot U_{N-1}(x)}{a\cdot U_{N-1}(x)-U_{N-2}(x)}$$

光强反射率的定义是 $R=|r|^2$[9]. 简单的代数运算后, 我们得到

$$R=\frac{|c|^2}{|c|^2+\left(\dfrac{\sin K\Lambda}{\sin NK\Lambda}\right)^2} \tag{3.85}$$

式中 $K=a\cos\left(\dfrac{a+d}{2}\right)$ 以及 $\Lambda=a_{\mathrm{H}}+a_{\mathrm{L}}$

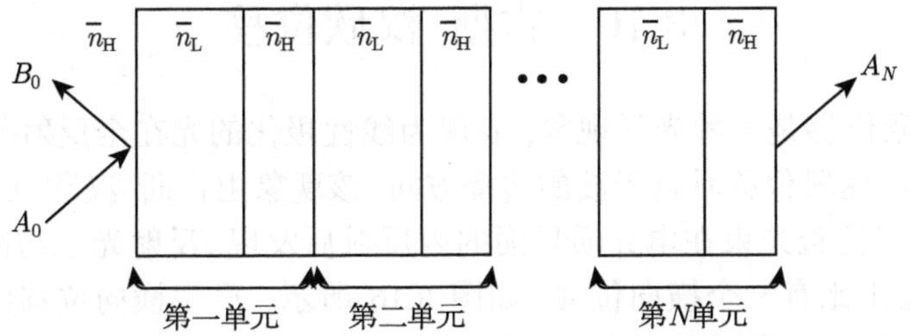

图 3.14　用来定义布拉格反射镜反射的符号

功率反射率的谱状分布由方程 (3.85) 给出, 对于 $N = 10$ 周期的布拉格反射镜, 其计算结果如图 3.15 所示. Matlab 的代码见附录 3A 的清单 3A.2. 采用的参数是: $\overline{n}_H = 2.25$, $\overline{n}_L = 1.45$, $a_H = 167\text{nm}$, $a_L = 259\text{nm}$.

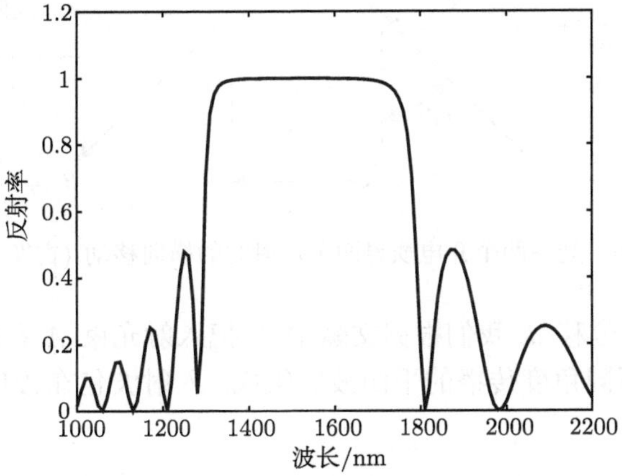

(a)

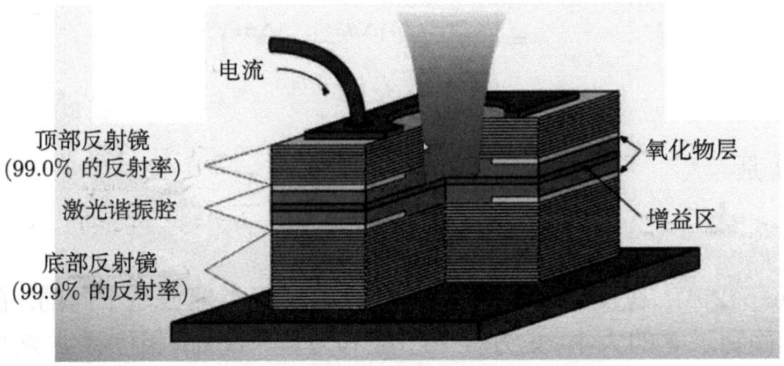

(b) 布拉格反射镜在激光器中的应用

图 3.15　布拉格反射镜的功率反射率谱

3.10　古斯–汉欣位移

古斯–汉欣位移是一种光学现象, 表现为线性极化的光在全反射的过程中经历了一小段位移. 这段位移垂直于波的传播方向. 该现象由古斯–汉欣 (Goos-hänchen) 首先发现. 仔细检查光束在电介质界面的内反射后发现, 反射光束与简单射线分析所预测的轨迹相比有一个横向位移, 如图 3.16 所示. 产生横向位移的原因是波的能量在转身前其实已穿过界面进入了低折射率介质. 总横向位移为 $d = 2z_s$, 而 x_s 是穿透深度.

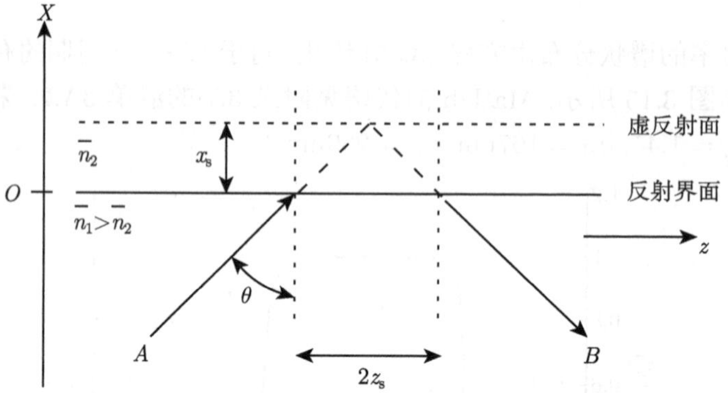

图 3.16　光在两个介电质界面全反射时的横向移动 (古斯–汉欣)

为了确定横向位移 d, 我们根据文献 [10], 把入射光束 A 看成由波矢量为 $\beta \pm \Delta\beta$, 以两个稍微不同角度传播的平面波所组成. 入射波包在接口 $x = 0$ 的复振幅是

$$\begin{aligned} A(z) &= \mathrm{e}^{-\mathrm{j}(\beta+\Delta\beta)z} + \mathrm{e}^{-\mathrm{j}(\beta-\Delta\beta)z} \\ &= \mathrm{e}^{-\mathrm{j}\beta z}\left(\mathrm{e}^{-\mathrm{j}\Delta\beta z} + \mathrm{e}^{\mathrm{j}\Delta\beta z}\right) \\ &= 2\cos\left(\Delta\beta z\right)\mathrm{e}^{-\mathrm{j}\beta z} \end{aligned} \tag{3.86}$$

反射光束 B 是

$$B = R \cdot A \tag{3.87}$$

式中, $R = \exp(2\mathrm{j}\phi)$. 在反射出现时的相位移 ϕ 对两类偏振是不同的. 前面的讨论中我们已经确定过它的大小, 见方程 (3.51) 和方程 (3.57). 相位移 ϕ 是角度 θ 和传播常数 β 的函数. 假定 $\Delta\beta$ 很小, 并把它展开:

$$\phi(\beta + \Delta\beta) = \phi(\beta) + \frac{\mathrm{d}\phi}{\mathrm{d}\beta}\Delta\beta \equiv \phi(\beta) + \Delta\phi$$

利用上面的展开式, 并把方程 (3.86) 反射的光束 B 写成

$$\begin{aligned}B=R\cdot A&=\mathrm{e}^{2\mathrm{j}\phi(\beta\pm\Delta\beta)}\left\{\mathrm{e}^{-\mathrm{j}(\beta+\Delta\beta)z}+\mathrm{e}^{-\mathrm{j}(\beta-\Delta\beta)z}\right\}\\&=\mathrm{e}^{-\mathrm{j}(\beta z-2\phi)}\left\{\mathrm{e}^{\mathrm{j}(\Delta\beta z-2\Delta\phi)}+\mathrm{e}^{-\mathrm{j}(\Delta\beta z-2\Delta\phi)}\right\}\\&=2\mathrm{e}^{-\mathrm{j}(\beta z-2\phi)}\cos\Delta\beta\,(z-2z_{\mathrm{s}})\end{aligned}\tag{3.88}$$

式中, $z_{\mathrm{s}}=\dfrac{\mathrm{d}\phi}{\mathrm{d}\beta}$. 相移的净效果是使得光束沿 z 轴移动了 $2z_{\mathrm{s}}$ 的距离. 距离 z_{s} 对两种模式是不同的. 对于 TE 模式[11]

$$k_0z_{\mathrm{s}}=\frac{\tan\theta}{\left(\beta^2-\bar{n}_1^2\right)^{1/2}}$$

而对于 TM 模式

$$k_0z_{\mathrm{s}}=\frac{\tan\theta}{\left(\beta^2-\bar{n}_1^2\right)^{1/2}}\frac{1}{\beta^2/\bar{n}_2^2+\beta^2/\bar{n}_1^2-1}$$

3.11 坡印亭定理

显而易见, 传播的电磁波总是携带着电磁场的能量. 现在来推导这种能量传输率和电磁场的强度之间的关系. 从麦克斯韦方程 (3.1) 和 (3.2) 出发

$$\nabla\times\boldsymbol{E}=-\frac{\partial\boldsymbol{B}}{\partial t}\tag{3.89}$$

$$\nabla\times\boldsymbol{H}=\frac{\partial\boldsymbol{D}}{\partial t}+\boldsymbol{J}\tag{3.90}$$

利用下面的数学恒等式:

$$\nabla\cdot(\boldsymbol{E}\times\boldsymbol{H})=\boldsymbol{H}\cdot(\nabla\times\boldsymbol{E})-\boldsymbol{E}(\nabla\times\boldsymbol{H})\tag{3.91}$$

把麦克斯韦方程式代入方程 (3.91) 并利用本构公式, 获得

$$\begin{aligned}\nabla\cdot(\boldsymbol{E}\times\boldsymbol{H})&=-\boldsymbol{H}\cdot\mu\frac{\partial\boldsymbol{H}}{\partial t}-\boldsymbol{E}\cdot\boldsymbol{J}-\boldsymbol{E}\cdot\mu\frac{\partial\boldsymbol{E}}{\partial t}\\&=-\mu\frac{1}{2}\frac{\partial\boldsymbol{H}\cdot\boldsymbol{H}}{\partial t}-\sigma E^2-\varepsilon\frac{1}{2}\frac{\partial\boldsymbol{E}\cdot\boldsymbol{E}}{\partial t}\\&=-\frac{\partial}{\partial t}\left(\frac{1}{2}\varepsilon E^2+\frac{1}{2}\mu H^2\right)-\sigma E^2\end{aligned}\tag{3.92}$$

方程 (3.92) 对 V 进行积分并应用高斯定理, 发现

$$\int_V\nabla\cdot(\boldsymbol{E}\times\boldsymbol{H})\mathrm{d}v=-\frac{\partial}{\partial t}\int_V\left(\frac{1}{2}\varepsilon E^2+\frac{1}{2}\mu H^2\right)\mathrm{d}v-\int_V\sigma E^2\mathrm{dv}\tag{3.93}$$

坡印亭矢量 $\boldsymbol{P}$ 定义为

$$\boldsymbol{P}=\boldsymbol{E}\times\boldsymbol{H} \tag{3.94}$$

方程 (3.93) 可以写成

$$-\oint_S \boldsymbol{P}\cdot \mathrm{d}\boldsymbol{s}=\frac{\partial}{\partial t}\int_V (w_\mathrm{e}+w_\mathrm{m})\,\mathrm{d}v+\int_V p_\sigma \mathrm{d}v \tag{3.95}$$

式中, $w_\mathrm{e}=\dfrac{1}{2}\varepsilon E^2$, 是电能密度; $w_m=\dfrac{1}{2}\mu H^2$, 是磁能密度; $p_\sigma=\sigma E^2$, 是欧姆功率密度.

上述方程中, 我们也能把矢量 $\boldsymbol{P}$ 视为单位面积中的功率流. 方程 (3.95) 表明逸出整个封闭面积 S 的光功率等于它所包围的体积 V 中单位时间内的电磁能量的变化和体积 V 中消耗的欧姆功率.

3.12 习 题

1. 对减少反射用的两层四分之一波长厚度的膜结构使用传输矩阵表达式, 作出减少反射结构的反射率谱线图. 它由低折射率层 $CeF_3(\overline{n}_1=1.65)$ 以及高折射率层 $ZrO_2(\overline{n}=2.1)$ 沉积在玻璃基板 $(\overline{n}_\mathrm{s}=1.52)$ 上组成. 假设在其顶部是 $\overline{n}_0=1$ 的空气. 作出这种反射结构的反射率的谱线图.

2. 证明一个线性偏振的平面波可以分解为一个右旋和一个等幅的左旋圆偏振波.

3. 推导 p 偏振的传输矩阵表达式. 在这种情况下, 电场 $\boldsymbol{E}$ 的矢量平行于的入射平面.

4. 确定垂直入射的功率反射率并绘制各种折射率时它随路径差/波长的变化.

5. 写出 Matlab 的程序来说明椭圆偏振的电磁波. 波由两个互相垂直但是振幅不同的波组成. 绘制三维的传播图. 通过改变两个波之间的相位差 ϕ 分析偏振状态 (SOP).

6. 分析 TM 偏振的布拉格反射镜. 推导出这种偏振时的矩阵元素 $\overleftrightarrow{T}$ [9].

7. 假定对于某些材料的折射率在一个特定的波长为负数. 讨论这样一个假设的后果. 考虑修正的斯涅耳定律.

8. 当自然光在 70° 入射到空气 - 玻璃 $(\overline{n}_\mathrm{glass}=1.5)$ 界面时, 有多少百分比的输入辐照强度被反射掉?

9. 写出右旋圆偏振波沿正 z 方向传播的表达式使得在 $z=0$ 和 $t=0$ 时它的 $\boldsymbol{E}$ 朝向负的 x 方向.

10. 验证线性偏振光为椭圆形偏振光的一种特殊情况.

11. 如图 3.17 所示, 光从空气入射到折射率为 $\overline{n}_2 = 1.5$ 的平板层材料上, 它下面是折射率为 $\overline{n}_3$ 的材料. 入射角 θ_1 正好是该界面的布儒斯特角, 而当光折射到第三种材料时, 入射角 θ_2 又碰巧是 $\overline{n}_2$ 与 $\overline{n}_3$ 界面的布儒斯特角. 试求 $\overline{n}_3$ 的数值.

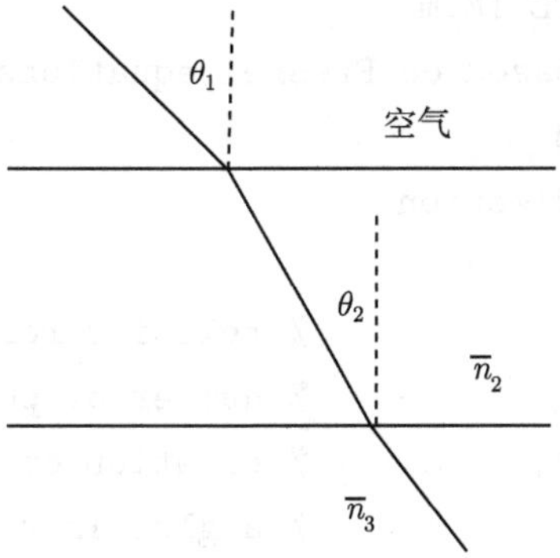

图 3.17 (见习题 11)

3.13 课 题

1. 改变清单 3A.2 的有关参数, 在中心波长 (λ_0) 不变的情况下, 使该布拉格反射镜的反射率谱的带宽减小一倍.

2. 编写一个 Matlab 程序, 以确定包括各种不同介电材料和厚度的多层结构的反射率. 分析 $d = \lambda/2$ 时的特例.

3. 开发基于 Matlab 的函数来分析 TM 模式在任意多层波导结构的传播. 再用类似的方法用于分析 TE 模式在任意多层波导结构的传播.

附录 3A: 本章 Matlab 的函数清单和代码

表 3.2 中, 我们提供了适用于本章的 Matlab 文件的清单和每个函数的描述.

表 3.2 第 3 章的 Matlab 函数清单

清单	函数名	描述
3A.1	reflections_TE_TM.m	基于菲涅耳方程对 TE 和 TM 模式的反射率作图
3A.2	Bragg_an.m	利用分析方法对 TE 模式的布拉格反射镜的反射率谱作图

清单 3A.1 程序 reflections_TE_TM.m: 用来对 TE 和 TM 模式反射系数作图的 Matlab 代码.

```
% 文件名: reflections_TE_TM.m
% Plot of reflections based on Fresnel equations
% TE and TM reflections
% cases of external reflection
clear all
n = 1.50;                          % relative refractive index
N_max = 11;                        % number of points for plot
t = linspace(0,1,N_max);           % creation of theta arguments
theta = (pi/2)*t;                  % angles in radians
% Plot reflection coefficients
num_TE = cos(theta) - sqrt(n^2-(sin(theta)).^2 );
den_TE = cos(theta) + sqrt(n^2-(sin(theta)).^2 );
r_TE = num_TE./den_TE;             % Plot for TE mode
num_TM = n^2*cos(theta) - sqrt(n^2-(sin(theta)).^2 );
den_TM = n^2*cos(theta) + sqrt(n^2-(sin(theta)).^2 );
r_TM = num_TM./den_TM;             % Plot for TM mode
%
angle_degrees = (theta./pi)*180;
x_line = [0 max(angle_degrees)];  % needed to draw horizontal line
y_line = [0 0]; % passing through zero
plot(angle_degrees,r_TE,angle_degrees,r_TM, x_line, y_line, '-',...
'LineWidth',1.5)
xlabel('Angle of incidence','FontSize',14)
set(gca,'FontSize',14);            % size of tick marks on both axes
text(60, -0.6, 'r_{TE}','Fontsize',14)
text(60, -0.2, 'r_{TM}','Fontsize',14)
text(55, 0.1, '\theta_{Brewster}','Fontsize',14)
pause
close all
```

清单 3A.2 程序 bragg_an.m: 利用分析方法决定布拉格镜 TE 和 TM 模式反射系数的 Matlab 代码.

```
% 文件名: bragg_an.m
% Determines reflectivity spectrum of Bragg mirror for TE mode
% using analytical method
clear all
N = 10;                        % number of periods
n_L = 1.45;                    % refractive index
n_H = 2.25;                    % refractive
a_L = 259;                     % thickness (nm)
a_H = 167;                     % thickness (nm)
Lambda = a_L + a_H;            % period of the structure
lambda = 1000:10:2200;
k_L = 2*pi*n_L./lambda;
k_H = 2*pi*n_H./lambda;
%
a=exp(1i*a_H*k_H).*(cos(k_L*a_L)+(1i/2)*(k_H./k_L+k_L./k_H).*sin
(k_L*a_L));
d=exp(-1i*a_H*k_H).*(cos(k_L*a_L)-(1i/2)*(k_H./k_L+k_L./k_H).*sin
(k_L*a_L));
b = exp(-1i*a_H*k_H).*((1i/2)*(k_L./k_H - k_H./k_L).*sin(k_L*a_L));
c = exp(1i*a_H*k_H).*((1i/2)*(k_H./k_L - k_L./k_H).*sin(k_L*a_L));
%
K = (1/Lambda)*acos((a+d)/2);
tt = (sin(K*Lambda)./sin(N*K*Lambda)).^2;
denom = abs(c).^2 + tt;
R = abs(c).^2./denom;
plot(lambda,R,'LineWidth',1.5)
axis([1000 2200 0 1.2])
xlabel('Wavelenght (nm)','FontSize',14)
ylabel('Reflectivity','FontSize',14)
set(gca,'FontSize',14); % size of tick marks on both axes
pause
close all
```

参 考 文 献

[1] J.D. Kraus. *Electromagnetics, Fourth Edition.* McGraw-Hill, New York, 1992.

[2] D.K. Cheng. *Field and Wave Electromagnetics. Second Edition.* Addison-Wesley Publishing Company, Reading, Massachusetts, 1989.

[3] Z. Popovic and B.D. Popovic. *Introductory Electromagnetics.* Prentice-Hall, Upper Saddle River, New Jersey, 2000.

[4] F. L. Pedrotti and L. S. Pedrotti. *Introduction to Optics. Third Edition.* Prentice Hall, Upper Saddle River, New Jersey, 2007.

[5] J.-M. Liu. *Photonic Devices.* Cambridge University Press, Cambridge, 2005.

[6] A. Thelen. *Design of Optical Interference Coatings.* McGraw-Hill, New York, 1989.

[7] R.S. Geels. *Vertical-Cavity Surface-Emitting Lasers: Design, Fabrication and Characterization.* PhD thesis, University of California, Santa Barbara, 1991.

[8] E.W. Weisstein, "Unimodular Matrix." From MathWorld–A Wolfram Web Resource. http://mathworld.wolfram.com/UnimodularMatrix.html.

[9] P. Yeh, A. Yariv, and C.-S. Hong. Electromagnetic propagation in periodic stratified media. i. general theory. *J. Opt. Soc. Am.*, 67:423–438, 1977.

[10] H. Kogelnik. Theory of optical waveguides. In T. Tamir, editor, *Springer Series in Electronics and Photonics. Guided-Wave Optoelectronics*, volume 26, pages 7–88, Berlin, 1988. Springer-Verlag.

[11] C. R. Pollock and M. Lipson. *Integrated Photonics.* Kluwer Academic Publishers, Boston, 2003.

第4章　平板波导

平板波导是组成无源和有源器件的重要部件. 因此, 讨论和理解平板波导的特性就显得尤其必要. 本章将讨论以下课题:

(1) 平板波导的射线光学;

(2) 平板波导的电磁学理论;

(3) 三层对称波导结构的问题;

(4) 多层波导中的 TE 模式.

4.1　平板波导的射线光学

本节讨论如何使用射线光学的概念分析光在平板波导中的传播. 从有关数值孔径 (NA) 的概念出发开始我们的讨论.

4.1.1　数值孔径

考虑光从折射率为 $\overline{n}_0$ 的空气进入折射率为 $\overline{n}_1$ 和 $\overline{n}_2$ 的波导结构, 如图 4.1 所示. 本节从射线光学的观点讨论光在折射率为 $\overline{n}_1$ 的波导中层中的传播条件. 当光线 1(虚线) 以大角度 θ_1 进入波导后, 它先在中层中传播, 然后转移到折射系数为 $\overline{n}_2$ 的波导的上层. 这时光只在上层, 而非中层传播, 它最终由于衰减太大而消失. 逐步减小入射角度 θ, 直到光线仅在两层的分界面掠过 (如射线 3). 在这种情况下, 入射角度 θ_{a} 被称为容许角, 而 ϕ_{c} 被称为临界角. 在 D 点的内角是 ϕ_{c}, 它由下面的关系式所决定:

$$\sin\phi_{\mathrm{c}}=\frac{\overline{n}_2}{\overline{n}_1} \tag{4.1}$$

对于入射光线 2, 由于它的入射角小于容许角, 即 $\theta<\theta_{\mathrm{a}}$, 这时光线将会一直在波导结构的中层中传播, 而这才是我们真正感兴趣的情况. 下面就详细分析这种情况.

从三角形 ABC, 我们发现 $\overline{\theta}_2=\pi/2-\phi$ (角 $\overline{\theta}_2$ 并没有出现在图 4.1 中). 对于以小于容许角的角度 θ_2 入射的射线 2 使用斯涅耳定律, 我们得到

$$\overline{n}_0\sin\theta_2=\overline{n}_1\sin\overline{\theta_2}=\overline{n}_1\sin(\pi/2-\phi)=\overline{n}_1\cos\phi=\overline{n}_1\left(1-\sin^2\phi\right)^{1/2}$$

因此, 当射线 2 以容许角, 即 $\theta_2=\theta_{\mathrm{a}}$ 从空气射入介质时, 上式变为

$$\overline{n}_0\sin\theta_{\mathrm{a}}=\overline{n}_1\left(1-\sin^2\phi_{\mathrm{c}}\right)^{1/2}=\left(\overline{n}_1^2-\overline{n}_2^2\right)^{1/2}$$

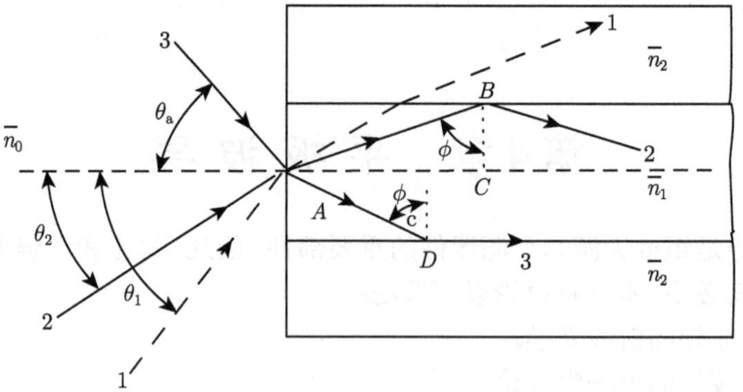

图 4.1　光射入平板波导

上式的左方即为数值孔径 (NA), 它被定义为

$$\mathrm{NA} \equiv \overline{n}_0 \sin\theta_{\mathrm{a}} = \left(\overline{n}_1^2 - \overline{n}_2^2\right)^{1/2} \tag{4.2}$$

引入相对折射率差 Δ

$$\Delta \equiv \frac{\overline{n}_1^2 - \overline{n}_2^2}{2\overline{n}_1^2}$$

考虑到 $\overline{n}_1 \approx \overline{n}_2$, 因而 $\overline{n}_1 + \overline{n}_2 \approx 2\overline{n}_1$. 于是, 我们得到 Δ 的如下近似表达式:

$$\Delta = \frac{(\overline{n}_1 + \overline{n}_2)(\overline{n}_1 - \overline{n}_2)}{2\overline{n}_1^2} \approx \frac{2\overline{n}_1(\overline{n}_1 - \overline{n}_2)}{2\overline{n}_1^2} = \frac{\overline{n}_1 - \overline{n}_2}{\overline{n}_1}$$

借助 Δ, 因此数值孔径 NA 可以近似地表示为

$$\mathrm{NA} = \overline{n}_1 (2\Delta)^{1/2}$$

4.1.2　导波模式

我们首先要讨论的波导是基体上面覆盖一层电介质薄层, 然后在薄层上面再覆盖一层包层 (图 4.2).在这样的结构中, 光将沿着薄层作锯齿状传播. 光是单色和相干的, 其角频率为 ω, 自由空间中的波长为 λ. $k_0 = \dfrac{2\pi}{\lambda}$, 式中 k_0 为波数. 传播的电场是

$$E \sim \mathrm{e}^{-\mathrm{j}k_0\overline{n}_{\mathrm{f}}(\pm x\cos\phi + z\sin\phi)}$$

令 β 为平板中导波模式的传播常数. 于是, 我们有

$$\beta = \frac{\omega}{v_{\mathrm{p}}} = k_0 \overline{n}_{\mathrm{f}} \sin\phi \tag{4.3}$$

式中, v_{p} 是相速度. 注意并非所有的角度都能使上述关系式成立 (有时甚至连一个都没有).

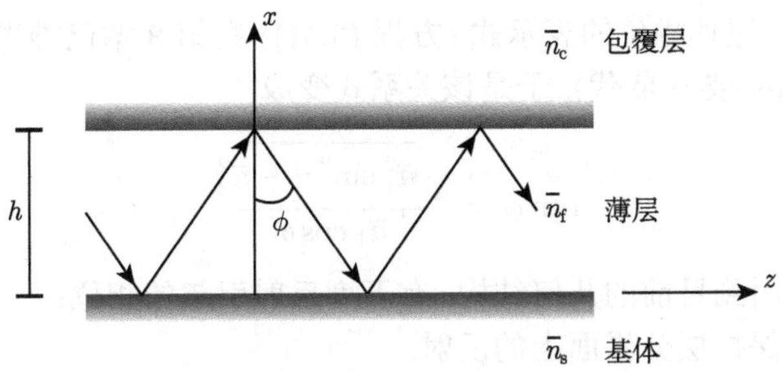

图 4.2 用射线理论处理光在平板波导中的传播

参照方程 (4.2), 我们知道以 $\phi = 90°$ 入射的光线沿波导水平方向传播. 一般说来, 可以在波导内实现全内反射的光线就能够在波导中传播. 满足以下条件 (所有角度都是相对于法线而言) 的光线确保能在波导中传播:

$$\phi_c \leqslant \phi \leqslant 90°$$

式中,ϕ_c 是前面提到过的临界角. 上面的不等式可以改写为

$$\overline{n}_f \sin\phi_c \leqslant \overline{n}_f \sin\phi \leqslant \overline{n}_f \sin 90° = \overline{n}_f$$

不等式中的三项均已乘上 $\overline{n}_f$. 利用方程 (4.1) 和方程 (4.3) 得到

$$\overline{n}_s \leqslant N \leqslant \overline{n}_f \tag{4.4}$$

上式中引入了下面被称为"有效导波系数" 的 N:

$$N = \frac{\beta}{k_0} = \overline{n}_f \sin\phi \tag{4.5}$$

4.1.3 横向共振条件

横向共振条件是"所有在传播过程中的相移总和必须是 2π 的整数倍". 下面是对相移有贡献的部分:

$$\begin{array}{ll} k_0\overline{n}_f h\cos\phi & (\text{第一次穿过薄层的相位}) \\ -2\phi_c & (\text{在顶部全反射时的相移}) \\ -2\phi_s & (\text{在基体全反射时的相移}) \end{array}$$

将上述贡献全部加起来, 即可得到横向共振条件

$$2k_0\overline{n}_f h\cos\phi - 2\phi_s - 2\phi_c = 2\pi\nu, \quad \nu = 0, \pm 1, \pm 2, \cdots \tag{4.6}$$

这其实就是波导色散方程. 变量 ν 表示模式的编号 (阶数).

TE 偏振时菲涅耳相位的表示式 (方程 (3.51)) 在第 3 章已推导过. 将有关符号作少许改动 (角 θ_1 被 ϕ 取代), 于是该关系式变成

$$\tan\phi = \frac{\sqrt{\overline{n}_1^2\sin^2\theta - \overline{n}_2^2}}{\overline{n}_1\cos\theta}$$

把上述表示式应用到目前的几何结构, 有下列反射引起的相位:

(1) 在薄层–保护层分界面上的反射:

$$\tan\phi_{\mathrm{c}} = \frac{\sqrt{\overline{n}_{\mathrm{f}}^2\sin^2\theta - \overline{n}_{\mathrm{c}}^2}}{\overline{n}_{\mathrm{f}}\cos\theta} = \frac{\sqrt{\overline{n}_{\mathrm{f}}^2\sin^2\theta - \overline{n}_{\mathrm{c}}^2}}{\sqrt{\overline{n}_{\mathrm{f}}^2 - \overline{n}_{\mathrm{f}}^2\sin^2\theta}} \tag{4.7}$$

(2) 在薄层–基体之间界面上的反射:

$$\tan\phi_{\mathrm{s}} = \frac{\sqrt{\overline{n}_{\mathrm{f}}^2\sin^2\theta - \overline{n}_{\mathrm{s}}^2}}{\overline{n}_{\mathrm{f}}\cos\theta} = \frac{\sqrt{\overline{n}_{\mathrm{f}}^2\sin^2\theta - \overline{n}_{\mathrm{s}}^2}}{\sqrt{\overline{n}_{\mathrm{f}}^2 - \overline{n}_{\mathrm{f}}^2\sin^2\theta}} \tag{4.8}$$

4.1.4　横向条件–归一化形式

为了便于数值运算, 上述横向条件需要转换成归一化形式. 为此, 引入下面的变量 V

$$V \equiv k_0 \cdot h\sqrt{\overline{n}_{\mathrm{f}}^2 - \overline{n}_{\mathrm{s}}^2} \tag{4.9}$$

和归一导波指数 b

$$b \equiv \frac{N^2 - \overline{n}_{\mathrm{s}}^2}{\overline{n}_{\mathrm{f}}^2 - \overline{n}_{\mathrm{s}}^2} \tag{4.10}$$

以及对于 TE 模式的非对称参数 a

$$a \equiv \frac{\overline{n}_{\mathrm{s}}^2 - \overline{n}_{\mathrm{c}}^2}{\overline{n}_{\mathrm{f}}^2 - \overline{n}_{\mathrm{s}}^2} \tag{4.11}$$

对于 TE 模式, 使用横向共振条件和菲涅耳相位, 于是得到

$$V\sqrt{1-b} = \nu\cdot\pi + \arctan\sqrt{\frac{b}{1-b}} + \arctan\sqrt{\frac{b+a}{1-b}} \tag{4.12}$$

实例

推导在归一化形式 (见方程 (4.12)) 下的横向共振条件.

答案

利用方程 (4.10) 和方程 (4.11) 中的定义, 我们可以证明下述关系:

$$\frac{b}{1-b} = \frac{N^2 - \overline{n}_{\mathrm{s}}^2}{\overline{n}_{\mathrm{f}}^2 - N^2}$$

以及

$$\frac{b+a}{1-b}=\frac{N^2-\overline{n}_{\mathrm{c}}^2}{\overline{n}_{\mathrm{f}}^2-N^2}$$

另外

$$1-b=\frac{\overline{n}_{\mathrm{f}}^2-N^2}{\overline{n}_{\mathrm{f}}^2-\overline{n}_{\mathrm{s}}^2}$$

利用上述关系, 如方程 (4.7) 和方程 (4.8) 代表的相位表示式可以写成

$$\phi_{\mathrm{c}}=\arctan\sqrt{\frac{N^2-\overline{n}_{\mathrm{c}}^2}{\overline{n}_{\mathrm{f}}^2-N^2}}=\arctan\sqrt{\frac{b+a}{1-b}}$$

以及

$$\phi_{\mathrm{s}}=\arctan\sqrt{\frac{N^2-\overline{n}_{\mathrm{s}}^2}{\overline{n}_{\mathrm{f}}^2-N^2}}=\arctan\sqrt{\frac{b}{1-b}}$$

还有

$$\overline{n}_{\mathrm{f}}\cos\phi=\sqrt{\overline{n}_{\mathrm{f}}^2-\overline{n}_{\mathrm{f}}^2\sin^2\phi}=\sqrt{\overline{n}_{\mathrm{f}}^2-N^2}$$

把上述公式代入方程 (4.6), 于是得到

$$V\sqrt{1-b}=\nu\cdot\pi+\arctan\sqrt{\frac{b}{1-b}}+\arctan\sqrt{\frac{b+a}{1-b}}$$

分析横向共振条件 (4.12) 的 Matlab 程序用来绘制归一化的导波指数 b 随变量 V 的变化, 见附录 4A 中的清单 4A.1. 该程序容许我们输入不同的非对称参数 a.

对于三种不同的参数 a $(a=0,8,50)$ 所绘制的归一化的导波指数 b 随变量 V 的变化如图 4.3 所示. 由图 4.3 我们看到, b 的极大值和极小值为 $b=1$ 和 $b=0$, 它们分别对应于公式 (4.10) 中的 $N=\bar{n}_f$ 和 $N=\bar{n}_s$, 与此同时, 相对应的极大角 $\phi=90°$ 和极小角为临界角 $\phi=\phi_c=\sin^{-1}\left(\frac{\overline{n}_s}{\overline{n}_f}\right)$ 由图 4.3 我们还注意到变量 V 越小, 模式数越少, 单色性越好。当 V 小于某个数值时, 波导中只能传播单个模式.

结束本节前, 让我们察看有效指数 N 的典型的简化表达式. 从 b 的定义出发, 得到

$$b(\overline{n}_{\mathrm{f}}^2-\overline{n}_{\mathrm{s}}^2)+\overline{n}_{\mathrm{s}}^2\equiv N^2$$

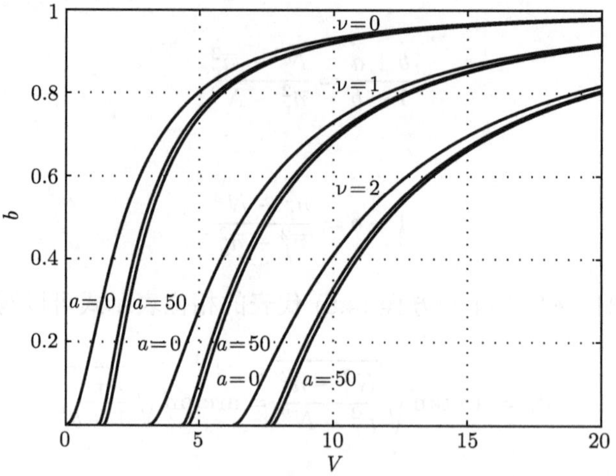

图 4.3　各种不对称度时归一的 b–V 图

执行下面的代数运算步骤:

$$N^2 = \left(1+b\frac{\overline{n}_{\rm f}^2 - \overline{n}_{\rm s}^2}{\overline{n}_{\rm s}^2}\right)\overline{n}_{\rm s}^2$$

$$N = \sqrt{1+b\frac{\overline{n}_{\rm f}^2 - \overline{n}_{\rm s}^2}{\overline{n}_{\rm s}^2}}\,\overline{n}_{\rm s}$$

$$N \simeq \left(1+b\frac{1}{2}\frac{\overline{n}_{\rm f}^2 - \overline{n}_{\rm s}^2}{\overline{n}_{\rm s}^2}\right)\overline{n}_{\rm s}$$

$$N = \left[1+b\frac{1}{2}\frac{(\overline{n}_{\rm f} - \overline{n}_{\rm s})(\overline{n}_{\rm f} + \overline{n}_{\rm s})}{\overline{n}_{\rm s}^2}\right]\overline{n}_{\rm s}$$

最终, 我们发现

$$N \approx \overline{n}_{\rm s} + \frac{1}{2}b\left(\overline{n}_{\rm f} - \overline{n}_{\rm s}\right) \tag{4.13}$$

4.2　电介质波导的电磁学理论基础

4.2.1　一般性讨论

假定我们处理的是时谐场, 并利用本构关系, 无源的麦克斯韦方程是

$$\nabla \times \boldsymbol{E} = -{\rm j}\omega\mu\boldsymbol{H} \tag{4.14}$$

$$\nabla \times \boldsymbol{H} = {\rm j}\omega\varepsilon\boldsymbol{E} \tag{4.15}$$

利用第 3 章推导过的边界条件, 电场和磁场被分成横向和纵向两个分量:

$$\boldsymbol{E}=\boldsymbol{E}_t+\boldsymbol{E}_z,\quad \boldsymbol{H}=\boldsymbol{H}_t+\boldsymbol{H}_z \tag{4.16}$$

式中

$$\boldsymbol{E}_t=[E_x,E_y,0]$$

是电场的横向分量, 而

$$\boldsymbol{E}_z=[0,0,E_z]$$

是电场的纵向分量. 而且

$$\nabla=\nabla_t+\boldsymbol{a}_z\frac{\partial}{\partial z},\quad \boldsymbol{a}_z=[0,0,1] \tag{4.17}$$

式中, $\boldsymbol{a}_z$ 是沿 z 方向的单位矢量. 把方程 (4.16) 和方程 (4.17) 代入方程 (4.14) 和方程 (4.15), 于是得到

$$\nabla_t\times\boldsymbol{E}_t=-\mathrm{j}\omega\mu\boldsymbol{H}_z \tag{4.18}$$

$$\nabla_t\times\boldsymbol{H}_t=\mathrm{j}\omega\varepsilon\boldsymbol{E}_z \tag{4.19}$$

$$\nabla_t\times\boldsymbol{E}_z+\boldsymbol{a}_z\times\frac{\partial\boldsymbol{E}_t}{\partial z}=-\mathrm{j}\omega\mu\boldsymbol{H}_t \tag{4.20}$$

$$\nabla_t\times\boldsymbol{H}_z+\boldsymbol{a}_z\times\frac{\partial\boldsymbol{H}_t}{\partial z}=\mathrm{j}\omega\varepsilon\boldsymbol{E}_t \tag{4.21}$$

表征波导中模式的是介电常数

$$\varepsilon(x,y)=\varepsilon_0\overline{n}^2(x,y) \tag{4.22}$$

式中, $n(x,y)$ 是在横向平面中折射率的分布. 将电场写成

$$\boldsymbol{E}(x,y,z)=\boldsymbol{E}_\nu(x,y)\,\mathrm{e}^{-\mathrm{j}\beta_\nu z} \tag{4.23}$$
$$\boldsymbol{H}(x,y,z)=\boldsymbol{H}_\nu(x,y)\,\mathrm{e}^{-\mathrm{j}\beta_\nu z}$$

式中, 引入模式的编号 (阶数) ν, 而 β_ν 是模式 ν 的传播常数. 把方程 (4.23) 代入方程 (4.18)~ 方程 (4.21), 我们得到

$$\nabla_t\times\boldsymbol{E}_{t\nu}(x,y)=-\mathrm{j}\omega\mu\boldsymbol{H}_{z\nu}(x,y) \tag{4.24}$$

$$\nabla_t\times\boldsymbol{H}_{t\nu}(x,y)=\mathrm{j}\omega\varepsilon\mathbf{E}_{z\nu}(x,y) \tag{4.25}$$

$$\nabla_t\times\boldsymbol{E}_{z\nu}(x,y)-\mathrm{j}\beta_\nu\boldsymbol{a}_z\times\boldsymbol{E}_{t\nu}(x,y)=-\mathrm{j}\omega\mu\boldsymbol{H}_{t\nu}(x,y) \tag{4.26}$$

$$\nabla_t\times\boldsymbol{H}_{z\nu}(x,y)-\mathrm{j}\beta_\nu\boldsymbol{a}_z\times\boldsymbol{H}_{t\nu}(x,y)=\mathrm{j}\omega\varepsilon\boldsymbol{E}_{t\nu}(x,y) \tag{4.27}$$

对上述方程进行分析，我们可以分辨出几种不同的模式. 更多的详情将在后面讨论. 一般说来, 主要的模式有:

(1) 导波模式 (束缚能)—— 这时,β_ν 呈分立谱;

(2) 辐射模式 —— 属于连续态;

(3) 倏逝波 ——$\beta_\nu=-\mathrm{j}\alpha_\nu$，它们按照 $\exp(-\alpha_\nu z)$ 的方式衰减.

4.2.2 通用方程的简约形式

利用下面的通用公式:

$$\nabla_t \times E_t = \begin{vmatrix} \boldsymbol{a}_x & \boldsymbol{a}_y & \boldsymbol{a}_z \\ \dfrac{\partial}{\partial x} & \dfrac{\partial}{\partial y} & 0 \\ E_x & E_y & 0 \end{vmatrix}$$

$$\nabla_t \times E_z = \begin{vmatrix} \boldsymbol{a}_x & \boldsymbol{a}_y & \boldsymbol{a}_z \\ \dfrac{\partial}{\partial x} & \dfrac{\partial}{\partial y} & 0 \\ 0 & 0 & E_z \end{vmatrix}$$

$$\boldsymbol{a}_z \times E_t = \begin{vmatrix} \boldsymbol{a}_x & \boldsymbol{a}_y & \boldsymbol{a}_z \\ 0 & 0 & 1 \\ E_x & E_y & 0 \end{vmatrix}$$

式中, $\boldsymbol{a}_x$, $\boldsymbol{a}_y$, $\boldsymbol{a}_z$ 是沿坐标方向的单位矢量, 我们得到通用方程 (4.24)~ 方程 (4.27) 的简约形式 (略去模式数)

$$\left[0, 0, \frac{\partial E_y}{\partial x} - \frac{\partial E_x}{\partial y}\right] = -\mathrm{j}\omega\mu\,[0, 0, H_z] \tag{4.28}$$

$$\left[0, 0, \frac{\partial H_y}{\partial x} - \frac{\partial H_x}{\partial y}\right] = \mathrm{j}\omega\varepsilon\,[0, 0, E_z] \tag{4.29}$$

$$\left[\frac{\partial E_z}{\partial y}, -\frac{\partial E_z}{\partial x}, 0\right] - \mathrm{j}\beta[-E_y, E_x, 0] = -\mathrm{j}\omega\mu\,[H_x, H_y, 0] \tag{4.30}$$

$$\left[\frac{\partial H_z}{\partial y}, -\frac{\partial H_z}{\partial x}, 0\right] - \mathrm{j}\beta[-H_y, H_x, 0] = \mathrm{j}\omega\varepsilon\,[E_x, E_y, 0] \tag{4.31}$$

下节中, 我们将利用上述通用方程分析一些特殊情况.

4.3 平面宽波导的波动方程

对于在 y 方向的尺度远大于厚度的波导, 电磁场沿 y 方向的分布可视为常数, 如图 4.4 所示. 因此, 我们只需要考虑场在 x 方向受到的制约. 为此, 令

$$\frac{\partial}{\partial y}=0$$

而且, 折射率也仅沿 x 方向变化

$$\overline{n}=\overline{n}\,(x)$$

这类波导只支持以下两种模式:

(1) 横向电场 TE 模式, 此时 $E_y \neq 0$ 而且 $E_x=E_z=0$;

(2) 横向磁场 TM 模式, 此时 $H_y \neq 0$ 而且 $H_x=H_z=0$.

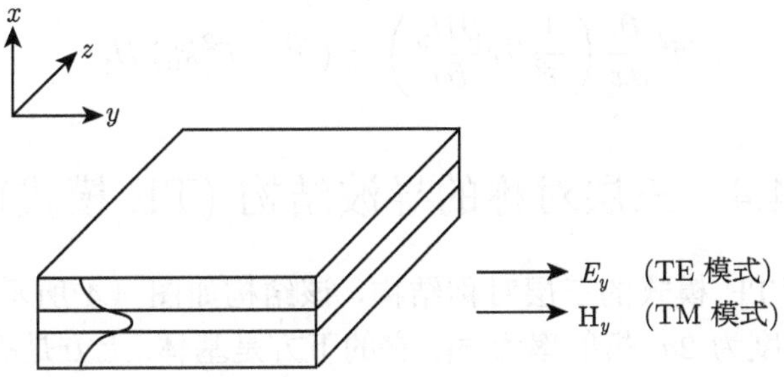

图 4.4 平面宽波导

由方程 (4.28)~ 方程 (4.31) 给出的一般公式, 我们得到三组描述 TE 模式的方程, 以及三组描述 TM 模式的方程. 下面分别写出这两种模式的方程.

1. TE 模式

为了描述 TE 模式, 我们只需要使用与 E_y 及其导数有关的方程. 当 $E_x=E_z=0$ 时, 由方程 (4.30) 知道 $H_y=0$. 于是描述 TE 模式的方程是

$$\beta E_y=-\omega\mu H_x \tag{4.32}$$

$$\frac{\partial H_z}{\partial x}+\mathrm{j}\beta H_x=-\mathrm{j}\omega\varepsilon E_y \tag{4.33}$$

$$\frac{\partial E_y}{\partial x}=-\mathrm{j}\omega\mu H_z \tag{4.34}$$

最后, 消去 H_x 和 H_z. 对第三个方程求导, 并利用第二个方程取代 $\frac{\partial H_z}{\partial x}$, 最终利用第一个方程消去 H_x. 于是, 我们得到 TE 模式的方程

$$\frac{\partial^2 E_y}{\partial x^2}=\left(\beta^2-\overline{n}^2k_0^2\right)E_y \tag{4.35}$$

式中, $k_0 = \dfrac{\omega}{c} = \omega\sqrt{\varepsilon_0\mu_0}$.

2. TM 模式

我们着手用相似的方法处理 TM 模式. 当 $H_x = H_z = 0$ 时, 由方程 (4.31) 得到 $E_y = 0$. 我们只保留 H_y 的方程以及它的导数. 描述 TM 模式的方程为

$$\beta H_y = \omega\varepsilon E_x$$

$$\frac{\partial H_y}{\partial x} = \mathrm{j}\omega\varepsilon E_z$$

$$\frac{\partial E_z}{\partial x} + \mathrm{j}\beta E_x = \mathrm{j}\omega\mu H_y$$

注意到 $\varepsilon = \varepsilon_0\overline{n}^2$ 并消除 E_x 和 E_z. 这里我们必须十分小心因为 $\overline{n}^2$ 可能与 x 有关. 从第一个方程可以决定 E_x, 而由第二个方程可以决定 E_z. 把这些结果代入第三个方程, 最终, 我们获得 TM 模式的方程

$$\overline{n}^2\frac{\partial}{\partial x}\left(\frac{1}{\overline{n}^2}\partial x\frac{\partial H_y}{\partial x}\right) = \left(\beta^2 - \overline{n}^2k_0^2\right)H_y \tag{4.36}$$

4.4　三层对称的导波结构 (TE 模式)

本节将分析 TE 模式的三层对称结构，该结构如图 4.4 所示，它的细节如图 4.5 所示. 薄层厚度为 $2a$, 折射率为 $\overline{n}_\mathrm{f}$. 它的下方是基体, 上方是折射率为 $\overline{n}_0$ 的包层. 我们引入下列记号:

$$\kappa_\mathrm{f}^2 = \overline{n}_\mathrm{f}^2k_0^2 - \beta^2 \tag{4.37}$$

以及

$$\gamma^2 = \beta^2 - \overline{n}_0^2k_0^2 \tag{4.38}$$

式中,γ 由薄层上下层的折射率所决定. 也就是说,γ 的数值主要由包层和基体的折射率所决定. 因此, 我们要考虑的不仅是薄层本身, 还要了解它的上下层的性质.

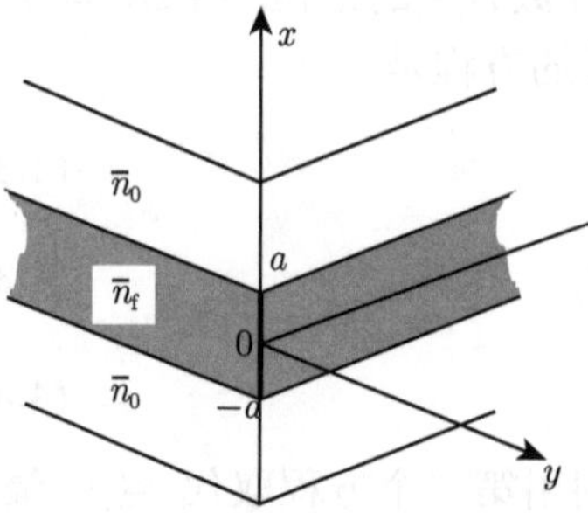

(a) 波导结构

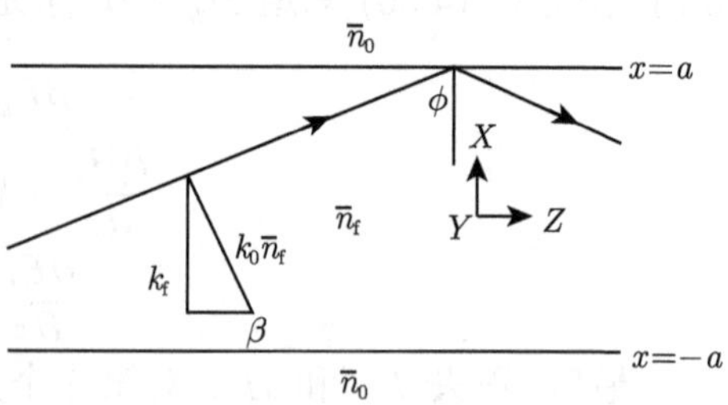

(b) 对应的坐标系和参数

图 4.5　三层平面对称波导

此时, 波导结构中的波动方程是

$$\frac{\mathrm{d}^2 E_y(x)}{\mathrm{d}x^2} = \left(\beta^2 - \overline{n}^2 k_0^2\right) E_y(x)$$

我们讨论两种不同的解：奇数和偶数模式.

1. **奇数模式**

假设上述波动方程的解是

$$\begin{cases} E_y(x) = A_{\mathrm{c}}\mathrm{e}^{-\gamma(x-a)}, & a<x & (\text{包层}) \\ E_y(x) = \ B\sin\kappa_{\mathrm{f}}x, & -a<x<a & (\text{薄层}) \\ E_y(x) = A_{\mathrm{s}}\mathrm{e}^{\gamma(x+a)}, & x<-a & (\text{基体}) \end{cases} \tag{4.39}$$

在分界面上, 即在 $x = \pm a$ 处, 电场 E_y 和它的导数 $\dfrac{\mathrm{d}E_y}{\mathrm{d}x}$ 必须是连续的. 在 $x = a$ 处, 边界条件的连续性要求

$$A_{\mathrm{c}} = B\sin\kappa_{\mathrm{f}}a$$
$$-\gamma A_{\mathrm{c}} = \kappa_{\mathrm{f}}B\cos\kappa_{\mathrm{f}}a$$

由以上方程我们获得

$$-\gamma = \kappa_{\mathrm{f}}\cot\kappa_{\mathrm{f}}a \tag{4.40}$$

在 $x = -a$ 的连续性条件给出相同的方程. 引入变量

$$y = \kappa_{\mathrm{f}}a$$

方程 (4.40) 可以写成

$$-y\cot y = \gamma a$$

由 γ 的定义, 我们得到

$$-\gamma a = a\sqrt{\overline{n}^2 k_0^2 - \beta^2} = \sqrt{a^2\overline{n}^2 k_0^2 - a^2\beta^2} \tag{4.41}$$

类似地, 从 κ_{f} 的定义出发, 我们得到

$$a^2\kappa_f^2 = a^2\ \overline{n}_f^2 k_0^2 - a^2\beta^2$$

由上式得出 $a^2\beta^2$, 并代入方程 (4.41), 我们得到

$$-y\cot y = \sqrt{R^2 - y^2} \tag{4.42}$$

式中，我们定义

$$R^2 = a^2k_0^2\left(\overline{n}_{\rm f}^2 - \overline{n}^2\right) \tag{4.43}$$

超越方程 (4.42) 必须用数值方法来解.

2. 偶数模式

对于更高的模式, 我们假定下列表示式是导波的解:

$$\begin{cases} E_y(x) = A_{\rm c}{\rm e}^{-\gamma(x-a)}, & a<x \quad (包层) \\ E_y(x) = B\cos\kappa_{\rm f}x, & -a<x<a \quad (薄层) \\ E_y(x) = A_{\rm s}{\rm e}^{\gamma(x+a)}, & x<-a \quad (基体) \end{cases} \tag{4.44}$$

剩下的步骤与奇数模式的解法完全相同. 传播常数的最终超越方程为

$$y\tan y = \sqrt{R^2 - y^2} \tag{4.45}$$

函数 R 由方程 (4.43) 定义. 求解方程 (4.45) 的结果如图 4.6 所示. 代表方程 (4.45) 右方的线 h 和代表方程 (4.45) 左方的线 $g's$ 的交叉点就是我们所寻找的传播常数. 显然, 必须用数值方法才能获得方程的解. 为了得到数值解, 我们引入下面的方程:

$$f_{\rm even}(y) = y\tan y - \sqrt{R^2 - y^2} \tag{4.46}$$

和

$$f_{\rm odd}(y) = -y\cot y - \sqrt{R^2 - y^2} \tag{4.47}$$

上述方程被用来作数值解, 因为诸如 $f_{\rm even}(y_1) = 0$ 对应于解 y_1, 于是传播常数 β_1 就被确定下来. 其算法将在 4.4.1 节中讨论.

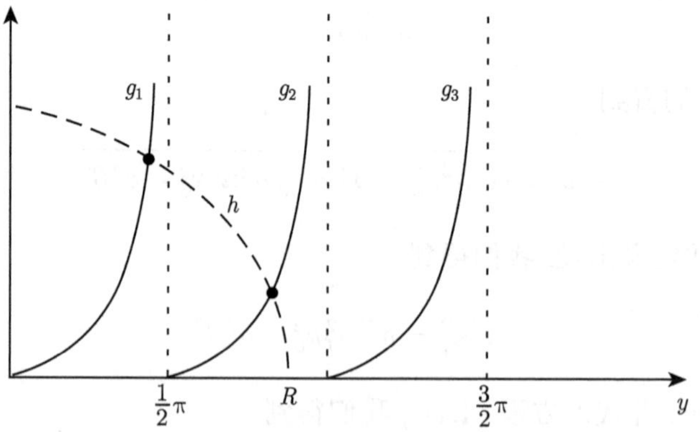

图 4.6　超越方程偶数模式的作图解

4.4.1 算法

下面的几个主要步骤组成了数值算法.

(1) 下列算法用来寻找偶函数和奇函数的间隔.

偶函数

$$y_{\mathrm{i}} = n\pi, \quad y_{\mathrm{f}} = \min\left(n\pi + \frac{\pi}{2} - 10^{-3}, R\right)$$

奇函数

$$y_{\mathrm{i}} = \frac{\pi}{2} + n\pi, \quad y_{\mathrm{f}} = \min\left((n+1)\pi - 10^{-3}, R\right)$$

式中,y_{i} 和 y_{f} 是所寻找间隔的起始和终点的适当值. 引入小常数 (10^{-3}) 为的是避免工作在奇点附近.

(2) 完成搜索每个间隔中的零点.

(3) 在逐个搜索中获得偶数和奇数解.

(4) 利用 Matlab 的函数fzero()找到方程的解.

$$y_{\mathrm{temp}} = \mathrm{fzero}\left(\mathrm{func}, [y_{\mathrm{i}}, y_{\mathrm{f}}]\right)$$

式中, 右方第一个参数为搜索函数, 第二个是决定搜索间隔的函数.

4.5 一维任意三层不对称平面波导的模式

我们来考虑如图 4.5 所示的修改了的波导结构. 它的基体和包层的折射率不同, 因而被称为不对称的平板波导.

这里, $\overline{n}_{\mathrm{c}}$ 表示包层的折射率, $\overline{n}_{\mathrm{f}}$ 为薄层的折射率, 而 $\overline{n}_{\mathrm{s}}$ 是基体的折射率.

对于不对称平板, $\overline{n}_{\mathrm{c}} \neq \overline{n}_{\mathrm{s}}$. 对下面的物理量进行定义:

$$\begin{aligned}
\kappa_{\mathrm{c}}^2 &= \overline{n}_{\mathrm{c}}^2 k_0^2 - \beta^2 \equiv -\gamma_{\mathrm{c}}^2 \\
\kappa_{\mathrm{f}}^2 &= \overline{n}_{\mathrm{f}}^2 k_0^2 - \beta^2 \\
\kappa_{\mathrm{s}}^2 &= \overline{n}_{\mathrm{s}}^2 k_0^2 - \beta^2 \equiv -\gamma_{\mathrm{s}}^2
\end{aligned} \tag{4.48}$$

式中, γ_i 代表横向衰减, 而 κ_i 包含传播常数. i 代表 c 或 f 或 s.4.5.1 节将讨论在这种三层结构中的 TE 模式.

4.5.1 TE 模式

对于传导的 TE 模式, 存在如下的解:

$$\begin{cases}
E_y(x) = A_{\mathrm{c}} \mathrm{e}^{-\gamma_{\mathrm{c}}(x-a)}, & a < x \quad (\text{包层}) \\
E_y(x) = A\cos\kappa_{\mathrm{f}} x + B\sin\kappa_{\mathrm{f}} x, & -a < x < a \quad (\text{薄层}) \\
E_y(x) = A_{\mathrm{s}} \mathrm{e}^{\gamma_{\mathrm{s}}(x+a)}, & x < -a \quad (\text{基体})
\end{cases} \tag{4.49}$$

求导后, 我们得到

$$\begin{cases} \dfrac{\mathrm{d}E_y(x)}{\mathrm{d}x} = -\gamma_\mathrm{c} A_\mathrm{c} \mathrm{e}^{-\gamma_\mathrm{c}(x-a)}, & a < x \qquad (\text{包层}) \\ \dfrac{\mathrm{d}E_y(x)}{\mathrm{d}x} = -\kappa_\mathrm{f} A \sin\kappa_\mathrm{f} x + \kappa_\mathrm{f}\ B\cos\kappa_\mathrm{f} x, & -a < x < a \qquad (\text{薄层}) \\ \dfrac{\mathrm{d}E_y(x)}{\mathrm{d}x} = \gamma_\mathrm{s} A_\mathrm{s} \mathrm{e}^{\gamma_\mathrm{s}(x+a)}, & x < -a \qquad (\text{基体}) \end{cases} \tag{4.50}$$

边界条件决定于

$$E_y \text{ 和 } \frac{\mathrm{d}E_y(x)}{\mathrm{d}x} \text{ 是连续的}, \quad \text{对于 } x = a \text{ 以及 } x = -a \tag{4.51}$$

对 E_y 和 $\dfrac{\mathrm{d}E_y(x)}{\mathrm{d}x}$ 施加边界条件, 可以得到如下的方程:

对于 $x = -a$

$$\begin{aligned} A\cos\kappa_\mathrm{f} a - B\sin\kappa_\mathrm{f} a &= A_\mathrm{s} \\ \kappa_\mathrm{f} A\sin\kappa_\mathrm{f} a + \kappa_\mathrm{f} B\cos\kappa_\mathrm{f} a &= \gamma_\mathrm{s} A_s \end{aligned}$$

对于 $x = a$

$$\begin{aligned} A_\mathrm{c} &= A\cos\kappa_\mathrm{f} a + B\sin\kappa_\mathrm{f} a \\ -\gamma_\mathrm{c} A_\mathrm{c} &= -\kappa_\mathrm{f} A\sin\kappa_\mathrm{f} a + \kappa_\mathrm{f} B\cos\kappa_\mathrm{f} a \end{aligned}$$

上述方程可以改用矩阵的形式表示:

$$\begin{bmatrix} \cos\kappa_\mathrm{f} a & -\sin\kappa_\mathrm{f} a & -1 & 0 \\ \kappa_\mathrm{f}\sin\kappa_\mathrm{f} a & \kappa_\mathrm{f}\cos\kappa_\mathrm{f} a & -\gamma_\mathrm{s} & 0 \\ \cos\kappa_\mathrm{f} a & \sin\kappa_\mathrm{f} a & 0 & -1 \\ -\kappa_\mathrm{f}\sin\kappa_\mathrm{f} a & \kappa_\mathrm{f}\cos\kappa_\mathrm{f} a & 0 & \gamma_\mathrm{c} \end{bmatrix} \begin{bmatrix} A \\ B \\ A_\mathrm{s} \\ A_\mathrm{c} \end{bmatrix} = 0 \tag{4.52}$$

为了使上面的各向同性系统有非无效解, 主行列式必须为零

$$\begin{vmatrix} \cos\kappa_\mathrm{f} a & -\sin\kappa_\mathrm{f} a & -1 & 0 \\ \kappa_\mathrm{f}\sin\kappa_\mathrm{f} a & \kappa_\mathrm{f}\cos\kappa_\mathrm{f} a & -\gamma_\mathrm{s} & 0 \\ \cos\kappa_\mathrm{f} a & \sin\kappa_\mathrm{f} a & 0 & -1 \\ -\kappa_\mathrm{f}\sin\kappa_\mathrm{f} a & \kappa_\mathrm{f}\cos\kappa_\mathrm{f} a & 0 & \gamma_\mathrm{c} \end{vmatrix} = 0 \tag{4.53}$$

上述行列式可以用下面的方法进行估算. 对最后一列进行展开, 得到

$$\gamma_\mathrm{c}\begin{vmatrix} \cos\kappa_\mathrm{f} a & -\sin\kappa_\mathrm{f} a & -1 \\ \kappa_\mathrm{f}\sin\kappa_\mathrm{f} a & \kappa_\mathrm{f}\cos\kappa_\mathrm{f} a & -\gamma_\mathrm{s} \\ \cos\kappa_\mathrm{f} a & \sin\kappa_\mathrm{f} a & 0 \end{vmatrix} + \begin{vmatrix} \cos\kappa_\mathrm{f} a & -\sin\kappa_\mathrm{f} a & -1 \\ \kappa_\mathrm{f}\sin\kappa_\mathrm{f} a & \kappa_\mathrm{f}\cos\kappa_\mathrm{f} a & -\gamma_\mathrm{c} \\ -\kappa_\mathrm{f}\sin\kappa_\mathrm{f} a & \kappa_\mathrm{f}\cos\kappa_\mathrm{f} a & 0 \end{vmatrix} = 0$$

对两个行列式进行评估, 得到

$$\sin^2 \kappa_{\mathrm{f}} a-\cos^2 \kappa_{\mathrm{f}} a+\frac{\kappa_{\mathrm{f}}}{\gamma_{\mathrm{c}}} \sin \kappa_{\mathrm{f}} a \cos \kappa_{\mathrm{f}} a-\frac{\gamma_{\mathrm{s}}}{\kappa_{\mathrm{f}}} \sin \kappa_{\mathrm{f}} a \cos \kappa_{\mathrm{f}} a=0$$

它可以表示为

$$\tan^2 \kappa_{\mathrm{f}} a-1+\frac{\kappa_{\mathrm{f}}}{\gamma_{\mathrm{c}}} \tan \kappa_{\mathrm{f}} a-\frac{\gamma_{\mathrm{s}}}{\kappa_{\mathrm{f}}} \tan \kappa_{\mathrm{f}} a=0 \tag{4.54}$$

它是三层不对称波导的通用方程. 对于对称波导

$$\gamma_{\mathrm{s}}=\gamma_{\mathrm{c}}=\gamma$$

此外, 我们把方程 (4.54) 写成

$$\left(\tan \kappa_{\mathrm{f}} a-\frac{\gamma}{\kappa_{\mathrm{f}}}\right)\left(\tan \kappa_{\mathrm{f}} a+\frac{\kappa_{\mathrm{f}}}{\gamma}\right)=0 \tag{4.55}$$

它们代表 4.4 节中讨论的偶次模和奇次模 (对称模式).

注意: 上述模式没有对功率归一化. 单位波导宽度中每个模式所携带的功率 P 可以按下式决定.

$$\begin{aligned}
P &=-2 \int_{-\infty}^{+\infty} \mathrm{d} x E_y H_x \\
&=\frac{2 \beta}{\omega \mu} \int_{-\infty}^{+\infty} \mathrm{d} x E_y^2 \\
&=N \sqrt{\frac{\varepsilon_0}{\mu_0}} E_{\mathrm{f}}^2 \cdot h_{\mathrm{eff}} \\
&=E_{\mathrm{f}} \cdot H_{\mathrm{f}} \cdot h_{\mathrm{eff}}
\end{aligned} \tag{4.56}$$

式中, $h_{\mathrm{eff}} \equiv 2a+\dfrac{1}{\gamma_{\mathrm{s}}}+\dfrac{1}{\gamma_{\mathrm{c}}}$ 是波导的有效厚度.

4.5.2 TE 模式的场分布

对方程 (4.54) 给出不对称波导的一般行列式的分析是十分复杂的. 如果我们想得到适合作数值计算也适合获取场分布的公式, 最好的方法是消除在方程 (4.49) 中出现的所有常数. 因此, 我们将场分布仅用一个常数, 如 A_{s}, 来表示. 从导数的连续性出发, 于是得到了用来获取传播常数的超越方程. 考虑一个位于 $x=0$ 的基体–薄层分界面以及位于 $x=h$ 的薄层–包层分界面的不对称结构. 从 TE 场在 $x=0$ 和 $x=h$ 的连续性, 我们得到

$$A_{\mathrm{c}}=A \cos \kappa_{\mathrm{f}} h+B \sin \kappa_{\mathrm{f}} h \tag{4.57}$$

以及

$$A_{\mathrm{s}}=A \tag{4.58}$$

上述两处导数的连续性

$$-\gamma_c A_c = -\kappa_f A \sin \kappa_f h + \kappa_f B \cos \kappa_f h \tag{4.59}$$

以及

$$\gamma_s A_s = \kappa_f B \tag{4.60}$$

由方程 (4.58) 和方程 (4.60), 常数 A 和 B 可以用 A_s 来表示. 把它们代入方程 (4.57) 我们就能得到用 A_s 表示的常数 A_c. 利用这些结果, 方程 (4.49) 中的常数 A, B 和 A_c 被替换掉. 该方程变成

$$\begin{cases} E_y(x) = A_s\left(\cos \kappa_f h + \dfrac{\gamma_s}{\kappa_f}\sin \kappa_f h\right)\exp\left[-\gamma_c\left(x-h\right)\right], & h < x \\ E_y(x) = A_s\left(\cos \kappa_f\ x + \dfrac{\gamma_s}{\kappa_f}\sin \kappa_f\ x\right), & 0 < x < h \\ E_y(x) = A_s \exp\left(\gamma_s x\right), & x < 0 \end{cases} \tag{4.61}$$

由此, 上述方程对 x 的导数成为

$$\begin{cases} E_y'(x) = -A_s\gamma_c\left(\cos \kappa_f h + \dfrac{\gamma_s}{\kappa_f}\sin \kappa_f h\right)\exp\left[-\gamma_c\left(x-h\right)\right], & h < x \\ E_y'(x) = A_s\left(-\kappa_f \sin \kappa_f\ x + \gamma_s \cos \kappa_f\ x\right), & 0 < x < h \\ E_y'(x) = A_s\gamma_s \exp\left(\gamma_s x\right), & x < 0 \end{cases} \tag{4.62}$$

对导数方程在 $x = h$ 运用连续性条件, 我们发现

$$-\gamma_c\left(\cos \kappa_f h + \frac{\gamma_s}{\kappa_f}\sin \kappa_f h\right) = -\kappa_f \sin \kappa_f\ h + \gamma_s \cos \kappa_f\ h$$

于是, 我们得到了下面的超越方程:

$$\tan \kappa_f h = \frac{\gamma_s + \gamma_c}{\kappa_f - \gamma_c\gamma_s/\kappa_f} \tag{4.63}$$

上述方程用来搜索传播常数的数值. 方程 (4.63) 的典型结果如图 4.7 所示. 有了这些传播常数, 由方程 (4.61) 我们得到了场的分布.

实例

我们考虑的三层不对称平面结构见表 4.1[1] 中的描述, 其光波长为 $\lambda = 1\mu\text{m}$.

在附录 4A 中的清单 4A.2.1 中借助于 Matlab 代码, 我们对结构进行了分析. 得到的传播常数归纳在表 4.2 中. 我们的结果与报道 [1] 的结果非常一致. 两种场分布作图于图 4.8 中.

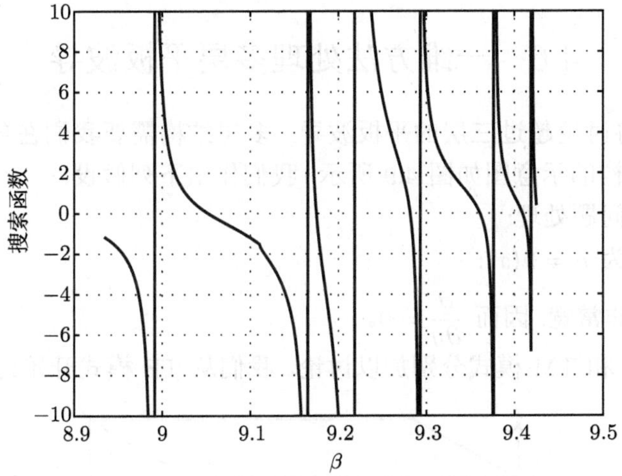

图 4.7　由表 4.1 定义的三层不对称波导方程 (4.63) 的作图

表 4.1　不对称三层波导

折射率	厚度
$n_{\mathrm{c}} = 1.40$	—
$n_{\mathrm{f}} = 1.50$	5μm
$n_{\mathrm{s}} = 1.45$	—

表 4.2　由表 4.1 所定义的不对称三层波导的传播常数

模式	传播常数 β
TE_0	$9.40873\mu\mathrm{m}^{-1}$
TE_1	$9.36079\mu\mathrm{m}^{-1}$
TE_2	$9.28184\mu\mathrm{m}^{-1}$
TE_3	$9.17521\mu\mathrm{m}^{-1}$

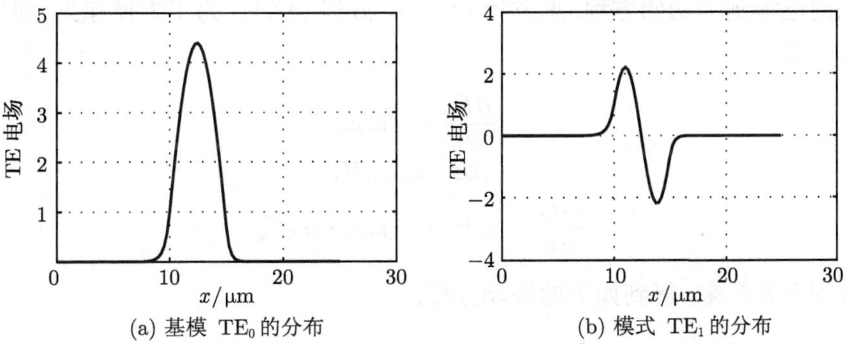

(a) 基模 TE_0 的分布　　(b) 模式 TE_1 的分布

图 4.8　三层不对称结构的场分布

4.6　一维方法处理多层平板波导

本节我们将讨论超过三层的平板波导. 多层结构需要我们在各层界面多次运用边界条件. 结构的示意图如图 4.9 所示. 我们作出下列假设:

(1) 按一维问题处理;

(2) 折射率为 $\overline{n} = \overline{n}(x)$;

(3) y 方向非常宽, 因而 $\dfrac{\partial}{\partial y} = 0$。

需要对 TE 和 TM 模式分别加以讨论，我们从 TE 模式开始讨论.

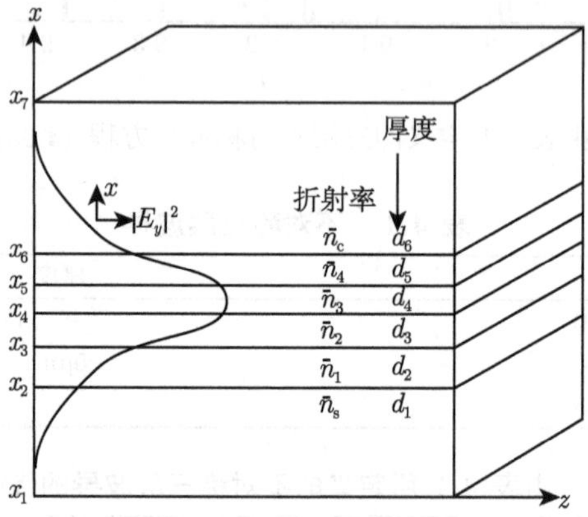

图 4.9　多层波导结构

图中也绘出了波导中的电场分布

4.6.1　TE 模式

先前已得到了初始方程, 见方程 (4.32)~ 方程 (4.34). 为了方便起见, 我们将它们再写一遍:

$$
\begin{aligned}
\frac{\partial E_y}{\partial x} &= -\mathrm{j}\omega\mu_0 H_z \\
-\beta E_y &= \omega\mu_0 H_x \\
\frac{\partial H_z}{\partial x} + \mathrm{j}\beta H_x &= -\mathrm{j}\omega\mu_0\varepsilon_0\varepsilon_{\mathrm{r}} E_y
\end{aligned} \tag{4.64}
$$

上述方程合并起来, 得到如下的波动方程:

$$
\begin{aligned}
\frac{\partial^2 E_y}{\partial x^2} &= -\mathrm{j}\omega\mu_0 \frac{\partial H_z}{\partial x} && \text{(来自第一个方程)} \\
&= -\mathrm{j}\omega\mu_0\left(-\mathrm{j}\beta H_x - \mathrm{j}\omega\varepsilon_0\varepsilon_r E_y\right) && \text{(来自第三个方程)}
\end{aligned}
$$

$$= -\mathrm{j}\omega\mu_0\left\{-\mathrm{j}\beta\left(\frac{-\beta E_y}{\omega\mu_0}\right)-\mathrm{j}\omega\varepsilon_0\varepsilon_\mathrm{r}E_y\right\} \qquad (来自第二个方程)$$
$$= \beta^2E_y - \omega^2\mu_0\varepsilon_0\varepsilon_\mathrm{r}E_y$$

最终, 我们得到“i”层中的波动方程

$$\frac{\partial^2}{\partial x^2}E_{yi}(x) = \left(\beta^2 - k_0^2\overline{n}_i^2\right)E_{yi}(x) \tag{4.65}$$

式中, $k_0^2 = \mu_0\varepsilon_0\omega^2$; $\varepsilon_{\mathrm{r}i} = \overline{n}_i^2$. 引入

$$\kappa_i^2 = k_0^2\overline{n}_i^2 - \beta^2 \tag{4.66}$$

波动方程的解为

$$E_{yi}(x) = A_i\mathrm{e}^{-\mathrm{j}\kappa_i(x-x_{i-1})} + B_i\mathrm{e}^{\mathrm{j}\kappa_i(x-x_{i-1})} \tag{4.67}$$

在层与层之间的界面, TE 模式的边界条件是

$$E_i(x)\big|_{x=x_{i-1}} = E_{i-1}(x)\big|_{x=x_{i-1}} \tag{4.68}$$
$$\frac{\partial E_i(x)}{\partial x}\Big|_{x=x_{i-1}} = \frac{\partial E_{i-1}}{\partial x}\Big|_{x=x_{i-1}} \tag{4.69}$$

使用另一组变量 $U_i(x)$ 及 $V_i(x)$ 会更方便些, 它们的定义是

$$U_i(x) = E_{yi}(x) \tag{4.70}$$
$$V_i(x) = \omega\mu_0H_{zi}(x) \tag{4.71}$$

从方程 (4.64), 我们得到新变量的方程. 由方程 (4.64) 中的第一个方程, 可以得到

$$\frac{\mathrm{d}U_i(x)}{\mathrm{d}x} = -\mathrm{j}V_i(x) \tag{4.72}$$

利用第二个方程消除方程 (4.64) 中第三个方程中的 H_x, 有

$$\frac{\partial H_z}{\partial x} + \mathrm{j}\beta\frac{(-\beta)}{\omega\mu_0}E_y = -\mathrm{j}\omega\mu_0\varepsilon_0\varepsilon_\mathrm{r}E_y$$

或者

$$\omega\mu_0\frac{\partial H_z}{\partial x} - \mathrm{j}\beta^2E_y = -\mathrm{j}\omega^2\mu_0\varepsilon_0\varepsilon_\mathrm{r}E_y$$
$$= -\mathrm{j}k_0^2\overline{n}_i^2E_y$$

对于第 i 层

$$\frac{\mathrm{d}V_i(x)}{\mathrm{d}x} - \mathrm{j}\beta^2U_i(x) = -\mathrm{j}k_0^2\overline{n}_i^2U_i(x)$$

或者

$$\frac{\mathrm{d}V_i(x)}{\mathrm{d}x}=-\mathrm{j}\kappa_i^2U_i(x) \tag{4.73}$$

使用矩阵形式, 方程 (4.72) 和方程 (4.73) 可以改写为

$$\frac{\mathrm{d}}{\mathrm{d}x}\begin{bmatrix}U_i(x)\\V_i(x)\end{bmatrix}=\begin{bmatrix}0&-\mathrm{j}\\-\mathrm{j}\kappa_i^2&0\end{bmatrix}\begin{bmatrix}U_i(x)\\V_i(x)\end{bmatrix} \tag{4.74}$$

基于麦克斯韦方程, 我们可以确认以下的关系式:

$$\mathrm{j}\frac{\mathrm{d}U_i(x)}{\mathrm{d}x}=\mathrm{j}\frac{\partial E_{yi}(x)}{\partial x}=\omega\mu_0H_{zi}(x)=V_i(x)$$

利用上述关系, 得到方程 (4.74) 的解为

$$\begin{aligned}U_{\mathrm{i}}(x)&=A_i\mathrm{e}^{-\mathrm{j}\kappa_i(x-x_i)}+B_i\mathrm{e}^{\mathrm{j}\kappa_i(x-x_i)}\\V_i(x)&=\mathrm{j}\frac{\mathrm{d}U_i(x)}{\mathrm{d}x}=\kappa_i\left\{A_i\mathrm{e}^{-\mathrm{j}\kappa_i(x-x_i)}-B_i\mathrm{e}^{\mathrm{j}\kappa_i(x-x_i)}\right\}\end{aligned}$$

它们可以用矩阵形式改写为

$$\begin{bmatrix}U_i(x)\\V_i(x)\end{bmatrix}=\begin{bmatrix}\mathrm{e}^{-\mathrm{j}\kappa_i(x-x_i)}&\mathrm{e}^{\mathrm{j}\kappa_i(x-x_i)}\\\kappa_i\mathrm{e}^{-\mathrm{j}\kappa_i(x-x_i)}&-\kappa_i\mathrm{e}^{\mathrm{j}\kappa_i(x-x_i)}\end{bmatrix}\begin{bmatrix}A_i\\B_i\end{bmatrix} \tag{4.75}$$

由此, 对于 x_i 我们发现

$$\begin{bmatrix}U_i(x_i)\\V_i(x_i)\end{bmatrix}=\begin{bmatrix}1&1\\\kappa_i&-\kappa_i\end{bmatrix}\begin{bmatrix}A_i\\B_i\end{bmatrix}$$

对上述方程求逆矩阵, 方程中系数用场及其导数可以表示为

$$\begin{bmatrix}A_i\\B_i\end{bmatrix}=\frac{1}{2}\begin{bmatrix}1&\dfrac{1}{\mathrm{j}\kappa_i}\\1&-\dfrac{1}{\mathrm{j}\kappa_i}\end{bmatrix}\begin{bmatrix}U_i(x_i)\\V_i(x_i)\end{bmatrix}$$

把最后的方程代入方程 (4.75), 我们得到

$$\begin{aligned}\begin{bmatrix}U_i(x)\\V_i(x)\end{bmatrix}&=\begin{bmatrix}\mathrm{e}^{-\mathrm{j}\kappa_i(x-x_i)}&\mathrm{e}^{\mathrm{j}\kappa_i(x-x_i)}\\\kappa_i\mathrm{e}^{-\mathrm{j}\kappa_i(x-x_i)}&-\kappa_i\mathrm{e}^{\mathrm{j}\kappa_i(x-x_i)}\end{bmatrix}\frac{1}{2}\begin{bmatrix}1&\dfrac{1}{\mathrm{j}\kappa_i}\\1&-\dfrac{1}{\mathrm{j}\kappa_i}\end{bmatrix}\begin{bmatrix}U_i(x_i)\\V_i(x_i)\end{bmatrix}\\&=\overleftrightarrow{T_i}(x_i)\begin{bmatrix}U_i(x_i)\\V_i(x_i)\end{bmatrix}\end{aligned} \tag{4.76}$$

更加简明的传播矩阵 $\overleftrightarrow{T_i}(x_i)$ 在 x_i 是

$$\overleftrightarrow{T_i}(x_i) = \begin{bmatrix} \cos\kappa_i(x-x_i) & -\dfrac{\mathrm{j}}{\kappa_\mathrm{i}}\sin\kappa_i(x-x_i) \\ -\mathrm{j}\kappa_i\sin\kappa_i(x-x_i) & \cos\kappa_i(x-x_i) \end{bmatrix} \tag{4.77}$$

方程 (4.76) 表明 x_i 的电磁场可以“传播”到 i 层内的任意一点 x.

4.6.2 传播常数

如果电磁场传播到所有的界面, 我们就能从中获取电磁波的传播常数. 首先, 考虑两个相邻的界面, 也就是说, 从 x_i 位置传到 x_{i+1}. 由方程 (4.76), 我们发现

$$\begin{bmatrix} U_{i+1}(x_{i+1}) \\ V_{i+1}(x_{i+1}) \end{bmatrix} = \begin{bmatrix} \cos\kappa_i(x_{i+1}-x_i) & -\dfrac{\mathrm{j}}{\kappa_i}\sin\kappa_i(x_{i+1}-x_i) \\ -\mathrm{j}\kappa_i\sin\kappa_i(x_{i+1}-x_i) & \cos\kappa_i(x_{i+1}-x_i) \end{bmatrix} \begin{bmatrix} U_i(x_i) \\ V_i(x_i) \end{bmatrix}$$

把 i 层的厚度定义为

$$d_i = x_{i+1} - x_i$$

把电磁场从 x_i 传播到 x_{i+1} 的传输矩阵定义为 $\overleftrightarrow{M_i}$, 它有如下的表达式:

$$\overleftrightarrow{M_i} = \begin{bmatrix} \cos\kappa_i d_i & -\dfrac{\mathrm{j}}{\kappa_\mathrm{i}}\sin\kappa_i d_i \\ -\mathrm{j}\kappa_i\sin\kappa_i d_i & \cos\kappa_i d_i \end{bmatrix} \tag{4.78}$$

利用上面的公式, 我们可以把电磁场传播到从基体到包层的波导结构内的所有位置

$$\begin{aligned} \begin{bmatrix} U_\mathrm{c} \\ V_\mathrm{c} \end{bmatrix} &= \prod_{i=1}^{N} \overleftrightarrow{M_i} \begin{bmatrix} U_\mathrm{s} \\ V_\mathrm{s} \end{bmatrix} \\ &= \overleftrightarrow{M} \begin{bmatrix} U_\mathrm{s} \\ V_\mathrm{s} \end{bmatrix} \\ &\equiv \begin{bmatrix} m_{11} & m_{12} \\ m_{21} & m_{22} \end{bmatrix} \begin{bmatrix} U_\mathrm{s} \\ V_\mathrm{s} \end{bmatrix} \end{aligned} \tag{4.79}$$

在上面的运算中, 我们引入了 2×2 的矩阵 $\overleftrightarrow{M}$, 它的元素 m_{11}、m_{12}、m_{21}、m_{22} 在决定传播常数的数值运算过程中起到关键的作用. 由上述方程, 我们得到

$$U_\mathrm{c} = m_{11}U_\mathrm{s} + m_{12}V_\mathrm{s} \tag{4.80}$$

$$\mathrm{V}_\mathrm{c} = m_{21}U_\mathrm{s} + m_{22}V_\mathrm{s} \tag{4.81}$$

在基体和包层中, 场按指数形式衰减 (图 4.10). 因此, 场在包层和基体区域内的表达式为

对于 $x < x_1$(基体):

$$U_{\rm s}(x) = A_{\rm s} \exp[\gamma_{\rm s}(x - x_1)] \tag{4.82}$$

$$V_{\rm s}(x) = {\rm j}\gamma_{\rm s} A_{\rm s} \exp[\gamma_{\rm s}(x - x_1)] \tag{4.83}$$

对于 $x > x_N$ (包层):

$$U_{\rm c}(x) = A_{\rm c} \exp[-\gamma_{\rm c}(x - x_N)] \tag{4.84}$$

$$V_{\rm c}(x) = -{\rm j}\gamma_{\rm c} A_{\rm s} \exp[-\gamma_{\rm c}(x - x_N)] \tag{4.85}$$

上面的表达式中, 我们定义了

$$\gamma_i^2 = \beta^2 - k_0^2 \overline{n}_i^2 \tag{4.86}$$

$$\gamma_i = {\rm j}\kappa_i$$

在点 x_1 的表达式 (4.82) 和式 (4.83) 变成

$$U_{\rm s}(x_1) = A_{\rm s} \tag{4.87}$$

$$V_{\rm s}(x_1) = {\rm j}\gamma_{\rm s} A_{\rm s} \tag{4.88}$$

对于 x_N, 我们以类似的方法得到

$$U_{\rm c}(x_N) = A_{\rm c} \tag{4.89}$$

$$V_{\rm c}(x_N) = -{\rm j}\gamma_{\rm c} A_{\rm c} \tag{4.90}$$

把上述结果代入方程 (4.80) 和方程 (4.81) 我们获得了用于数值计算过程所需的传播常数

$$\gamma_{\rm c}\gamma_{\rm s} m_{12} - m_{21} = {\rm j}(\gamma_{\rm c} m_{11} + \gamma_{\rm s} m_{22}) \tag{4.91}$$

对于任何特殊的波导结构, 矩阵元素 m_{11}、m_{12}、m_{21}、m_{22} 的数值可以用数值方法获得.

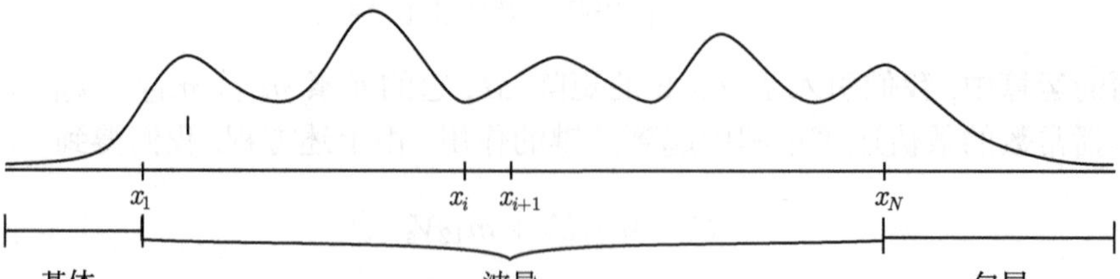

图 4.10 场分布图

基体和包层中显示场分布呈现指数衰减

4.6.3 电场

一旦找到了传播常数, 我们就可以得到任何模式的电场分布. 为此, 我们利用矩阵相乘后的方程

$$\begin{bmatrix} U_i(x) \\ V_i(x) \end{bmatrix} = \begin{bmatrix} \cos\kappa_i(x-x_i) & -\dfrac{\mathrm{j}}{\kappa_\mathrm{i}}\sin\kappa_i(x-x_i) \\ -\mathrm{j}\kappa_i\sin\kappa_i(x-x_i) & \cos\kappa_i(x-x_i) \end{bmatrix} \begin{bmatrix} U_i(x_i) \\ V_i(x_i) \end{bmatrix} \tag{4.92}$$

该式适用于 i 层中的位置 $x_i \leqslant x \leqslant x_{i+1}$. 一旦在 x_i 点的电场知晓后, 式 (4.92) 就决定了 i 层内任何位置的电场. 事实上, 我们可以假设在 x_1 点的电场的一些值, 并利用式 (4.92) 推断出所有层的电场. 4.7 节将上述过程用来分析一些不同的波导结构. 这之前, 我们将讨论 TM 模式的基本公式.

4.6.4 TM 模式

对 TM 模式的分析和对 TE 模式的分析完全一样. 这里我们仅列出有关的基本方程. 对于 TM 模式，有以下的关系:

$$E_y = H_z = H_x = 0$$

对每一层, 有

$$\beta H_y = \omega\varepsilon E_x$$
$$\frac{\partial H_y}{\partial x} = \mathrm{j}\omega\varepsilon E_z$$
$$\frac{\partial E_z}{\partial x} + \mathrm{j}\beta E_x = \mathrm{j}\omega\mu H_y$$

定义下述变量:

$$U = H_y$$
$$V = \omega\varepsilon_0 E_z$$

于是, 得到下述方程:

$$\frac{\mathrm{d}U}{\mathrm{d}x} = \mathrm{j}\overline{n}^2 V$$
$$\frac{\mathrm{d}V}{\mathrm{d}x} = \mathrm{j}\left(k_0^2 - \frac{\beta^2}{\overline{n}^2}\right)U$$

从这里开始, 我们可以用与 TE 模式类似的方法完成以下的步骤. 因此, 这些剩余的工作和分析留作课题, 让读者自己去完成.

4.7 一维方式的实例

本节我们将考虑在文献中出现过的几种波导, 并用我们的方法来分析它们. 我们试验的目的是搜索传播常数 β 以及随后的电场分布. 这些波导的分析可见于文献 [2]~[5]. 我们试图找到所有的模式. 我们的结果和其他人发表的结果十分吻合.

Matlab 文件的清单提供在表 4.12 中, 读者可以在附录清单 4A.3 中找到相关的代码. 对于作者过去的学生 Mr. L. Glowacki 为此所做的工作表示感谢.

4.7.1 四层无衰减波导

第一个要试验的是 Chilwell 和 Hodgkinson[3] 以及其他如 Chen 等[4] 考虑的结构. 这是四层无损耗电介质波导, 如表 4.3 所示. 其波长为 $\lambda = 0.6328\mu m$. 所有四个模式所决定的传播常数列于表 4.4 中. 我们的结果与发表在文献 [3] 和 [4] 中的结果非常吻合. 根据由函数 mesh_x.m 产生网络点计算了基本 TE 模式的电场. 计算得到的 TE 基本模式时的场分布如图 4.11 所示.

表 4.3　四层无损耗电介质波导的几何结构[3]

层次	折射率	厚度	描述
D_6	$\overline{n}_6 = 1.00$	1μm	包层
D_5	$\overline{n}_5 = 1.66$	0.50μm	
D_4	$\overline{n}_4 = 1.53$	0.50μm	
D_3	$\overline{n}_3 = 1.60$	0.50μm	
D_2	$\overline{n}_2 = 1.66$	0.50μm	
D_1	$\overline{n}_1 = 1.50$	1μm	基体

表 4.4　四层无损耗电介质波导的传播常数

模式	传播常数
TE_0	1.622728682325434 + 0.000000000000441i
TE_1	1.605275698094530 + 0.000000000000014i
TE_2	1.557136152293222 + 0.000000000000436i
TE_3	1.503587112022723

4.7.2 六层耗散波导

要用我们的程序进行试验的第二种波导结构见表 4.5 的说明[4]. 这是一个使用波长为 $\lambda = 1.523\mu m$ 的六层耗散波导结构. 该波导的传播常数归纳在表 4.6 中. 我们获得结果和发表的数据高度一致. 该结构基模的电场分布如图 4.12 所示.

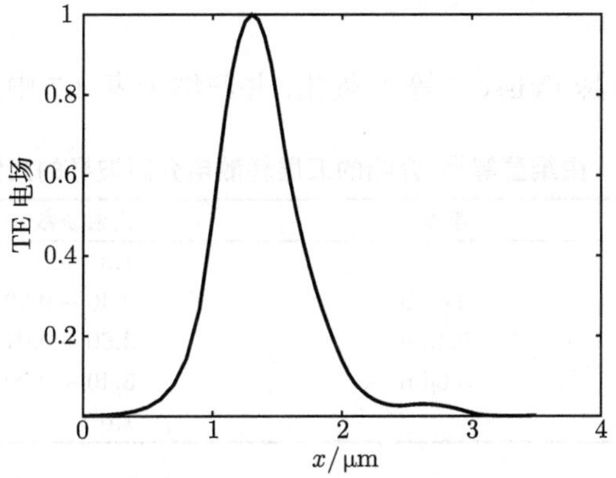

图 4.11 四层无损耗波导结构中 TM 基模的场分布

表 4.5 六层无损耗电介质波导的几何结构

层次	折射率	厚度	描述
D_8	$\overline{n}_8 = 1.00$	1μm	包层
D_7	$\overline{n}_7 = 3.38327$	0.10μm	
D_6	$\overline{n}_6 = 3.39614$	0.20μm	
D_5	$\overline{n}_5 = 3.5321 - \mathrm{j}0.08817$	0.60μm	
D_4	$\overline{n}_4 = 3.39583$	0.518μm	
D_3	$\overline{n}_3 = 3.22534$	1.60μm	
D_2	$\overline{n}_2 = 3.16455$	0.60μm	
D_1	$\overline{n}_1 = 3.172951$	1μm	基体

表 4.6 六层耗散电介质波导的传播常数的结果

模式	传播常数
TE_0	3.460829693510364 + 0.072663342917385i
TE_1	3.316707802046375 + 0.023275817588121i
TE_2	3.208555428734457 + 0.012782067986633i
TE_3	3.195490593396514 + 0.012585955654404i

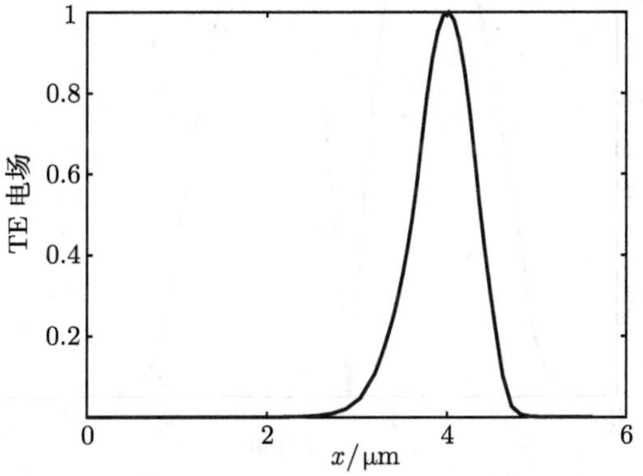

图 4.12 六层有损耗波导中 TE 基模的场分布

4.7.3 维瑟结构

本结构最初由维瑟 (Visser) 等[5] 提出, 并归纳于表 4.7 中.

表 4.7　由维瑟等[5] 介绍的五层耗散电介质波导的几何结构

层次	厚度	折射系数
包层		1.0
3	0.6μm	3.40 − 0.002i
2	0.4μm	3.60 + 0.010i
1	0.6μm	3.40 − 0.002i
基体		1.0

TE 模式传播常数的计算结果归纳于表 4.8 中. 我们的结果和维瑟等[5] 发表的结果相同. TE_1 模式的电场分布如图 4.13 所示.

表 4.8　用表 4.7 中的结构获得的传播常数

模式	传播常数
TE_0	3.503443332950034 − 0.007103000978683i
TE_1	3.337286858209064 + 0.000229491103731i
TE_2	3.251685206983383 + 0.000530514779912i
TE_3	3.104251421414573 − 0.001337986339752i
TE_4	2.878636779881233 + 0.000173729890361i
TE_5	2.628139320470185 − 0.001548644353782i
TE_6	2.243951362601185 − 0.000708377958009i
TE_7	1.768190960412424 − 0.001353217183860i
TE_8	1.074262026525778 − 0.002457891473570i

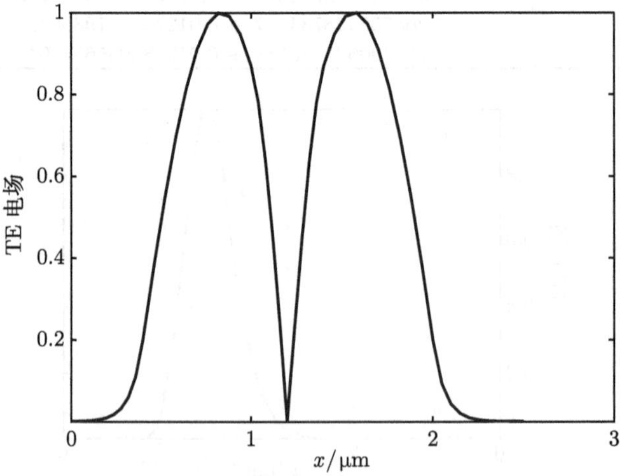

图 4.13　由维瑟等[5] 讨论的结构中模式 TE_1 的场分布

4.8 二维结构

前面几节中我们讨论了一维的波导结构, 即所谓的平面波导, 但是实用的器件本质上是二维的. 这种结构中, 折射率 $\overline{n}(x,y)$ 与横向坐标 x 及 y 有关. 两种流行的波导结构如图 4.14 所示. 它们的折射率显著不同. 这种结构又称为埋沟波导 (buried channel waveguide) 和脊形波导 (rib waveguide). 下面我们要讨论的是求解传播模式合理解的方法, 俗称有效指数法.

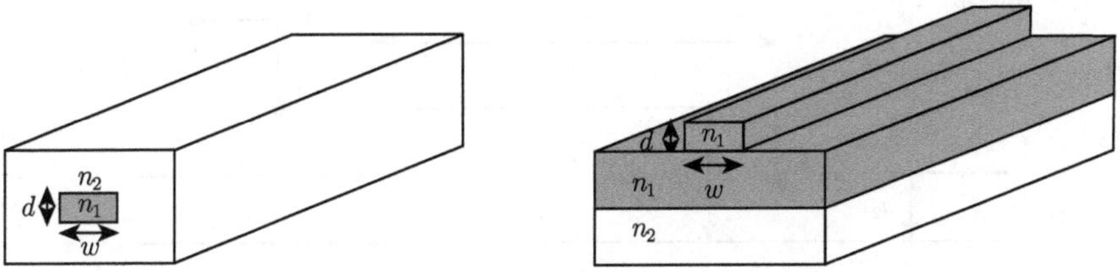

(a) 埋沟波导　　(b) 脊形波导

图 4.14　流行的二维波导

有效指数法

为了说明有效指数方法[6], 我们从二维的标量波动方程开始

$$\frac{\partial^2\phi(x,y)}{\partial x^2}+\frac{\partial^2\phi(x,y)}{\partial y^2}+k_0^2\left[\varepsilon_{\mathrm{r}}(x,y)-N_{\mathrm{eff}}^2\right]\phi(x,y)=0 \tag{4.93}$$

式中, N_{eff}^2 是我们所要决定的有效指数. 假设在 x 和 y 的变量之间没有交往. 这使我们可以把场分离为[7]

$$\phi(x,y)=X(x)\cdot Y(y)$$

将预先假定的解代入该波动方程, 评估有关的导数, 并按 $X(x)\cdot Y(y)$ 把得到的方程分拆成两边. 我们得到

$$\frac{1}{X(x)}X''(x)+\frac{1}{Y(y)}Y''(y)+k_0^2\left[\varepsilon_{\mathrm{r}}(x,y)-N_{\mathrm{eff}}^2\right]=0$$

引入分离常数 $k_0^2\lambda^2$, 使

$$\frac{1}{Y(y)}Y''(y)+k_0^2\varepsilon_{\mathrm{r}}(x,y)=k_0^2\lambda^2 \tag{4.94}$$

剩下的项则为

$$\frac{1}{X(x)}X''(x)-k_0^2N_{\mathrm{eff}}^2=-k_0^2\lambda^2 \tag{4.95}$$

根据上述理论, 我们有可能设计一种称为有效指数法的方法来决定有效导波指数 N_{eff}^2. 该方法 (见方程 (4.15)) 有以下四个步骤:

(1) 用沿 x 轴的一维组合波导取代二维波导.

(2) 通过计算沿 y 轴有效导波指数分别求解各自的一维问题并得到每个情况 (对于我们的结构有三种情况) 的 N_{eff}.

(3) 构建新的有效的一维波导 (沿 x 轴), 它将起原先的二维波导的功能. 新的有效导波指数的折射率已标明.

(4) 按第三步求解一维波导结构的有效导波指数.

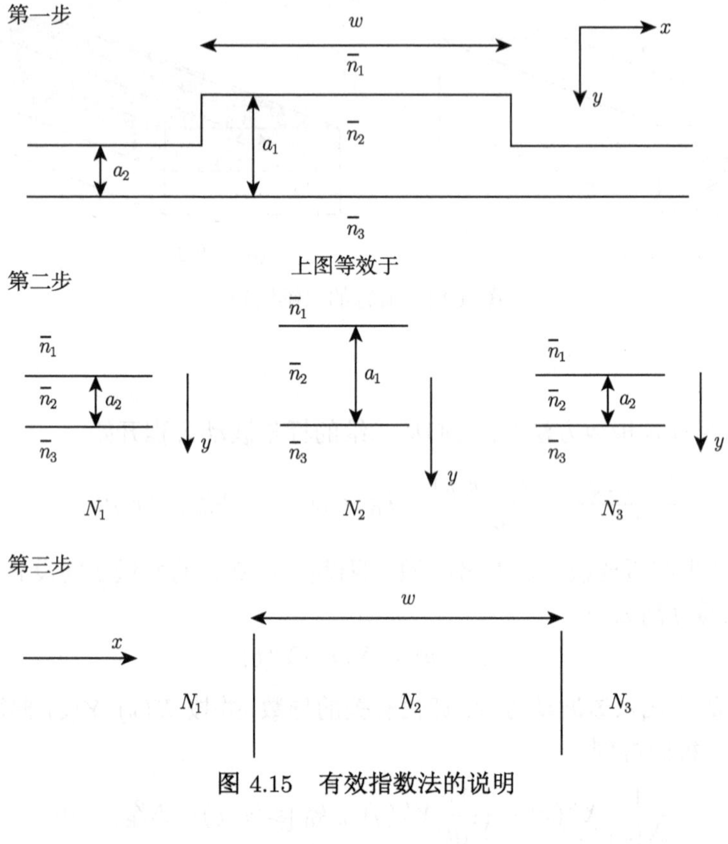

图 4.15　有效指数法的说明

实例

用一个实例[8] 说明有效指数法. 其结构如图 4.16 所示, 其数值参数列于表 4.9 中.

该方法需遵循以下四步:

(1) 利用 V 的定义决定归一化厚度

$$V_{\mathrm{f}} = k_0 \cdot h\sqrt{n_{\mathrm{f}}^2 - \overline{n}_{\mathrm{s}}^2}, \quad V_{\mathrm{d}} = k_0 \cdot d\sqrt{n_{\mathrm{f}}^2 - \overline{n}_{\mathrm{s}}^2}$$

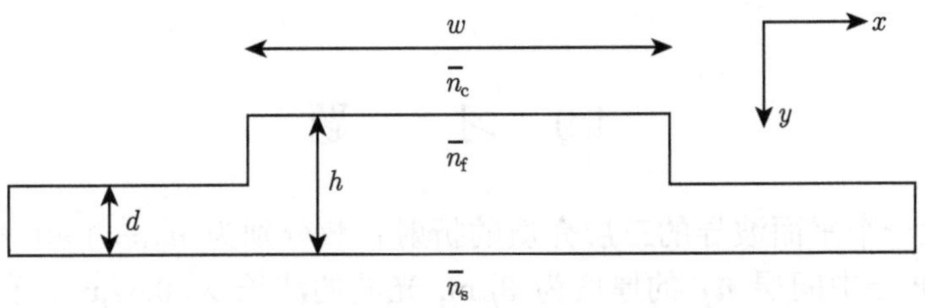

图 4.16 作为有效指数法应用实例的结构

表 4.9 用于有效指数法实例的参数值

波长	折射率	几何结构
$\lambda = 0.8\mu m$	$\overline{n}_c = 1$	$h = 1.8\mu m$
	$\overline{n}_f = 2.234$	$d = 1\mu m$
	$\overline{n}_s = 2.214$	$w = 2\mu m$

利用表 4.9 的数值, 我们发现

$$V_f = 4.2, \quad V_d = 2.3$$

(2) 利用 $b-V$ 图, 获得 b 的数值. 由该图, 对于 TE 模式, 我们得到 (当 $a = \infty$)

$$b_f = 0.65, \quad b_d = 0.2$$

有效导波指数 N_f 和 N_d 的决定是基于

$$N_{f,d}^2 = \overline{n}_s^2 + b_{f,d}\left(\overline{n}_f^2 - \overline{n}_s^2\right)$$

于是, 我们得到

$$N_f = 2.227, \quad N_d = 2.218$$

(3) 使用上面数值的沿 x 方向的同样结构, 其处理方式与一维波导相同. V 的数值由下面公式决定:

$$V_{eg} = k_0 \cdot w\sqrt{N_f^2 - N_d^2} = k_0 w\sqrt{\left(\overline{n}_f^2 - \overline{n}_s^2\right)(b_f - b_d)}$$

于是得到

$$V_{eg} = 3.14, \quad b_{eg} = 0.64$$

(4) 最后, 揭示导波特性的有效导波指数 $N = N_{eq}$ 由下式决定:

$$N \equiv N_{eg} = \sqrt{N_d^2 + b_{eq}\left(N_f^2 - N_d^2\right)}$$

作为例子, 我们得到 $N = 2.224$.

运用有效指数方法的更多实例可以在 Coldren 和 Corzine [9] 以及 Liu [10] 的书中找到.

4.9 习 题

1. 假设一个平面波导的三层介质的折射系数分别为 $\bar{n}_c = 1.40$, $\bar{n}_f = 1.50$ 及 $\bar{n}_s = 1.45$, 波导中间层 $\bar{n}_f$ 的厚度为 3μm, 光波的波长 λ=0.82μm. 利用图 4.3 的 b~V 图, (1) 求出在此波导中所有可能传播的 TE 模式的模式数 γ, 它们的有效导波指数 N 并确定它们的传播角度 Φ, (2) 若仅容许单模在该波导中传播, 试求出此时光波的截止波长 λ_c.

2. 利用图 4.3, 计算确保单个 TE 模式在上述波导中的最大厚度.

3. 分析三层不对称波导结构. 推导传播常数的超越方程.

4. 分析四层波导结构[8]. 推导出方程中所有的矩阵元素 $\overline{M}$. 获取关于色散关系的解析性的公式.

4.10 课 题

1. 基于对三层对称波导结构发展出来的理论结果, 利用方程 (4.46) 和方程 (4.47) 给出的函数写出解超越方程的 Matlab 程序. 从文献中选取适当的波导结构. 利用你的程序找出传播常数并决定电场的分布. 将你的结果与文献相比较.

2. 对表 4.1 中规定的三层不对称波导, 分析它的 TM 模式. 在波导的所有区域得出解析解, 并推导出适宜的超越方程. 写出 Matlab 程序以便决定它的传播常数.

3. 等离子波导含有金属层. 最简单的情况是三层结构：金属–电介质–金属 (MDM) 和电介质–金属–电介质 (DMD). 推导出描述等离子波导的超越方程 (类似于对称电介质波导结构的方程 (4.45)). 参阅 Kekatpure 等[11] 的论文. 借助于你的方程, 写出 Matlab 程序以便决定在表 4.10 [11] 中规定的 MDM 中的 TM 模式. 分析你的结果.

表 4.10 等离子结构

材料	厚度	相对介电常数
金	3μm	−95.92 − i10.97
硅	50nm	2.1025
银	3μm	−143.49 − i9.52

4. 对 TM 模式的多层结构进行分析. 推导出所有必须的方程式. 写出 Matlab 程序以便决定传播常数和场分布.

附录 4A: 本章 Matlab 的函数清单和代码

在表 4.11 中我们提供用于本章的 Matlab 文件及每个函数简要说明的清单. 在表 4.12 中我们归纳了本章所有用来分析平板波导的文件.

表 4.11 第 4 章的 Matlab 函数清单

清单	函数名	描述
4A.1	b_V_diagram.m	绘制平面波导的 $b-V$ 图
4A.2.1	a3L.m	分析三层平面波导
4A.2.2	func_asym.m	为 a3L.m 使用的函数

表 4.12 用来分析一维平板波导的函数

清单	函数名	描述
4.A.3.1	slab.m	驱动函数 (决定传播常数和场分布)
4A.3.2	lossless.m	无损耗波导结构的数据
4A.3.3	lossy.m	有损耗波导结构的数据
4A.3.4	visser.m	维瑟波导结构的数据
4A.3.5	muller.m	安装米勒运算法
4A.3.6	f_TE.m	构建TE场的超越方程
4A.3.7	mesh_x.m	产生一维网格
4A.3.8	refindex.m	给各个网点的折射率赋值
4A.3.9	TE_field.m	决定全部网点的TE场

清单 4A.1 程序 bV_diagram.m: 用来分析横向共振条件 (4.12) 及绘制导波指数 b 随 V 变化图的 Matlab 代码. 容许输入不同的非对称参数 a.

```
% 文件名: b_V_diagram.m
% function which plots b-V diagram of a planar slab waveguide
clear all
N_max = 400;                    % number of points for plot
b = linspace(0,1.0,N_max);
hold on
for nu = [0, 1, 2]
for a = [0.0, 8.0,50.0];        % asymmetry coefficient
% determine V
V1 = atan(sqrt(b./(1-b)) );
V2 = atan(sqrt((b+a)./(1.0-b)));
V3 = 1./sqrt(1.0-b);
V = (nu*pi + V1 + V2).*V3;
%
plot(V,b,'LineWidth',1.2)
```

```
grid on
axis([0.0 20.0 0.0 1.0])        % change axis limit
end
end
box on                          % makes frame around plot
xlabel ('V','FontSize',14);
ylabel('b','FontSize',14);
set(gca,'FontSize',14);         % size of tick marks on both axes
text(10, 0.96, '\nu=0','Fontsize',14)
text(10, 0.8, '\nu=1','Fontsize',14)
text(10, 0.55, '\nu=2','Fontsize',14)
%
text(0.1, 0.3, 'a=0','Fontsize',14)
text(2.5, 0.3, 'a=50','Fontsize',14)
%
text(3.3, 0.2, 'a=0','Fontsize',14)
text(5.8, 0.2, 'a=50','Fontsize',14)
%
text(6, 0.1, 'a=0','Fontsize',14)
text(8.8, 0.1, 'a=50','Fontsize',14)
pause
close all
```

清单 4A.2.1 程序 a3l.m: 决定非对称 3- 层平面波导传播常数及绘制场分布的 Matlab 代码. 该程序将使用清单 4A.2.2 中的函数 func_asym.m.

```
% 文件名: a3L.m
% Analysis for TE modes
% First, we conduct test plots to find ranges of beta where possible
% solutions exists. This is done in several steps:
% 1. Plots are done treating kappa_f as an independent variable
% 2. Ranges of kappa_f are determined where there are zeros of
functions
% 3. Corresponding ranges of beta are determined
% 4. Searches are performed to find propagation constants
%
```

```
clear all
% Definition of structure
n_f = 1.50;                       % ref. index of film layer
n_s = 1.45;                       % ref. index of substrate
n_c = 1.40;                       % ref. index of cladding
lambda = 1.0;                     % wavelength in microns
h = 5.0;                          % thickness of film layer in microns
a_c = 2*h;                        % thickness of cladding region
a_s = 2*h;                        % thickness of substrate region
%
k = 2*pi/lambda;                  % wave number
kappa_f = 0:0.01:3.0;             % establish range of kappa_f
beta_temp = sqrt((n_f*k)^2 - kappa_f.^2);
beta_min = min(beta_temp);
beta_max = max(beta_temp);
% Before searches, we plot search function versus beta
beta = beta_min:0.001:beta_max; % establish range of beta
N = beta./k;
ff = func_asym(beta,n_c,n_s,n_f,k,h);
plot(beta,ff)
xlabel('\beta','FontSize',22);
ylabel('Search function','FontSize',22);
ylim([-10.0 10.0])
grid on
pause
close all
% From the above plot, one must choose proper search range for each
mode.
% Search numbers provided below are only for the waveguide defined
above.
% For different waveguide, one must choose different ranges
% for searches.
beta0 = fzero(@(beta) func_asym(beta,n_c,n_s,n_f,k,h),[9.40 9.41])
beta1 = fzero(@(beta) func_asym(beta,n_c,n_s,n_f,k,h),[9.35 9.37])
beta2 = fzero(@(beta) func_asym(beta,n_c,n_s,n_f,k,h),[9.27 9.29])
```

```
beta3 = fzero(@(beta) func_asym(beta,n_c,n_s,n_f,k,h),[9.17 9.18])
% Plot of field profiles
A_s = 1.0;
thickness = h + a_c + a_s;
beta_field = beta0;              % Select appropriate propagation
                                   constant for plotting
gamma_s = sqrt(beta_field^2 - (n_s*k)^2);
gamma_c = sqrt(beta_field^2 - (n_c*k)^2);
kappa_f = sqrt((n_f*k)^2 - beta_field^2);
%
% In the formulas below for electric field E_y we have shifted
% x-coordinate by a_s
% We also 'reversed' direction of plot in the substrate region
NN = 100;
delta = thickness/NN;
x = 0.0:delta:thickness;          % coordinates of plot points
x_t = 0;
for i=1:NN+1
x_t(i+1)= x_t(i) + delta;
if (x_t(i)<=a_s);
E_y(i) = A_s*exp(gamma_s*(x_t(i)-a_s));
elseif (a_s<=x_t(i)) && (x_t(i)<=a_s+h);
E_y(i) = A_s*(cos(kappa_f*(x_t(i)-a_s))+...
gamma_s*sin(kappa_f*(x_t(i)-a_s))/kappa_f);
else (a_s+h<=x_t(i)) & (x_t(i)<=thickness);
E_y(i) = A_s*(cos(kappa_f*h)+gamma_s*sin(kappa_f*h)/kappa_f)...
*exp(-gamma_c*(x_t(i)-h-a_s));
end
end
%
h=plot(x,E_y);
% add text on x-axix and y-axis and size of x and y labels
xlabel('x (microns)','FontSize',22);
ylabel('TE electric field','FontSize',22);
set(h,'LineWidth',1.5);             % new thickness of plotting lines
```

```
set(gca,'FontSize',22);              % new size of tick marks on both axes
grid on
pause
close all
```

清单 4A.2.2 函数 func_asym.m: 用来搜索不对称 3- 层波导并在程序 a3L.m 使用的 Matlab 代码.

```
% 函数名:func_asym.m
function f = func_asym(beta,n_c,n_s,n_f,k,h)
% Construction of search function for asymmetric 3-layers waveguide
%
gamma_c = sqrt(beta.^2 - (n_c*k)^2);
gamma_s = sqrt(beta.^2 - (n_s*k)^2);
kappa_f = sqrt((n_f*k)^2 - beta.^2);
%
denom = kappa_f - (gamma_c.*gamma_s)./kappa_f;
f = tan(kappa_f*h) - (gamma_s+gamma_c)./denom;
end
```

清单 4A.3.1 程序 slab.m: 用来决定 TE 基模传播常数以及绘制电场分布驱动程序的 Matlab 代码. 假定波导是一维任意层数的平面波导. 输入结构时, 应选取无损耗 (lossless.m) 或损耗 (lossy.m) 中的一个.

```
% 文件名: slab.m
% Driver function which determines propagation constants and
% electric field profiles (TE mode) for multilayered slab structure
clear all;
format long
% Input structure for analysis (select appropriate input)
%lossless;
%lossy;
visser
%
epsilon = 1e-6;                         % numerical parameter
TE_mode = [];
n_max = max(n_layer);
```

```
z1 = n_max;                       % max value of refractive index
n_min = max(n_s,n_c) + 0.001;     % min value of refractive index
dz = 0.005;                       % iteration step
mode_control = 0;
%
while(z1 > n_min)
z0 = z1 - dz;                     % starting point for Muller method
z2 = 0.5*(z1 + z0);               % starting point for Muller method
z_new = muller(@f_TE , z0, z1, z2);
if (z_new ~= 0)
% verifying for mode existence
for u=1 : length(TE_mode)
if(abs(TE_mode(u) - z_new) < epsilon)
mode_control = 1; break;          % mode found
end
end
if (mode_control == 1)
mode_control = 0;
else
TE_mode(length(TE_mode) + 1) = z_new;
end
end
z1 = z0;
end
%
TE_mode = sort(TE_mode, 'descend');
%TE_mode' % outputs all calculated modes
beta = TE_mode(2); % selects mode for plotting field profile
x = mesh_x(d_s,d_layer,d_c,NumberMesh);
n_total = [n_s,n_layer,n_c];      % ref index for all layers
n_mesh = refindex(x,NumberMesh,n_total);
TE_mode_field = TE_field(beta,n_mesh,x,k_0);
```

清单 4A.3.2 函数 lossless.m: 给出无损耗波导数据的 Matlab 代码.

```
% 函数名: lossless.m
```

```
% Contains data for lossless waveguide
% Reference:
% J. Chilwell and I. Hodgkinson,
% "Thin-films field-transfer matrix theory of planar multilayer
% waveguides and reflection from prism-loaded waveguide",
% J. Opt. Soc. Amer.A, vol.1, pp. 742-753 (1984).
% Fig.3
% Global variables to be transferred to function f_TE.m
%
global n_c                % ref. index cladding
global n_layer            % ref. index of internal layers
global n_s                % ref. index substrate
global d_c                % thickness of cladding (microns)
global d_layer            % thicknesses of internal layers (microns)
global d_s                % thickness of substrate (microns)
global k_0                % wavenumber
global NumberMesh         % number of mesh points in each layer
% (including substrate and cladding)
n_c = 1.0;
n_layer = [1.66 1.60 1.53 1.66];
n_s = 1.5;
d_c = 0.5;
d_layer = [0.5 0.5 0.5 0.5];
d_s = 1.0;
NumberMesh = [10 10 10 10 10 10];
lambda = 0.6328;         % wavelength in microns
k_0 = 2*pi/lambda;
```

清单 4A.3.3 函数 lossy.m: 给出损耗波导数据的 Matlab 代码.

```
% 函数名: lossy.m
% Contains data for lossy waveguide.
% Reference:
% C. Chen et al, Proc. SPIE, v.3795 (1999)
% Global variables to be transferred to function f_TE.m
global n_c             % ref. index cladding
```

```
global n_layer          % ref. index of internal layers
global n_s              % ref. index substrate
global d_c              % thickness of cladding (microns)
global d_layer          % thicknesses of internal layers (microns)
global d_s              % thickness of substrate (microns)
global k_0              % wavenumber
global NumberMesh       % number of mesh points in each layer
% (including substrate and cladding)
n_c = 1.0;
n_layer = [3.16455 3.22534 3.39583 3.5321-1j*0.08817 3.39614 3.38327];
n_s = 3.172951;
d_c = 1.0;
d_layer = [0.6 1.6 0.518 0.6 0.2 0.1];
d_s = 1.0;
NumberMesh = [10 10 10 10 10 10 10 10];
lambda = 1.523;         % wavelength in microns
k_0 = 2*pi/lambda;
```

清单 4A.3.4 函数 visser.m: 给出维瑟 5- 层波导数据的 Matlab 代码. 该函数将被程序 slab.m 调用.

```
% 函数名: visser.m
% Contains data for five-layer waveguide with gain and losses
% Reference:
% T.D. Visser et al, JQE v.31, p.1803 (1995)
% Fig.6
% Global variables to be transferred to function f_TE.m
%
global n_c                % ref. index cladding
global n_layer            % ref. index of internal layers
global n_s                % ref. index substrate
global d_c                % thickness of cladding (microns)
global d_layer            % thicknesses of internal layers (microns)
global d_s                % thickness of substrate (microns)
global k_0                % wavenumber
global NumberMesh         % number of mesh points in each layer
```

```
% (including substrate and cladding)
n_c = 1.0;
n_layer = [3.40-1i*0.002 3.60+1i*0.010 3.40-1i*0.002];
n_s = 1.0;
d_s = 0.4;
d_layer = [0.6 0.4 0.6];
d_c = 0.5;
NumberMesh = [10 10 10 10 10];
lambda = 1.3;              % wavelength in microns
k_0 = 2*pi/lambda;
```

清单 4A.3.5 函数 muller.m: 利用穆勒法寻找复数根的 Matlab 代码. 该函数被程序 slab.m 调用.

```
% 函数名:muller.m
function f_val = muller (f, x0, x1, x2)
% Function implements Muller's method
iter_max = 100;                 % max number of steps in Muller method
f_tol = 1e-6;                   % numerical parameters
x_tol = 1e-6;
y0 = f(x0);
y1 = f(x1);
y2 = f(x2);
iter = 0;
while(iter <= iter_max)
iter = iter + 1;
a =( (x1 - x2)*(y0 - y2) - (x0 - x2)*(y1 - y2)) / ...
( (x0 - x2)*(x1 - x2)*(x0 - x1) );
%
b = ( ( x0 - x2 )^2 *( y1 - y2 ) - ( x1 - x2 )^2 *( y0 - y2 )) / ...
( (x0 - x2)*(x1 - x2)*(x0 - x1) );
%
c = y2;
%
if (a~=0)
D = sqrt(b*b - 4*a*c);
```

```
q1 = b + D;
q2 = b - D;
if (abs(q1) < abs(q2))
dx = - 2*c/q2;
else
dx = - 2*c/q1;
end
elseif (b~=0)
dx = -c/b;
else
warning('Muller method failed to find a root')
break;
end
x3 = x2 + dx;
x0 = x1;
x1 = x2;
x2 = x3;
y0 = y1;
y1 = y2;
y2 = feval(f, x2);
if (abs(dx) < x_tol && abs (y2) < f_tol)
break;
end
end
% Lines below ensure that only proper values are calculated
if (abs(y2) < f_tol)
f_val = x2;
return;
else
f_val = 0;
end
```

清单 4A.3.6 函数 f_TE.m: 利用超越方程建立的转移矩阵法的 Matlab 代码将被用来决定传播常数. 该函数将被程序 slab.m 调用.

```
% 函数名:f_TE.m
```

```
function result = f_TE(z)
% Creates function used to determine propagation constant
% Variable description:
% result - expression used in search for propagation constant
% z - actual value of propagation constant
%
% Global variables:
% Global variables are used to transfer values from data functions
global n_s              % ref. index substrate
global n_c              % ref. index cladding
global n_layer          % ref. index of internal layers
global d_layer          % thicknesses of internal layers (microns)
global k_0              % wavenumber
%
zz=z*k_0;
NumLayers = length(d_layer);
%
% Creation for substrate and cladding
gamma_sub=sqrt(zz^2-(k_0*n_s)^2);
gamma_clad=sqrt(zz^2-(k_0*n_c)^2);
%
% Creation of kappa for internal layers
kappa=sqrt(k_0^2*n_layer.^2-zz.^2);
temp = kappa.*d_layer;
%
% Construction of transfer matrix for first layer
cc = cos(temp);
ss = sin(temp);
m(1,1) = cc(1);
m(1,2) = -1j*ss(1)/kappa(1);
m(2,1) = -1j*kappa(1)*ss(1);
m(2,2) = cc(1);
%
% Construction of transfer matrices for remaining layers
% and multiplication of matrices
```

```
for i=2:NumLayers
mt(1,1) = cc(i);
mt(1,2) = -1j*ss(i)/kappa(i);
mt(2,1) = -1j*ss(i)*kappa(i);
mt(2,2) = cc(i);
m = mt*m;
end
%
result = 1j*(gamma_clad*m(1,1)+gamma_sub*m(2,2))...
+ m(2,1) - gamma_sub*gamma_clad*m(1,2);
End
```

清单 4A.3.7 函数 mesh_x.m: 用来在介质波导沿横向 (x_ 轴) 产生一维网格的 Matlab 代码. 该函数将被程序 slab.m 调用.

```
% 函数名:mesh_x.m
function x = mesh_x(d_s,d_layer,d_c,NumberMesh)
% Generates one-dimensional mesh along x-axis
% Variable description:
% Input
% d_layer - thicknesses of each layer
% NumberMesh - number of mesh points in each layer
% Output
% x - mesh point coordinates
%
d_total = [d_s,d_layer,d_c];           % thicknesses of all layers
NumberOfLayers = length(d_total);      % determine number of layers
delta = d_total./NumberMesh;           % separation of points for
                                         all layers
%
x(1) = 0.0; % coordinate of first mesh point
i_mesh = 1;
for k = 1:NumberOfLayers               % loop over all layers
for i = 1:NumberMesh(k)                % loop within layer
x(i_mesh+1) = x(i_mesh) + delta(k);
i_mesh = i_mesh + 1;
```

```
end
end
end
```

清单 4A.3.8 函数 refindex.m: 用来决定所有网格点折射率的 Matlab 代码. 该函数将被程序 slab.m 调用.

```
% 函数名:refindex.m
function n_mesh = refindex(x,interface,index_layer)
% Assigns the values of refractive indices to mesh points
% in all layers
% Input
% x() -- mesh points coordinates
% interface(n) -- number of mesh points in layers
% index_layer() -- refrective index in layers
% Output
% index_mesh -- refractive index for each mesh point
%
% Within a given layer, refractive index is assigned the same value.
% Loop scans over all mesh points.
% For all mesh points selected for a given layer, the same
% value of refractive index is assigned.
%
N_mesh = length(x);
NumberOfLayers = length(index_layer);
%
i_mesh = 1;
for k = 1:NumberOfLayers      % loop over all layers
for i = 1:interface(k)        % loop within layer
n_mesh(i_mesh+1) = index_layer(k);
i_mesh = i_mesh + 1;
end
end
end
```

清单 4A.3.9 函数 TE_mode_field=TE_field(beta,index_mash,x,k_zero): 用来

决定所有层中 TE 光场的 Matlab 代码. 该函数将被程序 slab.m 调用.

```
% 函数名:TE_mode_field
function TE_mode_field = TE_field(beta,index_mesh,x,k_zero)
% Determines TE optical field for all layers
%
% x - grid created in mesh_x.m
TotalMesh = length(x);          % total number of mesh points
%
zz=beta*k_zero;
%
% Creation of constants at each mesh point
kappa = 0;
for n = 1:(TotalMesh)
kappa(n)=sqrt((k_zero*index_mesh(n))^2-zz^2);
end
%
% Establish boundary conditions in first layer (substrate).
% Values of the fields U and V are numbered by index not by
% location along x-axis.
% For visualization purposes boundary conditions are set at first
point.
U(1) = 1.0;
temp = imag(kappa(1));
if(temp<0), kappa(1) = - kappa(1);
end
% The above ensures that we get a field decaying in the substrate
V(1) = kappa(1);
%
for n=2:(TotalMesh)
cc=cos( kappa(n)*(x(n)-x(n-1)) );
ss=sin( kappa(n)*(x(n)-x(n-1)) );
m(1,1)=cc;
m(1,2)=-1i/kappa(n)*ss;
m(2,1)=-1i*kappa(n)*ss;
m(2,2)=cc;
```

```
%
U(n)=m(1,1)*U(n-1)+m(1,2)*V(n-1);
V(n)=m(2,1)*U(n-1)+m(2,2)*V(n-1);
end
%
TE_mode_field = abs(U);                 % Finds Abs(E)
max_value = max(TE_mode_field);
h = plot(x,TE_mode_field/max_value); % plot normalized value
                                        of TE field
% adds text on x-axix and size of x label
xlabel('x (microns)','FontSize',22);
% adds text on y-axix and size of y label
ylabel('TE electric field','FontSize',22);
set(h,'LineWidth',1.5);                 % new thickness of plotting lines
set(gca,'FontSize',22);                 % new size of tick marks on both
                                          axes
pause
close all
end
```

参考文献

[1] C. R. Pollock and M. Lipson. *Integrated Photonics.* Kluwer Academic Publishers, Boston, 2003.

[2] C. Chen, P. Berini, D. Feng, S. Tanev, and V.P. Tzolov. Efficient and accurate numerical analysis of multilayer planar optical waveguides in lossy anisotropic media. *Optics Express*, 7:260–272, 2000.

[3] J. Chilwell and I. Hodgkinson. Thin-films field-transfer matrix theory of planar multilayer waveguides and reflection from prism-loaded waveguide. *J. Opt. Soc. Amer.**A***, 1:742–753, 1984.

[4] C. Chen, P. Berini, D. Feng, S. Tanev, and V.P. Tzolov. Efficient and accurate numerical analysis of multilayer planar optical waveguides. *Proc. SPIE*, 3795:676, 1999.

[5] T.D. Visser, H. Blok, and D. Lenstra. Modal analysis of a planar waveguide with gain and losses. *IEEE J. Quantum Electron.*, 31:1803–1818, 1995.

[6] R. Maerz. *Integrated Optics. Design and Modeling.* Artech House, Boston, 1995.

[7] M.N.O. Sadiku. *Elements of Electromagnetics. Second Edition.* Oxford University Press, New York, Oxford, 1995.

[8] H. Kogelnik. Theory of optical waveguides. In T. Tamir, editor, *Springer Series in Electronics and Photonics. Guided-Wave Optoelectronics*, volume 26, pages 7–88, Berlin, 1988. Springer-Verlag.

[9] L.A. Coldren and S.W. Corzine. *Diode Lasers and Photonic Integrated Circuits.* Wiley, New York, 1995.

[10] J.-M. Liu. *Photonic Devices.* Cambridge University Press, Cambridge, 2005.

[11] R.D. Kekatpure, A.C. Hryciw, E.S. Barnard, and M.L. Brongersma. Solving dielectric and plasmonic waveguide dispersion relations on a pocket calculator. *Optics Express*, 17:24112–24129, 2009.

第 5 章　线性光纤和信号退化

我们将在本章讨论折射率与场强无关的线性光纤的特性, 聚焦于下列课题:

(1) 几何光学的概述;

(2) 波的传播;

(3) 单模光纤中的色散;

(4) 色散引起的信号退化.

由于色散的存在, 在介质中传播的脉冲宽度将增加. 在多模光纤中光脉冲加宽显得十分显著, 达到 10ns/km 左右. 从几何光学的角度看, 这样的展宽归因于不同的光线有不同的路径. 在单模光纤中, 不存在模间的色散, 所有能量均由单模传送. 然而事实上, 脉冲展宽依然存在. 这是由于不同频谱分量的脉冲以略微不同的群速度传播. 其效应被称为群速度色散 (GVD).

5.1　几何光学概述

考虑横截面如图 5.1 所示的光纤, 折射系数剖面的相应变化如图 5.2 所示. 我们举出两种折射系数的剖面: 阶跃式和渐变式.

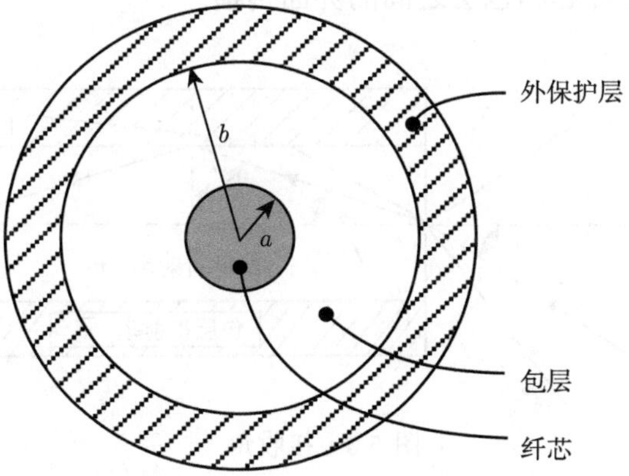

图 5.1　一根光纤的横截面

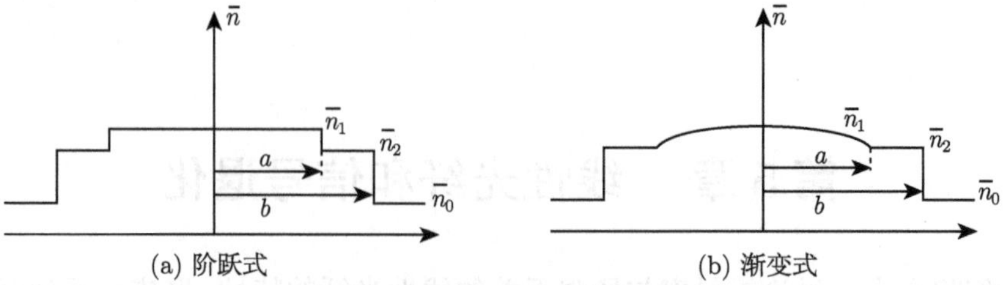

图 5.2 光纤的典型横截面

下面基于几何光学的讨论中, 要求光波长 λ 和光纤纤芯的半径 a 之间满足以下关系[1,2]:

$$\lambda \ll a$$

5.1.1 数值孔径 (NA)

首先我们要考虑的情况是, 光线在连接光纤纤芯中点及入射光的平面 (子午面) 中以不同角度射入光纤, 如图 5.3 所示. 当光线从折射率为 $\bar{n}_0$ 的介质 (即空气) 射入折射率为 $\bar{n}_1$ 的光纤后, 并非所有的光线都能够保证在光纤中传输. 只有一定角度范围内的光线射入光纤后, 例如, 光线 A 能保持在纤芯的范围内传播, 我们把这样传播的波称为导波. 反之, 如果入射角太大, 例如, 光线 B 进入光纤后, 它会进入包层中最后从光纤泄漏出去, 我们把这样的波称为非导波. 因此, 光纤中存在着这样的角度 θ_a (俗称接收角) , 只有入射角度满足以下关系:

$$\theta < \theta_a$$

时的光线才会被保持在纤芯内传播. 当光线的入射角恰好等于接收角 θ_a 时, 它们将会以临界状态沿着纤芯和包层之间的界面传播.

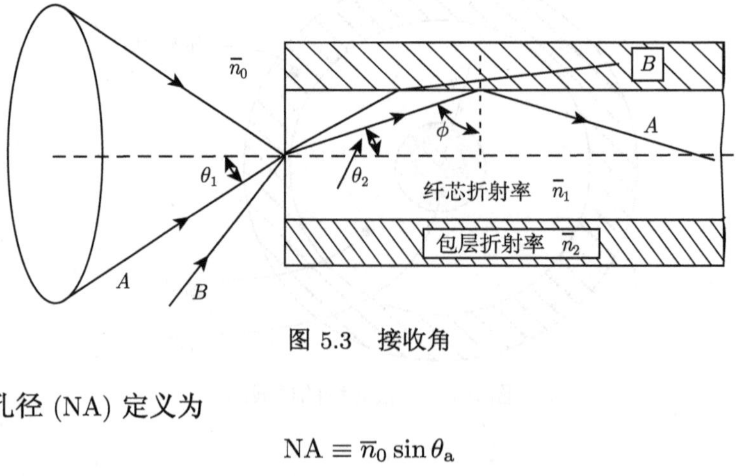

图 5.3 接收角

数值孔径 (NA) 定义为

$$\mathrm{NA} \equiv \bar{n}_0 \sin\theta_a$$

它是一个无量纲的物理量. 显然, 数值孔径大的光纤意味着它的接收角比较大. 典型的 NA 值介于 $0.14 \sim 0.50$. 估算 NA 时完全遵循第 4 章中的叙述. 它的最终表达式是

$$\mathrm{NA} = \overline{n}_1 (2\varDelta)^{1/2} \tag{5.1}$$

事实上, $\overline{n}_1 \approx \overline{n}_2$ 和折射率的相对差值 $\varDelta$ 是

$$\varDelta = \frac{(\overline{n}_1 + \overline{n}_2)(\overline{n}_1 - \overline{n}_2)}{2\overline{n}_1^2} \approx \frac{2\overline{n}_1 (\overline{n}_1 - \overline{n}_2)}{2\overline{n}_1^2} = \frac{\overline{n}_1 - \overline{n}_2}{\overline{n}_1} \tag{5.2}$$

对于单模光纤, 该值 $\varDelta$ 大约在 0.01.

5.1.2 多路径色散

以下的事实产生了十分重要的物理效应: 以不同角度射入光纤的光线会沿不同的路径传播. 当入射角 $\theta_1 = 0$ 时, 光线的行程为最短, 与光纤的长度 L 相等; 反之, 对于最长的路径, 其入射角为 $\theta_1 = \theta_{\max}$ (对应于 ϕ_c), 行进的距离为 $\dfrac{L}{\sin\phi_c}$. 在光纤中光沿两种不同路径 (最长与最短) 造成最大的传输时间差 ΔT 可以由下式估计:

$$\begin{aligned}
\Delta T &= \frac{\Delta \text{distance}}{v} \\
&= \frac{\dfrac{L}{\sin\phi_c} - L}{\dfrac{c}{\overline{n}_1}} = \frac{\overline{n}_1}{c}\left(\frac{L}{\sin\phi_c} - L\right) \\
&= \frac{\overline{n}_1}{c}\left(\frac{L}{\dfrac{n_2}{\overline{n}_1}} - L\right) = \frac{L\overline{n}_1}{c}\left(\frac{\overline{n}_1}{\overline{n}_2} - 1\right) = \frac{L\overline{n}_1^2}{c\overline{n}_2}\frac{\overline{n}_1 - \overline{n}_2}{\overline{n}_1} \\
&= \frac{L\overline{n}_1^2}{c\overline{n}_2}\varDelta
\end{aligned} \tag{5.3}$$

这里我们使用 $v = \dfrac{c}{\overline{n}_1}$ 作为光纤中的光速. 时间 ΔT 用来度量脉冲的展宽.

5.1.3 光纤的信息运载能力

下面, 我们将估计光纤的信息运载能力. 如果我们引入 B 为比特率, L 为光纤长度, 那么, 乘积 $B \cdot L$ 就是光纤的信息运载能力.

该乘积是这样估算的. 让 $T_B = \dfrac{1}{B}$ 代表给予每个位隙的时间, 我们采用下述条件:

$$\Delta T < T_B \tag{5.4}$$

这就要求脉冲的展宽小于位于每个比特的时隙. 将方程 (5.3) 代入 ΔT 的表示式, 于是得到

$$\frac{L\overline{n}_1^2}{c\overline{n}_2}\varDelta \cdot B < 1 \text{或} L \cdot B < \frac{\overline{n}_2}{\overline{n}_1^2}\frac{c}{\varDelta} \tag{5.5}$$

实例

假定 $\overline{n}_1 = 1.5$, $\overline{n}_2 = 1.0$. 于是, 我们发现 $L \cdot B < 0.4\text{Mbit/s} \cdot \text{km}$. 另外, $\varDelta = 2 \times 10^{-3} \Rightarrow B \cdot L < 100\text{Mbit/s} \cdot \text{km}$. 这意味着在 10km 的距离可以携带 10Mbit/s 的数据.

5.1.4　硅光纤的损耗机制

光信号的衰减是设计光通信系统中的一个重要因素. 损耗可以发生在输入耦合器、接头和连接器处, 也会出现在光纤中. 在本节中, 我们将聚集光纤中的损失. 现代光纤损耗的典型频谱如图 5.4 所示. 损耗通常以每单位距离的分贝数 (见第 2 章的有关讨论) 来表示, 其表达式为

$$\alpha_{\text{loss}} = \frac{10}{L}\log_{10}\frac{P_{\text{out}}}{P_{\text{in}}} \tag{5.6}$$

式中, P_{in} 和 P_{out} 分别是长度为 L 的光纤中的输入和输出功率.

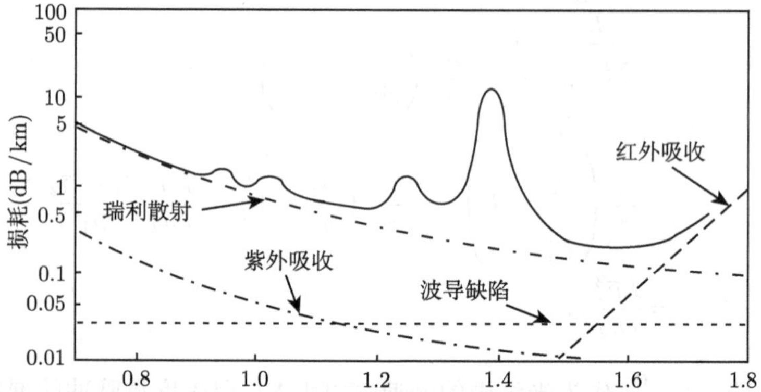

图 5.4　玻璃的损耗谱 (由 IET 授权引用自文献 [3])

损耗机制的分类见文献 [4]:

(1) **固有损耗**. 来源于玻璃材料本身的特性. 如果选择适当的波长, 该损耗可以减小.

(2) **外在损耗**. 起源于制造过程中的缺陷. 外在损耗包括杂质和结构缺陷两部分造成的损耗.

5.1.5 固有损耗

在纯硅材料中, 在可见光和近红外波长区段三个重要的损耗源头是:

(1) 紫外吸收;

(2) 红外吸收;

(3) 瑞利散射.

所有这三个机制都与波长有关. 前两项的共振峰处于紫外和中红外, 如图 5.4 所示. 它们都源于强大的电子和分子跃迁带引起的光能吸收. 其中电子跃迁带造成的紫外共振吸收集中在 $\lambda = 0.1\mu\text{m}$ [4]. 红外吸收起源于二氧化硅和掺杂剂的晶格振动模式. 该振动模式产生的吸收共振位于 $7 \sim 11\mu\text{m}$. 氧化硅和锗共振吸收发生在 $9\mu\text{m}$ 和 $11\mu\text{m}$, 有关资料见文献 [4]. 带间吸收造成的功率损失可以近似地表示为

$$\alpha_{\text{ir}} = A \exp\left(-\frac{a_{\text{ir}}}{\lambda}\right) \quad [\text{dB/km}] \tag{5.7}$$

式中,λ 的单位是 μm. 对于 GeO_2-SiO_2 的玻璃, 它的 A 和 a_{ir} 的数值是 $A = 7.81 \times 10^{11}\text{dB/km}$ 和 $a_{\text{ir}} = 48.48\mu\text{m}$[4].

当波在散射体比波长小时, 瑞利散射随之出现[5]. 在光纤制造过程中, 材料密度局部的不均匀性造成了折射率的局部微小变化从而形成了微小的散射体. 除非是各向同性材料, 不然, 这种瑞利散射体带来了光的损耗.

在纯融石英中的瑞利散射可以近似地用下式表示:

$$\alpha_{\text{R}} = 1.7\left(\frac{0.85}{\lambda}\right)^4 \tag{5.8}$$

式中, λ 的单位是 μm, 而损耗 α_{R} 用 dB/km 计算.

5.1.6 外在损耗

外在损耗与材料本身的基本特性无关. 在纤芯和包层界面上存在外来杂质和表面的不规则性造成了外在损耗. 另外, 它还与光纤的过分弯曲以及光源 - 光纤的耦合有关.

5.2 柱坐标中的光纤模式

光纤呈现柱状对称, 如图 5.5 所示. 在柱坐标中, 我们使用下述变量: r, ϕ, z. 折射率表示为 (见图 5.1 和图 5.2)

$$\overline{n} = \begin{cases} \overline{n}_1, & r \leqslant a \\ \overline{n}_2, & r > a \end{cases} \tag{5.9}$$

式中,a 是光纤中间核心区域, 即纤芯的半径.

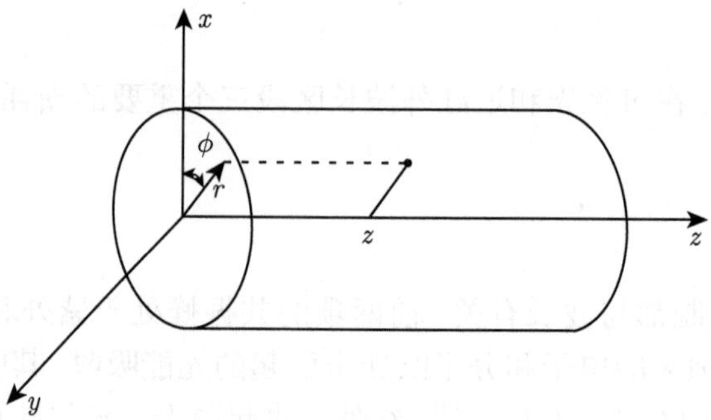

图 5.5　柱坐标系统

5.2.1　柱坐标中的麦克斯韦方程

在柱坐标中, 对于一个任意的矢量 $\boldsymbol{A}$, 我们有如下的一般性关系[6]:

$$\nabla\times\boldsymbol{A}=\frac{1}{r}\begin{vmatrix}\widehat{\boldsymbol{a}}_r & r\widehat{\boldsymbol{a}}_\phi & \widehat{\boldsymbol{a}}_z\\ \dfrac{\partial}{\partial r} & \dfrac{\partial}{\partial \phi} & \dfrac{\partial}{\partial z}\\ A_r & rA_\phi & A_z\end{vmatrix}$$

$$=\widehat{\boldsymbol{a}}_r\left(\frac{\partial A_z}{r\partial\phi}-\frac{\partial A_\phi}{\partial z}\right)+\widehat{\boldsymbol{a}}_\phi\left(\frac{\partial A_r}{\partial z}-\frac{\partial A_z}{\partial r}\right)+\widehat{\boldsymbol{a}}_z\frac{1}{r}\left[\frac{\partial}{\partial r}(rA_\phi)-\frac{\partial A_r}{\partial\phi}\right]$$

式中, $\widehat{\boldsymbol{a}}_r,\widehat{\boldsymbol{a}}_\phi,\widehat{\boldsymbol{a}}_z$ 是相应方向的单位矢量. 矢量 $\boldsymbol{A}$ 表示为

$$\boldsymbol{A}=\widehat{\boldsymbol{a}}_rA_r+\widehat{\boldsymbol{a}}_\phi A_\phi+\widehat{\boldsymbol{a}}_zA_z$$

假设 $\mathrm{e}^{\mathrm{j}\omega t}$ 表示场随时间的变化, 于是柱坐标中的第一个麦克斯韦方程是

$$\frac{1}{r}\frac{\partial E_z}{\partial\phi}-\frac{\partial E_\phi}{\partial z}=-\mathrm{j}\omega\mu H_r$$

$$\frac{\partial E_r}{\partial z}-\frac{\partial E_z}{\partial r}=-\mathrm{j}\omega\mu H_\phi$$

$$\frac{1}{r}\left[\frac{\partial}{\partial r}(rE_\phi)-\frac{\partial E_r}{\partial\phi}\right]=-\mathrm{j}\omega\mu H_z$$

假设 $\mathrm{e}^{-\mathrm{j}\beta z}$ 表示场随距离的变化, 我们发现

$$\frac{1}{r}\frac{\partial E_z}{\partial\phi}+\mathrm{j}\beta E_\phi=-\mathrm{j}\omega\mu H_r \tag{5.10}$$

$$\mathrm{j}\beta E_r+\frac{\partial E_z}{\partial r}=\mathrm{j}\omega\mu H_\phi \tag{5.11}$$

$$\frac{1}{r}\left[\frac{\partial}{\partial r}(rE_\phi)-\frac{\partial E_r}{\partial\phi}\right]=-\mathrm{j}\omega\mu H_z \tag{5.12}$$

同样地, 由麦克斯韦第二个方程我们得到

$$\frac{1}{r}\frac{\partial H_z}{\partial \phi}+\mathrm{j}\beta H_\phi=\mathrm{j}\omega\varepsilon E_r \tag{5.13}$$

$$\mathrm{j}\beta H_r+\frac{\partial H_z}{\partial r}=-\mathrm{j}\omega\varepsilon E_\phi \tag{5.14}$$

$$\frac{1}{r}\left[\frac{\partial}{\partial r}(rH_\phi)-\frac{\partial H_r}{\partial \phi}\right]=\mathrm{j}\omega\varepsilon E_z \tag{5.15}$$

由方程 (5.10) 和方程 (5.14) 得到 H_r. 比较两者, 我们得到 E_ϕ 的表示式

$$E_\phi=-\frac{\mathrm{j}}{q^2}\left(\frac{\beta}{r}\frac{\partial E_z}{\partial \phi}-\omega\mu\frac{\partial H_z}{\partial r}\right) \tag{5.16}$$

式中

$$\begin{aligned}q^2&=\omega^2\varepsilon\mu-\beta^2\\&=\overline{n}^2k_0^2-\beta^2\end{aligned} \tag{5.17}$$

同样地, 采用相同的步骤, 由方程 (5.11) 和方程 (5.13) 得到 E_r 的表示式

$$E_r=-\frac{\mathrm{j}}{q^2}\left(\beta\frac{\partial E_z}{\partial r}+\frac{\omega\mu}{r}\frac{\partial H_z}{\partial \phi}\right) \tag{5.18}$$

以类似的方法, 我们推出 H_ϕ 和 H_r 的如下表示式:

$$H_\phi=-\frac{\mathrm{j}}{q^2}\left(\frac{\beta}{r}\frac{\partial H_z}{\partial \phi}+\varepsilon\omega\frac{\partial E_z}{\partial r}\right) \tag{5.19}$$

$$H_r=-\frac{\mathrm{j}}{q^2}\left(\beta\frac{\partial H_z}{\partial r}-\varepsilon\frac{\omega}{r}\frac{\partial E_z}{\partial \phi}\right) \tag{5.20}$$

方程 (5.16), 方程 (5.18)~ 方程 (5.20) 使我们用 E_z 和 H_z 的分量给出 $\boldsymbol{E}$ 和 $\boldsymbol{H}$ 场的有关分量. 下面, 我们就来推导这些分量的方程.

5.2.2 柱坐标的波动方程

从上面的分析中, 我们可以观察到电场的 z 分量 E_z(同样, 对磁场的 z 分量 H_z) 可以被视为独立的变量, 而其余分量可以用 E_z 来表示 (这同样适用于 H_z). 因此, 我们只需要着力于 E_z(或 H_z). 为此, 我们将首先推导相应的波动方程, 然后求得它的解 E_z. 一旦有了 E_z, 我们将用它来找到 E_r 和 E_ϕ. 用这种方式, 圆波导中的所有电场分量都能得到.

为了推导 E_z 的公式, 我们先从方程 (5.15) 着手. 方程的左方用方程 (5.19) 和方程 (5.20) 替换, 适当重组有关项后, 发现

$$\frac{\partial^2 E_z}{\partial r^2}+\frac{1}{r}\frac{\partial E_z}{\partial r}+\frac{1}{r^2}\frac{\partial^2 E_z}{\partial \phi^2}+q^2E_z=0 \tag{5.21}$$

式中, q^2 由方程 (5.17) 决定.

同样地, 可以得到 H_z. 最后一步中, 我们使用方程 (5.12). 在柱坐标中, 我们用 H_z 取代 E_ϕ 和 E_r, 从而得到

$$\frac{\partial^2 H_z}{\partial r^2}+\frac{1}{r}\frac{\partial H_z}{\partial r}+\frac{1}{r^2}\frac{\partial^2 H_z}{\partial \phi^2}+q^2 H_z=0 \tag{5.22}$$

5.2.3　柱坐标中波动方程的解

这里我们来分析方程 E_z. 以同样的方式, 解 H_z. 假设下面的变量分离是可行的:

$$E_z(r,\phi)=R(r)\Phi(\phi) \tag{5.23}$$

变量分离后, 我们获得了两个方程

$$\frac{\mathrm{d}^2\Phi(\phi)}{\mathrm{d}\phi^2}+m^2\Phi(\phi)=0 \tag{5.24}$$

和

$$r^2\frac{\mathrm{d}^2 R}{\mathrm{d}r^2}+r\frac{\mathrm{d}R}{\mathrm{d}r}+\left(r^2q^2\ -m^2\right)R=0 \tag{5.25}$$

式中, m^2 是一个分离常数. 方程 (5.25) 是熟知的贝塞尔方程, 它的解称为贝塞尔函数[7]. 方程的解 (5.24) 是

$$\Phi(\phi)=\mathrm{e}^{\mathrm{i}m\phi} \tag{5.26}$$

式中, m 取整数因为 $\Phi(\phi+2\pi)=\Phi(\phi)$.

贝塞尔方程分别在纤芯和包层区求解. 在纤芯, 它是

$$r^2\frac{\mathrm{d}^2 R}{\mathrm{d}r^2}+r\frac{\mathrm{d}R}{\mathrm{d}r}+\left(r^2\kappa^2\ -m^2\right)R=0 \tag{5.27}$$

式中

$$\kappa^2=\overline{n}_1^2k_0^2-\beta^2>0 \tag{5.28}$$

该方程的解就是熟知的一阶普通贝塞尔函数 J_m 及 Y_m, 其解如图 5.6 所示.

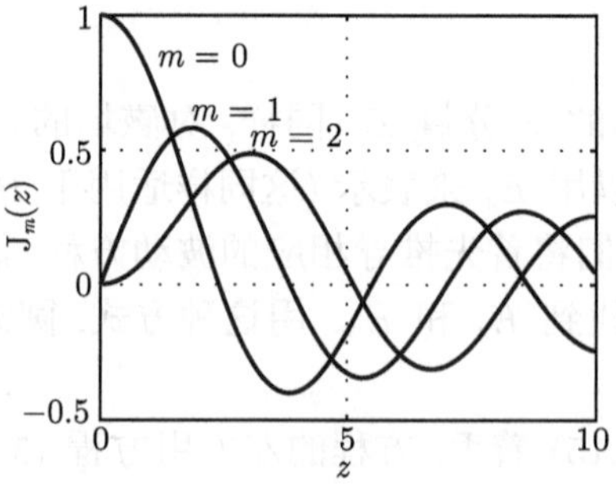

(a) 函数 J_m

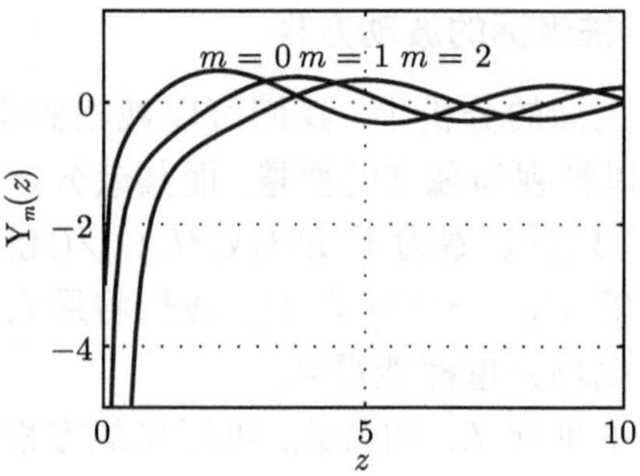

(b) 函数 Y_m

图 5.6-1　普通贝塞尔函数

包层中的贝塞尔方程为

$$r^2\frac{\mathrm{d}^2R}{\mathrm{d}r^2}+r\frac{\mathrm{d}R}{\mathrm{d}r}-\left(r^2\gamma^2\ +m^2\right)R=0 \tag{5.29}$$

式中

$$\gamma^2=\beta^2-\overline{n}_2^2k_0^2>0 \tag{5.30}$$

该方程的解称为 m 阶第二类修正的贝塞尔函数 K_m 和 I_m. 这些函数的变化如图 5.7 所示.

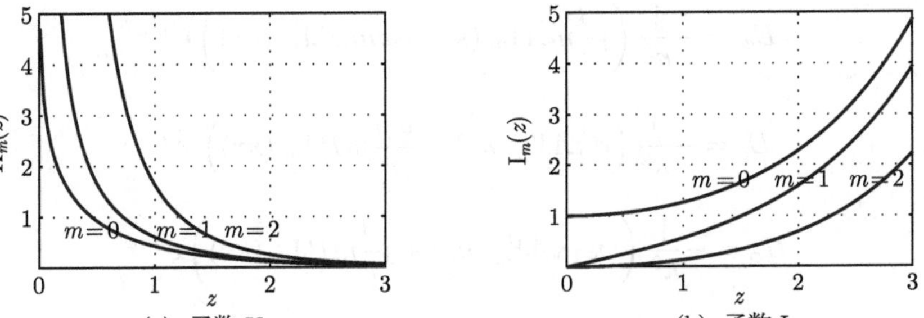

(a) 函数 K_m (b) 函数 I_m

图 5.6-2 修正的贝塞尔函数

附录 5C 中清单 5C.1 给出的 Matlab 代码可以得到前面的贝塞尔函数变化图形. 利用贝塞尔方程的上述解, 我们能得到光纤纤芯和包层的解[4]

$$R\left(r\right)=\begin{cases}A\mathrm{J}_m\left(\kappa r\right)+A'\mathrm{Y}_m\left(\kappa r\right)\ , & r\leqslant a\\ C\mathrm{K}_m\left(\gamma r\right)+C'\mathrm{I}_m\left(\gamma r\right)\ , & r>a\end{cases} \tag{5.31}$$

式中, A, A', C, C' 均是常数.

在纤芯的导波模式的下列特性是我们所期待的:

(1) 纤芯的解是振荡的, 并且当 r =0 时它是有限的.

(2) 纤芯之外包层的解是随半径增加而单调减小的, 也就是说, 当 $r\to\infty$ 时它 →0.

上述特性暗示我们在纤芯应该采用函数 J_m, 而且既然在 $r=0$ 函数 Y_m 有奇点 (图 5.6), 因而, 我们令 $A'=0$. 类似地, 对于包层函数 I_m 是增加的 (图 5.7), 于是我们令 $C'=0$. 在包层我们仅使用函数 K_m.

于是, 我们得到的解为

$$E_z=\begin{cases}A\mathrm{J}_m\left(\kappa r\right)\mathrm{e}^{\mathrm{i}m\phi}, & r\leqslant a\\ C\mathrm{K}_m\left(\gamma r\right)\mathrm{e}^{\mathrm{i}m\phi}, & r>a\end{cases} \tag{5.32}$$

以完全相同的方法处理, 因而有

$$H_z = \begin{cases} B\mathrm{J}_m(\kappa r)\,\mathrm{e}^{\mathrm{i}m\phi}, & r \leqslant a \\ D\mathrm{K}_m(\gamma r)\,\mathrm{e}^{\mathrm{i}m\phi}, & r > a \end{cases} \tag{5.33}$$

借助于方程 (5.16), 方程 (5.18)~ 方程 (5.20), 我们用 E_z 和 H_z 得到了其他场的分量. 经过几步代数运算, 我们获得了方程的全部解.

当 $r < a$ **时**(纤芯):

$$E_\phi = -\frac{\mathrm{j}}{\kappa^2}\left(\mathrm{j}\frac{\beta}{r}mA\mathrm{J}_m(\kappa r) - \omega\mu\kappa B\mathrm{J}'_m(\kappa r)\right)\mathrm{e}^{\mathrm{j}m\phi} \tag{5.34}$$

$$E_r = -\frac{\mathrm{j}}{\kappa^2}\left(\beta\kappa A\mathrm{J}'_m(\kappa r) + \mathrm{j}\frac{\omega\mu}{r}mB\mathrm{J}_m(\kappa r)\right)\mathrm{e}^{\mathrm{j}m\phi} \tag{5.35}$$

$$H_\phi = -\frac{\mathrm{j}}{\kappa^2}\left(\omega\varepsilon_1\kappa A\mathrm{J}'_m(\kappa r) + \mathrm{j}\frac{\beta}{r}mB\mathrm{J}_m(\kappa r)\right)\mathrm{e}^{\mathrm{j}m\phi} \tag{5.36}$$

$$H_r = -\frac{\mathrm{j}}{\kappa^2}\left(\beta\kappa B\mathrm{J}'_m(\kappa r) - \mathrm{j}\frac{\omega\varepsilon_1}{r}mA\mathrm{J}_m(\kappa r)\right)\mathrm{e}^{\mathrm{j}m\phi} \tag{5.37}$$

当 $r > a$ **时**(包层):

$$E_\phi = \frac{\mathrm{j}}{\gamma^2}\left(\mathrm{j}\frac{\beta}{r}mC\mathrm{K}_m(\gamma r) - \omega\mu\gamma D\mathrm{K}'_m(\gamma r)\right)\mathrm{e}^{\mathrm{j}m\phi} \tag{5.38}$$

$$E_r = \frac{\mathrm{j}}{\gamma^2}\left(\beta\gamma C\mathrm{K}'_m(\gamma r) + \mathrm{j}\frac{\omega\mu}{r}mD\mathrm{K}_m(\gamma r)\right)\mathrm{e}^{\mathrm{j}m\phi} \tag{5.39}$$

$$H_\phi = \frac{\mathrm{j}}{\gamma^2}\left(\omega\varepsilon_2\gamma C\mathrm{K}'_m(\gamma r) + \mathrm{j}\frac{\beta}{r}mD\mathrm{K}_m(\gamma r)\right)\mathrm{e}^{\mathrm{j}m\phi} \tag{5.40}$$

$$H_r = \frac{\mathrm{j}}{\gamma^2}\left(\beta\gamma D\mathrm{K}'_m(\gamma r) - \mathrm{j}\frac{\omega\varepsilon_2}{r}mC\mathrm{K}_m(\gamma r)\right)\mathrm{e}^{\mathrm{j}m\phi} \tag{5.41}$$

这里我们引入了以下的定义:

$$\mathrm{J}'_m(\kappa r) = \frac{\mathrm{dJ}_m(\kappa r)}{\mathrm{d}(\kappa r)}$$

和

$$\mathrm{K}'_m(\gamma r) = \frac{\mathrm{dK}_m(\gamma r)}{\mathrm{d}(\gamma r)}$$

5.2.4 边界条件和模式方程

我们使用前面得到的边界条件, 即在 $r=a$ 的纤芯 - 包层边界处所有的切向分量必须连续. 因而有[8]

$$\text{在 } r=a \text{ 处 } E_z, H_z, E_\phi, H_\phi \text{ 是连续的} \tag{5.42}$$

施予上述条件, 我们得到了以下方程.

(1) 基于 E_z 的连续性:

$$A\mathrm{J}_m(\kappa a)=C\mathrm{K}_m(\gamma a) \tag{5.43}$$

(2) 基于 H_z 的连续性:

$$B\mathrm{J}_m(\kappa a)=D\mathrm{K}_m(\gamma a) \tag{5.44}$$

(3) 基于 E_ϕ 的连续性:

$$\frac{\beta m}{\kappa^2 a}\mathrm{J}_m(\kappa a)A+\mathrm{j}\frac{\omega\mu}{\kappa}\mathrm{J}'_m(\kappa a)B+\frac{\beta m}{\gamma^2 a}\mathrm{K}_m(\gamma a)C+\mathrm{j}\frac{\omega\mu}{\gamma}\mathrm{K}'_m(\gamma a)D=0 \tag{5.45}$$

(4) 基于 H_ϕ 的连续性:

$$-\mathrm{j}\frac{\omega\varepsilon_1}{\kappa}\mathrm{J}'_m(\kappa a)A+\frac{\beta m}{a\kappa^2}\mathrm{J}_m(\kappa a)B-\mathrm{j}\frac{\omega\varepsilon_2}{\gamma}\mathrm{K}'_m(\gamma a)C+\frac{\beta m}{a\gamma^2}\mathrm{K}_m(\gamma a)D=0 \tag{5.46}$$

它们组成了未知系数 A,B,C,D 的一组联立方程. 若要方程有解, 它的行列式必须为零, 即

$$\begin{vmatrix} \mathrm{J}_m(\kappa a) & 0 & -\mathrm{K}_m(\gamma a) & 0 \\ 0 & \mathrm{J}_m(\kappa a) & 0 & -\mathrm{K}_m(\gamma a) \\ \dfrac{\beta m}{\kappa^2 a}\mathrm{J}_m(\kappa a) & \mathrm{j}\dfrac{\omega\mu}{\kappa}\mathrm{J}'_m(\kappa a) & \dfrac{\beta m}{\gamma^2 a}\mathrm{K}_m(\gamma a) & \mathrm{j}\dfrac{\omega\mu}{\gamma}\mathrm{K}'_m(\gamma a) \\ -\mathrm{j}\dfrac{\omega\varepsilon_1}{\kappa}\mathrm{J}'_m(\kappa a) & \dfrac{\beta m}{a\kappa^2}\mathrm{J}_m(\kappa a) & -\mathrm{j}\dfrac{\omega\varepsilon_2}{\gamma}\mathrm{K}'_m(\gamma a) & \dfrac{\beta m}{a\gamma^2}\mathrm{K}_m(\gamma a) \end{vmatrix}=0 \tag{5.47}$$

该行列式的展开和重新组合的过程见附录 5B. 最终, 我们得到的特征方程为

$$\begin{aligned}&\left[\frac{\mathrm{J}'_m(\kappa a)}{\kappa a\mathrm{J}_m(\kappa a)}+\frac{\mathrm{K}'_m(\gamma a)}{\gamma a\mathrm{K}_m(\gamma a)}\right]\left[\frac{\overline{n}_1^2\mathrm{J}'_m(\kappa a)}{\kappa a\mathrm{J}_m(\kappa a)}+\frac{\overline{n}_2^2\mathrm{K}'_m(\gamma a)}{\gamma a\mathrm{K}_m(\gamma a)}\right]\\&=\frac{m^2\beta^2}{k_0^2}\left(\frac{1}{(ka)^2}+\frac{1}{(\gamma a)^2}\right)^2\end{aligned} \tag{5.48}$$

式中 $\beta^2=\overline{n}_1^2k_0^2-k^2=\gamma^2+\overline{n}_2^2k_0^2$.

该方程构成了在圆柱形光纤中求得导波模式的传播常数的基础. 在我们作更深入的讨论之前, 先看一看模式的分类.

5.2.5 模式分类

变量 m 是用于模式分类的主要参数, 它被称为方位模式数. 由于 $\mathrm{J}_m(\kappa a)$ 对于给定的 m 的振荡特性, 如图 5.6 所示, 所以对于每个整数 m 存在着多重解. 我们把它们记作 β_{mn}, 其中 $n=1,2,\cdots$ 被称为径向模式数，它表示在场分布中径向模式的数目[4].

一般说来, 折射率呈阶跃式变化的圆柱型光纤中的电磁波可以分为三大类[9]:

(1) 横向电场 (TE), 有时称为磁场 (H) 波. 它们以 $E_z=0$ 和 $H_z\neq 0$ 为特征.

(2) 横向磁场 (TM), 有时称为电场 (E) 波. 它们以 $E_z\neq 0$ 和 $H_z=0$ 为特征.

(3) 特征为 $E_z\neq 0$ 和 $H_z\neq 0$ 的混合场.

更具体地说, 下列情况应分别处理[8]:

(1) $m=0$. 它的解又进一步分为两类:

(a) TM_{0n} (横向磁场)，因为 $E_\phi=H_r=H_z=0$. 这时, 系数 $B=D=0$.

(b) TE_{0n} (横向电场)，因为 $H_\phi=E_r=E_z=0$. 此时, 系数 $A=C=0$.

(2) $m\neq 0$, 混合模式.

混合模式被称为 EH 或 HE 模式 (这些术语应追溯于微波理论).

β 的数值对应于它们的模式, 此时它们的 E_z 和 H_z 都有一定的分量. 因而, 对于混合模式不存在 TE 或 TM 模式. 总的分类[10~12] 如下:

如果 $A=0$，该模式称为 TE 模式;

如果 $B=0$，该模式称为 TM 模式;

如果 $A>B=0$, 该模式称为 HE 模式（E_z 强过 H_z);

如果 $A<B=0$，该模式称为 EH 模式（H_z 强过 E_z).

现在, 让我们更详细地讨论它们中的一些情况.

5.2.6 几种导波模式和它们的特征方程

特征方程 (5.48) 的最简单的解是在 $m=0$ 时获得的. 在这种情况下, 解与角度 ϕ 无关, 因此场分量 E_z 和 H_z 在旋转时是不变的. 于是, 特征方程简化成两个描述 TE 和 TM 模式的方程:

TE 模式

$$\frac{\mathrm{J}_0'(\kappa a)}{\kappa \mathrm{J}_0(\kappa a)}+\frac{\mathrm{K}_0'(\gamma a)}{\gamma \mathrm{K}_0(\gamma a)}=0 \tag{5.49}$$

TM 模式

$$\frac{\mathrm{J}_0'(\kappa a)}{\kappa \mathrm{J}_0(\kappa a)}+\frac{\overline{n}_2^2}{\overline{n}_1^2}\frac{\mathrm{K}_0'(\gamma a)}{\gamma \mathrm{K}_0(\gamma a)}=0 \tag{5.50}$$

利用下列贝塞尔函数的关系 (见附录 5A):

$$\frac{\mathrm{J}_0'(u)}{\mathrm{J}_0(u)}=\frac{\mathrm{J}_{-1}(u)}{\mathrm{J}_0(u)},\quad \frac{\mathrm{K}_0'(w)}{w\mathrm{K}_0(w)}=-\frac{\mathrm{K}_{-1}(w)}{w\mathrm{K}_0(w)}$$

以及 $\mathrm{J}_{-1}=(-1)^1\mathrm{J}_1$, $\mathrm{K}_{-1}=\mathrm{K}_1$, 我们得到

$$\frac{\mathrm{J}_1(u)}{\mathrm{J}_0(u)}+\frac{u}{w}\frac{\mathrm{K}_1(w)}{\mathrm{K}_0(w)}=0 \tag{5.51}$$

和

$$\frac{\mathrm{J}_1(u)}{\mathrm{J}_0(u)}+\frac{\overline{n}_2^2}{\overline{n}_1^2}\frac{u}{w}\frac{\mathrm{K}_1(w)}{\mathrm{K}_0(w)}=0 \tag{5.52}$$

式中, 我们使用了 $u=\kappa a$ 和 $w=\gamma a$ 的定义.

之所以把关系 (5.51) 和 (5.52) 解释为 TE 及 TM 模式,请看下面的解释.

对于 E_z 和 H_z 的连续性方程 (在前面也已建立), 我们可以用 A 和 B 表示常数 C 和 D. 把这些结果代入 E_ϕ 的连续性方程, 得到

$$A\frac{\beta m}{a}\left(\frac{1}{\kappa^2}+\frac{1}{\gamma^2}\right)+\mathrm{j}\omega\mu\left[\frac{\mathrm{J}_m'(\kappa a)}{\kappa\mathrm{J}_m(\kappa a)}+\frac{\mathrm{K}_m'(\gamma a)}{\gamma\mathrm{K}_m(\gamma a)}\right]B=0$$

当方括号内的项为零时, 于是 $A=0$ 而且由于方程 (5.32), 我们有 $E_z=0$, 这意味着电场是横向的, 也就是说, 它是 TE 模式. 同样, 把常数 C 和 D 的表示式代入 H_ϕ 的连续性方程, 我们得到

$$-\mathrm{j}\left[n_1^2\frac{\mathrm{J}_m'(\kappa a)}{\kappa\mathrm{J}_m(\kappa a)}+n_2^2\frac{\mathrm{K}_m'(\gamma a)}{\gamma\mathrm{K}_m(\gamma a)}\right]A+\frac{\beta m}{a}\omega\mu\left(\frac{1}{\kappa^2}+\frac{1}{\gamma^2}\right)B=0$$

当方括号内的项为零时, 于是 $B=0$ 而且由于方程 (5.33), 我们有 $H_z=0$, 这意味着磁场是横向的, 也就是说它是 TM 模式.

这里, 我们提出一个对描述 TE 和 TM 模式关系 (5.51) 和 (5.52) 的解释.

1. TM 模式

假设 $B=D=0$ (而且 $m=0$), 由纤芯区域的方程 (5.34)~ 方程 (5.37) 得到

$$E_\phi=0,\quad E_r=-\frac{\mathrm{j}}{\kappa}\beta A\mathrm{J}_0'(\kappa r)$$

$$H_\phi=-\frac{\mathrm{j}}{\kappa}\omega\varepsilon_1 A\mathrm{J}_0'(\kappa r),\quad H_r=0$$

此外, 由方程 (5.32) 和方程 (5.33) 获得

$$E_z=A\mathrm{J}_0(\kappa r),\quad H_z=0$$

对于这些模式, 纵向磁场分量 H_z 为零, 因此它也被称为 TM 模式 (横向磁场). 这种模式指的是 TM_{0n}.

2. TE 模式

同理, 在纤芯区域对方程 (5.34)~ 方程 (5.37) 取 $A=C=0$ (而且 $m=0$), 于是我们得到

$$E_\phi=\frac{\mathrm{j}}{\kappa}\omega\mu B\mathrm{J}_0'(\kappa r),\quad E_r=0$$

$$H_\phi=0,\quad H_r=-\frac{\mathrm{j}}{\kappa}\beta B\mathrm{J}_0'(\kappa r)$$

另外, 从方程 (5.32) 和方程 (5.33) 我们得到

$$E_z=0,\quad H_z=B\mathrm{J}_0(\kappa r)$$

对于这些模式, 纵向的电场分量 E_z 为零, 因此它被称为 TE 模式 (横向电场). 这种模式指的是 TE_{0n}. 此时的磁场分布以及 β,κ 与 $k_0\bar{n}_1$ 的关系见图 5.7(b) 所示. 显然与 TM 模式 (见图 5.7(a)) 一样，电场 E, 磁场 H 及其传播方向 (与界面成 Φ 的箭头方向) 三者互相垂直.

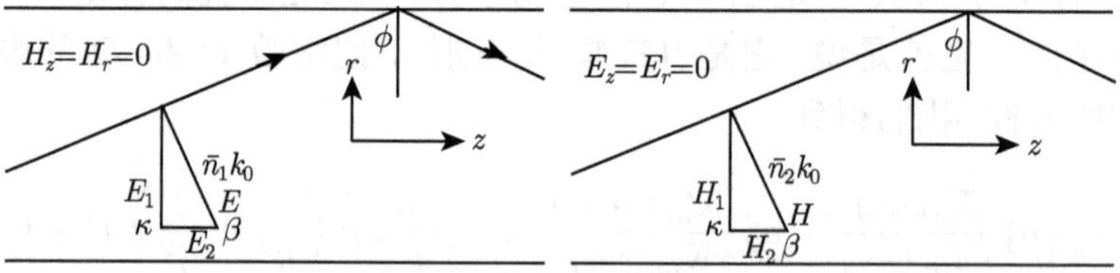

图 5.7　对于 TM 模式 (a) 与 TE 模式 (b), 光纤中电磁场的分布及其参数 β,κ 与 $k_0\bar{n}_1$ 的关系

对于 $m=0$ 的模式特性, 表 5.1 给出了有关电磁场的一个小结.

表 5.1　$m=0$ 时的模式分类

模式描述	特征方程	系数值	非零场分量	零场分量
TE_{0n}	$\frac{J_0'(u)}{uJ_0(u)}+\frac{K_0'(w)}{wK_0(w)}=0$	$A=C=0$	H_z,H_r,E_ϕ	$E_z=E_r=H_\phi=0$
TM_{0n}	$\frac{J_0'(u)}{uJ_0(u)}+\frac{\bar{n}_2^2}{\bar{n}_1^2}\frac{K_0'(w)}{wK_0(w)}=0$	$B=D=0$	E_z,E_r,H_ϕ	$H_z,H_r,E_\phi=0$

利用 Bessel 函数的递推公式

$$J_0'(\kappa a)=-J_1(\kappa a)$$

$$K_0'(\gamma a)=-K_1(\gamma a)$$

可以把表 5.1 中的特征方程改写为以下形式

$$\frac{J_1(\kappa a)}{\kappa a J_0(\kappa a)}+\frac{K_1(\gamma a)}{\gamma a K_0(\gamma a)}=0 \quad (\mathrm{TE}_{0n}\text{模式}) \tag{5.53}$$

$$\frac{J_1(\kappa a)}{\kappa a J_0(\kappa a)}+\frac{\overline{n}_2^2}{\overline{n}_1^2}\frac{K_1(\gamma a)}{\gamma a K_0(\gamma a)}=0 \quad (\mathrm{TM}_{0n}\text{模式}) \tag{5.54}$$

当 $\overline{n}_1/\overline{n}_2 \to 1$ 时, 上述两个模式皆具有以下相同的特征方程

$$\frac{J_1(\kappa a)}{\kappa a J_0(\kappa a)}+\frac{K_1(\gamma a)}{\gamma a K_0(\gamma a)}=0 \tag{5.55}$$

3. EH 模式和 HE 模式

当 $m \neq 0$, 不可能出现 TE 模式或 TM 模式, 而只能是 E_Z 和 H_Z 同时存在的模式. 其中, 如果 E_Z 强过 H_Z 分量时光纤中出现的模式为 EH 模式, 反之为 HE 模式.

因此, 由一般性的特征方程 (5.48) 推导而来的 EH 模式的特征方程为

$$\frac{J_m'(\kappa a)}{\kappa a J_m(\kappa a)}+\frac{K_m'(\gamma a)}{\gamma a K_m(\gamma a)}=m\left(\frac{1}{(ka)^2}+\frac{1}{(\gamma a)^2}\right) \tag{5.56}$$

同样, HE 模式的特征方程为

$$\frac{J_m'(\kappa a)}{\kappa a J_m(\kappa a)}+\frac{K_m'(\gamma a)}{\gamma a K_m(\gamma a)}=-m\left(\frac{1}{(ka)^2}+\frac{1}{(\gamma a)^2}\right) \tag{5.57}$$

应用 Bessel 函数的递推公式 (见附录 5A 的 5.72 到 5.75)

$$J_m'(\kappa a)=\frac{m}{ka}J_m(\kappa a)-J_{m+1}(ka)=-\frac{m}{ka}J_m(ka)+J_{m-1}(ka)$$

$$K_m'(\gamma a)=\frac{m}{\gamma a}K_m(\gamma a)-K_{m+1}(\gamma a)=-\frac{m}{\gamma a}K_m(\gamma a)-K_{m-1}(\gamma a)$$

简化后的特征方程为

$$\text{EH模式:}\quad \frac{J_{m+1}(\kappa a)}{\kappa a J_m(\kappa a)}+\frac{K_{m+1}(\gamma a)}{\gamma a K_m(\gamma a)}=0 \tag{5.58}$$

$$\text{HE模式:}\quad \frac{J_{m-1}(\kappa a)}{\kappa a J_m(\kappa a)}=\frac{K_{m-1}(\gamma a)}{\gamma a K_m(\gamma a)} \tag{5.59}$$

5.2.7 弱导波近似 (Weak guide approximate)

特征方程 (5.48) 的通解是十分复杂的. Gloge[13] 发展出一套称之为弱波导近似 (wga) 的解法. 如上所述, 特征方程 (5.48) 被 (5.53) 以及 (5.56) 和 (5.57) 取而代之. 此时, 由 $\mathrm{HE}_{\mathrm{m+1,n}}$ 模式和 $\mathrm{EH}_{m-1,n}$ 模式组合的模式是一个线性偏振 (linear polarized mode) 的 LP 模式. 它基于以下的事实: $\overline{n_1}-\overline{n_2} \ll 1$. 于是, $\overline{n_1}^2/\overline{n_2}^2 \cong 1$. 表 5.2 列出了 $\mathrm{LP}_{\mathrm{mn}}$ 模式的原有命名, 简并度和模式的特征方程.

表 5.2　LP_{mn} 模的简并度和特征方程

LP 模式	原有命名	简并度	特征方程
LP_{01}	HE_{11}	2	$\frac{J_0(\kappa a)}{\kappa a J_1(\kappa a)} = \frac{K_0(\gamma a)}{\gamma a K_1(\gamma a)}$
LP_{11}	TE_{0n}, TM_{0n}, HE_{2n}	4	$\frac{J_1(\kappa a)}{\kappa a J_0(\kappa a)} = -\frac{K_1(\gamma a)}{\gamma a K_0(\gamma a)}$
$LP_{mn}(m \geqslant 2)$	$EH_{m-1,n}$, $HE_{m+1,n}$	4	$\frac{J_l(\kappa a)}{\kappa a J_{m-1}(\kappa a)} = -\frac{K_l(\gamma a)}{\gamma a K_{m-1}(\gamma a)}$

如表 5.2 所示, 当 LP_{mn} 模式在 $m > 1$ 时有两种正交偏振状态的选择方式, 每一种偏振状态又有两种三角函数的组合. 因此, LP_{mn} 的模式在 $m > 0$ 时是四度简并的, 这四种方式具有同一个传播常数 β.

LP(Linear Polarized Mode) 模式

对于通讯中常用的弱导波光纤, 即 $\overline{n}_1/\overline{n}_2 \to 1$, 纤芯与包层的折射率相差甚微时, 特征方程 (5.48) 可以改写为

$$\left[\frac{J_m'(\kappa a)}{\kappa a J_m(\kappa a)} + \frac{K_m'(\gamma a)}{\gamma a K_m(\gamma a)}\right] = \pm m\left(\frac{1}{(ka)^2} + \frac{1}{(\gamma a)^2}\right) \tag{5.60}$$

这就是弱波导的近似特征方程. 我们观察到两种可能存在的情况. 当方程右端取正号时, 我们得到如方程 (5.57) 表征的 HE 模式. 例如 LP_{0n}, LP_{1n} 以及 LP_{2n} 中都有 HE 的模式. 它们分别对应于 HE_{11}, HE_{2n} 以及 HE_{3n}. 反之, 当方程右端取负号时, 我们则得到如方程 (5.56) 表征的 EH 模式. 例如 LP_{2n} 中有 EH_{1n} 的模式. 表 5.3 列出了几个较低阶的 LP_{mn} 模式以及构成 LP_{mn} 模式的原有模式的对照表. 表 5.2 中最右列是在 $m = 0, 1$ 和 $m \geqslant 2$ 特殊情况下特征方程 (5.60) 的三个简化表示式.

表 5.3　较低阶 LP 模式及其原有命名的对照表

LP 模式	TM, TE, HE 及 EH 模式及其数目	简并度
LP_{01}	HE_{11}x2	2
LP_{11}	TE_{01}, TM_{01}, HE_{21}x2	4
LP_{21}	EH_{11}x2, HE_{31}x2	4
LP_{02}	HE_{12}x2	2
LP_{31}	EH_{21}x2, HE_{41}x2	4
LP_{12}	TE_{02}, TM_{02}, HE_{22}x2	4
LP_{41}	EH_{31}x2, HE_{51}x2	4

通过数值方法对 (5.58) 及 (5.59) 求解, 从而找出传播常数 $\beta = \sqrt{\overline{n}_1^2 k_0^2 - \kappa^2}$ 或 $\beta = \sqrt{\overline{n}_2^2 k_0^2 + \gamma^2}$. 一般说来, 对于每一个 m 它有好几个解, 分别记作 $n(= 1.2 \cdots)$. 因此 $\beta = \beta_{mn}$ 对应着每一个可能的模式. 这时, 光纤模式被称为混合模式并写

成 [4]

$$\mathrm{HE}_{mn}\ (\mathrm{Hz}\ 比\ \mathrm{Ez}\ 大)$$
$$\mathrm{EH}_{mn}\ (\mathrm{Ez}\ 比\ \mathrm{Hz}\ 大)$$

上述的混合模式当它们在 m=0 的特殊情况下, 光纤中的光场分别具有下列的对应关系:

$$\left.\begin{array}{l} HE_{0n} \equiv TE_{0n} \\ EH_{0n} \equiv TM_{0n} \end{array}\right\} 对应于横向电场或横向磁场$$

由表 5.3, 我们看到线性偏振模式 $\mathrm{LP_{mn}}$ 是依照下列方法组合在一起:

$$\mathrm{LP}_{0n} = \mathrm{HE}_{1n}$$
$$\mathrm{LP}_{1n} = \mathrm{HE}_{2n} + \mathrm{TE}_{0n} + \mathrm{TM}_{0n}$$
$$\mathrm{LP}_{mn} = \mathrm{HE}_{m+1n} + \mathrm{EH}_{m-1n}$$

显然, 当 $m = 0$ 时, 如 LP_{01} 和 LP_{02}, 它们的简并度为 2. 除此以外, 当 $m > 0$ 时, 它们的简并度总是为 4.

5.2.8 基模 HE_{11} 的通用关系

基模 HE_{11} 是所有模式中最低阶的模式, 上面提到它的特征方程 $\dfrac{J_0(\kappa a)}{\kappa a J_1(\kappa a)} = \dfrac{K_0(\gamma a)}{\gamma a K_1(\gamma a)}$ 所代表的是基模 HE_{11} 的色散关系. 利用我们过去所使用的归一化相位常数

$$b = \frac{\left(\dfrac{\beta}{k_0}\right)^2 - \overline{n}_2^2}{\overline{n}_1^2 - \overline{n}_2^2} = \frac{\beta^2 - \overline{n}_2^2 k_0^2}{\overline{n}_1^2 k_0^2 - \overline{n}_2^2 k_0^2} \tag{5.61}$$

以及归一化频率 $V = k_0 a\sqrt{\overline{n}_1^2 - \overline{n}_2^2} \approx k_0 a \overline{n}_1 \sqrt{2\Delta}$, 归一化横向相位常数 $u = a\sqrt{\overline{n}_1^2 k_0^2 - \beta^2}$ 和归一化横向衰减常数 $w = a\sqrt{\beta^2 - \overline{n}_2^2 k_0^2}$, 于是我们可以发现

$$u^2 = a^2(\overline{n}_1^2 k_0^2 - \beta^2) = V^2 - w^2 = V^2 - V^2 b$$

也就是说

$$u = V\sqrt{1-b}$$

以及

$$w = V\sqrt{b}$$

因此, 上述 HE_{11} 的色散关系可以改写为

$$\frac{J_1(V\sqrt{1-b})}{J_0(V\sqrt{1-b})} - \frac{\sqrt{b}K_1(V\sqrt{b})}{\sqrt{1-b}K_0(V\sqrt{b})} = 0 \tag{5.62}$$

仅仅适合 HE_{11} 基模的方程 (5.62) 中只包含两个变量：归一化相位常数 b 和归一化频率 V. 在附录 5C 中的清单 5C.2 提供了 $b(V)$ ~V 作图的 Matlab 程序以及其它两个决定传播模式色散中起重要作用的函数 $\dfrac{d(bV)}{dV}$ 和 $\dfrac{Vd^2(bV)}{dV^2}$ 随 V 的变化曲线三个变化关系见图 5.8(a) 所示. 在附录 5C.2.3 的清单中提供了 LPmn 各种模式的 b(V)~V 曲线的 Matlab 程序.

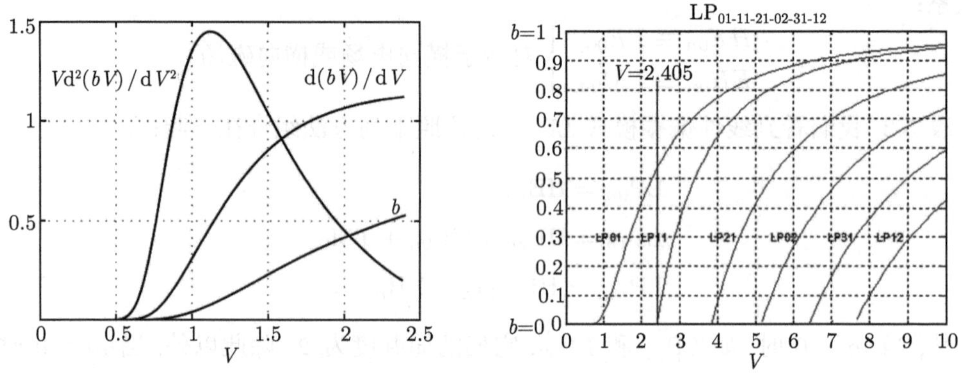

(a) HE_{11}的b及bv的导数与V的关系数　　(b) LP01(HE11)及其高次模的b~V关系图

图 5.8　基模 HE_{11} 及其高次模的归一化导波指数 b 随 V 参数的变化. 对于基模还计算了导数 $d(bV)/dv$ 和 $Vd^2(bV)/dv^2$ 随 V 的变化

与第四章的平面波导一样, 由图 5.8(b) 的 b~V 关系图, 我们可以得到以下结论：(1)b 的极大值为 b=1, 而它的极小值 b=0. 从 (5.61) 我们发现, 这分别对应于传播常数$ß = \bar{n}_1$ 和$ß = \bar{n}_2$, 也就是说, 它们与柱面法向所成的角度分别为 90° 及临界角 Φc. (2)V 的数值越大, 在光纤中可能传播的模式越多. 而且, 模数越低的模式 (如 LP_{01} 及 LP_{11}) 角度愈大, 和 Z 轴线的方向越接近平行, 反之, 模数越高的模式的角度愈小, 在纤芯和包层界面来回反射的机会越频繁. (3) 当 V⩽2.405 时, 即小于它的截止值时, 光纤中只有单模 LP_{01} 存在, 高次模均不复存在. 显而易见, 既可以用减小光纤的半径 a, 也可以用增大光波波长 λ 的途径使 V 参数达到小于截止值的目的.

5.2.9　单模光纤的截止波长

单模光纤只支持一个单一的传播模式. 光束沿着光纤的中心线传播. 光纤中的电场 E 和磁场 H 都和 Z 方向垂直, 因此该传播模式又称之为 TEM 模式. 单模光纤中的光束传播如图 5.9 左所示. 反之, 在多模光纤中, 不同高阶模式的光束在纤核中呈反射式的方式向前传播.

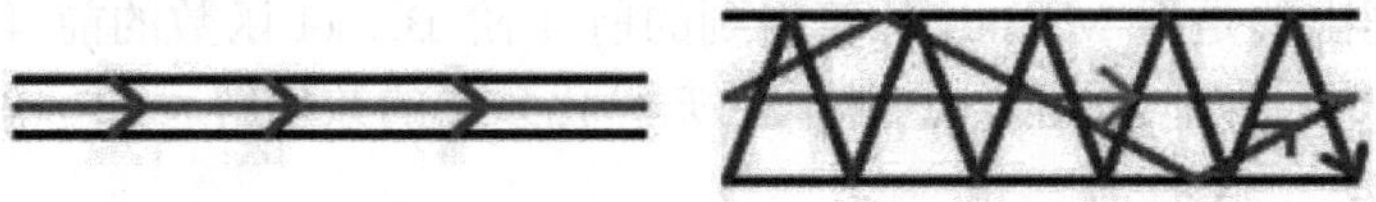

图 5.9 单模光纤和多模光纤中光束传播的示意图

既然没有高阶次模式的存在, 它就不受模间色散的影响, 因而传播信号的品质最好. 为了得到单模光纤, 既可以减小光纤半径 a(例如 8μm 或者更细), 也可以增大工作波长 (例如 1.3μm−1.5μm 以上) 或使纤芯与包层的折射率尽量接近 (例如差值小于 4%)

由图 5.8(b) 的 b~V 的关系图, 我们看到当 V 参数 (或称归一化频率或归一化半径) 增大到 $V = 2.405$ 时, 光纤中开始出现除 HE_{11}(或 LP_{01}) 基模外的高次模式. V 越大, 高次模的数量越多. 令方程 (5.61) 中的 $b = 0$ 导致 $\beta^2 = \overline{n}_2^2 k_0^2$(即 $N = \overline{n}_2$) 的结果. 一个模式的截止意味着它在包层的场迅速衰减消失, 不再传播. 模式在截止时由于 $\beta = \overline{n}_2 k_0$, 因而 $b = 0$ 以及 $V = V_c m =$ 和 $m = 1$ 的情况如图 5.10 所示. $m = 0$ 对应于模式 TE_{0n} 和 TM_{0n} 下列方程的根

$$J_0(\kappa_c a) = 0 \tag{5.63}$$

代表上述两个模式以及更高阶的模式不可能在纤核半径为 a 的光纤内存在, 换句话说, HE_{11} 是唯一可以在光纤中传播的模式. 单模的截止波长 (或截止频率)λ_c 需满足由于 $V < 2.405$ 产生的截止条件. 因而当光纤的纤芯 a 给定时, 截止波长需满足以下方程:

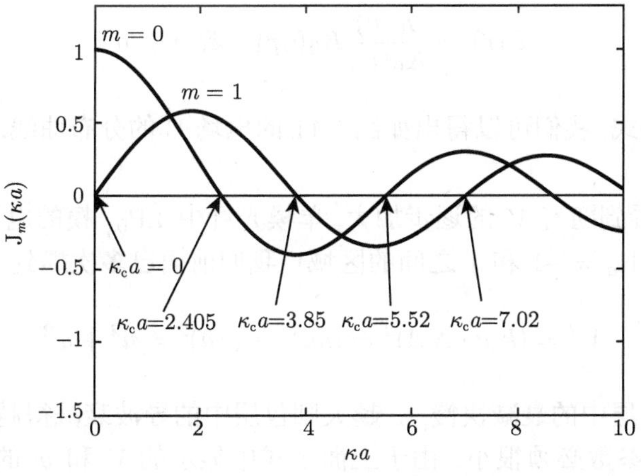

图 5.10 在 $m = 0$ 和 $m = 1$ 时存在截止条件的 Bessel 函数

$$\frac{a}{\lambda_c} = \frac{2.405}{2\pi\sqrt{\overline{n}_1^2 - \overline{n}_2^2}} = \frac{2.405}{2\pi \cdot (NA)} \tag{5.64}$$

表 5.4 列出的是用 Matlab 计算得到的前 4 阶 Bessel 函数的前 4 个根的数值结果. 而表 5.5 则为部分低阶 LP 模式的归一化频率的数值解.

表 5.4　前 4 阶 Bessel 函数的前 4 个根的数值解

根序号	零阶	一阶	二阶	三阶
1	2.4048	3.8317	5.1356	6.3802
2	5.5201	7.0156	8.4172	9.7610
3	8.6537	10.1735	11.6198	13.0152
4	11.7915	13.3237	14.7960	16.2235

表 5.5　部分低阶 LP_{mn} 模式的归一化截止频率

V	$n=1$	$n=2$	$n=3$	$n=4$
$m=0$	0	3.8317	7.0156	10.1735
$m=1$	2.4048	5.5201	8.6537	11.7915
$m=2$	3.8317	7.0156	10.1735	13.3237
$m=3$	5.1356	8.4172	11.6198	14.7960

5.2.10　单模光纤中的电场分布

光纤中最低模式 LP_{01}(HE_{11} 模式) 可视为 TEM 模, 是单模光纤中的唯一仅存的导波模式. 它的电场 E 和磁场 H 彼此垂直, 并且都与传播方向 Z, 即光纤的轴线相垂直. 纤芯区和包层区的归一化电场分布为

$$E(r) = J_0(\kappa r) \quad 若; r \leqslant a$$

$$E(r) = \frac{J_0(u)}{K_0(w)} K_0(\gamma r) \quad 若; r \geqslant a$$

利用上述公式, 我们可以得出如图 5.11 的电场 E 的分布曲线. 其 Matlab 代码见清单 5C.5.

从图 5.11 可以看到随着 V 的逐步加大, 单模光纤中 LP_{01} 模的电场更加集中在纤芯 (图中两虚线 $R_a = -1$ 和 1 之间的区域). 我们前面已多次提到

$$V^2 = (k_0 a \cdot NA)^2 = (\kappa a)^2 + (\gamma a)^2 = u^2 + w^2$$

w 表征导波在包层中的衰减快慢, w 越大则包层中的导波衰减得越快. 为了限制高阶模的出现, V 参数必须很小. 由于上面公式中显示的 V 和 w 的数学关系, 于是我们面临 V 及 w 不能太大, 又不能太小的选择, 一般把 V 选则在单模的截止条件下的值 (2.405).

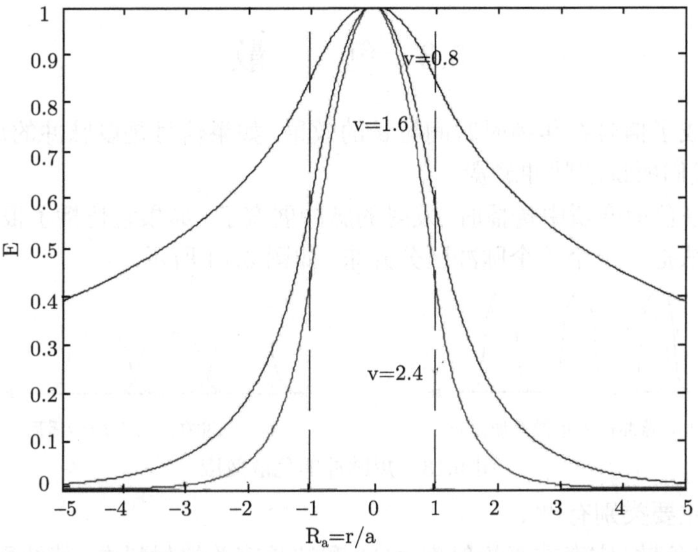

图 5.11 电场 E 相对于纤芯半径归一化值 Ra=r/a 的变化关系

单模光纤 LP_{01} 当 V=2.4 时二维电场分布如图 5.12 所示, 图左是电场的灰度表示 (越黑代表越弱), 图右是电场的等高线和梯度矢量结合的表示 (箭头方向指向电场最大处). 我们发现纤芯的中心 ($x = 0$ 及 $y = 0$), 电场的数值最大, 和高斯分布十分相似. 这可以由图 5.6 所示的零阶贝塞尔函数的结果得到解释. 其 Matlab 代码见清单 5C.6.

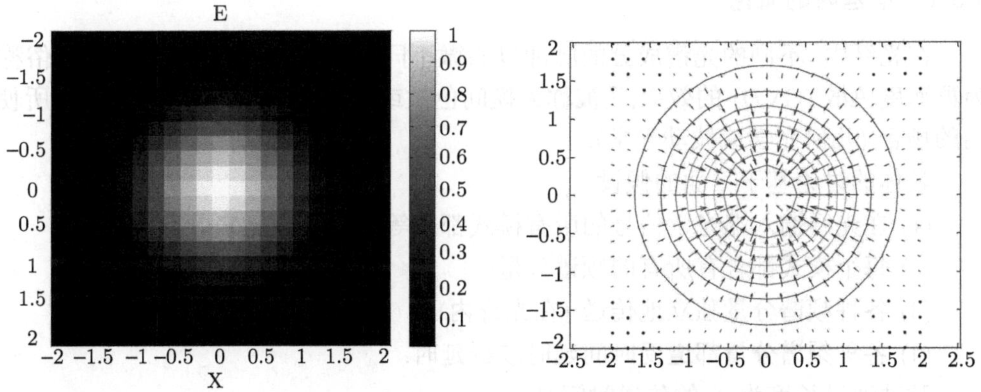

图 5.12 单模光纤 LP_{01} 当 $V = 2.4$ 时的二维电场分布:

左图为灰度表示而右图为等高线和矢量表示

5.3 色 散

色散造成了信号在传播时时间拉长的效果. 如果信号是以脉冲的形式呈现, 那么, 就出现我们所说的脉冲展宽.

当脉冲在色散介质中传播时, 发射的脉冲展宽了. 如果它传播了很长的距离后, 可能已经无法把一个个单个脉冲区分开来, 如图 5.13 所示.

(a) 脉冲进入色散介质之前 (b) 脉冲在色散介质传播后

图 5.13 短脉冲的色散效应

色散的主要类别有[10]:

(1) 材料色散. 它存在于折射率 $\overline{n}(\lambda)$ 和波长有关的材料中, 其结果是不同的波长以不同的速度传播.

(2) 模式色散. 当传播的模式超过一个以上时, 波导中必定存在模式色散, 因为每个模式都有它们各自不同的速度.

(3) 波导色散. 它的存是由于传播常数 β 与波长有关, 所以即使 $\overline{n}(\lambda)$ 为常数, 不同的波长也会有不同的传播速度. 一般说来, 色散为零的波长附近是最重要的区域.

5.3.1 群延时的概论

在光纤中, 不同的光谱成分的脉冲以略微不同的群速度传播. 它们造成了俗称为群速度色散 (GVD) 的效果,又被称为模间色散或光纤色散. 名称的使用决定所使用的场合 (几何光学或波动光学).

具体的讨论基于下面的假设:

(1) 在光纤输入端光学信号的所有模式都被等量地激发出来;

(2) 每个模式都含有所有的频谱分量;

(3) 各种频谱分量独立地传送 (在光纤内);

(4) 各种频谱分量都遭受时间延时或群延时.

脉冲通过长度为 L 的传送时间是

$$\frac{\tau_g}{L} = \frac{1}{v_g} \tag{5.53}$$

式中, τ_g 为时延或群延; L 为距离; v_g 为群速度; β 为传播常数.

群延决定了脉冲通过长度为 L 的光纤所需要的传送时间. 群速度定义为

$$\frac{1}{v_{\mathrm{g}}} \equiv \frac{\mathrm{d}\beta}{\mathrm{d}\omega} \tag{5.54}$$

一般说来, 可以把 τ_{g} 表示为对 k 或对 λ 或对 V 的导数. 于是, 可以归结为以下几种关系:

$$\omega = 2\pi\nu, \quad \nu = \frac{c}{\lambda}, \quad k = \frac{2\pi}{\lambda}, \quad \omega = kc, \quad V = \left(\overline{n}_1^2 - \overline{n}_2^2\right)^{1/2} \cdot a \cdot k$$

从上式, 我们发现下面几个有用的公式:

$$\frac{\mathrm{d}}{\mathrm{d}\omega} = \frac{\mathrm{d}}{\mathrm{cdk}}, \quad \mathrm{d}k = \frac{\mathrm{d}k}{\mathrm{d}\lambda}\mathrm{d}\lambda, \quad \frac{\mathrm{d}k}{\mathrm{d}\lambda} = -\frac{2\pi}{\lambda^2}, \quad \frac{\mathrm{d}}{\mathrm{dk}} = -\frac{\lambda^2}{2\pi}\frac{\mathrm{d}}{\mathrm{d}\lambda} \tag{5.55}$$

为了评估对 V 的微分, 我们来看对 $\beta = \beta(k(V))$ 的微分:

$$\frac{\mathrm{d}\beta}{\mathrm{d}k} = \frac{\mathrm{d}\beta}{\mathrm{d}V}\frac{\mathrm{d}V}{\mathrm{d}k} = \frac{V}{k}\frac{\mathrm{d}\beta}{\mathrm{d}V}$$

上式中我们运用了以下有关 V 的结果:

$$\frac{\mathrm{d}V}{\mathrm{d}k} = \frac{V}{k}$$

使用以上关系, 我们可以把 τ_{g} 用几个不同的形式表示出来, 例如

$$\tau_{\mathrm{g}} = L\frac{\mathrm{d}\beta}{\mathrm{d}\omega} = \frac{L}{c}\frac{\mathrm{d}\beta}{\mathrm{d}k} = \frac{L}{c}\frac{V}{k}\frac{\mathrm{d}\beta}{\mathrm{d}V} = -\frac{L\lambda^2}{2\pi c}\frac{\mathrm{d}\beta}{\mathrm{d}\lambda} \tag{5.56}$$

由于 τ_{g} 和 λ 有关, 所以波段内任何特定模式的频率分量在相同的距离内却传播了不同的时间. 至此, 我们可以非常明确地把群延时 τ_{g} 考虑为有两方面的贡献: 材料色散和波导色散的和, 即

$$\tau_{\mathrm{g}} = \left.\frac{L}{c}\frac{\mathrm{d}\beta}{\mathrm{d}k}\right|_{\overline{n}\neq\mathrm{const}} + \left.\frac{L}{c}\frac{\mathrm{d}\beta}{\mathrm{d}k}\right|_{\overline{n}=\mathrm{const}} \equiv \tau_{\mathrm{mat}} + \tau_{\mathrm{wg}} \tag{5.57}$$

式中, τ_{mat} 是我们熟悉的材料色散;τ_{wg} 是波导色散.

材料色散计入的是折射率对波长的依赖关系, 即 $\overline{n} = \overline{n}(\lambda)$. 如果我们忽略折射率对波长的依赖关系, 也就是说令 $\overline{n} =$ 常数. 于是, 群速度与 λ 的依赖关系使我们得到波导色散. 下面将两种贡献分别加以考虑.

5.3.2 材料色散: 谢米尔方程

材料的色散源于折射率 $\overline{n}(\lambda)$ 与波长有关的事实. 传播常数 β 是

$$\beta = \frac{2\pi}{\lambda}\overline{n}(\lambda)$$

使用上面的表达式以及方程 (5.57) 可以得到

$$\tau_{\text{mat}} = \frac{L}{c}\left(\overline{n} - \lambda\frac{\mathrm{d}\overline{n}}{\mathrm{d}\lambda}\right) \tag{5.58}$$

让我们专注于硅的材料色散. 事实上, 用波长 λ 表示折射率的经验公式常被人们使用, 它就是熟知的谢米尔方程, 我们已在第 2 章中引入. 它的表达式为

$$\overline{n}^2 = 1 + G_1\frac{\lambda^2}{\lambda^2-\lambda_1^2} + G_2\frac{\lambda^2}{\lambda^2-\lambda_2^2} + G_3\frac{\lambda^2}{\lambda^2-\lambda_3^2} \tag{5.59}$$

式中, G_1, G_2, G_3 和 $\lambda_1, \lambda_2, \lambda_3$ 均为常数 (称为谢米尔系数), 将实验数据代入上述表达式即可确定这些常数. 人们往往可以在文献中找到更为复杂的公式来使用. 使用表 2.2, 我们在图 5.11 中算出 SiO_2 的折射率和波长的变化关系. 附录 5C 清单 5C.3 中提供了相关的 Matlab 代码.

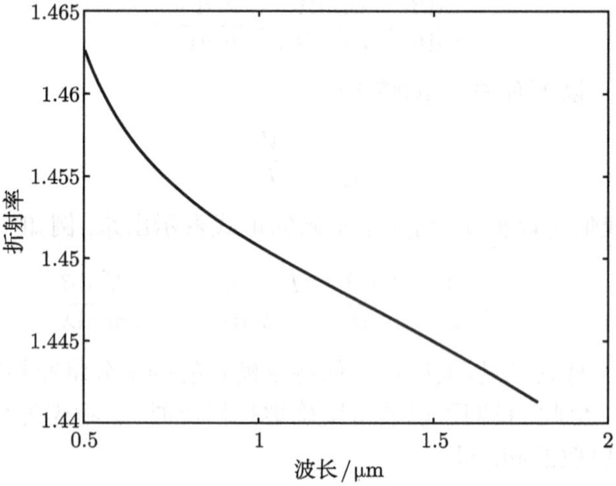

图 5.14　基于谢米尔方程的 SiO_2 的折射率与波长的关系

5.3.3　波导色散

群速度 v_g 与波长有关, 导致了波导色散的结果. 波导色散的表示式 τ_{wg} 可以用早先引入的量 b 来表示, 下面我们就从参数 b 的定义开始

$$b = \frac{\beta^2/k_0^2 - \overline{n}_2^2}{\overline{n}_1^2 - \overline{n}_2^2} \approx \frac{\beta/k_0 - \overline{n}_2}{\overline{n}_1 - \overline{n}_2}$$

式中的近似表示源于以下事实: $\beta/k_0 \approx \overline{n}_1 \approx \overline{n}_2$. 我们使用上述方程求出 β:

$$\beta = k\overline{n}_2(1 + b\varDelta) \tag{5.60}$$

式中, $\varDelta = \dfrac{\overline{n}_1 - \overline{n}_2}{\overline{n}_2}$. 通过对方程 (5.60) 中 $\mathrm{d}\beta/\mathrm{d}k$ 的评估,并假设 $\overline{n}_2$ 与 k 无关, 得到波导的色散关系. 因此

$$\frac{\mathrm{d}\beta}{\mathrm{d}k} = \overline{n}_2 + \overline{n}_2\varDelta\frac{\mathrm{d}(bV)}{\mathrm{d}V}$$

把上述结果代入色散的一般性定义 (5.57), 于是有

$$\tau_{\mathrm{wg}} = \frac{L}{c}\left(\overline{n}_2 + \overline{n}_2\varDelta\frac{\mathrm{d}(Vb)}{\mathrm{d}V}\right) \tag{5.61}$$

5.4 传播中的脉冲色散

由于 τ_{g} 和 λ 有关, 因此任何特定模式的每一个频谱分量以不同的时间通过相同的距离, 其结果是光脉冲在时间上拉长了. 令 $\Delta\lambda$ 是光源的频谱宽度, 在 $\Delta\lambda$ 内的每个波长分量都会以不同的群速度传播, 因而造成了脉冲在时间上的展宽. 脉冲展宽 $\Delta\tau$ 表示为

$$\Delta\tau = \frac{\mathrm{d}\tau}{\mathrm{d}\lambda}\Delta\lambda \tag{5.62}$$

假设仅有材料色散这一项, 即 $\tau = \tau_{\mathrm{mat}}$, 另外, 又利用前面的结果 (5.70), 于是我们有

$$\frac{\mathrm{d}\tau_{\mathrm{mat}}}{\mathrm{d}\lambda} = \frac{L}{c}\left\{\frac{\mathrm{d}\overline{n}}{\mathrm{d}\lambda} - \frac{\mathrm{d}\overline{n}}{\mathrm{d}\lambda} - \lambda\frac{\mathrm{d}^2\overline{n}}{\mathrm{d}\lambda^2}\right\} = -\frac{L}{c}\lambda\frac{\mathrm{d}^2\overline{n}}{\mathrm{d}\lambda^2}$$

因此 $\Delta\tau_{\mathrm{mat}}$ 可以写成

$$\Delta\tau_{\mathrm{mat}} = -\frac{L}{c}\left(\lambda^2\frac{\mathrm{d}^2\overline{n}}{\mathrm{d}\lambda^2}\right)\left(\frac{\Delta\lambda}{\lambda}\right) \tag{5.63}$$

上述方程中, 我们能看到材料色散是用 ps/km(光纤长度)×nm(光源的频谱宽度) 的单位来表示. 人们通常使用

$$\begin{aligned} D_{\mathrm{mat}} &= \frac{\Delta\tau_{\mathrm{mat}}}{L\Delta\lambda} = \frac{1}{L}\frac{\mathrm{d}\tau_{\mathrm{mat}}}{\mathrm{d}\lambda} \\ &= -\frac{1}{c}\lambda\frac{\mathrm{d}^2\overline{n}}{\mathrm{d}\lambda^2} \end{aligned} \tag{5.64}$$

计算它的大小, 这就是我们熟知的材料色散系数. 对于实用单位[14]

$$D_{\mathrm{mat}} = -\frac{1}{\lambda\cdot c}\left(\lambda^2\frac{\mathrm{d}^2\overline{n}}{\mathrm{d}\lambda^2}\right) \times 10^9[\mathrm{ps/(km.nm)}] \tag{5.65}$$

式中,λ 是在 nm 之中, 而光速 $c = 3\times10^5\mathrm{km/s}$. 对于 SiO_2-13.5%GeO_2, 常见的结果如图 5.15 所示. Matlab 代码可以在附录 5C 清单 5C.4 中找到.

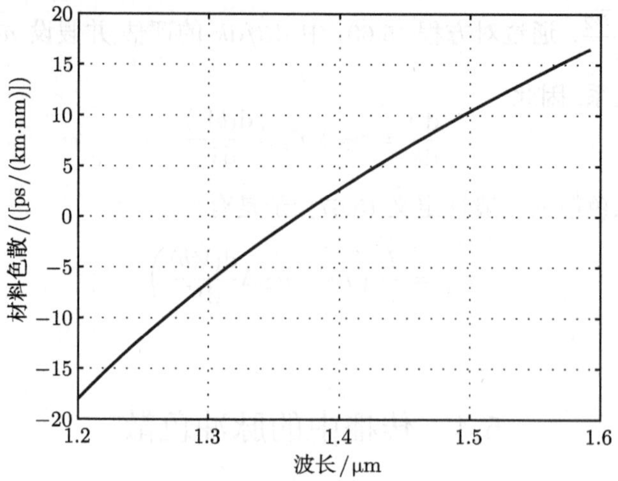

图 5.15　材料色散与光波长的关系

对于波导色散, 可以用波导色散的系数 D_{wg} 计算它的大小, 它被定义为

$$D_{\mathrm{wg}} = \frac{1}{L}\frac{\Delta\tau_{\mathrm{wg}}}{\Delta\lambda}$$

式中, $\Delta\tau_{\mathrm{wg}}$ 是由波导造成的脉冲展宽. 它可以表示为

$$\Delta\tau_{\mathrm{wg}} = \frac{\mathrm{d}\tau_{\mathrm{wg}}}{\mathrm{d}\lambda}\Delta\lambda$$

利用方程 (5.73) 我们能评估 $\frac{\mathrm{d}\tau_{\mathrm{wg}}}{\mathrm{d}\lambda}$. 然而, 采用参数 V 来评估是通用的做法, 于是 $V = \frac{2\pi}{\lambda}a\overline{n}_2\sqrt{2\varDelta} \equiv \frac{A}{\lambda}$. 取微分

$$\frac{\mathrm{d}V}{\mathrm{d}\lambda} = -\frac{A}{\lambda^2}$$

得到

$$\frac{\mathrm{d}}{\mathrm{d}\lambda} = -\frac{A}{\lambda^2}\frac{\mathrm{d}}{\mathrm{d}V}$$

利用上述结果, 我们有

$$\frac{\mathrm{d}\tau_{\mathrm{wg}}}{\mathrm{d}\lambda} = -\frac{A}{\lambda^2}\frac{\mathrm{d}\tau_{\mathrm{wg}}}{\mathrm{d}V} = -\frac{V}{\lambda}\frac{L}{c}\overline{n}_2\varDelta\frac{\mathrm{d}^2(Vb)}{\mathrm{d}V^2}$$

最终

$$D_{\mathrm{wg}} = -\frac{\overline{n}_2\varDelta}{c\cdot\lambda}V\frac{\mathrm{d}^2(Vb)}{\mathrm{d}V^2} \tag{5.66}$$

把上述材料色散和波导色散的结果结合在一起并利用硅的参数的谢米尔方程, 我们可以决定光纤玻璃中总色散的大小. 这留待读者作为课题去计算.

5.5 习　题

1. 证明多模光纤中的模数总数为 $M \approx \dfrac{V^2}{2}$.

2. 一根光纤的参数为: $a = 3\mu\text{m}$, $\overline{n_1} = 1.60$ 和 $\overline{n_2} = 1.55$ 光束的波长 $\lambda = 1.5\mu\text{m}$, 利用图 5.8(b) 的 b~V 图形回答以下问题: (1) 哪些模式已被激发在该光纤中传播? (2) 它们的法向及切向的传播角度分别是多少? (3) 在该光纤中能够传播的光束的最大角度和最小角度是多少? (4) 如果只容许单模传播试求此时的截止波长.

3. 利用第 2 题的参数 V, $\overline{n}_2$ 和 Δ, 并通过图 5.8 找出 $\dfrac{d(Vd)}{dV}$ 的大小, 从而决定波导色散 τ_{wg} 的数值.

4. 一根长 10km 的光纤衰减系数在 1.3μm 时为 0.6 dB/km, 以及在 1.55μm 为 0.3 dB/km. 假设在所有波长以光功率 10 mW 射入光纤, 计算在所有波长的输出光功率.

5. 由边界条件方程 (5.43) 直至方程 (5.46) 出发, 求证特征方程 (5.48).

5.6 课　题

1. 写出分析材料色散和波导色散综合效应的 Matlab 代码.

2. 利用我们得到的结果, 建立一套设计预先给定特性单模光纤的方法.

3. 根据文献, 分析具有偏振特性的光纤.

附录 5A: 贝塞尔函数的特性

这里我们提供本章中所需要的贝塞尔函数的一些特性. 有关贝塞尔函数更多的信息可以参考 Arfken[7] 和 Okoshi[8] 的书. 一些常用的公式如下:

$$\mathrm{J}_{m+1}(u) + \mathrm{J}_{m-1}(u) = 2\frac{m}{u}\mathrm{J}_m(u) \tag{5.67}$$

$$\mathrm{K}_{m+1}(w) + \mathrm{K}_{m-1}(w) = 2\frac{m}{u}\mathrm{K}_m(w) \tag{5.68}$$

$$2\mathrm{J}'_m = \mathrm{J}_{m-1} - \mathrm{J}_{m+1} \tag{5.69}$$

$$-2\mathrm{K}'_m = \mathrm{K}_{m-1} + \mathrm{K}_{m+1} \tag{5.70}$$

另外

$$\mathrm{J}_{-m} = (-1)^m \mathrm{J}_m, \qquad \mathrm{K}_{-m} = \mathrm{K}_m \tag{5.71}$$

我们从方程 (5.81) 开始, 利用方程 (5.79) 置换 J_{m+1}, 发现

$$\frac{\mathrm{J}'_m(u)}{u\mathrm{J}_m(u)} = \frac{\mathrm{J}_{m-1}(u)}{u\mathrm{J}_m(u)} - \frac{m}{u^2} \tag{5.72}$$

相似地, 在方程 (5.79) 中置换 J_{m-1}, 我们得到

$$\frac{\mathrm{J}'_m(u)}{u\mathrm{J}_m(u)} = \frac{m}{u^2} - \frac{\mathrm{J}_{m+1}(u)}{u\mathrm{J}_m(u)} \tag{5.73}$$

对于函数 K_m, 我们可以推导出类似的表示式. 利用方程 (5.82) 并消去 K_{m+1}, 有

$$\frac{\mathrm{K}'_m(u)}{w\mathrm{K}_m(u)} = -\frac{\mathrm{K}_{m-1}(u)}{w\mathrm{K}_m(u)} - \frac{m}{w^2} \tag{5.74}$$

最终, 把方程 (5.82) 中的 K_{m-1} 消去, 于是有

$$\frac{\mathrm{K}'_m(u)}{w\mathrm{K}_m(u)} = -\frac{\mathrm{K}_{m+1}(u)}{w\mathrm{K}_m(u)} + \frac{m}{w^2} \tag{5.75}$$

附录 5B: 特征行列式

在这个附录中, 我们提供了评估特征行列式的细节. 描述导波模式的行列式之前已获得, 见方程 (5.47):

$$\begin{vmatrix} \mathrm{J}_m(\kappa a) & 0 & -\mathrm{K}_m(\gamma a) & 0 \\ \dfrac{\beta m}{\kappa^2 a}\mathrm{J}_m(\kappa a) & \mathrm{i}\dfrac{\omega\mu}{\kappa}\mathrm{J}'_m(\kappa a) & \dfrac{\beta m}{\gamma^2 a}\mathrm{K}_m(\gamma a) & \mathrm{i}\dfrac{\omega\mu}{\gamma}\mathrm{K}'_m(\gamma a) \\ 0 & \mathrm{J}_m(\kappa a) & 0 & -\mathrm{K}_m(\gamma a) \\ -\mathrm{i}\dfrac{\omega\varepsilon_1}{\kappa}\mathrm{J}'_m(\kappa a) & \dfrac{\beta m}{a\kappa^2}\mathrm{J}_m(\kappa a) & -\mathrm{i}\dfrac{\omega\varepsilon_2}{\gamma}\mathrm{K}'_m(\gamma a) & \dfrac{\beta m}{a\gamma^2}\mathrm{K}_m(\gamma a) \end{vmatrix} = 0$$

现在, 我们依照 Cherin 的方法[15] 来作出估计. 引入记号

$$\begin{aligned} A &= \mathrm{J}_m(\kappa a), \quad B = \frac{\beta m}{\kappa^2 a}, \quad C = \mathrm{i}\frac{\omega}{\kappa}\mathrm{J}'_m(\kappa a) \\ D &= \mathrm{K}_m(\gamma a), \quad E = \frac{\beta m}{a\gamma^2}, \quad F = \mathrm{i}\frac{\omega}{\gamma}\mathrm{K}'_m(\gamma a) \end{aligned}$$

行列式能写成

$$\begin{vmatrix} A & 0 & -D & 0 \\ 0 & A & 0 & -D \\ AB & \mu C & DE & \mu F \\ -\varepsilon_1 C & AB & -\varepsilon_2 F & DE \end{vmatrix} = 0$$

展开行列式. 第一步, 我们有

$$A\begin{vmatrix} A & 0 & -D \\ \mu C & DE & \mu F \\ AB & -\varepsilon_2 F & DE \end{vmatrix} - D\begin{vmatrix} 0 & A & -D \\ AB & \mu C & \mu F \\ -\varepsilon_1 C & AB & DE \end{vmatrix} = 0$$

第二步, 我们有

$$A^2\begin{vmatrix} DE & \mu F \\ -\varepsilon_2 F & DE \end{vmatrix} - AD\begin{vmatrix} \mu C & DE \\ AB & -\varepsilon_2 F \end{vmatrix} + AD\begin{vmatrix} AB & \mu F \\ -\varepsilon_1 C & DE \end{vmatrix} + D^2\begin{vmatrix} AB & \mu C \\ -\varepsilon_1 C & AB \end{vmatrix} = 0$$

对上述各项进一步展开, 我们有

$$A^2\left(D^2E^2 + \mu\varepsilon_2 F^2\right) - AD\left(-\mu\varepsilon_2 CF - ABED\right) + AD\left(ABDE + \mu\varepsilon_1 CF\right) \\ +D^2\left(A^2B^2 + \mu\varepsilon_1 C^2\right) = 0$$

重新整理这些项

$$\mu\varepsilon_2\left(A^2F^2 + ADCF\right) + \mu\varepsilon_1 CD\left(AF + CD\right) + 2A^2D^2BE + A^2D^2\left(E^2 + B^2\right) = 0$$

因此

$$\left(\frac{F}{D} + \frac{C}{A}\right)\left(\mu\varepsilon_2\frac{F}{D} + \mu\varepsilon_1\frac{C}{A}\right) + (E + B)^2 = 0$$

代回原先的 A, B, C, D, E 和 F, 并提取公因子, 最终得到

$$\left[\frac{\mathrm{J}_m'(\kappa a)}{\kappa \mathrm{J}_m(\kappa a)} + \frac{\mathrm{K}_m'(\gamma a)}{\gamma \mathrm{K}_m(\gamma a)}\right]\left[\frac{k_0^2\bar{n}_1^2\mathrm{J}_m'(\kappa a)}{\kappa \mathrm{J}_m(\kappa a)} + \frac{k_0^2\bar{n}_2^2\mathrm{K}_m'(\gamma a)}{\gamma a\mathrm{K}_m(\gamma a)}\right] = \frac{\beta^2 m^2}{a^2}\left(\frac{1}{\kappa^2} + \frac{1}{\gamma^2}\right)^2 \quad (5.76)$$

上式也可改写为

$$\left[\frac{\mathrm{J}_m'(\kappa a)}{\kappa a\mathrm{J}_m(\kappa a)} + \frac{\mathrm{K}_m'(\gamma a)}{\gamma a\mathrm{K}_m(\gamma a)}\right]\left[\frac{\bar{n}_1^2\mathrm{J}_m'(\kappa a)}{\kappa a\mathrm{J}_m(\kappa a)} + \frac{\bar{n}_2^2\mathrm{K}_m'(\gamma a)}{\gamma a\mathrm{K}_m(\gamma a)}\right] \\ = \frac{m^2\beta^2}{k_0^2}\left(\frac{1}{(ka)^2} + \frac{1}{(\gamma a)^2}\right)^2$$

式中 $\beta^2 = \bar{n}_1^2k_0^2 - k^2 = \gamma^2 + \bar{n}_2^2k_0^2$

附录 5C: 本章 Matlab 的函数清单和代码

在表 5.6 中, 我们提供了适用本章的 Matlab 文件的清单, 以及每个函数的简要描述.

表 5.6 第 5 章的 Matlab 的函数清单

清单	函数	描述
5C.1.1	bessel_J.m	绘制贝塞尔函数 J_m
5C.1.2	bessel_Y.m	绘制贝塞尔函数 Y_m
5C.1.3	bessel_K.m	绘制贝塞尔函数 K_m
5C.1.4	bessel_I.m	绘制贝塞尔函数 I_m
5C.2.1	HE11.m	通用关系式的驱动函数
5C.2.2	func_HE11.m	用于程序 driverHE11 的函数
5C.3	sellmeier.m	利用谢米尔方程绘制折射率
5C.4	disp_mat.m	决定和绘制材料色散
5C.5	LP01_field_one.m	用来产生一维单模 LPO1 的模场分布
5C.6	LP01_field_two.m	用来产生二维单模 LPO1 的模场分布

清单 5C.1.1 程序 bessel_J.m: 绘制贝塞尔函数 Jm 的 Matlab 代码.

```
% 文件名: bessel_J.m
% Plot of Bessel functions of the first kind J_m(z)
clear all
N_max = 101;                    % number of points for plot
z = linspace(0,10,N_max);       % creation of z arguments
%
hold on
for m = [0 1 2]                 % m - order of Bessel function
J = besselj(m,z);
h = plot(z,J);
% Redefine figure properties
xlabel('z','FontSize',22);
ylabel('J_m(z)','FontSize',22);
text(1.1, 0.85, 'm = 0','Fontsize',18);
text(1.8, 0.65, 'm = 1','Fontsize',18);
text(3, 0.55, 'm = 2','Fontsize',18);
grid on
box on
%
```

```
set(h,'LineWidth',1.5);     % new thickness of plotting lines
set(gca,'FontSize',22);     % new size of tick marks on both axes
end
pause
close all
```

清单 5C.1.2 程序 bessel_Y.m: 绘制贝塞尔函数 Ym 的 Matlab 代码.

```
% 文件名: bessel_Y.m
% Plot of Bessel functions of the second kind Y_m(z)
clear all
N_max = 101;                    % number of points for plot
z = linspace(0.01,10,N_max);    % creation of z arguments
%
hold on
for m = [0 1 2]                 % m - order of Bessel function
Y = bessely(m,z);
h = plot(z,Y);
% Redefine figure properties
xlabel('z','FontSize',22);
ylabel('Y_m(z)','FontSize',22);
text(2.0, 0.7, 'm = 0','Fontsize',18);
text(3.5, 0.7, 'm = 1','Fontsize',18);
text(5.0, 0.7, 'm = 2','Fontsize',18);
axis([0 10 -5 1.5]);
grid on
box on
%
set(h,'LineWidth',1.5);     % new thickness of plotting lines
set(gca,'FontSize',22);     % new size of tick marks on both axes
end
pause
close all
```

清单 5C.1.3 程序 bessel_K.m: 绘制贝塞尔函数 Km 的 Matlab 代码.

```
% 文件名: bessel_K.m
```

```
% Plot of modified Bessel functions of the second kind K_m(z)
clear all
N_max = 101;                    % number of points for plot
z = linspace(0.01,3,N_max);     % creation of z arguments
%
hold on
for m = [0 1 2]                 % m - order of Bessel function
K = besselk(m,z);
h = plot(z,K);
% Redefine figure properties
xlabel('z','FontSize',22);
ylabel('K_m(z)','FontSize',22);
text(0.2, 0.8, 'm = 0','Fontsize',18);
text(1.0, 0.8, 'm = 1','Fontsize',18);
text(1.5, 0.8, 'm = 2','Fontsize',18);
axis([0 3 0 5]);
grid on
box on
%
set(h,'LineWidth',1.5);         % new thickness of plotting lines
set(gca,'FontSize',22);         % new size of tick marks on both axes
end
pause
close all
```

清单 5C.1.4　程序 bessel_I.m: 绘制贝塞尔函数 Im 的 Matlab 代码.

```
% 文件名: bessel_I.m
% Plot of modified Bessel functions of the first kind I_m(z)
clear all
N_max = 101; % number of points for plot
z = linspace(0,3,N_max);        % creation of z arguments
%
hold on
for m = [0 1 2]                 % m - order of Bessel function
Y = besseli(m,z);
```

```
h = plot(z,Y);
% Redefine figure properties
xlabel('z','FontSize',22);
ylabel('I_m(z)','FontSize',22);
text(1.1, 1.7, 'm = 0','Fontsize',18);
text(1.75, 1.7, 'm = 1','Fontsize',18);
text(2.4, 1.7, 'm = 2','Fontsize',18);
grid on
box on
%
set(h,'LineWidth',1.5);        % new thickness of plotting lines
set(gca,'FontSize',22);        % new size of tick marks on both axes
end
pause
close all
```

清单 5C.2.1 程序 HE11.m: 寻找通用关系的 Matlab 代码. 该程序决定及绘制 b=b(V).

```
% 文件名: HE11.m
% Function determines and plots universal relation for mode HE_11
clear all
format long
% It works in the range of V = [0.50 2.4]
N_max = 190;
for n = 1:N_max
VV(n) = 0.50 + n*0.01;
V = VV(n);
b_c(n) = fzero(@(b) func_HE11(b,V),[0.0000001 0.8]);
end
%
hold on
h1 = plot(VV,b_c); % plots b =b(V)
%
temp1 = VV.*b_c;
dy1 = diff(temp1)./diff(VV);
```

```
Vnew1 = VV(1:length(VV)-1);
h2 = plot(Vnew1,dy1);                % plots first derivative
%
temp2 = dy1;
dy2 = diff(temp2)./diff(Vnew1);
Vnew2 = Vnew1(1:length(Vnew1)-1);
h3 = plot(Vnew2,Vnew2.*dy2);         % plots second derivative
%
text(2.3, 0.6, 'b','Fontsize',16);
text(1.8, 1.2, '{d(bV)}/{dV}','Fontsize',16);
text(0.25, 1.3, 'V{d^{2}(bV)}/{dV^{2}}','Fontsize',16);
axis([0 2.5 0 1.5]);
% Redefine figure properties
xlabel('V','FontSize',22);
grid on
box on
set(h1,'LineWidth',1.5);             % new thickness of plotting lines
set(h2,'LineWidth',1.5);
set(h3,'LineWidth',1.5);
set(gca,'FontSize',22);              % new size of tick marks on both axes
pause
close all
```

清单 5C.2.2　函数 func_HE11.m: 寻找通用关的 Matlab 代码. 该函数将被程序 HE11.m 掉用.

```
function result = func_HE11(b,V)
u = V*sqrt(1-b);
J1 = besselj(1,u);
J0 = besselj(0,u);
w = V*sqrt(b);
K1 = besselk(1,w);
K0 = besselk(0,w);
lhs = J1./J0;
rhs = (w./u).*(K1./K0);
result = lhs - rhs
```

清单 5C.2.3 程序 LPmn:m: 描述 LPmm 模式的 b(V) V 图

```
%文件名: LPmn.m
% plot b(V)~V diagram for LPmn modes
clear
close all
Vmax = 10;
N = 120;
V = (1:N)/N*Vmax;
b = zeros(N,1);
mode = [1,2,3,4,5,6];
n = 1;

while (n<=5)
for  j = 1:N
    Vtemp = V(j);
    btemp1 = NaN;
    i = 0;
    while (isnan(btemp1) && i<N+1  )
        init = (N-i)/N;
        try
            btemp1 = fzero(@(b)...
                besselj(mode(n),Vtemp*sqrt(1-b))/(sqrt(1-b)*...
                besselj(mode(n)-1,Vtemp*sqrt(1-b))) + ...
                besselk(mode(n),Vtemp*sqrt(b))/...
                (sqrt(b)*besselk(mode(n)-1,Vtemp*sqrt(b))),init);
        catch
        end
        i  = i+1;
    end
    b(j) = btemp1;
end
     plot(V,b,'r')
     hold on
     n=n+1;
```

```
end

for  j = 1:N
    Vtemp = V(j);
    btemp0 = NaN;
    i = 0;
    while (isnan(btemp0) && i<N+1)
        init = (N-i)/N;
        try
            btemp0 = fzero(@(b)...
                Vtemp*sqrt(1-b)*besselj(1,Vtemp*sqrt(1-b))/...
                besselj(0,Vtemp*sqrt(1-b)) - Vtemp*sqrt(b)*...
                besselk(1,Vtemp*sqrt(b))/besselk(0,Vtemp*sqrt(b)),init);
        catch
        end
        i  = i+1;
    end
    bb(j) = btemp0;
end
plot(V,bb,'r')
hold on
axis([0 Vmax 0 1])
text(0.8, 0.3,'LP01', 'Fontsize', 10);
text(2.0, 0.3,'LP11', 'Fontsize', 10);
text(3.8, 0.3,'LP21', 'Fontsize', 10);
text(5.4, 0.3,'LP02', 'Fontsize', 10);
text(6.9, 0.3,'LP31', 'Fontsize', 10);
text(8.2, 0.3,'LP12', 'Fontsize', 10);
xlabel('V')
ylabel('b')
title('LP_{01-11-21-02-31-12}' )
grid on
```

清单 5C.3 程序 sellmeier_an.m: 利用 Sellmeier 方程绘制 SiO2 的折射率图的 Matlab 代码.

```
% 文件名: sellmeier.m
% Plot of refractive index based on Sellmeier equation
% for Si O_2
clear all
N_max = 101; % number of points for plot
lambda = linspace(0.5,1.8,N_max);    % creation of lambda arguments
% between 0.5 and 1.8 microns
%
% Data for SiO_2
G_1 = 0.696749; G_2 = 0.408218; G_3 = 0.890815;
lambda_1=0.0690606; lambda_2=0.115662; lambda_3=9.900559; % in microns
%
term1 = (G_1*lambda.^2)./(lambda.^2 - lambda_1^2);
term2 = (G_2*lambda.^2)./(lambda.^2 - lambda_2^2);
term3 = (G_3*lambda.^2)./(lambda.^2 - lambda_3^2);
ref_index_sq = 1.0 + term1 + term2 + term3;
ref_index = sqrt(ref_index_sq);
%
h = plot(lambda,ref_index,'LineWidth',1.5);
% Redefine figure properties
xlabel('wavelength (\mum)','FontSize',14);
ylabel('refractive index','FontSize',14);
set(gca,'FontSize',14);                  % size of tick marks on both axes
pause
close all
```

清单 5C.4 程序 sisp_mat.m: 利用 Sellmeier 方程决定材料色散系数 Dmay 的 Matlab 代码.

```
% 文件名: disp_mat.m
% Plots D_mat
% Material dispersion is determined using Sellmeier equation
% describing refractive index for pure and doped silica
% Data from Kasap2001, p.45 for SiO_2 - GeO_2
clear all
c_light = 3d5;                              % velocity of light, km/s
```

```
disp_min = -20; disp_max =20;
N_max = 101;                        % number of points for plot
lambda_min = 1.200; lambda_max = 1.600; % in microns
% creation of lambda arguments between 1.2 and 1.6 microns
lambda = linspace(lambda_min,lambda_max,N_max);
G_1 = 0.711040; G_2 = 0.451885; G_3 = 0.704048;
lambda_1 = 0.0642700; lambda_2 = 0.129408; lambda_3 = 9.425478;
%
term1 = (G_1*lambda.^2)./(lambda.^2 - lambda_1^2);
term2 = (G_2*lambda.^2)./(lambda.^2 - lambda_2^2);
term3 = (G_3*lambda.^2)./(lambda.^2 - lambda_3^2);
%
ref_index_sq = 1.0 + term1 + term2 + term3;
ref_index = sqrt(ref_index_sq);
%
%---------- Determination of material dispersion D_mat -------------
ttt1 = ref_index;
dy1_lam = diff(ttt1)./diff(lambda);    % first derivative
lambda1 = lambda(1:length(lambda)-1);
ttt2 = dy1_lam;
dy2_lam = diff(ttt2)./diff(lambda1);
lambda2 = lambda1(1:length(lambda1)-1);
D_mat = (-lambda2.*dy2_lam/c_light)*1d9;
plot(lambda2,D_mat,'LineWidth',1.5);
xlabel('wavelength (\mum)','FontSize',14);
ylabel('Material dispersion (ps/km nm)','FontSize',14);
set(gca,'FontSize',14);                % size of tick marks on
                                         both axes
axis([lambda_min, lambda_max, disp_min, disp_max])
grid on
pause
close all
```

清单 5C.5 程序 LP01_field_one.m: 用来产生单模 LP01 在不同 V 值时的电场分布的 Matlab 代码.

```
% 文件名: LP01_field_two.m
% Creation of single-mode of two dimensional LP01 field in fiber
clearall;
%
V = 2.4000; % V value for LP01 mode
U = 1.6453; % U value for LP01 mode
W = 1.7473; % W value for LP01 mode

Npoint=21; % revolution for plot
Rx = 2; % radium in x-direction
Ry = 2; % radium in y-direction
Ra3 = [1:0.01:5];
x = linspace (-Rx, Rx, Npoint);
y = linspace (-Ry, Ry, Npoint);

X = meshgrid(x,y);
Y = meshgrid(y,x);
Y = Y';
R = sqrt (X.^2 + Y.^2);

% Calculating the field distribution in core and cladding of optical
fiber
E1 = besselj(0, U*R);
E2 = besselj(0,U).*besselk(0,W.*R)./besselk(0,W);
E = E1;
pos = find(R>=1);
E(pos) = E2(pos);
pause
% plotting two-dimensional optical intensity in core and cladding
imagesc(x,y,E)
colormap(gray), colorbar
xlabel('x'),ylabel('y'),title('E')
% making contours in core and cladding
figure
contour(x,y,E), colorbar
```

```
axisequal
xlabel('x'),ylabel('y'),title('E')
pause
% making combination of vectors and contours in core and cladding
figure
[px,py] = gradient(E);
contour(x,y,E), hold on
quiver(X,Y,px,py),  hold off
axisequal
pause
closeall
```

清单 5C.6　程序 LP01_field_two.m: 用来产生二维单模 LP01 模场分布的 Matlab 代码.

```
% 文件名: LP01_field_two.m
% Creation of single-mode of two dimensional LP01 field in fiber
clearall;
%
V = 2.4000; % V value for LP01 mode
U = 1.6453; % U value for LP01 mode
W = 1.7473; % W value for LP01 mode

Npoint=21; % revolution for plot
Rx = 2; % radium in x-direction
Ry = 2; % radium in y-direction
Ra3 = [1:0.01:5];
x = linspace (-Rx, Rx, Npoint);
y = linspace (-Ry, Ry, Npoint);

X = meshgrid(x,y);
Y = meshgrid(y,x);
Y = Y';
R = sqrt (X.^2 + Y.^2);

% Calculating the field distribution in core and cladding of optical
```

```
fiber
E1 = besselj(0, U*R);
E2 = besselj(0,U).*besselk(0,W.*R)./besselk(0,W);
E = E1;
pos = find(R>=1);
E(pos) = E2(pos);
pause
% plotting two-dimensional optical intensity in core and cladding
imagesc(x,y,E)
colormap(gray), colorbar
xlabel('x'),ylabel('y'),title('E')
% making contours in core and cladding
figure
contour(x,y,E), colorbar
axisequal
xlabel('x'),ylabel('y'),title('E')
pause
% making combination of vectors and contours in core and cladding
figure
[px,py] = gradient(E);
contour(x,y,E), hold on
quiver(X,Y,px,py),  hold off
axisequal
pause
closeall
```

参考文献

[1] G. Keiser. *Optical Fiber Communications. Third Edition.* McGraw-Hill, Boston, 2000.

[2] F. L. Pedrotti and L. S. Pedrotti. *Introduction to Optics. Third Edition.* Prentice Hall, Upper Saddle River, New Jersey, 2007.

[3] T. Miya, Y. Terunuma, T. Hosaka, and T. Miyashita. Ultimate low-loss single-mode fibre at $1.55\mu m$. *Electronics Letters*, 15:106–108, 1979.

[4] J.A. Buck. *Fundamentals of Optical Fibers. Second Edition.* Wiley-Interscience, Hoboken, New Jersey, 2004.

[5] J.C. Palais. *Fiber Optic Communications. Fifth Edition.* Prentice Hall, Upper Saddle River, New Jersey, 2005.

[6] D.K. Cheng. *Fundamentals of Engineering Electromagnetics.* Addison-Wesley, Reading, Massachusetts, 1993.

[7] G. Arfken. *Mathematical Methods for Physicists.* Academic Press, Orlando, Florida, 1985.

[8] T. Okoshi. *Optical Fibers.* Academic, New York, 1982.

[9] W. van Etten and J. van der Plaats. *Fundamentals of Optical Fiber Communications.* Prentice Hall, New York, 1991.

[10] C. R. Pollock and M. Lipson. *Integrated Photonics.* Kluwer Academic Publishers, Boston, 2003.

[11] A.W. Snyder and J.D. Love. *Optical Waveguide Theory.* Kluwer Academic Publishers, 1983.

[12] D. Marcuse. *Theory of Dielectric Optical Waveguides. Second Edition.* Academic Press, 1991.

[13] D. Gloge. Weakly guiding fibers. *Appl. Opt.*, 10:2252–2258, 1971.

[14] G. Ghatak and K. Thyagarajan. *Introduction to fiber optics.* Cambridge University Press, Cambridge, United Kingdom, 1998.

[15] A.H. Cherin. *An Introduction to Optical Fibers.* McGraw-Hill, New York, 1983.

第 6 章　线性脉冲的传播

本章我们要讨论在通信系统中最常使用的基本脉冲：高斯脉冲、超高斯脉冲和矩形脉冲. 接着, 我们需要讨论线性脉冲的几个基本问题, 还要讨论脉冲的两种基本调制制式：回零 (RZ) 和非回零 (NRZ). 在光通信系统中数据的传输格式是一个关键的因素. 需要使用几种运用于通信的基本调制系统的波形和它们的比特形状. 最后, 我们分析通信系统的性能. 首先从几种基本的脉冲波形开始讨论.

6.1　基 本 脉 冲

本节我们将回顾几种基本脉冲的特性, 并逐一讨论它们的处理方法和特点. 从矩形脉冲开始.

6.1.1　矩形脉冲

最简单的脉冲是如图 6.1 所示的矩形. 它的表达式为

$$s_{\text{rect}}(t)=\begin{cases} s_0, & T_0<t<T \\ 0, & \text{其他区间} \end{cases} \tag{6.1}$$

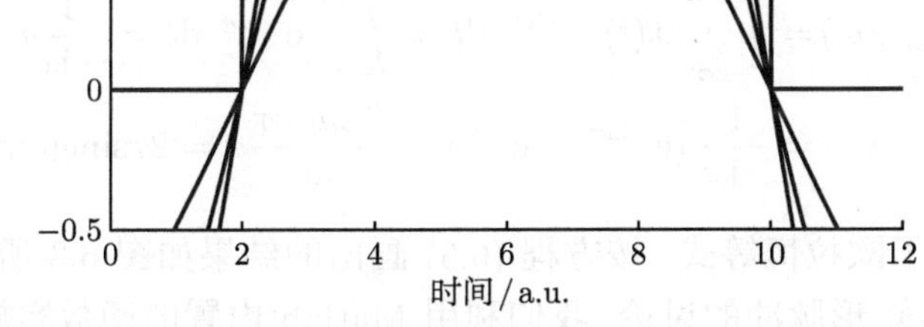

图 6.1　高度为 1 的矩形脉冲近似用傅里叶级数表示

图中显示级数项数变化的结果

式中, T 是脉冲的持续时间; s_0 是脉冲的振幅. 它可以用一个傅里叶级数来表示:

$$s_{\mathrm{rect}}(t)=\sum_{n=1}^{\infty}s_n\sin\left(\frac{n\pi}{T}t\right)\tag{6.2}$$

式中

$$s_n=\begin{cases}0, & n\text{ 为偶数}\\ \dfrac{4s_0}{\pi n}, & n\text{ 为奇数}\end{cases}\tag{6.3}$$

在图 6.1 中我们画了三个矩形脉冲图, 各对应于方程 (6.2)$n=1,n=3,n=5$ 时的近似结果. 我们发现傅里叶级数的项数越大就越接近矩形. 用来作图 6.1 的 Matlab 代码见附录 6A 中的清单 6A.1. 在实践中, 我们常考虑如图 6.2 所示的对称矩形. 它定义为

$$S_{\mathrm{rect,symm}}(t)=\begin{cases}1, & |t|<\tau\\ 0, & |t|>\tau\end{cases}\tag{6.4}$$

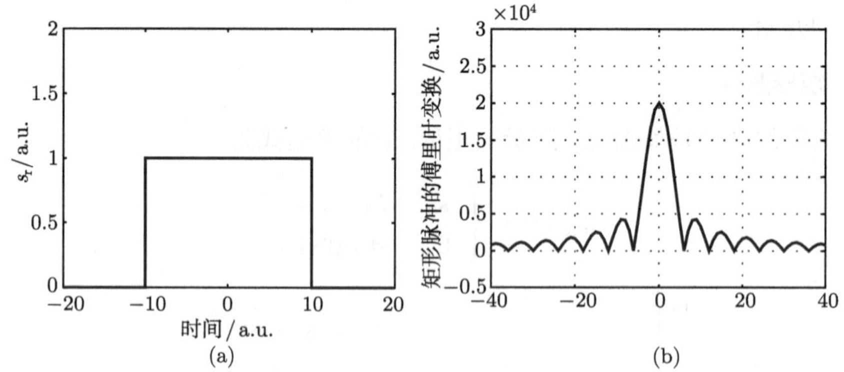

图 6.2　矩形脉冲 (a) 及其利用 Matlab 函数得到的傅里叶变换的绝对值 (b)

它的傅里叶变换可以按照下面的的方法进行:

$$\begin{aligned}S_{\mathrm{rect,symm}}(\omega)&=\int_{-\infty}^{+\infty}x(t)\ \mathrm{e}^{-\mathrm{i}\omega t}\ \mathrm{d}t=\int_{-\tau}^{+\tau}\mathrm{e}^{-\mathrm{i}\omega t}\ \mathrm{d}t=\frac{1}{-\mathrm{i}\omega}\mathrm{e}^{-\mathrm{i}\omega t}\Big|_{-\tau}^{+\tau}\\&=\frac{1}{-\mathrm{i}\omega}\left(\mathrm{e}^{-\mathrm{i}\omega\tau}-\mathrm{e}^{\mathrm{i}\omega\tau}\right)=\frac{2\sin\omega\tau}{\omega}\tau=2\tau\mathrm{sinc}(\omega\tau)\end{aligned}\tag{6.5}$$

式中, 我们使用了欧拉恒等式. 按方程 (6.5) 画出的结果如图 6.3 所示.

为了总结对矩形脉冲的讨论, 我们利用 Matlab 内置的函数实施矩形脉冲的傅里叶变换. 对称矩形脉冲的图形及 Matlab 产生的傅里叶变换的绝对值如图 6.2 所示. 由 Matlab 代码制作的图见附录 6A 的清单 6A.2.

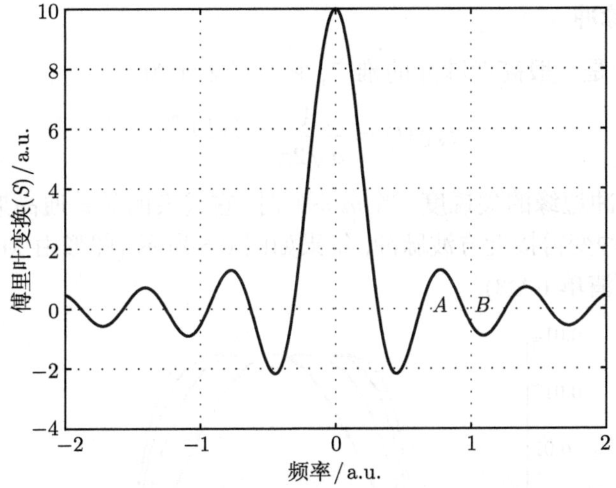

图 6.3 持续期为 τ 和面积为 A 的矩形脉冲的傅里叶变换

A 点对应于频率 $\nu = 1/\tau$, 而 B 点对应于频率 $\nu = 3/2\tau$

6.1.2 高斯脉冲

高斯脉冲被认为是实际光通信系统中产生的数据波形的精确模式. 高斯剖面描述为

$$s_{\mathrm{G}}(t) = \frac{A}{\sigma\sqrt{2\pi}}\mathrm{e}^{-\frac{1}{2}\left(\frac{t}{\sigma}\right)^2} \tag{6.6}$$

该脉冲的面积为 $A = P_0\tau_0$, 式中, $\tau_0 = \sigma\sqrt{2\pi}$, 而 P_0 是它的极大值 (在 $t = 0$). 其频谱函数 $S_{\mathrm{G}}(\omega)$ 来自傅里叶变换, 它本身也是高斯函数, 如图 6.4 所示.

$$S_{\mathrm{G}}(\omega) = A\mathrm{e}^{-\frac{1}{2}(\omega\sigma)^2} \tag{6.7}$$

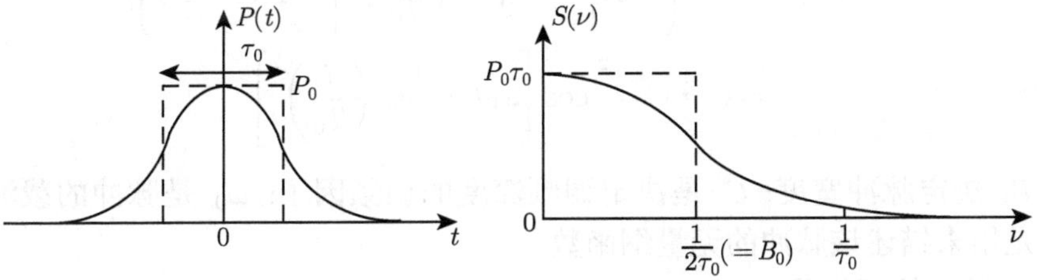

图 6.4 高斯脉冲时域及其频域的示意图

6.1.3　超高斯脉冲

超高斯脉冲是一般高斯脉冲的推广, 它可以表示为

$$s_{\mathrm{SG}}(t)=\frac{A}{\sigma\sqrt{2\pi}}\mathrm{e}^{-\frac{1}{2}\left(\frac{t}{\sigma}\right)^{2m}} \tag{6.8}$$

式中, m 决定脉冲边缘的尖锐度. 当 $m=1$ 时, 它代表的是普通高斯脉冲. 当 m 取大的数值时, 脉冲变得接近方波脉冲, 结果如图 6.5 所示 (图形由 Matlab 代码生成, 见附录 6A 中的清单 6A.3).

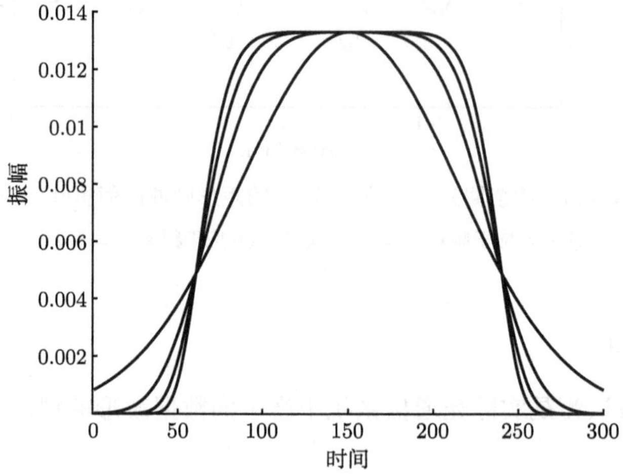

图 6.5　$m=1,2,3,4$ 时的超高斯脉冲

6.1.4　啁啾高斯脉冲

啁啾指的是脉冲中的频率随着时间变化的过程. 其实啁啾高斯脉冲就是调频高斯脉冲. 在直接调制半导体激光二极管 (半导体激光器将在另一章中讨论) 时即可产生啁啾或调频脉冲. 在 $z=0$ 处, 啁啾 (调频) 高斯脉冲的数学表示式是[1, 2]

$$\begin{aligned}s(z=0,t)&=\mathrm{Re}\left\{\exp\left[-\frac{1+\mathrm{i}C}{2}\left(\frac{t}{T_0}\right)^2\right]\exp\left(-\mathrm{i}\omega_0 t\right)\right\}\\&=\mathrm{e}^{-\frac{1}{2}\left(\frac{t}{T_0}\right)^2}\cos\left[\omega_0 t+\frac{1}{2}C\left(\frac{t}{T_0}\right)^2\right]\end{aligned} \tag{6.9}$$

式中, T_0 决定脉冲宽度; C 是决定调频深度的调频因子; ω_0 是脉冲的载波频率. $s(0,t)$ 是用来描述该脉冲的无量纲函数.

这种脉冲的相位是

$$\phi(\omega)=\omega_0 t+\frac{1}{2}C\left(\frac{t}{T_0}\right)^2 \tag{6.10}$$

频率的变化 $\delta\omega(t)$ 因而是

$$\delta\omega(t) = -\frac{\partial\phi(\omega)}{\partial t} = \omega_0 + C\frac{t}{T_0^2} \tag{6.11}$$

与无调频的脉冲相比, 调频脉冲的频谱展宽了.

调频高斯脉冲 (6.9) 的傅里叶变换, 即时域函数 $s(0,t)$ 所对应的频域函数是

$$s(0,\omega) = \left(\frac{2\pi T_0^2}{1+\mathrm{i}C}\right)^{1/2} \exp\left[-\frac{\omega^2 T_0^2}{2(1+\mathrm{i}C)}\right] \tag{6.12}$$

频谱半宽度定义为

$$\frac{|s(0,\omega_e)|^2}{|s(0,0)|^2} = \mathrm{e}^{-1} \tag{6.13}$$

对于中心在 $t=0$ 的对称脉冲, 我们有 $\Delta\omega = \omega_\mathrm{e}$. 频谱半宽度 (光强降到 1/e 的频带宽度) 的详细计算由文献 [3] 给出为 (见习题 2)

$$\Delta\omega = \left(1+C^2\right)T_0^{-1} \tag{6.14}$$

啁啾高斯脉冲如图 6.6(b) 所示. 为比较起见, 具有相同参数的普通高斯脉冲也放在同一张图里 (图 6.6(a)). 该图也是通过 Matlab 代码获得的, 见附录 6A 中的清单 6A.4.

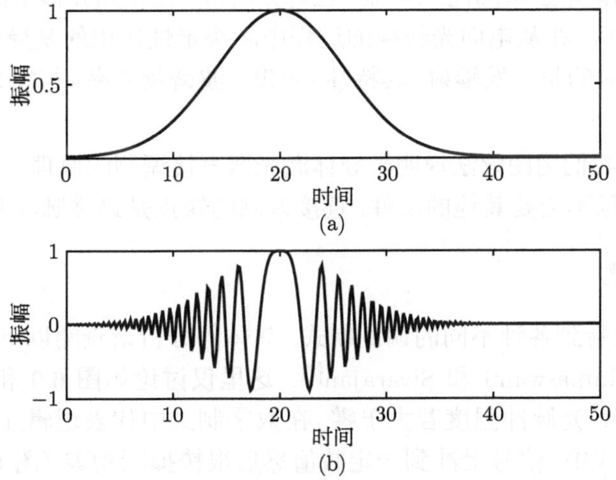

图 6.6 高斯脉冲 (a) 与啁啾高斯脉冲 (b) 的对比

6.2 半导体激光器的调制

在实际应用中, 光脉冲是用半导体激光器调制的. 半导体激光器典型的光–电

(L-I) 特性如图 6.7 所示. 这里展示了一个在几个不同温度时的输出功率–电流 (L-I) 特性曲线. 我们看到光功率在左边有一个平直区域直到所谓的阈值, 然后突然上升.

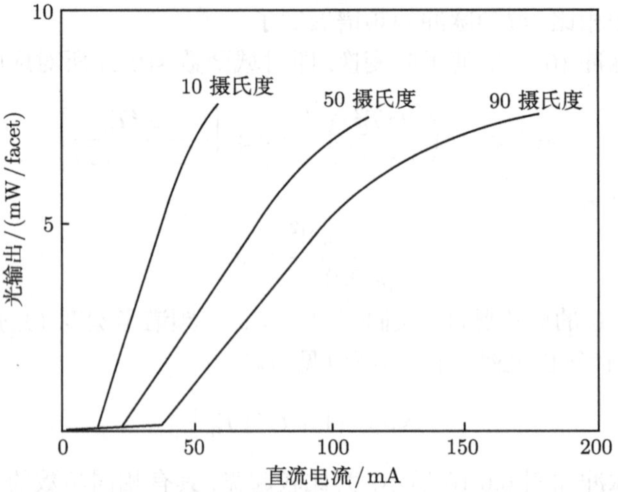

图 6.7　不同温度时激光器的光功率输出–直流电流特性的示意图

阈值电流 I_{th} 是正向的注入电流. 在起始阶段, 在激光腔体中的光增益与损耗相等. 超过阈值后, 在从电向光转换的过程中起决定性作用的是受激辐射. 低于阈值时, 产生光发射的是自发辐射, 其特性 (速度、波谱及效率) 与发光二极管 (LED) 相似.

在图 6.8 中我们用图解法说明半导体激光器直接调制的原理. 半导体激光器既简单又廉价, 而且不需要其他的部件. 直接调制的缺点是最终脉冲是相当啁啾的.

6.2.1　调制制式

文献中可以看到各种不同的调制制式. 具体的分析请查阅以下书籍: Keiser[4], Liu[5], Binh[6], Ramaswami 和 Sivarajan[7]. 这里仅讨论如图 6.9 和图 6.10 所示的两种重要的情况. 光脉冲强度若大于零, 在数字制式中代表逻辑 1, 反之为逻辑 0. 在回零 (RZ) 制式中, 信号上冲到一定数值然后很快掉回到零 (图 6.10). 每个比特都有它对应的时间 T. 在 RZ 制式中, 脉冲占据保留给每个比特时隙的一半, 如图 6.10 所示. 该图还给出它的功率谱. 既然大部分的信号功率处于低频段, 因此 RZ 的信号发射时, 其带宽为 $\dfrac{2}{T}$ Hz. 在非回零 (NRZ) 制式中, 脉冲占据整个留给每个比特的时隙. NRZ 的脉冲是 RZ 脉冲长度的两倍. 在 NRZ 调制的制式中, 发射一连串 1 的信号时, 光强保持在高位, 其带宽是 $1/T$, 仅是 RZ 制式所需值的一半.

为了编码, 驱动半导体激光器的实际电流脉冲的形式[8] 是

$$I(t)=\begin{cases}0, & t<0\\ I_{\mathrm{m}}\left[1-\exp\left(-t/t_{\mathrm{r}}\right)\right], & 0\leqslant t\leqslant T'\\ I_{\mathrm{m}}\exp\left(-(t-T)/t_{\mathrm{r}}\right), & T'<t\end{cases}\tag{6.15}$$

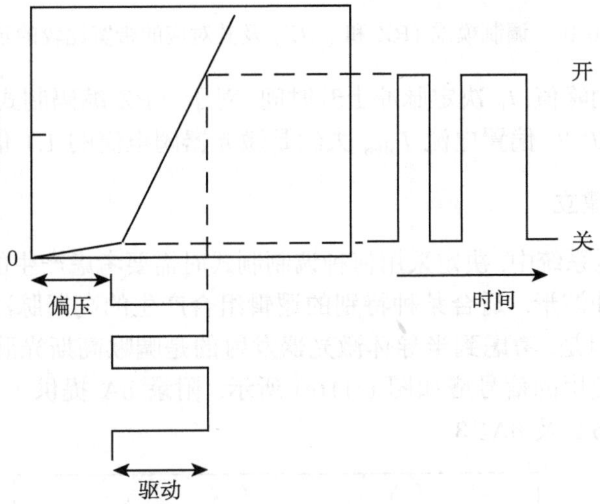

图 6.8 半导体激光器调制原理的示意图

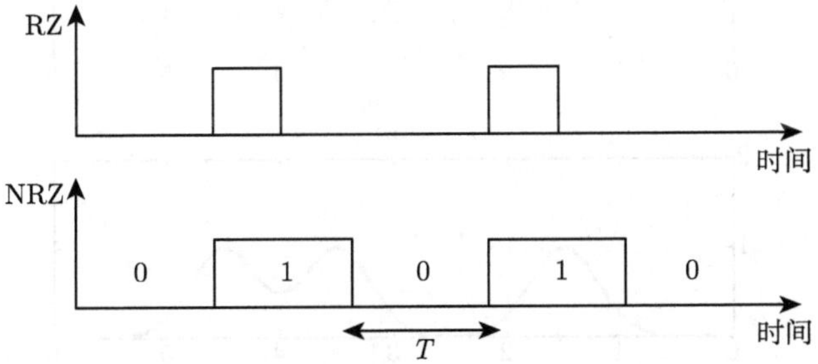

图 6.9 调制模式 RZ 和 NRZ 的比较

比特数字流是 01010

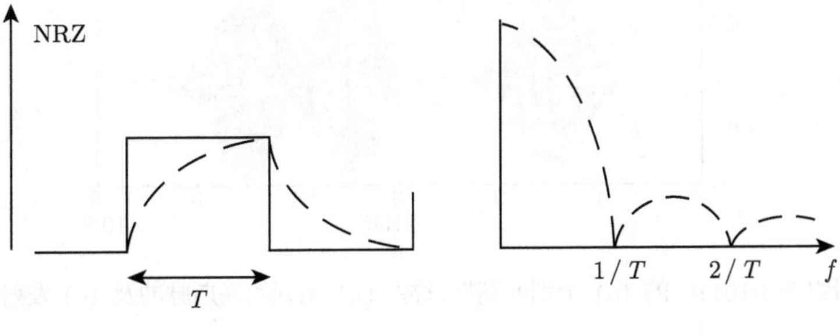

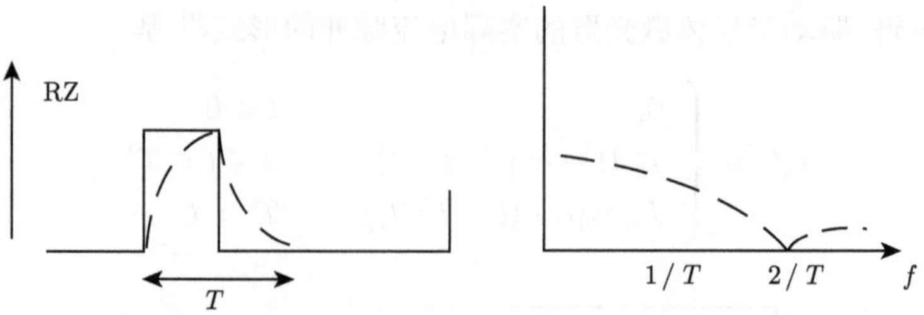

图 6.10　调制模式 (RZ 和 NRZ) 及其对应的带宽比较的示意图

式中, I_m 是调制峰值; t_r 决定脉冲上升时间; 对于 NRZ 编码制式 $T' = T$, 而对 RZ 编码制式 $T' = T/2$. 偏置电流 I_{bias} 大约是激光器阈电流的 1.1 倍.

6.2.2　波形的建立

在实际光电系统中, 决定采用何种调制制式时需要考虑产生的波形能否合成出各种不同的脉冲波形. 适合某种特别的逻辑组合产生的高斯脉冲序列 (波形) 如图 6.11(b) 所示. 但是, 考虑到半导体激光器发射的是啁啾高斯光脉冲, 因此, 光通讯实际应用中所使用的信号应如图 6.11(c) 所示. 附录 6A 提供了 Matlab 的代码及清单 6A5.1, 6A5.2 及 6A5.3.

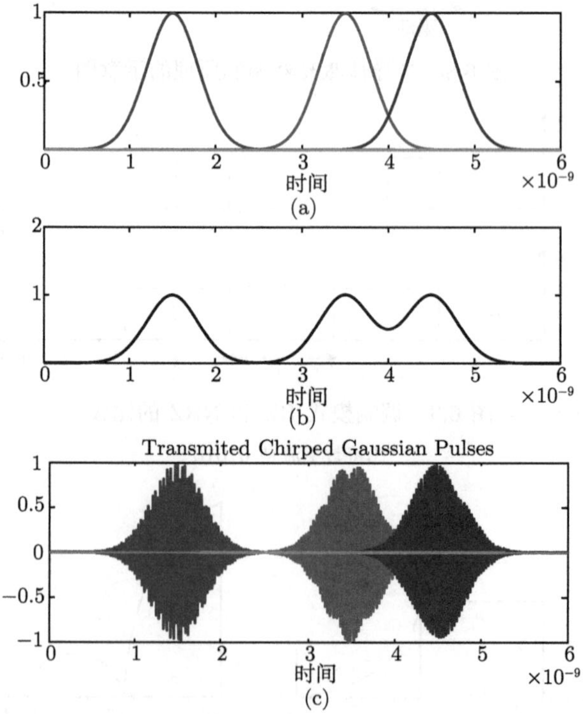

图 6.11　逻辑组合 010110 的 (a) 个别的高斯脉冲, (b) 系列的高斯脉冲及 (c) 发射的啁啾光脉冲

另一种在 NRZ 制式中用作驱动半导体激光器的电流波形可以表示为[9]

$$J_{\mathrm{mod}}(t)=\begin{cases} I_{\mathrm{bias}}+I_{\mathrm{m}}\left(1-\mathrm{e}^{-2.2t/\tau_{\mathrm{r}}}\right) & (\text{当下的 bit 为 1. 前面为 0}) \\ I_{\mathrm{bias}}+I_{\mathrm{m}}\mathrm{e}^{-2.2t/\tau_{\mathrm{r}}} & (\text{当下的 bit 为 0, 前面为 1}) \\ I_{\mathrm{bias}} & (\text{当下的 bit 为 0, 前面为 0}) \\ I_{\mathrm{bias}}+I_{\mathrm{m}} & (\text{当下的 bit 为 1, 前面为 1}) \end{cases} \tag{6.16}$$

实施上述的调制制式见附录 6A[9], 其典型的结果如图 6.12 所示.

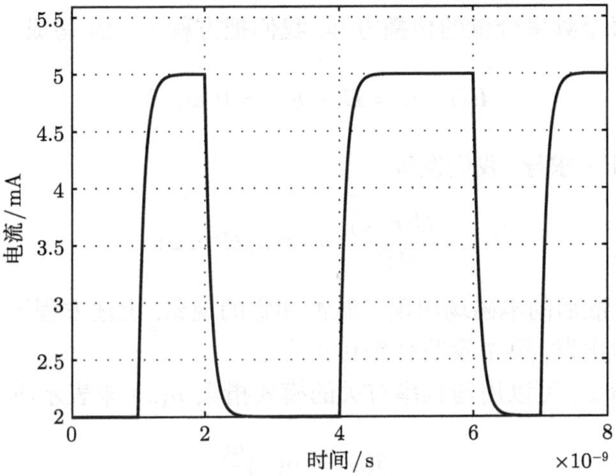

图 6.12 在 NRZ 格式中产生的 8bit 图

6.3 存在色散时脉冲传播方程的简单推导

假设在距离 $\boldsymbol{r}$ 和时间 t 时传播的电场为 $\boldsymbol{E}(\boldsymbol{r},t)$. 它与傅里叶变换之间的关系是

$$\boldsymbol{E}(\boldsymbol{r},t)=\frac{1}{2\pi}\int_{-\infty}^{\infty}\boldsymbol{E}(\boldsymbol{r},\omega)\ \mathrm{e}^{\mathrm{j}\omega t}\ \mathrm{d}\omega \tag{6.17}$$

因此, 电场可以看成无限个角频率为 ω 的单色波的集合. 其傅里叶变换是

$$\boldsymbol{E}(\boldsymbol{r},\omega)=\int_{-\infty}^{\infty}\boldsymbol{E}(\boldsymbol{r},t)\ \mathrm{e}^{-\mathrm{j}\omega t}\ \mathrm{d}t \tag{6.18}$$

我们进一步假设傅里叶分量 $\boldsymbol{E}(\boldsymbol{r},\omega)$ 可以表示为

$$\boldsymbol{E}(\boldsymbol{r},\omega)=\widehat{x}\ B(0,\omega)\ F(x,y)\ \mathrm{e}^{\mathrm{j}\beta z} \tag{6.19}$$

式中, $\widehat{x}$ 代表传播电场的偏振状态; $B(0,\omega)$ 是电场沿 z 方向传播时的初始振幅; $F(x,y)$ 描述的是电场的横向分布; β 是传播常数. 早先在讨论 EM 场在平板波导传播时我们作过类似的假设.

当讨论电场在光纤中传播时, 其横向分布 $F(x,y)$ 通常假设为高斯形, 也就是说

$$F(x,y)=\exp\left(-\pi\frac{x^2+y^2}{A_{\text{eff}}}\right) \tag{6.20}$$

式中, A_{eff} 是光纤的有效面积.

色散的影响表现在传播常数 β 是频率的函数, 也即 $\beta=\beta(\omega)$. 其结果是, 在方程 (6.17) 中的每一个频率分量都会以不同的传播常数传播.

为了推导每个频率分量的传播方程, 我们把方程 (6.19) 写成

$$\boldsymbol{E}(\boldsymbol{r},\omega)=\boldsymbol{E}(x,y,z=0,\omega)\ \mathrm{e}^{\mathrm{j}\beta z} \tag{6.21}$$

上述方程直接对 z 求导, 我们发现

$$\frac{\partial \boldsymbol{E}(\boldsymbol{r},\omega)}{\partial z}=\mathrm{j}\beta(\omega)\boldsymbol{E}(\boldsymbol{r},\omega) \tag{6.22}$$

上述方程表明色散后的电磁场出现了脉冲加宽的现象. 上述方程更严格的推导需要从麦克斯韦方程出发, 第 7 章将仔细讨论它们.

传播常数 $\beta(\omega)$ 可以用与频率有关的模式指数 $n(\omega)$ 来表示[3], 它的表达式是

$$\beta(\omega)=n(\omega)\frac{\omega}{c} \tag{6.23}$$

习惯性地将 $\beta(\omega)$ 在脉冲的中心频率 ω_0 用泰勒级数展开:

$$\beta(\omega)=\beta_0+\beta_1\ (\omega-\omega_0)+\frac{1}{2}\beta_2\ (\omega-\omega_0)^2+\frac{1}{6}\beta_3\ (\omega-\omega_0)^3 \tag{6.24}$$

式中, $\beta_i=\left.\dfrac{\partial^i\beta}{\partial\omega^i}\right|_{\omega=\omega_0}$. 展开到泰勒级数第三项已足够揭示光纤中存在的物理效应. 方程 (6.24) 中的系数需要确定. 更为实用的表达式为[3]

$$\beta_1=\frac{1}{c}\left[n(\omega)+\omega\frac{\mathrm{d}n(\omega)}{\mathrm{d}\omega}\right]=\frac{n_{\mathrm{g}}}{c}=\frac{1}{v_{\mathrm{g}}} \tag{6.25}$$

式中, n_{g} 是群指数; v_{g} 是群速度. 对于系数 β_2, 我们发现

$$\beta_2=\frac{\partial^2\beta(\omega)}{\partial\omega^2}=\frac{\partial\beta_1}{\partial\omega}=\frac{1}{c}\left[2\frac{\mathrm{d}n(\omega)}{\mathrm{d}\omega}+\omega\frac{\mathrm{d}^2n(\omega)}{\mathrm{d}\omega^2}\right] \tag{6.26}$$

系数 β_2 与色散参数 D 有如下的关联:

$$D=\frac{1}{L}\frac{\mathrm{d}\tau}{\mathrm{d}\lambda}=-\frac{2\pi c}{\lambda^2}\beta_2 \tag{6.27}$$

式中, τ 是光波通过长度为 L 的光纤后的群延时; λ 是波长. 参数 D 的单位是 $ps/(nm \cdot km)$.

为了在实际中计算参数 β_3, 我们引入所谓的色散斜率 S

$$S = \frac{\mathrm{d}D}{\mathrm{d}\lambda} \tag{6.28}$$

参数 S 描述 D 随波长的变化, 它的单位是 $ps/(nm^2 \cdot km)$.

6.4 线性脉冲的数学理论

本节, 我们将介绍基于麦克斯韦方程描述线性脉冲方程的全部推导过程. 这种较正式的推导过程需要作出一些近似.

我们已经在第 3 章介绍过的麦克斯韦方程适用于无电荷和无电流的光纤

$$\nabla \times \boldsymbol{E} = -\frac{\partial \boldsymbol{B}}{\partial t}, \qquad \nabla \times \boldsymbol{H} = \frac{\partial \boldsymbol{D}}{\partial t} \tag{6.29}$$

以及

$$\nabla \cdot \boldsymbol{D} = 0, \qquad \nabla \cdot \boldsymbol{B} = 0 \tag{6.30}$$

本构关系可以表示为

$$\boldsymbol{D} = \varepsilon_0 \boldsymbol{E} + \boldsymbol{P}, \qquad \boldsymbol{B} = \mu_0 \boldsymbol{H} + \boldsymbol{M} \tag{6.31}$$

式中, $\boldsymbol{P}$ 是电极化强度, 它可以分解成线性和非线性两部分:

$$\boldsymbol{P}(\boldsymbol{r}, t) = \boldsymbol{P}_{\mathrm{L}}(\boldsymbol{r}, t) + \boldsymbol{P}_{\mathrm{NL}}(\boldsymbol{r}, t) \tag{6.32}$$

对于像光纤这样的非磁性介质, 磁化强度 $\boldsymbol{M} = 0$. 我们在本章中只考虑线性效应.

线性偏振的电极化强度和电场的关系如下:

$$\boldsymbol{P}_{\mathrm{L}}(\boldsymbol{r}, t) = \varepsilon_0 \int_{-\infty}^{\infty} \chi^{(1)}(t - t')\ \boldsymbol{E}(\boldsymbol{r}, t')\ \mathrm{d}t' \tag{6.33}$$

傅里叶变换及其反变换有如下关系:

$$\boldsymbol{E}(\boldsymbol{r}, \omega) = \int_{-\infty}^{\infty} \boldsymbol{E}(\boldsymbol{r}, t)\ \mathrm{e}^{\mathrm{i}\omega t} \mathrm{d}t \tag{6.34}$$

$$\boldsymbol{E}(\boldsymbol{r}, t) = \frac{1}{2\pi} \int_{-\infty}^{\infty} \boldsymbol{E}(\boldsymbol{r}, \omega)\ \mathrm{e}^{\mathrm{i}\omega t}\ \mathrm{d}\omega \tag{6.35}$$

线性电极化强度的傅里叶变换由方程 (6.33) 给出

$$\begin{aligned}\boldsymbol{P}_{\mathrm{L}}(\boldsymbol{r},\omega)&=\int_{-\infty}^{\infty}\boldsymbol{P}_{\mathrm{L}}(\boldsymbol{r},t)\ \mathrm{e}^{\mathrm{i}\omega t}\mathrm{d}t\\&=\varepsilon_0\int_{-\infty}^{\infty}\int_{-\infty}^{\infty}\chi^{(1)}(t-t')\ \boldsymbol{E}(\boldsymbol{r},t')\ \mathrm{e}^{\mathrm{i}\omega t}\ \mathrm{d}t'\mathrm{d}t\\&=\varepsilon_0\int_{-\infty}^{\infty}\int_{-\infty}^{\infty}\chi^{(1)}(t'')\ \boldsymbol{E}(\boldsymbol{r},t')\ \mathrm{e}^{\mathrm{i}\omega t''}\mathrm{e}^{\mathrm{i}\omega t'}\mathrm{d}t'\mathrm{d}t''\\&=\varepsilon_0\int_{-\infty}^{\infty}\mathrm{d}t'\boldsymbol{E}(\boldsymbol{r},t')\ \mathrm{e}^{\mathrm{i}\omega t'}\int_{-\infty}^{\infty}\mathrm{d}t''\chi^{(1)}(t'')\ \mathrm{e}^{\mathrm{i}\omega t''}\\&=\varepsilon_0\ \chi^{(1)}(\omega)\ \boldsymbol{E}(\boldsymbol{r},\omega)\end{aligned}\tag{6.36}$$

这里, 我们把变量作了变化：$t-t'=t''$. $\chi^{(1)}(\omega)$ 是极化率 $\chi^{(1)}(t)$ 的傅里叶变换

$$\chi^{(1)}(\omega)=\int_{-\infty}^{\infty}\mathrm{d}t\chi^{(1)}(t)\ \mathrm{e}^{\mathrm{i}\omega t}\tag{6.37}$$

为了推导波动方程, 我们对麦克斯韦第一个方程两边施加 $\nabla\times$, 然后利用麦克斯韦第二个方程以及本构关系, 得到

$$\begin{aligned}\nabla\times\nabla\times\boldsymbol{E}(\boldsymbol{r},t)&=-\frac{\partial}{\partial t}\nabla\times\boldsymbol{B}(\boldsymbol{r},t)\\&=-\frac{\partial}{\partial t}\mu_0\nabla\times\boldsymbol{H}(\boldsymbol{r},t)\\&=-\mu_0\frac{\partial^2\boldsymbol{D}(\boldsymbol{r},t)}{\partial t^2}\\&=-\mu_0\varepsilon_0\frac{\partial^2\boldsymbol{E}(\boldsymbol{r},t)}{\partial t^2}-\mu_0\frac{\partial^2\boldsymbol{P}(\boldsymbol{r},t)}{\partial t^2}\end{aligned}$$

在线性范围

$$\nabla\times\nabla\times\boldsymbol{E}(\boldsymbol{r},t)=-\mu_0\varepsilon_0\frac{\partial^2\boldsymbol{E}(\boldsymbol{r},t)}{\partial t^2}-\mu_0\frac{\partial^2\boldsymbol{P}_{\mathrm{L}}(\boldsymbol{r},t)}{\partial t^2}$$

利用数学恒等式

$$\nabla\times\nabla\times\boldsymbol{E}=\nabla\left(\nabla\cdot\boldsymbol{E}\right)-\nabla^2\boldsymbol{E}$$

以及麦克斯韦第三个方程 ($\nabla\cdot\boldsymbol{D}=\varepsilon\nabla\cdot\boldsymbol{E}=0$) 我们最终得到

$$\nabla^2\boldsymbol{E}(\boldsymbol{r},t)+\frac{1}{c^2}\frac{\partial^2\boldsymbol{E}(\boldsymbol{r},t)}{\partial t^2}+\mu_0\frac{\partial^2\boldsymbol{P}_{\mathrm{L}}(\boldsymbol{r},t)}{\partial t^2}=0\tag{6.38}$$

上面得到的就是在场 $\boldsymbol{E}(\boldsymbol{r},t)$ 中的线性方程. 傅里叶变换后给出

$$\nabla^2\boldsymbol{E}(\boldsymbol{r},\omega)+\frac{\omega^2}{c^2}\boldsymbol{E}(\boldsymbol{r},\omega)+\mu_0\omega^2\boldsymbol{P}_{\mathrm{L}}(\boldsymbol{r},\omega)=0\tag{6.39}$$

最终, 把结果 (6.36) 代入线性偏振给出频域的波动方程

$$\nabla^2 \boldsymbol{E}(\boldsymbol{r},\omega)+\varepsilon(\omega)\frac{\omega^2}{c^2}\boldsymbol{E}(\boldsymbol{r},\omega)=0 \tag{6.40}$$

6.4.1 节中, 我们将上面的三维波动方程推演到较为简单的一维情况.

一维近似

一维波动方程 (时域) 在无色散的线性介质中是

$$\frac{\partial^2 E(z,t)}{\partial z^2}-\mu_0\varepsilon_0\overline{n}_0^2\frac{\partial^2 E(z,t)}{\partial t^2}=0 \tag{6.41}$$

式中, $\overline{n}_0$ 是与频率无关的无色散时的折射率. 它与传播常数 β_0 有如下的关系:

$$\beta_0=\overline{n}_0 k_0 \tag{6.42}$$

该波动方程代表的是一个中心频率为 ω_0 的脉冲. 下面的关系式成立:

$$k_0=\omega_0\sqrt{\mu_0\varepsilon_0} \tag{6.43}$$

代表线性脉冲的方程的解是

$$E(z,t)=A(z,t)\ \mathrm{e}^{\mathrm{i}(\omega_0 t-\beta_0 z)} \tag{6.44}$$

式中,$A(z,t)$ 是脉冲的包络. 下面我们将在慢变化包络近似 (SVEA)的条件下工作. 具体地说, 慢变化包络近似是基于下列的近似:

$$\left|\frac{\partial^2 A(z,t)}{\partial z^2}\right|\ll\left|\beta_0\frac{\partial A(z,t)}{\partial z}\right|$$

以及

$$\left|\frac{\partial^2 A(z,t)}{\partial t^2}\right|\ll\left|\omega_0\frac{\partial A(z,t)}{\partial t}\right|$$

基于波动方程的解 (6.44) 以及基于慢变化包络近似, 描述无色散情况下的脉冲传播的线性波动方程成为

$$\frac{\partial A(z,t)}{\partial z}+\frac{\beta_0}{\omega_0}\frac{\partial A(z,t)}{\partial t}=0 \tag{6.45}$$

在有色散时最好用傅里叶分量来描述脉冲. 每个分量都以各自不同的速度传播. 对方程 (6.44) 描述的原始脉冲作傅里叶变换, 我们得到

$$E(z,t)=\frac{1}{2\pi}\int_{-\infty}^{\infty}E(z,\omega)\ \mathrm{e}^{\mathrm{i}\omega t}\mathrm{d}\omega \tag{6.46}$$

$E(z,\omega)$ 描述的是光纤内角频率为 ω 的谱分量的传播, 它[1] 等于

$$E(z,\omega)=E(0,\omega)\ \mathrm{e}^{-\mathrm{i}\beta z} \tag{6.47}$$

将方程 (6.44), 方程 (6.34) 和方程 (6.47) 结合起来, 我们得到

$$A(z,t)\ \mathrm{e}^{\mathrm{i}(\omega_0 t-\beta_0 z)}=\frac{1}{2\pi}\int_{-\infty}^{\infty}E(0,\omega)\ \mathrm{e}^{-\mathrm{i}\beta z}\ \mathrm{e}^{\mathrm{i}\omega t}\mathrm{d}\omega$$

于是, 脉冲包络 $A(z,t)$ 的表达式为

$$A(z,t)=\frac{1}{2\pi}\int_{-\infty}^{\infty}E(0,\omega)\ \mathrm{e}^{\mathrm{i}(\omega-\omega_0)t}\ \mathrm{e}^{-\mathrm{i}(\beta-\beta_0)\ z}\mathrm{d}\omega \tag{6.48}$$

下面, 让我们引入 $\Delta\omega=\omega-\omega_0$, 并且假设 $\Delta\omega\ll\omega_0$.

由于传播常数 β, 即 $\beta=\beta(\omega)$ 与频率有关, 所以脉冲变宽了. 因为 $\Delta\omega\ll\omega_0$, 所以习惯上把 β 按照频率 ω_0 作如下的展开 (同方程 (6.24))

$$\beta(\omega)=\beta_0+\beta_1\Delta\omega+\frac{1}{2}\beta_2(\Delta\omega)^2+\frac{1}{6}\beta_3(\Delta\omega)^3+\cdots \tag{6.49}$$

式中, 高次项已被略去不计. 我们引入下列记号: $\beta_0=\beta(\omega_0)$, $\beta_1=\left.\frac{\mathrm{d}\beta}{\mathrm{d}\omega}\right|_{\omega=\omega_0}$, $\beta_2=\left.\frac{\mathrm{d}^2\beta}{\mathrm{d}\omega^2}\right|_{\omega=\omega_0}$, $\beta_3=\left.\frac{\mathrm{d}^3\beta}{\mathrm{d}\omega^3}\right|_{\omega=\omega_0}$. 将上面的展开式代入方程 (6.48), 可以得到

$$A(z,t)=\frac{1}{2\pi}\int_{-\infty}^{\infty}\widetilde{E}(0,\omega)\ \mathrm{e}^{\mathrm{i}\Delta\omega t}\ \mathrm{e}^{-\mathrm{i}\Delta\omega\beta_1 z}\mathrm{e}^{-\mathrm{i}(\Delta\omega)^2\frac{1}{2}\beta_2 z}\mathrm{e}^{-\mathrm{i}(\Delta\omega)^3\frac{1}{6}\beta_3 z}\mathrm{d}\omega$$

以上表达式将被用来估算导数 $\frac{\partial A(z,t)}{\partial z}$ 和 $\frac{\partial A(z,t)}{\partial t}$. 我们发现

$$\frac{\partial A(z,t)}{\partial t}=\frac{1}{2\pi}\int_{-\infty}^{\infty}\widetilde{E}(0,\omega)\ \mathrm{i}\Delta\omega\ \mathrm{e}^{\mathrm{i}\Delta\omega t}\ \mathrm{e}^{-\mathrm{i}\Delta\omega\beta_1 z}\mathrm{e}^{-\mathrm{i}(\Delta\omega)^2\frac{1}{2}\beta_2 z}\mathrm{e}^{-\mathrm{i}(\Delta\omega)^3\frac{1}{6}\beta_3 z}\mathrm{d}\omega \tag{6.50}$$

而且

$$\begin{aligned}\frac{\partial A(z,t)}{\partial z}=&\frac{1}{2\pi}\int_{-\infty}^{\infty}\widetilde{E}(0,\omega)(-\mathrm{i}\Delta\omega\beta_1)\ \mathrm{e}^{\mathrm{i}\Delta\omega t}\ \mathrm{e}^{-\mathrm{i}\Delta\omega\beta_1 z}\mathrm{e}^{-\mathrm{i}(\Delta\omega)^2\frac{1}{2}\beta_2 z}\mathrm{e}^{-\mathrm{i}(\Delta\omega)^3\frac{1}{6}\beta_3 z}\mathrm{d}\omega\\&+\frac{1}{2\pi}\int_{-\infty}^{\infty}\widetilde{E}(0,\omega)\left[-\mathrm{i}\frac{1}{2}(\Delta\omega)^2\beta_2\right]\mathrm{e}^{\mathrm{i}\Delta\omega t}\ \mathrm{e}^{-\mathrm{i}\Delta\omega\beta_1 z}\mathrm{e}^{-\mathrm{i}(\Delta\omega)^2\frac{1}{2}\beta_2 z}\mathrm{e}^{-\mathrm{i}(\Delta\omega)^3\frac{1}{6}\beta_3 z}\mathrm{d}\omega\\&+\frac{1}{2\pi}\int_{-\infty}^{\infty}\widetilde{E}(0,\omega)\ \left[-\mathrm{i}\frac{1}{6}(\Delta\omega)^3\beta_3\right]\\&\times\mathrm{e}^{\mathrm{i}\Delta\omega t}\ \mathrm{e}^{-\mathrm{i}\Delta\omega\beta_1 z}\mathrm{e}^{-\mathrm{i}(\Delta\omega)^2\frac{1}{2}\beta_2 z}\mathrm{e}^{-\mathrm{i}(\Delta\omega)^3\frac{1}{6}\beta_3 z}\mathrm{d}\omega\end{aligned} \tag{6.51}$$

上面方程的右方可以用对时间的导数来表示, 即

$$\frac{1}{2\pi}\int_{-\infty}^{\infty}\widetilde{E}(0,\omega)(-\mathrm{i}\Delta\omega\beta_1)\mathrm{e}^{\mathrm{i}\Delta\omega t}\ \mathrm{e}^{-\mathrm{i}\Delta\omega\beta_1 z}\mathrm{e}^{-\mathrm{i}(\Delta\omega)^2\frac{1}{2}\beta_2 z}\mathrm{e}^{-\mathrm{i}(\Delta\omega)^3\frac{1}{6}\beta_3 z}\mathrm{d}\omega=-\beta_1\frac{\partial A(z,t)}{\partial t}$$

$$\frac{1}{2\pi}\int_{-\infty}^{\infty}\widetilde{E}(0,\omega)\ \left[-\mathrm{i}\frac{1}{2}(\Delta\omega)^2\beta_2\right]\ \mathrm{e}^{\mathrm{i}\Delta\omega t}\ \mathrm{e}^{-\mathrm{i}\Delta\omega\beta_1 z}\mathrm{e}^{-\mathrm{i}(\Delta\omega)^2\frac{1}{2}\beta_2 z}\mathrm{e}^{-\mathrm{i}(\Delta\omega)^3\frac{1}{6}\beta_3 z}\mathrm{d}\omega$$
$$=\mathrm{i}\frac{1}{2}\beta_2\frac{\partial^2 A(z,t)}{\partial t^2}$$

$$\frac{1}{2\pi}\int_{-\infty}^{\infty}\widetilde{E}(0,\omega)\ \left[-\mathrm{i}\frac{1}{6}(\Delta\omega)^3\beta_3\right]\ \mathrm{e}^{\mathrm{i}\Delta\omega t}\ \mathrm{e}^{-\mathrm{i}\Delta\omega\beta_1 z}\mathrm{e}^{-\mathrm{i}(\Delta\omega)^2\frac{1}{2}\beta_2 z}\mathrm{e}^{-\mathrm{i}(\Delta\omega)^3\frac{1}{6}\beta_3 z}\mathrm{d}\omega$$
$$+\frac{1}{6}\beta_3\frac{\partial^3 A(z,t)}{\partial t^3}$$

利用方程 (6.51) 进行上述置换, 我们最终得到

$$\frac{\partial A(z,t)}{\partial z}=-\beta_1\frac{\partial A(z,t)}{\partial t}-\mathrm{i}\frac{1}{2}\beta_2\frac{\partial^2 A(z,t)}{\partial t^2}+\frac{1}{6}\beta_3\frac{\partial^3 A(z,t)}{\partial t^3}\tag{6.52}$$

这是描述在线性区域内存在色散情况下脉冲演变的基本方程. 由此产生的非线性效应 (Kerr 效应) 可用来描述光孤子, 详细的讨论将会放在另一章中进行. 在无色散时, 也就是说当 $\beta_2=\beta_3=0$ 时, 光脉冲不会改变它的形状. 在此情况下, 脉冲包络的变化为 $A(z,t)=A(0,t-\beta_1 z)$.

描述脉冲传播的一般方程可以把脉冲在一个参考系中移动的办法简化. 新坐标系的变化为

$$t'=t-\beta_1 z, z'=z\tag{6.53}$$

当参考系与脉冲一起移动时, 方程 (6.52) 变成

$$\frac{\partial A(z',t')}{\partial z'}+\frac{i}{2}\beta_2\frac{\partial^2 A(z',t')}{\partial t'^2}-\frac{1}{6}\beta_3\frac{\partial^3 A(z',t')}{\partial t'^3}=0\tag{6.54}$$

上述方程有许多应用, 详细的讨论请参阅文献 [1], [3], [9].

6.5 脉冲的传播

6.5.1 啁啾高斯脉冲传播的分析

脉冲的行为是由先前推导出来的方程 (6.54) 决定的. 当 $\beta_3=0$ 时, 该方程变为

$$\frac{\partial A}{\partial z'}+\frac{\mathrm{i}}{2}\beta_2\frac{\partial^2 A}{\partial t'^2}=0$$

于是脉冲的演变可以由此分析出来. 该方程的解是

$$A(r,t)=\frac{1}{2\pi}\int_{-\infty}^{\infty}A(0,\omega)\ \mathrm{e}^{\frac{\mathrm{i}}{2}\beta_2\omega^2 z+\mathrm{j}\omega t}\mathrm{d}\omega \tag{6.55}$$

式中, 初始的高斯脉冲 $A(0,\omega)$ 是由方程 (6.12) 所决定的. 把方程 (6.12) 代入方程 (6.55) 再对高斯积分估算得出

$$A(z,t)=\frac{T_0}{\left[T_0^2-\mathrm{i}\beta_2 z\,(1+\mathrm{i}C)\right]^{1/2}}\exp\left\{-\frac{(1+\mathrm{i}C)\,t^2}{T_0^2-\mathrm{i}\beta_2 z\,(1+\mathrm{i}C)}\right\} \tag{6.56}$$

上述结果定义了传播的脉冲在位置 z 时的新脉冲宽度 T_1. 它的数值是

$$\frac{T_1}{T_0}=\left[\left(1+\frac{C\beta_2\ z}{T_0^2}\right)^2+\left(\frac{\beta_2\ z}{T_0^2}\right)^2\right]^{1/2} \tag{6.57}$$

啁啾和无啁啾脉冲的演变过程如图 6.13 所示. 进一步咨询可以参照附录 6A 清单 6A.7 中的 Matlab 代码.

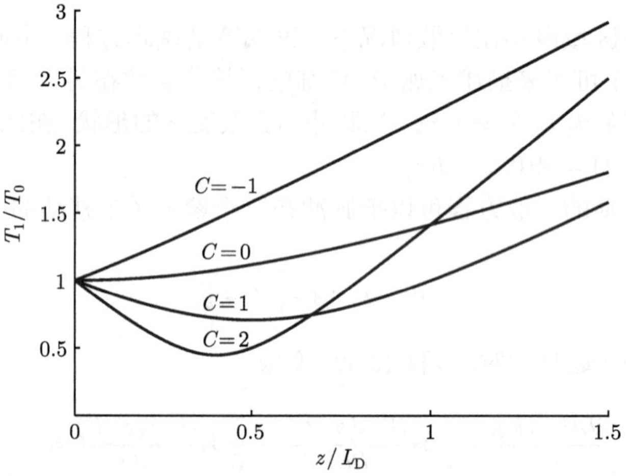

图 6.13　啁啾及无啁啾脉冲宽度随归一化距离 z/L_D 不同的演变

6.5.2　傅里叶变换的数值方法

通过对方程 (6.54) 进行数值求解结束本章的讨论. 下面我们看到如何对在有色散时传播的高斯脉冲 (以及超高斯脉冲) 实现数值方法. 该方法有下列几个步骤:

(1) 单个脉冲 $p=\exp(-t^2/T_0)$ 在时域中的取样周期 $T=0.08\mathrm{s}$ (需要时, 可以用 Matlab 的函数 plot(t,p) 作图).

(2) 利用 $P=$ fftshift(fft(p)) 对该单脉冲作傅里叶变换, 式中, p 是时域而 P 是频域.

(3) 用取样频率 =1/64 对频域脉冲进行取样. 对单个脉冲进行多重傅里叶变换后得到频率的解. $H(\omega)$ 是变换函数, 它的谱函数为

$$H(\omega) = \exp\left[\left(-\frac{\alpha}{2} - \frac{\mathrm{i}}{2}\cdot\beta_2\cdot\omega^2 - \frac{\mathrm{i}}{6}\cdot\beta_3\cdot\omega^3\right)\cdot L\right] \tag{6.58}$$

式中, α 是损耗; L 是传播距离; β_2 和 β_3 是前面定义的色散参数.

(4) 利用反傅里叶变换 ifft(fftshift(P_prop)) 最后求得时域解, 并用此函数作图. 参见附录 6A 清单 6A.8.1 和清单 6A.8.2 的 Matlab 代码.

高斯脉冲在距离为 4000km 的传播如图 6.14 所示. 它的参数为 $\alpha = 0$, $\beta_2 = 60\text{ps}^2/\text{km}$, 以及 $\beta_3 = 0.01\text{ps}^3/\text{km}$. 该图表明由于色散的存在, 高斯脉冲在传播 4km 后变宽了. Matlab 代码见附录 6A 清单 6A.8.1 和清单 6A.8.2.

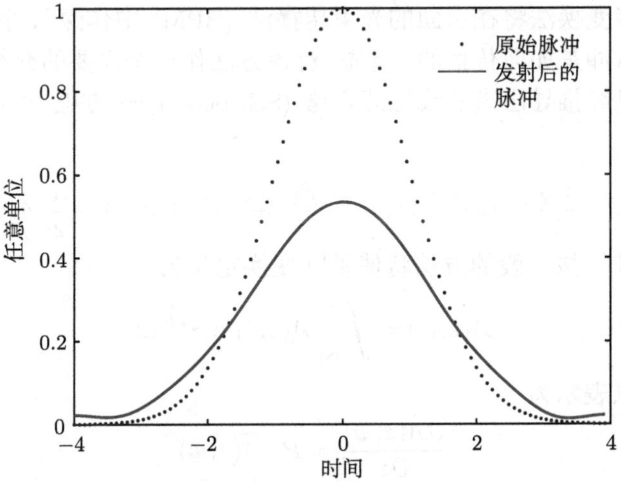

图 6.14　高斯脉冲由色散存在引起的脉冲变宽

图中 $\beta_2 = 60\text{ps}^2/\text{km}$ 以及 $\beta_3 = 0.01\text{ps}^3/\text{km}$

在图 6.15 中我们看到当 $\beta_2 = 0$ 时 $m = 3$ 的超高斯脉冲在传播相同距离后的波形. 其他的的参数保持不变.

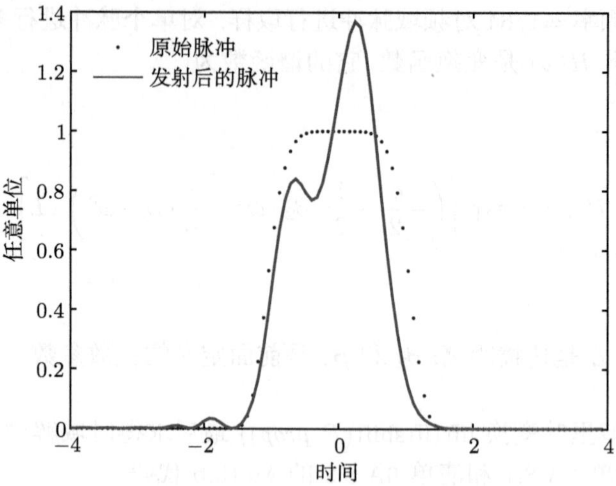

图 6.15 当 $m = 3$ 时超高斯脉冲的演变

图中 $\beta_2 = 0$ 以及 $\beta_3 = 0.01\text{ps}^3/\text{km}$

6.5.3 傅里叶分步变换法

傅里叶分步变换法将在后面的光束传播法 (BPM) 中作深入讨论. 这里我们用它来说明高斯脉冲是如何传播的. 首先, 对该方法作一个简要的介绍.

使用前面已经推导出来的线性薛定谔 (Schroedinger) 方程 (6.54). 对它作傅里叶变换后得到

$$\frac{\partial \widetilde{A}(z,\omega)}{\partial z} = -\frac{\mathrm{i}\beta_2}{2}(-\mathrm{i}\omega)^2\ \widetilde{A}(z,\omega) + \frac{\beta_3}{6}(-\mathrm{i}\omega)^3\ \widetilde{A}(z,\omega) - \frac{\alpha}{2}\ \widetilde{A}(z,\omega) \tag{6.59}$$

式中, α 代表损耗. 按一般的方法将傅里叶变换定义为

$$\widetilde{A}(z,\omega) = \int_{-\infty}^{\infty} A(z,t)\ \mathrm{e}^{-\mathrm{j}\omega t}\ \mathrm{d}t$$

方程 (6.59) 可以表示为

$$\frac{\partial \widetilde{A}(z,\omega)}{\partial z} = P \cdot \widetilde{A}(z,\omega) \tag{6.60}$$

式中, 传播运算子 P 定义为

$$P = \frac{\mathrm{i}\beta_2}{2}\omega^2 + \frac{\mathrm{i}\beta_3}{6}\omega^3 - \frac{\alpha}{2} \tag{6.61}$$

对方程 (6.60) 沿 z 轴在一个短的距离 h 上积分, 其结果是

$$\widetilde{A}(z+h,\omega) = \mathrm{e}^{P\cdot h}\ \widetilde{A}(z,\omega) \tag{6.62}$$

上述方程可以在 Matlab 中直接实现. 在表 6.1 中列举了用于仿真的数据.

表 6.1 参数数值

名称	符号	数值
二级色散	β_2	60ps/nm · km
三级色散	β_3	0.01ps/nm · km
损耗	α	0
高斯脉冲宽度	w_0	20ps

其结果如图 6.16 和图 6.17 所示. 我们展现了高斯脉冲的演变过程及其三维的视图. Matlab 代码示于附录 6A 中的清单 6A.9.

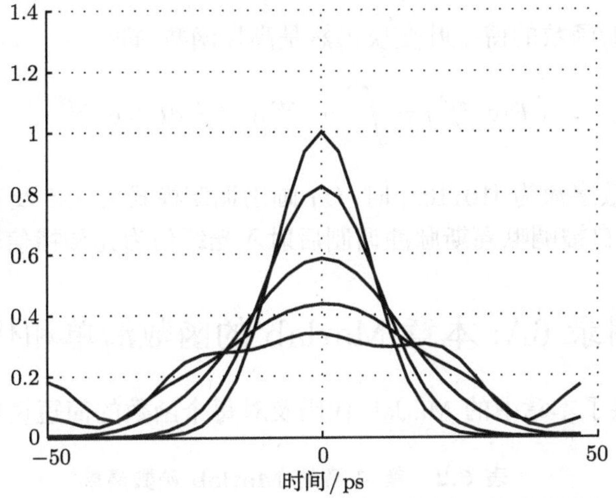

图 6.16 利用傅里叶变换分步法形成的高斯脉冲的演变

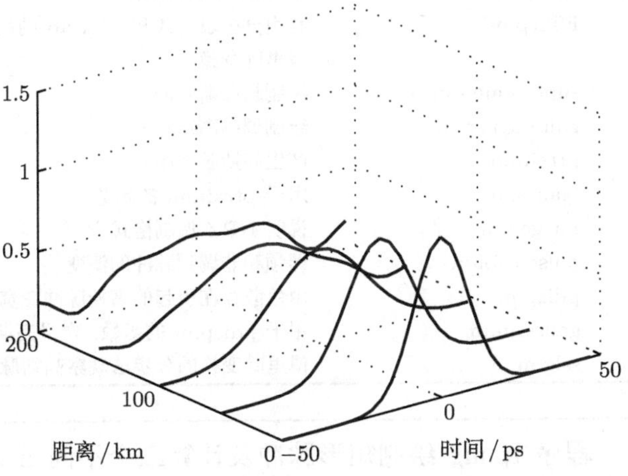

图 6.17 在图 6.16 形成的高斯脉冲演变的三维视图

结算结果清楚地表明, 由于色散的存在, 无论是高斯脉冲还是超高斯脉冲都发生了变形, 尤其是高斯脉冲的脉冲宽度加大了.

6.6 习　　题

1. 求出代表矩形脉冲的方程 (6.1) 的傅里叶级数, 并决定系数 s_n.

2. 给出啁啾高斯脉冲的傅里叶变换并由式 (6.14) 估算出频谱半宽度.

3. 改变程序 6A.4, 以便和方程 (6.9) 完全吻合. 观查程序改变前后啁啾波形的变化.

4. 证明高斯函数的傅里叶变换仍然是高斯函数, 即

$$F(\mathrm{e}^{-\pi t^2}) = \int_{-\infty}^{\infty} \mathrm{e}^{-\pi t^2}\mathrm{e}^{-\mathrm{j}2\pi f t}\mathrm{d}t = \mathrm{e}^{-\pi f^2}$$

5. 当比特数字流为 [101101] 时, (1) 画出调制模式为 RZ 及 NRZ 时的示意图; (2) 画出它们各自被啁啾高斯脉冲调制后射入光纤作为光传播信号的示意图.

附录 6A: 本章 Matlab 的函数清单和代码

表 6.2 提供了本章中的 Matlab 代码及对每个函数的简短说明.

表 6.2　第 6 章的 Matlab 函数清单

清单	函数名	描述
6A.1	rp.m	矩形脉冲的近似算法
6A.2	FT_rp.m	利用分析表达式和 Matlab 的函数评估矩形脉冲的傅里叶变换
6A.3	super_gauss.m	绘制超高斯脉冲
6A.4	gauss_chirp.m	绘制调频高斯脉冲
6A.5.1	ptrain.m	产生高斯脉冲序列
6A.5.2	fgauss.m	用于 ptrain.m 的函数
6A.6	bit_gen.m	说明 NRZ 调制格式
6A.7	pulse_evol.m	调频和非调频脉冲的演变
6A.8.1	pdisp.m	由色散存在引起的高斯脉冲变宽
6A.8.2	gauss_m.m	用于 pdisp.m 的函数. 定义高斯脉冲
6A.9	sslg.m	傅里叶变换的分步法观察高斯脉冲的演变

清单 6A.1　程序 rp.m: 绘制矩形脉冲及计算三个不同 n 时傅里叶级数的 Matlab 代码.

```
% 文件名: rp.m (rectangular pulse)
```

```
clear all
N_max = 100;                                % number of points for plot
% Pulse characteristics
s_0 = 1.0;                                  % pulse amplitude
t_min = 2;                                  % start of pulse
t_max = 10.0;                               % end of pulse
A = 0.5;
dt = 1/N_max;
t = 0:dt:2*t_max;
x = A*(sign(t-t_min)-sign(t-t_max)); % creates rectangular pulse
hold on
h = plot(t,x);
set(h,'LineWidth',2);
axis([0 1.2*t_max -0.5 1.7]);         % plots rectangular pulse
%
s = 0.0;
for n = [1 3 5]
s = s + 4*s_0/(pi*n)*sin(n*pi*(t-t_min)./(t_max-t_min));
h = plot(t,s);
set(h,'LineWidth',2);
end
axis([0 1.2*t_max -0.5 1.7]);
xlabel('time (a.u.)','FontSize',14); % size of x label
ylabel('s (a.u)','FontSize',14);      % size of y label
set(gca,'FontSize',14);               % size of tick marks on both axes
% Add description
text(5.5, 1.4, 'n = 1','Fontsize',13)
text(7.0, 1.4, 'n = 3','Fontsize',13)
text(8.5, 1.4, 'n = 5','Fontsize',13)
pause
close all
```

清单 6A.2 程序 FT_rp.m: 绘制矩形脉冲, 它的傅里叶变换以及利用 Matlab 内置函数估算其傅里叶变换的 Matlab 代码.

```
% 文件名: FT_rp.m
```

```
% Plots symmetric rectangular pulse of duration tau and its
% Fourier transform
clear all
N_max = 1000;                              % number of points for plot
% Pulse characteristics
tau = 10.0;                                % 1/2 pulse width
A = 0.5;                                   % pulse height
% Plotting Fourier transform of rectangular pulse using analytical
formula
omega = linspace(-20/tau, 20/tau, N_max); % creation of frequency
                                             argument
S = 2*A*sin(tau.*omega)./omega;
h = plot(omega,S);
set(h,'LineWidth',1.5);                    % thickness of plotting lines
grid
xlabel('frequency (a.u.)','FontSize',14);
ylabel('Fourier transform (S) (a.u.)','FontSize',14);
set(gca,'FontSize',14);                    % size of tick marks on both
                                             axes
text(0.65, 0, 'A','Fontsize',13);
text(1, 0, 'B','Fontsize',13);
pause
close all
%---- Plotting rectangular pulse -----------------------------------
dt = 1/N_max;
t = -6*tau:dt:6*tau;                     % Creation of points for
                                           pulse plotting
s = A*(sign(t+tau)-sign(t-tau));
h = plot(t,s);
set(h,'LineWidth',1.5);                  % thickness of plotting lines
axis([-2*tau 2*tau 0 2]);
xlabel('time (a.u.)','FontSize',14); ylabel('s_r (a.u.)','FontSize',
14);
set(gca,'FontSize',14);                  % size of tick marks on
                                           both axes
```

```
pause
close all
%----- Plotting its Fourier transform using Matlab functions ----------
y = fft(s);                              % discrete Fourier transform
SM = fftshift(y);                        % shift zero-frequency
                                           component to center
                                           of spectrum
N = length(SM);
k = -(N-1)/2:(N-1)/2;
f = abs(SM);
h = plot(k,f);
set(h,'LineWidth',1.5);                  % thickness of plotting lines
axis([-4*tau 4*tau -5000 30000]);
ylabel('Abs FT of rectangular pulse (a.u)','FontSize',14);
grid
set(gca,'FontSize',14);                  % size of tick marks on
                                           both axes
pause
close all
```

清单 6A.3 程序 super_gauss.m: 绘制几个不同参数 m 的超级高斯脉冲的 Matlab 代码.

```
% 文件名: super_gauss.m
% Plots super-Gaussian pulses
clear all
A = 1;
sigma = 30;
N = 300.0;
t = linspace(-50,50,N);
hold on
for m = [1 2 3 4]
p = A/(sigma*sqrt(2*pi))*exp(-t.^(2*m)/(sigma^(2*m)));
h = plot(p);
set(h,'LineWidth',1.5);          % thickness of plotting lines
end
```

```
xlabel('time','FontSize',14); ylabel('amplitude','FontSize',14);
set(gca,'FontSize',14);        % size of tick marks on both axes
pause
close all
```

清单 6A.4 程序 gauss_chirp.m: 用来产生高斯脉冲及啁啾高斯脉冲的 Matlab 代码.

```
% 文件名: gauss_chirp.m
% Creation of Gaussian pulse and also chirped Gaussian pulse
clear all;
%
t_zero = 20.0;                 % center of incident pulse
width = 6.0;                   % width of the incident pulse
C = 15;                        % chirped parameter
%
N = 300.0;
time = linspace(0,50,N);
pulse = exp(-0.5*((t_zero - time)/width).^2); % Gaussian pulse
pulse_ch = exp(-(0.5+1i*C)*((t_zero - time)/width).^2); % chirped
pulse
%
subplot (2,1,1), h = plot(time,pulse);
set(h,'LineWidth',1.5);        % thickness of plotting lines
title('Gaussian pulse','FontSize',14)
xlabel('time','FontSize',14); ylabel('amplitude','FontSize',14);
set(gca,'FontSize',14);        % size of tick marks on both axes
%
subplot (2,1,2), h = plot(time,pulse_ch);
set(h,'LineWidth',1.5);        % thickness of plotting lines
title('Chirped Gaussian pulse','FontSize',14)
xlabel('time','FontSize',14); ylabel('amplitude','FontSize',14);
set(gca,'FontSize',14);        % size of tick marks on both axes
pause
close all
```

清单 6A.5.1 程序 ptrain.m: 用来产生脉冲列的 Matlab 代码.

```
% 文件名: ptrain.m
% Generates train of pulses
% Allows for overlap of pulses
clear all
bits = [0 1 0 1 1 0];       % definition of logical pattern
T = 1d-9;                   % pulse period [s]
num_pulses = length(bits); % number of pulses
N = 1000;                   % number of time points
width = 0.3*T;              % width of pulse
time=linspace(0,num_pulses*T,N);
signal = zeros(1,N);
pulses = zeros(num_pulses,N);
%
t_0= T/2;                   %position of peak of first impulse
                             in signal
for i=1:num_pulses
if (bits(i)==1)
pulses(i,:)= fgauss(time,width,t_0);
signal = signal + fgauss(time,width,t_0);
end
t_0 = t_0 + T;
end
%
subplot (2,1,1); h = plot(time,pulses);
set(h,'LineWidth',1.5);     % thickness of plotting lines
xlabel('time','FontSize',14); % size of x label
title('Individual pulses','FontSize',14)
set(gca,'FontSize',14);     % size of tick marks on both axes
subplot (2,1,2); h = plot(time,signal);
set(h,'LineWidth',1.5);     % thickness of plotting lines
xlabel('time','FontSize',14); % size of x label
set(gca,'FontSize',14);     % size of tick marks on both axes
title('Total signal','FontSize',14)
pause
```

```
close all
```

清单 6A.5.2　函数 fgauss_chirp.m: 用於程序 ptrain.m 产生单个高斯脉冲的 Matlab 代码.

```
% 函数名:fgauss_chirp.m
function pulse = fgauss(time,width,t_0)
% function pulse = wave_gauss(t,T_period)
% Generates individual Gaussian pulse used in the creation of
% train of pulses
pulse = exp(-0.5*((t_0 - time)/width).^2);
end
```

清单 6A.5.3　程序 cgptrain.m: 用来产生啁啾高斯调制光脉冲的 Matlab 代码.

```
%文件名: cgptrain.m
clear all
bits = [0 1 0 1 1 0 ]
T = 1d-9
num_pulses = length(bits)
N = 1000;
width = 0.3*T;
w = 5d12;      %frequency of carrier wave
C=5;           %index of Chirep Gaussion Pulse
time=linspace(0,num_pulses*T,N);
signal = zeros(1,N);
pulses = zeros(num_pulses,N);
%
t_0 = T/2;
for i=1:num_pulses
    if(bits(i)==1)
        pulses(i,:) = fgauss(time,width,t_0).*cos(w*time+0.5*C*(time/T).^2)
        signal = signal + fgauss(time,width,t_0).*cos(w*time+0.5*C*(time/T)
    end
    t_0 = t_0 + T;
end
```

```
%
h = plot(time,pulses);
set(h,'LineWidth',1.5);
xlabel('time','FontSize',14);
title('Transmited Chirped Gaussian Pulses','FontSize',14)
set(gca,'FontSize',14);
pause
close all
```

清单 6A.6 程序 bits_gen.m: 用来产生 8-bits 长 bit 图的 Matlab 代码.

```
% 文件名: bits_gen.m
%-----------------------------------------------------------
% Purpose:
% Generates 8-bits long pattern
% generates single bit which is then repeated 8 times
% Source
% R.Sabella and P.Lugli
% "High Speed Optical Communications"
% Kluwer Academic Publishers 1999
% p.32
%*********************************
%
clear all
bits = [0 1 0 0 1 1 0 1];           % Definition of logical pattern
%
T_period = 1d-9;                    % pulse period [s]
I_bias = 2;                         % mA
I_m = 3;                            % mA
tau_r = 0.2*T_period;               % rise time
%
% Generation of current pattern corresponding to bit pattern
I_p = 0;
N_div = 50; % number of divisions within each bit interval
t = linspace(0, T_period, N_div); % the same time interval is
% generated for each bit
```

```
%******** first bit ***********************************
if bits(1)==0, I_p_1 = I_bias + 0*t;
elseif bits(1)==1, I_p_1 = I_bias + I_m + 0*t;
end
%----------------------------------------------------
% Generates single, arbitrary bit
%t = linspace(0, T_period, N_div);
temp_I = I_p_1;
%
number_of_bits = length(bits);
%
for k = 2:number_of_bits
if bits(k)==1 && bits(k-1)==0
I_p = I_bias + I_m*(1 - exp(-2.2*t./tau_r));
elseif bits(k)==0 && bits(k-1)==1
I_p = I_bias + I_m*exp(-2.2*t./tau_r);
elseif bits(k)==0 && bits(k-1)==0
I_p = I_bias + 0*t;
else bits(k)==1 && bits(k-1)==1
I_p = I_bias + I_m + 0*t;
end
I_p = [temp_I,I_p];
temp_I = I_p;
end
temp_t = t;
for k = 2:number_of_bits
t = linspace(0, T_period, N_div);
t = [temp_t,(k-1)*T_period+t];
temp_t = t;
end
%
x_min = 0;
x_max = max(t);
y_min = I_bias;
y_max = I_bias + 1.2*I_m;
```

```
%
h = plot(t,I_p);
grid on
set(h,'LineWidth',1.5);                    % thickness of plotting lines
xlabel('time [s]','FontSize',14);          % size of x label
ylabel('Current [mA]','FontSize',14);      % size of y label
set(gca,'FontSize',14);                    % size of tick marks on both
                                             axes
axis([x_min x_max y_min y_max])
pause
close all
```

清单 6A.7 程序 evol.m: 用来展现形成啁啾及非啁啾脉冲宽度演变的 Matlab 代码.

```
% 文件名: pulse_evol.m
% Describes evolution of pulse width as a function of normalized
% distance for chirped and unchirped pulses
%
clear all
% Data
beta_2 = -20;                  % [-20ps^2/km] at 1.55 microns
T_0 = 200;                     % [ps] = 0.2 ns, bit rate 10Gb/s
L_D = (T_0^2)/abs(beta_2);
N_max = 401;                   % number of points for plot
x = linspace(0,1.5,N_max); % normalized distance; x = z/L_D
%
hold on
for C = [-1 0 1 2]             % chirped coefficient
T = sqrt((1+sign(beta_2)*C*x).^2 + (x).^2);
h = plot(x,T);
set(h,'LineWidth',1.5);  % thickness of plotting lines
end
% Redefine figure properties
ylabel('T_1/T_0','FontSize',14)
xlabel('z/L_D','FontSize',14)
```

```
text(0.35, 1.65, 'C = -1','Fontsize',14)
text(0.35, 1.2, 'C = 0','Fontsize',14)
text(0.35, 0.8, 'C = 1','Fontsize',14)
text(0.35, 0.55, 'C = 2','Fontsize',14)
set(gca,'FontSize',14); % size of tick marks on both axes
pause
close all
```

清单 6A.8.1　程序 pdisp.m: 用来展示高斯脉冲在色散情况下演变的 Matlab 代码.

```
% 文件名: pdisp.m
% Propagation of Gaussian pulse in the presence of dispersion
% using Fourier transform
clear all;
% Creation of input pulse
T_0 = 1.0;                  % pulse width
T_s = 0.08;                 % sampling period
t = -4:T_s:4-T_s;           % creation of time interval
p = gauss_m(t,T_0);
P=fftshift(fft(p));         % Fourier transform of the original pulse
Fs=1/64;                    % sampling frequency
N=length(t);                % length of time interval
f = -N/2*Fs:Fs:N/2*Fs-Fs;   % frequency range
omega = 2*pi*f;
% Parameters of optical fiber
alpha = 0.0;                % losses
beta_2 = 60.0;              % coefficient beta_2 [ps^2/km]
%beta_2 = 0.0;              % coefficient beta_2 [ps^2/km]
beta_3 = 0.01;              % coefficient beta_3 [ps^3/km]
% Transfer function of optical fiber
distance = 4000;
H=exp((alpha/2+1i/2*beta_2*omega.^2+1i/6*beta_3*omega.^3)*distance);
%
P_prop = P.*H;              % Fourier transform of final pulse
p_prop = ifft(fftshift(P_prop)); % time dependence of final pulse
```

```
p_plot = abs(p_prop).^2;
%
h = plot(t, p, '.', t, p_plot);
set(h,'LineWidth',1.5);     % thickness of plotting lines
xlabel('time','FontSize',14); % size of x label
ylabel('Arbitrary units','FontSize',14); % size of y label
set(gca,'FontSize',14);     % size of tick marks on both axes
legend('original pulse', 'transmited pulse')
pause
close all
```

清单 6A.8.2 函数 gauss_m.m: 为程序 pdisp.m 所用函数的 Matlab 代码.

```
% 函数名:gauss_m.m
function p = gauss_m(t,T_0)
% Definition of Gaussian and super-Gaussian pulses
m = 1;              % m=1, usual Gauss; m=3, super-Gauss
%m = 3;
p = exp(-t.^(2*m)/(2*T_0^(2*m)));
end
```

清单 6A.9 程序 sslg.m: 在时域产生高斯脉冲，然后通过傅里叶变换到频域及在线性系统中以色散特征量的β 2 和β 3 传播的 Matlab 代码.

```
% 文件名: sslg.m
% Calculates and plots the evolution of a Gaussian pulse in optical
fiber
% using Fast Fourier Transform split-step method with linear terms
only
clear all
% Input parameters
N= 32;                                  % number of points along time
                                          axis
T_domain = 100;                         % total time domain kept [in ps]
beta_2 = 2;                             % dispersion coefficient
                                          [in ps/nm-km]

beta_3 = 1.01;
```

```
%
Delta_t = T_domain/N;                   % node spacing in time
Delta_om = 2*pi/T_domain;               % node spacing in radial frequency
t = Delta_t*(-N/2:1:(N/2)-1);           % array of time points
omega = Delta_om*(-N/2:1:(N/2)-1);      % array of radial frequency points
t_FWHM_0 = 20;                          % initial pulse FWHM [in ps]
P_0 = 1;                                % initial peak power [in mW]
A_0 = sqrt(P_0);                        % initial amplitude of the Gaussian
T_0 = t_FWHM_0/(2*sqrt(log(2)));        % initial pulse standard deviation
gauss = A_0*exp(-t.^2/(2*T_0^2));       % initial Gauss pulse in time
%
L_D = 200;
z_plot = [0 0.25 0.5 0.75 1.0]*L_D; % z-values to plot [in km]
gauss_F = fftshift(abs(fft(gauss)));% initial Gauss in frequency
z = 0;                                  % starting distance
n = 0;                                  % controls stepping
hold on
for z_val = z_plot                      % for selected z-values
n = n + 1;                              % creates new step
% P -propagator function
P = exp(((1j/2)*beta_2*(omega.^2)+(1j/6)*beta_3*(omega.^3))*z_val);
u_F_z = gauss_F.*P;                     % propagation at point z
u_z = ifft(u_F_z,N);                    % takes inverse Fourier transform
u_abs_z = abs(u_z).^2;
u = fftshift(u_abs_z);                  % shifts frequency components
u_3D(:,n) = u'; % create array for 3D plot
plot(t,u,'LineWidth',1.5)
end
grid on
xlabel('time [ps]','FontSize',14); ylabel('amplitude','FontSize',14);
set(gca,'FontSize',14);                 % size of tick marks on both axes
pause
close all
%
% Make 3D plot
```

```
for k = 1:1:length(z_plot)              % choosing 3D plots every step
y = z_plot(k)*ones(size(t));            % spread out along y-axis
plot3(t,y,u_3D(:,k),'LineWidth',1.5)
hold on
end
xlabel('time [ps]','FontSize',14); ylabel('distance [km]','FontSize',
14);
set(gca,'FontSize',14);                 % size of tick marks on both axes
grid on
pause
close all
```

参考文献

[1] G.P. Agrawal. *Fiber-Optic Communication Systems. Second Edition.* Wiley, New York, 1997.

[2] E. Iannone, F. Matera, A. Mocozzi, and M. Settembre. *Nonlinear Optical Communication Networks.* Wiley, New York, 1998.

[3] G.P. Agrawal. *Nonlinear Fiber Optics.* Academic Press, Boston, 1989.

[4] G. Keiser. *Optical Fiber Communications. 4th Edition.* McGraw-Hill, Boston, 2011.

[5] M.M.-K. Liu. *Principles and Applications of Optical Communications.* Irwin, Chicago, 1996.

[6] L.N. Binh. *Optical Fiber Communications Systems.* CRC Press, Boca Raton, 2010.

[7] R. Ramaswami and K.N. Sivarajan. *Optical Networks: A Practical Perspective. Second Edition.* Morgan Kaufmann Publishers, San Francisco, 1998.

[8] J.C. Cartledge. Improved transmission performance resulting from the reduced chirp of a semiconductor laser coupled to an external high-Q resonator. *J. Lightwave Technol.*, 8:716–721, 1990.

[9] R. Sabella and P. Lugli. *High Speed Optical Communications.* Kluwer Academic Publishers, Dordrecht, 1999.

第 7 章　光　源

本章所讨论的光源, 其实就是激光。激光是 20 世纪以来, 继原子能、计算机和半导体以后, 人类的又一次伟大的发明. 它的原理早在 1916 年已被爱因斯坦发现, 但直到 1960 年科学家才首次在实验室里获得激光。我们将要讨论激光器, 特别是半导体激光器的基本性能。本章所推导的结果和进行的分析都基于速率方程. 我们从浏览激光器的大致情况开始讨论.

7.1　激光器的概论

激光器的大致结构如图 7.1[1, 2] 所示, 它由三部分组成: 增益介质, 抽运泵和谐振腔. 激光器与电子学中的振荡器十分类似. 为了构建一个电子学中的振荡器, 必须要有创建增益的放大器和反馈电路. 与电子学中振荡器的放大电路相对应的是激光器的核心部分, 也就是两个反射镜和居间的增益介质. 在这里产生了放大的电磁 (光) 辐射. 激光器中的两面镜子不仅为光束提供了反馈, 同时, 把光束限制在有限的空间里. 光束在腔体中来回反射多次后从一面镜子逸出, 成为激光束发射出去. 和电子振荡器的反馈回路类似的是, 激光器中给光束提供外部能量, 使增益介质的

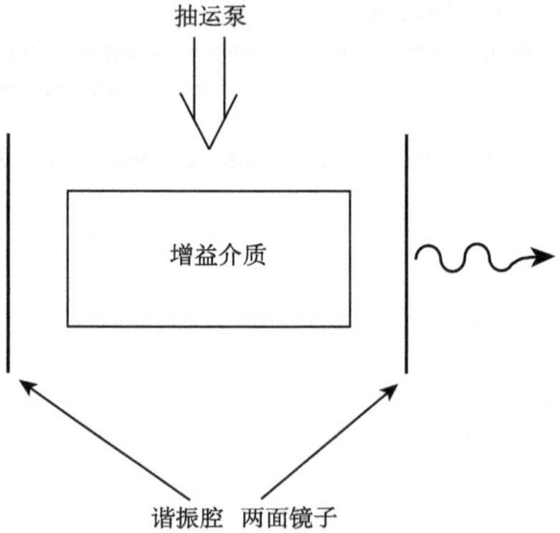

图 7.1　通常的激光器由两个反射镜和它们之间的增益介质形成的腔体所组成. 光被限制在腔内并接收来自抽运泵的反馈. 腔内的一部分光从一个反射镜逸出, 发射出去. 所得到的激光是定向的, 并且带宽小

粒子数得到反转的是抽运泵.最通用的抽运泵是通过光学或电学手段实现的, 分别称为光抽运和电抽运.

增益介质是激光器产生光的受激辐射的源泉, 它可以以多种方式来创建. 从概念上讲, 最简单的一种方式是气体分子的集合. 这样的系统被称为气体激光器. 在气体激光器, 如氦氖激光器中, 激活介质或增益介质是气体氖 (Ne), 而气体氦 (He) 是辅助介质. 红宝石激光器中的增益介质是含铬离子的红宝石 ($Cr^{+3}:Al_2O_3$). 二氧化碳激光器的增益介质是二氧化碳气体 (CO_2). 它们各自的集合体构成了吸收或放大中心, 在外界抽运源的激励下, 能在介质中形成粒子数反转并发射光子.

一个四能级激光器系统的泵循环过程如图 7.2 所示. 该系统由一个基态能级 (这里用“0”表示), 双能级 E_1 和 E_2, 以及标注为“3”的最高能级的四个能级所组成. 抽运泵以频率 ω_{30} 把粒子抽运到最高能级“3”上. 接着, 在能级“3”和“2”之间立刻发生快速跃迁. 于是, 在能级“2”和“1”之间形成粒子反转 (“2”上面的粒子数超过“1”的粒子数). 紧接着, 粒子从能级“2”跳回到能级“1”, 同时发射出频率为 ω_{21} 的光子. 这就是我们感兴趣的产生激光的受激辐射.

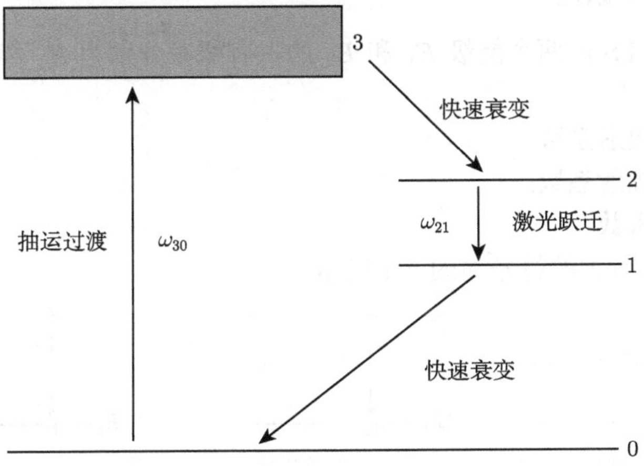

图 7.2 典型激光器中的抽运循环过程

由“2”和“1”能级组成的系统可以进一步被剥离出来讨论. 这种系统被称为双级系统 (TLS), 如图 7.3 所示. 这时, 我们只选择两个能级 (大多出现在一个分子的状态) 因为所有的能量交换都仅在这两个能级之间进行. 如图 7.3 所示, 两能级之间存在三个基本过程: 吸收, 受激辐射和自发辐射.

这种 TLS 在大自然中是经常可以遇见的. 通常, 对于我们考虑的一个原子系统, 总可以把它分成两个能级, 即上层能级和基态, 当成 TLS 来处理.

如上所述, 由于外部相互作用 (对于激光, 该过程被称为泵抽送),电子可以被激发至上层能级. 电子以辐射 (发射光子) 或无辐射的方式 (与声子碰撞) 跳回低能级而失去它们的能量.

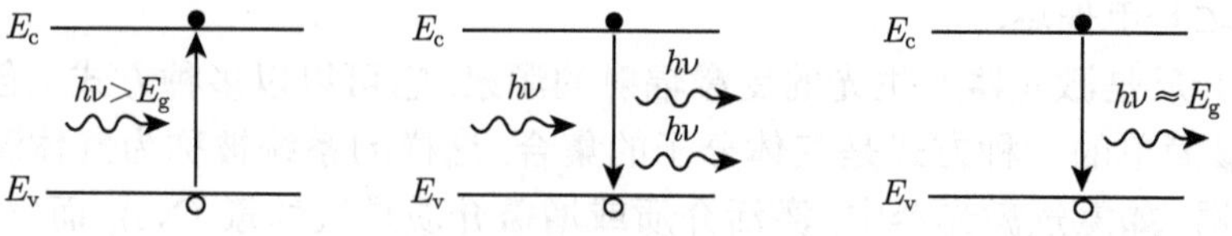

(a) 吸收　　(b) 受激辐射　　(c) 自发辐射

图 7.3　二能级系统中可能跃迁的图示

当激光发生时, 抽运泵过程必须造成粒子反转. 这意味着更多的分子处于激发状态(这里指的是能量为 E_2 的上层) 比处于基态的多. 如果腔体中有粒子数反转, 入射光可以被系统放大, 如图 7.3(b) 所示, 这时输入一个光子在输出端生成两个光子.

各类激光器, 如气态、固态、半导体激光器中的 TLS, 究竟是如何工作的, 我们将在下面仔细讨论.

7.1.1　TLS 中的跃迁

假设组成 TLS 的两个能级 E_1 和 E_2 的占有概率分别为 N_1 和 N_2. 另外, 我们引入

A_{21} : 自发辐射系数;

B_{21} : 受激辐射系数;

B_{12} : 吸收系数.

与这些过程有关的符号如图 7.4 所示.

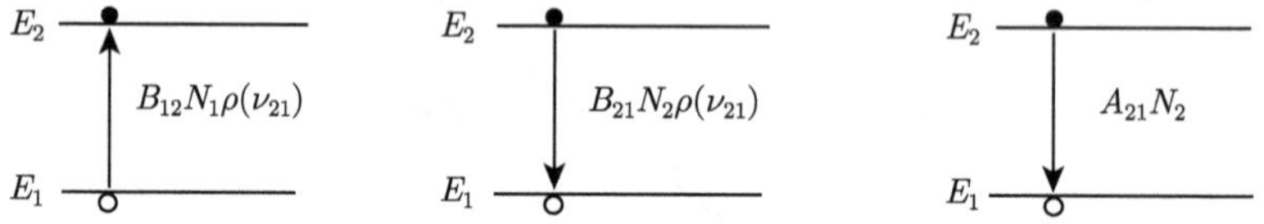

(a) 吸收　　(b) 受激辐射　　(c) 自发辐射

图 7.4　在 TLS 中电子跃迁符号的说明

这里我们引进频率为 ν_{21} 的光子密度 $\rho(\nu_{21})$. 式中, $\nu_{21}=(E_2-E_1)/h$. A_{21}, B_{21}, B_{12} 是熟知的爱因斯坦系数. 频率为 ν_{21} 的光子密度 $\rho(\nu_{21})$ 可以用黑体辐射中的普朗克能量密度(参见文献 [2]) 分布求得.

$$\rho(\nu_{21})=\frac{8\pi h\nu_{21}^3}{c^3}\frac{1}{\exp\dfrac{h\nu_{21}}{kT}-1} \tag{7.1}$$

对于激光器, 显然, 放大需要大于吸收. 因此, 受激跃迁的粒子数目需超过吸收跃迁的粒子数目. 这样, 纯放大才能实现. 下面, 我们决定在这种系统中纯放大的

条件[2].

在单色能量密度 $\rho(\nu_{21})$ 的先照射下, 高能级占有率 N_2 随时间的变化为

$$\frac{\mathrm{d}N_2}{\mathrm{d}t}=-A_{21}N_2-B_{21}N_2\rho(\nu_{21})+B_{12}N_1\rho(\nu_{21}) \tag{7.2}$$

方程右边第一项描述的是自发辐射, 第二项是受激辐射,而最后一项是吸收. 热平衡时, $\frac{\mathrm{d}N_2}{\mathrm{d}t}=0$ 应成立, 我们因而得到

$$N_2\left\{B_{21}\rho(\nu_{21})+A_{21}\right\}=N_1B_{12}\rho(\nu_{21}) \tag{7.3}$$

下一步, 我们假设 N_1 和 N_2 服从麦克斯韦–玻尔兹曼统计, 即

$$\frac{N_2}{N_1}=\exp\left(-\frac{h\nu_{21}}{kT}\right) \tag{7.4}$$

把方程 (7.4) 代入方程 (7.3) , 于是有

$$\exp\left(-\frac{h\nu_{21}}{kT}\right)\left\{B_{21}\rho(\nu_{21})+A_{21}\right\}=B_{12}\rho(\nu_{21})$$

将方程 (7.1) 代入以上方程, 于是, 光子密度 $\rho(\nu_{21})$ 可以用爱因斯坦系数来表示

$$\frac{8\pi h\nu_{21}^3}{c^3\left(\exp\dfrac{h\nu_{21}}{kT}-1\right)}=\frac{A_{21}}{B_{12}\exp\left(\dfrac{h\nu_{21}}{kT}\right)-B_{21}} \tag{7.5}$$

比较方程 (7.5) 的两端, 我们发现

$$B_{21}=B_{12} \tag{7.6}$$

以及

$$\frac{A_{21}}{B_{21}}=\frac{8\pi h\nu_{21}^3}{c^3} \tag{7.7}$$

关系 (7.6) 和 (7.7) 是熟知的爱因斯坦关系式.

7.1.2 激光振荡和谐振模式

光在传播中具有放大的过程, 如图 7.5 所示. 从数学的角度来看, 它被描述为光波在左右两个端面反射时都没有相位变化. 左端定义为 $z=0$ 而右端定义为 $z=L$. 在右端面上, 前进的光波振幅的 r_{R} 部分反射回来, 反射波从右向左传播.

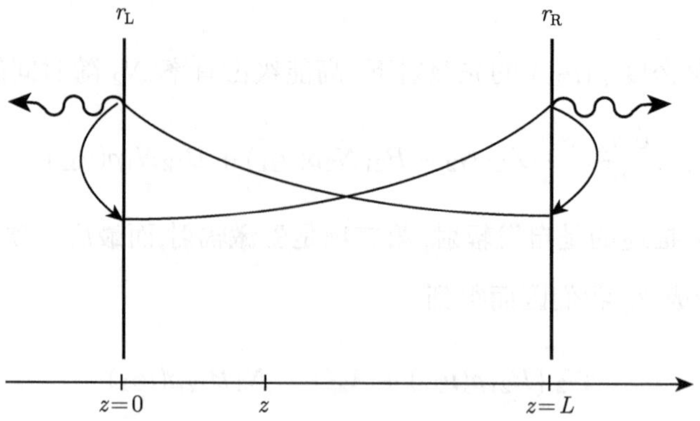

图 7.5　增益均匀分布的 FP 半导体激光器放大过程的图示

为了形成一个稳定的谐振, 波的振幅和相位在完成一个回合的传播后必须与起始的振幅和相位相匹配. 在腔体内的任意一点 (图 7.5), 前进波是

$$E_0 e^{gz} e^{-j\beta z} \tag{7.8}$$

式中, 我们把两边共同的 $e^{i\omega t}$ 项约掉, 并定义 $g = g_m - \alpha_m$, 其中, g_m 代表波的增益 (放大), 而 α_m 是它的衰减. 另外, r_R 和 r_L 分别是右端面和左端面的反射系数, L 是腔体的长度, β 则为传播常数.

波完成一个来回后, 它将是

$$\left\{E_0 e^{gz} e^{-j\beta z}\right\}\left\{e^{g(L-z)} e^{-j\beta(L-z)}\right\}\left\{r_R e^{gL} e^{-j\beta L}\right\} \times \left\{r_L e^{gz} e^{-j\beta z}\right\} \tag{7.9}$$

我们来解释上述各个项. 第一项中是一个从 z 出发的原始前进波, 第二项是从 z 行进到 L 的波, 第三项是从 $z = L$ 传播到 $z = 0$ 的波, 最后一项是从 $z = 0$ 回到出发点 z 的行进波. 在该点这个波必须和方程 (7.8) 给出的原始波相吻合. 于是, 我们可以得到稳定振荡的条件

$$r_R r_L e^{2gL} e^{-2j\beta L} = 1 \tag{7.10}$$

该条件可以拆分成振幅稳定条件

$$r_R r_L e^{2(g_m - \alpha_m)L} = 1 \tag{7.11}$$

以及相位稳定条件

$$e^{-2j\beta L} = 1 \tag{7.12}$$

由振幅条件, 我们得到

$$g_m = \alpha_m + \frac{1}{2L} \ln \frac{1}{r_R r_L} \tag{7.13}$$

由相位条件, 并考虑到存在诸多纵波模式, 下面将用 β_n 取代 β, 我们得到

$$2\beta_n L = 2\pi n \tag{7.14}$$

式中, n 是一个整数. 最后的方程决定了振荡的波长, 这是因为

$$\beta_n = \frac{2\pi}{\lambda_n} = \frac{\omega_n}{c/\overline{n}} = \frac{\omega_n \overline{n}}{c} \tag{7.15}$$

由上式我们看到在自由空间中激光所产生的波长比在折射率为 $\bar{n}$ 介质长了 $\bar{n}$ 倍。当然它们的频率与介质的折射率无关，不管是何种传播介质，激光的频率数值总是相同的，皆为 ω_n. 式中, λ_n 是其波长. 典型的增益谱以及谐振模式的位置如图 7.6(a) 所示. 该图给出角频率为 ω_{n-1}, ω_n 和 ω_{n+1} 的纵向模式. 如图 7.6(b) 所示, 随着时间的推移, 最大增益模式将保存下来, 而其他模式会随之消亡.

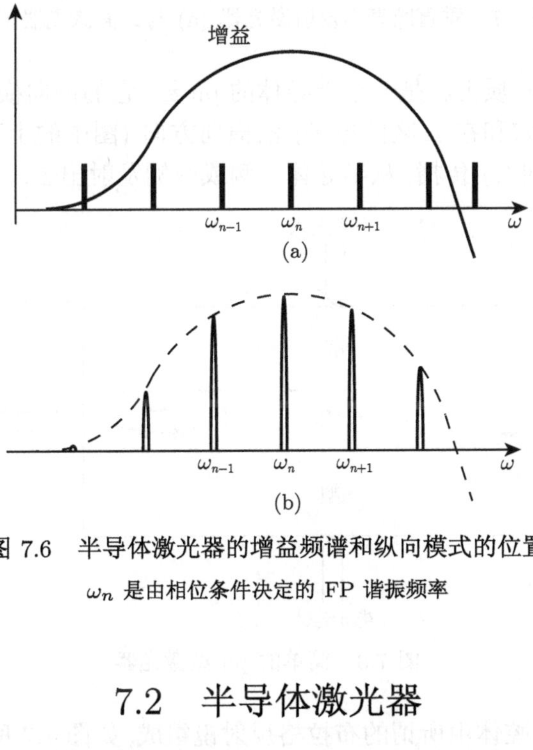

图 7.6 半导体激光器的增益频谱和纵向模式的位置

ω_n 是由相位条件决定的 FP 谐振频率

7.2 半导体激光器

当今激光器的绝大部分是用半导体技术制造的, 它们被称为半导体激光器. 过去的十五年, 出版了一些非常好的书籍, 对不同类型的半导体激光器所涉及的各种问题都有深入的分析和讨论 [3~7].

作为电磁辐射源的半导体激光器, 它的工作是基于 EM 辐射及半导体内电子和空穴的相互作用. 典型的半导体激光器的结构如图 7.7 所示. 一种是垂直腔表面

发射激光器 (VCSEL)[8], 此时光垂直于它的主平面传播, 光从上端面发出. 另一种是共面激光器, 此时光沿着主平面传播[9]. 同面激光器的最大尺寸在 250μm 左右, 而垂直发射的圆柱形激光器的直径在 10μm 左右.

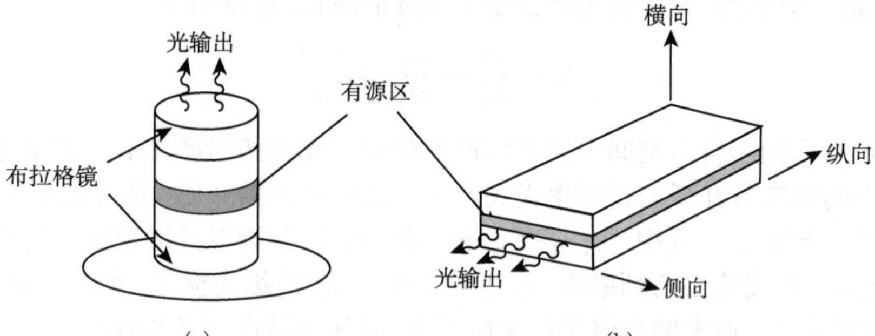

图 7.7　垂直腔表面发射激光器 (a) 与共面激光器 (b)

半导体激光器本质上就是一个半导体的 pn 结, 它的侧向横截面如图 7.8 所示. 电流 (在 p 区的空穴和在 n 区的电子) 沿横向方向 (图中的上下方向) 注入, 而光沿纵向 (图中从左向右) 传播, 从半导体一侧或两侧发射出去.

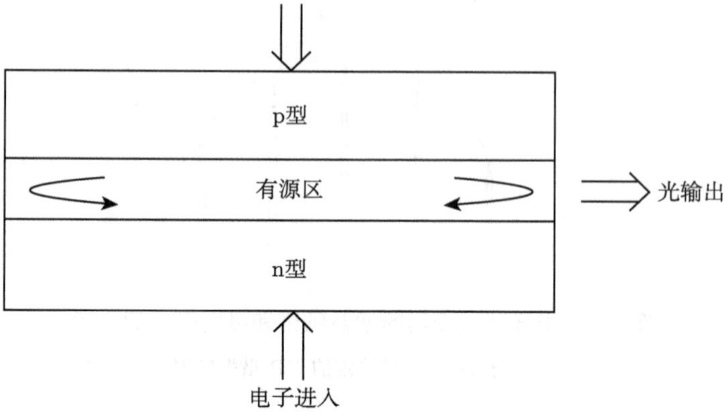

图 7.8　简单的 pn 结激光器

在 VCSEL 中, 腔体由所谓的布拉格反射镜组成, 如图 7.7 所示. 它的活性区域通常由几个量子阱 (QW)夹着几个阻挡层所构成 (量子阱的详细讨论超出了本书的范围, 读者可参阅文献 [1], [3]). 布拉格反射镜由几个具有不同折射率的半导体材料组成. 布拉格反射导致了这样的结构有很大的反射率 (约 99.9%), 之所以需要如此高的反射率是因为光在分布式反射镜之间传播时, 其距离非常短. 为了在短距离中能获得足够大的放大, 必须借助于高反射率的布拉格反射镜的帮助. 一些通用半导体激光器的结构示意图如图 7.7 所示. 该结构由许多不同层的材料组成, 每一层都有各自的作用。这些层负责把电子和空穴高效能地从电极区传输到有源区, 而且它们能控制载流子和光子的数量, 从而达到强相互作用的目的. 最新的结构包含形成有源区的量子阱, 导带间的跃迁就发生在这里. 它可以具有不同类型的反射镜, 从而对模式作出选择. 两种基本类型如图 7.9 和图 7.10 所示[9]. 它们被称为分布反馈 (DFB) 结构和分布式布拉格 (DBR) 结构.

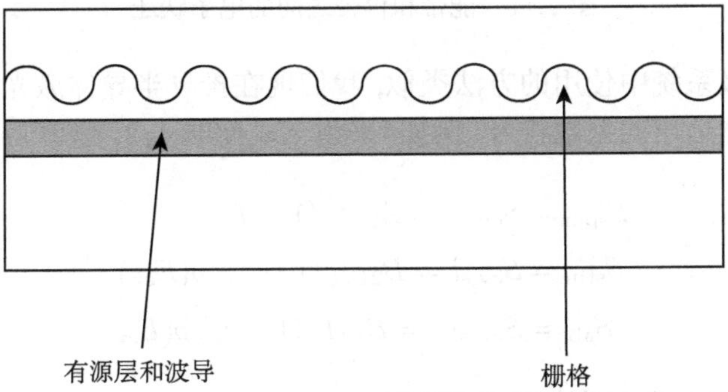

图 7.9 简单的 DFB 激光器结构

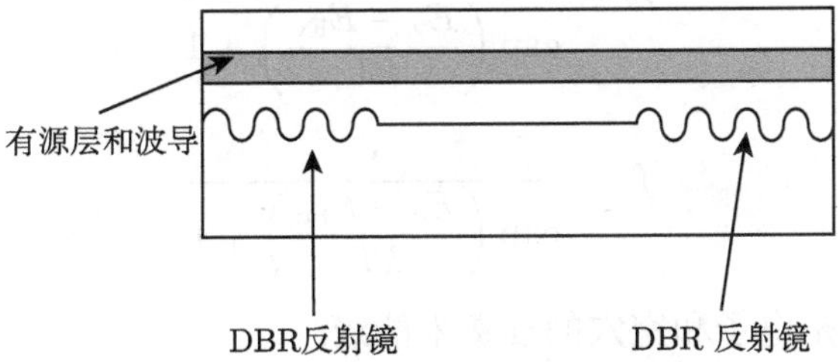

图 7.10 简单的 DBR 激光器结构

在分布反馈 (DFB) 激光器中, 光栅(波纹) 是在一个包层里构成的, 利用它的周期性波纹结构产生布拉格反射. 该结构引起对波长灵敏的反馈. 应当强调的是该光栅延伸到整个激光器区域. 如果把波纹仅局限于镜像区域, 而把非波纹留在有源区的中间, 那么就成了所谓的 DBR 激光器(图 7.10). 同时, 它也可以用作波长敏感的反馈器.

7.2.1 半导体中的电子跃迁

我们现在把前面讨论的二能级系统推广到半导体激光器中的能带间跃迁, 如图 7.11 所示. 为此, 我们引入

f_{v}: 填充到价带中能态为 E_{v} 的概率;

f_{c}: 填充到导带中能态为 E_{c} 的概率.

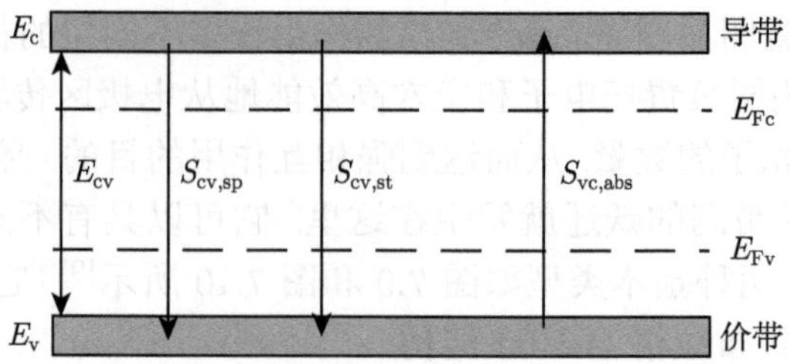

图 7.11　能带和价带之间的电子跃迁

与在二能级系统中使用的方法类似, 我们现在推导半导体激光的跃迁速率. 这里采用对半导体适用的系数符号, 例如, 采用 c, v 而非 1, 2. 速率为

$$S_{\text{spon}} = S_{\text{cv,sp}} = A_{21} f_{\text{c}} (1 - f_{\text{v}}) \tag{7.16}$$

$$S_{\text{stim}} = S_{\text{cv,st}} = B_{21} f_{\text{c}} (1 - f_{\text{v}}) \rho(E_{\text{cv}}) \tag{7.17}$$

$$S_{\text{abs}} = S_{\text{cv,abs}} = B_{12} f_{\text{v}} (1 - f_{\text{c}}) \rho(E_{\text{cv}}) \tag{7.18}$$

假设我们采用费米–狄拉克统计中的概率

$$f_{\text{v}} = \frac{1}{\exp\left(\dfrac{E_{\text{v}} - E_{\text{Fv}}}{kT}\right) + 1} \tag{7.19}$$

$$f_{\text{c}} = \frac{1}{\exp\left(\dfrac{E_{\text{c}} - E_{\text{Fc}}}{kT}\right) + 1} \tag{7.20}$$

式中, E_{Fc} 和 E_{Fv} 是电子和空穴的准费米能级.

受激辐射超过吸收的条件是

$$S_{\text{stim}} > S_{\text{abs}}$$

于是

$$B_{21} f_{\text{c}} (1 - f_{\text{v}}) > B_{12} f_{\text{v}} (1 - f_{\text{c}})$$

既然系数 B_{21} 和 B_{12} 相等，将方程 (7.19) 和 (7.20) 代入后，我们得到

$$\exp\left(\frac{E_{\text{v}} - E_{\text{Fv}}}{kT}\right) > \exp\left(\frac{E_{\text{c}} - E_{\text{Fc}}}{kT}\right)$$

该式可以改写为

$$E_{\text{Fc}} - E_{\text{Fv}} > E_{\text{c}} - E_{\text{v}} = h\nu \tag{7.21}$$

上述不等式称为伯纳德–度若佛格 (Bernard-Duraffourg) 条件[10].

7.2.2 同质 pn 结

在热平衡和正向偏压条件下, pn 结的能带结构如图 7.12 所示. 在 n 型一侧的电子没有足够的能量跃过势垒到左边去. p 型区域的空穴亦如此. 图 7.12(a) 表明 pn 结在无偏压施加到半导体的情况. 我们在半导体 pn 结上施加一个正向电压后电子和空穴间的势垒差降低了, 如图 7.12(b) 所示.

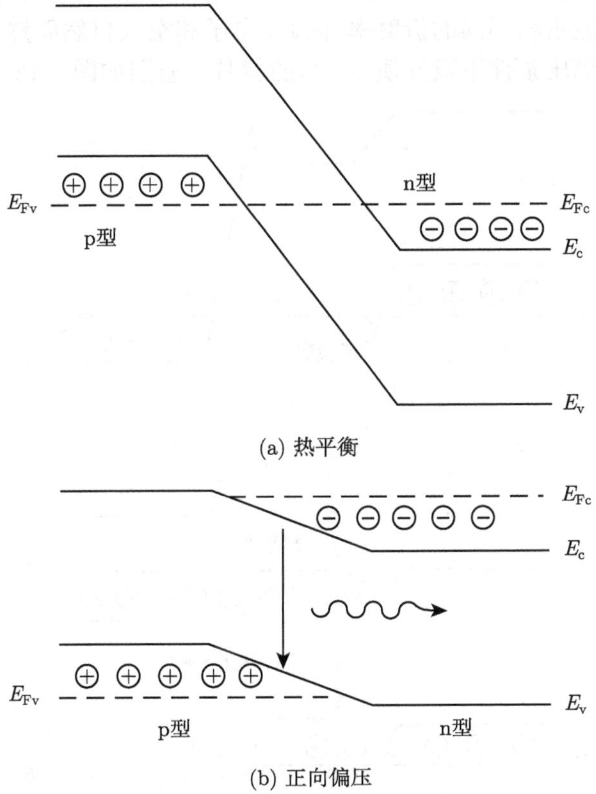

图 7.12 pn 结中的能带图示

正向电压把费米的能级分离了. 因此, 在外部偏置的电压 V_{bias} 下形成两个不同的所谓的准费米能级 E_{Fc} 和 E_{Fv} :

$$E_{\text{Fc}} - E_{\text{Fv}} = eV_{\text{bias}} \tag{7.22}$$

由于势垒降低, 电子和空穴可以穿越中央区域, 从而使它们重新结合并产生光子. 然而, 电子和空穴进入中部地区的限制是非常弱的 (没有机制来限制这些载流子). 此外, 也没有对光子进入电子和空穴重组区 (又被称为有源区) 有所限制. 因此, 该载流子和光子之间的相互作用较弱, 这使得同质结半导体是一种很差的光源. 因此,我们必须设法找到一些机制, 能把载流子和光子管控在同一个物理区域里而且让它们有强烈的相互作用. 由此而来, 异质结半导体激光器出现了. 我们下面来讨论它.

7.2.3 异质结构

异质结是将几种不同性质的半导体结合在一起. 最简单的异质结是由两个异质结构成的, 故称为双异质结 (更通用的叫法是双异质结构). 形成双异质结的材料具有不同的带隙能量和不同的折射率. 因此, 电子和空穴自然而然地形成了位势阱. 在热平衡和正向偏压条件下双异质 pn 结的能带示意图如图 7.13 所示.

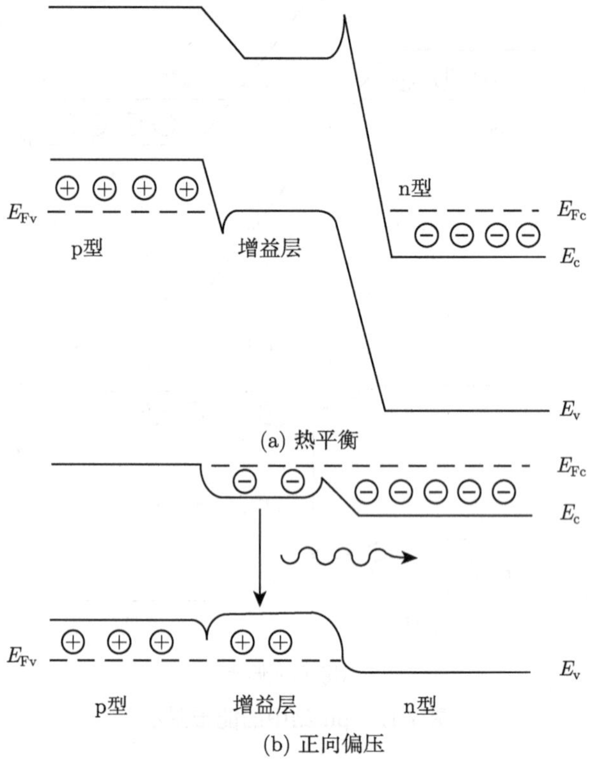

图 7.13 双异质 pn 结中的能带图

下面概括地介绍 InGaAsP 材料的能带隙和折射率.

1. 能带隙

对于 $\mathrm{In}_{1-x}\mathrm{Ga}_x\mathrm{As}_y\mathrm{P}_{1-y}$ 的系统, 使用组元 x 和 y 构成晶格匹配的 InP 所满足的关系式为

$$x=\frac{0.1894y}{0.4184-0.013y} \tag{7.23}$$

在这种情况下能带隙是[11, 12]

$$E_{\text{gap}}[\text{eV}] = 1.35 - 0.72y + 0.12y^2 \tag{7.24}$$

式中, 考虑到额外的关系式 $y \approx 2.20x$ 和 $0 \leqslant x \leqslant 0.47$. 对于这种组分的材料, 能带隙可以覆盖的波长为 $0.92 \sim 1.65\mu\text{m}$. 例如, 材料 $\text{In}_{0.74}\text{Ga}_{0.26}\text{As}_{0.57}\text{P}_{0.43}$ (即 $x = 0.26, y = 0.57$) 对应于 $\lambda = 1.27\mu\text{m}$ 的能带隙是 $E_{\text{g}} = 0.97\text{eV}$.

2. **折射率**

如前所述, 折射率和波长的依赖关系可以用谢米尔方程来表述. 对于在通信中重要的波长, 即 1.3μm 和 1.55μm, 和 InP 在晶格上匹配的 $\text{In}_{1-x}\text{Ga}_x\text{As}_y\text{P}_{1-y}$, 其折射率与 y 的依赖关系见表 7.1[13].

表 7.1 不同成分的折射率

波长	成分 y 的范围	折射率
$\lambda = 1.3\mu\text{m}$	$0 \leqslant y \leqslant 0.6$	$\overline{n}(y) = 3.205 + 0.34y + 0.21y^2$
$\lambda = 1.55\mu\text{m}$	$0 \leqslant y \leqslant 0.9$	$\overline{n}(y) = 3.166 + 0.26y + 0.09y^2$

在异质结形成的位阱中, 电子和空穴复合激发出光. 另外, 由于折射率值的差异, 结的中部有源区具有较大的折射率, 因而既便于构建光传播的平面光波导, 又能有效地与载流子相互作用.

对于 InGaAsP/InP 的异质结构, 一些带能隙和折射率的数据如图 7.14 所示.

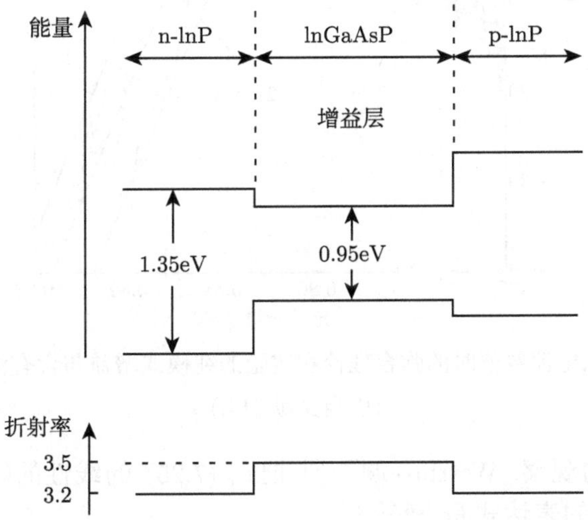

图 7.14 InGaAsP/InP 异质结的折射率和能带结构

7.2.4 光学增益

为了使数值模拟有效和可靠, 一个准确的材料增益数学表达式是十分关键的. 这种表达式也应受到实验的验证. 该问题早在半导体激光器研制时就备受关注 [15~17]. 第一步通常是用实验确定它的组分和增益谱.7.2.5 节将提供最简单方法. 四量子阱的增益谱及其实验测量如图 7.15 所示 [14]. 数学上确定半导体量子阱结构的光增益是复杂的, 业已作了深入的讨论, 如文献 [18]~ [20]. 因而, 光增益的近似分析已被用来作快速计算, 见文献 [21]~[23]. 通过深入的讨论我们发现, 对于大部分材料, 其峰值增益是线性地随载流子的浓度而变化:

$$g(N, \lambda) = a(\lambda) \min(N, P) - b(\lambda) \tag{7.25}$$

式中, 参数 $a(\lambda)$ 通常被称为差分增益. $\mathrm{mim}(N, P)$ 表示在电子浓度 N 和空穴浓度 P 中取较小的值.

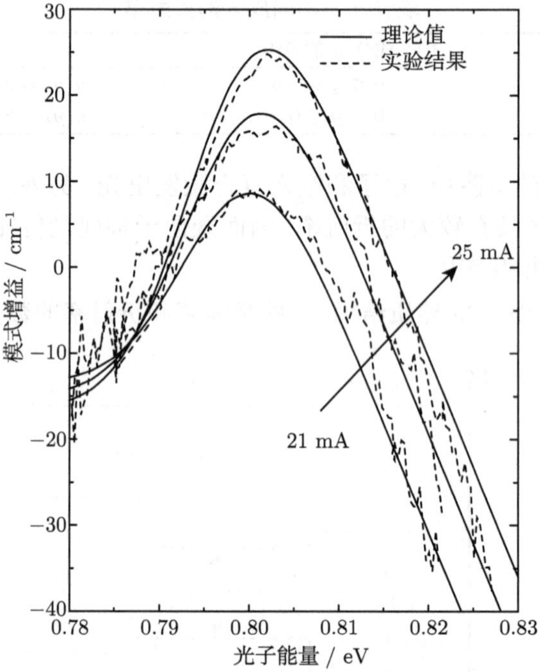

图 7.15 三组注入电流数值时的弥合理论和实验的纯模式增益与含有泄漏项的光子能量 (引自文献 [14])

基于对实验的观察, Westbrook[24,25] 把式 (7.25) 的线性的峰值增益变得与波长有关. 它最简单的表达式是 [24,26,27]

$$g(N, \lambda) = a(\lambda_{\mathrm{p}})N - b(\lambda_{\mathrm{p}}) - b_{\mathrm{a}}(\lambda - \lambda_{\mathrm{p}})^2 \tag{7.26}$$

式中, λ_p 是最大增益时的波长; b_a 主导着增益谱的基宽. 波长的极大值 λ_p 可能与载流子浓度有关.

半导体中的增益 (吸收) 是载流子浓度 $N[\mathrm{cm}^{-3}]$ 的函数, 如表明几个不同载流子浓度时的增益谱图 7.16[28] 所示. 当 n 低于**透明载流子浓度** N_{tr}时, 介质吸收光信号. 如果 $N > N_{tr}$, 材料中的光增益超过吸收. 量子阱这种与载流子浓度的**增益峰值关系**是用对数形式表示的, 如图 7.17 所示. 描述的表达式为[4]

$$g = g_0 \ln \frac{N}{N_{tr}} \tag{7.27}$$

为了建模起见, 线性的近似则常被使用. 式 (7.27) 中, g_0 是差分增益, N_{tr} 是透明载流子浓度, N_{th} 是阈值时的载流子浓度.

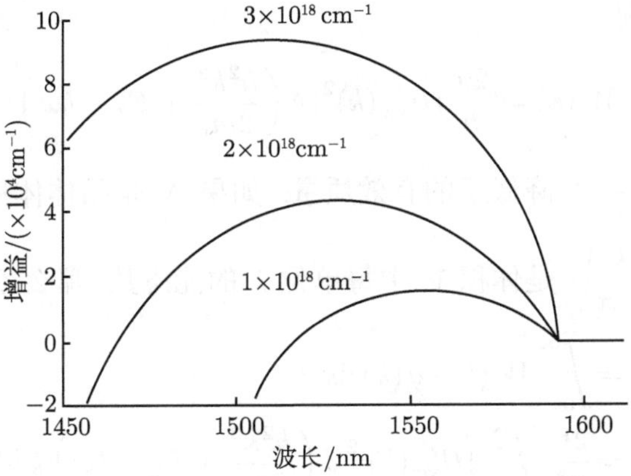

图 7.16 低于和超过透明载流子浓度 N_{tr} 时不同载流子浓度的光增益谱的图示

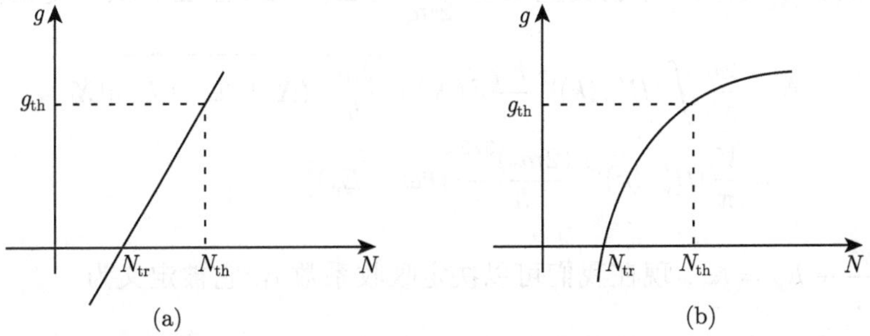

图 7.17 增益阈值与载流子浓度的线性 (a) 与对数 (b) 表达式的关系

7.2.5 确定光增益

决定光增益最简单的方法是用费米黄金法则. 这里我们来推导 $T = 0$ 时的结

果. 两个能级 a 和 b 之间的跃迁率为[1]

$$W_{ab}=\frac{2\pi}{\hbar}\left|H'_{ab}\right|^2\delta\left(E_b-E_a-\hbar\omega\right) \tag{7.28}$$

式中, H'_{ab} 是描述在能级 a 和 b 之间跃迁的矩阵元素. 假定有效质量 m^* 对导带为 m_{c}^* 而对价带为 m_{v}^*. 其电子和空穴的抛物线能带为

$$E\left(k\right)=\frac{\hbar^2k^2}{2m^*} \tag{7.29}$$

于是

$$E_b-E_a=\frac{\hbar^2k^2}{2}\left(\frac{1}{m_{\mathrm{c}}}+\frac{1}{m_{\mathrm{v}}}\right)+E_{\mathrm{g}} \tag{7.30}$$

由于在跃迁时晶格的动量守恒, 我们得到 $\vec{k}_{\mathrm{in}}=\vec{k}_{\mathrm{fi}}$ [29]. 对于在特定 k 的数值时的单一跃迁, 我们得到

$$W\left(k\right)=\frac{2\pi}{\hbar}\left|H'_{\mathrm{vc}}\left(k\right)^2\right|\delta\left(\frac{\hbar^2k^2}{2m_{\mathrm{r}}}+E_{\mathrm{g}}-\hbar\omega\right) \tag{7.31}$$

式中, $m_{\mathrm{r}}=\dfrac{m_{\mathrm{v}}m_{\mathrm{c}}}{m_{\mathrm{v}}+m_{\mathrm{c}}}$ 是降低了的有效质量. 如果 N 是晶体体积 V 中每秒跃迁的总数, 此外 $g\left(k\right)=\dfrac{k^2V}{\pi^2}$ 是体积 V 中每单位 k 的能态数, 那么每秒跃迁的总数是

$$\begin{aligned}N&=\int_0^{\infty}W\left(k\right)\cdot g\left(k\right)\mathrm{d}k\\&=\frac{2V}{\pi\hbar}\int_0^{\infty}\left|H'_{\mathrm{vc}}\left(k\right)\right|^2\delta\left(\frac{\hbar^2k^2}{2m_{\mathrm{r}}}+E_{\mathrm{g}}-\hbar\omega\right)k^2\mathrm{d}k\end{aligned} \tag{7.32}$$

为了评估该积分, 引入一个新变量 $X\equiv\dfrac{\hbar^2k^2}{2m_{\mathrm{r}}}+E_{\mathrm{g}}-\hbar\omega$, 上面的积分变成以下形式:

$$\begin{aligned}N&=\frac{2v}{\pi\hbar}\int\left|H'_{\mathrm{vc}}\left(k\right)\right|^2\frac{m_{\mathrm{r}}}{\hbar}\delta\left(X\right)\sqrt{\frac{2m_{\mathrm{v}}}{\hbar^2}\left(X+\hbar\omega-E_{\mathrm{g}}\right)}\mathrm{d}X\\&=\frac{V}{\pi}\left|H'_{\mathrm{vc}}\left(k\right)\right|^2\frac{\left(2m_{\mathrm{r}}\right)^{3/2}}{\hbar^4}\left(\hbar\omega-E_{\mathrm{g}}\right)^{1/2}\end{aligned} \tag{7.33}$$

式中, $\dfrac{\hbar^2k^2}{2m_{\mathrm{r}}}+E_{\mathrm{g}}=\hbar\omega$. 现在我们可以决定吸收系数 α, 它被定义为

$$\alpha\left(\omega\right)\equiv\frac{\text{单位体积内被吸收的功率}}{\text{穿过单位面积的功率}}=\frac{\left(N\right)\cdot\left(\hbar\omega\right)/V}{\varepsilon_0\overline{n}E_0^2c/2} \tag{7.34}$$

式中, $\overline{n}$ 是折射率; c 是真空中的光速; E_0 是电场的振幅.

$$H'_{\mathrm{vc}}\left(k\right)=\frac{eE_0\chi_{\mathrm{vc}}}{2},\qquad\chi_{\mathrm{vc}}=\left\langle u_{\mathrm{v}k'}\left|x\right|u_{\mathrm{c}k}\right\rangle \tag{7.35}$$

利用 N 的上述表示式, 我们发现

$$\alpha_0(\omega)=\frac{\omega e^2\chi_{\mathrm{vc}}^2(2m_{\mathrm{r}})^{3/2}}{2\pi\varepsilon_0 nc\hbar^3}(\hbar\omega-E_{\mathrm{g}})^{1/2}=K(\hbar\omega-E_{\mathrm{g}})^{1/2} \tag{7.36}$$

实例　K 的估算.

GaAs 的数据是：$\hbar\omega=1.5\ \mathrm{eV}, m_{\mathrm{v}}=0.46m_0, m_{\mathrm{c}}=0.067m_0, \chi_{\mathrm{vc}}=3.2\ \dot{A}, n=3.64$. 因而 $K\approx 11700\mathrm{cm}^{-1}(\mathrm{e}V)^{-1/2}$, 此外 $\alpha_0(\omega)=1170\ \mathrm{cm}^{-1}$ [1].

在 T=0 时, 对于不同的 $\hbar\omega$, 我们归纳以下几种可能性:

$$\begin{array}{lll} \hbar\omega<E_{\mathrm{g}} & \alpha(\omega)=0 & \\ E_{\mathrm{g}}<\hbar\omega<E_{\mathrm{Fc}}-E_{\mathrm{Fv}} & \alpha(\omega)=-\alpha_0(\omega)=-K(\hbar\omega-E_{\mathrm{g}})^{1/2} & \text{放大} \\ E_{\mathrm{Fc}}-E_{\mathrm{Fv}}<\hbar\omega & \alpha(\omega)=\alpha_0(\omega)=K(\hbar\omega-E_{\mathrm{g}})^{1/2} & \text{吸收} \end{array} \tag{7.37}$$

7.3 速 率 方 程

激光的动态特性 (如空间均匀分布的激光有源介质, 其反转粒子数和辐射密度) 可以通过一组联立速率方程给以相当精确的描述. 一般说来, 速率方程有助于获取激光输出的总体性能, 如平均功率、峰值功率和阈值条件等. 另外, 激光发射的具体特性, 如光谱、温度和空间分布, 单靠速率方程是不够的. 我们现在就可以对半导体激光器基于速率方程[4] 作出最简单的唯象性描述. 器件中有两个子系统：载流子 (空穴和电子) 和光子起着主要的作用. 它们在所谓的有源区域相互作用, 载流子由于在有源区获得增益实行粒子反转, 然后复合并受激发射光子. 我们下面分别描述两个子系统, 并先从载流子开始.

在图 7.18 中[4], 我们用示意图显示低于阈值时激光器的工作模式. 它类似于一个部分注满水的水罐不断地有水流进，与此同时, 水又不断地流去. 水象征着不断流入的载流子. 与此类似, 并非从电极注入的电流最后都能抵达器件, 它们的一部分称为漏电流而流失. 低于阈值时, 载流子未进入器件就已消失殆尽 (R_{loss}), 变成非辐射性的复合和自发辐射 (R_{sp}). 超过阈值 (图 7.19), 就如同水罐不断地被水注

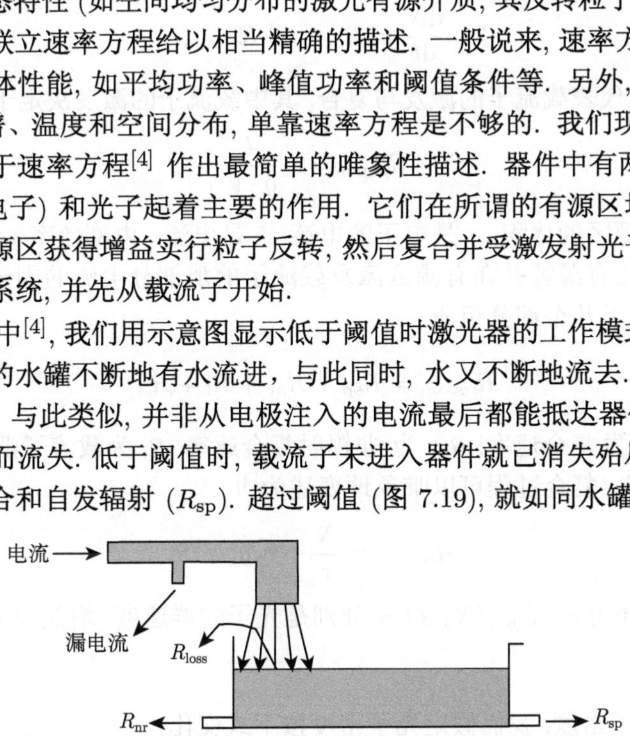

图 7.18　低于阈值时的激光器工作模型 (获 John Wiley & Sons 授权引自 L.A. Coldren and S.W. Corzine,*Diode Lasers and Photonic Integrated Circuits*)

满, 对应此时阈值的载流子浓度是 N_{th}. 这时激光器工作于受激辐射的过程, 与此对应的系数是 R_{st}. 下面, 基于上面描绘的景象, 我们将着手建立描述载流子和光子动态的方程.

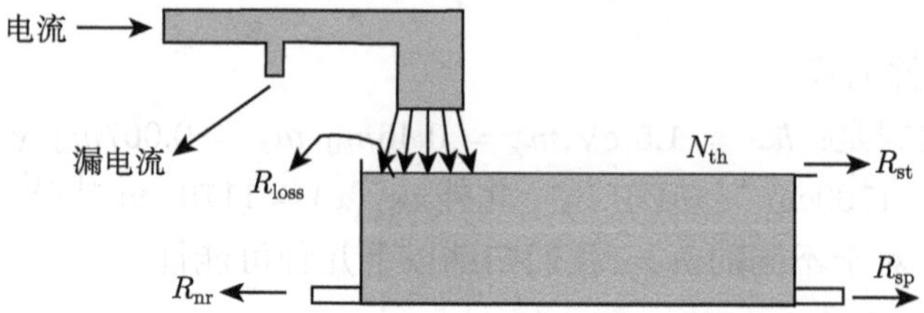

图 7.19　超过阈值时激光器的工作模型 (获 John Wiley & Sons 授权引自 L.A. Coldren and S.W. Corzine, *Diode Lasers and Photonic Integrated Circuits*)

7.3.1　载流子

在激光器中存在着两种载流子：电子和空穴. 它们表达式类似, 但各具不同的参数. 载流子浓度变化的速率受制于下面的方程:

$$\frac{\mathrm{d}N}{\mathrm{d}t} = R_{\text{gener}} - R_{\text{recom}} \tag{7.38}$$

式中, 右方的项代表载流子的激发与复合, 其中载流子的激发决定于

$$R_{\text{gener}} = \eta_{\text{i}} \frac{I}{q \cdot V}$$

式中, V 是有源区的体积; q 是电子的电荷; I 是电流. 内部效率 η_{i} 表示注入总电流中最终能到达有源区并在有源区激发载流子的那部分电流的因子. 方程的另一项: 复合项由以下几个部分组成:

$$R_{\text{recom}} = R_{\text{sp}} + R_{\text{nr}} + R_{\text{l}} + R_{\text{st}}$$

式中, R_{sp} 为 自发复合速率; R_{nr} 为 非辐射复合速率; R_{l} 为载流子泄漏速率; R_{st} 为纯受激复合速率. 复合过程可以唯象地表述为[4]

$$R_{\text{recom}} = \frac{N}{\tau} + v_{\text{g}} g(N) S \tag{7.39}$$

式中 τ 是载流子寿命, $v_{\text{g}}, g(N)$ 和 S 分别是光子的群速度, 增益和浓度.

7.3.2　光子

令 S 为光子密度, 我们假定光子密度按下式变化:

$$\frac{\mathrm{d}S}{\mathrm{d}t} = \varGamma R_{\text{st}} - \frac{S}{\tau_{\text{p}}} + \varGamma \beta_{\text{sp}} R_{\text{sp}}$$

式中, τ_{p} 为光子寿命; β_{sp} 为自发辐射因子 (光学模式数量的倒数); R_{st} 为受激复合; $\varGamma$ 为受限因子, 即有源层体积与光学模式体积的比值.

考虑到在整个有源区光子密度的增长 (假设 $\varGamma=1$)

$$S+\Delta S=S\mathrm{e}^{g\cdot\Delta z}$$

式中, g 是增益.

$$\text{如果 }\Delta z\ll 1,\text{那么 }\exp(g\cdot\Delta z)\approx 1+g\Delta z$$

利用 $\Delta z=v_{\mathrm{g}}\Delta t$($v_{\mathrm{g}}$为群速度)的关系, 我们发现 $\Delta S=Sg\cdot v_{\mathrm{g}}\cdot\Delta t$.

因此, 激发项可以改写为

$$\left(\frac{\mathrm{d}S}{\mathrm{d}t}\right)_{\mathrm{gen}}=R_{\mathrm{st}}=\frac{\Delta S}{\Delta t}=v_{\mathrm{g}}gS$$

最终, 本节的速率方程成为

$$\frac{\mathrm{d}N}{\mathrm{d}t}=\eta_{\mathrm{i}}\frac{I}{qV}-\frac{N}{\tau}-v_{\mathrm{g}}g(N)S \tag{7.40}$$

$$\frac{\mathrm{d}S}{\mathrm{d}t}=\varGamma v_{\mathrm{g}}g(N)S-\frac{S}{\tau_{\mathrm{p}}}+\Gamma\beta_{\mathrm{sp}}R_{\mathrm{sp}} \tag{7.41}$$

我们也已清楚地表明增益 g 和载流子浓度有关.

7.3.3 速率方程参数

在简单的模型中可以视为常数的一些重要参数其实都是复杂的变量, 例如:

(1) 载流子寿命 τ, 它和载流子浓度关系十分密切. 典型的关系如下所示:

$$\frac{1}{\tau}=A+BN+CN^2$$

式中, 系数 A 描述非辐射过程; B 与自发复合有关;C 描述的是非辐射的俄歇 (Auger) 复合.

(2) 光子寿命 τ_{p}, 它的关系式是

$$\frac{1}{v_{\mathrm{g}}\tau_{\mathrm{p}}}=\alpha_{\mathrm{i}}+\alpha_{\mathrm{m}}=\varGamma g_{\mathrm{th}}$$

式中, α_{m} 表示反射镜的反射率

$$\alpha_{\mathrm{m}}=\frac{1}{L}\ln\frac{1}{R}$$

而 α_{i} 代表所有的损耗.

所有出现在速率方程和增益模式中的参数的物理意义以及它们的典型数值总结在表 7.2 中. 这些参数从文献 [30]~[32] 收集而来.

表 7.2　出现在速率方程中的参数以及它们的一般数值

标记	描述	数值与单位
N	载流子浓度	cm^{-3}
S	光子密度	cm^{-3}
I	电流	mA
q	基本电荷	$1.602\times10^{-19}\ C$
L	腔体长度	250μm
w	有源区宽度	2μm
d	有源区厚度	80Å
η_{i}	注入有源区电流I　的部分	0.8
V_{active}	有源区体积	$L\cdot w\cdot d$
τ	载流子寿命	2.71ns
$\mathrm{v_g}$	群速度	c/n_{ref}
n_{ref}	折射率	3.4
τ_{p}	光子寿命	2.77ps
Γ	限制因子	0.01
β_{sp}	自发辐射因子	10^{-4}
a	差分增益 (线性模式)	$5.34\times10^{-16}\mathrm{cm}^2$
N_{tr}	透明载流子浓度	$3.77\times10^{18}\mathrm{cm}^{-3}$
I_{th}	阈值电流	1.11mA
α_{m}	面亏损	$45\mathrm{cm}^{-1}$
λ_{ph}	激光波长	1.3μm

下面我们可以看到, 速率方程是分析半导体激光器动态特性的出发点. 在作具体分析之前, 先来建立电场的速率方程.

7.3.4　电场速率方程的推导

我们从波动方程开始推导出相关的方程, 并把重点放在法布里–珀罗 (FP) 激光器上. 我们出发的波动方程是

$$\nabla^2\boldsymbol{E}(\boldsymbol{r},t)-\frac{1}{c^2}\frac{\partial^2}{\partial t^2}\boldsymbol{E}(\boldsymbol{r},t)=\mu_0\frac{\partial^2}{\partial t^2}\boldsymbol{P}(\boldsymbol{r},t) \tag{7.42}$$

假设变量$\boldsymbol{E}(r,\ t)$ 被分离成

$$\boldsymbol{E}(\boldsymbol{r},t)=\boldsymbol{a}E_{\mathrm{t}}(x,y)\sin(\beta_z z)\,E(t)\mathrm{e}^{\mathrm{j}\omega t} \tag{7.43}$$

式中, $\boldsymbol{a}$ 是表征偏振的单位矢量; β_z 是z 方向的传播常数. 横向电场 $E_{\mathrm{t}}(x,y)$ 遵循下列方程:

$$\left(\frac{\partial^2}{\partial x^2}+\frac{\partial^2}{\partial y^2}\right)E_{\mathrm{t}}(x,y)=-\kappa_{\mathrm{t}}^2E_{\mathrm{t}}(x,y) \tag{7.44}$$

我们进一步假设 $E(t)$ 与 $\mathrm{e}^{\mathrm{j}\omega t}$ 相比变化非常缓慢. 把方程 (7.43) 代入方程 (7.42), 忽

略时间上变化非常快的项, 并利用方程 (7.44), 于是, 我们得到

$$\left\{\kappa_{\mathrm{t}}^2-\beta_z^2-\frac{1}{c^2}\left[2\mathrm{j}\omega\frac{\partial E(t)}{\partial t}-\omega^2 E(t)\right]\right\}\boldsymbol{a}E_{\mathrm{t}}(x,y)\sin(\beta_z z)\,\mathrm{e}^{\mathrm{j}\omega t}=\mu_0\frac{\partial^2}{\partial t^2}\boldsymbol{P}(\boldsymbol{r},t)$$

为了评估方程右边的项, 我们需要考虑极化矢量和极化率之间的外部关系

$$\boldsymbol{P}(\boldsymbol{r},t)=\varepsilon_0\int\chi(\boldsymbol{r},t')E(\boldsymbol{r},t-t')\mathrm{d}t' \tag{7.45}$$

式中, $E(\boldsymbol{r},t-t')$ 是由方程 (7.43) 给出的. 由于 $E(t)$ 在时间上变化缓慢, 我们可以把它沿 t 展开成泰勒级数.函数 $f(x)$ 在 a 附近通用的泰勒展开是 $f(x)=f(a)+\dfrac{\mathrm{d}f}{\mathrm{d}x}(x-a)$. 对于我们的情况, 把 $x=t-t'$ 和 $a=t$ 代入, 得到

$$E(t-t')\approx E(t)+\frac{\mathrm{d}E(t)}{\mathrm{d}t}(-t')$$

因此, 整个电场为

$$E(\boldsymbol{r},t-t')=E_{\mathrm{t}}(x,y)\sin(\beta_z z)\,E(t-t')\mathrm{e}^{\mathrm{j}\omega(t-t')}$$

把 $E(t-t')$ 最后结果和泰勒展开代入极化矢量 (7.45) 的表示式, 最终得到 $E(t)$ 的波动方程

$$\left[-\beta_0^2+\frac{\omega^2}{c^2}\varepsilon_{\mathrm{r}}(\omega)\right]\boldsymbol{E}(t)-\frac{2\mathrm{j}\omega}{c^2}\left[\varepsilon_{\mathrm{r}}(\omega)+\frac{1}{2}\omega\frac{\mathrm{d}\varepsilon_{\mathrm{r}}(\omega)}{\mathrm{d}\omega}\right]\frac{\mathrm{d}E(t)}{\mathrm{d}t}=0 \tag{7.46}$$

式中, $\varepsilon_{\mathrm{r}}(\boldsymbol{r},\omega)=1+\chi(\boldsymbol{r},\omega)$. 极化率的傅里叶变换为 (我们忽略掉 $\boldsymbol{r}$ 的变化)

$$\chi(\omega)=\int\mathrm{d}t'\chi(t')\mathrm{e}^{-\mathrm{j}\omega t'}$$

为了考虑各种不同的物理效应, 我们将极化率进一步分解为几个子项

$$\chi(\omega)=1+\chi_{\mathrm{b}}+\chi_{\mathrm{p}}-\mathrm{j}\chi_{\mathrm{loss}}$$

式中, 第一项 $\chi_{\mathrm{b}}=\chi_{\mathrm{b}}'+\mathrm{j}\chi_{\mathrm{b}}''$ 源于无抽运泵作用前的本底贡献; 第二项 $\chi_{\mathrm{p}}=\chi_{\mathrm{p}}'+\mathrm{j}\chi_{\mathrm{p}}''$ 是由抽运泵引起的; 最后一项 χ_{loss} 计算的是损耗. 相对介电常数写成 (不考虑参量的依赖关系) $\varepsilon_{\mathrm{r}}=\varepsilon_{\mathrm{r}}'+\mathrm{j}\varepsilon_{\mathrm{r}}''$. 其中, ε_{r} 的实数部分可以用折射率来近似, $\varepsilon_{\mathrm{r}}'=(\overline{n}_0+\Delta\overline{n}_{\mathrm{p}})^2\approx\overline{n}_0^2+2\overline{n}_0\Delta\overline{n}_{\mathrm{p}}$, 式中, $\overline{n}_0$ 是无抽运泵作用前的本底折射率, 而 $\Delta\overline{n}_{\mathrm{p}}$ 是抽运泵造成的变化. 利用上述结果, ε_{r} 变成以下形式:

$$\begin{aligned}\varepsilon_{\mathrm{r}}&=\varepsilon_{\mathrm{r}}'+\mathrm{j}\varepsilon_{\mathrm{r}}''\approx\overline{n}_0^2+2\overline{n}_0\Delta\overline{n}_{\mathrm{p}}+\mathrm{j}\varepsilon_{\mathrm{r}}''\\&=1+\chi_{\mathrm{b}}'+\chi_{\mathrm{p}}'+\mathrm{j}\left(\chi_{\mathrm{b}}''+\chi_{\mathrm{p}}''-\chi_{\mathrm{loss}}\right)\end{aligned} \tag{7.47}$$

为了更简洁起见, 我们使用了以下的恒等式:

$$1+\chi_{\mathrm{b}}'=\overline{n}_0^2$$
$$\chi_{\mathrm{p}}'=2\overline{n}_0\Delta\overline{n}_{\mathrm{p}}$$
$$\chi_{\mathrm{b}}''+\chi_{\mathrm{p}}''-\chi_{\mathrm{loss}}=\varepsilon_{\mathrm{r}}''$$

利用以上关系, 又考虑到振幅 $E(t)$ 变化缓慢, 因而方程 (7.46) 变为

$$\frac{\omega^2}{c^2}\varepsilon_{\mathrm{r}}(\omega)-\beta_0^2=\frac{\omega^2-\omega_0^2}{c^2}\overline{n}_0^2+\frac{\omega^2}{c^2}\chi_{\mathrm{p}}'+\mathrm{j}\frac{\omega^2}{c^2}\left(\chi_{\mathrm{b}}''+\chi_{\mathrm{p}}''-\chi_{\mathrm{loss}}\right) \tag{7.48}$$

这里我们利用了近似关系

$$\beta_0\approx\frac{\omega_0}{c}\overline{n}_0$$

本底和抽运泵磁化率的虚数部分与增益经由一个经验公式

$$\frac{\omega}{c\overline{n}_0}\left(\chi_{\mathrm{b}}''+\chi_{\mathrm{p}}''\right)=\varGamma g(N)$$

产生关联, 式中, $g(N)$ 是增益. 另外, 我们假设

$$\chi_{\mathrm{loss}}=\frac{\omega}{c\overline{n}_0}\alpha_{\mathrm{loss}}$$

借助于最后两个关系, 方程 (7.48) 给出的项可以表示为

$$\frac{\omega^2}{c^2}\varepsilon_{\mathrm{r}}(\omega)-\beta_0^2=\frac{\omega^2-\omega_0^2}{c^2}\overline{n}_0^2+\frac{\omega^2}{c^2}2\overline{n}_0\Delta\overline{n}_p+\mathrm{j}\frac{\omega\overline{n}_0}{c}\left[\varGamma g(N)-\alpha_{\mathrm{loss}}\right]$$

利用 $\overline{n}^2(\omega)=\varepsilon_r(\omega)$, 在方程 (7.46) 中的色散项可以评估为

$$\begin{aligned}\varepsilon_{\mathrm{r}}(\omega)+\frac{1}{2}\omega\frac{\mathrm{d}\varepsilon_{\mathrm{r}}(\omega)}{\mathrm{d}\omega}&=\overline{n}^2(\omega)+\frac{1}{2}\omega\overline{n}(\omega)\frac{\mathrm{d}\overline{n}(\omega)}{\mathrm{d}\omega}\\&=\overline{n}(\omega)+\omega\overline{n}_{\mathrm{g}}(\omega)\end{aligned} \tag{7.49}$$

式中, 我们把群指数 $\overline{n}_{\mathrm{g}}(\omega)$ 定义为

$$\overline{n}_{\mathrm{g}}(\omega)=\overline{n}(\omega)+\omega\frac{\mathrm{d}\overline{n}(\omega)}{\mathrm{d}\omega} \tag{7.50}$$

利用关系 (7.48) 和 (7.49), 方程 (7.46) 成为

$$\frac{\mathrm{d}E(t)}{\mathrm{d}t}=\left\{-\mathrm{j}\left(\omega-\omega_0\right)\frac{\overline{n}_0}{\overline{n}_{\mathrm{g}}}-\mathrm{j}\frac{\omega}{\overline{n}_{\mathrm{g}}}\Delta\overline{n}_{\mathrm{p}}+\frac{1}{2}v_{\mathrm{g}}\left[\varGamma g(N)-\alpha_{\mathrm{loss}}\right]\right\}E(t) \tag{7.51}$$

式中,我们作了近似处理, 使 $\omega^2-\omega_0^2=(\omega-\omega_0)(\omega+\omega_0)\simeq 2\omega(\omega-\omega_0)$ 以及 $\dfrac{\overline{n}_0(\omega)}{\overline{n}(\omega)}\simeq 1$,并使用了关系式 $\dfrac{c}{\overline{n}_{\mathrm{g}}}=v_{\mathrm{g}}$. 我们的方程 (7.51) 与 Agrawal 和 Dutta [9] 的方程 (6.2.9) 非常相似.

7.4 速率方程的分析

我们利用前面讨论的速率方程来讨论半导体激光器的动态特性. 下面先从它的稳态特性开始.

7.4.1 稳态分析

在稳态条件下, 我们有

$$\frac{\mathrm{d}N}{\mathrm{d}t}=\frac{\mathrm{d}S}{\mathrm{d}t}=0$$

于是, 速率方程变成

$$\eta_{\mathrm{i}}\frac{I_0}{qV}-\frac{N_0}{\tau}-v_{\mathrm{g}}g(N_0)S_0=0 \tag{7.52}$$

以及

$$\Gamma v_{\mathrm{g}}g(N_0)S_0-\frac{S_0}{\tau_{\mathrm{p}}}+\Gamma\beta_{\mathrm{sp}}R_{\mathrm{sp}}=0 \tag{7.53}$$

如果忽略方程 (7.53) 中小的自发辐射项, 我们得到如下的光子寿命的表示式:

$$\frac{1}{\tau_{\mathrm{p}}}=\Gamma v_{\mathrm{g}}g(N_0) \tag{7.54}$$

7.4.2 线性增益模式的小信号分析

忽略自发辐射, 并利用线性增益模式, 其增益表示式为 $g=a\,(N-N_{\mathrm{tr}})$, 我们得到

$$\frac{\mathrm{d}N}{\mathrm{d}t}=\eta_{\mathrm{i}}\frac{I}{qV}-\frac{N}{\tau}-v_{\mathrm{g}}a\,(N-N_{\mathrm{tr}})\,S \tag{7.55}$$

而且

$$\frac{\mathrm{d}S}{\mathrm{d}t}=\Gamma v_{\mathrm{g}}a\,(N-N_{\mathrm{tr}})\,S-\frac{S}{\tau_{\mathrm{p}}} \tag{7.56}$$

假设所有与时间有关的量按如下的形式振荡:

$$I=I_0+\mathrm{i}(\omega)\mathrm{e}^{\mathrm{j}\omega t}$$
$$N=N_0+n(\omega)\mathrm{e}^{\mathrm{j}\omega t}$$
$$S=S_0+s(\omega)\mathrm{e}^{\mathrm{j}\omega t}$$

式中, ω 是外部 (小) 微扰的角频率; I_0 是电流的偏压值; N_0 和 S_0 是稳态时的解. 代入本节第一个速率方程 (7.55), 而且忽略二级项 $(n(\omega)s(\omega))$, 我们得到

$$\begin{aligned}\mathrm{j}\omega n(\omega)\mathrm{e}^{\mathrm{j}\omega t}=&\frac{\eta_{\mathrm{i}}}{qV}\left[I_0+\mathrm{i}(\omega)\mathrm{e}^{\mathrm{j}\omega t}\right]-\frac{N_0}{\tau}-\frac{1}{\tau}n(\omega)\mathrm{e}^{\mathrm{j}\omega t}\\&-v_{\mathrm{g}}a\left((N_0-N_{\mathrm{tr}})\,S_0+(N_0-N_{\mathrm{tr}})\,s(\omega)\mathrm{e}^{\mathrm{j}\omega t}+S_0n(\omega)\mathrm{e}^{\mathrm{j}\omega t}\right)+O(n^2)\end{aligned}$$

利用光子寿命表示式 (7.54) 的稳态结果, 在去除 $e^{j\omega t}$ 的有关项后, 我们终于得到

$$j\omega n(\omega) = \frac{\eta_i}{qV} i(\omega) - \frac{n(\omega)}{\tau} - \frac{s(\omega)}{\Gamma\tau_p} - v_g a S_0 n(\omega) \tag{7.57}$$

光子的第二个方程可以用类似的步骤得到. 代入小信号的表示式, 不计二次项, 采用光子寿命的表示式, 并去除掉 $e^{j\omega t}$ 的共同因子, 我们得到

$$j\omega s(\omega) = \Gamma v_g a S_0 n(\omega) \tag{7.58}$$

由上式, 我们可以决定定义为 [33,34]

$$M(\omega) = \frac{s(\omega)}{i(\omega)}$$

的调制响应. 由方程 (7.58) 找出 $n(\omega)$ 然后代入方程 (7.57), 于是得到

$$\frac{s(\omega)}{i(\omega)} = \frac{\dfrac{\eta_i}{eV}\Gamma v_g a S_0}{D(\omega)}$$

式中, $D(\omega)$ 是由下式给出的:

$$D(\omega) = -\omega^2 + j\omega\left(\frac{1}{\tau} + v_g a S_0\right) + \frac{v_g a S_0}{\tau_p}$$

将响应函数 (调制响应的绝对值) 定义为

$$r(\omega) = \left|\frac{s(\omega)}{i(\omega)}\right| = \frac{\dfrac{\eta_i}{eV}\Gamma v_g a S_0}{|D(\omega)|}$$

如果我们改写 $D(\omega) = a + jb$, 则 $|D(\omega)|^2 = a^2 + b^2$, 因此

$$|D(\omega)|^2 = \left(\omega^2 - \frac{v_g a S_0}{\tau_p}\right)^2 + \omega^2\left(\frac{1}{\tau} + v_g a S_0\right)^2$$

我们很快会发现响应函数在频率f_R 时会出现极大值. 为了找出该频率, 需要对 $\dfrac{\partial|D(\omega)|^2}{\partial\omega^2}$ 求导并使之为零. 确切地说

$$\left.\frac{\partial|D(\omega)|^2}{\partial\omega^2}\right|_{\omega=\omega_R} = -2\left(\frac{v_g a S_0}{\tau_p} - \omega_R^2\right) + \left(\frac{1}{\tau} + v_g a S_0\right)^2 = 0$$

于是

$$\omega_R^2 = \frac{v_g a S_0}{\tau_p} - \frac{1}{2}\left(\frac{1}{\tau} + v_g a S_0\right)^2 \tag{7.59}$$

它被称为弛豫振荡频率, 代表着光子和载流子之间交换能量的速率.

在方程 (7.59) 中的第二项通常非常小, 可以被忽略不计. 因此弛豫振荡频率可以近似为

$$\omega_{\mathrm{R}}=\sqrt{\frac{1}{\tau_{\mathrm{p}}}\frac{S_0 v_{\mathrm{g}} a}{1+\varepsilon S_0}} \tag{7.60}$$

为了估算弛豫振荡频率的大小, 我们假设 $L=250\ \mu\mathrm{m}$, 光子寿命 $\tau_p\approx 10^{-12}s$, 以及载流子的寿命 $\tau\approx 4\times 10^{-9}s$. 我们的计算发现, ω_R 的数值大约在 $10^9\mathrm{s}^{-1}$ 左右. 因此, 零级表示式是非常好的近似.

利用 Matlab 的代码及附录 7A 中清单 7A.1.1 和清单 7A.1.2 给出的参数, 我们得到的结果如图 7.20 所示.

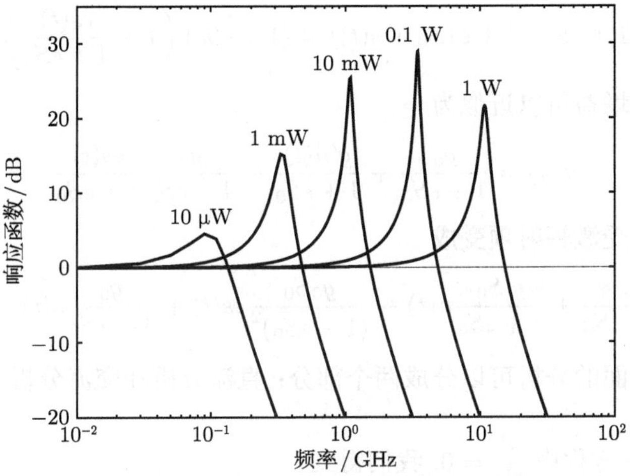

图 7.20 按小信号分析得到的半导体激光器的调制特性

7.4.3 增益饱和时的小信号分析

让我们重温 7.4.2 节讨论过的速率方程

$$\frac{\mathrm{d}N}{\mathrm{d}t}=\eta_{\mathrm{i}}\frac{I}{qV}-\frac{N}{\tau}-v_{\mathrm{g}}g(N)S \tag{7.61}$$

$$\frac{\mathrm{d}S}{\mathrm{d}t}=\Gamma v_{\mathrm{g}}g(N)S-\frac{S}{\tau_{\mathrm{p}}}+\beta_{\mathrm{sp}}R_{\mathrm{sp}} \tag{7.62}$$

采用小信号的假设:

$$I(t)=I_0+i(t)$$

$$N(t)=N_0+n(t)$$

$$S(t)=S_0+s(t)$$

另外, 建立一个增益模型, 包括如下的饱和状态:

$$g(n) = \frac{g_0 + g'(N - N_0)}{1 + \epsilon S}$$

式中, $g' = \left.\frac{\partial g}{\partial N}\right|_{N=N_0}$ 是在 $N = N_0$ 时计算的差分增益，而 $g_0 = g(N_0)$. 增益压缩参数 ϵ 的数值较小, 而且项 ϵS 即使在非常强的光功率的情况下也很小. 这一项对直流特性的影响很小, 可以忽略不计. 但是对半导体激光的动态特性影响十分显著, 原因在于激光器的动态特性取决于增益和腔体损耗之间的差额, 其差值往往只有百分之几. 因此, 即使 ϵ 带来微小的增益压缩, 也会产生显著的效果. 下面我们来估计增益压缩项

$$1 + \epsilon S = 1 + \epsilon\left(S_0 + s(t)\right) = (1 + \epsilon S_0)\left(1 + \frac{\epsilon s(t)}{1 + \epsilon S_0}\right)$$

基于以上结果, 增益可以近似为

$$g(n) = \frac{g_0}{1 + \epsilon S_0} + \frac{g' n(t)}{1 + \epsilon S_0} - \frac{g_0}{1 + \epsilon S_0}\frac{\epsilon s(t)}{1 + \epsilon S_0} \tag{7.63}$$

利用以上结果, 受激辐射项变成

$$g(n)S = \frac{g_0 S_0}{1 + \epsilon S_0} + \frac{g' S_0}{1 + \epsilon S_0} n(t) - \frac{g_0 S_0}{(1 + \epsilon S_0)^2}\epsilon s(t) + \frac{g_0}{1 + \epsilon S_0} s(t) + O(s^2) \tag{7.64}$$

和过去一样, 下面的分析可以分成两个部分：直流分析和交流分析.

直流分析

假设在速率方程中 $\frac{\mathrm{d}}{\mathrm{d}t} = 0$, 我们得到

$$\eta_{\mathrm{i}}\frac{I_0}{qV} - \frac{N_0}{\tau} - v_{\mathrm{g}}\frac{g_0 S_0}{1 + \epsilon S_0} = 0$$

以及

$$\varGamma v_{\mathrm{g}}\frac{g_0 S_0}{1 + \varepsilon S_0} - \frac{S_0}{\tau_{\mathrm{p}}} + \varGamma \beta_{\mathrm{sp}} R_{\mathrm{sp}} = 0$$

忽略自发辐射 ($\beta_{\mathrm{sp}} = 0$), 由第二项我们得到光子寿命 τ_{p} 的表示式

$$\frac{1}{\tau_{\mathrm{p}}} = \varGamma v_{\mathrm{g}}\frac{g_0}{1 + \epsilon S_0} \tag{7.65}$$

交流分析

将小信号的假设代入速率方程, 利用受激辐射方程 (7.64) 的近似表达式并消除直流项, 结果得到

$$\frac{\mathrm{d}n(t)}{\mathrm{d}t} = \eta_{\mathrm{i}}\frac{i(t)}{qV} - \frac{n(t)}{\tau} - \frac{v_{\mathrm{g}} g' S_0}{1 + \epsilon S_0} n(t) + \frac{1}{\tau_{\mathrm{p}}\varGamma}\frac{S_0}{1 + \epsilon S_0}\epsilon s(t) - \frac{1}{\tau_{\mathrm{p}}\varGamma} s(t)$$

$$\frac{\mathrm{d}s(t)}{\mathrm{d}t}=\frac{\Gamma v_{\mathrm{g}}g'S_0}{1+\epsilon S_0}n(t)-\frac{1}{\tau_{\mathrm{p}}}\frac{S_0}{1+\epsilon S_0}\epsilon s(t)$$

在上面的方程中我们利用了表示式 (7.65). 上述方程可以使用矩阵的形式

$$\frac{\mathrm{d}}{\mathrm{d}t}\begin{bmatrix} n(t) \\ s(t) \end{bmatrix}+\begin{bmatrix} A & B \\ -C & D \end{bmatrix}\begin{bmatrix} n(t) \\ s(t) \end{bmatrix}=\begin{bmatrix} \eta_{\mathrm{i}}\frac{i(t)}{qV} \\ 0 \end{bmatrix}$$

式中

$$A=\frac{1}{\tau}+\frac{v_{\mathrm{g}}S_0g'}{1+\epsilon S_0},\quad B=\frac{1}{\tau_{\mathrm{p}}\Gamma}-\frac{1}{\tau_{\mathrm{p}}\Gamma}\frac{S_0}{1+\epsilon S_0}\epsilon,\quad C=\frac{\Gamma v_{\mathrm{g}}S_0g'}{1+\epsilon S_0},\quad D=\frac{1}{\tau_{\mathrm{p}}}\frac{S_0}{1+\epsilon S_0}\epsilon$$

假设时谐关系为 $\exp(\mathrm{j}\omega t)$, 于是矩阵方程变成

$$\begin{bmatrix} \mathrm{j}\omega+A & B \\ -C & \mathrm{j}\omega+D \end{bmatrix}\begin{bmatrix} n(t) \\ s(t) \end{bmatrix}=\begin{bmatrix} \eta_{\mathrm{i}}\frac{i(t)}{qV} \\ 0 \end{bmatrix}$$

求解上述方程, 我们得到调制响应如下所示:

$$\frac{s(t)}{i(t)}=\eta_{\mathrm{i}}\frac{1}{qV}\frac{C}{H(\omega)}$$

式中

$$H(\omega)=(\mathrm{j}\omega+A)(\mathrm{j}\omega+D)+CB$$

函数 $H(\omega)$ 可以写成

$$H(\omega)=-\omega^2+\mathrm{j}\omega\gamma+\omega_{\mathrm{R}}^2$$

式中, ω_{R} 是弛豫振荡频率; γ 是阻尼因子. 我们把调制响应 $r(\omega)$ 定义为[30]

$$r(\omega)=\frac{H(\omega)}{H(0)}$$

三个不同数值 ε 的响应 $r(\omega)$ 如图 7.21 所示.

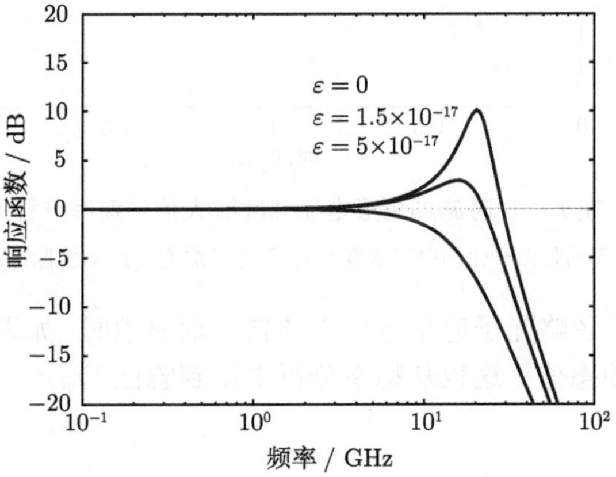

图 7.21 增益压缩 ε 对调制响应的影响

图 7.21 表明增益压缩参数 ε 对相应函数的影响是明显的. 用来获得这些结果的 Matlab 代码见附录 7A 中的清单 7A.2.1 和清单 7A.2.2.

7.4.4　量子阱激光器的大信号分析

量子阱激光器是半导体激光二极管的一种. 它的有源区特别狭窄, 以至于量子效应应运而生. 这种由化合物半导体构成的激光器的效率高, 比常规半导体激光二极管发出更短的波长. 对量子阱半导体激光器速率方程的大信号分析已有广泛的报道 [35~37]. 无自发辐射的主要方程是

$$\frac{\mathrm{d}N}{\mathrm{d}t} = \eta_{\mathrm{i}}\frac{I}{qV} - \frac{N}{\tau} - v_{\mathrm{g}}g(N)\cdot S \tag{7.66}$$

$$\frac{\mathrm{d}S}{\mathrm{d}t} = \Gamma\cdot v_{\mathrm{g}}g(N)\cdot S - \frac{S}{\tau_{\mathrm{p}}} \tag{7.67}$$

前面已经解释过所有的数学符号及其数值, 详见表 7.2.

阶梯形电流的典型结果如图 7.22 所示. 得到这些结果的 Matlab 代码提供在附录 7A 中, 见清单 7A.3.1 和清单 7A.3.2.

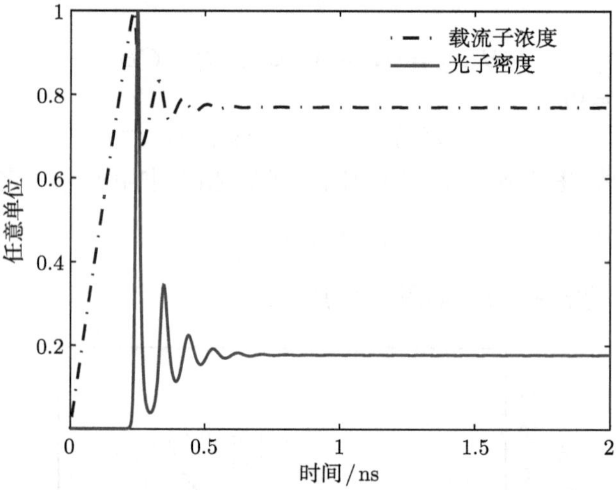

图 7.22　在 $t=0$ 时施加矩形电流脉冲时大信号速率方程的数值解

图中计算的是归一化的电子浓度 $N(t)$ 和光子浓度 $S(t)$ 对大脉冲的响应

人们观察到, 当忽略光子速率方程中的自发辐射项时, 如果 $t\to\infty$, 光子密度的变化趋近于零 (稳态值), 这也从稳态分析中得到验证.

7.4.5　频率啁啾

当载流子遭遇突然的改变时, 在半导体激光器直接调制器件会出现频率的啁啾 (即频率被调制) , 其结果是材料的增益发生变化. 这种变化又引起折射率的改变,

接着又引起电场的相位改变. 相位的变化率是

$$\frac{\mathrm{d}\phi}{\mathrm{d}t}=\frac{1}{2}v\alpha_{\mathrm{H}}\left(\Gamma g-\alpha_{\mathrm{loss}}\right)$$

造成相关的频率变化为

$$\Delta\nu(t)=\frac{1}{2\pi}\frac{\mathrm{d}\phi}{\mathrm{d}t}=\frac{1}{4\pi}v\alpha_{\mathrm{enh}}\left(\Gamma g-\alpha_{\mathrm{loss}}\right)$$

这种频率的变化被称为“啁啾”. 在直接调制时它引起的频率变化为 10 ~ 20GHz.

为了消除啁啾效应, 应该使用独立的外调制器. 在这种情况下, 激光器的功率输出可以保持恒定.

降低啁啾的另一种方法是制作小线宽增强因子 α_{H} 的器件.

$$\alpha_{\mathrm{H}}\equiv-\frac{\dfrac{\mathrm{d}\overline{n}_r}{\mathrm{d}N}}{\dfrac{\mathrm{d}\overline{n}_i}{\mathrm{d}\nu}}$$

式中, $\overline{n}=\overline{n}_{\mathrm{r}}+\mathrm{j}\overline{n}_{\mathrm{i}}$ (复数的折射率).

7.4.6 等效电路模式

通常在工程实践中有必要使用等效电路模型, 而不是较复杂的物理模型. 在这里, 我们概要地说明构建半导体激光器等效模型的方法.

7.4.7 体激光器的等效电路

半导体激光器的等效电路模型使我们能进一步理解激光器的性能. 它们是从速率方程衍生而来的. 这种模型由来已久 [38~40]. 近期更多的工作着眼于一些新的效应, 如载流子迁移或者光增益方面的工作 [41~43]. 下面我们将概述 Kibar 等[41] 在建立半导体体激光器等效电路方面的工作. 对于体激光器 (bulk lasers), 速率方程 [9,41] 是

$$\frac{\mathrm{d}S}{\mathrm{d}t}=(G-\gamma)\,S+R_{\mathrm{sp}} \tag{7.68}$$

$$\frac{\mathrm{d}N}{\mathrm{d}t}=\frac{I}{q}-\gamma_{\mathrm{e}}N-G\cdot S \tag{7.69}$$

式中, N,S 是激光模式中腔体内的电子总数和发射激光时的光子总数. 它们是无量纲的量. 我们引入它们在平衡态附近的微小变化

$$S(t)=S_0+\delta S(t) \tag{7.70}$$

$$N(t)=N_0+\delta N(t) \tag{7.71}$$

光学增益近似为

$$G = G_0 + \frac{\partial G}{\partial N}\delta N + \frac{\partial G}{\partial S}\delta S = G_0 + G_N\delta N + G_S\delta S \tag{7.72}$$

对于稳态情况, 我们得到

$$0 = (G_0 - \gamma) S_0 + R_{\mathrm{sp},0}$$
$$0 = \frac{I_0}{q} - \gamma_{\mathrm{e}} N_0 - G_0 \cdot S_0$$

观察到自发辐射 $R_{\mathrm{sp}} = R_{\mathrm{sp}}(N)$ 与 N 有关, 另外运用下面的关系式:

$$R_{\mathrm{sp}} = R_{\mathrm{sp},0} + \frac{\partial R_{\mathrm{sp}}}{\partial N}\delta N \tag{7.73}$$

我们可以得到小信号方程

$$\frac{\mathrm{d}\delta S}{\mathrm{d}t} = -\Gamma_S \delta S + \sigma_N \delta N \tag{7.74}$$

$$\frac{\mathrm{d}\delta N}{\mathrm{d}t} = -\Gamma_N \delta N - \sigma_S \delta S \tag{7.75}$$

式中

$$\Gamma_S = \frac{R_{\mathrm{sp}}}{S_0} - S_0 G_S, \qquad \Gamma_N = \gamma_{\mathrm{e}} + N_0 \frac{\partial \gamma_{\mathrm{e}}}{\partial N} + S_0 G_N \tag{7.76}$$

以及

$$\sigma_N = S_0 G_N + \frac{\partial R_{\mathrm{sp}}}{\partial N}, \qquad \sigma_S = G_0 + S_0 G_S \tag{7.77}$$

利用上述方程, 我们建立了等效电路模式, 发现小信号速率方程类似于RLC电路中的电压和电流的方程. 因此我们假设 (参照文献 [41]) 激光器腔体中的电子可以用电容器上的电荷来表示, 而光子可以用电感的磁通量表示. 于是, 我们引入了下面的等效关系:

$$\delta S(t) = \frac{\phi(t)}{q \cdot \mathrm{unit}}, \qquad \delta N(t) = \frac{Q(t)}{q} \tag{7.78}$$

式中, q 是电子电荷, 其单位是 $\left[\frac{\mathrm{H}}{\mathrm{s}}\right]$ 中的一个参数, 以确保在电路中的元件有适当的单位; $\phi(t)$ 是 [Wb] 中的磁通量. 让我们重提以下电磁学中的基本关系:

$$Q = C \cdot v_C \tag{7.79}$$

$$i_C = \frac{\mathrm{d}Q}{\mathrm{d}t} \tag{7.80}$$

$$\phi(t) = L \cdot i_L \tag{7.81}$$

$$v_L = \frac{\mathrm{d}\phi}{\mathrm{d}t} \tag{7.82}$$

现在, 我们利用方程 (7.78) 以及关系式 (7.79)～ 式 (7.82) 从而把小信号方程 (7.74) 及 (7.75) 转换成电压和电流的关系. 简单的代数运算后, 由方程 (7.74) 我们发现

$$v_L(t) = -\Gamma_S \cdot L \cdot i_L(t) + \sigma_N \cdot C \cdot \text{unit} \cdot v_C \tag{7.83}$$

该方程与图 7.23 的 RLC 电路中的回路方程是等价的. 回路方程为

$$v_C = v_L + v_{R\mathrm{p}} \tag{7.84}$$

为了使上述方程等价, 我们应该知道

$$R_S = \Gamma_S \cdot L = \Gamma_S \cdot \frac{\text{unit}}{\sigma_S}, \qquad C = \frac{1}{\text{unit} \cdot \sigma_{\mathrm{N}}} \tag{7.85}$$

类似地, 由方程 (7.75) 我们得到

$$i_C(t) = -\Gamma_N \cdot C \cdot v_C(t) - \frac{\sigma_S}{\text{unit}} \cdot L \cdot i_L(t) \tag{7.86}$$

上述方程可以和图 7.23 中电路的节点方程进行对比

$$i_C = -i_R - i_L \tag{7.87}$$

令这些方程等同, 我们有

$$R_N = \frac{1}{\Gamma_N \cdot C}, \quad L = \frac{\text{unit}}{\sigma_S} \tag{7.88}$$

还有下面的等效关系:

$$\delta N = \frac{C \cdot v_C}{q}, \quad \delta S = \frac{L \cdot i_L}{q \cdot \text{unit}} \tag{7.89}$$

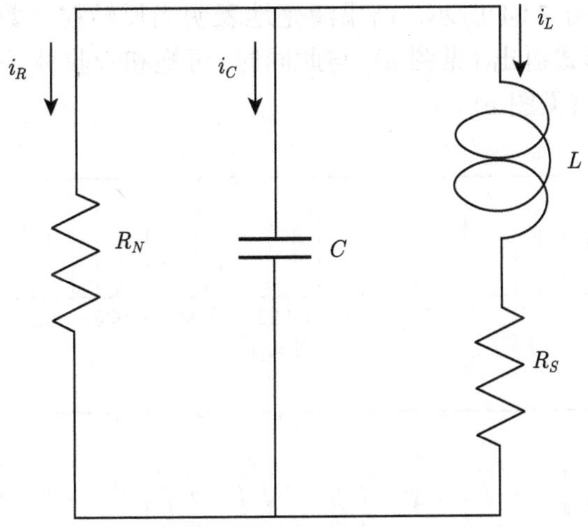

图 7.23 体激光器的等效电路

7.5　激光调 Q 技术

激光调 Q 技术是用来产生脉冲激光的通用技术. 应用这种技术时, 激光器的谐振腔内设置吸收性材料, 谐振腔的光学品质因数 Q 值因此发生了变化, 从而控制激光的输出状态. 如果它的 Q 值低, 损耗大, 腔体内激光振荡无法维持, 反之, 当它的 Q 值突然增高, 储存的能量就会在极短的时间内突然释放出来, 形成激光脉冲. 半导体二极管激光器使用的是被动调 Q 技术. 设置在谐振腔内的吸收性材料是 Cr^{4+}：YAG.

调 Q 激光器的理论分析可以从速率方程出发, 得到增益介质反转粒子数密度, 可饱和吸收体反转粒子数密度和腔内光子数密度的耦合方程：

$$\begin{aligned}
\frac{dS}{dt} &= \frac{S}{t_\tau}\left[2\sigma nl - 2\sigma_{gs}n_{gs}l_s - 2\sigma_{es}(n_{0s}-n_{gs})l_s - (\ln\frac{1}{R}+\delta)\right]\\
\frac{dn}{dt} &= R_p(t)\left(1-\frac{n}{N_T}\right) - \gamma\sigma cSn - \frac{n}{\tau_a}\\
\frac{dn_{gs}}{dt} &= \frac{n_{0s}-n_{gs}}{\tau_{gs}} - \sigma_{gs}cSn_{gs}
\end{aligned} \tag{7.90}$$

式中, S 是激光腔中的光子数密度；n 是增益介质中反转粒子数密度；n_{gs} 是可饱和吸收基体粒子数密度；n_{0s} 是可饱和吸收体总粒子数密度；σ 和 l 分别是增益介质的受激发射截面和长度；R 是输出镜的反射率；δ 是激光器腔体的损耗；$R_p(t)$ 是抽运速率；N_T 是是增益介质的总粒子数密度；τ_a 是增益介质的上能级寿命；τ_{gs} 是可饱和吸收体的恢复时间.

程序运行的如图 7.24 所示. 结果清楚地表明当反转粒子数达到最大值时 (见图 b) 激光以脉冲形式射出 (见图 a), 与此同时, 可饱和吸收体基态粒子数跌至最小值, 此时, Q 值最大 (见图 c).

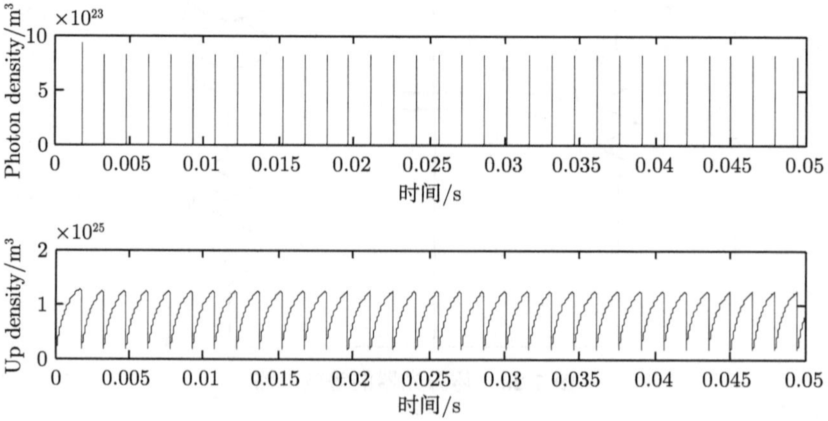

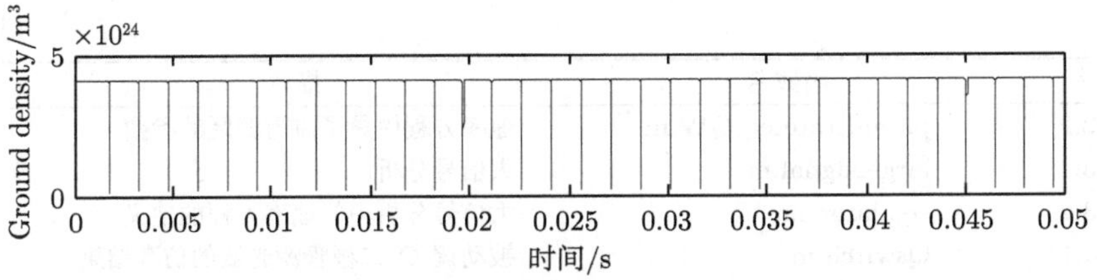

图 7.24 半导体二极管激光器调 Q 光脉冲的仿真结果 (从上而下分别是光子密度, 反转粒子数密度和饱和吸收体基态粒子数密度)

7.6 习　题

1. 用对数增益模式对大信号进行分析.

2. 分析大信号对高斯脉冲的响应.

3. 利用 (7.23) 和 (7.24) 以及波长 λ 与能带隙 E_{gap} 之间的关系式 $\lambda = \dfrac{1.24}{E_g}\mu\text{m}$, 设计一个波长 λ 为 1.50μm 的 InGaAsP 的异质结半导体激光器, 即决定 Ga 和 As 的组分 x 和 y, 以及 In 和 P 的组分 $1-x$ 和 $1-y$.

4. 构建具有载流子迁移的单量子阱的等效电路 (参照文献 [42]). 在 SCH 区引入载流子浓度, 并使得在量子阱发生相互作用.

5. 一个半导体激光器, 腔体长 1.2mm, 腔体两端各置 4 个周期的布拉格反射镜. 利用程序 3A.2 和表 7.1, 求出 (1)$\lambda = 1.55\mu\text{m}$ 时的纵波模式的频率及其对应的 n; (2) 如果本身的固有损耗 α_{m} 在所有频率皆为 0.5mm^{-1}, 试求出增益 g_{m} 的大小. 若波长改用 1.8μm, 试求此时的增益 g_{m} 的值.

7.7 课　题

对半导体激光器进行多模分析, 获取多模速率方程. 增益谱近似见文献 [4].

附录 7A: 本章 Matlab 的函数清单和代码

在表 7.3 中我们提供了 Matlab 的文件及对各个函数的简要描述.

表 7.3　第 7 章的 Matlab 函数清单

清单	函数名	描述
7A.1.1	small_signal.m	小信号分析
7A.1.2	param_rate_eq_bulk.m	速率方程中有源区的参数
7A.2.1	small_epsilon.m	小信号对增益压缩的响应

续表

清单	函数名	描述
7A.2.2	param_rate_eq_QW.m	速率方程中量子阱有源区的参数
7A.3.1	large_signal.m	大信号分析
7A.3.2	eqs_large.m	大信号分析中的速率方程的定义
7C.4.1	Qswitch.m	被动调 Q 二极管激光器的仿真结果
7C.4.2	rate_eq.m	求解 Qswitch 的速率方程

清单 7A.1.1 程序 small_signal.m: 量子阱半导体激光器小信号分析的 Matlab 代码.

```
% 文件名: small_signal.m
% Purpose:
% Determines response function
clear all
param_rate_eq_bulk                          % input data
%
% loop over frequency in GHz
N_max = 5000;                               % number of points for plot
f_min = 0.01; f_max = 100;
freq_GHz = linspace(f_min,f_max,N_max);  % From 0.1 to 2 GHz
semilogx(freq_GHz,0);
%
freq = freq_GHz*1d9;                        % convert frequency to 1/s
omega = 2*pi*freq;
%
hold on
for power_out = [1d-4 1d-3 0.01 0.1 1.0] % values of output power [W]
% Determine steady-state photon density from a given output power
S_zero = 2*power_out/(v_g*alpha_m*h_Planck*freq_ph*V_p);
%
% Construct denominator
D = - omega.^2 + 1j*omega*(1/tau +v_g*a*S_zero) + v_g*a*S_zero/tau_p;
%
response = (v_g*a*S_zero/tau_p)./abs(D);
response_dB = 10*log(response);
```

```
%
h = semilogx(freq_GHz,response_dB);
end
xlabel('frequency [GHz]','FontSize',14);  % size of x label
ylabel('Response function [dB]','FontSize',14); % size of y label
set(gca,'FontSize',14);                   % size of tick marks on
                                            both axes
axis([f_min f_max -20 35]);
text(0.05, 7, '10 \muW','Fontsize',14)
text(0.2, 18, '1 mW','Fontsize',14)
text(0.6, 27, '10 mW','Fontsize',14)
text(2.5, 33, '0.1W','Fontsize',14)
text(8, 26, '1W','Fontsize',14)
pause
close all
```

清单 7A.1.2 函数 para_rate_eq_bulk.m: 集合激光器激活区速率方程有关参数的 Matlab 代码. 该函数将被程序 small_signal.m 调用.

```
% 函数名: param_rate_eq_bulk.m
% Purpose:
% Contains parameters for rate equation model for bulk
% active region
% Source
% G.P. Agrawal and N.K. Dutta
% Long-wavelength semiconductor lasers
% Van Nostrand 1986
% Table 6.1, p. 227
%
% General constants
c = 3d10;                        % velocity of light [cm/s]
q = 1.6021892d-19;               % elementary charge [C]
h_Planck = 6.626176d-34;         % Planck constant [J s]
hbar = h_Planck/(2.0*pi);        % Dirac constant [J s]
% Geometrical dimensions bulk active region
length = 250d-3;                 % cavity length [cm]; 250 microns
```

```
width = 2d-3;                   % active region width [cm]; 2 microns
thickness = 0.2d-3;             % thickness of an active region [cm];
                                  0.2 microns
volume_active = length*width*thickness; % volume of active region
%
conf = 0.3;                     % confinement factor [dimensionless]
V_p = volume_active/conf;       % cavity volume [cm^3]
ref_index = 3.4;                % effective mode index
%
v_g = c/ref_index;              % group velocity [cm/s]
tau_p = 1.6d-12;                % photon life-time [s]
tau = 2.2d-9;                   % carrier life-time [2.71 ns]
%
a = 2.5d-16;                    % differential gain (linear model) [cm^2]
% Parameters needed to determine output power
alpha_m = 45;                   % mirror reflectivity [cm^-1]
lambda_ph = 1.3d-3;             % laser wavelength [microns]; 1.3 microns
freq_ph = v_g/lambda_ph;        % phonon frequency
```

清单 7A.2.1 程序 small_epsilon.m: 决定量子阱增益压缩小信号响应驱动程序的 Matlab 代码.

```
% 文件名: small_epsilon.m
% Purpose:
% Determines response function for quantum well with epsilon
clear all
param_rate_eq_QW                   % input data
%
% loop over frequency in GHz
N_max = 100;                       % number of points for plot
f_min = 0.1; f_max = 100;
freq_GHz = linspace(f_min,f_max,N_max); % From 0.1 to 2 GHz
semilogx(freq_GHz,0);              % make axis and force log scale
%
freq = freq_GHz*1d9;               % convert frequency to 1/s
omega = 2*pi*freq;
```

```
power_out = 0.001;                   % output power (10 mW/facet)
%
hold on
for epsilon = [0 1.5d-17 5d-17]  % values of epsilon
% Determine steady-state photon density from a given output power
S_zero = 2*power_out/(v_g*alpha_m*h_Planck*freq_ph*V_p);
%
% Construct denominator
A = 1/tau + v_g*S_zero*a/(1+epsilon*S_zero);
B = 1/(conf*tau_p) - (1/(conf*tau_p))*S_zero*epsilon/
(1+epsilon*S_zero);
C = conf*v_g*S_zero*a/(1+epsilon*S_zero);
D = (1/tau_p)*S_zero*epsilon/(1+epsilon*S_zero);
damping = A + D;
omega_R2 = A*D + C*B;
H = - omega.^2 + 1j*omega.*damping + omega_R2;
%
response = (A*D+C*B)./abs(H);
response_dB = 10*log(response);
h = plot(freq_GHz,response_dB);
end
xlabel('frequency [GHz]','FontSize',14); % size of x label
ylabel('Response function [dB]','FontSize',14); % size of y label
set(gca,'FontSize',14);               % size of tick marks on both axes
axis([f_min f_max -20 20]);
text(2, 13, '\epsilon = 0','Fontsize',14)
text(2, 10, '\epsilon = 1.5 \times 10^{-17}','Fontsize',14)
text(2, 7, '\epsilon = 5 \times 10^{-17}','Fontsize',14)
pause
close all
```

清单 7A.2.2 函数 param_rate_eq_QW.m: 集合单个量子阱有源区速率方程所需参数的 Matlab 代码. 该函数将被程序 small.epsilon.m 调用.

```
% 函数名: param_rate_eq_QW.m
% Purpose:
```

```
% Contains parameters for rate equation model for QW active region
% Source
% L.A. Coldren and S.W. Corzine,
% "Diode Lasers and Photonic Integrated Circuits", Wiley 1995.
% General constants
c = 3d10;                          % velocity of light [cm/s]
q = 1.6021892d-19;                 % elementary charge [C]
h_Planck = 6.626176d-34;           % Planck constant [J s]
hbar = h_Planck/(2.0*pi);          % Dirac constant [J s]
% Geometrical dimensions
% QW active region
L = 250d-4;                        % cavity length [cm]; 250 microns
w = 2d-4;                          % active region width [cm]; 2 microns
d = 80d-8;                         % thickness of an active region [cm];
                                     80 Angstroms
%
%V = L*w*d;
V = 4d-12;                         % volume of active region
%
conf = 0.03;                       % confinement factor [dimensionless]
V_p = V/conf;                      % cavity volume [cm^3]
ref_index = 4.2;                   % effective mode index
%
v_g = c/ref_index;                 % group velocity [cm/s]
tau_p = 2.77d-12;                  % photon life-time [s]
tau = 2.71d-9;                     % carrier life-time [s]
beta_sp = 0.8d-4;                  % spontaneous emission factor
%
a = 5.34d-16;                      % differential gain (linear model)
                                     [cm^2]
N_tr = 1.8d18;                     % carrier density at transparency
                                     [cm^-3]
eta_i = 0.8;
epsilon = 1d-17;
current_th = 1.11d-3;              % current at threshold [A]; 1.11 mA
```

```
%
% Parameters needed to determine output power
alpha_m = 45;                       % mirror reflectivity [cm^-1]
lambda_ph = 1.3d-3;                 % laser wavelength [microns]; 1.3
                                      microns
freq_ph = v_g/lambda_ph;            % phonon frequency
```

清单 7A.3.1 程序 large_signal.m: 速率方程大信号分析驱动程序的 Matlab 代码.

```
% 文件名: large_signal.m
% Purpose:
% Driver which controls computations for large signal rate equations
% function z = large_signal
%
clear all
tspan = [0 2d-9];                   % time interval, up to 2 ns
y0 = [0, 0];                        % initial values of N and S
%
[t,y] = ode45('eqs_large',tspan,y0);
%
size(t);
t=t*1d9;
y_max = max(y);
y1 = y_max(1);
y2 = y_max(2);
h = plot(t,y(:,1)/y1,'-.', t, y(:,2)/y2); % divided to normalize
set(h,'LineWidth',1.5);              % thickness of plotting lines
xlabel('time [ns]','FontSize',14); % size of x label
ylabel('Arbitrary units','FontSize',14); % size of y label
set(gca,'FontSize',14);              % size of tick marks on both axes
legend('carrier density', 'photon density') % legend inside the plot
pause
close all
```

清单 7A.3.2 函数 eqs_large.m: 定义大信号分析速率方程的 Matlab 代码. 该

函数将被程序 large_signal.m 调用.

```
% 函数名: eqs_large.m
% Purpose:
% Large signal rate equations are established
% N == y(1)
% S == y(2)
% assumed linear gain model
function ydot = eqs_large(t,y)
%
param_rate_eq_QW          % input of needed parameters
%
current = 3d-2;           % bias current (step function) [A]; 3 mA
A = v_g*a*(y(1) - N_tr)/(1+epsilon*y(2));
ydot(1) = eta_i*current/(q*V) - y(1)/tau - A*y(2);
ydot(2) = conf*A*y(2) - y(2)/tau_p + conf*beta_sp*y(1)/tau;
ydot = ydot';             % must return column vector
```

清单 7A.4.1

```
% 文件名: Qswitch.m (激光二极管仿真)
clc
clear
closeall
T0 = 0.7; % Initial Transmittance
R = 0.8; % Reflectance of cavity
Rp = 2e28; % rate of pumping
y0 = [1; 0; 0]; % setting for initial value
tspan = [0 0.025]; % setting for calculated time
tic
[t,y] = ode45('rate_eq', tspan, y0, [], Rp, T0, R); % Solving for rate_eq
toc

figure
subplot (3,1,1);
plot (t, y(:,1));
xlabel ('Time(s)');
```

```
ylabel ('Photon densidy (/m3)')

subplot(3,1,2);
plot(t,y(:,2));
xlabel ('Time(s)');
ylabel ('Up density (/m3)')

subplot (3,1,3);
plot (t, y(:,3));
xlabel ('Time(s)');
ylabel ('Ground densidy (/m3)')

figure%plotting photon density and inversed population density in the
same figure
[AX, H1, H2] = plotyy(t,y(:,1),t,y(:,2));
set (H2,'LineStyle','--')
xlabel ('Time(s)')
set(get(AX(1),'Ylabel'),'String','Photon Density(/m3)')
set(get(AX(2),'Ylabel'),'String','Inversed population Density(/m3)')
```

清单 7A.4.2

```
%函数名: rate_eq.m
function dy = rate_eq(t,y,flag,Rp,T0,R)
sigma = 5.4e-23;      % Stimulated tranmission section of gain medium
sigma_gs = 8.7e-23;   % Absoption section of ground state
sigma_es = 2.2e-23;   % Absoption section of up state
N_T = 1.68e26;        % Total population desity of gain medium
tao_a = 750e-6;       % Life time for up state
tao_gs = 3e-6;        % Time of recovering
n1 = 1.82;            % Nd3+: refraction coefficient of YAG
n2 = 1.80;            % Cr4+: refraction coefficient of YAG
delta = 0.02;         % Loss of cavity
l = 0.001;            % Length of gain medium
ls = 0.001;           % Axis distane of gas moves along
gamma = 1;            % Reverse factor
```

```
c = 2.9979e8;          % Speed of light
lc = n1*l+n2*ls;         % Equivalent length of cavity

tr = lc/c;             % Travel time of a circle
n0s = -log(T0)/(sigma_gs*ls); % Solving for population density

y(1) = max(y(1),1);  % Maximum of photon density

dy = [ y(1)*(2*sigma*y(2)*l-2*sigma_gs*y(3)*ls-2*sigma_es*...
                    (n0s-y(3))*ls-(log(1/R)+delta))/tr;
      Rp*(1-y(2)/N_T)-gamma*sigma*c*y(1)*y(2)-y(2)/tao_a;
      (n0s-y(3))/tao_gs-sigma_gs*c*y(1)*y(3)];

end
```

参 考 文 献

[1] A. Yariv. *Quantum Electronics. Third Edition.* Wiley, New York, 1989.

[2] C.C. Davis. *Lasers and Electro-Optics. Fundamentals and Engineeing.* Cambridge University Press, Cambridge, UK, 2002.

[3] B. Mroziewicz, M. Bugajski, and W. Nakwaski. *Physics of Semiconductor Lasers.* Polish Scientific Publishers/North-Holland, Warszawa, Amsterdam, 1991.

[4] L.A. Coldren and S.W. Corzine. *Diode Lasers and Photonic Integrated Circuits.* Wiley, New York, 1995.

[5] J. Carroll, J. Whiteaway, and D. Plumb. *Distributed feedback semiconductor lasers.* The Institution of Electrical Engineers, London, United Kingdom, 1998.

[6] E. Kapon, editor. *Semiconductor Lasers.* Academic Press, San Diego, 1999.

[7] D. Sands. *Diode Lasers.* Institute of Physics Publishing, Bristol and Philadelphia, 2005.

[8] C.W. Wilmsen, H. Temkin, and L.A. Coldren, editors. *Vertical-Cavity Surface-Emitting Lasers.* Cambridge University Press, Cambridge, 1999.

[9] G.P. Agrawal and N.K. Dutta. *Semiconductor Lasers. Second Edition.* Kluwer Academic Publishers, Boston/Dordrecht/London, 2000.

[10] M.G.A. Bernard and G. Duraffourg. Laser conditions in semiconductors. *physica status solidi,* 1:699–703, 1961.

[11] G. Keiser. *Optical Fiber Communications. Third Edition.* McGraw-Hill, Boston, 2000.

[12] S.-L. Chuang. *Physics of Optoelectronic Devices.* Wiley, New York, 1995.

[13] J.-M. Liu. *Photonic Devices.* Cambridge University Press, Cambridge, 2005.

[14] M.S. Wartak, P. Weetman, T. Alajoki, J. Aikio, V. Heikkinen, N Pikhin, and P. Rusek. Optical modal gain in multiple quantum well semiconductor lasers. *Canadian Journal of Physics,*

84:53–66, 2006.

[15] G. Lasher and F. Stern. Spontaneous and stimulated recombination radiation in semiconductors. *Phys. Rev.*, 133:A553–A563, 1964.

[16] C.J. Hwang. Properties of spontaneous and stimulated emission in GaAs junction lasers. I. Densities of states in the active regions. *Phys. Rev.* **B**, 2:4117–4125, 1970.

[17] F. Stern. Calculated spectral dependence of gain in excited GaAs. *J. Appl. Phys.*, 47:5382–5386, 1976.

[18] S.-L. Chuang. *Physics of Photonic Devices.* Wiley, New York, 2009.

[19] J.P. Loehr. *Physics of Strained Quantum Well Lasers.* Kluwer Academic Publishers, Boston, 1998.

[20] P.S. Zory, Jr., editor. *Quantum Well Lasers.* Academic Press, Boston, 1993.

[21] T.-A. Ma, Z.-M. Li, T. Makino, and M.S. Wartak. Approximate optical gain formulas for 1.55 μm strained quaternary quantum well lasers. *IEEE J. Quantum Electron.*, 31:2934, 1995.

[22] T. Makino. Analytical formulas for the optical gain of quantum wells. *IEEE J. Quantum Electron.*, 32:493 – 501, 1996.

[23] S. Balle. Simple analytical approximations for the gain and refractive index spectra in quantum-well lasers. *Phys. Rev.A*, 57:1304–1312, 1998.

[24] L.D. Westbrook. Measurements of dg/dN and dn/dN and their dependence on photon energy in $\lambda = 1.5$μm InGaAsP laser diodes. *IEE Proceedings J*, 133:135–142, 1986.

[25] L.D. Westbrook. Measurements of dg/dN and dn/dN and their dependence on photon energy in $\lambda = 1.5\mu$m InGaAsP laser diodes. Addendum. *IEE Proceedings J*, 134:122, 1987.

[26] H. Ghafouri-Shiraz and B.S.L. Lo. *Distributed Feedback Laser Diodes.* Wiley, Chichester, 1996.

[27] M.-C. Amann and J. Buus. *Tunable Laser Diodes.* Artech House, Boston, 1998.

[28] M.J. Connelly. *Semiconductor Optical Amplifiers.* Kluwer Academic Publishers, Boston, 2002.

[29] K.J. Ebeling, editor. *Integrated Optoelectronics.* Springer-Verlag, Berlin, 1989.

[30] R.S. Tucker. High-speed modulation of semiconductor lasers. *J. Lightwave Technol.*, 3:1180–1192, 1985.

[31] M.M.-K. Liu. *Principles and Applications of Optical Communications.* Irwin, Chicago, 1996.

[32] M. Ahmed and A. El-Lafi. Analysis of small-signal intensity modulation of semiconductor lasers taking account of gain suppression. *PRAMANA*, 71:99–115, 2008.

[33] R.S. Tucker. High-speed modulation of semiconductor lasers. *IEEE Trans. Electron Devices*, 32:2572–2584, 1985.

[34] A. Yariv and P. Yeh. *Photonics. Optical Electronics in Modern Communications. Sixth Edition.* Oxford University Press, New York, Oxford, 2007.

[35] K. Otsuka and S. Tarucha. Theoretical studies on injection locking and injection-induced modulation of lase diodes. *IEEE J. Quantum Electron.*, 17:1515, 1981.

[36] D. Marcuse and T.-P. Lee. On approximate analytical solutions of rate equations for studying transient spectra of injection lasers. *IEEE J. Quantum Electron.*, 19:1397, 1983.

[37] M.S. Demokan and A. Nacaroglu. An analysis of gain-switched semiconductor lasers generating pulse-code-modulated light with a high bit rate. *IEEE J. Quantum Electron.*, 20:1016, 1984.

[38] J. Katz, S. Margalit, C. Harder, D. Wilt, and A. Yariv. The intrinsic electrical equivalent circuit of a laser diode. *IEEE J. Quantum Electron.*, 17:4–7, 1981.

[39] C. Harder, J. Katz, S. Margalit, J. Shacham, and Yariv A. Noise equivalent circuit of a

semiconductor laser diode. *IEEE J. Quantum Electron.*, 18:333–337, 1982.

[40] R.S. Tucker and D.J. Pope. Circuit modeling of the effect of diffusion on damping in a narrow-stripe semiconductor laser. *IEEE J. Quantum Electron.*, 19:1179–1183, 1983.

[41] O. Kibar, D. Van Blerkom, C. Fan, P.J. Marchand, and S.C. Esener. Small-signal-equivalent circuits for a semiconductor laser. *Applied Optics*, 37:6136–6139, 1998.

[42] K.Y. Lau. Dynamics of quantum well lasers. In Jr. P. S. Zory, editor, *Quantum Well Lasers*, pages 217–275. Academic Press, Boston, 1993.

[43] E.J. Flynn. A note on the semiconductor laser equivalent circuit. *J. Appl. Phys.*, 85:2041–2045, 1999.

第 8 章　光放大器和掺铒光纤放大器

当信号在光学系统中传播时, 除去各种转换、耦合和连接的损耗外, 由于光纤本身的固有损耗机制 (如我们在第 5 章提到的光纤中杂质引起的紫外和红外吸收, 光纤中的瑞利散射和光纤弯曲引起的损耗), 信号随着传播距离的增大而在不断地衰减, 最终, 经过一段长距离后由于信号太弱而无法接收. 然而, 人们可以在光纤通信系统中每隔一段距离插入一个光放大器, 这样就能把光信号的幅度直接放大达到抵消在光纤中的传播损耗的目的, 从而避免上述困境的发生. 光放大器一般可以分为光纤放大器和半导体光放大器 (SOA) 两种. 半导体光放大器本质上是无反射镜的激光器, 所以它不产生激光, 只放大激光. 我们将在第 9 章中讨论它们. 光纤放大器还可以分为掺铒 (Er) 光纤放大器 (EDFA)、掺镨 (Pr) 光纤放大器以及拉曼放大器等几种. 其中掺铒光纤放大器工作于 1550nm 波长, 已经广泛应用于光纤通信系统中. 掺镨的放大器可以工作于 1310nm 波长, 但是由于转换效率不理想, 现在仍然处于实验室研究阶段. 拉曼放大器是近几年开始商用化的一种新型放大器, 主要应用于需要分布式放大的场合. 本书专注于掺铒光纤放大器. 当然, 光放大器在放大信号的同时, 噪声的出现, 或者, 放大过程中没有把噪声抑制好或没能整形干净, 会造成信号的信噪比下降. 信号的清理过程又称为信号的再产生过程, 但是不在本书的讨论范围之内. 我们首先概述光放大器的一般特性, 然后讨论掺铒的光纤放大器.

光放大器的可能使用方法如图 8.1 所示. 按其应用的场合分类, 光放大器有以下几种：

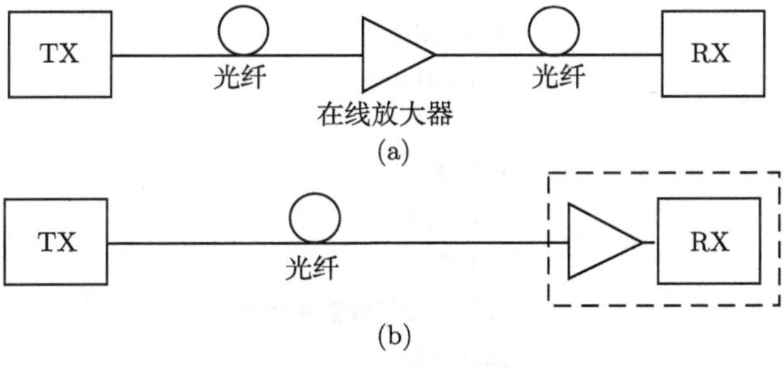

图 8.1　光放大器的使用方法和场合：在线放大器 (a) 或前置放大器 (b)

TX 代表发射器,RX 代表接收器

(1) 增强光功率的在线光放大器;

(2) 接收端增大信号的前置光放大器;

(3) 增强发射光功率的功率放大器;

(4) 局域网中的光功率放大器.

光放大器的主要类型有:

(1) 掺稀土元素的光纤放大器;

(2) 拉曼和布里渊放大器;

(3) 半导体光放大器.

这里我们要讨论光放大器常遇到的问题：增益及增益带宽, 增益饱和, 噪声及噪声系数. 简言之, 在本章将要讨论各种光放大器工作时的下列特征：

(1) 粒子数反转使更多的原子及分子处于高能态状态;

(2) 输入的信号脉冲诱发受激辐射;

(3) 信号功率过大放大器达到饱和;

(4) 放大器把噪声叠加到信号中去.

由于本书我们将仅讨论两种类型的光放大器：半导体光放大器 (SOA) 和掺铒光纤放大器 (EDFA), 因此在表 8.1 中, 我们把它们两者的一般特性进行比较 (部分数据引用获 Yariv 和 Yeh 授权的文献 [1]).

表 8.1　EDFA 和 SOA 的有关特性

放大器特性	EDFA	SOA
有源介质	硅中掺 Er^{3+}	半导体中的电子–空穴对
典型长度	几米	500μm
抽运方式	光学方式	电学方式
增益谱	$1.5 \sim 1.6$μm	$1.3 \sim 1.5$μm
增益带宽	$24 \sim 35$nm	100nm
弛豫时间	$0.1 \sim 1$ms	$< 10 \sim 100$ps
最大增益	$3 \sim 50$dB	$25 \sim 30$dB
饱和功率	> 10dBm	$0 \sim 10$dBm
串话	—	比特率 10GHz
偏振	不敏感	敏感
噪声图	$3 \sim 4$dB	$6 \sim 8$dB
插入损耗	< 1dB	$4 \sim 6$dB
光学	抽运激光二极管耦合器, 光纤熔合	抗反射涂层, 光纤–波导耦合
集成度	不可行	可行

与本章内容有关的书籍有: Desurvire[2], Becker 等 [3] , 以及 Bjarklev[4].

8.1 一 般 特 性

光放大器的放大与激光的过程一样, 它们都是通过受激辐射完成的. 本节讨论的掺铒光纤放大器主要由掺铒光纤和泵浦激光器两部分组成. 掺铒光纤放大器工作在 1550nm 波长, 而掺镨光纤放大器用于 1310nm 波长的放大. 光纤中掺铒元素 Er(+3 价) 的亚稳态和基态的能量差正好在 1550nm, 当它吸收泵浦光能量 (980nm 或 1480nm) 后, 电子会从基态跃迁到激发态, 接着释放少量能量转移到亚稳态. 当波长为 1550nm 的光信号通过这段掺铒光纤时, 亚稳态的电子会发生受激辐射效应, 放射出大量同波长的光子. 其原理和激光器相似, 唯一不同的是缺少了激光器中必备的谐振腔. 因此, 我们可以把与激光器类似的特征参数, 如增益、增益谱及带宽等, 应用到光放大器上. 下面将讨论它们中的一些细节.

8.1.1 增益谱和带宽

为了给增益建模, 我们将从匀质的广义二能级系统开始讨论. 该系统的局域增益系数是[5]

$$g(\nu, P) = \frac{g_0}{1+\dfrac{(\nu-\nu_0)^2}{\Delta\nu_0^2}+\dfrac{P}{P_{\text{sat}}}} \tag{8.1}$$

式中, g_0 是未饱和增益的峰值; ν_0 是原子跃迁频率; $\Delta\nu_0$ 是 3dB 局域增益带宽; P_{sat} 是饱和功率; P 和 ν 是被放大光信号的功率和频率.

局域增益系数也可以写成

$$g(\omega, P) = \frac{g_0}{1+(\omega-\omega_0)^2 T_2^2 + P/P_{\text{sat}}} \tag{8.2}$$

式中, $\omega = 2\pi\nu$ 是角频率; T_2 被称为偶极子弛豫时间[6].

对于小的信号功率, 我们需要考虑的是 $P \ll P_{\text{sat}}$ 的未饱和功率范围 (如前所述, P_{sat} 是饱和功率). 于是, 局域增益是

$$g(\omega) = \frac{g_0}{1+(\omega-\omega_0)^2 T_2^2} \tag{8.3}$$

由上述方程我们可以得出以下的结论:

(1) 最大增益出现在角频率 $\omega = \omega_0$.

(2) 当 $\omega \neq \omega_0$ 时, 增益谱可用洛伦兹分布来描述.

(3) 局域增益带宽用最大值一半的全宽度 (FWHM) 来表述

$$\Delta\omega_0 = \frac{2}{T_2} \tag{8.4}$$

局域增益带宽 $\Delta\omega_0$ 定义为局域增益从极大值降到一半值时的两个频率点之间的宽度. 用频率来表示, 它可以改写为

$$\Delta\nu_0 = \frac{\Delta\omega_0}{2\pi} = \frac{1}{\pi T_2} \tag{8.5}$$

假设 $P(z)$ 为距离输入端 z 处的光功率, 它的变化可以表示为

$$\frac{\mathrm{d}P(z)}{\mathrm{d}z} = g(\nu, P) \cdot P(z) \tag{8.6}$$

假设这是一个线性器件 (此时 $P \ll P_{\mathrm{sat}}$), 因此它的局域增益与信号功率无关. 对上述方程积分, 我们得到

$$P(z) = P(0)\,\mathrm{e}^{g \cdot z} \tag{8.7}$$

式中, $P(0) = P_{\mathrm{in}}$ 是信号输入功率. 线性放大器的增益定义为

$$G = \frac{P(L)}{P(0)} \tag{8.8}$$

式中, $P(L) = P_{\mathrm{out}}$ 是输出功率. 由上面的结果, 我们得到

$$G = \frac{P(L)}{P(0)} = \mathrm{e}^{gL} = \exp\left[\frac{g_0 \cdot L}{1 + \dfrac{(\nu - \nu_0)^2}{\Delta\nu_0^2}}\right] \tag{8.9}$$

利用上面的结果, 我们可以估算放大器的带宽 B_0. 它定义为当功率降低 50%, 也就是 $P_{3\mathrm{dB}} = \dfrac{1}{2}P_{\max}(L)$ 或者 $G_{3\mathrm{dB}} = \dfrac{1}{2}G_{\max}$ 时两个频率之间的差值.其中 $G_{\max}$ 是当 $\nu = \nu_0$ 时的增益极大值. 具体地说

$$\exp\left[\frac{g_0 \cdot L}{1 + \dfrac{B_0^2}{\Delta\nu_0^2}}\right] = \frac{1}{2}\exp\left[\frac{g_0 \cdot L}{1 + \dfrac{0}{\Delta\nu_0^2}}\right] = \frac{1}{2}\exp\left(g_0 \cdot L\right)$$

式中, 我们引入 3dB 带宽 B_0, 于是有 $B_0 = \nu - \nu_0$. 经过简单的代数运算, 由上式我们发现

$$B_0 = \Delta\nu_0 \sqrt{\frac{\ln 2}{g_0 L - \ln 2}} \tag{8.10}$$

显然, 放大器的宏域带宽 B_0 比局域增益带宽 $\Delta\nu_0$ 小.

8.1.2 增益饱和

我们现在分析当信号功率变大因而饱和效应变得重要时的增益. 假设 $\omega=\omega_0$, 把方程 (8.2) 代入方程 (8.6), 得到

$$\frac{\mathrm{d}P}{\mathrm{d}z}=\frac{g_0P}{1+P/P_{\mathrm{sat}}} \tag{8.11}$$

引入新变量 $u=P/P_{\mathrm{sat}}$ 对上式进行积分, 我们得到

$$\int_{u_{\mathrm{in}}}^{u_{\mathrm{out}}}\frac{1+u}{u}\mathrm{d}u=\int_0^L g_0\ \mathrm{d}z$$

式中, $u_{\mathrm{in}}=P_{\mathrm{in}}/P_{\mathrm{sat}}$; $u_{\mathrm{out}}=P_{\mathrm{out}}/P_{\mathrm{sat}}$; $P_{\mathrm{in}},P_{\mathrm{out}}$ 分别是输入和输出功率;L 是一个放大器的长度. 增益 G 定义为

$$G=\frac{P_{\mathrm{out}}}{P_{\mathrm{in}}} \tag{8.12}$$

于是, 我们得到

$$G=G_0\exp\left(-\frac{G-1}{G}\frac{P_{\mathrm{out}}}{P_{\mathrm{sat}}}\right) \tag{8.13}$$

式中, $G_0=\exp(g_0\cdot L)$.

在图 8.2 中我们绘制了根据方程 (8.13) 得到的饱和增益的变化. Matlab 代码及其简介提供在附录 8A 的清单 8A.1.1～ 清单 8A.1.3 中.

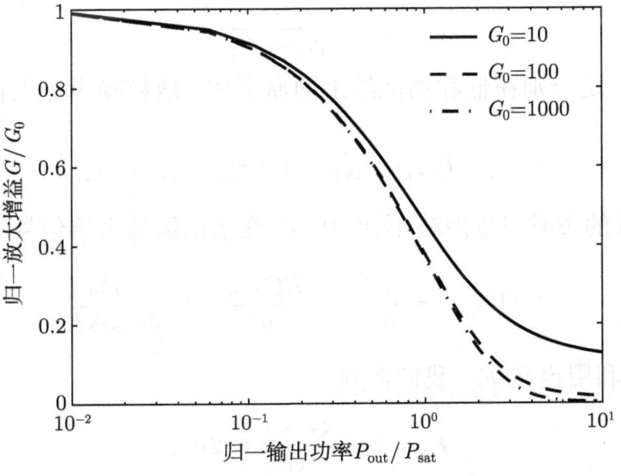

图 8.2 饱和归一化放大器增益 G/G_0 在三个未饱和放大器增益 G_0 时与归一化输出功率的函数关系

8.1.3　放大器噪声

光放大器信噪比 (SNR)的下降是信号放大过程中自发辐射不断叠加到信号中造成的. 衡量一个放大器性能优劣的标准之一是其噪声图, 放大器的噪声图 F_{n} 定义为[7]

$$F_{\mathrm{n}} = \frac{(\mathrm{SNR})_{\mathrm{in}}}{(\mathrm{SNR})_{\mathrm{out}}} \tag{8.14}$$

理想情况下, 信号通过放大器后输出的信噪比和输入时的信噪比保持不变. 事实上, 这是不可能发生的. 因为, 消耗在放大器中的电功率不可能全部转化为光电接收器中的电信号. 我们如果考虑仅受散粒噪声影响的理想接收器, 那么,F_{n} 的分子项可以表示为

$$(SNR)_{in} = \frac{\langle I\rangle^2}{\sigma_s^2} = \frac{RP_{in}}{2q\Delta f} = \frac{P_{in}}{2h\nu\Delta f} \tag{8.15}$$

式中, $\langle I\rangle = RP_{\mathrm{in}}$ 是平均光电流, $R = \dfrac{q}{h\nu}$ 是理想接收器对单位量子效率的响应; $\sigma_{\mathrm{s}}^2 = 2q\,(RP_{\mathrm{in}})\,\Delta f$ 是散粒噪声的方差, 而 Δf 是接收器的带宽. 在输出端, 我们应该把自发辐射加到接收器的噪声上

$$S_{\mathrm{sp}}\,(\nu) = (G-1)\,n_{\mathrm{sp}}h\nu \tag{8.16}$$

式中, S_{sp} 是自发辐射引起的噪声谱密度; ν 是光频率; n_{sp} 是自发辐射因子或粒子翻转因子; G是放大器的增益, 一般情况下应远大于 1. 对于发生粒子全部翻转 (全部原子处于高能级上) 的放大器, n_{sp}=1, 而当不完全翻转时 $n_{\mathrm{sp}} > 1$.

对于二能级系统

$$n_{\mathrm{sp}} = \frac{N_2}{N_2 - N_1} \tag{8.17}$$

式中, N_1 和 N_2 是分别在低和高能级上的原子数. 散粒噪声加上自发辐射的总方差是

$$\sigma^2 = 2q(RGP_{in})\Delta f + 4(RGP_{in})(RS_{sp})\Delta f \tag{8.18}$$

除自发辐射以外的贡献可以忽略不计. 因此, 在输出端放大器信号的信噪比

$$(\mathrm{SNR})_{\mathrm{out}} = \frac{\langle I\rangle^2}{\sigma^2} = \frac{(RGP_{\mathrm{in}})^2}{\sigma^2} \approx \frac{GP_{\mathrm{in}}}{4S_{\mathrm{sp}}\Delta f} \tag{8.19}$$

假设 $G \gg 1$, 并利用定义 F_n, 我们得到

$$F_{\mathrm{n}} = 2n_{\mathrm{sp}}\frac{G-1}{G} \approx 2n_{\mathrm{sp}} \tag{8.20}$$

它表明对于理想的掺铒光纤放大器 ($n_{\mathrm{sp}} = 1$), 造成放大器品质下降的因子应该是 2, 也即 3dB. 然而, 实际上对于大多数掺铒光纤, 噪声图 F_{n} 在 $6 \sim 8$dB.

8.2 掺铒光纤放大器 (EDFA)

掺铒光纤放大器的纤芯部分又掺锗 (Ge) 以后, 它的折射率得以提高. 这种放大器的吸收和增益的实验数据如图 8.3 所示 (引自文献 [8]).

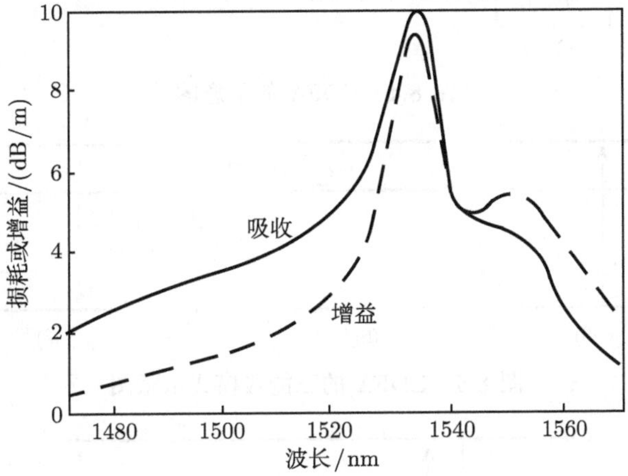

图 8.3 Ge 硅光纤放大器的吸收和放大的波谱 (获 C.R. Giles 和 E.Desurvire, J. Lightwave 授权引用)

光纤放大器由掺入了产生光放大效应的稀土元素 (如铒或镨) 的光纤和使光纤有放大作用的光泵浦源所组成, 如图 8.4 所示. 光泵浦源通常由一个半导体放大器以及一个把泵浦光导入光纤的光耦合器所组成. 掺铒放大器是靠掺入铒的一段光纤并用泵浦光把铒分子激励到高能级来实现的. 当光信号通过这段光纤时, 由于激励能量转移到光信号中去, 所以, 当光信号从这段光纤出来时它就被放大了. 光纤放大器能放大预先决定好的波段中的一个或几个波长, 而不需要把信号转换成电信号. EDFA 的三能级模式用 980nm 抽运泵时的放大过程如图 8.5 所示.980nm 的抽运泵使处于低能级的铒离子吸收能量后跳到高能级. 接着, 通过自发辐射, 铒离子失去它的部分能量到达亚稳态. 一旦一个波长为 1530nm 的光子出现就迫使离子发生受激辐射跳回低能级从而完成放大. 本节我们将按照 Becker 等[3] 的步骤叙述三能级的 EDFA, 该模型如图 8.6 所示.

能级 1 是基态, 能级 2 是亚稳态 (它有一个长的寿命), 而能级 3 是暂时的过渡态. 这些能级上的粒子数分别为 N_1, N_2 和 N_3. 离子自发跃迁率 (跃迁概率) 包括辐射及非辐射的贡献, 分别为 Γ_{32} 和 Γ_{21}, 它们分别对应于在 $3 \to 2$ 和 $2 \to 1$ 之间的跃迁. $\sigma_{\rm p}$ 是该段的抽运吸收横截面, 而 $\sigma_{\rm s}$ 是信号在该段的发射横截面. 入射的抽运光和信号光的强度通量分别记作 $\phi_{\rm p}$ 和 $\phi_{\rm s}$, 它们定义为单位时间和单位面积的光子数目.

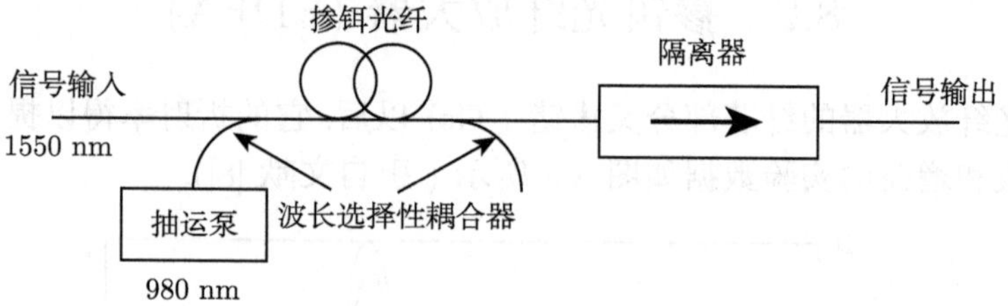

图 8.4 EDFA 的示意图

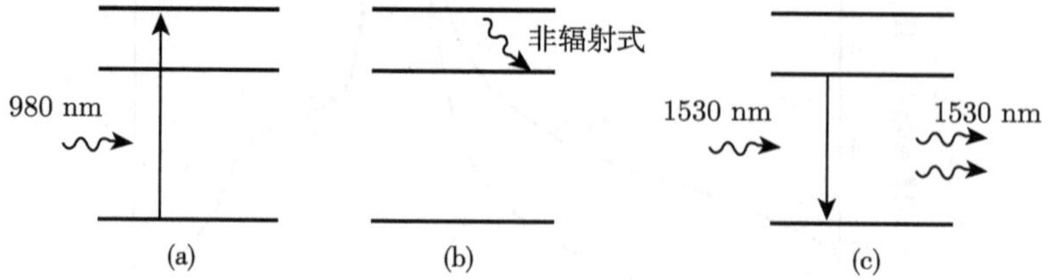

图 8.5 EDFA 的三能级模式示意图

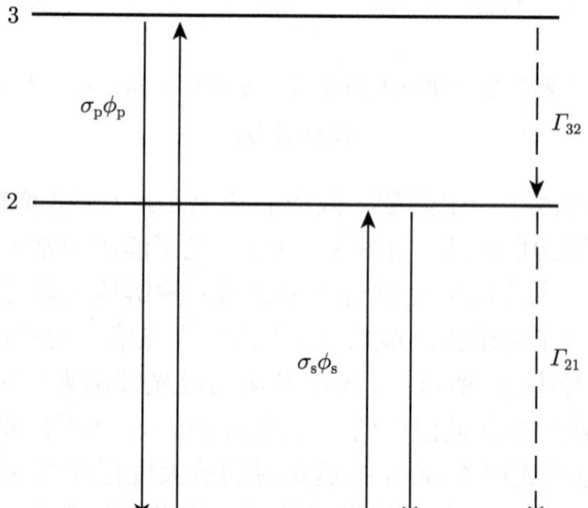

图 8.6 三能级系统的符号说明

三能级模式代表 Er^+ 能级结构中有关的放大过程. 为了得到放大, 我们需要在能级 1 和 2 之间发生粒子数翻转. 这里我们仅考虑一维模型, 也就是说, 假设抽运和信号的强度以及铒离子在横向的分布是常数. 基于上面的讨论, 我们可以假设所有能级上的粒子数的变化率方程为

$$\frac{dN_1}{dt} = \Gamma_{21}N_2 - (N_1 - N_3)\,\sigma_p\phi_p + (N_2 - N_1)\,\sigma_s\phi_s \tag{8.21}$$

$$\frac{\mathrm{d}N_2}{\mathrm{d}t} = -\Gamma_{21}N_2 + \Gamma_{32}N_3 - (N_2 - N_1)\,\sigma_{\mathrm{s}}\phi_{\mathrm{s}} \tag{8.22}$$

$$\frac{\mathrm{d}N_3}{\mathrm{d}t} = -\Gamma_{32}N_3 + (N_1 - N_3)\,\sigma_{\mathrm{p}}\phi_{\mathrm{p}} \tag{8.23}$$

8.2.1 稳态分析

在稳态条件下

$$\frac{\mathrm{d}N_1}{\mathrm{d}t} = \frac{\mathrm{d}N_2}{\mathrm{d}t} = \frac{\mathrm{d}N_3}{\mathrm{d}t} = 0 \tag{8.24}$$

此外, 总的粒子数 N 假定为常数

$$N = N_1 + N_2 + N_3 \tag{8.25}$$

由方程 (8.23), 我们得到

$$N_3 = N_1 \frac{1}{1 + \dfrac{\Gamma_{32}}{\sigma_{\mathrm{p}}\phi_{\mathrm{p}}}} \tag{8.26}$$

接下来, 我们假设从能级 3 到能级 2 是一个快速的衰减, 也就是说, 从能级 3 掉下来的速率与抽运速率相比要大得多. 数学上而言, 这对应于下列的条件:$\Gamma_{32} \gg \sigma_{\mathrm{p}}\phi_{\mathrm{p}}$. 能级 3 的寿命 τ_{32} 与跃迁概率有下面的关系: $\tau_{32} = 1/\Gamma_{32}$. 由于这个限制, 在能级 3 上几乎没有粒子数, 于是 $N_3 \approx 0$. 基于这些假设, 该系统真正需要考虑的仅有两个能级, 描述它的方程为

$$\frac{\sigma_{\mathrm{p}}\phi_{\mathrm{p}} + \sigma_{\mathrm{s}}\phi_{\mathrm{s}}}{\Gamma_{21} + \sigma_{\mathrm{s}}\phi_{\mathrm{s}}} N_1 - N_2 = 0 \tag{8.27}$$

$$N_1 + N_2 = N \tag{8.28}$$

使用通用方法求出该方程的解使我们得到粒子的翻转数为

$$N_2 - N_1 = N \frac{\sigma_{\mathrm{p}}\phi_{\mathrm{p}} - \Gamma_{21}}{\Gamma_{21} + 2\sigma_{\mathrm{s}}\phi_{\mathrm{s}} + \sigma_{\mathrm{p}}\phi_{\mathrm{p}}} \tag{8.29}$$

8.2.2 有效的二能级方法

沿用上述假设, 即 $\Gamma_{32} \gg \sigma_{\mathrm{p}}\phi_{\mathrm{p}}$, 我们能忽略能级 3 的存在, 从方程 (8.28) 得到

$$\frac{\mathrm{d}N_1}{\mathrm{d}t} = -\frac{\mathrm{d}N_2}{\mathrm{d}t}$$

于是我们只需要考虑一个方程, 如 N_2, 另一个粒子 N_1 能够从 $N_1 = N - N_2$ 获得. 依据 Pedersen 等[9] 对该系统的叙述, 我们采用下面的方程:

$$\frac{\mathrm{d}N_2}{\mathrm{d}t} = -\Gamma_{21}N_2 + \left[\sigma_{\mathrm{s}}^{(\mathrm{a})}N_1 - \sigma_{\mathrm{s}}^{(\mathrm{e})}N_2\right]\phi_{\mathrm{s}} - \left[\sigma_{\mathrm{p}}^{(\mathrm{e})}N_2 - \sigma_{\mathrm{p}}^{(\mathrm{a})}N_1\right]\phi_{\mathrm{p}} \tag{8.30}$$

$$\frac{\mathrm{d}N_1}{\mathrm{d}t} = \Gamma_{21}N_2 + \left[\sigma_{\mathrm{s}}^{(\mathrm{e})}N_2 - \sigma_{\mathrm{s}}^{(\mathrm{a})}N_1\right]\phi_{\mathrm{s}} - \left[\sigma_{\mathrm{p}}^{(\mathrm{a})}N_1 - \sigma_{\mathrm{p}}^{(\mathrm{e})}N_2\right]\phi_{\mathrm{p}} \tag{8.31}$$

式中, $\sigma_{\mathrm{s}}^{(\mathrm{a})}, \sigma_{\mathrm{s}}^{(\mathrm{e})}, \sigma_{\mathrm{p}}^{(\mathrm{a})}, \sigma_{\mathrm{p}}^{(\mathrm{e})}$ 分别代表信号以及在两能级之间抽运的吸收和辐射横截面. 假定这是稳定状态, 由方程 (8.30) 可以决定 N_2:

$$N_2 = N\frac{\sigma_{\mathrm{s}}^{(\mathrm{a})}\phi_{\mathrm{s}} + \sigma_{\mathrm{p}}^{(\mathrm{a})}\phi_{\mathrm{p}}}{\dfrac{1}{\tau} + \left[\sigma_{\mathrm{s}}^{(\mathrm{a})} + \sigma_{\mathrm{s}}^{(\mathrm{e})}\right]\phi_{\mathrm{s}} + \left[\sigma_{\mathrm{p}}^{(\mathrm{a})} + \sigma_{\mathrm{p}}^{(\mathrm{e})}\right]\phi_{\mathrm{p}}}$$

式中, 我们引入了 $\tau = 1/\Gamma_{21}$. 接着, 引入信号 I_{s} 以及抽运泵的光强度 I_{p}, 于是

$$\phi_{\mathrm{s}} = \frac{I_{\mathrm{s}}}{h\nu_{\mathrm{s}}}, \quad \phi_{\mathrm{p}} = \frac{I_{\mathrm{p}}}{h\nu_{\mathrm{p}}}$$

式中, h 是普朗克常量; $\nu_{\mathrm{s}}, \nu_{\mathrm{p}}$ 分别是信号和抽运泵的光频率. 于是我们有

$$N_2 = N\frac{\tau\dfrac{\sigma_{\mathrm{s}}^{(\mathrm{a})}}{h\nu_{\mathrm{s}}}I_{\mathrm{s}}(z) + \tau\dfrac{\sigma_{\mathrm{p}}^{(\mathrm{a})}}{h\nu_{\mathrm{p}}}I_{\mathrm{p}}(z)}{\tau\dfrac{\sigma_{\mathrm{s}}^{(\mathrm{a})} + \sigma_{\mathrm{s}}^{(\mathrm{e})}}{h\nu_{\mathrm{s}}}I_{\mathrm{s}}(z) + \tau\dfrac{\sigma_{\mathrm{p}}^{(\mathrm{a})} + \sigma_{\mathrm{p}}^{(\mathrm{e})}}{h\nu_{\mathrm{p}}}I_{\mathrm{p}}(z) + 1}$$

进一步假设 N 和距离 z 无关, 信号和抽运泵的光强度的变化率可以写成

$$\frac{\mathrm{d}I_{\mathrm{s}}(z)}{\mathrm{d}z} = \left[\sigma_{\mathrm{s}}^{(\mathrm{e})}N_2 - \sigma_{\mathrm{s}}^{(\mathrm{a})}N_1\right]I_{\mathrm{s}}(z)$$

$$\frac{\mathrm{d}I_{\mathrm{p}}(z)}{\mathrm{d}z} = \left[\sigma_{\mathrm{p}}^{(\mathrm{e})}N_2 - \sigma_{\mathrm{p}}^{(\mathrm{a})}N_1\right]I_{\mathrm{p}}(z)$$

8.3 掺铒光纤放大器的增益特性

我们将讨论计算 EDFA 特性的基本方法. 忽略放大的自发辐射 (ASE) 并基于共同传播配置的假设, 得到描述稳态的方程

$$\frac{\mathrm{d}I_{\mathrm{s}}(z)}{\mathrm{d}z} = 2\pi\Gamma_{\mathrm{s}}\left\{\sigma_{\mathrm{se}}N_{\mathrm{me}}(z)I_{\mathrm{s}}(z) - \sigma_{\mathrm{sa}}N_{\mathrm{gr}}(z)I_{\mathrm{s}}(z)\right\} \tag{8.32}$$

$$\frac{\mathrm{d}I_{\mathrm{p}}(z)}{\mathrm{d}z} = -2\pi\Gamma_{\mathrm{p}}\sigma_{\mathrm{sa}}N_{\mathrm{gr}}(z)I_{\mathrm{p}}(z) \tag{8.33}$$

$$N_{\mathrm{me}}(z) = N_{\mathrm{tot}}\frac{I_{\mathrm{s}}(z)/I_{\mathrm{ss}} + I_{\mathrm{p}}(z)/I_{\mathrm{sp}}}{1 + I_{\mathrm{p}}(z)/I_{\mathrm{sp}} + 2I_{\mathrm{s}}(z)/I_{\mathrm{ss}}} \tag{8.34}$$

$$N_{\mathrm{me}}(z) + N_{\mathrm{gr}}(z) = N_{\mathrm{tot}} \tag{8.35}$$

式中, $N_{\mathrm{gr}}(z)$ 是基态的粒子数; $N_{\mathrm{me}}(z)$ 是亚稳态的粒子数; $I_{\mathrm{p}}(z)$ 是在波长为 λ_{p} 时抽运泵的光强度; $I_{\mathrm{s}}(z)$ 是波长为 λ_{s} , 沿z方向传播信号波的强度.

最终整个放大器的增益可以用下式表示:

$$G = \frac{I_s(L)}{I_s(0)} \tag{8.36}$$

式中, L 是受掺的光纤长度.

掺铒光纤放大器的典型特征

上述方程借助于表 8.2[8,10,11] 中给出的参数值可以用数值方法求解. 附录 8A 的清单 8A.2.1~ 清单 8A.2.4 为我们提供了 Matlab 的代码.

表 8.2 低噪声在线 EDFA 的典型参数

参数	符号	数值	单位
信号模式面积	πw^2	1.3×10^{-11}	m^2
铒浓度	N_{tot}	5.4×10^{24}	m^{-3}
信号跃迁几率	Γ_s	0.4	
泵跃迁几率	Γ_p	0.4	
信号辐射横截面	σ_{se}	5.3×10^{-25}	m^2
信号吸收横截面	σ_{sa}	3.5×10^{-25}	m^2
抽运泵吸收横截面	σ_p	3.2×10^{-25}	m^2
信号局域饱和功率	P_{ss}	1.3	mW
抽运泵局域饱和功率	P_{sp}	1.6	mW

增益与光纤长度的变化关系首次被确定, 图 8.7 显示出在不同的抽运功率时的计算结果.

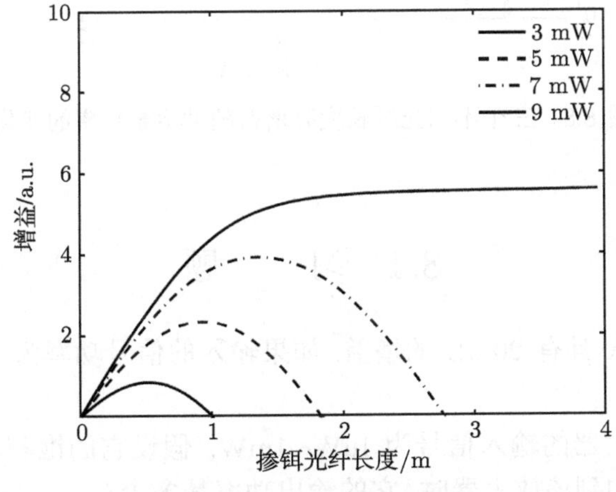

图 8.7 四个不同抽运泵功率时增益随光纤长度的变化

Matlab 代码提供在附录 8A 的清单 8A.2.1~ 清单 8A.2.4 中. 计算中假定输入的信号功率为 10μW, 而且假设掺铒的浓度是一个常数, 而抽运泵功率分别为

3mw, 5mw, 7mw 和 9mW. 如图 8.7 所示, 增益开始随着光纤长度增加, 达到一个极大值后反而减小. 类似的结果可以在其他文献中找到, 如文献 [10] 和 [11].

最佳光纤长度 (对应于有增益极大值的长度) 大约是若干米, 此时它随抽运泵功率的增大而上升, 此后增益反而减小是由于过渡地使用抽运泵造成粒子数无法充分翻转.

图 8.8 展示出当光纤长度为 5m,10m 和 15m, 以及信号输入功率固定为 1mW 时增益随着抽运泵功率的变化情况. Matlab 代码可以在附录 8A 中的清单 8A.3.1 和清单 8A.3.2 中找到. 假设掺铒的浓度是个常数, 该图表明 EDFA 的增益随着抽运泵功率的提高而增加, 当抽运泵功率达到 $3 \sim 6$mW 后其增益出现饱和. 更多的讨论可以参阅文献 [10] 和 [11].

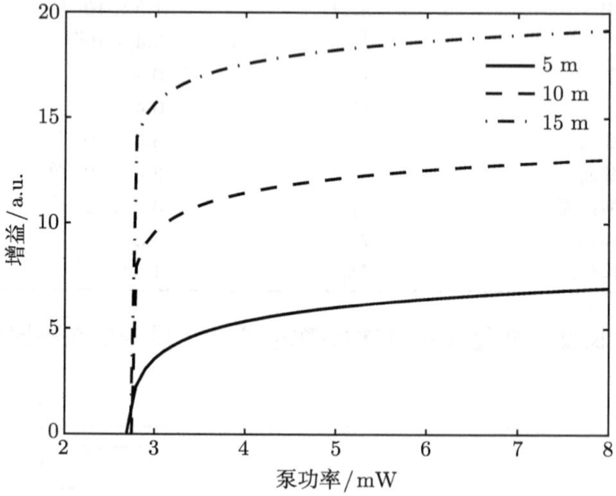

图 8.8　三个不同光纤长度时增益随抽运泵功率的变化

8.4　习　　题

1. 一个 EDFA 具有 20 dB 的增益. 如果输入的信号功率为 150μW, 它的输出功率有多大?

2. 一个光放大器的输入信号为 1μW~1mW. 假设它的饱和功率是 20mW, 当 100μW 输入信号加到该放大器时, 它的输出功率是多少?

3. 当一个光放大器抽运功率为 10mW, 其长度超过 30m 时有 1000 的功率增益. (a) 增益指数系数 α 的单位 nepers/m 代表的是什么? (b) 多长的放大器可以得到 1500 的增益?

4. 利用稳态放大器方程和适当的近似, 推导出具有最大放大量的最佳光纤长度的分析表示式.

5. 由方程 (8.11) 推导出方程 (8.13).

8.5 课 题

1. 搜索有关 EDFA 噪声的文献, 写出 EDFA 具有实际范围大小噪声的仿真 Matlab 程序.

2. 搜索有关拉曼放大器的文献, 写出拉曼放大器仿真的 Matlab 程序, 将拉曼放大器与 EDFA 进行比较.

3. 用公式表示由于向前和向后放大了的自发辐射带来的 EDFA 饱和效应的跃迁模式[12], 用数值方法整合所得到的结果, 分析 EDFA 的增益饱和与恢复时间以及光脉冲的放大效应.

附录 8A: 本章 Matlab 的函数清单和代码

在表 8.3 中我们提供了适用于本章的 Matlab 文件清单以及每个函数的简短描述.

表 8.3 第 8 章的 Matlab 函数清单

清单	函数名	描述
8A.1.1	sat_gain.m	建立计算饱和增益的数据
8A.1.2	f_sat_gain.m	用于 sat_gain.m 的函数
8A.1.3	sat_plot.m	绘制饱和增益图
8A.2.1	gain_variable_length.m	产生增益光纤长度图的数据
8A.2.2	edfa_param.m	EDFA 的参数
8A.2.3	edfa_eqs.m	EDFA 的方程
8A.2.4	variable_length_plot.m	利用 gain_variable_length.m 绘制增益图
8A.3.1	gain_variable_pump.m	对于固定长度的光纤 产生绘制增益功率图的数据
8A.3.2	variable_gain_plot.m	利用 gain_variable_pump.m 产生的数据绘制增益功率图

清单 8A.1.1 函数 sat_gain.m: 产生放大器饱和增益 G0 绘图所需数据的 Matlab 代码. 为了产生所需的数据，对于三个 G0 的数值必须运行三次. 因此，对于输入的 G0 要有适当地评估. 每次输出文件必须以不同的名称保存。

```
% 函数名: sat_gain.m
```

```
% Generates data for plots of saturated gain G as a function of
% the output power for three values of the unsaturated amplifier
gain G_0
% File must be run three times for three values of G_0
clear all
%
G_0 = 10;
%G_0 = 100;
%G_0 = 1000;
u_init = 1d-2;
Delta_u = 0.5d-1;
u_final = 1d1;
uu = u_init;
yy = fzero(@(y) f_sat_gain(y, u_init, G_0), 0.5);
for u = (u_init + Delta_u):Delta_u:u_final
uu = [uu, u];
y = fzero(@(y) f_sat_gain(y, u, G_0), 0.5);
yy = [yy, y];
end
%
d_u = length(uu);
fid = fopen('gain_data_10.dat', 'wt'); % Open the file.
for ii = 1:d_u
    fprintf (fid, ' %11.4f                 %11.4f\n', uu(ii),yy(ii));
                                           % Print the data
end
status = fclose(fid);                      % Close the file.
```

清单 8A.1.2　函数 f_sat_gain.m: 由绘制饱和增益程序 sat_gain.m 所使用函数的 Matlab 代码.

```
% 函数名:f_sat_gain.m
% defines function used in plot of saturated gain of optical amplifier
function fun = f_sat_gain(y, u, G_0)
fun = y - exp(-(G_0*y-1)*u/(G_0*y));
end
```

清单 8A.1.3 程序 sat_plot.m: 用来绘制放大器饱和增益 G0 图的 Matlab 代码. 我们无法仅用一个程序就能执行全部计算和作图。与此相反，我们不得不对三个不同的 G0 运行三次 sat.plot.m，把结果输给数据文件，使用各自的程序完成最后结果的绘图.

```
% 文件名: sat_plot.m
% Plots graph of saturated gain using data generated by sat_gain.m
clear all
fid = fopen('gain_data_10.dat');
a_10 = fscanf(fid,'%f %f',[2 inf]);     % It has two rows
fclose(fid);
%
fid = fopen('gain_data_100.dat');
a_100 = fscanf(fid,'%f %f',[2 inf]);    % It has two rows
fclose(fid);
%
fid = fopen('gain_data_1000.dat');
a_1000 = fscanf(fid,'%f %f',[2 inf]);    % It has two rows
fclose(fid);
%
semilogx(a_10(1,:),a_10(2,:),'k-', a_100(1,:),a_100(2,:),'k--',...
a_1000(1,:),a_1000(2,:),'k-.','LineWidth',1.5)
%
xlabel('Normalized output power, P_{out}/P_{sat}','FontSize',14);
ylabel('Normalized amplifier gain, G/G_0','FontSize',14);
legend('G_0 = 10','G_0 = 100','G_0 = 1000')
set(gca,'FontSize',14); % size of tick marks on both axes
pause
close all
```

清单 8A.2.1 函数 gain_variable_length.m: 用来计算抽运泵功率固定时增益随光纤长度变化的 Matlab 代码. 产生的数据为其它程序使用. 该函数使用函数 edfa_eqs.m 进行计算.

```
% 函数名: gain_variable_length.m
% Computation of gain vs fibre length for fixed value of pump power
```

```
% User selects pump power which is controlled by P_p
% Calculations are repeated for P_p = 3,5,7,9 d-3 Watts
% User should also appropriately rename output file 'gain_P_3.dat'
% based on Iannone-book, p.86
% P_s == y(1) signal power
% P_p == y(2) pump power
%
clear all
gain = 0.0;
gain_temp = 0.0;
P_s = 100d-7;                  % signal power [Watts]
P_p = 9d-3;                    % CHANGE % pump power [Watts]
%
for d_L = 0.01:0.01:10
span = [0 d_L];
y0 = [P_s P_p];                % initial values of [P_s P_p]
[z,y] = ode45('edfa_eqs',span,y0); % z - distance
len = length(z);
gain_temp = y(len)/y(1);
gain = [gain, gain_temp];
end
gain_log = log(gain);
d_L_plot = 0.01:0.01:10;
d_L_plot = [0, d_L_plot];
% plot(d_L_plot, gain_log) % uncomment if you want to see plot
                             when run
% axis([0 4 0 5])
% pause
% close all
%
d_u = length(d_L_plot);
fid = fopen('gain_P_9.dat', 'wt'); % CHANGE % Open the file.
for ii = 1:d_u
fprintf (fid, ' %11.4f %11.4f\n', d_L_plot(ii),gain_log(ii));
end
```

```
status = fclose(fid);          % Close the file
```

清单 8A.2.2 函数 edfa_param.m: 集合对 EDFA 建模参数的 Matlab 代码.

```
% 函数名: edfa_param.m
%------------------------------------------------------------------
% Purpose:
% Contains parameters for model of EDFA based on Table 3.2
% Iannone-book
N_tot = 5.4d24;    % Erbium concentration (m^-3)
Gamma_s = 0.4;     % Signal overlapping integral (dimensionless)
Gamma_p = 0.4;     % Pump overlapping integral (dimensionless)
s_se = 5.3d-25;    % Signal emission cross-section (m^2)
s_sa = 3.5d-25;    % Signal absorption cross-section (m^2)
s_p = 3.2d-25;     % Pump absorption cross-section
P_ss = 1.3d-3;     % Signal local saturation power (W)
P_sp = 1.6d-3;     % Pump local saturation power (W)
```

清单 8A.2.3 函数 edfa_eqs.m: 用来表述 EDFA 方程的 Matlab 代码.

```
% 函数名:edfa_eqs.m
function y_z = edfa_eqs(z,y)
% Purpose:
% To establish equations for EDFA following Iannone-book, p.86
% P_s == y(1) signal power
% P_p == y(2) pump power
%
edfa_param % input of needed parameters
num = y(1)/P_ss + y(2)/P_sp;
denom = y(2)/P_sp + 2*y(1)/P_ss + 1.0;
N_me = N_tot*num/denom;
N_gr = N_tot - N_me;
%
y_z(1) = 2*pi*Gamma_s*(s_se*N_me*y(1) - s_sa*N_gr*y(1)); % derivative
y_z(2) = -2*pi*Gamma_p*s_p*N_gr*y(2);
y_z = y_z';             % must return column vector
end
```

清单 8A.2.4　程序 varible_length_plot.m: 用来由 gain_varible_lenght.m 产生数据绘制增益图的 Matlab 代码.

```
% 文件名: variable_length_plot.m
% Plots graph of gain using data generated by 'gain_variable_length.m'
clear all
% Open files for 4 values of length of device: 5 m,10 m,15 m
fid = fopen('gain_P_3.dat');
a_3 = fscanf(fid,'%f %f',[2 inf]);      % It has two rows
fclose(fid);
%
fid = fopen('gain_P_5.dat');
a_5 = fscanf(fid,'%f %f',[2 inf]);      % It has two rows
fclose(fid);
%
fid = fopen('gain_P_7.dat');
a_7 = fscanf(fid,'%f %f',[2 inf]);      % It has two rows
fclose(fid);
%
fid = fopen('gain_P_9.dat');
a_9 = fscanf(fid,'%f %f',[2 inf]);      % It has two rows
fclose(fid);
%
plot(a_3(1,:),a_3(2,:),'k-', a_5(1,:),a_5(2,:),'k--',...
a_7(1,:),a_7(2,:),'k-.',a_9(1,:),a_9(2,:),'k-','LineWidth',1.5)
axis([0 4 0 10])
xlabel('Doped fiber length (m)','FontSize',14);
ylabel('Gain (a.u)','FontSize',14);
legend('3 mW','5 mW','7 mW','9 mW')
set(gca,'FontSize',14); % size of tick marks on both axes
pause
close all
```

清单 8A.3.1　程序 gain_varible_pump.m: 用来计算光纤长度固定时增益随抽运泵功率变化的 Matlab 代码.

```
% 文件名: gain_variable_pump.m
% Computation of gain vs power pump for fixed value of fiber length
% User selects fiber length which is controlled by d_L
% Calculations are repeated for d_L = 5,10,15 meters
% User should also appropriately rename output file 'gain_L_5.dat'
% Based on Iannone-book, p.86
% P_s == y(1) signal power
% P_p == y(2) pump power
%
clear all
gain = 0.0;
gain_temp = 0.0;
P_s = 100d-5;              % signal power [Watts]
d_L = 5;                   % CHANGE % fiber length [meters]
span = [0 d_L];            % region of integration [meters]
for P_p = 0.1d-3:0.1d-3:10d-3 % pump power [Watts]
y0 = [P_s P_p];            % initial values of [P_s P_p]
[z,y] = ode45('edfa_eqs',span,y0); % z - distance
len = length(z);
gain_temp = y(len)/y(1);
gain = [gain, gain_temp];
end
gain_log = log(gain);
P_p_plot = 0.1:0.1:10;
P_p_plot = [0, P_p_plot];
% plot(P_p_plot, gain_log) % uncomment if you want to see plot when run
% axis([0 10 0 30])
% pause
% close all
%
d_u = length(P_p_plot);
fid = fopen('gain_L_5.dat', 'wt'); % CHANGE % Open the file.
for ii = 1:d_u
fprintf (fid, '            %11.4f %11.4f\n', P_p_plot(ii),gain_log(ii));
end
```

```
status = fclose(fid);    % Close the file
```

清单 8A.3.2　程序 varible_pump_plot.m: 用来由函数 gain_varible_pump.m 提供的数据绘制增益图的 Matlab 代码.

```
% 文件名: variable_pump_plot.m
% Plots graph of gain using data generated by 'gain_variable_pump.m'
clear all
% Open files for 4 values of length of device: 5 m,10 m,15 m
fid = fopen('gain_L_5.dat');
a_5 = fscanf(fid,'%f %f',[2 inf]);    % It has two rows
fclose(fid);
%
fid = fopen('gain_L_10.dat');
a_10 = fscanf(fid,'%f %f',[2 inf]);    % It has two rows
fclose(fid);
%
fid = fopen('gain_L_15.dat');
a_15 = fscanf(fid,'%f %f',[2 inf]);    % It has two rows
fclose(fid);
%
plot(a_5(1,:),a_5(2,:),'k-', a_10(1,:),a_10(2,:),'k--',...
a_15(1,:),a_15(2,:),'k-.','LineWidth',1.5)
axis([2 8 0 20])
xlabel('Pump power (mW)','FontSize',14);
ylabel('Gain (a.u)','FontSize',14);
legend('5 m','10 m','15 m')
set(gca,'FontSize',14);                    % size of tick marks on both
                                             axes
pause
close all
```

参 考 文 献

[1] A. Yariv and P. Yeh. *Photonics. Optical Electronics in Modern Communications. Sixth Edition.* Oxford University Press, New York, Oxford, 2007.

[2] E. Desurvire. *Erbium-Doped Fiber Amplifiers, Principles and Applications.* Wiley, New York, 2002.

[3] P.C. Becker, N.A. Olsson, and J.R. Simpson. *Erbium-Doped Fiber Amplifiers. Fundamentals and Technology.* Academic Press, San Diego, 1999.

[4] A. Bjarklev. *Optical Fiber Amplifiers: Design and System Applications.* Artech House, Boston, 1993.

[5] A. Yariv. *Quantum Electronics. Third Edition.* Wiley, New York, 1989.

[6] G.P. Agrawal. *Fiber-Optic Communication Systems. Second Edition.* Wiley, New York, 1997.

[7] G.P. Agrawal. Semiconductor optical amplifiers. In G.P. Agrawal, editor, *Semiconductor Lasers. past, Present, and Future*, pages 243–283. American Institute of Physics Press, Woodbury, New York, 1995.

[8] C.R. Giles and E. Desurvire. Modeling erbium-doped fiber amplifiers. *J. Lightwave Technol.*, 9:271–283, 1991.

[9] B. Pedersen, A. Bjarklev, O. Lumholt, and Povlsen J.H. Detailed design analysis of erbium-doped fiber amplifiers. *IEEE Photon. Technol. Lett.*, 3:548–550, 1991.

[10] E. Iannone, F. Matera, A. Mocozzi, and M. Settembre. *Nonlinear Optical Communication Networks.* Wiley, New York, 1998.

[11] R. Sabella and P. Lugli. *High Speed Optical Communications.* Kluwer Academic Publishers, Dordrecht, 1999.

[12] K.Y. Ko, M.S. Demokan, and H.Y. Tam. Transient analysis of erbium-doped fiber amplifiers. *IEEE Photon. Technol. Lett.*, 6:1436–1438, 1994.

第 9 章　半导体光放大器 (SOA)

半导体光放大器 (SOA) 是近年来发展最快的领域之一, 它许多新的应用也随之不断地产生. 有关它的综合性的总结可以参见 Connolly 撰写的书[1] 以及 Dutta 和 Wang 的书[2].

本章我们将讨论以下课题:

(1) SOA 的基本概念;

(2) SOA 的放大器方程;

(3) 谐振腔端面反射率的影响;

(4) 增益与偏振及温度的关系;

(5) SOA 的某些应用.

图 9.1 是 SOA 在一个放大器配置中的典型用法. 图中从光纤发射过来的信号进入 SOA 被放大, 信号被放大后又回到光纤中去. 光纤和 SOA 之间的耦合是靠光学元件完成的.

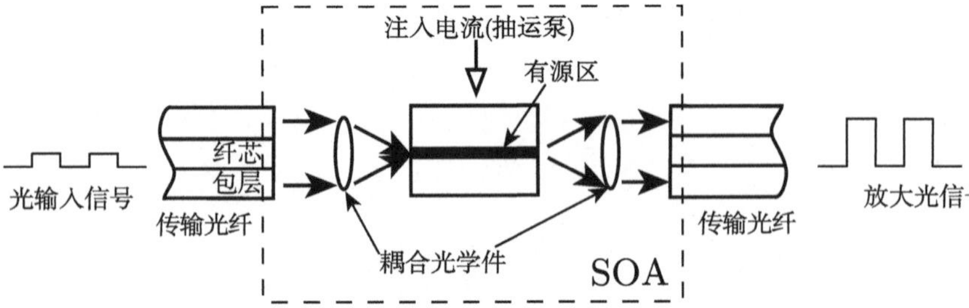

图 9.1　光纤系统放大配置中的 SOA

9.1　一般性讨论

SOA 与半导体激光器非常相似.SOA 分为两类 (图 9.2):①法布里–珀罗 (FP) 放大器; ②行波放大器 (TWA).FP 放大器具有高的增益但是它的增益谱不均匀, 反之, 行波放大器具有宽的增益谱但是要求小端面有非常低的反射率.FP 放大器在两个端面都有大的反射率, 因此得到共振式的放大. 此外, 由于在 FP 谐振腔对应的纵波模式波长产生大的增益, 所以放大频谱内产生很大起伏.

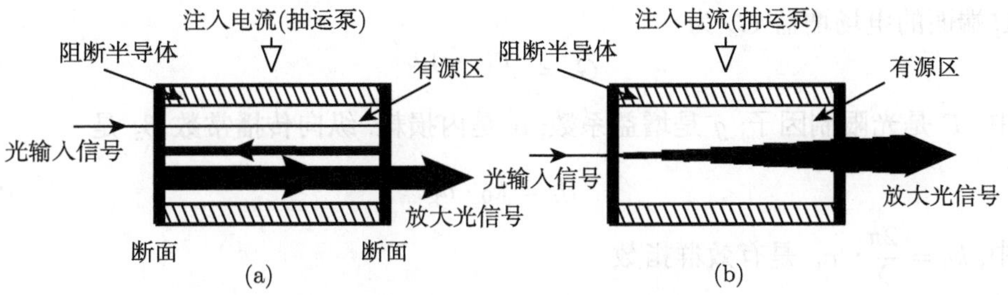

图 9.2 SOA 的种类: FP 放大器 (a) 和行波放大器 (b)

行波放大器由于使用抗反射涂层 (ARcoating), 反射率大为下降, 但是它的放大频宽就狭窄. 如果兼顾 FP 放大器和行波放大器两者的优点, 保留一些小端面反射率, 能使其增益谱有较小的起伏而且增益的频带比较宽. 这对于系统应用极为合适, 当然, 无论使用哪种放大器, 它们的增益必须与偏振无关.SOA 的唯象增益表示式可以写成

$$g_{\mathrm{m}} = a(n - n_0) - a_2(\lambda - \lambda_{\mathrm{p}})^2 \tag{9.1}$$

波长的最大值是

$$\lambda_{\mathrm{p}} = \lambda_0 + a_3(n - n_0) \tag{9.2}$$

出现在上述公式中的典型参数见源于文献 [3] 的表 9.1.

表 9.1 SOA 的基本参数

描述	符号	数值
差分增益	a	$2.7 \times 10^{-16}\mathrm{cm}^2$
增益系数	a_2	$0.15\mathrm{cm}^{-1}\mathrm{nm}^{-2}$
增益系数	a_3	$2.7 \times 10^{-17}\mathrm{nm/cm}^3$
透明密度	n_0	$1.1 \times 10^{18}\mathrm{cm}^{-3}$
放大器长度	L	350μm
阈值时的密度	n_{th}	$1.8 \times 10^{18}\mathrm{cm}^{-3}$

由上述方程, 3dB 的增益宽度由下式决定:

$$2\Delta\lambda = 2\sqrt{\frac{a(n - n_0)}{2n_2}} \tag{9.3}$$

把表 9.1 中的典型数值代入以上的公式, 我们求出 SOA 的带宽为 54nm.

9.1.1 具有小端面反射率的 SOA 增益公式

考虑一个典型的 FP 标准具, 其间有增益介质, 如图 9.3 所示. 总的输出电场 E_{out} 由所有发射的电场贡献构成:

$$E_{\mathrm{out}} = E_1 + E_2 + E_3 + \cdots$$

穿过端面的电场增益 G_s 为

$$G_s = e^{\Gamma(g-\alpha)\cdot L} \tag{9.4}$$

式中, Γ 是光限制因子; g 是增益系数; α 是内损耗. 纵向传播常数 β_z 是

$$\beta_z = k_0 \cdot n_g \tag{9.5}$$

式中, $k_0 = \dfrac{2\pi}{\lambda}$; n_g 是有效群指数

$$n_g = \frac{c}{v_g} \tag{9.6}$$

其中, v_g 是群速度. 把驻波条件加到波长为 λ 和长度为 L 的谐振腔内, 我们得到

$$L = m\frac{\lambda}{2} \tag{9.7}$$

发射分量的表示式为

$$E_1 = E_0 e^{-j\beta_z L}\sqrt{G_s}\sqrt{1-R_1}\sqrt{1-R_2}$$

$$E_2 = E_0 e^{-j\beta_z\cdot 3L}\left(\sqrt{G_s}\right)^3\sqrt{1-R_1}\sqrt{R_2}\sqrt{R_1}\sqrt{1-R_2}$$

$$E_3 = E_0 e^{-j\beta_z\cdot 5L}\left(\sqrt{G_s}\right)^5\sqrt{1-R_1}R_2R_1\sqrt{1-R_2}$$

式中, R_1 和 R_2 为电场内的反射系数; $1-R_1$ 及 $1-R_2$ 对应于透射系数.

把所有分量相加, 总电场成为

$$E_{out} = E_0\sqrt{(1-R_1)(1-R_2)G_s}e^{-j\beta_z L}\{1+G_s\sqrt{R_1R_2}e^{-j\beta_z\cdot 2L} + G_s^2R_1R_2e^{-j\beta_z\cdot 4L}+\cdots\}$$

几何级数相加, 最终得到

$$E_{out} = \frac{\sqrt{1-R_1}\sqrt{1-R_2}G_sE_0e^{-j\beta_z L}}{1-G_s\sqrt{R_1R_2}e^{-2j\beta_z\cdot L}}$$

于是, 具有小端面反射率 R_1 和 R_2 的 SOA 的增益变成

$$G = \frac{(1-R_1)(1-R_2)G_s}{\left(1-\sqrt{R_1R_2}G_s\right)^2 + 4\sqrt{R_1R_2}G_s\sin^2\phi} \tag{9.8}$$

假设输入波的相位为零, 可以得到相移 ϕ. 输出端的相位变化 ϕ 因此是

$$\phi = \frac{2\pi}{\lambda}L \tag{9.9}$$

利用方程 (9.6), 我们可以将上述关系改写成频率与群速度 v_g 的关系:

$$\nu = \phi\frac{v_g}{2\pi L} \tag{9.10}$$

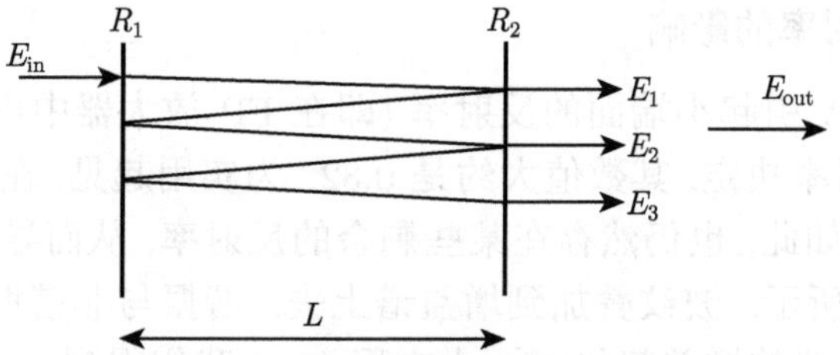

图 9.3 FP 放大器的基本模型

上述增益与频率的变化关系的计算结果如图 9.5 所示. 当 $\sin\phi = 0$, 或者 $\phi = k\pi$ 时, 增益极大值 G_{max} 所对应的频率为 ν_0 . 利用相位的表示式 (9.9) 我们发现对应于 ν_0 (利用 $1/\lambda_0 = \nu_0/v_g$) 时它的数值是

$$\phi = \frac{2\pi}{\lambda_0}L = \frac{2\pi}{v_g}\nu_0 L$$

或者

$$\begin{aligned}\nu_0 &= \frac{v_g}{2L}\cdot k \\ &= \frac{v_g}{2L}\end{aligned}$$

假设 $k = 1$, 频率 $\nu - \nu_0$ 的差值是

$$\nu - \nu_0 = \frac{v_g}{2\pi L}\phi - \frac{v_g}{2L} = \frac{v_g}{2L}\left(\frac{\phi}{\pi} - 1\right)$$

或者

$$\frac{2\pi(\nu - \nu_0)L}{v_g} = \pi\left(\frac{\phi}{\pi} - 1\right) = \phi - \pi$$

最终

$$\phi = \frac{2\pi(\nu - \nu_0)L}{v_g} \tag{9.11}$$

以上我们忽略了 π 因为 $\sin\pi = 0$.

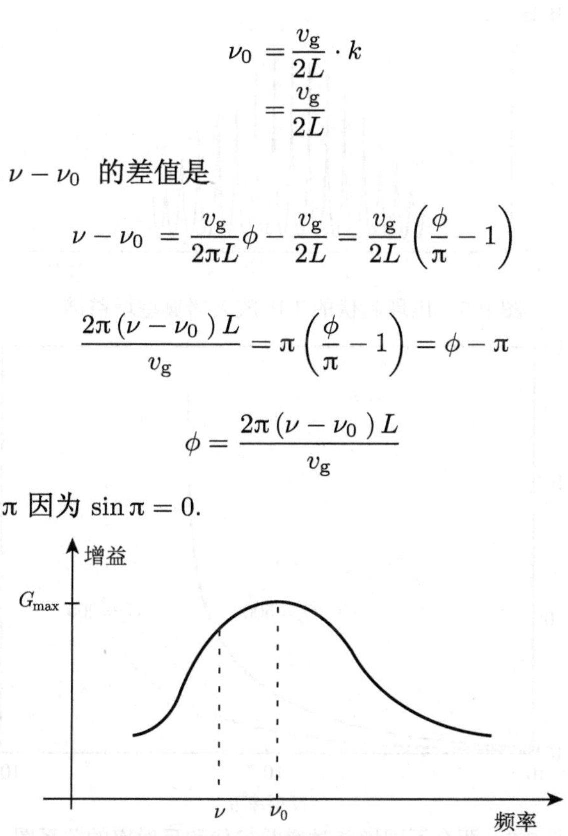

图 9.4 表明频率与增益极大值对应关系的增益谱

9.1.2　小端面反射率的影响

未涂层的 SOA 引起小端面的反射率 (即在 FP 放大器中出现的反射率) 由半导体和空气的折射率决定, 其数值大约是 0.32. 为实用起见, 在小端面上使用抗反射涂层, 但是即使如此, 也仍然存在某些剩余的反射率, 从而导致了增益谱中波纹的出现, 如图 9.5 所示. 波纹叠加到增益谱上去. 谐振与非谐振增益之间的波峰 - 波谷比值称为放大器的增益起伏 G_r. 由方程 (9.8) 我们得到

$$G_r = \frac{1 + G_s\sqrt{R_1 R_2}}{1 - G_s\sqrt{R_1 R_2}} \tag{9.12}$$

式中, G_s 是信号通过放大器后的增益量. 对于理想的行波放大器, R_1 和 R_2 皆为零. 这时 $G_r = 1$, 也就是说在谐振腔模式频率中没有起伏存在. 图 9.6 表明在两个增益情况下 G_r 和反射率 R (假设 $R_1 = R_2$) 的变化关系. 我们看到当增益增大, 或者说小端面反射率增高时, 增益的起伏加大. 计算用的 Matlab 代码示于附录 9A 的清单 9A.1.

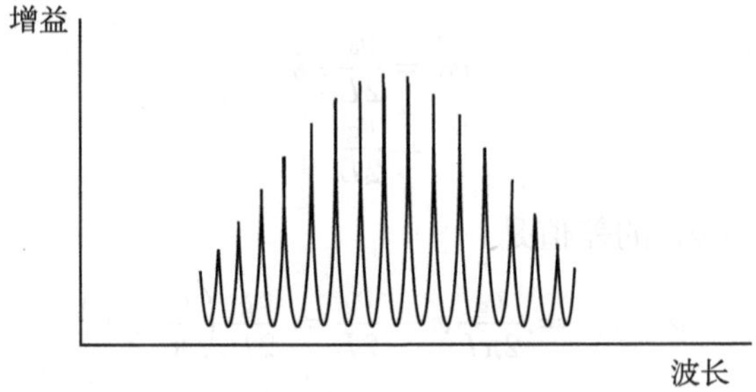

图 9.5　出现起伏的 FP 放大器典型增益谱

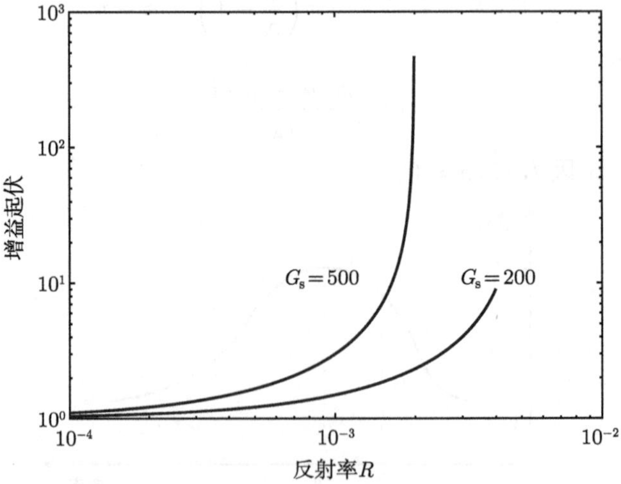

图 9.6　两个不同增益时增益起伏和反射率的关系图

9.2 SOA 脉冲传播速率方程

本节我们专注于叙述 SOA 中脉冲传播的速率方程 [2, 4], 讨论中涉及到电磁场和载流子, 从电磁场方程出发开始我们的讨论. SOA 中的脉冲传播可以用波动方程来描述:

$$\nabla^2 \boldsymbol{E}(\boldsymbol{r},t) - \frac{\varepsilon}{c^2}\frac{\partial^2 \boldsymbol{E}(\boldsymbol{r},t)}{\partial t^2} = 0 \tag{9.13}$$

式中, $\boldsymbol{E}(\boldsymbol{r},t)$ 是电场矢量; c 是光速; ε 是放大器介质的介电常数, 它的表示式为

$$\varepsilon = \overline{n}_b^2 + \chi \tag{9.14}$$

其中, $\overline{n}_{\mathrm{b}}$ 是半导体的本底折射率; 磁化率 χ 代表唯象模型中有源区内电荷的影响:

$$\chi = -\frac{c\overline{n}}{\omega_0}\left(\alpha_{\mathrm{H}} + \mathrm{i}\right) g(n) \tag{9.15}$$

式中, $\overline{n}$ 是有效模式指数; α_{H} 是加强因子的线宽 (Henry 因子); $g(n)$ 是光增益, 它对大多数器件近似地表示为

$$g(n) = a\,(n - n_0) \tag{9.16}$$

式中, a 是差分增益; n 是注入的载流子浓度; n_0 是透明载流子浓度.

下面我们假设行波半导体放大器支持垂直电分布 $F(x,y)$ 的单模式传播. 服从波动方程 (9.13) 的电场 $\boldsymbol{E}(\boldsymbol{r},t)$ 可以表示为

$$\boldsymbol{E}(\boldsymbol{r},t) = \widehat{n}\frac{1}{2}\left\{F(x,y)\ A(z,t)\ \mathrm{e}^{\mathrm{i}(k_0 z - \omega_0 t)}\right\} \tag{9.17}$$

式中, $\widehat{n}$ 是偏振矢量; $k_0 = \overline{n}\omega_0/c; A(z,t)$ 是传播波的慢变化的振幅. 我们引入以下的运算符号:

$$\nabla^2 = \nabla_\perp^2 + \frac{\partial^2}{\partial z^2}, \quad \nabla_\perp^2 = \frac{\partial^2}{\partial x^2} + \frac{\partial^2}{\partial y^2}$$

估算导数

$$\nabla^2 \boldsymbol{E} \sim (\nabla_\perp^2 F) A\mathrm{e}^{\mathrm{i}k_0 z} + F\frac{\partial^2 A}{\partial z^2}\mathrm{e}^{\mathrm{i}k_0 z} + 2F\frac{\partial A}{\partial z}\mathrm{i}k_0\mathrm{e}^{\mathrm{i}k_0 z} + FA(\mathrm{i}k_0)^2\mathrm{e}^{\mathrm{i}k_0 z} \tag{9.18}$$

在慢变化包络近似 (SVEA) 中, 我们可以忽略对 z 和 t 的二次微分项. 将方程 (9.18) 代入方程 (9.13), 并利用对 z 和 t 的包络近似, 然后沿横向积分, 于是得到

$$\nabla_\perp^2 F + \frac{\omega_0^2}{c^2}\left(\overline{n}_{\mathrm{b}}^2 - \overline{n}^2\right) F = 0 \tag{9.19}$$

以及

$$\frac{\partial A}{\partial z} + \frac{1}{v_{\mathrm{g}}}\frac{\partial A}{\partial t} = \frac{\mathrm{i}\omega_0\Gamma}{2c\overline{n}}\chi A - \frac{1}{2}\alpha_{\mathrm{loss}} A \tag{9.20}$$

式中, 我们计入了损耗项 α_{loss}. 群速度记作 $v_{\text{g}} = c/\overline{n}_{\text{g}}$, 而群指数 $\overline{n}_{\text{g}}$ 是

$$\overline{n}_{\text{g}} = \overline{n} + \omega_0 \frac{\partial \overline{n}}{\partial \omega} \tag{9.21}$$

限制因子 Γ 是

$$\Gamma = \frac{\displaystyle\int_0^w \mathrm{d}x \int_0^d \mathrm{d}y |F(x,y)|^2}{\displaystyle\int_{-\infty}^{+\infty} \mathrm{d}x \int_{-\infty}^{+\infty} \mathrm{d}y |F(x,y)|^2} \tag{9.22}$$

式中, w 和 d 分别是放大器有源区的宽度和厚度. 通过引入随脉冲运动新的参考系:

$$\tau = t - \frac{z}{v_{\text{g}}}$$

$$z' = z$$

我们可以把方程 (9.20) 简化为

$$\frac{\partial A}{\partial z} = \frac{\mathrm{i}\omega_0 \Gamma}{2c\overline{n}} \chi A - \frac{1}{2} \alpha_{\text{loss}} A \tag{9.23}$$

载流子 n 的速率方程可以表示为以下形式 [2, 4]:

$$\frac{\mathrm{d}n}{\mathrm{d}t} = \frac{I}{qV} - \frac{n}{\tau_{\text{c}}} - \frac{\Gamma g(n)}{\hbar \omega_0 \sigma_{\text{m}}} |A|^2 \tag{9.24}$$

式中, I 是注入的电流; V 是有源区的体积; q 是电子电荷; τ_{c} 是载流子的寿命;σ_{m} 是有源区的横截面. 在新的参考系中, 上述方程变为

$$\frac{\mathrm{d}n}{\mathrm{d}\tau} = \frac{I}{qV} - \frac{n}{\tau_{\text{c}}} - \frac{\Gamma g(n)}{\hbar \omega_0 \sigma_{\text{m}}} |A|^2 \tag{9.25}$$

传播波的慢变化幅度 $A(z,t)$ 成为

$$A = \sqrt{P} \mathrm{e}^{\mathrm{i}\phi} \tag{9.26}$$

式中, $P(z,\tau)$ 和 $\phi(z,\tau)$ 是传播波的瞬时功率和相位. 利用上述方程, 我们得到 [2]

$$\frac{\partial A}{\partial z} = \frac{1}{2} (1 + \mathrm{i}\alpha_{\text{H}}) g \cdot A \tag{9.27}$$

$$\frac{\mathrm{d}g}{\mathrm{d}\tau} = -\frac{g - g_0}{\tau_{\text{c}}} - \frac{gP}{E_{\text{sat}}} \tag{9.28}$$

$$\frac{\partial P}{\partial z} = (g - \alpha_{\text{loss}}) P \tag{9.29}$$

$$\frac{\partial \phi}{\partial z} = -\frac{1}{2}\alpha_{\mathrm{H}} g \tag{9.30}$$

式中, E_{sat} 定义为 $E_{\mathrm{sat}} = \tau_{\mathrm{c}} P_{\mathrm{s}}$, 其中, P_{s} 是放大器的饱和功率

$$P_{\mathrm{s}} = \frac{h\omega_0 \sigma_m}{a\Gamma \tau_{\mathrm{c}}} \tag{9.31}$$

式中, g_0 是小信号增益

$$g_0 = \Gamma a \left(\frac{I\tau_{\mathrm{c}}}{eV} - n_0 \right) \tag{9.32}$$

最后, 有源区的横截面 σ_{m} 等于 $\sigma_{\mathrm{m}} = wd$.

脉冲放大

利用前面定义的方程, 分析无损耗, 即 $\alpha_{\mathrm{loss}} = 0$ 时的脉冲传播, 并且假设 $\tau_{\mathrm{p}} \ll \tau_{\mathrm{c}}$, 其中 τ_{p} 是输入脉冲宽度. 另外, 假定脉冲非常短以至于增益来不及把脉冲恢复. 注意到对于一般的 SOA[4], $\tau_{\mathrm{c}} = 0.2 \sim 0.3\mathrm{ns}$, 而 τ_{p} 大约为 50ps, 因此上述假定可以成立. 基于上述假设, 可以得到放大器方程的分析解. 首先将方程 (9.29) 积分, 脉冲输出成为

$$P_{\mathrm{out}}(\tau) = P_{\mathrm{in}}(\tau)\mathrm{e}^{h(\tau)} \equiv P_{\mathrm{in}}(\tau) G(\tau) \tag{9.33}$$

式中, $P_{\mathrm{in}}(\tau)$ 是输入功率, 而且

$$h(\tau) = \int_0^L g(z, \tau) \mathrm{d}z \tag{9.34}$$

物理量 $h(\tau)$ 被称为总的积分纯增益. 方程 (9.28) 中的最后一项被方程 (9.29) 替换掉, 我们得到

$$\frac{\mathrm{d}g}{\mathrm{d}\tau} = \frac{g_0 - g}{\tau_{\mathrm{c}}} - \frac{1}{E_{\mathrm{sat}}} \frac{\mathrm{d}P}{\mathrm{d}z}$$

沿放大器长度积分, 并利用方程 (9.33) 给出

$$\frac{\mathrm{d}h(\tau)}{\mathrm{d}\tau} = \frac{g_0 L - h(\tau)}{\tau_{\mathrm{c}}} - \frac{1}{E_{\mathrm{sat}}} P_{\mathrm{in}}(\tau) \left[G(\tau) - 1 \right] \tag{9.35}$$

上述方程的解 [2, 4] 是

$$G(\tau) = \mathrm{e}^{h(\tau)} = \frac{G_0}{G_0 - (G_0 - 1)\exp\left[-E_0(\tau)/E_{\mathrm{sat}}\right]} \tag{9.36}$$

式中, G_0 是放大器的未饱和功率; $E_0(\tau)$ 决定于

$$E_0(\tau) = \int_{-\infty}^{\tau} P_{\mathrm{in}}(\tau') \mathrm{d}\tau' \tag{9.37}$$

$E_0(\tau)$ 代表集中在直到 $\tau' \leqslant \tau$ 脉冲前部的能量部分.

上述方程的解表明由于增益的时间相关性, 输入脉冲的不同部分经历了不同的放大, 所以被 SOA 放大的脉冲造成了它的形状的改变. 下面的分析仅局限于高斯输入脉冲:

$$P_{\text{in}}(\tau) = P_0 \exp\left(-\tau^2\right) \tag{9.38}$$

对于输入的高斯脉冲, $E_0(\tau)$ 的表示式近似于

$$E_0(\tau) = P_0\tau_0\frac{1}{2}\sqrt{\pi}\,[1 + \text{erf}(\tau)] \tag{9.39}$$

式中, $\text{erf}(\tau)$ 是误差函数, 它被定义为

$$\text{erf}(\tau) = \frac{2}{\sqrt{\pi}}\int_0^{\tau} \text{e}^{-x^2}\text{d}x \tag{9.40}$$

这里我们已经利用了误差函数的以下特性 [5]:

$$1 - \text{erf}(\tau) = \frac{2}{\sqrt{\pi}}\int_{\tau}^{\infty} \text{e}^{-x^2}\text{d}x \tag{9.41}$$

通过计算我们得到几个不同的未饱和增益 G_0 时的脉冲形状, 如图 9.7 所示. 我们看到放大后的脉冲变得不对称了, 即脉冲的前部比后部陡峭.

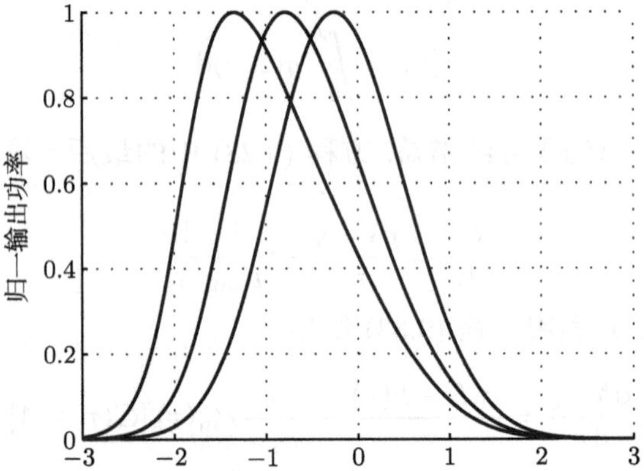

图 9.7　当未饱和功率 $G_0 = 10, 100, 1000$ (自右向左) 时的输出脉冲形状

9.3　SOA 的设计

下面我们将要简要地讨论在设计具备适当性能 SOA 时必须考虑的主要因素. 设计 SOA 的诸多因素中最重要的是两方面的问题: 抑制谐振腔的共振以及去除对偏振的敏感度. 读者若要得到更多的信息可以参阅以下书目: 文献 [1], [2] 和 [6].

1. **抑制谐振腔共振**

为了制造行波 SOA,FP 谐振腔中的共振必须抑制. 因此, 两个小端面的反射必须减小, 有三个途径可以遵循 (图 9.8):①两小端面覆盖抗反射的涂层 (AR);②使有源区域倾斜成某个角度;③采用透明窗口的区域. 第 8 章中已经讨论过抗反射涂膜, 但是抗反射技术仅适合一个特定的波长, 不可能适合宽的频带. 分析[7] 表明上述方法的组合能够得到小于 10^{-4} 的有效端面反射系数.

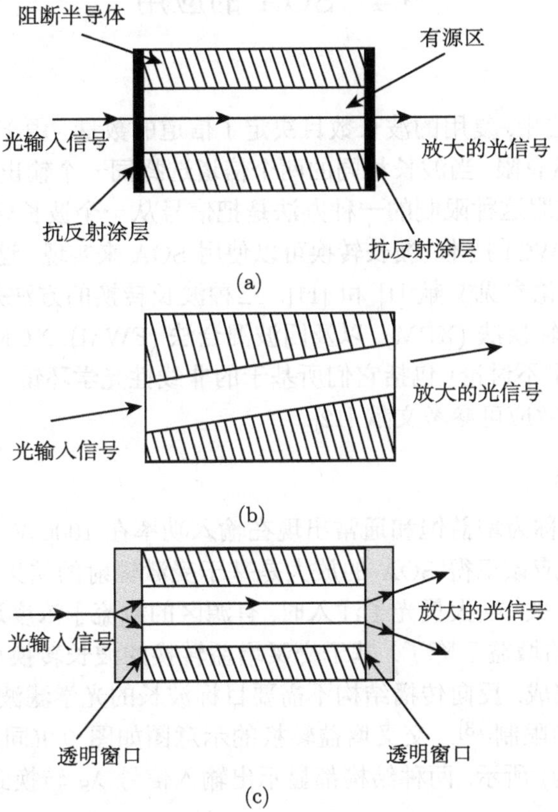

图 9.8 制造行波 SOA 的几种主要方式

2. **偏振非敏感结构**

电场的偏振状态在光纤中传播时会随机地变化. 因此, 光传播一段距离后在进入放大器 (如 SOA) 时它的偏振状态是未知的和随机的. 对于放大这类光信号, 理所当然要求放大器与偏振状态无关. 偏振灵敏度的主要来源是放大器对于 TE 和 TM 模式限制因子之间的差别[1]. 有关 SOA 去灵敏度的适当设计所涉及的技术可以参考文献 [1]. 此外, 在现代 SOA 中, 更多地使用量子阱技术. 量子阱显著地减少阈值电流的大小从而达到提升效率的目的, 但是, 量子阱的使用更加大放大器对偏振的灵敏度, 也就是说, 对于不同的 TE 和 TM 模式造成明显不同的增益. 如果不能控制信号的偏振状态必然引起严重的后果. 使用量子阱技术制造 SOA 时这是一个很重要的问题. 如何在设计 SOA 中降低对偏振的敏感, 读者可以参阅几种对不同设计的讨论[8~10].

9.4 SOA 的应用

9.4.1 波长转换

在 WDM 网络中, 复用的波长数目决定了信道的数量. 由于诸多因素, 用于光纤的波长数目仍然有限. 当波长相同的两个信道选择同一个输出端时, 由于波长争用而出现阻塞. 克服这种限制的一种办法是把信号从一个波长转换到另一个波长, 这就是波长转换 (WC) 技术. 波长转换可以使用 SOA 来实现. 这也是 SOA 的一个重要应用, 详细讨论参见文献 [1] 和 [11]. 三种波长转换的方法是交叉增益转换法 (XGM), 交叉相位转换法 (XPM), 以及四波混合法 (FWM). XGM 将在下面详细讨论. 其他方法 (这里不讨论) 包括它们所基于的非线性光学环镜 (NOLM) 以及光纤和 SOA 的非线性效应可参考文献 [12].

交叉增益转换

增益降低, 或称为增益饱和通常出现在输入功率在 100μW 或更高时. 为了理解这种效应, 我们应该记得 SOA 的放大是基于受激辐射的结果. 受激辐射的速率与光的输入功率有关. 当大量光子注入时, 有源区的载流子浓度通过受激辐射而耗尽, 以至于 SOA 的增益下降了. 基于交叉增益转换的波长转换可以在同向传播或反向传播结构中完成. 反向传播结构不需要目标波长的光学滤波装置, 但是反向传播结构受到速度的限制[13]. 交叉增益转换的示意图如图 9.9(同向传播结构) 和图 9.10(反向传播结构) 所示. 两种结构都显示出输入信号 λ_S 转换到 λ_{CW} 中去.

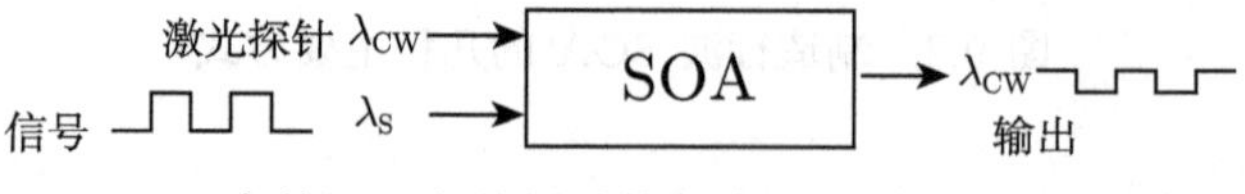

图 9.9　SOA 中使用同向传播结构的交叉增益转换法的波长转换

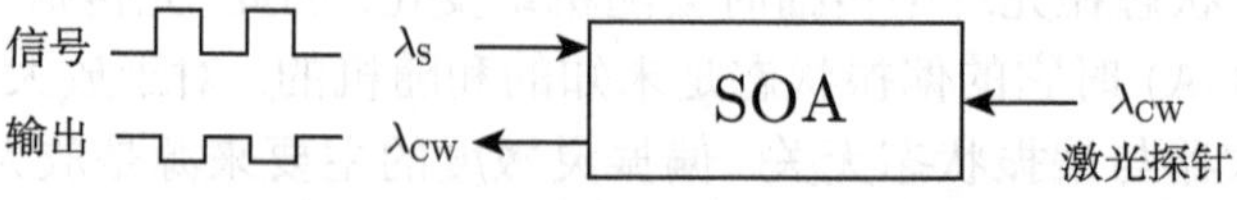

图 9.10　SOA 中使用反向传播结构的交叉增益转换法的波长转换

利用 SOA 中的非线性特性实现波长转换的原理从图 9.11 得到解释. 两个光信号进入 SOA, 其中的一个 (称为试探光束, 也即波长转换的目标光束, 图中冠以激光探针) 以波长 λ_{CW} 不断地注入 (CW), 另一个 (称为信号光束) 携带着数字信息以波长 λ_S 同时注入 SOA.

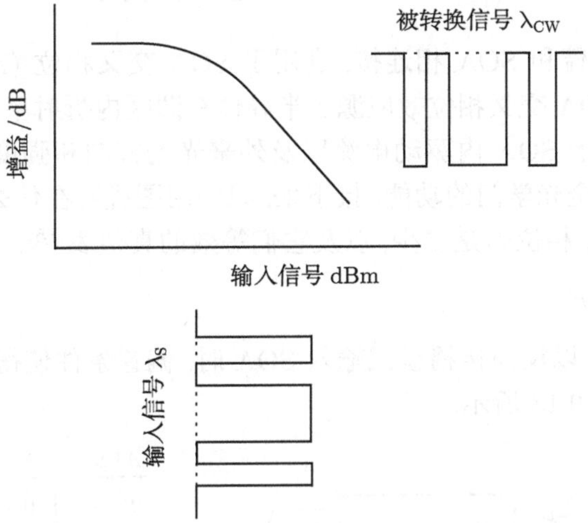

图 9.11 SOA 中使用交叉增益转换法实现波长转换的原理

如果转换信号中的光峰值功率接近 SOA 的饱和功率, 增益将随着功率同步地被转换. 当数据信号是 1 时, 增益被耗尽而饱和, 反之若信号为 0 时, 增益还有余地. 增益转换使信号 1 被强加到为待转换的 (CW) 输入光束中. 因此, 一个波长中的输入数据转换到新的波长中去, 但是相位相反. 这种波长转换的形式是当今所有光波长转换中最简单的一种.

非常快的波长转换可以达到 40 Gbit/s [14] 速率的数量级而且误差率很小. 曾经认为 WC 的速率受到大约为 0.5ns 本征载流子寿命的限制. 由于使用高的光注入, 所以有效的载流子寿命可以减小至 10ps. 因此, 它的转换速率还有上升的空间. 脉冲在比较长 (> 1mm) 的 SOA 中传播时, 另一种非线性效应使输入数据的脉冲畸变, 也就是说, 增益饱和使得数据脉冲的前沿变陡峭了.

9.4.2 基于干涉原理的全光学逻辑

为了避免费时耗力的电–光转换, 未来的高速光网络需要一些全光学信号处理功能. 这些处理中起关键作用的是全光学高速逻辑门. 近年来已经试验好几种方案. 其中包括 SOA 的增益饱和的利用, 也有的与干涉结构有关. 利用马赫 - 曾德 (MZI) 干涉器实现的光学逻辑器件如图 9.12 所示, 图中还有有关的符号说明, $\Delta\phi$ 是 MZI 中信号在上下两臂之间的相位差.

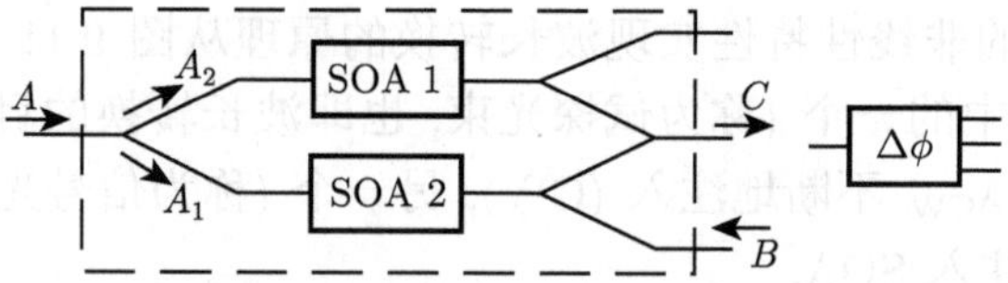

图 9.12 MZI 结构和它的等效符号

干涉器的每个臂和 SOA 相连接, 利用了 SOA 交叉相位 (XPM)的效应, 改变了发射光的相位.SOA 交叉相位效应源于半导体有源区内折射率与载流子寿命有关的物理作用. 取决于 SOA 内驱动电流以及外来光的方向和强度的工作条件, 这种干涉结构可以完成全光学门的功能. 接下来, 我们用图说明在什么条件下的 MZI 得到什么样的逻辑门, 相位差是多少, 以及它们等效的真值表[15].

1. A 与 NOT B

当第二信号 B 以反向传播模式输入 SOA 时, 偏置条件使得相位差等于零. 结构图和真值表如图 9.13 所示.

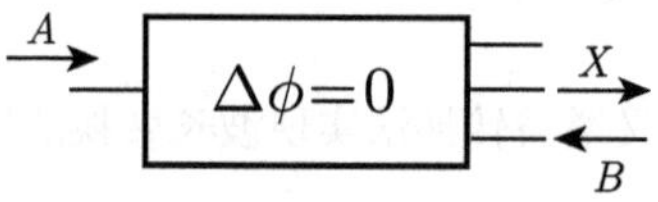

A	B	X
0	0	0
0	1	0
1	0	1
1	1	0

图 9.13 A NOT B 的方框图和它的真值表

2. A AND B

当反向传播模式的信号 B 缺位时,SOA 的两个偏置条件使得相位 π 出现在输出端 X. 结构图和真值表如图 9.14 所示.

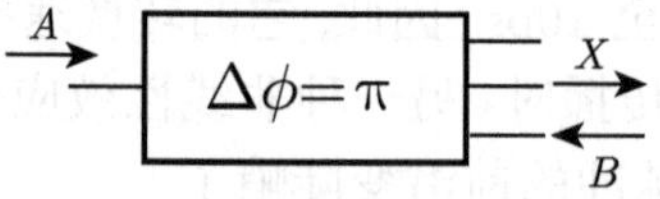

A	B	X
0	0	0
0	1	0
1	0	0
1	1	1

图 9.14 A AND B 的方框图和它的真值表

9.5 习 题

1. 推导增益起伏 G_{r} 的表示式.

9.6 课 题

利用 Connelly 所开发的软件[1] 分析光逻辑门.

附录 9A: 本章 Matlab 的函数清单和代码

在表 9.2 中我们提供了第 9 章中的 Matlab 文件及对每个函数的简要描述.

表 9.2 第 9 章的 Matlab 函数清单

清单	函数名	描述
9A.1	gain_ripple.m	决定增益起伏和反射率的函数关系
9A.2	pulse_shape.m	决定不同 G_0 数值时的输出脉冲形状

清单 9A.1 程序 gain_ripple.m: 决定 SOA 增益谱起伏的 Matlab 代码.

```
% 文件名: gain_ripple.m
% Calculates gain ripple as a function of reflectivity
clear all
N_max = 401;                      % number of points for plot
R = linspace(1d-4,4d-3,N_max); % creation of theta arguments
%
for G_s = [200 500]               % gain coefficient
G_r = (1 + G_s.*R)./(1 - G_s.*R);
loglog(R,G_r,'LineWidth',1.5)
hold on
end
% Redefine figure properties
ylabel('Gain ripple','FontSize',14)
xlabel('Reflectivity (R)','FontSize',14)
set(gca,'FontSize',14);           % size of tick marks on both axes
text(3d-3, 12, 'G_s = 200','Fontsize',14)
text(6d-4, 12, 'G_s = 500','Fontsize',14)
text(8.5, 0.1, 'r = 0.8','Fontsize',14)
pause
close all
```

清单 9A.2　程序 pulse_shape.m: 决定三个不同未饱和增益 G0 时输出脉冲波形的 Matlab 代码.

```
% 文件名: pulse_shape.m
% Determines output pulse shapes in soa
% Basic equations after Agrawal and Olsson, JQE25, 2297 (1989)
clear all
P_0 = 1;
w = 0.1;                     % defined as P_0*tau_0/E_sat
tau = -3:0.01:3;
hold on
for G_0 = [10 100 1000]
x = (1/2)*sqrt(pi)*w*(1 + erf(tau));
G = G_0./(G_0 -(G_0-1)*exp(-x));
y = exp(-tau.^2).*G;
y_max = max(y);
plot(tau,y/y_max,'LineWidth',1.5)
end
xlabel('\tau','FontSize',14);
ylabel('Normalized output power','FontSize',14);
set(gca,'FontSize',14);      % size of tick marks on both axes
grid on
pause
close all
```

参 考 文 献

[1] M.J. Connelly. *Semiconductor Optical Amplifiers.* Kluwer Academic Publishers, Boston, 2002.

[2] N.K. Dutta and Q. Wang. *Semiconductor Optical Amplifier.* World Scientific, Singapore, 2006.

[3] M.J. O'Mahony. Semiconductor laser optical amplifiers for use in future fiber systems. *J. Lightwave Technol.*, 6:531–544, 1988.

[4] G.P. Agrawal and N.A. Olsson. Self-phase modulation and spectral broadening of optical pulses in semiconductor laser amplifiers. *IEEE J. Quantum Electron.*, 25:2297–2306, 1989.

[5] M.R. Spiegel. *Mathematical Handbook of Formulas and Tables.* McGraw-Hill, New York, 1968.

[6] G.P. Agrawal and N.K. Dutta. *Semiconductor Lasers. Second Edition.* Kluwer Academic Publishers, Boston/Dordrecht/London, 2000.

[7] T. Saitoh, T. Mukai, and O. Mikame. Theoretical analysis and fabrication of antireflection coatings on laser-diode facets. *J. Lightwave Technol.*, 3:288–293, 1985.

[8] Y. Zhang and P.P. Ruden. 1.3 $- \mu m$ polarization-insensitive optical amplifier structure based on coupled quantum wells. *IEEE J. Quantum Electron.*, 35:1509–1514, 1999.

[9] W.P. Wong and K.S. Chiang. Design of waveguide structures for polarization-insensitive optical amplification. *IEEE J. Quantum Electron.*, 36:1243–1250, 2000.

[10] M.S. Wartak and P. Weetman. The effect of thickness of delta-strained layers in the design of polarization-insensitive semiconductor optical amplifiers. *IEEE Photon. Technol. Lett.*, 16:996–998, 2004.

[11] T. Durhuus, B. Mikkelsen, C. Joergensen, S.L. Danielsen, and K.E. Stubkjaer. All-optical wavelength conversion by semiconductor optical ampliers. *J. Lightwave Technol.*, 14:942–954, 1996.

[12] I. Glesk, B.C. Wang, L. Xu, V. Baby, and P.R. Prucnal. Ultra-fast all-optical switching in optical networks. In E. Wolf, editor, *Progress in Optics*, volume 45, pages 53–117. Elsevier, Amsterdam, 2003.

[13] D. Nesset, T. Kelly, and D. Marcenac. All-optical wavelength converion using SOA nonlinearities. *IEEE Communications Magazine*, December:56–61, 1998.

[14] D. Wolfson, A. Kloch, T. Fjelde, C. Janz, B. Dagens, and M. Renaud. 40-gb/s all-optical wavelength conversion, regeneration, and demultiplexing in and SOA-based all-active Mach-Zehnder interferometer. *IEEE Photon. Technol. Lett.*, 12:332–334, 2000.

[15] K. Roberts Byron, J.E.A. Whiteaway, and M. Tait. Optical logic devices and methods. United States Patent, Number 5,999,283. Dec. 7, 1999.

第10章　光接收器件

我们在前几章讲述激光器和光放大器, 材料中的电子吸收光子能量从低能级跃迁到高能级, 然后由于受激辐射发射产生激光或直接放大光信号. 本章我们将讨论一个相反的过程, 当光子照射到半导体材料中占据低能级的电子上, 电子吸收光子携带的能量跃迁到较高的能级上. 如果半导体接上外加电场后, 就可以在外电路上形成电流取出光子赋予的信号. 因此, 光接收器件扮演着光源相反的角色, 但是, 它却是光通信不可缺少的一环. 在本章, 我们将全面总结这个十分重要的光接收器件.Alexander [1] 概述了用在光通信系统中的接收器件的设计原则. 接收器件的目的就是恢复发射的数据, 该过程涉及两个步骤[2]:

(1) 恢复比特时钟信号;

(2) 恢复每个比特间隔 (bit interval) 内发送的比特.

光接收器的示意图如图 10.1[3,4] 所示.

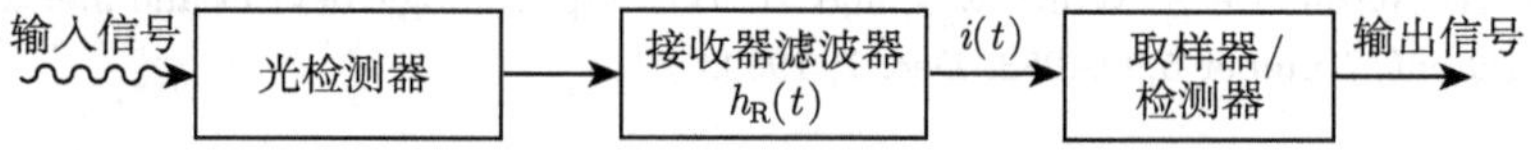

图 10.1　理想光接收器的方框图

接收器是由把光信号转换成电流的光检测器组成的. 性能良好的检测器在给定的输入光功率的情况下产生大的光电流, 它们对输入的变化响应很快, 而且在输出叠加很小的噪声. 后面这个要求是十分关键的因为接收到的信号往往很微弱. 在数字通信系统中, 检测过程往往是通过 PIN 光电二极管实现的. 一般说来, 有两种类型的检测[4]: 直接检测 (又称非相干检测) 和相干检测. 直接检测仅检测入射光的强度, 它主要用于光强或调幅 (AM) 的机制, 只能检测调幅信号. 相干检测既能检测输入光的功率又能检测它的相位, 因此, 它偏好于应用在相位调制 (PM) 或频率调制 (FM) 中. 相干检测在 WDM 中的应用也很重要. 相干检测需要一个本地振荡器从而把被调制的信号从光频下调到中频 (IF) [4]. 本书不讨论相干检测, 深入的讨论请参阅文献 [4]. 目前主宰当前系统的非相干检测是基于光信号的平方律包络检测. 检测后, 电流通常被放大 (图 10.1 中未显示), 然后通过一个正则贝塞尔类的电滤波器. 这时, 电眼图常被用来评估信号的质量. 接下来, 对滤波后的接收信号实施抽样, 接收信号此时由于各种来源的噪声也已变差. 我们将在接下来的章节中讨论噪声来源. 光发射系统通过光信号对噪声比, 眼图和比特误差率 (BER)来评估, 后者是系统性能的最终指标.

10.1 主要特征

在对光接收器进行特定课题的讨论之前, 我们归纳一下它们的主要特征[5]: 接收器灵敏度, 动态范围, 比特率的透明度和比特图形的独立性.

10.1.1 接收器灵敏度

这个特性用来度量接收器在可靠的状态下需要的最小光功率. 具体地说, 人们期盼比特误差率比额定值还要小. 功率最小值往往设定在 10^{-9} 左右. 接收器的灵敏度是检测器及前置放大器两者信号和噪声参数的函数. 它用来度量接收器的工作极限, 虽然很少在这极限附近工作. 由于各种原因 (温度, 老化等), 系统品质下降, 所以一般要预设一个在 3~6dB 的余量. 接收器的灵敏度是接收器的一个基本参数, 它与光学链接中两点之间的距离, 如发射器和接收器之间或者中继站之间的距离, 有直接的呼应关系.

10.1.2 动态范围

动态范围 (用 dB 表示) 指最大容许功率和由接收器灵敏度所决定的最小功率之间的差额. 前者决定于接收器的非线性和它的饱和特性.

大的动态范围是重要的因为可以让我们在设计光学网中有更大的灵活性. 在设计各种网络时, 我们要考虑到由于温度、老化以及各种不同的耗损 (光纤本身以及接口) 的变化, 因而要使光接收器有尽可能大的余额.

10.1.3 比特率透明度

比特率透明度指的是光接收器所工作的比特速率范围的能力, 代表同样的一个接收器能被用在具有不同比特速率的不同网络上的能力.

10.1.4 比特图的独立性

比特图的独立性是决定光接收器能在各种不同制式的数据模式下工作的特性. 主要的限制来自 NRZ(非回零) 制式的码元.

10.2 光检测器

在光纤的终端, 光信号为光检测器 (PD) 所接收, 并把光信号转换成电信号. 在光检测器 (PD) 中光子的能量 $h\nu$ 被吸收, 并产生光电流 i_P

$$i_P = \eta \frac{P}{h\nu} e \tag{10.1}$$

式中, P 是入射光的功率;η 是量子效率;h 是普朗克常量;$\nu = c/\lambda$ 是被吸收的光频率.PD 与在反方向加偏压的半导体二极管相似. 因此,PD 能模式化成一个电流源. 其实, 人眼是一种非常普遍的检测器, 它是光在自然界最普通的检测器, 但是有一些缺点: 它很慢, 对弱信号的灵敏度很差, 也无法和电子放大器自然地连接, 此外, 它的响应谱局限于 $0.4 \sim 0.7\mu\text{m}$ 的范围. 人工 (人造) 光检测器基于两个物理机制: 外光电效应和内光电效应. 在外光电效应中, 由于吸收入射光能量而从一个电极 (称为阴极) 上获取电子. 接着, 在两个电极之间的电位差造成的电场作用下, 电子运动到另一个电极 (称为阳极) 上而产生电流. 真空光电二极管和光电倍增管就是基于这种原理工作的. 光检测器有 PIN 光电二极管和雪崩光二级管 (APD)的两种类型.APD 的增益大, 因而灵敏度高, 但是它带来了噪声大的问题.

本节我们仅讨论内光电效应及其在光检测中的应用. 这种效应发生在半导体器件的内部. 这时, 由于吸收入射的光子而产生自由载流子 (电子或空穴), 继而形成了电流. 这类器件可以看成逆向的发光二极管 (LED).

10.2.1　光检测原理

半导体由于吸收光, 才使得它有可能检测出光子. 当光入射到半导体表面时, 它有可能被吸收但也有可能不被吸收, 这取决于光波的波长. 吸收的光功率可以表示为

$$\frac{\mathrm{d}P}{\mathrm{d}x} = \alpha(\lambda)P \tag{10.2}$$

式中, $\alpha(\lambda)$ 是与波长有关的吸收系数. 几种半导体 (包括化合物半导体) 的吸收谱如图 10.2 所示. 由该图我们看到吸收系数 $\alpha(\lambda)$ 与波长密切相关.

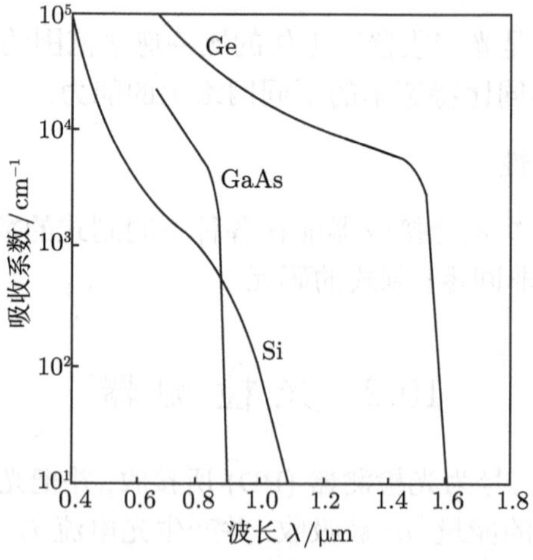

图 10.2　典型的半导体光吸收系数与频率的函数关系 (获 Elsevier 授权引用自 Journal of Luminescence **7**, 390 (1973))

对方程 (10.2) 的积分给出在距离表面 x 的地方吸收功率与入射光功率 P_0 的关系

$$P(x) = P_0\left(1 - \mathrm{e}^{-\alpha(\lambda)\cdot x}\right) \tag{10.3}$$

光电检测器的示意图如图 10.3 所示. 入射光渗入半导体的表面下并产生了电流 I. 该器件由 p 型半导体和 n 型半导体, 以及它们之间的宽度为 w 的本征 (微量掺杂) 半导体组成. 大的逆向偏压加在器件的端面, 如图 10.4 所示.

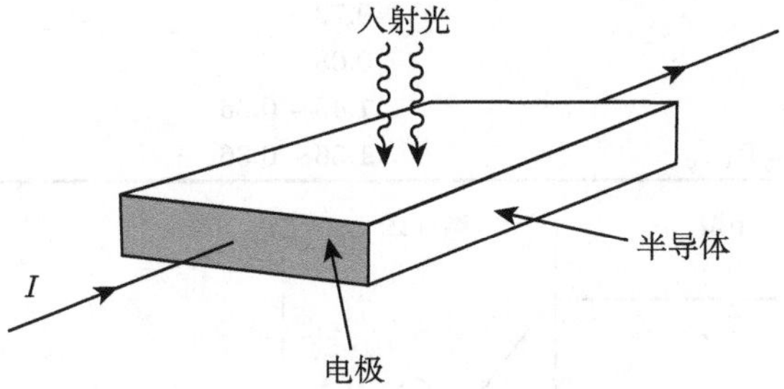

图 10.3 光检测的示意图

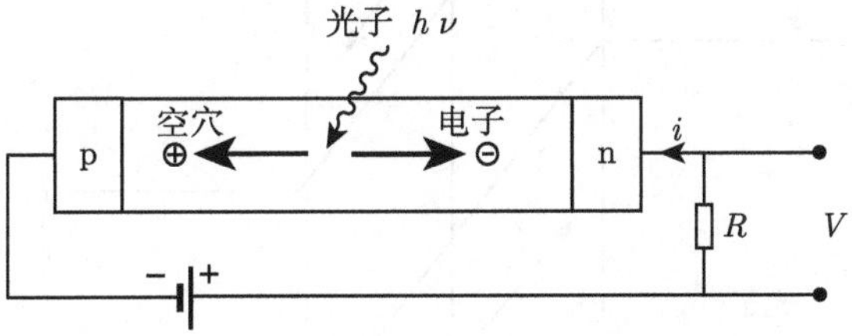

图 10.4 在外电路中的 PIN 光检测器

当光子 (如果它有足够大的能量, 即频率足够高) 被固体吸收时, 它的能量造成电子从价带跳出来 (之后形成一个空穴) 向导带运动, 因而形成了一个额外的电子. 电子能量的变化应该是 E_g, 它被称为能隙.若光子的能量较小通常就无法形成电子–空穴对. 因此, 光子的能量 $E_\mathrm{p} = h\nu$ 必须满足以下条件

$$E_\mathrm{p} \geqslant E_\mathrm{g} \quad 或 \quad h\nu \geqslant E_\mathrm{g} \quad 或 \quad \lambda_\mathrm{c} = \frac{ch}{E_\mathrm{g}}$$

式中, λ_c 被称为截止波长, 它决定了可用光谱的范围. 实用的公式为

$$\lambda_\mathrm{c} = \frac{1.24}{E_\mathrm{g}} \quad (\lambda_\mathrm{c}以\mu\mathrm{m}为单位, 而E_\mathrm{g}以\ \mathrm{eV}\ 为单位)$$

施加的高电场使得电子和空穴分离, 它们接着分别流向 n (电子) 和 p (空穴) 区, 并形成外电路的电流, 或称为光电流.

不同的半导体材料具有不同的能隙，因而有不同的截止波长，它们被用作电磁波谱不同频段的特定检测器. 一些半导体及半导体化合物的能隙和截止波长总结于表 10.1 中.

表 10.1　不同半导体及其化合物的能隙和截止波长

半导体	ΔE/eV	λ_c/μm
C	7	0.18
Si	1.1	1.13
Ge	0.72	1.72
Sn	0.08	15.5
$Ga_xIn_{1-x}As$	1.43～ 0.36	0.87～ 3.44
$Ga_xIn_{1-x}As_yP_{1-y}$	1.36～ 0.36	0.92～ 3.44

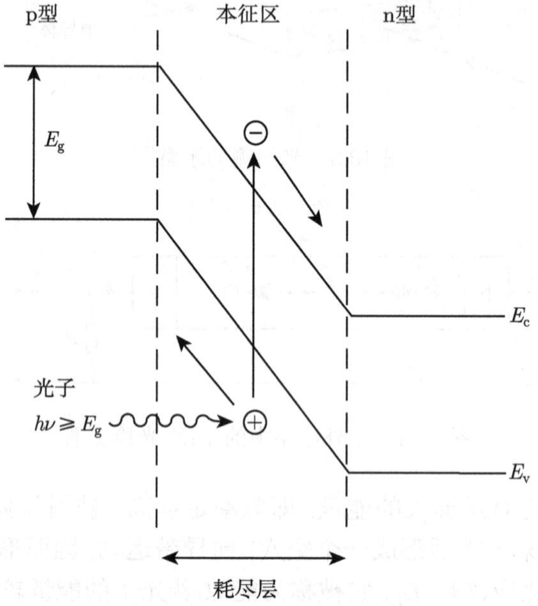

图 10.5　PIN 光检测器的能带图

图中显示电子–空穴对的生成

PD 的等效电路如图 10.6[1] 所示. 它由电流源和并联的结电阻 R_j(它与二极管的差分电阻等效) 组成. R_j 一般情况下很大，约在 $10^6\Omega$，因而在分析时往往被忽略不计. C_j 是结电容. R_s 是体电阻和接触电阻的串联电阻，大约为几欧姆.R_L 是负载电阻. 在一般的分析中，R_j 和 R_s 往往忽略不计.

输出电压的谱函数 $V_L(\nu)$ 与光电流 $i_P(\nu)$ 有如下的关系:

$$V_L(\nu) = i_P(\nu)\frac{R_L}{1 + j2\pi\nu R_L C_j} \tag{10.4}$$

上述方程是求解基尔霍夫的环路电路方程得来的. 等效阻抗是

$$\frac{1}{Z_{\rm e}} = \frac{1}{R_L} + \frac{1}{\dfrac{1}{{\rm j}\omega C_{\rm j}}} = \frac{1}{R_L} + {\rm j}\omega C_{\rm j} = \frac{1 + {\rm j}\omega C_{\rm j} R_L}{R_L}$$

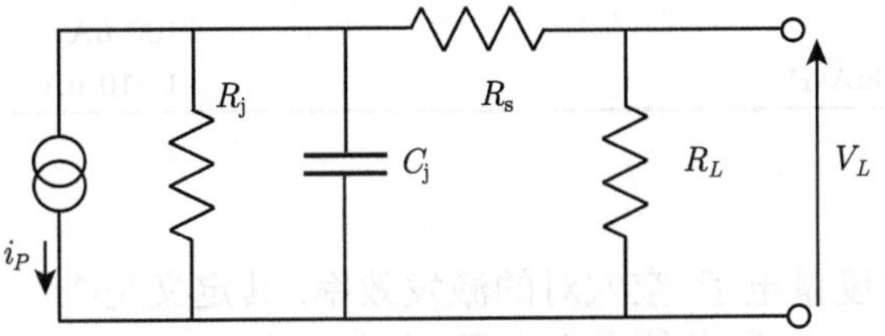

图 10.6 PIN 光检测器的等效电路

利用 $V_L(\nu) = i_P(\nu) \cdot Z_{\rm e}$ 的关系得到方程 (10.4). 显然, 频带宽度取决于时间常数 $C_{\rm j}R_L$. 为了达到大的带宽, 我们需要让这个时间常数尽量小些. 在本节结束之前, 我们简短地讨论一下使用金属–半导体–金属 (MSM)制作 (如图 10.7 所示) 的光检测器的集成光接收器.MSM 检测器是由沉积在半导体基体上的交叉指状金属和典型的垂直型 PIN 检测器组成的[6]. 加在交叉指状金属上的电势形成的电场把光激励的电子和空穴分别推向正电极和负电极. 这种结构与传统的设计相比突显出一些优点, 如灵敏度有了显著的提高, 这多半要归功于它的横向设计.

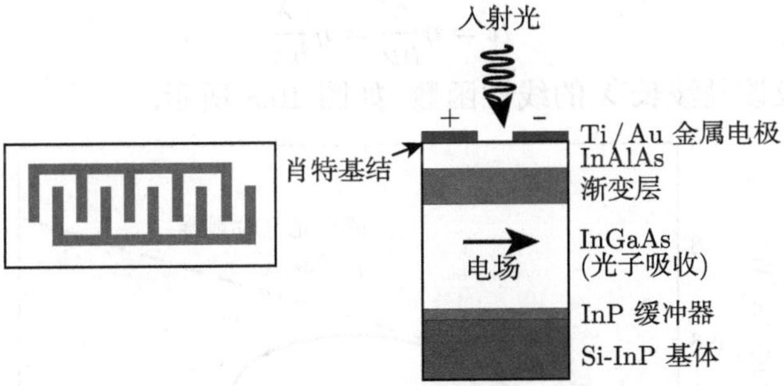

(a) 交叉指状金属示意图 (b) 内部横截面结构示意图

图 10.7 金属–半导体–金属 (MSM) 光检测器的示意图

10.2.2 光检测器的性能参数

决定 PD 特性的主要参数是[7] 暗电流, 灵敏度, 量子效率, 噪声, 检测率, 线性和动态范围, 速度和频率响应. 我们将一一讨论这些参数.

1. **暗电流**

暗电流是没有入射光时在 PD 中流动的电流. 对于常用的半导体其典型数值

见表 10.2 所示.

表 10.2　不同半导体及其化合物的暗电流

半导体	暗电流
Si	0.1～1 nA
Ge	100 nA
InGaAsP	1～10 nA

2. 量子效率

量子效率用来度量电子–空穴对的激发效率. 其定义是[8]

$$\eta = \frac{\text{激发的自由电子–空穴对数}}{\text{入射的光子数}} = \frac{I_{\text{ph}}/e}{P_0/(\text{h}\nu)} \tag{10.5}$$

式中, I_{ph} 是在外电路中流动的光电流; e 是电荷; P_0 是入射光功率; $h\nu$ 是单个光子的能量.

3. 灵敏度

灵敏度又称为谱响应率. 它定义为[8]

$$R = \frac{I_{\text{ph}}}{P_0} \tag{10.6}$$

灵敏度表征单位光功率激发的光电流, 它可以表示为

$$R = \eta\frac{e}{h\nu} = \eta\frac{e\lambda}{hc} \tag{10.7}$$

理想的灵敏度应该是波长 λ 的线性函数, 如图 10.8 所示.

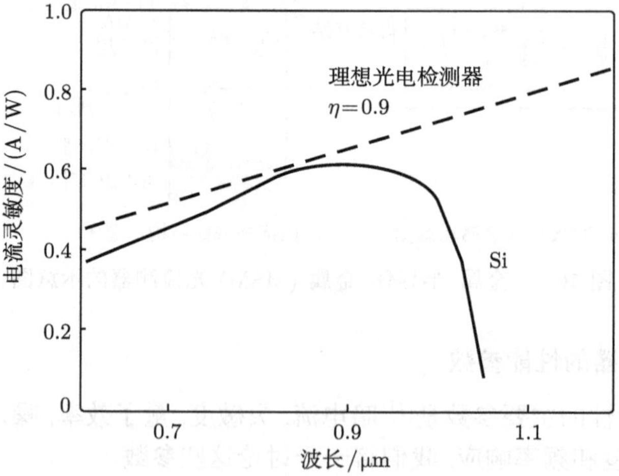

图 10.8　半导体 Si 随波长变化的电流灵敏度

同时画出理想光电二极管当量子效率 $\eta = 0.9$ 时灵敏度随波长的变化

4. 响应速度

响应速度决定 PD 对光信号的反应快慢. 典型的脉冲响应如图 10.9 所示. 反应速度取决于时间常数 RC. 在前面引入的等效电路的参数中, 上升时间 τ_{r} 是由下式决定的:

$$\tau_r = 2.30 \cdot R_L \cdot C_j$$

估算 τ_{r} 的工作将留给读者作为习题去做. 时间响应直接与频率响应有关. 3dB 带宽为[9]

$$f_{3-\mathrm{dB}} = \frac{1}{2\pi R_L C_{\mathrm{j}}}$$

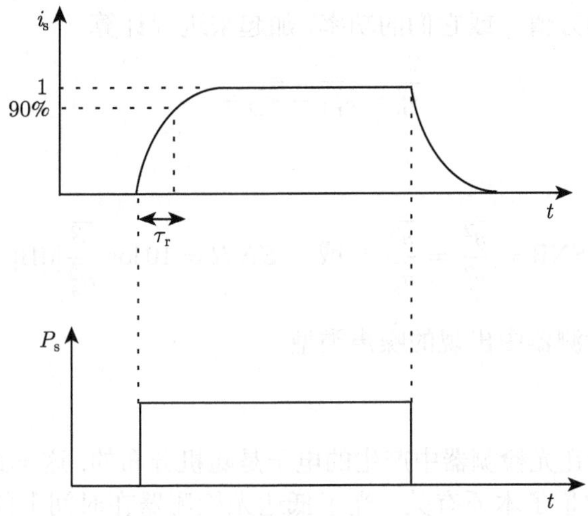

图 10.9 光检测器对矩形脉冲信号的响应

10.2.3 光检测器噪声

一般到达光接收器前方的光信号很微弱, 它们受各种噪声源的影响. 几种物理过程都对噪声有贡献. 例如, 雪崩光电二极管的噪声是在雪崩过程中产生的而光放大器产生的噪声来源于自发受激辐射 (ASE). 此外, 所有的器件中都存在量子噪声, 它们是器件噪声功率的下限所在. 使光检测器特征化的工作参数是信噪比 (SNR). 它的定义是[10]

$$\frac{S}{N} = \frac{\text{光电流的信号功率}}{\text{光检测器的噪声功率} + \text{放大器的噪声功率}} \tag{10.8}$$

噪声对于信号是随机出现的, 噪声的测量一般总是和信号 s 的方差或它的平方均差有关, 其定义是[7]

$$\sigma_{\mathrm{s}}^2 = \overline{(s\text{-}\bar{s})^2} = \overline{s^2} - \bar{s}^2$$

平均值 $\overline{s}$ 定义为

$$\overline{s}=\sum_{s}p(s)\ s$$

式中, $p(s)$ 是测量到的 s 信号值的概率, 我们要计算在测量信号时各种可能值的总和.

信号 s 中的噪声可以用随机变量 s_{n} 来表示:

$$s_{\mathrm{n}}=s-\overline{s}$$

如果器件 (或系统) 中同时出现几个独立的噪声源 $s_{\mathrm{n1}},s_{\mathrm{n2}},\cdots$ 它们综合起来的效果可以把它们的均方值 (或它们的功率) 加起来进行计算

$$\overline{s_{\mathrm{n}}^{2}}=\overline{s_{\mathrm{n1}}^{2}}+\overline{s_{\mathrm{n2}}^{2}}+\cdots$$

式中, SNR 表示为

$$\mathrm{SNR}=\frac{\overline{s^2}}{\overline{s_{\mathrm{n}}^2}}=\frac{\overline{s^2}}{\sigma_{\mathrm{s}}^2}\quad 或\quad SNR=10\log\frac{\overline{\mathrm{s}^2}}{\sigma_{\mathrm{s}}^2}[\mathrm{dB}]$$

下面我们讨论光检测器中出现的噪声类型.

1. **散粒噪声**

散粒噪声源于在光检测器中产生的电子是随机分布的, 这与到达激发载流子的光检测器的光子的量子本质有关. 光子抵达光检测器在时间上的随机性是源于它们的量子力学的本质. 它们的随机性可以用泊松统计来描述. 电流散粒噪声的表达式为[4, 7]

$$\overline{i_{\mathrm{s}}^{2}}=2eB\overline{i_{\mathrm{s}}}\tag{10.9}$$

式中, e 是电子电荷; B 是带宽;$\overline{i_{\mathrm{s}}}$ 是信号电流的平均值.

2. **热噪声**

热噪声或 Johnson 噪声是由电子在电阻 R 中的随机运动造成的. 模式化后, 它表示为平均值为零的高斯随机过程, 它的自相关函数为[4]

$$\frac{4k_{\mathrm{B}}T}{R}\delta(\tau)$$

式中, $\delta(\tau)$ 是狄拉克 (Dirac delta) 函数. 在带宽 B 内的热噪声功率等于[7]

$$p_{\mathrm{s,th}}=4k_{\mathrm{B}}T\ B\tag{10.10}$$

式中, $k_B = 1.38 \times 10^{-23}$J/K 是玻尔兹曼常量; T 是绝对温度. 热噪声可以表示为一个电流源[4, 7]

$$\overline{i_{s,th}^2} = \frac{4k_B T}{R_L} B \equiv I_T^2 \ B \tag{10.11}$$

式中, I_T 是一个用来规定标准偏差的参数, 它的单位为 pA/$\sqrt{\text{Hz}}$, 它的典型数值是 1pA/$\sqrt{\text{Hz}}$ [2].

10.2.4 检测器的设计

本节我们分析有噪声时的 PIN 光检测器[11]. 利用式 10.6 和式 10.7 的结果, 检测器的信号电流是

$$i_s = \eta \frac{e\lambda}{hc} P \tag{10.12}$$

式中, P 是抵达检测器时波长为 λ 的光功率. 带有放大器的 PIN 光检测器的等效电路如图 10.10 所示. 它是如图 10.6 所示电路的简单修正.

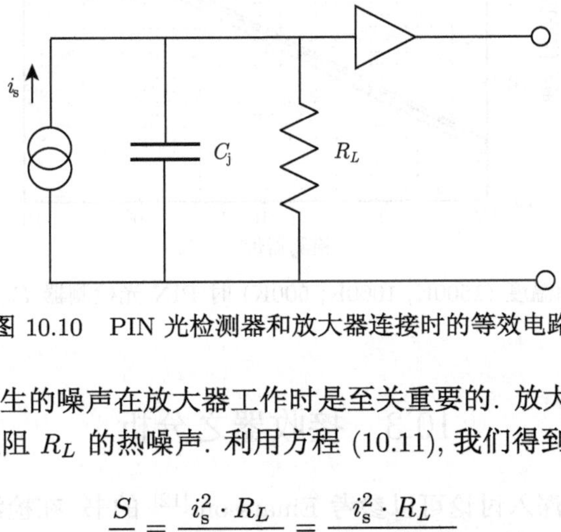

图 10.10 PIN 光检测器和放大器连接时的等效电路

在放大器中产生的噪声在放大器工作时是至关重要的. 放大器噪声在文献 [11] 表述为源于负载电阻 R_L 的热噪声. 利用方程 (10.11), 我们得到的信噪比为

$$\frac{S}{N} = \frac{i_s^2 \cdot R_L}{\overline{i_{s,th}^2} \cdot R_L} = \frac{i_s^2 \cdot R_L}{4k_B \cdot T \cdot B} \tag{10.13}$$

式中, B 是带宽; T 是电阻的温度. 由于结电容 C_j 的效应, 随着 R_L 的增加,比值 $\dfrac{S}{N}$ 不会无限制地增加. 在有代表性的情况下, 带宽决定于 $(R_L \cdot C_j)^{-1}$. 利用带宽的表示式 $B = (2\pi \cdot R_L \cdot C_j)^{-1}$ (见习题), 方程 (10.13) 变成

$$\frac{S}{N} = \frac{i_s^2}{8\pi k_B \cdot T \cdot B^2 \cdot C_j} \tag{10.14}$$

能检测到的最小信号 $i_{\mathrm{s,min}}$ 可以由上式并令 $\dfrac{S}{N}=1$ 而得到. 我们发现

$$i_{\mathrm{s,min}} = 2 \cdot B \cdot (2\pi \cdot k_{\mathrm{B}} \cdot T \cdot C_{\mathrm{j}})^{1/2} \tag{10.15}$$

能检测到的最小光功率由方程 (10.12) 所决定, 于是我们得到

$$P_{\min} = \frac{2hc}{\eta e \lambda} \cdot B \cdot (2\pi \cdot k_{\mathrm{B}} \cdot T \cdot C_{\mathrm{j}})^{1/2} \tag{10.16}$$

能检测到的最小光功率 $P_{\min}$ 随带宽 B 的变化如图 10.11 所示. 图中使用的参数为 $C_{\mathrm{j}} = 1\mathrm{pF}, \eta = 1, T = 1000\mathrm{K}, \lambda = 0.85\mu\mathrm{m}$. Matlab 代码提供在附录 10A 的清单 10A.1 中.

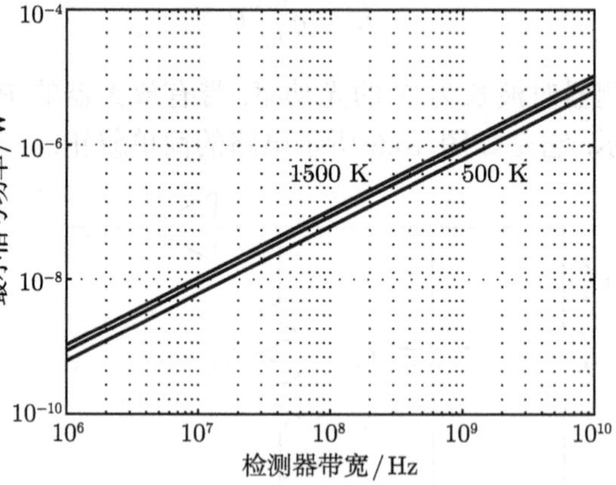

图 10.11　三个不同温度 (1500K, 1000K, 500K) 时 PIN 光检测器 $P_{\min}$ 随带宽的变化图

10.3　接收器之分析

光检测理论的深入讨论可以参考 Einarsson [12] 的书. 在检测信号时遇到的问题来自噪声. 在光学系统中, 信息的发送是通过由光子所组成的光来实现的. 由于它们统计学的本质, 发送的信息总伴随着随机性的起伏. 起伏大小决定发射功率的下限. 此外, 源于各种不同过程的其他类型的噪声也伴随而至, 它们中的一些我们在前面已经谈及. 我们所考虑的数字信号的比特率是 B, 时隙 (或比特间隙)T 为

$$T = \frac{1}{B}$$

它是比特率的倒数. 输入的数据序列在通信系统中记作 $\{b_k\}$. 落在光检测器上的

光功率 $p(t)$ 是脉冲系列, 它可以表示为

$$p(t) = \sum_{k=-\infty}^{k=+\infty} b_k \, h_{\mathrm{p}}(t - k \cdot T) \tag{10.17}$$

式中, k 是代表第 k 个时隙的参数; $h_{\mathrm{p}}(t)$ 表示孤立的光脉冲在光检测器输入端的脉冲形状. 我们假设[5]

$$\frac{1}{T}\int_{-\infty}^{+\infty} h_{\mathrm{p}}(t)\mathrm{d}t = 1 \tag{10.18}$$

于是 b_k 表示在第 k 个时隙中接收到的光功率.

方程 (10.17) 基于构成发射器和光纤的系统是线性的而且是不随时间变化的. 方程 (10.17) 中的 b_k 可以取两个值 b_0 和 b_1, 它们分别代表在 k 时隙中的 0 和 1. 然而, 半导体激光器总是在非零的偏置电流下工作, 因此, 一直有一个小的发射功率存在.

10.3.1 理想光接收器的比特误差

有几种方法可以测量比特误差率 (BER), 即数字流中出现的误差比率, 它等于在一些时间段里误差出现的次数被总的脉冲数目 (1 和 0) 相除. 最简单定义比特误差率的方法是[13]

$$\mathrm{BER} = \frac{N_{\mathrm{e}}}{N_{\mathrm{p}}} = \frac{N_{\mathrm{e}}}{B \cdot t} \tag{10.19}$$

式中, N_{e} 是时间段 t 里出现的误差数目; N_{p} 是该时间段发射的脉冲数目; $B = 1/T$ 是比特率, T 是时隙. 当今高速光通信系统所要求 BER 典型的数值是 10^{-12}, 这意味着每发送 10^{12} 个比特平均只容许一个错的比特. BER 与光纤系统各种信噪比有关, 如与接收器的噪声级息息相关.

*直接光检测*是一个决定光在一个比特间隔中是否有光的过程. 无光时判定为逻辑 0, 有光出现的信号判为逻辑 1.

在实际生活中, 检测过程没有那么简单因为随机性质的光子会到达接收器. 该过程可以用泊松随机过程模式化处理. 按照光子到达接收器的随机过程时间如图 10.12 所示. 对于一个理想的光接收器, 我们将假设系统内不存在噪声源. 如果 $h\nu_{\mathrm{c}}$ 为单个光子的能量, 那么, 光子到达光接收器的平均数目为

$$N = \frac{p(t)}{h\nu_{\mathrm{c}}} \tag{10.20}$$

式中, $p(t)$ 是光信号的功率; h 是普朗克常量; ν_{c} 是载流子的频率. 照射光检测器的光功率可用方程 (10.17) 来表示.

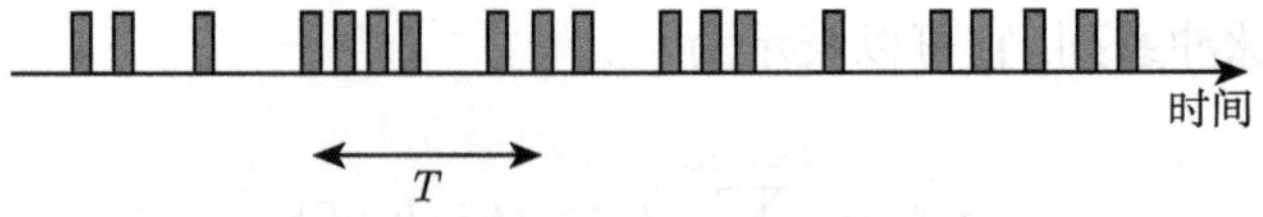

图 10.12　用泊松过程描绘随机到达光检测器的光子

每个光子具有同样大小的幅度, 各用一个小立柱代表

理想接收器 (无噪声) 的 BER 简单表示式可以如下推算 (见文献 [2]).

在比特时隙 T 期间到达接收器的光子数为 n 的概率是

$$\mathrm{e}^{-\frac{N}{B}}\frac{\left(\dfrac{N}{B}\right)^{n}}{n!}$$

式中, N 由方程 (10.20) 给出的平均光子数. 接收不到任何光子 $(n=0)$ 的概率为 $\exp(-N/B)$. 假设接收 1 和 0 的概率相同, 因此, 理想接收器的 BER 是

$$\mathrm{BER}=\frac{1}{2}\mathrm{e}^{-N/B}\equiv\frac{1}{2}\mathrm{e}^{-M} \tag{10.21}$$

式中, $M=\dfrac{N}{B}=\dfrac{p}{h\nu_{\mathrm{c}}B}$ 代表在一个比特期间接收到的平均光子数. 表示式 (10.21) 代表理想接收器的 BER, 被称为量子极限. 为了得到比 10^{-12} 更低的比特误码率, 每个比特中引起错判的最大光子数是 $M=27$.

10.3.2　接收器的误差概率

假设在接收器的二进位信号电流为[4]

$$\begin{aligned}i_{\mathrm{tot}}(t)&=\sum_{n=-\infty}^{+\infty}B_n\cdot h_{\mathrm{p}}(t-nT_{\mathrm{B}})+I_{\mathrm{D}}+i_{\mathrm{noise}}(t)\\&=i_{\mathrm{ph}}(t)+I_{\mathrm{D}}+i_{\mathrm{noise}}(t)\end{aligned}$$

式中, $i_{\mathrm{ph}}(t)$ 是调制脉冲信号的幅度; I_{D} 是暗电流, $i_{\mathrm{noise}}(t)$ 是噪声电流. B_n 取两个数值: B_{H} 和 B_{L} 分别对应于逻辑 1 和 0.

假设[4] $H(\omega)$ 是前端接收器和均衡器的组合传输函数. 均衡器的输出是

$$y_{\mathrm{out}}(t)=i_{\mathrm{tot}}(t)\otimes h(t) \tag{10.22}$$

式中, $\otimes$ 记作卷积; $h(t)$ 对应于传输函数 $H(\omega)$. 在均衡器输出端的信号分量是

$$\begin{aligned}y_{\mathrm{s}}(t)=i_{\mathrm{ph}}(t)\otimes h(t)&=\sum_{n=-\infty}^{+\infty}B_n\cdot h_{\mathrm{p}}(t-nT_{\mathrm{B}})\otimes h(t)\\&\equiv\sum_{n=-\infty}^{+\infty}B_n\cdot h_{\mathrm{p}}(t-nT_{\mathrm{B}})\end{aligned}$$

均衡器的信号输出按比特率取样并与阈值相比较. 该过程可以检测的幅度为 B_n. 无暗电流 (常数) 时均衡器的输出信号是

$$y_{\text{out}}(t) = \sum_{n=-\infty}^{+\infty} B_n \cdot p_{\text{p}}(t - nT_{\text{B}})$$

式中, $p_{\text{p}}(t)$ 包括信号和噪声. 取样后在时间 $nT_{\text{B}} + \tau(0 < \tau < T_{\text{B}})$ 间的输出是

$$\begin{aligned} y_{\text{out},n}(t) &\equiv y_{\text{out}}(nT_B + \tau) = \sum_k B_k \cdot p_{\text{p}}([n-k]T_{\text{B}} + \tau) + y_{\text{noise},n} \\ &\equiv B_n \cdot p_{\text{p}}[0] + ISI_n + y_{\text{noise},n} \end{aligned} \tag{10.23}$$

式 (10.23) 是基于以下的定义:

$$p_{\text{p}}[n] = p_{\text{p}}(nT_{\text{B}} + \tau)$$

$$\text{ISI}_n = \sum_{k \neq n} B_k \cdot p_{\text{p}}([n-k])$$

另外, 式中

$$y_{\text{noise},n} = y_{\text{noise,out}}(nT_{\text{B}} + \tau)$$

是取样的噪声项. ISI_n 指的是符号间的干扰.

在实际的接收器中, 在每个比特时隙中对判断 0 或者 1 的发射是通过均衡器的取样电流来完成的. 在有噪声的情况下, 出现误差的概率是非零的. 误差通常用 BER 来描述.

引入 y_{th} 作为误差检测中的阈值. 由方程 (10.23), 我们发现当

$$B_k = B_{\text{H}} \quad (y_{\text{out},n} < y_{\text{th}})$$

或者

$$B_k = B_{\text{L}} \quad (y_{\text{out},n} > y_{\text{th}})$$

时, 出现误差. 因此, 误差检测的概率是[14]

$$P_{\text{error}} = p_0 P\left(y_{\text{out},n} > y_{\text{th}} | B_k = B_{\text{L}}\right) + p_1 P\left(y_{\text{out},n} < y_{\text{th}} | B_k = B_{\text{H}}\right)$$

式中, p_0 和 p_1 是比特为 0 和 1 的先验概率. 将测量到的光电流 I 和阈值 I_{th} 进行比较时实施检测. 如果 $I > I_{\text{th}}$, 我们判定发射的是 1, 反之, 如果 $I < I_{\text{th}}$, 则判定发射的是 0.

10.3.3　比特误码率和高斯噪声

在光数字通信中, 发射的信号从来没有完美地被复原过. 噪声, 邻近信道的干扰, 放大器中的自发辐射,这一切都造成了误差.此外, 脉冲由于色散、器件的非线性以及光电二极管的慢响应等因素而变宽. 产生的信号畸变称为符号间的干扰 (ISI), 它来源于相邻比特的畸变. 因此, 可能造成了对发射比特的检测差错. ISI 是随机的, 因为二进位信号是随机的. 为了降低 ISI, 通常可以使用均衡器. 下面的分析中, 我们使用的是事实上带有噪声的接收器性能[15]. 我们要在信噪比 (SNR) 和比特误码率 (BER) 之间找出它们的关联. 参照图 10.13, 我们假设 V_H (接收器输出端的高电压) 和 V_L (接收器输出端的低电压) 都是如下式所示的高斯概率密度函数 (pdf) 的随机变量:

$$p(x) = \frac{1}{\sqrt{2\pi}}\mathrm{e}^{-\frac{x^2}{2}} \tag{10.24}$$

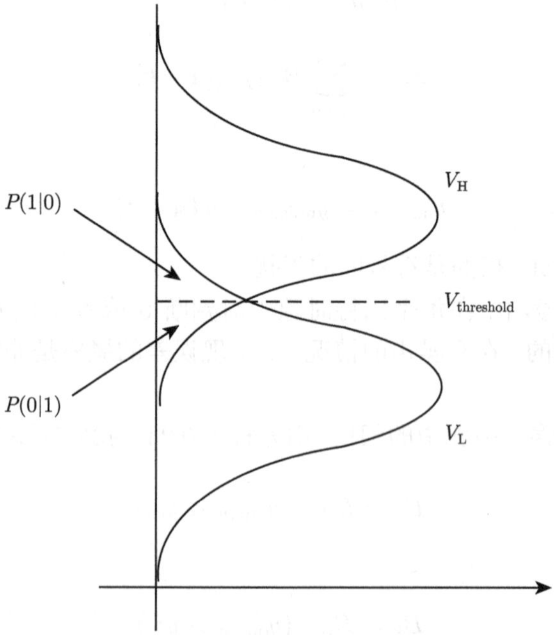

图 10.13　决定高斯过程的误码率

BER 是用两个条件概率 $P(0|1)$ 和 $P(1|0)$, 依照下面的公式定义的:

$$\mathrm{BER} = p_0 P(1|0) + p_1 P(0|1) \tag{10.25}$$

式中, p_0 和 p_1 是比特 0 和 1 的先验概率, 它们的数值为 $p_0 = p_1 = \dfrac{1}{2}$. 对于两个事件 A 和 B 的条件概率 $P(A|B)$ 定义为

$$P(A|B)=\frac{P(A\cdot B)}{P(B)}$$

条件概率 $P(0|1)$ 和 $P(1|0)$ 如图 10.13 所示. 假定是高斯的概率密度函数, 它们被确定为

$$P(0|1)=\frac{1}{\sqrt{2\pi}}\int_{-\infty}^{Q_1}\mathrm{e}^{-\frac{x^2}{2}}\mathrm{d}x$$

$$P(1|0)=\frac{1}{\sqrt{2\pi}}\int_{Q_2}^{\infty}\mathrm{e}^{-\frac{x^2}{2}}\mathrm{d}x$$

式中, 函数 $Q_1=\dfrac{V_{\mathrm{th}}-V_{\mathrm{L}}}{\sigma_{\mathrm{noise}}}$ 和 $Q_2=\dfrac{V_{\mathrm{H}}-V_{\mathrm{th}}}{\sigma_{\mathrm{noise}}}$ 是该积分的上下限.我们假设 1 和 0 的概率密度分布是相同的, 而且噪声的方差 σ_{noise} 对两者是相同的.于是, 最佳阈值是 $\dfrac{1}{2}(V_{\mathrm{H}}+V_{\mathrm{L}})$. 因此

$$Q=Q_1=Q_2=\frac{V_{\mathrm{H}}-V_{\mathrm{L}}}{2\sigma_{\mathrm{noise}}}$$

利用定义 (10.25), BER 的估值为

$$\begin{aligned}\mathrm{BER}&=\frac{1}{2}P(1|0)+\frac{1}{2}P(0|1)\\&=\frac{1}{\sqrt{2\pi}}\int_{Q}^{\infty}\mathrm{e}^{-\frac{x^2}{2}}\mathrm{d}x\end{aligned}$$

上述函数把 BER 和信噪比 Q 联系起来. 上述结果如图 10.14 所示. 对于典型的 BER, 我们取 10^{-6}, $Q=6$. 完成图 10.14 的 Matlab 代码见附录 10A 的清单 10A.2. 计算的结果表明信噪比 Q 越高比特误码率 (BER) 越低, 不言而喻, 这与我们的期盼是相符的.

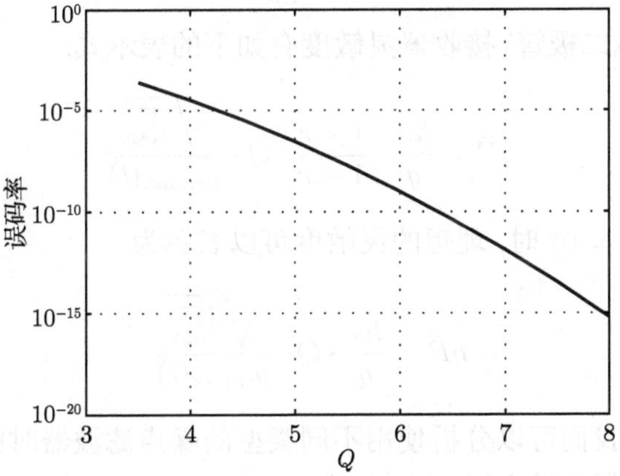

图 10.14 误码率随 Q 的变化图

平均入射功率 $\overline{P}$ 定义为

$$\overline{P}=\frac{1}{2}\left(P_{\mathrm{H}}+P_{\mathrm{L}}\right) \tag{10.26}$$

式中, P_{H} 和 P_{L} 是分别对应于逻辑 1 和 0 (高和低) 的光功率. 这些功率与前面提到的电压 V_{H} 和 V_{L} 有如下的关系:

$$V_{\mathrm{H}}=R\cdot P_{\mathrm{H}}\cdot y_{\mathrm{s,max}}(t) \tag{10.27}$$

$$V_{\mathrm{L}}=R\cdot P_{\mathrm{L}}\cdot y_{\mathrm{s,max}}(t) \tag{10.28}$$

式中, R 是检测器的响应率 (即灵敏度); $y_{\mathrm{s,max}}(t)$ 是接收器在给定的数位期间的最大输出电压. 基于上述物理量, 平均功率 $\overline{P}$ 可以按下面的推导进行估算:

$$\begin{aligned}\overline{P}&=\frac{1}{2}\left(P_{\mathrm{H}}+P_{\mathrm{L}}\right)=\frac{1}{2}\frac{P_{\mathrm{H}}+P_{\mathrm{L}}}{P_{\mathrm{H}}-P_{\mathrm{L}}}\left(P_{\mathrm{H}}-P_{\mathrm{L}}\right)\\&=\frac{1}{2}\cdot\frac{1+\dfrac{P_{\mathrm{L}}}{P_{\mathrm{H}}}}{1-\dfrac{P_{\mathrm{L}}}{P_{\mathrm{H}}}}\cdot\frac{1}{R}\cdot\frac{1}{y_{\mathrm{s,max}}(t)}\cdot\left(V_{\mathrm{H}}-V_{\mathrm{L}}\right)\\&=\frac{1+r}{1-r}\cdot\frac{1}{R}\cdot Q\cdot\frac{\sqrt{\overline{n_{out}^2}}}{y_{s,\mathrm{max}}(t)}\end{aligned} \tag{10.29}$$

上式给出为了获得一个给定的 BER 所必需的平均入射功率的大小. 在推导上述结果时, 我们使用 $\sigma_{\mathrm{noise}}^2=\overline{n_{\mathrm{out}}^2}$, 式中 $\overline{n_{\mathrm{out}}^2}$ 是输出噪声的方差. 另外, 我们还把消光比 r 定义为

$$r=\frac{P_{\mathrm{L}}}{P_{\mathrm{H}}} \tag{10.30}$$

对于 PIN 光电二极管, 接收器灵敏度有如下的表示式:

$$\eta\overline{P}=\frac{h\nu}{q}\cdot\frac{1+r}{1-r}\cdot Q\cdot\frac{\sqrt{\overline{n_{\mathrm{out}}^2}}}{y_{\mathrm{s,max}}(t)} \tag{10.31}$$

当没有功率发射 $(r=0)$ 时, 理想的灵敏度可以表示为

$$\eta\overline{P}=\frac{h\nu}{q}\cdot Q\cdot\frac{\sqrt{\overline{n_{\mathrm{out}}^2}}}{y_{\mathrm{s,max}}(t)} \tag{10.32}$$

利用上述结果我们可以分析使用不同类型的噪声滤波器时的接收器的灵敏度. 更多的讨论可以参阅文献 [4],[14],[15].

10.4 光电接收器的建模

图 10.15 是接收器的示意图. 我们把光电接收器视为由雪崩光电二极管 (APD) 构成的 PD 接收器的前端, 滤波函数为 $H(\nu)$ 的低通滤波器以及增益量为 G 的电子放大器组成的模块 (见文献 [16]).M 是 APD 的光电流倍增因子, 后面接增益量为 G 的电子放大器. 假定 M 和 G 两者均与频率无关. 整个接收器的频率关系可以用低通滤波器函数来描述, 该函数 $H(\nu)$ 假定是个实函数 (非复数). 如若 $H(\nu)$ 是个复数, 由此引起的相位畸变可以通过均衡器予以补偿. 在图 10.15 中, $S_1(\nu)$ 是输入的频谱, $S_2(\nu)$ 是输出的频谱, $s(t)$ 是时域上的输出信号, $\overline{P}_1$ 是抵达光电接收器时的平均功率, 参数 τ 是滤波器函数 $H(\nu)$ 的特征量.

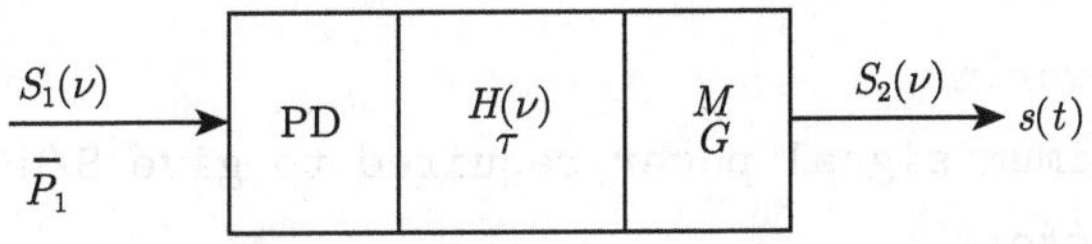

图 10.15 用参数为 τ 的滤波函数 $H(\nu)$ 表示的接收器方框图

10.5 习　题

1. 决定简单 RC 电路上升时间 τ_r, 并将它与 3dB 的带宽联系起来.

2. 分析雪崩光电二极管 (APD) 的噪声, 用 APD 的增益决定它的信噪比 (SNR).

3. 模拟一个发射信号并分析对该信号的限制, 用信噪比 (SNR) 决定信号的功率.

4. 如果一个检测器的 V_H 和 V_L 分别为 14V 和 2V, 而且 σ_{noise}=1V, 利用图 10.14 决定该器件的 BER. 如果一个信号内总的粒子数为 10^{10} 试求多少个脉冲被误判了?

10.6 课　题

1. 对光检测器进行小信号等效电路的分析[1], 写出 Matlab 的程序, 决定光电二极管小信号阻抗的频率关系.

2. 分析光电二极管的频率响应[17], 利用在文献 [17] 中提供的数据, 决定 GaAs pn 结光电二极管的频率响应的上限.

附录 10A: 本章 Matlab 的函数清单和代码

在表 10.3 中我们提供了用于本章的 Matlab 文件的清单以及每个函数的简要介绍.

表 10.3　第 10 章的 Matlab 函数清单

清单	函数名	描述
10A.1	min_power.m	决定最小信号功率
10A.2	berQ.m	绘制比特误码率和 Q 关系的图

清单 10A.1　程序 main_power.m: 决定 PIN 光检测器在三个不同温度时最小信号功率的 Matlab 代码.

```
% 文件名: min_power.m
% Determines minimum signal power required to give S/N ratio of one
% for a PIN detector
clear all
h_Planck = 6.6261d-34;          % Planck's constant (J s)
c_light=299.80d6;               % speed of light (m/s)
k_B= 1.3807d-23;                % Boltzmann constant (J/K)
e=1.602d-19;                    % electron's charge (C)
%
C_j = 1d-12;                    % junction capacitance (1pF)
eta = 1;                        % quantum efficiency
lambda = 0.85d-6;               % wavelength (0.85 microns)
B = 1d6:1d5:1d10;               % range of detector bandwidth
%
for T_eff = [500 1000 1500]
P_min=(2*h_Planck*c_light/(eta*e*lambda))*sqrt(2*pi*k_B*T_eff*C_j)*B;
loglog(B,P_min,'LineWidth',1.5)
hold on
end
%
xlabel('Detector bandwidth (Hz)','FontSize',14);
ylabel('Minimum signal power (W)','FontSize',14);
text(1d9, 4d-7, '500K','Fontsize',14)
```

```
text(5d7, 4d-7, '1500K','Fontsize',14)
set(gca,'FontSize',14);          % size of tick marks on both axes
grid on
pause
close all
```

清单 10A.2 程序 berQ.m: 绘制比特误码率与 Q 关系图的 Matlab 代码.

```
% 文件名: berQ.m
% Plots bit error rate versus Q
syms x                              % defines symbolic variable
f=(1/sqrt(2*pi))*exp(-x^2/2);      % defines function for plot
Q_i = 3.5; Q_f = 8; Q_step = 0.5;  % defines range and step
yy = double(int(f,x,Q_i,inf));
for Q = Q_i+Q_step:Q_step:Q_f
y = double(int(f,x,Q,inf));
yy = [yy,y];
end
Qplot = Q_i:Q_step:Q_f;            % defines Q for plot
semilogy(Qplot,yy,'LineWidth',1.5)
xlabel('Q','FontSize',14);
ylabel('Bit Error Rate','FontSize',14);
set(gca,'FontSize',14);            % size of tick marks on both axes
grid on
pause
close all
```

参 考 文 献

[1] S.B. Alexander. *Optical Communication Receiver Design.* SPIE Optical Engineering Press and Institution of Electrical Engineers, Bellingham, Washington USA and London, UK, 1997.

[2] R. Ramaswami and K.N. Sivarajan. *Optical Networks: A Practical Perspective.* Morgan Kaufmann Publishers, San Francisco, 1998.

[3] J.C. Cartledge and G.S. Burley. The effect of laser chirping on lightwave system performance. *J. Lightwave Technol.*, 7:568–573, 1989.

[4] M.M.-K. Liu. *Principles and Applications of Optical Communications.* Irwin, Chicago, 1996.

[5] T.V. Muoi. Receiver design of optical-fiber systems. In E.E. Bert Basch, editor, *Optical-Fiber Transmission*, pages 375–425. Howard W. Sams & Co., Indianapolis, 1986.

[6] D.L. Rogers. Integrated optical receivers using MSM detectors. *J. Lightwave Technol.*, 9:1635–1638, 1991.

[7] J.-M. Liu. *Photonic Devices.* Cambridge University Press, Cambridge, 2005.

[8] S.O. Kasap. *Optoelectronics and Photonics: Principles and Practices.* Prentice Hall, Upper Saddle River, New Jersey, 2001.

[9] J.C. Palais. *Fiber Optic Communications. Fifth Edition.* Prentice Hall, Upper Saddle River, New Jersey, 2005.

[10] G. Keiser. *Optical Fiber Communications. 4th Edition.* McGraw-Hill, Boston, 2011.

[11] J. Wilson and J.F.B. Hawkes. *Optoelectronics. An Introduction.* Prentice Hall, Englewood Cliffs, 1983.

[12] G. Einarsson. *Principles of Lightwave Communications.* Wiley, Chichester, 1996.

[13] G. Keiser. *Local Area Networks. Second Edition.* McGraw Hill, Boston, 2002.

[14] W. van Etten and J. van der Plaats. *Fundamentals of Optical Fiber Communications.* Prentice Hall, New York, 1991.

[15] A.E. Stevens. *An integrate-and-dump receiver for fiber optic networks.* PhD thesis, Columbia University, 1995.

[16] S. Geckeler. *Optical Fiber Transmission System.* Artech House, Inc., Norwood, MA, 1987.

[17] A. Yariv and P. Yeh. *Photonics. Optical Electronics in Modern Communications. Sixth Edition.* Oxford University Press, New York, Oxford, 2007.

第 11 章　时域有限差分法

时域有限差分法 (FDTD) 是一种广泛使用的数值格式, 非常适合电磁波传播的近似处理. 它可用于研究各种媒介中的脉冲传播. 它简单易学, 而且容易掌握. 若对时域有限差分法感兴趣, 由 Taflove 和 Hagness 写的书[1] 是必须要看的. 其他的参考书有：Kunz 和 Luebbers[2], Sullivan[3], Yu 等[4], 以及 Elsherbeni 和 Demir[5] 的书. 此外, 最近由 Bondeson 等[6] 和 Garg [7] 写的书均有关于 FDTD 方法启发性的章节.

11.1　通 用 公 式

要获得一般性的公式, 必须从麦克斯韦方程组开始, 我们最终能得到适用于一维、二维和三维的离散公式. 在下文中, 我们假设 $J=0$ 和 $\rho=0$, 既没有电流流过, 也没有自由电荷存在. 还要假设这是非磁性材料, 因此令 $\mu=\mu_0$. 一般性的麦克斯韦方程组是

$$\nabla \times \boldsymbol{H} = \frac{\partial \boldsymbol{D}}{\partial t} \tag{11.1}$$

$$\nabla \times \boldsymbol{E} = -\mu_0 \frac{\partial \boldsymbol{H}}{\partial t} \tag{11.2}$$

式中, $\boldsymbol{E}$ 和 $\boldsymbol{H}$ 分别是电场和磁场强度; $\boldsymbol{D}$ 是电位移密度, 它与电场 $\boldsymbol{E}$ 有关. 下面将先后涉及 $\boldsymbol{E}$ 和 $\boldsymbol{D}$ 在几个特定模式中的关系.

首先我们用分量的形式写出上述方程. 下面的情况受到特别的关注：

(1) 一维情况: 在 y 和 z 方向介质是无限的, 而且所有物理量在这两个方向是不变的, 于是 $\dfrac{\partial}{\partial y}=\dfrac{\partial}{\partial z}=0$.

(2) 二维情况: 在 z 方向介质是无限的, 而且所有物理量在这个方向是不变的, 于是 $\dfrac{\partial}{\partial z}=0$.

(3) 三维情况: 在三个方向对变量都没有任何限制.

本章我们不去讨论三维的具体细节, 因为它需要特别的硬件资源才能完成复杂的计算.

11.1.1　三维公式

利用一般性的数学公式

$$\nabla\times\boldsymbol{H}=\begin{vmatrix}\boldsymbol{a}_x & \boldsymbol{a}_y & \boldsymbol{a}_z\\ \dfrac{\partial}{\partial x} & \dfrac{\partial}{\partial y} & \dfrac{\partial}{\partial z}\\ H_x & H_y & H_z\end{vmatrix}$$

$$=\boldsymbol{a}_x\left(\frac{\partial H_z}{\partial y}-\frac{\partial H_y}{\partial z}\right)-\boldsymbol{a}_y\left(\frac{\partial H_z}{\partial x}-\frac{\partial H_x}{\partial z}\right)+\boldsymbol{a}_z\left(\frac{\partial H_y}{\partial x}-\frac{\partial H_x}{\partial y}\right)$$

借助于上述表示式, 麦克斯韦方程组可以改写为

$$\begin{aligned}\frac{\partial D_x}{\partial t}&=\frac{\partial H_z}{\partial y}-\frac{\partial H_y}{\partial z}\\ -\frac{\partial D_y}{\partial t}&=\frac{\partial H_z}{\partial x}-\frac{\partial H_x}{\partial z}\\ \frac{\partial D_z}{\partial t}&=\frac{\partial H_y}{\partial x}-\frac{\partial H_x}{\partial y}\\ -\mu_0\frac{\partial H_x}{\partial t}&=\frac{\partial E_z}{\partial y}-\frac{\partial E_y}{\partial z}\\ \mu_0\frac{\partial H_y}{\partial t}&=\frac{\partial E_z}{\partial x}-\frac{\partial E_x}{\partial z}\\ -\mu_0\frac{\partial H_z}{\partial t}&=\frac{\partial E_y}{\partial x}-\frac{\partial E_x}{\partial y}\end{aligned}\tag{11.3}$$

这些公式是以后三维计算的出发点[1].

11.1.2　二维公式

对于二维模型, 我们假设 $\dfrac{\partial}{\partial z}=0$, 于是有

$$\nabla\times\boldsymbol{H}=\begin{vmatrix}\boldsymbol{a}_x & \boldsymbol{a}_y & \boldsymbol{a}_z\\ \dfrac{\partial}{\partial x} & \dfrac{\partial}{\partial y} & 0\\ H_x & H_y & H_z\end{vmatrix}=\boldsymbol{a}_x\frac{\partial H_z}{\partial y}-\boldsymbol{a}_y\frac{\partial H_z}{\partial x}+\boldsymbol{a}_z\left(\frac{\partial H_y}{\partial x}-\frac{\partial H_x}{\partial y}\right)$$

式中, $\boldsymbol{a}_x,\boldsymbol{a}_y,\boldsymbol{a}_z$ 是所规定的坐标的矢量单位 (和过去所用过的一样). 利用上述表示式, 麦克斯韦方程式组的分量为

$$\boldsymbol{a}_x\frac{\partial H_z}{\partial y}-\boldsymbol{a}_y\frac{\partial H_z}{\partial x}+\boldsymbol{a}_z\left(\frac{\partial H_y}{\partial x}-\frac{\partial H_x}{\partial y}\right)=\boldsymbol{a}_x\frac{\partial D_x}{\partial t}+\boldsymbol{a}_y\frac{\partial D_y}{\partial t}+\boldsymbol{a}_z\frac{\partial D_z}{\partial t}$$

$$\boldsymbol{a}_x\frac{\partial E_z}{\partial y}-\boldsymbol{a}_y\frac{\partial E_z}{\partial x}+\boldsymbol{a}_z\left(\frac{\partial E_y}{\partial x}-\frac{\partial E_x}{\partial y}\right)=-\mu_0\left(\boldsymbol{a}_x\frac{\partial H_x}{\partial t}+\boldsymbol{a}_y\frac{\partial H_y}{\partial t}+\boldsymbol{a}_z\frac{\partial H_z}{\partial t}\right)$$

上述方程通常可以分成两组, 参见文献 [1] 以及 [8].

第一组:

$$\frac{\partial D_x}{\partial t}=\frac{\partial H_z}{\partial y} \tag{11.4}$$

$$\frac{\partial D_y}{\partial t}=-\frac{\partial E_z}{\partial x} \tag{11.5}$$

$$\frac{\partial H_z}{\partial t}=-\mu_0\left(\frac{\partial E_y}{\partial x}-\frac{\partial E_x}{\partial y}\right) \tag{11.6}$$

第二组:

$$\frac{\partial H_x}{\partial t}=-\frac{1}{\mu_0}\frac{\partial H_z}{\partial y} \tag{11.7}$$

$$\frac{\partial H_y}{\partial t}=\frac{1}{\mu_0}\frac{\partial E_z}{\partial x} \tag{11.8}$$

$$\frac{\partial D_z}{\partial t}=\frac{\partial H_y}{\partial x}-\frac{\partial H_x}{\partial y} \tag{11.9}$$

第一组被 Taflove 称为 TE_x 模式,Umashankar 称它为 z 偏振的 TE 模式, 而第二组被 Taflove 称为 TM_z 模式,Umashankar 称之为 z 偏振的 TM 模式.

11.1.3 一维模型

在一维情况下, 在 y 和 z 方向介质是无限的, 因而 $\dfrac{\partial}{\partial y}=\dfrac{\partial}{\partial z}=0$. 利用上述结果

$$\nabla\times\boldsymbol{E}=\begin{vmatrix}\boldsymbol{a}_x & \boldsymbol{a}_y & \boldsymbol{a}_z\\ \dfrac{\partial}{\partial x} & 0 & 0\\ H_x & H_y & H_z\end{vmatrix}=-\boldsymbol{a}_y\frac{\partial H_z}{\partial x}+\boldsymbol{a}_z\frac{\partial H_y}{\partial x}$$

我们可以把麦克斯韦方程组按照场的矢量分量分成两组.

第一组是

$$\frac{\partial H_y}{\partial t}=\frac{1}{\mu_0}\frac{\partial E_z}{\partial x} \tag{11.10}$$

$$\frac{\partial D_z}{\partial t}=\frac{\partial H_y}{\partial x} \tag{11.11}$$

Taflove [1] 把这组归类为沿 x 方向传播在 z 方向偏振的 TEM 模式, 它包括 D_y 和 H_y.

第二组是

$$\frac{\partial H_z}{\partial t} = -\frac{1}{\mu_0}\frac{\partial E_y}{\partial x} \tag{11.12}$$

$$\frac{\partial D_y}{\partial t} = -\frac{\partial H_z}{\partial x} \tag{11.13}$$

这一组是沿 x 方向传播而在 y 方向偏振的 TEM 模式, 它包括 D_y 和 H_z. 下面我们特别要关注第二组, 这组方程描述的是沿 x 方向传播在 y 方向偏振的电场, 以及沿 x 传播在 z 方向偏振的磁场. 在本节结束之前, 我们来讨论高斯脉冲和调制高斯脉冲.

11.1.4　高斯脉冲和调制高斯脉冲

实际情况中, 我们常需要分析高斯脉冲和调制高斯脉冲. 中心位于 t_0 的高斯脉冲定义为

$$g(t) = \exp\left[-\frac{(t-t_0)^2}{w^2}\right] \tag{11.14}$$

式中, w 是脉冲在空间的宽度. 调制的信号为

$$m(t) = \sin(2\pi f_0 \cdot t) \tag{11.15}$$

式中, $f_0 = c/\lambda_0 = 1/T_0$, T_0 是调制信号 $m(t)$ 的周期. 连续的高斯脉冲可以用方程 (11.14) 与方程 (11.15) 相乘得到

$$g(t) = \sin(2\pi f_0 \cdot t) \cdot \exp\left[-\frac{(t-t_0)^2}{w^2}\right] \tag{11.16}$$

它的离散型表示式为

$$g(n) = \sin(2\pi f_0 \cdot n \cdot \Delta t) \cdot \exp\left[-\frac{(n \cdot \Delta t - t_0)^2}{w^2}\right] \tag{11.17}$$

在图 11.1 中我们绘制了高斯脉冲和调制高斯脉冲的图. 该结果是用附录 11A 清单 11A.1 和清单 11A.2 中的 Matlab 代码得到的.

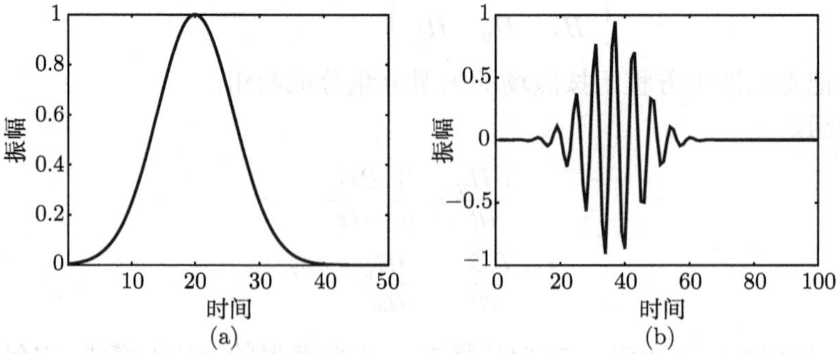

图 11.1　高斯脉冲 (a) 和调制高斯脉冲 (b)

11.2 无色散时的一维叶氏算法

本节我们讨论时域有限差分法的一维基本算法. 叶氏 (Yee) 最早提出三维算法[9] 因而这里的一维结果就称为一维叶氏 (1D-Yee) 算法. 我们同样引入交错网格的概念[3, 7]. 为了解说 FDTD 方法的基本原理, 我们先讨论一维无损耗的情况.

11.2.1 无损耗情况

我们的公式推导是基于第二组方程 (11.12) 和方程 (11.13). 我们用自由空间时的 D_y 和 E_y 之间的关系式补充到上述方程中去:

$$D_y = \varepsilon_0 E_y \tag{11.18}$$

于是, 这两个方程变成

$$\frac{\partial H_z}{\partial t} = -\frac{1}{\mu_0}\frac{\partial E_y}{\partial x} \tag{11.19}$$

$$\frac{\partial E_y}{\partial t} = -\frac{1}{\varepsilon_0}\frac{\partial H_z}{\partial x} \tag{11.20}$$

为了进行一维叶氏离散处理, 我们需要引入下列符号:

$$E_y(i\cdot\Delta x, n\cdot\Delta t) \equiv (E_y)_i^n$$

$$H_z(i\cdot\Delta x, n\cdot\Delta t) \equiv (H_y)_i^n$$

对于离散方程 (11.19) 和 (11.20) 空间和时间的微分我们采用居中求差 (central-difference) 的办法. 在时间和空间增量中, 它们具有二级精度:

$$\frac{\partial E_y}{\partial x}(i\cdot\Delta x, n\cdot\Delta t) = \frac{(E_y)_{i+1/2}^n - (E_y)_{i-1/2}^n}{\Delta x} + O(\Delta x)^2$$

$$\frac{\partial E_y}{\partial t}(i\cdot\Delta x, n\cdot\Delta t) = \frac{(E_y)_i^{n+1/2} - (E_y)_i^{n-1/2}}{\Delta t} + O(\Delta t)^2$$

在叶氏算法中[9], $\boldsymbol{E}$ 和 $\boldsymbol{H}$ 的分量在空间间隔为 $\Delta x/2$ 的网格中交错取值. 这种近似法被称为交错网格近似. 它们在时间上也按间隔 $\Delta t/2$ 交错取值, 如图 11.2 所示.

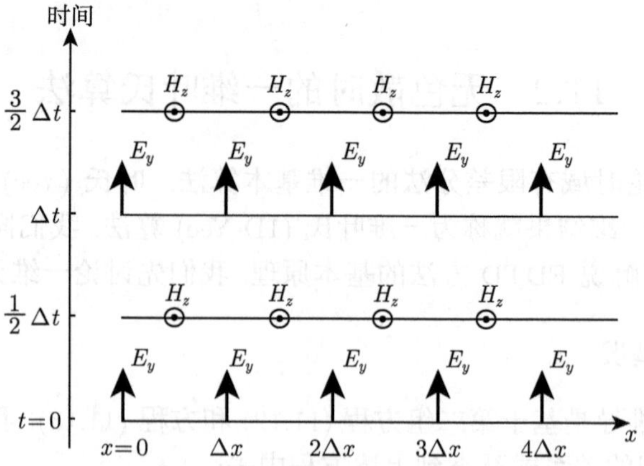

图 11.2　用于有限时域差分法的一维配置

图中表明 H_z 和 E_y 场的方向

当 $t=0$ 时, 用 $i=0,1,2,\cdots,N$ 给出 E_y 在 $x=i\cdot\Delta x$ 的值 (总共有 $N+1$ 个分量).

当 $t=\frac{1}{2}\Delta t$ 时, 用 $i=0,1,2,\cdots,N$ 给出 H_z 在 $x=\left(i-\frac{1}{2}\right)\cdot\Delta x$ 的值 (总共有 N 个分量).

通常情况下

$$(E_y)_i^n=E_y\left((i-1)\cdot\Delta x,n\cdot\Delta t\right)\quad(i=1,2,\cdots,N+1;n=0,1,2,\cdots)$$

$$(H_z)_i^n=H_z\left(\left(i-\frac{1}{2}\right)\cdot\Delta x,\left(n-\frac{1}{2}\right)\cdot\Delta t\right)\quad(i=1,2,\cdots,N;n=0,1,2,\cdots)$$

大多数情况下, 初始值设置为零 (对应于 $n=0$), 即 $E(\cdots,t=0)$ 以及 $H(\cdots,t=0)$.

于是, 离散方程成为

$$\frac{(E_y)_i^{n+1/2}-(E_y)_i^{n-1/2}}{\Delta t}=-\frac{1}{\varepsilon_0}\frac{(H_z)_{i+1/2}^n-(H_z)_{i-1/2}^n}{\Delta x}$$

$$\frac{(H_z)_{i+1/2}^{n+1}-(H_z)_{i+1/2}^n}{\Delta t}=-\frac{1}{\mu_0}\frac{(E_y)_{i+1}^{n+1/2}-(E_y)_{i+1}^{n-1/2}}{\Delta x}$$

时空互为因果关系的 E_y 场和 H_z 场在不同网格上的分布说明如图 11.3 所示. 这里方括号代表 E_y 场, 而圆括号表示 H_z 场. 人们可以看到任意点的场 (磁场或电场) 数值是由过往的三个值所决定的, 其中两个是不同的场 (磁场或电场) 相差 1/2 时间步长的邻近值, 第三个是由相同场 (电场或磁场) 在前单个时间步长时的值决定的。

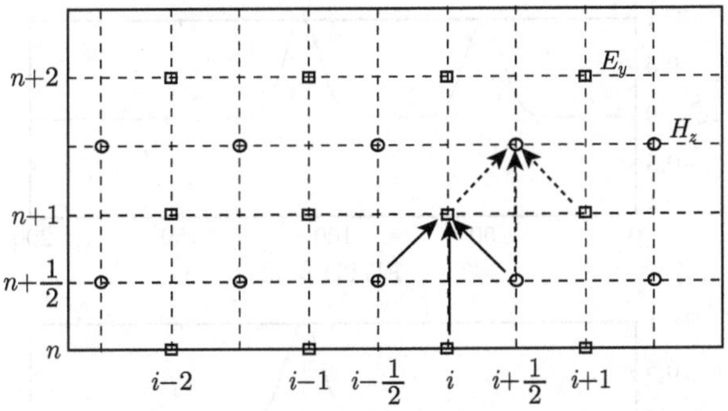

图 11.3 在一维有限时域差分法中数值关系的形象说明

上述方程出现的常数 ε_0 和 μ_0 相差好几个数量级. 因此, 人们通常愿意引入新的标量变量[3]:

$$\widetilde{E}_y = \sqrt{\frac{\varepsilon_0}{\mu_0}} E_y$$

于是, 标量方程变成

$$\widetilde{E}_y^{n+1/2}(i) = \widetilde{E}_y^{n-1/2}(i) - \frac{1}{\sqrt{\varepsilon_0 \mu_0}} \frac{\Delta t}{\Delta x} \left[H_z^n(i+1/2) - H_z^n(i-1/2)\right]$$

$$H_z^{n+1}(i+1/2) = H_z^n(i+1/2) - \frac{1}{\sqrt{\varepsilon_0 \mu_0}} \frac{\Delta t}{\Delta x} \left[\widetilde{E}_y^{n+1/2}(i+1) - \widetilde{E}_y^{n+1/2}(i)\right]$$

在我们的仿真计算中, 出于稳定性的考虑, 令

$$\frac{1}{\sqrt{\varepsilon_0 \mu_0}} \frac{\Delta x}{\Delta t} = \frac{1}{2} \tag{11.21}$$

由于介质中的波有极大的相速度, 我们需要选择 $v = \Delta x/\Delta t$ 合适的数值. 上述系统已经完成实施.Matlab 程序见附录 11A 清单 11A.3. 两个不同版本的 Matleb 代码均能实施: 一个采用常规的循环, 另一个利用 Matlab 的并行能力进行计算. 读者应该使用两种版本测试各自的运算速度. 利用代码得到的高斯脉冲传播结果如图 11.4 所示.

11.2.2 确定网格尺度

一维中的网格尺度正好是 Δx. 对于二维, 它是一个正方形, 而对于三维, 它是一个立方体. 如何确定网格基本单元的大小是一个重要的问题, 详细的讨论请参阅 Kunz 和 Luebbers 的书[2]. 对我们而言, 其大小应该比最小的波长还要小得多. 典型的做法是让它等于 $\lambda/10$, 由此选择一定能得到精确的结果.

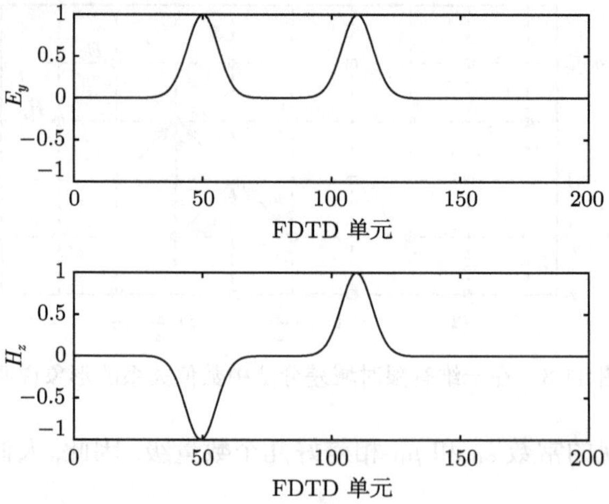

图 11.4　高斯脉冲在几个时间段的时域有限差分法仿真

11.2.3　色散与稳定性

本节我们要讨论波动方程的一般特性. 前面已经得到波动方程的公式, 它的离散性表示式 (为了避免符号 i 容易与 $\mathrm{i}=\sqrt{-1}$ 产生混淆, 这里指数采用 r, 而不是 i) 为

$$\frac{E_r^{n+1}-2E_r^n+E_r^{n-1}}{\Delta t^2}=c^2\frac{E_{r+1}^n-2E_r^n+E_{r-1}^n}{\Delta x^2} \tag{11.22}$$

按照惯例, n 指的是时间, 而 r 指的是空间. 显而易见, $E_r^n=E(r\cdot\Delta z,n\cdot\Delta t)$. 由方程 (11.22) 所表达的色散关系是基于如下的假设:

$$E_r^n=\mathrm{e}^{\mathrm{i}(\omega\cdot n\cdot\Delta t-k\cdot r\cdot\Delta x)}$$

将上述假设代入方程 (11.22), 我们得到

$$\begin{aligned}&\left[\mathrm{e}^{\mathrm{i}\omega\cdot\Delta t\cdot(n+1)}-2\mathrm{e}^{\mathrm{i}\omega\cdot\Delta t\cdot n}+\mathrm{e}^{\mathrm{i}\omega\cdot\Delta t\cdot(n-1)}\right]\mathrm{e}^{-\mathrm{i}k\cdot r\cdot\Delta x}\\&=\frac{c^2\Delta t^2}{\Delta x^2}\left[\mathrm{e}^{-\mathrm{i}k\cdot\Delta z\cdot(r+1)}-2\mathrm{e}^{-\mathrm{i}k\cdot r\cdot\Delta x}+\mathrm{e}^{-\mathrm{i}k\cdot\Delta x\cdot(r-1)}\right]\mathrm{e}^{\mathrm{i}\omega\cdot\Delta t\cdot n}\end{aligned}$$

上述结果被 $\exp\left[\mathrm{i}\left(\omega\cdot n\cdot\Delta t-k\cdot r\cdot\Delta x\right)\right]$ 相除, 我们得到

$$\mathrm{e}^{\mathrm{i}\omega\cdot\Delta t}-2+\mathrm{e}^{-\mathrm{i}\omega\cdot\Delta t}=\frac{c^2\Delta t^2}{\Delta z^2}\left(\mathrm{e}^{-\mathrm{i}k\cdot\Delta z}-2+\mathrm{e}^{\mathrm{i}k\cdot\Delta z}\right)$$

以上方程还可以用平方项写成

$$\left(\mathrm{e}^{\mathrm{i}\omega\cdot\Delta t/2}-\mathrm{e}^{-\mathrm{i}\omega\cdot\Delta t/2}\right)^2=\frac{c^2\Delta t^2}{\Delta x^2}\left(\mathrm{e}^{\mathrm{i}k\cdot\Delta x/2}-\mathrm{e}^{-\mathrm{i}k\cdot\Delta x/2}\right)^2$$

最终, 利用三角函数的关系 $e^{i\alpha}-e^{-i\alpha}=2i\sin\alpha$, 得到数值色散的公式

$$\sin\frac{1}{2}\omega\cdot\Delta t=\pm\frac{c\Delta t}{\Delta x}\sin\frac{1}{2}k\cdot\Delta x \tag{11.23}$$

重要的情况是线性色散, 也就是当 $\omega=c\cdot k$ 时的色散. 这时, 当 $\Delta x=c\Delta t$ 时方程 (11.23) 成立. 对于线性色散, 所有不同频率的分量都以相同的速度 c 传播. 反之, 对于非线性色散, 脉冲中不同的频率分量却以不同的速度传播, 因而, 脉冲的形状将发生改变.

引入参数

$$\alpha=c\frac{\Delta t}{\Delta z} \tag{11.24}$$

在图 11.5 中我们看到在几个不同的参数 α 情况下由方程 (11.23) 所描述的数值色散的变化. 在附录 11A 清单 11A.4 中有相关的 Matlab 代码. 由于 α 的数值不同, 我们可以区分出以下情况:

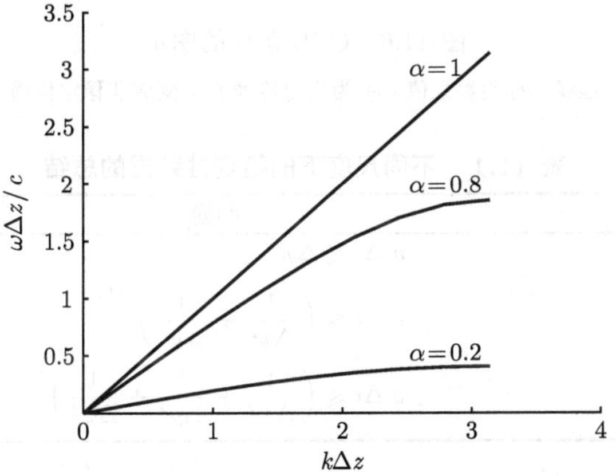

图 11.5 不同参数 α 时数值色散的说明

(1) $\alpha=1$.这时 $\Delta t=\dfrac{\Delta x}{c}$. 数值色散是线性的, 而且等于 $\omega=\pm c\cdot k$. 此时所选择的时间步长 Δt 被称为**魔术时间步长** [10]. 这种情况下每单位时间步长, 波在 x 轴的两个方向正好传播一个网格 (或 Δx) 的距离.

(2) $\alpha<1$.这时 $\Delta t<\dfrac{\Delta x}{c}$. 我们发现当 α 减小时数值色散增加.

(3) $\alpha>1$. 这时 $\Delta t>\dfrac{\Delta x}{c}$. 该不等式暗示数值波的传播比物理速度 ($c$) 快, 于是, 状态是不稳定的. 由于稳定性十分重要, 我们下面将专门讨论稳定性判据的问题.

11.2.4 稳定性判据

稳定性准则规定了 $\dfrac{\Delta x}{\Delta t}$ 的比值条件,它被称为柯朗–弗里德里希斯–列维 (CFL) 条件 [11], 解释了各种不同情况下稳定性的殊同. 对于一维模型,CFL 条件如图 11.6 所示. 诸多点的每一行代表了在给定的瞬间时间 (如 n) 的空间的采样点. 点 A 的解由前面指定点的数值所决定. 在图中, 我们看到稳定和不稳定状态下所对应的特征. 稳定性判据把它归结为波的数值传播速度不应超过其物理速度的事实. 表 11.1[10] 总结了不同尺度下的稳定性判据.

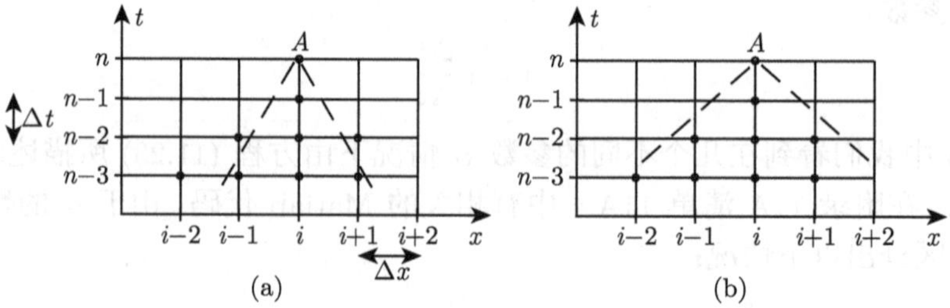

图 11.6 CFL 条件的图示

虚线间标明参数值,(a) 为稳定传播,(b) 变成非稳定传播

表 11.1 不同尺度下的稳定性判据的总结

维度	判据
一维介质	$v\ \Delta t \leqslant \Delta x$
二维介质	$v\ \Delta t \leqslant \left(\dfrac{1}{\Delta x^2}+\dfrac{1}{\Delta y^2}\right)^{-1/2}$
三维介质	$v\ \Delta t \leqslant \left(\dfrac{1}{\Delta x^2}+\dfrac{1}{\Delta y^2}+\dfrac{1}{\Delta z^2}\right)^{-1/2}$

11.2.5 一维有损耗模式

当我们考虑欧姆损耗时, 一维麦克斯韦方程 (11.1) 可以改写为

$$\nabla \times \boldsymbol{H} = \frac{\partial \boldsymbol{D}}{\partial t} + \sigma \boldsymbol{E} \tag{11.25}$$

式中, σ 是电导率.

方程 (11.1) 和方程 (11.2) 在有损耗存在时的离散化处理, 其实和无损耗的情况是相似的. 矢量方程变成标量方程后, 我们得到

$$\begin{aligned}\frac{(E_y)_i^{n+1/2}-(E_y)_i^{n-1/2}}{\Delta t} = &-\frac{1}{\varepsilon_{\mathrm{r}}\sqrt{\varepsilon_0\mu_0}}\frac{(H_z)_{i+1/2}^{n}-(H_z)_{i-1/2}^{n}}{\Delta x}\\ &-\frac{\sigma}{2\varepsilon_{\mathrm{r}}\varepsilon_0}\left((E_y)_i^{n+1/2}+(E_y)_i^{n-1/2}\right)\end{aligned} \tag{11.26}$$

以及

$$\frac{(H_z)^{n+1}_{i+1/2}-(H_z)^n_{i+1/2}}{\Delta t}=-\frac{1}{\mu_0}\frac{(E_y)^{n+1/2}_{i+1}-(E_y)^{n-1/2}_i}{\Delta x} \tag{11.27}$$

当选取由方程 (11.21) 给出的时间步长 Δt 时, 我们得到下列方程:

$$\begin{aligned}(E_y)^{n+1/2}_i-(E_y)^{n-1/2}_i=&-\frac{1}{2\varepsilon_\mathrm{r}}\left((H_z)^n_{i+1/2}-(H_z)^n_{i-1/2}\right)\\&-\frac{\sigma\Delta t}{2\varepsilon_\mathrm{r}\varepsilon_0}\left((E_y)^{n+1/2}_i+(E_y)^{n-1/2}_i\right)\end{aligned}$$

$$(H_z)^{n+1}_{i+1/2}-(H_z)^n_{i+1/2}=-\frac{1}{\mu_0}\frac{\Delta t}{\Delta x}\left((E_y)^{n+1/2}_{i+1}-(E_y)^{n-1/2}_i\right)$$

对 $E_y^{n+1/2}(i)$ 求解第一个方程, 我们得到

$$(E_y)^{n+1/2}_i=\frac{1-\dfrac{\sigma\Delta t}{2\varepsilon_\mathrm{r}\varepsilon_0}}{1+\dfrac{\sigma\Delta t}{2\varepsilon_\mathrm{r}\varepsilon_0}}(E_y)^{n-1/2}_i-\frac{1}{2\varepsilon_\mathrm{r}\left(1+\dfrac{\sigma\Delta t}{2\varepsilon_\mathrm{r}\varepsilon_0}\right)}\left((H_z)^n_{i+1/2}-(H_z)^n_{i-1/2}\right) \tag{11.28}$$

如何实现和分析上述方程, 留给读者自己在本章的课题中完成.

11.3 一维边界条件

11.3.1 穆尔一阶吸收边界条件 (ABC)

这里,根据直观参数,我们推导出所谓的穆尔(Mur)一阶吸收边界条件 (ABC)[12]. 考虑向左传播的平面波 $\phi(x,t)$ 到达左边界, 如图 11.7 所示.

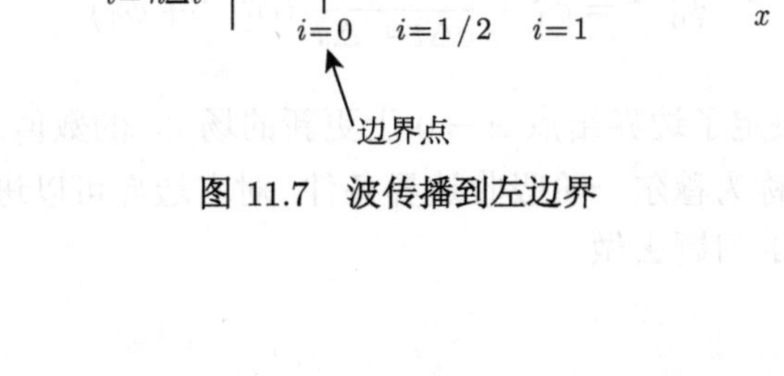

图 11.7 波传播到左边界

既然考虑的是吸收边界条件 (ABC). 那么物理上就要求这个波被边界面产生的反射波抵消掉. 因此[7].

$$\phi(x,t)=\phi(x-\Delta x,t+\Delta t) \tag{11.29}$$

对函数 $\phi(x,t)$ 作泰勒展开

$$\phi(x-\Delta x,t+\Delta t)=\phi(x,t)-\frac{\partial\phi}{\partial x}\Delta x+\frac{\partial\phi}{\partial t}\Delta t$$

波传播的速度是

$$c=\frac{\Delta x}{\Delta t}$$

代入方程 (11.29), 我们得到

$$\phi(x,t)=\phi(x,t)-\frac{\partial\phi}{\partial x}c\Delta t+\frac{\partial\phi}{\partial t}\Delta t$$

或

$$\frac{\partial\phi}{\partial x}=\frac{1}{c}\frac{\partial\phi}{\partial t} \tag{11.30}$$

它代表平面波从右边入射时的吸收边界条件.

方程 (11.30) 对左方边界的有限差分是

$$\frac{\phi_1^{n+1/2}-\phi_0^{n+1/2}}{\Delta x}=\frac{1}{c}\frac{\phi_{1/2}^{n+1}-\phi_{1/2}^{n}}{\Delta t} \tag{11.31}$$

它在半网点和半时间步长时的值是

$$\phi_i^{n+1/2}=\frac{1}{2}\left(\phi_i^{n+1}+\phi_i^n\right)$$

$$\phi_{i+1/2}^{n}=\frac{1}{2}\left(\phi_{i+1}^{n}+\phi_i^n\right)$$

上式代入方程 (11.31), 对于 ϕ_0^{n+1} 我们得到

$$\phi_0^{n+1}=\phi_1^n+\frac{c\Delta t-\Delta x}{c\Delta t+\Delta x}\left(\phi_1^{n+1}+\phi_0^n\right) \tag{11.32}$$

方程 (11.32) 决定了边界结点 $x=0$ 上更新的场 ϕ_0 的数值.

上述表示式被称为穆尔一阶吸收边界条件, 对右边界可以进行类似的推导, 这留待读者作为自己的习题去做.

11.3.2 一维二阶边界条件

我们将基于 Umashankar [8] 和 Taflove [10] 的工作, 对边界条件作更严格的讨论. 我们将会得到二阶的穆尔辐射边界条件.

我们从一维标量场的波动方程开始

$$\frac{\partial^2 U}{\partial x^2} - \frac{1}{c^2}\frac{\partial^2 U}{\partial t^2} = 0 \tag{11.33}$$

引入运算子 L 并把它定义为

$$L = \frac{\partial^2}{\partial x^2} - \frac{1}{c^2}\frac{\partial^2}{\partial t^2} = D_x^2 - \frac{1}{c^2}D_t^2$$

于是, 波动方程可以写成

$$LU = 0$$

上述运算子可以因式分解为

$$LU = L^+L^-U = 0$$

式中, $L^+ = D_x + \frac{1}{c}D_t$; $L^- = D_x - \frac{1}{c}D_t$.

假设一维的计算范围从 0 扩展到 h, 也就是说, 我们有 $0 \leqslant x \leqslant h$. Engquist 和 Majda [13] 提出在 $x = 0$ 把运算子 L^- 应用到 U 上就等同于完全吸收了传播到边界上的一个平面波. 同理, 把运算子 L^+ 作用在 $x = h$ 后, 我们会在另一处边界得到类似的结果.

鉴于上述内容, 能够以一阶精度在 $x = 0$ 的网格边界进行数值的偏微分 (PDE) 运算

$$L^-U = \left(D_x - \frac{1}{c}D_t\right)u = 0$$

把上式乘以 D_t, 我们得到

$$D_t\left(D_x - \frac{1}{c}D_t\right)U = 0$$

它的完整的形式是

$$\frac{\partial^2 U}{\partial t \partial x} - \frac{1}{c}\frac{\partial^2 U}{\partial t^2} = 0 \tag{11.34}$$

这就是在 $x = 0$ 时的二阶 ABC(吸收边界条件). 对于上述方程初始的数字方案已经由 Mur [12] 提出. 这里, 我们紧接着提出由 Taflove [10] 描述的改良的方案.

让 U 代表位于叶氏网格中的 $\boldsymbol{E}$ 或 $\boldsymbol{H}$ 在迪卡儿坐标系中的分量, 如图 11.8 所示. 我们利用在时间 $t_n = n \cdot \Delta t$ 及辅助网格点 $x = 1/2$ 的附近点的中间差值表示

式. 下面的结果近似为它的导数:

$$\left.\frac{\partial^2 U}{\partial t \partial x}\right|_{1/2}^{n} = \frac{1}{2\Delta t}\left[\left.\frac{\partial U}{\partial x}\right|_{1/2}^{n+1} - \left.\frac{\partial U}{\partial x}\right|_{1/2}^{n-1}\right]$$
$$= \frac{1}{2\Delta t}\left[\frac{U_1^{n+1} - U_0^{n+1}}{\Delta x} - \frac{U_1^{n-1} - U_0^{n-1}}{\Delta x}\right]$$

以及

$$\left.\frac{\partial^2 U}{\partial t^2}\right|_{1/2}^{n} = \frac{1}{2}\left[\left.\frac{\partial^2 U}{\partial t^2}\right|_{0}^{n} + \left.\frac{\partial^2 U}{\partial t^2}\right|_{1}^{n}\right]$$
$$= \frac{1}{2}\left[\frac{U_0^{n+1} - 2U_0^n + U_0^{n-1}}{\Delta t^2} + \frac{U_1^{n+1} - 2U_1^n + U_1^{n-1}}{\Delta t^2}\right]$$

将上述结果代入方程 (11.34), U_0^{n+1} 的解是

$$U_0^{n+1} = U_0^{n-1} + \frac{c\Delta t - \Delta x}{c\Delta t + \Delta x}\left(U_1^{n+1} + U_0^{n-1}\right) + \frac{2\Delta x}{c\Delta t + \Delta x}\left(U_1^n + U_0^n\right) \tag{11.35}$$

这个表示式决定在下个时刻 $t_{n+1} = (n+1)\cdot\Delta t$ 在 $x=0$ 处场 $U(x,t)$ 的数值. 以完全相同的方式, 我们得到在右边界新的方程. 于是,ABC 波动方程是

$$\frac{\partial^2 U}{\partial t \partial x} + \frac{1}{c}\frac{\partial^2 U}{\partial t^2} = 0 \tag{11.36}$$

其导数可以近似为

$$\left.\frac{\partial^2 U}{\partial t \partial x}\right|_{N-1/2}^{n} = \frac{1}{2\Delta t}\left[\left.\frac{\partial U}{\partial x}\right|_{N-1/2}^{n+1} - \left.\frac{\partial U}{\partial x}\right|_{N-1/2}^{n-1}\right]$$
$$= \frac{1}{2\Delta t}\left[\frac{U_N^{n+1} - U_{N-1}^{n+1}}{\Delta x} - \frac{U_N^{n-1} - U_{N-1}^{n-1}}{\Delta x}\right]$$

以及

$$\left.\frac{\partial^2 U}{\partial t^2}\right|_{N-1/2}^{n} = \frac{1}{2}\left[\left.\frac{\partial^2 U}{\partial t^2}\right|_{N}^{n} + \left.\frac{\partial^2 U}{\partial t^2}\right|_{N-1}^{n}\right]$$
$$= \frac{1}{2}\left[\frac{U_N^{n+1} - 2U_N^n + U_N^{n-1}}{\Delta t^2} + \frac{U_{N-1}^{n+1} - 2U_{N-1}^n + U_{N-1}^{n-1}}{\Delta t^2}\right]$$

把最后的方程代入方程 (11.36), 对于 U_0^{n+1} 求解, 我们得到

$$U_N^{n+1} = U_{N-1}^{n-1} + \frac{c\Delta t - \Delta x}{c\Delta t + \Delta x}\left(U_{N-1}^{n+1} + U_N^{n-1}\right) + \frac{2\Delta x}{c\Delta t + \Delta x}\left(U_N^n + U_{N-1}^n\right) \tag{11.37}$$

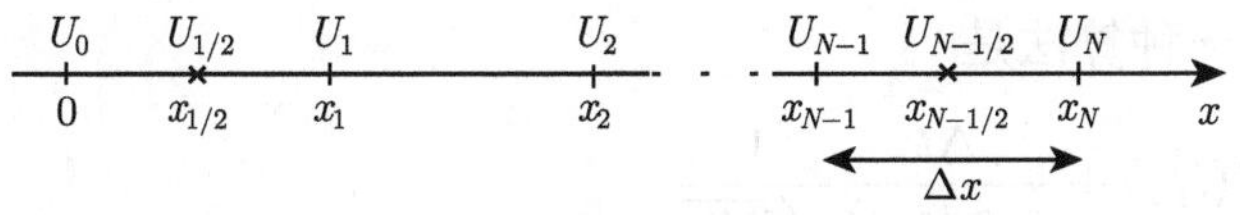

图 11.8 一维 ABC 推导的说明

11.4 二维无色散的叶氏算法

我们假设介质具有下面的本构关系:

$$D_y = \varepsilon_0 \varepsilon_{\mathrm{r}} E_y$$

利用上述本构关系和麦克斯韦方程组的第二组方程 (方程 (11.8)) (又称 TM_z 模式), 我们得到 ($\varepsilon = \varepsilon_0 \varepsilon_{\mathrm{r}}$)

$$\frac{\partial E_z}{\partial t} = \frac{1}{\varepsilon}\left(\frac{\partial H_y}{\partial x} - \frac{\partial H_x}{\partial y}\right)$$
$$\frac{\partial H_x}{\partial t} = -\frac{1}{\mu_0}\frac{\partial H_z}{\partial y}$$
$$\frac{\partial H_y}{\partial t} = \frac{1}{\mu_0}\frac{\partial E_z}{\partial x}$$

对于二维离散化处理, 我们引入叶氏网格, 如图 11.9 所示. 叶网格围绕着 (i,j) 点. 在每个网格中电场分布假设是不变的, 它的 z 分量 E_z 定义在该网点的中心. 我们还要引入 $(i,j) = (i\Delta x, j\Delta y)$ 以及 $F^n(i,j) = F(i\Delta x, j\Delta y, n\Delta t)$. 麦克斯韦方程组于是近似地表示为

$$\begin{aligned}
&\frac{E_z^{n+1}(i,j) - E_z^n(i,j)}{\Delta t} \\
&= \frac{1}{\varepsilon_0 \varepsilon_{\mathrm{r}}(i,j)} \frac{H_y^{n+1/2}(i+1/2,j) - H_y^{n+1/2}(i-1/2,j)}{\Delta x} \\
&\quad - \frac{1}{\varepsilon_0 \varepsilon_{\mathrm{r}}(i,j)} \frac{H_x^{n+1/2}(i,j+1/2) - H_x^{n+1/2}(i,j-1/2)}{\Delta y}
\end{aligned} \tag{11.38}$$

$$\frac{H_x^{n+1/2}(i,j+1/2) - H_x^{n-1/2}(i,j+1/2)}{\Delta t} = -\frac{1}{\mu_0}\frac{E_z^n(i,j+1) - E_z^n(i,j)}{\Delta y} \tag{11.39}$$

$$\frac{H_y^{n+1/2}(i+1/2,j) - H_y^{n-1/2}(i+1/2,j)}{\Delta t} = \frac{1}{\mu_0}\frac{E_z^n(i+1,j) - E_z^n(i,j)}{\Delta x} \tag{11.40}$$

从上面的方程组出发, 我们决定对区域内部作出时间–步进的数值算法. 与一维的情况相同, 我们要作标量化处理, 同过去一样, 下面引入标量的变量 $\widetilde{E}_z$:

$$\widetilde{E}_z = \sqrt{\frac{\varepsilon_0}{\mu_0}} E_z \tag{11.41}$$

对于标量变量, 一种算法是

$$\widetilde{E}_z^{n+1}(i,j)=\widetilde{E}_z^{n}(i,j)+\frac{\Delta t}{\varepsilon_0\varepsilon_{\mathrm{r}}(i,j)}\frac{1}{\sqrt{\varepsilon_0\mu_0}}\times\left\{\frac{H_y^{n+1/2}(i+1/2,j)-H_y^{n+1/2}(i-1/2,j)}{\Delta x}-\frac{H_x^{n+1/2}(i,j+1/2)-H_x^{n+1/2}(i,j-1/2)}{\Delta y}\right\} \tag{11.42}$$

$$H_x^{n+1/2}(i,j+1/2)=H_x^{n-1/2}(i,j+1/2)-\frac{\Delta t}{\Delta y}\frac{1}{\sqrt{\varepsilon_0\mu_0}}\left[\widetilde{E}_z^{n}(i,j+1)-\widetilde{E}_z^{n}(i,j)\right] \tag{11.43}$$

$$H_y^{n+1/2}(i+1/2,j)=H_y^{n-1/2}(i+1/2,j)-\frac{\Delta t}{\Delta y}\frac{1}{\sqrt{\varepsilon_0\mu_0}}\left[\widetilde{E}_z^{n}(i+1,j)-\widetilde{E}_z^{n}(i,j)\right] \tag{11.44}$$

上述方程在 Matlab 中实施的是高斯脉冲的传播.Matlab 程序实现高斯脉冲的二维传播见附录 11A 中的清单 11A.6. 高斯脉冲在中间激发, 然后向外传播, 结果如图 11.10 所示. 我们标出四个时刻的脉冲形状. 注意观察当时间增加时波形向外发散.

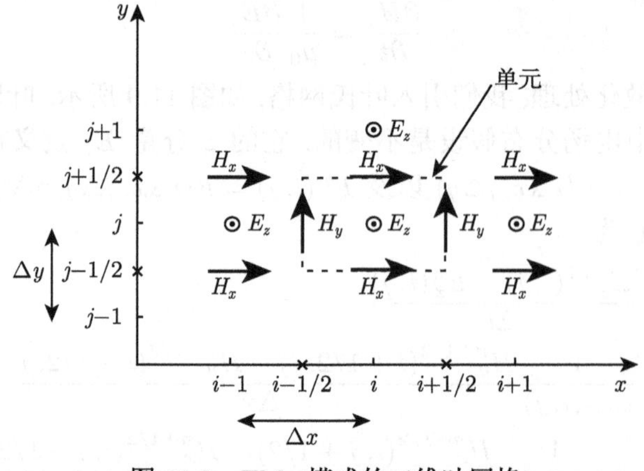

图 11.9　TM_z 模式的二维叶网格

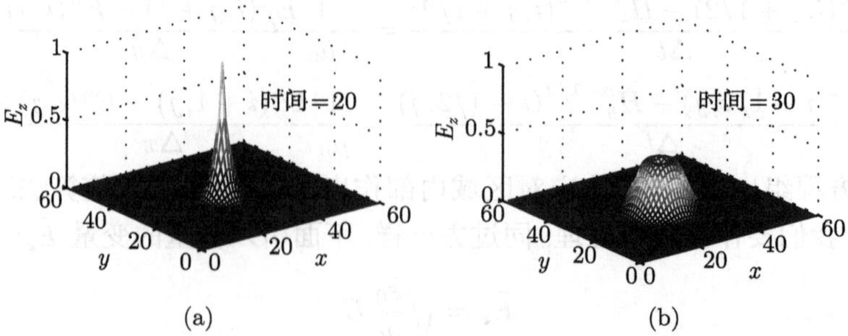

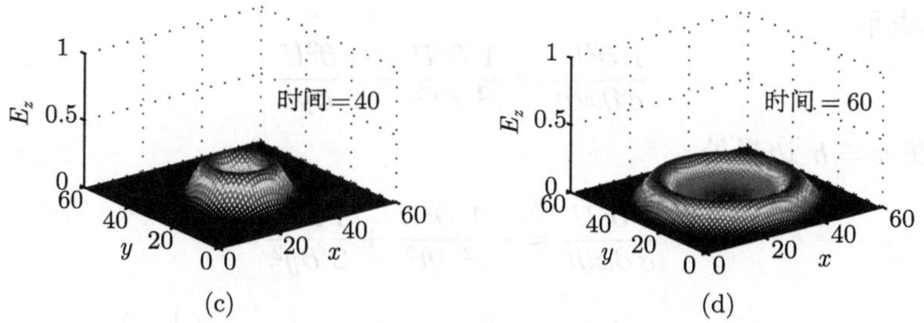

图 11.10 高斯脉冲从中间向外传播

选取了四个不同的时间

11.5 二维吸收边界条件

本节我们推导二维情况下的吸收边界条件 (ABC). 我们依照一维情况下波动方程[7, 10] 的方式来推导二维的情况. 标量 U 的二维波动方程是

$$\frac{1}{c^2}\frac{\partial^2 U}{\partial t^2}=\frac{\partial^2 U}{\partial x^2}+\frac{\partial^2 U}{\partial y^2}$$

在直角坐标系中, 波动方程的平面波时谐解是

$$U(x,y,t)=\mathrm{e}^{\mathrm{i}(\omega t-k_x x-k_y y)}$$

把它代入波动方程, 我们得到以下条件:

$$k_x^2+k_y^2=\frac{\omega^2}{c^2}\equiv k^2$$

因此, k_x 的解是

$$\begin{aligned}k_x&=\pm\left(k^2-k_y^2\right)^{1/2}\\&=\pm k\left(1-\frac{k_y^2}{k^2}\right)^{1/2}\\&\simeq\pm k\left(1-\frac{1}{2}\frac{k_y^2}{k^2}\right)\end{aligned}$$

最后的结果是

$$kk_x=\pm k^2\mp\frac{1}{2}k_y^2 \tag{11.45}$$

从上面的关系, 我们可以重建偏微分方程, 从而使得二阶精度 ABC 的数值计算能够实现. 首先观察图 11.11 中靠近 $x=0$ 边界的正方形区域. 向左传播的波可

以用下式表示:

$$\frac{1}{c}\frac{\partial^2 U}{\partial x \partial t}=\frac{1}{c^2}\frac{\partial^2 U}{\partial t^2}-\frac{1}{2}\frac{\partial^2 U}{\partial y^2} \tag{11.46}$$

类似地, 在 $x=h$ 边界处

$$\frac{1}{c}\frac{\partial^2 U}{\partial x \partial t}=-\frac{1}{c^2}\frac{\partial^2 U}{\partial t^2}+\frac{1}{2}\frac{\partial^2 U}{\partial y^2}$$

为了得到数值边界条件, 如图 11.12 所示, 我们在中点 $\left(\frac{1}{2}, j\right)$ 附近对上面的求导取近似.

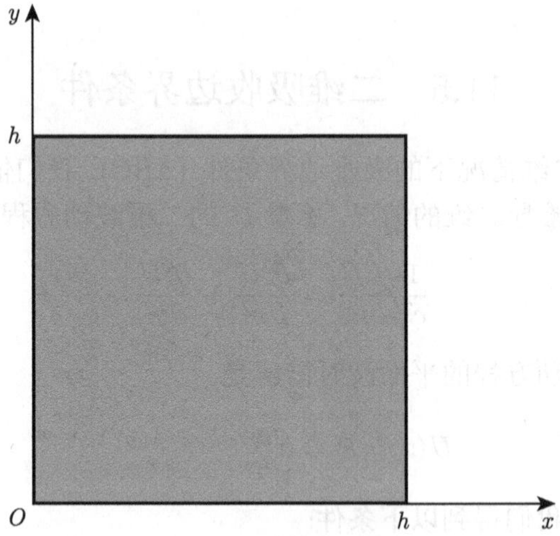

图 11.11　用于说明 ABC 推导的矩形区域

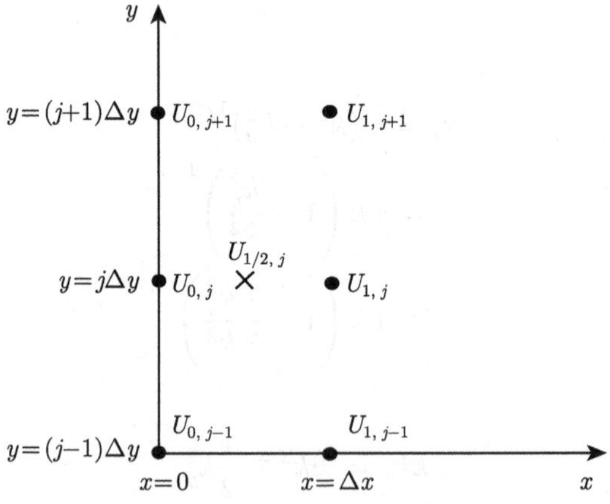

图 11.12　数值边界条件

于是, 我们得到

$$\begin{aligned}\frac{\partial^2 U^n_{1/2,j}}{\partial x\partial t}&=\frac{1}{2\Delta t}\left\{\frac{\partial U^{n+1}_{1/2,j}}{\partial x}-\frac{\partial U^{n-1}_{1/2,j}}{\partial x}\right\}\\&=\frac{U^{n+1}_{1,j}-U^{n+1}_{0,j}}{2\Delta t\Delta x}-\frac{U^{n-1}_{1,j}-U^{n-1}_{0,j}}{2\Delta t\Delta x}\end{aligned}$$

实施对时间 t 的二级求导就像在相邻的 $(0,j)$ 和 $(1,j)$ 时间求导的平均值

$$\begin{aligned}\frac{\partial^2 U^n_{1/2,j}}{\partial t^2}&=\frac{1}{2}\left\{\frac{\partial^2 U^n_{0,j}}{\partial t^2}+\frac{\partial^2 U^n_{1,j}}{\partial t^2}\right\}\\&=\frac{U^{n+1}_{0,j}-2U^n_{0,j}+U^{n-1}_{0,j}}{2\Delta t^2}+\frac{U^{n+1}_{1,j}-2U^n_{1,j}+U^{n-1}_{1,j}}{2\Delta t^2}\end{aligned}$$

此外, 对 y 求导的平均值, 我们得到

$$\begin{aligned}\frac{\partial^2 U^n_{1/2,j}}{\partial y^2}&=\frac{1}{2}\left\{\frac{\partial^2 U^n_{0,j}}{\partial y^2}+\frac{\partial^2 U^n_{1,j}}{\partial y^2}\right\}\\&=\frac{U^n_{0,j+1}-2U^n_{0,j}+U^n_{0,j-1}}{2\Delta y^2}+\frac{U^n_{1,j+1}-2U^n_{1,j}+U^n_{1,j-1}}{2\Delta y^2}\end{aligned}$$

把上式代入方程 (11.46), 我们得到

$$\begin{aligned}&\frac{U^{n+1}_{1,j}-U^{n+1}_{0,j}}{2\Delta t\Delta x}-\frac{U^{n-1}_{1,j}-U^{n-1}_{0,j}}{2\Delta t\Delta x}\\&=-\frac{1}{c^2 2\Delta t^2}\left(U^{n+1}_{0,j}-2U^n_{0,j}+U^{n-1}_{0,j}+U^{n+1}_{1,j}-2U^n_{1,j}+U^{n-1}_{1,j}\right)\\&=-\frac{1}{4\Delta y^2}\left(U^n_{0,j+1}-2U^n_{0,j}+U^n_{0,j-1}+U^n_{1,j+1}-2U^n_{1,j}+U^n_{1,j-1}\right)\end{aligned}\tag{11.47}$$

从上式, 我们找到了在边界 $x=0$ 的分量 U, 即 $U^{n+1}_{0,j}$, 的时间–步进算法.

11.6 色 散

当传播介质的性质, 如电介质常数和电导率与频率有关时, 该介质必定是色散的. 通常, 存在以下几种情况[1]:

(1) 线性色散介质;

(2) 非线性介质;

(3) 非线性色散介质;

(4) 增益型介质.

这里, 我们将仅总结最重要的材料色散而且简要地提出一个计算该色散可能的数值方案.

材料色散

一般说来, 我们需要写出它们在频域如下的依存关系:

$$D(\omega)=\varepsilon_0\varepsilon_{\mathrm{r}}(\omega)E(\omega)$$

色散就体现在 $\varepsilon_{\mathrm{r}}(\omega)$ 中. 我们假设介质是不导电的, 主要的情况有:

(1) 德拜 (Debye) 介质 (一阶):

$$\varepsilon(\omega)=\varepsilon_\infty+\frac{\varepsilon_{\mathrm{s}}-\varepsilon_\infty}{1+\mathrm{j}\omega t_0} \tag{11.48}$$

(2) 洛伦兹 (Lorentz) 介质

$$\varepsilon_{\mathrm{r}}(\omega)=\varepsilon_{\mathrm{r}}+\frac{\varepsilon_1}{1+2\mathrm{j}\delta_0\left(\dfrac{\omega}{\omega_0}\right)-\left(\dfrac{\omega}{\omega_0}\right)^2}$$

对于它们存在色散时的特定分析和数值计算留作读者的课题去完成.

11.7 习 题

1. 推导在右边界的一阶穆尔边界条件.

2. 决定由于一阶穆尔 ABC 产生的剩余反射. 假设在边界存在着下列波:

$$\phi(x,t)=\exp(\mathrm{i}\omega t)\cdot[\exp(\mathrm{i}kx)+R\exp(-\mathrm{i}kx)] \tag{11.49}$$

分析反射系数 R.

11.8 课 题

1. 实现有损耗介质时的一维 FDTD . 分析高斯脉冲和超高斯脉冲的传播.

2. 实现一维和二维问题的边界条件.

3. 利用卷积积分方法使 D 和 E 关联起来.

$$D(t)=\varepsilon_\infty\varepsilon_0E(t)+\varepsilon_0\int_0^t E(t-t')\chi(t')\mathrm{d}t' \tag{11.50}$$

对于如方程 (11.48) 所示的一阶德拜 (Debye) 介质, 开发出其离散表示, 用 Matlab 完成其最终数值算法. 详细内容可参考 Kunz 和 Lubbers [2] 的书.

4. 对一阶居德 (Drude) 色散, 即

$$\varepsilon(\omega)=1+\frac{\omega_{\mathrm{p}}^2}{\omega\left(j\nu_{\mathrm{c}}-\omega\right)} \tag{11.51}$$

进行类似的分析. 式中, ω_{p} 是等离子频率; ν_{c} 是对撞频率.

附录 11A: 本章 Matlab 的函数清单和代码

在表 11.2 中我们提供了用于本章的 Matlab 文件清单及对每个函数的简要描述.

表 11.2 在第 11 章中 Matlab 函数清单

清单	函数名	描述
11A.1	gauss.m	对高斯脉冲作图
11A.2	gauss_modul.m	对调制高斯脉冲作图
11A.3	fdtd_free.m	高斯脉冲在自由空间中的传播
11A.4	num_disp.m	数值色散的说明
11A.5	gmf.m	动画自由空间中的高斯脉冲 (本书中未出现)
11A.6	fdtd_2D.m	二维高斯脉冲的传播

清单 11A.1 程序 gauss.m: 用来产生高斯脉冲的 Matlab 代码.

```
% 文件名: gauss.m
% Plots Gaussian pulse
clear all;
%
t_zero = 20.0;              % center of incident pulse
width = 6.0;                % width of the incident pulse
%
N = 300.0;
time = linspace(0,50,N);
pulse = exp(-0.5*((t_zero - time)/width).^2); % Gaussian pulse
plot(time,pulse,'LineWidth',1.5)
xlabel('time','FontSize',14);
ylabel('amplitude','FontSize',14);
set(gca,'FontSize',14);     % size of tick marks on both axes
pause
close all
```

清单 11A.2 程序 gauss_modul.m: 用来产生调制高斯脉冲的 Matlab 代码.

```
% 文件名: gauss_modul.m
% Plots modulated Gaussian pulse
alpha = 0.6;
```

```
mu_0=4*pi*1e-7; e_0=8.854e-12;      % fundamental constants
c=1/sqrt(mu_0*e_0);                 % velocity of light
dx = 4.2e-2;                        % step in space
dt=alpha*dx/c;                      % time step
f_mod = 2e9;                        % modulating frequency (2 GHz)
t_0 = 3e-09;                        % peak position of Gaussian pulse
                                      in time
T = t_0/3;                          % pulse width
N_x = 400;
spec = [0:N_x];
for n = 1:100
y(n) = exp(-(((n-1)*dt-t_0)/T).^2).*cos(2*pi*f_mod*((n-1)*dt-t_0));
end
plot(y,'LineWidth',1.5)
xlabel('time','FontSize',14); ylabel('amplitude','FontSize',14);
set(gca,'FontSize',14);              % size of tick marks on both axes
pause
close all
```

清单 11A.3　程序 fdtd_free.m: 利用时域有限差分法显示自由空间中高斯脉冲传播的 Matlab 代码.

```
% 文件名: fdtd_free.m
% Plots E and H components of Gaussian pulse in a free space
% after some number of time steps using FDTD method
% No animation
clear all;
N_x = 200;                   % number of x-cells
N_time = 100;                % number of time steps
time = 0.0;
E_y = zeros(N_x,1);          % Initialize fields to zero at all points
H_z = zeros(N_x,1);
t_zero = 40.0;               % center of incident pulse
width = 12;                  % width of the incident pulse
tic;                         % start timer
for istep = 1:N_time         % time loop
```

```
time = time + 1;
pulse = exp(-0.5*((t_zero - time)/width)^2); % Gaussian pulse
for i = 2:(N_x)
E_y(120) = pulse;            % location of initial pulse
E_y(i) = E_y(i) - 0.5*(H_z(i) - H_z(i-1));
end
%
for i = 1:(N_x -1)
H_z(i) = H_z(i) - 0.5*(E_y(i+1) - E_y(i));
end
end
toc                                 % measure elapsed time since last call
                                      to tic
subplot(2,1,1); plot(E_y)
ylabel('E_y'); xlabel('FDTD cells')
axis([0 200 -1 1])
subplot(2,1,2); plot(H_z)
ylabel('H_z'); xlabel('FDTD cells')
axis([0 200 -1 1])
pause
close all
```

清单 11A.4 程序 num_disp.m: 用来产生图 11.5 以便实现数值色散的 Matlab 代码.

```
% 文件名: num_disp.m
% Illustrates numerical dispersion
N_max = 10;                 % number of points for plot
x = linspace(0,pi,N_max);
hold on
for alpha = [1.0 0.8 0.2]
y = 2*asin(alpha*sin(x/2));
plot(x,y,'LineWidth',1.5)
end
xlabel('k \Delta z','FontSize',14)
ylabel('\omega \Delta x /c','FontSize',14)
```

```
set(gca,'FontSize',14); % size of tick marks on both axes
text(2.5, 3,'\alpha = 1','Fontsize',12)
text(2.5, 2, '\alpha = 0.8','Fontsize',12)
text(2.5, 0.5, '\alpha = 0.2','Fontsize',12)
pause
close all
```

清单 11A.5 程序 gmf.m: 用来激发和模拟自由空间中高斯脉冲传播的 Matlab 代码.

```
% 文件名: gmf.m
% gauss, modulated, free space
% Animation of propagation of Gaussian pulse in a free space
% without boundary conditions
% Program not used in the main text
clear all
alpha = 0.5;                    % alpha = c*dt/dx
mu0=4*pi*1e-7;                  % magnetic permeability
e0=8.854e-12;                   % electric permittivity
c=1/sqrt(mu0*e0);               % velocity of light in a vacuum
dx = 4.2e-2;                    % space step
dt=alpha*dx/c;                  % time step
f_mod = 1e9;                    % modulating frequency
lambda = c/f_mod;               % wavelength
x_end = 400;
t_0 = 3e-09;                    % peak position of Gaussian pulse
                                  in time
dxl = dx/lambda;
index=[0:x_end];
e=zeros(length(index),1); h=e; e1=e; h0=e;
ha = plot(e);                   % get the handle to the plot
set(ha,'EraseMode','xor')       % for simulation of wave propagation
%
t_end = 500;                    % number of time steps
for n = 1:t_end
for i=1:400                     % simulate for h-nodes
```

```
h(i) = h(i) - (e(i+1)-e(i))*dt/dx/mu0;
end
for i=2:400                        % simulate for e-nodes
e(i) = e(i) - (h(i)-h(i-1))*dt/dx/e0;
end
% launch Gaussian or modulated Gaussian pulse
T = t_0/3;                         % specify pulse width
y(n) = exp(-(((n-1)*dt-t_0)/T).^2).*cos(2*pi*f_mod*((n-1)*dt-t_0));
% y(n) = exp(-(((n-1)*dt-t_0)/T).^2);
e(1)= y(n);                        % Gauss pulse starts here
drawnow;                           % refresh data and plot the current
                                     condition of the pulse
set(ha,'YData',(e));
end
pause
close all
```

清单 11A.6 程序 fdtd_2D.m: 用来产生二维高斯脉冲传播的 Matlab 代码.

```
% 文件名: fdtd_2D.m
% Program for finite-difference time-domain method in 2D
% Propagation of Gaussian pulse
clear all;
N_x = 60;                   % number of steps in x-direction
N_y = 60;                   % number of steps in y-direction
N_steps = 60;               % number of time steps
%
N_x_middle = N_x/2.0;       % middle point; location of pulse
N_y_middle = N_y/2.0;       %
%
delta_x = 0.01;             % cell size
delta_t = delta_x/6e8;      % time step
epsilon = 8.8e-12;
%
% Initialization
E_z = zeros(N_x,N_y);       % Initialize field to zero at all points
```

```
H_x = zeros(N_x,N_y);
H_y = zeros(N_x,N_y);
%
t_zero = 20.0;              % center of incident pulse
width = 6.0;                % width of the incident pulse
time = 0.0;
%
for istep = 1:N_steps       % main loop
time = time + 1;
% calculate E_z field
for i = 2:N_x
for j = 2:N_y
E_z(i,j)=E_z(i,j)+0.5*(H_y(i,j)-H_y(i-1,j)-H_x(i,j)+H_x(i,j-1));
end
end
% Gaussian pulse in the middle
pulse = exp(-0.5*((t_zero - time)/width)^2); % Gaussian pulse
E_z(N_x_middle,N_y_middle) = pulse;
%
% Calculate H_x field
for i = 1:(N_x-1)
for j = 1:(N_y-1)
    H_x(i,j) = H_x(i,j) - 0.5*(E_z(i,j+1) - E_z(i,j));
end
end
%
% Calculate H_y field
for i = 1:(N_x-1)
for j = 1:(N_y-1)
H_y(i,j) = H_y(i,j) + 0.5*(E_z(i+1,j) - E_z(i,j));
end
end
end
%---------- Plotting------------------------------
[x,y] = meshgrid(0:1:N_x-1,0:1:N_y-1);
```

```
mesh(x,y,E_z);
xlabel('\bfx','FontSize',14);
ylabel('\bfy','FontSize',14);
zlabel('\bfE_z','FontSize',14);
set(gca,'FontSize',14);        % size of tick marks on both axes
axis([0 60 0 60 0 1])
text(50,40,0.5, 'time = 60', 'Fontsize', 14)
pause
close all
```

参考文献

[1] A. Taflove and S.C. Hagness. *Computational Electrodynamics. The Finite-Difference Time-Domain Method.* Artech House, Boston, 2005.

[2] K.S. Kunz and R.J. Luebbers. *The Finite Difference Time Domain Method for Electromagnetics.* CRC Press, Boca Raton, 1993.

[3] D.M. Sullivan. *Electromagnetic simulation using the FDTD method.* IEEE Press, New York, 2000.

[4] W. Yu, X. Yang, Y. Liu, and R. Mittra. *Electromagnetic Simulation Techniques Based on the FDTD Method.* Wiley, Hoboken, New Jersey, 2009.

[5] A.Z. Elsherbeni and V. Demir. *The Finite-Difference Time-Domain Method for Electromagnetics with Matlab Simulations.* Scitech Publishing, Inc., Raleigh, NC, 2009.

[6] A. Bondeson, Th. Rylander, and P. Ingelstroem. *Computational Electromagnetics.* Springer, New York, 2005.

[7] R. Garg. *Analytical and Computational Methods in Electromagnetics.* Artech House, Boston, 2008.

[8] K.R. Umashankar. Finite-difference time domain method. In S.M. Rao, editor, *Time Domain Electromagnetics*, pages 151–235. Academic Press, San Diego, 1999.

[9] K.S. Yee. Numerical solution of initial boundary value problems involving Maxwell's equations in isotropic media. *IEEE Trans. Antennas and Propag.*, 17:585, 1966.

[10] A. Taflove. *Computational Electrodynamics. The Finite-Difference Time-Domain Method.* Artech House, Boston, 1995.

[11] W.H. Press, S. A. Teukolsky, W.T. Vetterling, and B.P. Flannery. *Numerical Recipes in Fortran 90. The Art of Scientific Computing. Second Edition.* Cambridge University Press, Cambridge, 1992.

[12] G. Mur. Absorbing boundary conditions for the finite-difference approximation of the time-domain electromagnetic-field equations. *IEEE Trans. Electromagn. Compat.*, 23:377–382, 1981.

[13] B. Engquist and A. Majda. Absorbing boundary conditions for the numerical simulation of waves. *Math. Comp.*, 31:629–651, 1977.

第 12 章　波束传播法 (BPM)

我们在本章总结波束传播法 (BPM). 该方法广泛地运用于亥姆霍兹方程的数值解, 也使用于非线性薛定谔方程的数值解 (将在孤子的章节中讨论) 中. 它是研究集成光学中光传播最强有力的技术工具. 该方法最初是由费特 (Feit) 和费来克 (Fleck) 在 20 世纪 70 年代末引进的[1]. 波束传播法最初基于 FFT 算法, 之后, 它延伸到 BPM 的有限差分法 (FD-BPM) 和有限元 BPM(FE-BPM) 法以及其他算法.FD-BPM 的主要特点[2] 是它的模拟大指数不连续性结构的能力, 以及在对复杂的结构建模时需要较少的内存和耗费较少的时间，而且能与广角和全矢量算法结合起来, 以及把透明边界条件综合在一起的能力.

我们可以在文献中找到大量的算法, 但是几乎所有这些算法都基于一个传播载体的概念. 传播载体是数学中的一个“对象”, 通过它把电磁场从一个空间传播到另一个空间. 传播发生时系统的例子是如图 12.1 所示的波导. 它把输入光信号拆成两路, 如图 12.2 所示. 如果知道在整个波导中的折射率的分布, 我们就能够通过 BPM 确定波导中的场分布. 现在有关 BPM 及其在集成光学应用的资料库十分巨大. 我们推荐 Kawano 和 Kitoh [3] 的书, Pollock 和 Lipson [4] 的书, 以及 Lifante [6] 的书. 我们通过说明在傍轴近似的 BPM 的原则开始讨论.

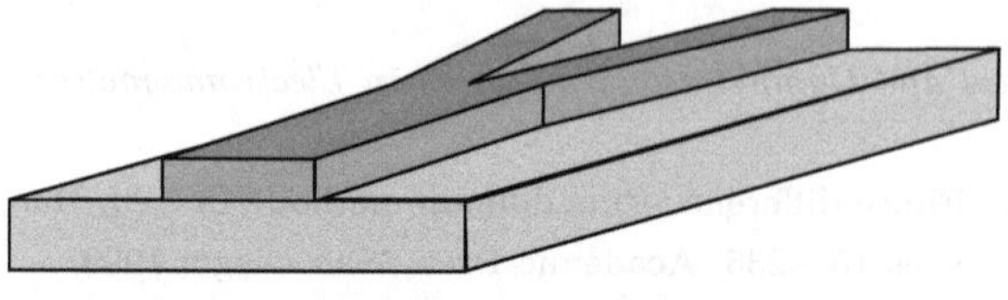

图 12.1　分束器作为平板波导的一种应用

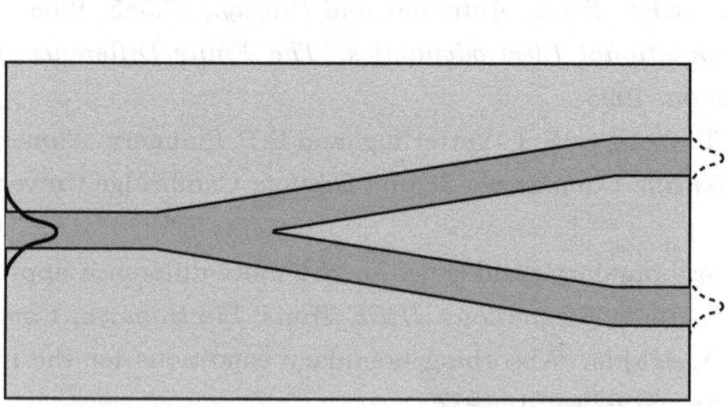

图 12.2　一个利用 BPM 求解典型问题的图示

给定在左方的输入, 求解在右方用虚线表示的输出电场

12.1 傍轴公式

12.1.1 引言

我们由 BPM 简单版本的概述开始本节的讨论, 这里我们有一个标量电场和傍轴近似, 它们仅适用于离开波导传播 z 轴 (引导轴) 不大的小角度范围. 波导的几何形状由折射率 $\overline{n}(x,y,z)$ 决定. 该方法沿波导使电场从一个给定位置的垂直平面传播到下一个平行平面. 为了说明该方法, 我们从单色波的波动方程开始本节的讨论.

$$\frac{\partial^2 E}{\partial x^2}+\frac{\partial^2 E}{\partial y^2}+\frac{\partial^2 E}{\partial z^2}+k^2(x,y,z)E=0 \tag{12.1}$$

式中, 与位置有关的波数用 $k(x,y,z)=k_0\overline{n}(x,y,z)$ 表示, 而 $k_0=2\pi/\lambda$ 是自由空间中的波数.BPM 中最主要的假设是在电场 E 中的相位变化由于波在沿 z 轴快速传播其实是电场 E 中变化最快的部分. 通过引入慢变化电场 u, 并把 E 表示为

$$E(x,y,z)=u(x,y,z)\mathrm{e}^{-\mathrm{j}\beta z} \tag{12.2}$$

下面以它为例说明该方法的基本做法.式中,β 代表特征传播矢量的常数, $\beta=\overline{n}_0\omega/c$, $\overline{n}_0$ 是一个参照性的折射系数, 如它可以是基片或者包层的折射率. β 代表电场 E 的平均相位变化, 也称为传播常数. 把方程 (12.2) 代入方程 (12.1) , 得到慢变化电场情况下与亥姆霍兹方程完全等同的方程:

$$-\frac{\partial^2 u}{\partial z^2}+2\mathrm{j}\beta\frac{\partial u}{\partial z}=\frac{\partial^2 u}{\partial x^2}+\frac{\partial^2 u}{\partial y^2}+\left(k^2-\beta^2\right)u \tag{12.3}$$

我们假定在传播方向出现的一个缓慢变化 (SVEA 或者包络慢变化近似) 的电磁场, 因而要求

$$\left|\frac{\partial^2 u}{\partial z^2}\right|\ll\left|2\beta\frac{\partial u}{\partial z}\right| \tag{12.4}$$

这种近似法使我们在比较方程 (12.3) 的第一项与第二项时把前者忽略掉, 这也就是熟知菲涅耳 (Fresnel) 近似. 因此方程 (12.3) 简化为

$$2\mathrm{i}\beta\frac{\partial u}{\partial z}=\frac{\partial^2 u}{\partial x^2}+\frac{\partial^2 u}{\partial y^2}+\left(k^2-\beta^2\right)u \tag{12.5}$$

这就是所谓的菲涅耳或傍轴方程, 它是描述非匀介质 (如光导波) 中电场或磁场演变的一个切入点, 没有涉及偏振效应. 它决定当给定一个输入 $u(x,y,z=0)$ 时电磁场在 $z>0$ 的演变过程.

上述方程可以表示为

$$2\mathrm{j}\beta\frac{\partial u}{\partial z}=\widehat{D}u+\widehat{W}u \tag{12.6}$$

在方程右方的变换因子是

$$\widehat{D}=\frac{1}{2\mathrm{j}\beta}\left(\frac{\partial^2}{\partial x^2}+\frac{\partial^2}{\partial y^2}\right) \tag{12.7}$$

和

$$\widehat{W}=\frac{1}{2\mathrm{j}\beta}\left(k^2-\beta^2\right) \tag{12.8}$$

运算子 $\widehat{D}$ 代表自由空间的传播 (衍射), 而运算子 $\widehat{W}$ 描述的是导波效应. 假设运算子与 z 轴无关, 方程的解可以象征性地写成

$$u(x,y,z+\Delta z)=\mathrm{e}^{(\widehat{D}+\widehat{W})\Delta z}u(x,y,z)$$

利用 Baker-Hausdorf 引理[7]:

$$\mathrm{e}^{\widehat{A}}\mathrm{e}^{\widehat{B}}=\mathrm{e}^{\widehat{A}+\widehat{B}}\mathrm{e}^{\frac{1}{2}[\widehat{A},\widehat{B}]}$$

给出 $\widehat{A}$ 和 $\widehat{B}$ 各自与 $[\widehat{A},\widehat{B}]$ 之间的互易. 由此, 我们可以近似地认为

$$u(x,y,z+\Delta z)\approx\mathrm{e}^{\widehat{D}\Delta z}\mathrm{e}^{\widehat{W}\Delta z}u(x,y,z)$$

因此, 这两个运算子的作用是独立无关的. 在频域中, 运算子 $\widehat{D}$ 的作用是容易理解的. 我们将在第 13 章讨论它. 第二个运算子 $\widehat{W}$ 在非匀质介质起传播的作用, 它是在空间域起作用的.

12.1.2　运算子 $\widehat{D}$ 和 $\widehat{W}$

考虑仅包含运算子 $\widehat{D}$ 的方程

$$2\mathrm{j}\beta\frac{\partial u(x,y,z)}{\partial z}=\left(\frac{\partial^2}{\partial x^2}+\frac{\partial^2}{\partial y^2}\right)u(x,y,z) \tag{12.9}$$

把二维连续傅里叶变换定义为

$$\widetilde{u}(k_x,k_y,z)=\int_{-\infty}^{+\infty}u(x,y,z)\mathrm{e}^{-\mathrm{j}(k_xx+k_yy)}\mathrm{d}x\mathrm{d}y\equiv F_{x,y}\left\{u(x,y,z)\right\}$$

其反变换为

$$u(x,y,z)=\int_{-\infty}^{+\infty}\widetilde{u}(k_x,k_y,z)\mathrm{e}^{\mathrm{j}(k_xx+k_yy)}\mathrm{d}k_x\mathrm{d}k_yF_{x,y}^{-1}\left\{\widetilde{u}(x,y,z)\right\}$$

对方程 (12.9) 作二维的傅里叶变换, 而且傅里叶分量

$$2\mathrm{j}\beta\frac{\partial}{\partial z}\widetilde{u}(x,y,z)=-(k_x^2+k_y^2)\widetilde{u}(x,y,z)$$

从 z 积分到 $z+\Delta z$, 我们有

$$\begin{aligned}\widetilde{u}(x,y,z+\Delta z)&=\mathrm{e}^{-\frac{1}{2\mathrm{j}\beta}(k_x^2+k_y^2)\Delta z}\widetilde{u}(x,y,z)\\&\equiv\widehat{H}(k_x,k_y,\Delta z)\widetilde{u}(x,y,z)\end{aligned}\tag{12.10}$$

为了分析运算子 $\widehat{W}$, 我们引入

$$\beta=k_0n_{\mathrm{eff}}\tag{12.11}$$

把折射率 n 写成

$$\overline{n}=n_{\mathrm{eff}}+\Delta\overline{n}\tag{12.12}$$

把上述方程代入方程 (12.8), 得到运算子 $\widehat{W}$ 在 $\Delta\overline{n}$ 中的一阶近似

$$\widehat{W}=-\mathrm{j}k_0\Delta n\tag{12.13}$$

12.1.3 傅里叶变换分步法的实施

有限差分波束法 (即 FD-BPM) 的一般方式可以用把场向前推进的传播子 U 来描述:

$$\widetilde{\boldsymbol{E}}_t(z+\Delta z)=U(\Delta z)\widetilde{\boldsymbol{E}}_t(z)$$

传播子 U 可以采用许多不同的方式, 取决于所选取的 BPM 技术手段. 它的变换子用图 12.3 加以说明. 事实上, 两种形式的 BPM 常被使用: 1+1 FD-BPM 和 1+2 FD-BPM. 该术语指的是沿传播方向轴 (通常为 z 轴) 代表第一个 1, 与传播方向垂直的一个 (沿 x 方向 (一维情况)) 或两个 (沿 xy 平面 (二维情况)) 代表第二个 1 或 2. 在 1+1 和 1+2 情况下的有限差分法如图 12.5 所示. 下面将说明傅里叶变换分步 BPM 法在二维高斯脉冲传播上的应用. 导波结构分成大量的区块, 在每个长度为 Δz 的区块中光脉冲按照如图 12.5 所示的流程图传播. 它的 Matlab 脚本, 见附录 12B 的清单 12B.1. 脉冲的传播前后三维视图如图 12.6 所示. 人们可以观察到脉冲如预期那样变宽了.

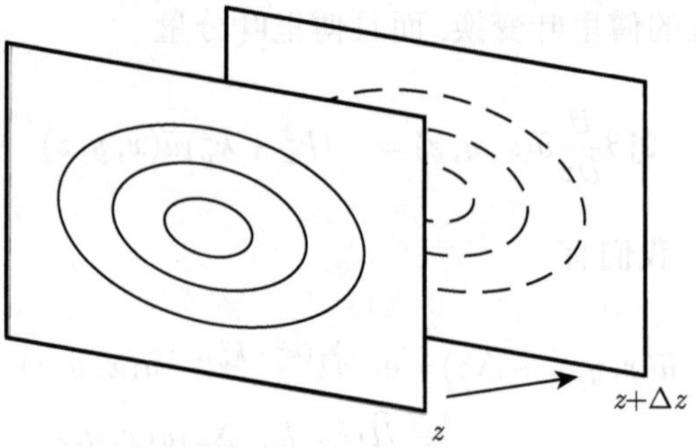

图 12.3 BPM 的图解说明

沿 z 轴从一个位置传递到另一个位置时平面中的场分布

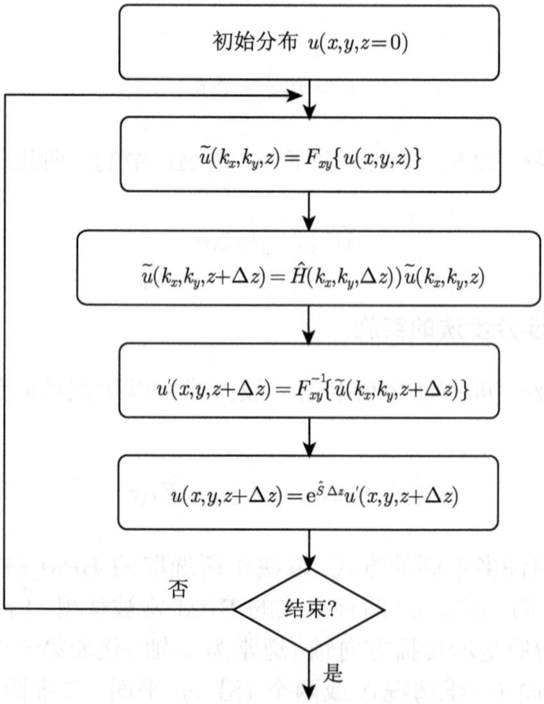

图 12.4 BPM 分步法的流程图

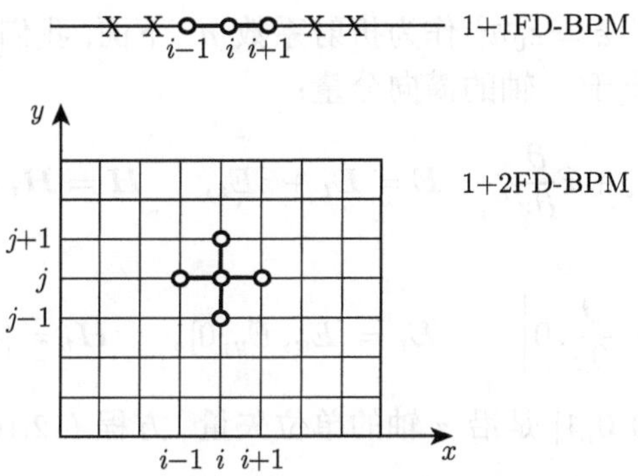

图 12.5 一维和二维 BPM 有限差分离散的图解

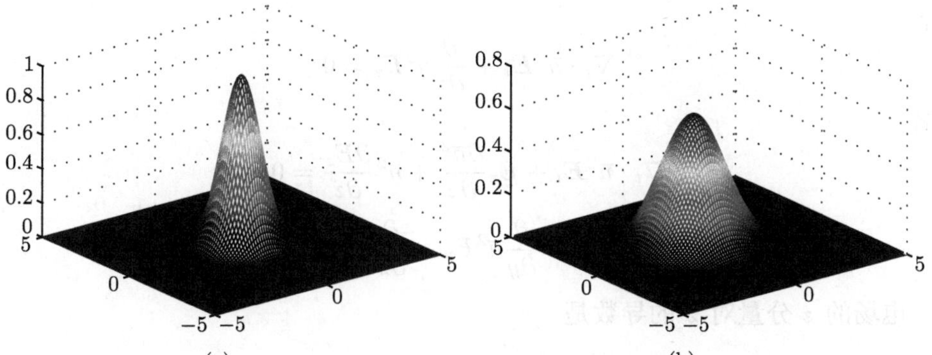

图 12.6 初始高斯脉冲 (a) 和传播后的脉冲 (b)

12.2 一 般 理 论

12.2.1 绪论

早先的 BPM 版本不涉及偏振. 若要讨论偏振效应, 矢量波动方程必须更换成上面使用的标量亥姆霍兹方程. 在本节中, 我们将概述系统地处理这些偏振效应的一般方法. 这种方法是由 W.P. Huang 小组建立起来的 [8,9] . 像往常一样, 往往从频域的麦克斯韦方程开始讨论:

$$\nabla \times \boldsymbol{E} = -\mathrm{j}\omega\mu_0 \boldsymbol{H} \tag{12.14}$$

$$\nabla \times \boldsymbol{H} = \mathrm{j}\omega\varepsilon_0 \overline{n}^2 \boldsymbol{E} \tag{12.15}$$

$$\nabla \cdot \overline{n}^2 \boldsymbol{E} = 0 \tag{12.16}$$

这里, 我们引入了 $\varepsilon=\varepsilon_0\overline{n}^2$ 作为折射系数 $\overline{n}$. 下面, 我们把所有的量分离为沿 z 轴的纵向分量和垂直于 z 轴的横向分量:

$$\nabla=\nabla_t+\widehat{z}\frac{\partial}{\partial z},\qquad \boldsymbol{E}=\boldsymbol{E}_t+\widehat{z}E_z,\qquad \boldsymbol{H}=\boldsymbol{H}_t+\widehat{z}H_z$$

式中

$$\nabla_t=\left[\frac{\partial}{\partial x},\frac{\partial}{\partial y},0\right],\qquad \boldsymbol{E}_t=[E_x,E_y,0],\qquad \boldsymbol{H}_t=[H_x,H_y,0]$$

是横向分量, 而 $\widehat{z}=[0,0,1]$ 是沿 z 轴的单位矢量. 方程 (12.16) 重新整理成

$$\nabla\cdot\overline{n}^2\boldsymbol{E}=0$$

或者

$$\nabla_t\cdot\overline{n}^2\boldsymbol{E}_t+\frac{\partial}{\partial z}\overline{n}^2E_z=0$$

或者

$$\nabla_t\cdot\overline{n}^2\boldsymbol{E}_t+E_z\frac{\partial\overline{n}^2}{\partial z}+\overline{n}^2\frac{\partial E_z}{\partial z}=0$$

$$\frac{\partial}{\partial x}\overline{n}^2E_x+\frac{\partial}{\partial y}\overline{n}^2E_y+\frac{\partial}{\partial z}\overline{n}^2E_z=0$$

电场的 z 分量对 z 的导数是

$$\frac{\partial E_z}{\partial z}=-\frac{1}{\overline{n}^2}E_z\frac{\partial\overline{n}^2}{\partial z}-\frac{1}{\overline{n}^2}\nabla_t\cdot\overline{n}^2\boldsymbol{E}_t \tag{12.17}$$

如果折射率沿 z 轴变化很慢, 我们可以令 $\dfrac{\partial\overline{n}^2}{\partial z}\approx 0$ (z 分量不变系统)[9] , 于是得到

$$\begin{aligned}\frac{\partial E_z}{\partial z}&\approx-\frac{1}{\overline{n}^2}\nabla_t\cdot\overline{n}^2\boldsymbol{E}_t\\&=-\frac{1}{\overline{n}^2}\frac{\partial}{\partial x}\overline{n}^2E_x-\frac{1}{\overline{n}^2}\frac{\partial}{\partial y}\overline{n}^2E_y\end{aligned} \tag{12.18}$$

上述关系对于 z 不变系统, 也就是当折射系数 $\overline{n}^2$ 沿 z 轴不变时是精确的.

对方程 (12.14) 施以运算子 $\nabla\times\cdots$ 后, 我们得到波动方程:

$$\nabla\times\nabla\times\boldsymbol{E}=-\mathrm{j}\omega\mu_0\nabla\times\boldsymbol{H}=\omega^2\mu_0\varepsilon_0\overline{n}^2\boldsymbol{E} \tag{12.19}$$

在上面的结果中我们利用了方程 (12.15). 接着, 我们使用对任何矢量都适用的下列一般关系式:

$$\nabla\times\nabla\times\boldsymbol{E}=\nabla(\nabla\cdot\boldsymbol{E})-\nabla^2\boldsymbol{E}$$

把它代入方程 (12.19), 我们得到

$$-\nabla^2 \boldsymbol{E} + \nabla(\nabla \cdot \boldsymbol{E}) = \overline{n}^2 k_0^2 \boldsymbol{E} \tag{12.20}$$

式中, $\omega^2 \mu_0 \varepsilon_0 = k_0^2$.

波动方程 (12.20) 的横向分量是

$$-\nabla^2 E_x + \frac{\partial}{\partial x}(\nabla \cdot \boldsymbol{E}) = \overline{n}^2 k_0^2 E_x \tag{12.21}$$

$$-\nabla^2 E_y + \frac{\partial}{\partial y}(\nabla \cdot \boldsymbol{E}) = \overline{n}^2 k_0^2 E_y \tag{12.22}$$

式中, $\nabla^2 E_x = \dfrac{\partial^2 E_x}{\partial x^2} + \dfrac{\partial^2 E_x}{\partial y^2} + \dfrac{\partial^2 E_x}{\partial z^2}$. 我们将分析 E_z 分量的行为. 上述方程中, 将 $\nabla \cdot \boldsymbol{E}$ 展开为

$$\nabla \cdot \boldsymbol{E} = \frac{\partial E_x}{\partial x} + \frac{\partial E_y}{\partial y} + \frac{\partial E_z}{\partial z}$$

利用关系式 (12.18), 最后一项被替换掉. 于是, 我们发现

$$\nabla \cdot \boldsymbol{E} = \frac{\partial E_x}{\partial x} + \frac{\partial E_y}{\partial y} - \frac{1}{\overline{n}^2}\frac{\partial}{\partial x}\overline{n}^2 E_x - \frac{1}{\overline{n}^2}\frac{\partial}{\partial y}\overline{n}^2 E_y \tag{12.23}$$

把方程 (12.23) 代入方程 (12.21) 我们得到

$$\frac{\partial}{\partial x}\frac{1}{\overline{n}^2}\frac{\partial}{\partial x}\overline{n}^2 E_x + \frac{\partial^2 E_x}{\partial y^2} + \frac{\partial^2 E_x}{\partial z^2} + \frac{\partial}{\partial x}\frac{1}{\overline{n}^2}\frac{\partial}{\partial y}\overline{n}^2 E_y - \frac{\partial^2 E_y}{\partial x \partial y} + \overline{n}^2 k_0^2 E_x = 0 \tag{12.24}$$

类似地, 由方程 (12.22) 我们得到

$$\frac{\partial}{\partial y}\frac{1}{\overline{n}^2}\frac{\partial}{\partial x}\overline{n}^2 E_x - \frac{\partial^2 E_x}{\partial y \partial x} + \frac{\partial^2 E_y}{\partial x^2} + \frac{\partial^2 E_y}{\partial z^2} + \frac{\partial}{\partial y}\frac{1}{\overline{n}^2}\frac{\partial}{\partial y}\overline{n}^2 E_y + \overline{n}^2 k_0^2 E_y = 0 \tag{12.25}$$

上述方程的矩阵形式为

$$\begin{bmatrix} \dfrac{\partial}{\partial x}\dfrac{1}{\overline{n}^2}\dfrac{\partial}{\partial x}\overline{n}^2 + \dfrac{\partial^2}{\partial y^2} + \dfrac{\partial^2}{\partial z^2} + \overline{n}^2 k_0^2 & \dfrac{\partial}{\partial x}\dfrac{1}{\overline{n}^2}\dfrac{\partial}{\partial y}\overline{n}^2 - \dfrac{\partial^2}{\partial x \partial y} \\ \dfrac{\partial}{\partial y}\dfrac{1}{\overline{n}^2}\dfrac{\partial}{\partial x}\overline{n}^2 - \dfrac{\partial^2}{\partial y \partial x} & \dfrac{\partial}{\partial y}\dfrac{1}{\overline{n}^2}\dfrac{\partial}{\partial y}\overline{n}^2 + \dfrac{\partial^2}{\partial x^2} + \dfrac{\partial^2}{\partial z^2} + \overline{n}^2 k_0^2 \end{bmatrix} \begin{bmatrix} E_x \\ E_y \end{bmatrix} = 0 \tag{12.26}$$

上述这些方程成为 12.2.2 节我们即将详细讨论的慢变化近似的出发点.

12.2.2 慢变化包络近似 (SVEA)

假设横向电场 E_x 和 E_y 的形式是

$$E_x(x, y, z) = u_x(x, y, z)\mathrm{e}^{-\mathrm{j}\beta z} \tag{12.27}$$

$$E_y(x,y,z) = u_y(x,y,z)\mathrm{e}^{-\mathrm{j}\beta z} \tag{12.28}$$

SVEA 要求

$$\left|\frac{\partial^2 u_i}{\partial z^2}\right| \ll 2\beta \left|\frac{\partial u_i}{\partial z}\right| \tag{12.29}$$

把上述 SVEA 条件运用到 $\dfrac{\partial^2}{\partial z^2}$ 上, 这里 $i = x, y$, 我们得到

$$\begin{aligned}\frac{\partial^2}{\partial z^2}E_i = \frac{\partial^2}{\partial z^2}u_i\mathrm{e}^{-\mathrm{j}\beta z} &= \mathrm{e}^{-\mathrm{j}\beta z}\left\{\frac{\partial^2 u_i}{\partial z^2} - 2\mathrm{j}\beta\frac{\partial u_i}{\partial z} - \beta^2 u_i\right\} \\ &\simeq \mathrm{e}^{-\mathrm{j}\beta z}\left\{-2\mathrm{j}\beta\frac{\partial u_i}{\partial z} - \beta^2 u_i\right\}\end{aligned}$$

运用 SVEA 条件于方程 (12.24) 及方程 (12.25), 于是, 我们得到傍轴波动方程[9]

$$\mathrm{j}\frac{\partial u_x}{\partial z} = A_{xx}u_x + A_{xy}u_y \tag{12.30}$$

$$\mathrm{j}\frac{\partial u_y}{\partial z} = A_{yx}u_x + A_{yy}u_y \tag{12.31}$$

这里微分运算子定义为[9]

$$A_{xx}u_x = \frac{1}{2\beta}\left\{\frac{\partial}{\partial x}\frac{1}{\overline{n}^2}\frac{\partial}{\partial x}\overline{n}_x^2 + \frac{\partial_x^2}{\partial y^2} + \frac{\partial_x^2}{\partial z^2} + \left(\overline{n}^2 k_0^2 - \beta^2\right)\right\}u_x \tag{12.32}$$

$$A_{xy}u_y = \frac{1}{2\beta}\left\{\frac{\partial}{\partial x}\frac{1}{n^2}\frac{\partial}{\partial y}n_y^2 - \frac{\partial_y^2}{\partial x\partial y}\right\}u_y \tag{12.33}$$

$$A_{yx}u_x = \frac{1}{2\beta}\left\{\frac{\partial}{\partial y}\frac{1}{\overline{n}^2}\frac{\partial}{\partial x}\overline{n}_x^2 - \frac{\partial_x^2}{\partial y\partial x} + \frac{\partial_y^2}{\partial x^2}\right\}u_x \tag{12.34}$$

$$A_{yy}u_y = \frac{1}{2\beta}\left\{\frac{\partial_y^2}{\partial x^2} + \frac{\partial_y^2}{\partial z^2} + \frac{\partial}{\partial y}\frac{1}{\overline{n}^2}\frac{\partial}{\partial y}\overline{n}_y^2 + \left(n^2 k_0^2 - \beta^2\right)\right\}u_y \tag{12.35}$$

上述方程可以用矩阵形式来表示

$$\mathrm{j}\frac{\partial}{\partial z}\begin{bmatrix} u_x \\ u_y \end{bmatrix} = \begin{bmatrix} A_{xx} & A_{xy} \\ A_{yx} & A_{yy} \end{bmatrix}\begin{bmatrix} u_x \\ u_y \end{bmatrix} \tag{12.36}$$

由方程 (12.36) 表述的电场表达式被称为矢量的 BPM [9]. 它考虑到了偏振 ($A_{xx} \neq A_{yy}$) 而且计入了 E_x 和 E_y ($A_{xy} \neq A_{yx}$) 之间的耦合.

12.2.3 半矢量 BPM

通常情况下, 两个偏振之间的耦合是微弱的, 因而时常被忽略不计. 只要它们在器件中由于某种机制不会同步发生, 那么这两种偏振就可以去耦合. 描述此类情况的半矢量的公式是

$$\mathrm{j}\frac{\partial u_x}{\partial z} = A_{xx}u_x$$

$$\mathrm{j}\frac{\partial u_y}{\partial z} = A_{yy}u_y$$

在半矢量的近似下, EM 波的偏振属性被考虑进去.

12.2.4 标量公式

如果结构是弱导波的, 而且/或者偏振特性是不重要的, 我们可以忽略偏振. 标量近似由下面的方程表示:

$$\mathrm{j}\frac{\partial u}{\partial z} = Au \tag{12.37}$$

式中, 运算子 A 是

$$A = \frac{1}{2\beta}\left\{\frac{\partial_x^2}{\partial x^2} + \frac{\partial_x^2}{\partial y^2} + \left(\overline{n}^2 k_0^2 - \beta^2\right)\right\}$$

于是我们再次得到在绪论中总结的简单理论.

本节即将结束之前我们需要指出, 磁场方程, 称为 H- 公式, 也能用电场方程同样的方法推导出来. 更多细节参见文献 [9].

12.2.5 有限差分 (FD) 近似

在本节中, 我们讨论如何用有限差分离散法计算上述方程. 由于其简单易行, FD 是解决这类问题流行的数值方法. 一个接一个的离散点阵取代连续空间. 计算电磁场的取样点就是在这个点阵内的点. 点阵内的点为 $x_i = i \cdot \Delta x$ 和 $y_j = j \cdot \Delta y$, 如图 12.5 所示. 附录 12B 中提供有关离散的更多细节. 利用 FD 近似法, 前面推导的电场方程的最终离散形式变成[9] (这里我们作了变换 $\varepsilon = \overline{n}^2$)

$$\begin{aligned} &A_{xx}u_x \\ =&\frac{1}{2\beta}\left\{\frac{T_{i,j+1}u_x(i,j+1) - [2 - R_{i,j+1} - R_{i-1,j}]\,u_x(i,j) + T_{i-1,j}u_x(i-1,j)}{\Delta x^2}\right. \\ &\left. + \frac{u_x(i,j+1) - 2u_x(i,j) + u_x(i,j-1)}{\Delta y^2} + \left[\varepsilon_{i,j,k} - \beta^2\right] u_x(i,j)\right\} \end{aligned} \tag{12.38}$$

$$
\begin{aligned}
&A_{yy}u_y \\
&=\frac{1}{2\beta}\left\{\frac{T_{i+1,j}u_x(i+1,j)-\left[2-R_{i+1,j}-R_{i-1,j}\right]u_y(i,j)+T_{i,j-1}u_y(i,j-1)}{\Delta y^2}\right. \\
&\left.+\frac{u_y(i+1,j)-2u_y(i,j)+u_y(i-1,j)}{\Delta x^2}+\left[\varepsilon_{i,j,k}-\beta^2\right]k^2u_y(i,j)\right\} \quad (12.39)
\end{aligned}
$$

$$
\begin{aligned}
&A_{xy}u_y \\
&=\frac{1}{8\beta\Delta x\Delta y}\left\{\left(\frac{\varepsilon_{i+1,j+1,k}}{\varepsilon_{i+1,j,k}}-1\right)u_x(i+1,j+1)-\left(\frac{\varepsilon_{i+1,j-1,k}}{\varepsilon_{i+1,j,k}}-1\right)u_x(i+1,j-1)\right. \\
&\left.-\left(\frac{\varepsilon_{i-1,j+1,k}}{\varepsilon_{i-1,j,k}}-1\right)u_x(i-1,j+1)+\left(\frac{\varepsilon_{i-1,j-1,k}}{\varepsilon_{i-1,j,k}}-1\right)u_x(i-1,j-1)\right\} \quad (12.40)
\end{aligned}
$$

$$
\begin{aligned}
&A_{yx}u_x \\
&=\frac{1}{8\beta\Delta x\Delta y}\left\{\left(\frac{\varepsilon_{i+1,j+1,k}}{\varepsilon_{i,j+1,k}}-1\right)u_x(i+1,j+1)-\left(\frac{\varepsilon_{i-1,j+1,k}}{\varepsilon_{i,j-1,k}}-1\right)u_x(i-1,j+1)\right. \\
&\left.-\left(\frac{\varepsilon_{i+1,j-1,k}}{\varepsilon_{i,j+1,k}}-1\right)u_x(i+1,j-1)+\left(\frac{\varepsilon_{i-1,j-1,k}}{\varepsilon_{i,j-1,k}}-1\right)u_x(i-1,j-1)\right\} \quad (12.41)
\end{aligned}
$$

式中

$$T_{i\pm1,j}=\frac{2\varepsilon_{i\pm1,j,k}}{\varepsilon_{i\pm1,j,k}+\varepsilon_{i,j,k}} \quad (12.42)$$

$$R_{i+1,j}=T_{i\pm1,j}-1 \quad (12.43)$$

是 i 和 $i+1$ 两点之间介质分界面的传输和反射系数. 同样

$$T_{i,j\pm1}=\frac{2\varepsilon_{i,j\pm1,k}}{\varepsilon_{i,j\pm1,k}+\varepsilon_{i,j,k}} \quad (12.44)$$

$$R_{i,j\pm1}=T_{i,j\pm1}-1 \quad (12.45)$$

是 j 和 $j+1$ 两点之间介质分界面的传输和反射系数.

12.3　1+1 维有限差分波束传播法公式

如果我们能够忽略折射系数 (宽波导) 在 y 方向的变化, 方程 (12.37) 描述的标量公式可以进一步简化为 1+1 的情况. 这时, 折射率沿横截面方向的变化为 $\overline{n}=\overline{n}(x,z)$. 有关的亥姆霍兹方程[10] 变成

$$2\mathrm{j}\beta\frac{\partial u}{\partial z}=\frac{\partial_x^2u}{\partial x^2}+\left(\overline{n}^2k_0^2-\beta^2\right)u \quad (12.46)$$

式中, u 是波导 TE 模式仅有的电场分量. 该方程可以用两种方法进行分析和计算. 我们将使用第二种方法.

12.3.1 简单近似

这里我们讨论由 Chung 和 Dagli [10] 所描述的 FD-BPM 公式. 首先, 把连续场 $u(z,x)$ 用其离散值取代, 它变成

$$u_i \equiv u(i\cdot\Delta x, z), \quad i=0,1,2,\cdots,N-1$$

二次求导近似为

$$\frac{\partial^2 u}{\partial x^2}=\frac{u_{i-1}-2u_i+u_{i+1}}{\Delta x^2}$$

最终有限差分方程是

$$2\mathrm{j}\beta\frac{\partial u_i}{\partial z}=\frac{u_{i-1}-2u_i+u_{i+1}}{\Delta x^2}+\left(\overline{n}_i^2k_0^2-\beta^2\right)u_i\equiv f_i(z)$$

利用梯形法则对上述方程进行积分:

$$2\mathrm{j}\beta\int_{u_i(z)}^{u_i(z+\Delta z)}\mathrm{d}u_i=\int_z^{z+\Delta z}f_i(z)\mathrm{d}z$$

于是

$$2\mathrm{j}\beta\left[u_i(z+\Delta z)-u_i(z)\right]=\frac{1}{2}\Delta z\left[f_i(z+\Delta z)+f_i(z)\right]$$

在上面的公式中利用 $f_i(z)$ 的定义, 我们发现[10]

$$\begin{aligned}&-au_{i+1}(z+\Delta z)+bu_i(z+\Delta z)-au_{i-1}(z+\Delta z)\\&=au_{i+1}(z)+cu_i(z)+au_{i-1}(z)\end{aligned}\tag{12.47}$$

式中

$$\begin{aligned}a&=\frac{\Delta z}{2\Delta x^2}\\b&=\frac{\Delta z}{\Delta x^2}-\frac{1}{2}\Delta z\left[k_0^2\overline{n}_i^2(z+\Delta z)-\beta^2\right]+2\mathrm{j}\beta\\c&=-\frac{\Delta z}{\Delta x^2}+\frac{1}{2}\Delta z\left[k_0^2\overline{n}_i^2(z)-\beta^2\right]+2\mathrm{j}\beta\end{aligned}$$

上述处理得到了线性方程的三对角系统. 详细讨论见文献 [10].

12.3.2 传播运算子方法

1. *方法* 1

沿 z 方向传播的变量 (z,x) , 在波导中的传播用一维近似处理时, 场沿 y 方向无变化, 于是令 $\partial/\partial y=0$. 因而我们得到的方程是

$$2\mathrm{j}\beta\frac{\partial u}{\partial z}=\frac{\partial^2 u}{\partial x^2}+\left(k^2-\beta^2\right)u\tag{12.48}$$

式中, $k = \overline{n}k_0$.

方程 (12.48) 在一维情况下的有限差分离散化变为

$$\mathrm{j}\frac{u_i^{n+1}-u_i^n}{h}=\frac{1}{2\beta}\frac{u_{i+1}^n-2u_i^n+u_{i-1}^n}{\Delta x^2}+\frac{1}{2\beta}\left(k_i^2-\beta^2\right) \tag{12.49}$$

式中, $k_i^2 = k_0^2\ \overline{n}_i^2(x) \equiv k_0^2\ \overline{n}^2(x_i)$. 引入传播运算子 P 后, 以上步骤变成

$$\mathrm{j}\frac{u_i^{n+1}-u_i^n}{h}=\sum_{k=1}^{N}P_{ik}\ u_k^n \tag{12.50}$$

传播运算子 P 的矩阵元素是

$$P_{ik}=\frac{1}{2\beta}\frac{1}{\Delta x^2}\left(\delta_{i+1,k}-2\ \delta_{i,k}+\delta_{i-1,k}\right)+\frac{1}{2\beta}\left(k_i^2\ \delta_{i,k}-\beta^2\right) \tag{12.51}$$

方程 (12.50) 的解可以写成

$$\overrightarrow{u}^{n+1}=\left(\overleftrightarrow{I}-\mathrm{j}h\overleftrightarrow{P}\right)\overrightarrow{u}^{n} \tag{12.52}$$

式中, $\overrightarrow{u}^n$ 是由元素 u_i^n 组成的列矢量; $\overleftrightarrow{I}$ 是单位矩阵; $\overleftrightarrow{P}$ 是传播矩阵, 其矩阵元素由方程 (12.51) 给出. 该步骤被称为简明步骤. 如果步长 h 太大, 它在数值上是不稳定的.

将传播运算子 P 运用到 u 的前方数值[11], 情况将得以改善. 方程 (12.50)

$$j\frac{u_i^{n+1}-u_i^n}{h}=\sum_{k=1}^{N}P_{ik}\ u_k^{n+1} \tag{12.53}$$

或者

$$\overrightarrow{u}^{n+1}=\overrightarrow{u}^{n}-\mathrm{j}h\ \overleftrightarrow{P}\ \overrightarrow{u}^{n+1}$$

或者

$$\left(\overleftrightarrow{I}+\mathrm{j}h\overleftrightarrow{P}\right)\overrightarrow{u}^{n+1}=\overrightarrow{u}^{n}$$

的解是

$$\overrightarrow{u}^{n+1}=\left(\overleftrightarrow{I}+\mathrm{j}h\overleftrightarrow{P}\right)^{-1}\ \overrightarrow{u}^{n} \tag{12.54}$$

这被称为隐性方法, 它是稳定的, 见习题.

两个方法结合起来就是对显性和隐性的方式取平均. 新的方法被称为 Crank-Nicolson 法[11]. 这时, 它既精确又稳定. 把方程 (12.50) 和方程 (12.53) 加起来, 我们得到了

$$2\mathrm{j}\frac{u_i^{n+1}-u_i^n}{h}=\sum_{k=1}^{N}P_{ik}\ \left(u_k^n+u_k^{n+1}\right) \tag{12.55}$$

其矩阵形式为

$$\overrightarrow{u}^{n+1} = \overrightarrow{u}^{n} - \frac{1}{2}\mathrm{j}h \overleftrightarrow{P} \left(u_k^n + u_k^{n+1}\right) \tag{12.56}$$

它可以表示为

$$\left(\overleftrightarrow{I} + \frac{1}{2}\mathrm{j}h\overleftrightarrow{P}\right)\overrightarrow{u}^{n+1} = \left(\overleftrightarrow{I} - \frac{1}{2}\mathrm{j}h\overleftrightarrow{P}\right)\overrightarrow{u}^{n} \tag{12.57}$$

或者

$$L_+ \overrightarrow{u}^{n+1} = L_- \overrightarrow{u}^{n} \tag{12.58}$$

式中

$$L_+ = \overleftrightarrow{I} + \frac{1}{2}\mathrm{j}h\overleftrightarrow{P} \tag{12.59}$$

而且

$$L_- = \overleftrightarrow{I} - \frac{1}{2}\mathrm{j}h\overleftrightarrow{P} \tag{12.60}$$

由上述方程我们得到最终结果为

$$\overrightarrow{u}^{n+1} = L_+^{-1} L_- \overrightarrow{u}^{n} \tag{12.61}$$

2. *方法 2*

上述推导可以做得更正规化. 为此, 我们把方程 (12.48) 写成

$$\mathrm{j}\frac{\partial u}{\partial z} = P \cdot u \tag{12.62}$$

式中, 传播运算子 P 定义为

$$P = \frac{1}{2\beta}\left[\partial_x^2 + \left(k^2 - \beta^2\right)\right] \tag{12.63}$$

方程 (12.62) 的解是

$$u(z) = \mathrm{e}^{-\mathrm{j}zP}u(0)$$

当我们引入“小”步长 h 时, 上式的解是

$$u(z+h) = \mathrm{e}^{-\mathrm{j}hP}u(z) \tag{12.64}$$

对于小步长, 方程的解 (12.64) 可以近似为

$$u(z+h) \approx (1-\mathrm{j}hP)\,u(z) \tag{12.65}$$

我们注意到, 方程的解 (12.64) 也能写成

$$\mathrm{e}^{\mathrm{j}hP}u(z+h) = u(z) \tag{12.66}$$

或者

$$(1+\mathrm{j}hP)\,u(z+h) \approx u(z) \tag{12.67}$$

或者

$$u(z+h) \approx (1+\mathrm{j}hP)^{-1}\ u(z) \tag{12.68}$$

为了求解该问题, 在实用上一个重要的方法是 Crank-Nicolson 法, 它可以由方程 (12.65) 和方程 (12.68) 的解得到. 方程 (12.65) 在 $h \to h/2$ 后变换成

$$\begin{aligned} u(z+h) &= \left(1+\frac{\mathrm{j}h}{2}P\right)^{-1}\ u\left(z+\frac{h}{2}\right) \\ &= \left(1+\frac{\mathrm{j}h}{2}P\right)^{-1}\left(1+\frac{\mathrm{j}h}{2}P\right)u(z) \end{aligned} \tag{12.69}$$

具体步骤见附录, 清单 12B.2. 这是一个在真空中传播的高斯脉冲, 在我们的推导中, 假设 $\beta = \overline{n}\cdot k_0$. 于是, 传播运算子 P 的最后一项消失了.

高斯脉冲在自由空间中传播时沿传播方向在不同位置上的分布如图 12.7 所示. 人们可以观察到它的峰值逐渐减少, 同时, 看到从计算窗口边界上反射带来的效果. 在接下来的章节中讨论如何消除这些反射. 在图 12.8 中我们展示了图 12.7 所示高斯脉冲分布的三维视图.

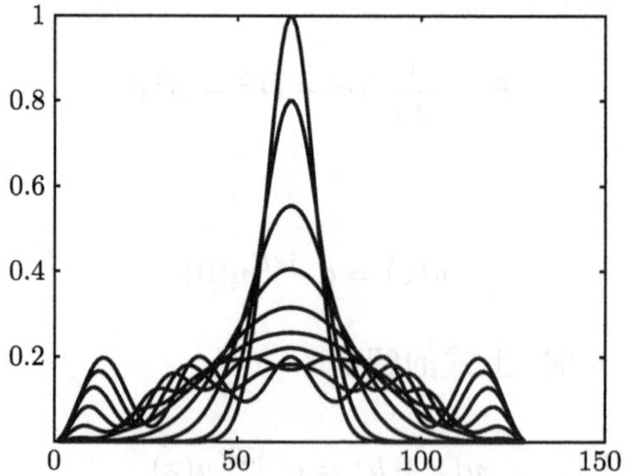

图 12.7　高斯脉冲沿 z 轴在不同位置时的剖面图

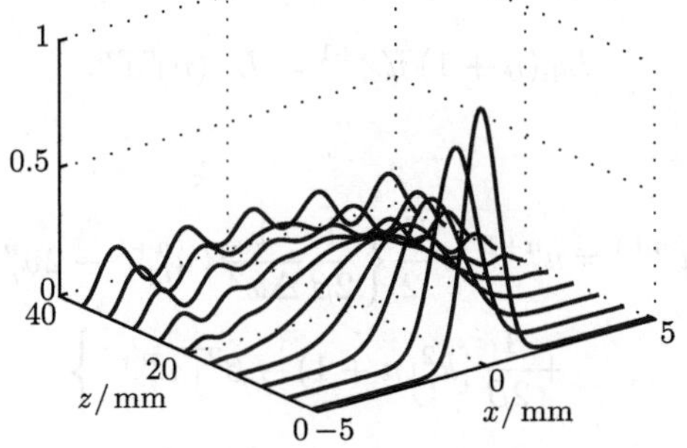

图 12.8 三维高斯脉冲在自由空间传播的剖面图

3. *方法 3*

在我们开始讨论边界条件之前, 打算把方程 (12.48) 的另一种可能的数值解法总结一下. 它将被用来推导横向边界条件的细节. 假设沿 x 轴取相等距离的步长, 并使用标准公式 ($h \equiv \Delta z$)

$$\frac{\partial u}{\partial z}=\frac{u_i^{n+1}-u_i^n}{h} \tag{12.70}$$

$$\frac{\partial^2 u}{\partial x^2}=\frac{u_{i+1}-2u_i+u_{i-1}}{\Delta x^2} \tag{12.71}$$

方程 (12.48) 的离散表示式为

$$2\mathrm{j}\beta\frac{u_i^{n+1}-u_i^n}{h}=\frac{u_{i+1}+u_{i-1}}{\Delta x^2}+\left[-\frac{2}{\Delta x^2}+\left(k_i^2-\beta^2\right)\right]u_i \tag{12.72}$$

对方程 (12.72) 的右方引入下列变化:

$$u_{i+1}=\frac{1}{2}\left(u_{i+1}^{n+1}+u_{i+1}^n\right) \tag{12.73}$$

$$u_{i-1}=\frac{1}{2}\left(u_{i-1}^{n+1}+u_{i-1}^n\right) \tag{12.74}$$

$$k_i^2=\frac{1}{2}\left[k_i^2(n+1)+k_i^2(n)\right] \tag{12.75}$$

几步代数上的运算后, 方程 (12.72) 可以表达为

$$\begin{aligned}&u_i^{n+1}+\frac{\mathrm{j}h}{2}\left\{\frac{1}{2\beta}\frac{1}{\Delta x^2}\left(u_{i+1}^{n+1}-2u_i^{n+1}+u_{i-1}^{n+1}\right)+\frac{1}{2\beta}\left[k_i^2(n+1)-\beta^2\right]u_i^{n+1}\right\}\\&=u_i^n-\frac{\mathrm{j}h}{2}\left\{\frac{1}{2\beta}\frac{1}{\Delta x^2}\left(u_{i+1}^n-2u_i^n+u_{i-1}^n\right)+\frac{1}{2\beta}\left[k_i^2(n)-\beta^2\right]u_i^n\right\}\end{aligned} \tag{12.76}$$

注意 k_i^2 中不同的 n. 上述方程最终的紧凑形式是

$$L_+(n+1)\overrightarrow{u}^{n+1} = L_-(n)\overrightarrow{u}^{n} \tag{12.77}$$

式中

$$\begin{aligned} L_+(n+1)\overrightarrow{u}^{n+1} =& u_i^{n+1} + \frac{\mathrm{j}h}{2}\left\{\frac{1}{2\beta}\frac{1}{\Delta x^2}\left(u_{i+1}^{n+1} - 2u_i^{n+1} + u_{i-1}^{n+1}\right)\right. \\ &\left. + \frac{1}{2\beta}\left[k_i^2(n+1) - \beta^2\right]u_i^{n+1}\right\} \end{aligned} \tag{12.78}$$

而且

$$L_-(n)\overrightarrow{u}^{n} = u_i^n - \frac{\mathrm{j}h}{2}\left\{\frac{1}{2\beta}\frac{1}{\Delta x^2}\left(u_{i+1}^n - 2u_i^n + u_{i-1}^n\right) + \frac{1}{2\beta}\left[k_i^2(n) - \beta^2\right]u_i^n\right\} \tag{12.79}$$

12.3.3 透明边界条件

为了消除在前面例子中所看到的反射, 我们需要引入计算窗口外适当的边界条件. 通行的解决方案是引入由 Hadley 首创的[12,13] 所谓的透明边界条件 (TBC). 文献 [14] ~ [17] 中有大量关于 TBC 的讨论. 考虑如图 12.9 所示的系统, 它有左侧和右侧的边界面. 显然, X_0 和 X_{N+1} 是系统外的节点, 它们都需要在数值运算中给出.

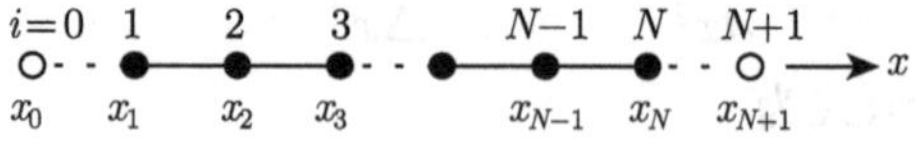

图 12.9 推导透明边界条件时用的节点数

1. *左侧边界*

首先分析左侧边界. 假设在边界附近, 场可以近似地表示为

$$u(x,z) \approx A(z)\,\mathrm{e}^{\mathrm{i}k_x x} \tag{12.80}$$

对于图 12.9 中左侧最初的三个点, 我们有

$$u_0 = u(x_0) = A(z)\,\mathrm{e}^{\mathrm{i}k_x x_0} \tag{12.81}$$

$$u_1 = u(x_1) = A(z)\,\mathrm{e}^{\mathrm{i}k_x x_1} \tag{12.82}$$

$$u_2 = u(x_2) = A(z)\,\mathrm{e}^{\mathrm{i}k_x x_2} \tag{12.83}$$

从上述方程, 我们发现

$$\frac{u_2}{u_1} = \frac{\mathrm{e}^{\mathrm{i}k_x x_2}}{\mathrm{e}^{\mathrm{i}k_x x_1}} = \mathrm{e}^{\mathrm{i}k_x(x_2 - x_1)} \equiv \mathrm{e}^{\mathrm{i}k_x \Delta x} \tag{12.84}$$

而且

$$\frac{u_1}{u_0} = \frac{\mathrm{e}^{\mathrm{i}k_x x_1}}{\mathrm{e}^{\mathrm{i}k_x x_0}} = \mathrm{e}^{\mathrm{i}k_x(x_1-x_0)} \equiv \mathrm{e}^{\mathrm{i}k_x\Delta x} \tag{12.85}$$

假定网格是均匀的, 也即 $\Delta x = x_2 - x_1 = x_1 - x_0$. 从上述方程, 我们可以确定在点 x_0 外的场

$$u_0 = u_1\,\mathrm{e}^{\mathrm{i}k_x\Delta x} \tag{12.86}$$

利用方程 (12.84), 从已知场的大小, 我们可以确定它的波数 k_x

$$k_x = \frac{1}{\mathrm{i}\Delta x}\ln\frac{u_2}{u_1} \tag{12.87}$$

对于向左行进, 即离去的场, k_x 的实数部分 $\mathrm{Re}(k_x)$ 是正数. 现在用运算子 L_+^{n+1} 对左侧一点实施透明边界条件 (TBC). 考虑 $i=1$ 的第一个元素, 由方程 (12.78) 我们得到

$$L_+^{n+1}(1) = u_1^{n+1} + \frac{1}{2}\mathrm{j}h\frac{1}{2\beta}\frac{1}{\Delta x^2}(-2)u_1^{n+1} + \frac{1}{2}\mathrm{j}h\frac{1}{2\beta}\frac{1}{\Delta x^2}u_0^{n+1} \tag{12.88}$$

用方程 (12.86) 取代 u_0^{n+1}, 于是

$$\begin{aligned} L_+^{n+1}(1) &= u_1^{n+1} + \frac{1}{2}\mathrm{j}h\frac{1}{2\beta}\frac{1}{\Delta x^2}(-2)u_1^{n+1} + \frac{1}{2}\mathrm{j}h\frac{1}{2\beta}\frac{1}{\Delta x^2}u_1^{n+1}\mathrm{e}^{\mathrm{j}k_x\Delta x} \\ &= \left(1 + \frac{1}{2}\mathrm{j}h\frac{1}{2\beta}\frac{1}{\Delta x^2}(-2) + \frac{1}{2}\mathrm{j}h\frac{1}{2\beta}\frac{1}{\Delta x^2}\mathrm{e}^{\mathrm{j}k_x\Delta x}\right)u_1^{n+1} \\ &= (\text{奇数项} + \text{左侧校正})\,u_1^{n+1} \end{aligned} \tag{12.89}$$

因此, 我们立刻得到了最终的表示式. 对于运算子 L_-^{n+1}, 我们只是改变其符号而已. 对于右侧边界, 可以采取相似的步骤完成 TBC. 现在把它留作习题由读者去完成.

2. *右侧边界*

在右侧的边界, X_{N+1} 是处于系统之外的点, 我们必须确定那里场的大小. 首先, 假设向右行进的场用下式表示:

$$u(x) \approx A(z)\,\mathrm{e}^{-\mathrm{i}k_x x} \tag{12.90}$$

基于上面的假设, 我们可以把右侧边界附近的三个点的场分别写为

$$u_{N-1} = u(x_{N-1}) = A(z)\,\mathrm{e}^{-\mathrm{i}k_x x_{N-1}} \tag{12.91}$$

$$u_N = u(x_N) = A(z)\,\mathrm{e}^{-\mathrm{i}k_x x_N} \tag{12.92}$$

$$u_{N+1} = u(x_{N+1}) = A(z)\,\mathrm{e}^{-\mathrm{i}k_x x_{N+1}} \tag{12.93}$$

式中, u_{N-1} 和 u_N 是系统的内场; u_{N+1} 是系统的外场. 由上述关系, 我们得到的外场是

$$u_{N+1} = u_N \, \mathrm{e}^{-\mathrm{i}k_x \Delta x} \tag{12.94}$$

式中, 波数是

$$k_x = \frac{1}{\mathrm{i}\Delta x} \ln \frac{u_2}{u_1} \tag{12.95}$$

图 12.10 表示的是高斯脉冲在透明边界条件时的横截面. 我们发现反射已被消除. 初始高斯脉冲在不同位置的的三维视图如图 12.11 所示. Matlab 的代码见附录 12B 清单 12B.3 和清单 12B.3.1.

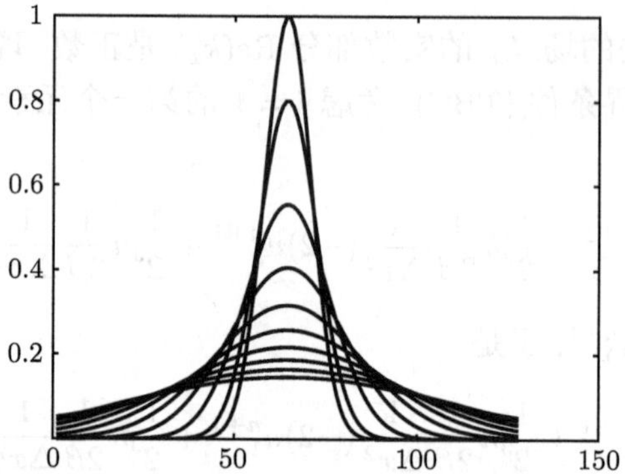

图 12.10 利用 BPM 对在自由空间与透明边界条件下计算的高斯脉冲沿 z 轴不同位置的场分布比较

注意其峰值和脉展宽度的减小以及反射的消失

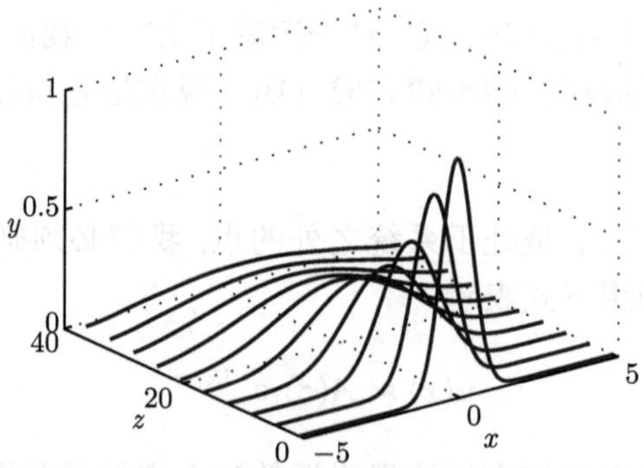

图 12.11 图 12.10 所示在自由空间并利用透明边界条件得到的高斯脉冲场分布的三维图

12.4 结 束 语

几年前发表的题为《什么是未来的波束传播法?》[18] 的文章讨论了 BPM 在

光子器件模拟中的作用. 该作者还提供给读者许多大量文献讨论以下与 BPM 相关的问题: 横向离散化, 显性和隐性的公式, 矢量效果, 广角效果, 反射机构和时域的 BPM. 他们关于 BPM 的突出问题 (如 2004 年) 的结论是: 灵活的网格划分, 开展广角算法的实施, 改善边界条件和创建如用时间和/或频域方法的混合的 BPM 方案.

Gallagher[19] 不久前使用 BPM(也利用 Eigenmode 征模展开法和时域有限差分法) 对所报道的光子的 CAD 进行了评估. 他总结了在光子建模方面使用的主要算法并讨论它们各自的优缺点.

12.5 习　　题

1. 推导出关于磁场的 BPM H- 公式.
2. 推导出显式 von Neumann 稳定性分析.
3. 根据本章中左边界的 TBC, 导出右边界的 TBC 表示式.

12.6 课　　题

实施在 12.3.1 节中讨论的 1-1 FD-BPM，参见文献 [10], 分析在文献 [10] 中的波导.

附录 12 A: FD-BPM 方程的推导细节

我们描述早先的方程, 如方程 (12.32), 进行离散化的细节. 这里, 我们仅提出一维情况的细节. 推广到二维情况是十分容易的. 需要作离散化的典型项是

$$K=\frac{\partial}{\partial x}\frac{1}{\varepsilon}\frac{\partial}{\partial x}(\varepsilon u)\equiv\frac{\partial}{\partial x}g(x)$$

1. **近似法**

一级求导是

$$\frac{\partial\phi}{\partial x}=\frac{\phi_{p+1}-\phi_p}{\Delta x}$$

式中, $\phi=\varepsilon u$. 把上述结果用于点 $p+\dfrac{1}{2}$ 和 $p-\dfrac{1}{2}$, 然后求差, 我们发现

$$K=\frac{1}{\Delta x}\left\{\frac{1}{\varepsilon_{p+\frac{1}{2}}}\frac{\phi_{p+1}-\phi_p}{\Delta x}-\frac{1}{\varepsilon_{p-\frac{1}{2}}}\frac{\phi_p-\phi_{p-1}}{\Delta x}\right\}$$

式中

$$\phi_{p\pm1}=\varepsilon_{p\pm1}u_{p\pm1}$$

$$\phi_p=\varepsilon_p u_p$$

再利用下面的直观性的关系 (将在下一节中证明):

$$\varepsilon_{p+\frac{1}{2}}=\frac{\varepsilon_{p+1}+\varepsilon_p}{2}$$

$$\varepsilon_{p-\frac{1}{2}}=\frac{\varepsilon_{p+1}+\varepsilon_{p-1}}{2}$$

把上述关系合并起来, 我们得到

$$\begin{aligned}K&=\frac{1}{\Delta x}\frac{2}{\varepsilon_{p+1}+\varepsilon_p}\frac{\varepsilon_{p+1}u_{p+1}-\varepsilon_p u_p}{\Delta x}-\frac{1}{\Delta x}\frac{2}{\varepsilon_p+\varepsilon_{p-1}}\frac{\varepsilon_p u_p-\varepsilon_{p-1}u_{p-1}}{\Delta x}\\&=\frac{2}{\Delta x^2}\left\{\frac{\varepsilon_{p+1}}{\varepsilon_{p+1}+\varepsilon_p}u_{p+1}-\left[\frac{\varepsilon_p}{\varepsilon_{p+1}+\varepsilon_p}+\frac{\varepsilon_p}{\varepsilon_p+\varepsilon_{p-1}}\right]u_p+\frac{\varepsilon_{p-1}}{\varepsilon_p+\varepsilon_{p-1}}u_{p-1}\right\}\end{aligned}$$

2. 泰勒级数近似

我们对

$$K=\frac{\partial}{\partial x}\frac{1}{\varepsilon}\frac{\partial}{\partial x}(\varepsilon u)=\frac{\partial}{\partial x}\frac{1}{\varepsilon}\left(\frac{\partial\varepsilon}{\partial x}\right)u+\frac{\partial^2 u}{\partial x^2}$$

求微分. 首先估算第一项, 在 p 点展开

$$\left(\frac{1}{\varepsilon}\left(\frac{\partial\varepsilon}{\partial x}\right)u\right)_{p\pm\frac{1}{2}}=\left(\frac{1}{\varepsilon}\left(\frac{\partial\varepsilon}{\partial x}\right)u\right)_p\pm\frac{\Delta x}{2}\frac{\partial}{\partial x}\frac{1}{\varepsilon}\left(\frac{\partial\varepsilon}{\partial x}\right)u\bigg|_p$$

代入后, 我们得到

$$\frac{\partial}{\partial x}\frac{1}{\varepsilon}\left(\frac{\partial\varepsilon}{\partial x}\right)u\bigg|_p=\frac{1}{\Delta x}\left\{\left(\frac{1}{\varepsilon}\left(\frac{\partial\varepsilon}{\partial x}\right)u\right)_{p+\frac{1}{2}}-\left(\frac{1}{\varepsilon}\left(\frac{\partial\varepsilon}{\partial x}\right)u\right)_{p-\frac{1}{2}}\right\}\tag{12.96}$$

于是, 我们观察到在中点 $p+\dfrac{1}{2}$ 和 $p-\dfrac{1}{2}$ 需要 u 和 ε 的数值:

$$u_{p+1}=u_{p+\frac{1}{2}}+\frac{\partial u}{\partial x}\bigg|_{p+\frac{1}{2}}\frac{\Delta x}{2}$$

以及

$$u_p=u_{p+\frac{1}{2}}-\frac{\partial u}{\partial x}\bigg|_{p+\frac{1}{2}}\frac{\Delta x}{2}$$

把它们加入进去, 得到

$$u_{p+\frac{1}{2}}=\frac{1}{2}(u_p+u_{p+1})\tag{12.97}$$

ε 的展开式给出

$$\varepsilon_{p+1} = \varepsilon_{p+\frac{1}{2}} - \left.\frac{\partial \varepsilon}{\partial x}\right|_{p+\frac{1}{2}} \frac{\Delta x}{2}$$

以及

$$\varepsilon_{p} = \varepsilon_{p+\frac{1}{2}} - \left.\frac{\partial \varepsilon}{\partial x}\right|_{p+\frac{1}{2}} \frac{\Delta x}{2}$$

把它们加在一起, 我们得到

$$\varepsilon_{p+\frac{1}{2}} = \frac{1}{2}(\varepsilon_p + \varepsilon_{p+1}) \tag{12.98}$$

反之, 相减给出

$$\left.\frac{\partial \varepsilon}{\partial x}\right|_{p+\frac{1}{2}} = \frac{1}{2}(\varepsilon_{p+1} - \varepsilon_p) \tag{12.99}$$

由方程 (12.98) 和方程 (12.99) 有

$$\left.\frac{1}{\varepsilon}\frac{\partial \varepsilon}{\partial x}\right|_{p+\frac{1}{2}} = \frac{2}{\Delta x}\frac{\varepsilon_{p+1} - \varepsilon_p}{\varepsilon_p + \varepsilon_{p+1}} \tag{12.100}$$

利用方程 (12.97) 和方程 (12.100) 我们得到

$$\left.\frac{1}{\varepsilon}\frac{\partial \varepsilon}{\partial x}u\right|_{p+\frac{1}{2}} = \frac{1}{\Delta x}\frac{\varepsilon_{p+1} - \varepsilon_p}{\varepsilon_p + \varepsilon_{p+1}}(u_p + u_{p+1}) \tag{12.101}$$

以完全相同的方法, 在 $p - \dfrac{1}{2}$ 附近进行相关的展开, 我们发现

$$\left.\frac{1}{\varepsilon}\frac{\partial \varepsilon}{\partial x}u\right|_{p-\frac{1}{2}} = \frac{1}{\Delta x}\frac{\varepsilon_{p} - \varepsilon_{p-1}}{\varepsilon_p + \varepsilon_{p-1}}(u_p + u_{p-1}) \tag{12.102}$$

把方程 (12.101) 和方程 (12.102) 代入方程 (12.96), 得到中间的结果

$$\left.\frac{\partial}{\partial x}\frac{1}{\varepsilon}\left(\frac{\partial \varepsilon}{\partial x}\right)u\right|_{p} = \frac{1}{\Delta x^2}\left\{\frac{\varepsilon_{p+1} - \varepsilon_p}{\varepsilon_p + \varepsilon_{p+1}}(u_p + u_{p+1}) - \frac{\varepsilon_{p} - \varepsilon_{p-1}}{\varepsilon_p + \varepsilon_{p-1}}(u_p + u_{p-1})\right\} \tag{12.103}$$

利用表示式 (12.103) 对第二项求导作离散化处理:

$$\frac{\partial^2 u}{\partial x^2} = \frac{1}{\Delta x^2}(u_{p+1} - 2u_p + u_{p-1})$$

并和表示式 (12.103) 结合在一起, 全部推导就已完成. 其结果是

$$\begin{aligned} K &= \frac{\partial}{\partial x}\frac{1}{\varepsilon}\frac{\partial}{\partial x}(\varepsilon u) \\ &= \frac{2}{\Delta x^2}\left\{\frac{\varepsilon_{p+1}}{\varepsilon_p + \varepsilon_{p+1}}u_{p+1} - \varepsilon_p\left(\frac{1}{\varepsilon_p + \varepsilon_{p+1}} + \frac{1}{\varepsilon_p + \varepsilon_{p+1}}\right)u_p + \frac{\varepsilon_{p-1}}{\varepsilon_p + \varepsilon_{p-1}}u_{p-1}\right\} \end{aligned}$$

最后的结果与文献 [20] 相同.

附录 12B: 本章 Matlab 的函数清单和代码

在表 12.1 中, 我们提供了为本章建立的 Matlab 文件以及每个函数的简短说明.

表 12.1　在第 12 章的 Matlab 函数清单

清单	函数名	描述
12B.1	pbpm.m	近轴近似时自由空间中的高斯脉冲
12B.2	fd_bpm_free.m	自由空间中的高斯脉冲 (Crank-Nicholson)
12B.3	bpm_tbc.m	透明边界条件
12B.3.1	step.m	被 bpm_tbc.m 使用的函数, 执行单步运算

清单 12B.1　利用旁轴近似的傅里叶分步波束传播法实现二维高斯脉冲传播的 Matlab 代码.

```
% 文件名: pbpm.m
% Propagation of 2D Gaussian pulse by paraxial FT split-step BPM
clear all
N = 10;
delta_x = 1/N;
x = -5:delta_x:5;                   % creation of space arguments
y = -5:delta_x:5;                   % creation of space arguments
delta_z = 5.0;                      % step size along z-axis
delta_n = 0.4; k_zero = 100;
beta = 20;                          % propagation constant
%
u_init=(exp(-x.^2))'*exp(-y.^2); % initial Gaussian pulse
mesh(x,y,abs(u_init));              % plots original pulse
pause
close all
%
k_x = -5:1/N:5;                     % creation of Fourier variables
k_y = -5:1/N:5;                     % creation of Fourier variables
%
temp = delta_z/(2*beta);
H_transfer = (exp(1i*temp*k_x.^2))'*(exp(1i*temp*k_y.^2));
```

```
H_transfer = fftshift(H_transfer);
S_phase = exp(-1i*k_zero*delta_n);
%
for n=1:100
z = fft2(u_init);
zz = z.*H_transfer;
u_prime = ifft2(zz);
u = S_phase.*u_prime;
u_init = u;
end
%
mesh(x,y,abs(u_init))                  % plots pulse after propagation
pause
close all
```

清单 12B.2 程序 fd_bpm_free.m: 实现高斯脉冲在自由空间传播的 Matlab 代码.

```
% 文件名: fd_bpm_free.m
% Propagation of Gaussian pulse in a free space by Crank-Nicholson
method
% No boundary conditions are introduced
clear all
L_x=10.0;                             % transversal dimension (along x-axis)
w_0=1.0;                              % width of input Gaussian pulse
lambda = 0.6;                         % wavelength
n=1.0;                                % refractive index of the medium
k_0=2*pi/lambda;                      % wavenumber
N_x=128;                              % points on x axis
Delta_x=L_x/(N_x-1);                  % x axis spacing
h=5*Delta_x;                          % propagation step along z-axis
N_z=100;                              % number of propagation steps
plotting=zeros(N_x,N_z); % storage for plotting
x=linspace(-0.5*L_x,0.5*L_x,N_x); % coordinates along x-axis
x = x';
E=exp(-(x/w_0).^2);                   % initial Gaussian field
```

```
%
% beta = n*k_0. With this choice, last term in propagator vanishes
prefactor = 1/(2*n*k_0*Delta_x^2);
main = ones(N_x,1);
above = ones(N_x-1,1);
below = above;
P = prefactor*(diag(above,-1)-2*diag(main,0)+diag(below,1));% matrix P
%
step_plus = eye(N_x) + 0.5i*h*P;% step forward
step_minus =eye(N_x)-0.5i*h*P;  % step backward
%
z = 0;
z_plot = zeros(N_z);
for r=1:N_z
z = z + h;
z_plot(r) = z + h;
plotting(:,r)=abs(E).^2;
E=step_plus\step_minus*E;
end;
%
for k = 1:N_z/10:N_z              % choosing 2D plots every 10-th step
plot(plotting(:,k),'LineWidth',1.5)
set(gca,'FontSize',14);           % size of tick marks on both axes
hold on
end
pause
close all
%
for k = 1:N_z/10:N_z              % choosing 3D plots every 10-th step
y = z_plot(k)*ones(size(x));      % spread out along y-axis
plot3(x,y,plotting(:,k),'LineWidth',1.5)
hold on
end
grid on xlabel(?¯x (mm)?¯,?¯FontSize?¯,14)
ylabel('z (mm)','FontSize',14)  % along propagation direction
```

```
set(gca,'FontSize',14);           % size of tick marks on both axes
pause
close all
```

清单 12B.3 程序 bpm_tbc.m: 说明在自由空间传播并满足透明边界条件的高斯脉冲传播的 Matlab 代码.

```
% 文件名: bpm_tbc.m
% Illustrates propagation of Gaussian pulse in a free space
% using BPM with transparent boundary conditions
% Operator P is determined in a separate function
clear all
L_x=10.0;                          % transversal dimension (along x-axis)
w_0=1.0;                           % width of input Gaussian pulse
lambda = 0.6;                      % wavelength
n=1.0;                             % refractive index of the medium
k_0=2*pi/lambda;                   % wavenumber
N_x=128;                           % number of points on x axis
Delta_x=L_x/(N_x-1);               % x axis spacing
h=5*Delta_x;                       % propagation step
N_z=100;                           % number of propagation steps
plotting=zeros(N_x,N_z);           % storage for plotting
x=linspace(-0.5*L_x,0.5*L_x,N_x); % coordinates along x-axis
x = x';
E=exp(-(x/w_0).^2);                % initial Gaussian field
%
z = 0;
z_plot = zeros(N_z);
for r=1:N_z                        % BPM stepping
z = z + h;
z_plot(r) = z + h;
plotting(:,r)=abs(E).^2;
E = step(Delta_x,k_0,h,n,E);       % Propagates pulse over one step
end;
%
for k = 1:N_z/10:N_z               % choosing 2D plots every 10-th step
```

```
plot(plotting(:,k),'LineWidth',1.5)
set(gca,'FontSize',14);          % size of tick marks on both axes
hold on
end
pause
close all
%
for k = 1:N_z/10:N_z             % choosing 3D plots every 10-th step
y = z_plot(k)*ones(size(x));     % spread out along y-axis
plot3(x,y,plotting(:,k),'LineWidth',1.5)
hold on
end
grid on
xlabel('x','FontSize',14)
ylabel('z','FontSize',14)        % along propagation direction
set(gca,'FontSize',14);          % size of tick marks on both axes
pause
close all
```

清单 12B.3.1　函数 step.m: 在程序 bpm_tbc.m 中所使用函数的 Matlab 代码.

```
% 函数名: step.m
function E_new = step(Delta_x,k_0,h,n,E_old)
% Function propagates BPM solution along one step
N_x = size(E_old,1);                   % determine size of the system
%--- Defines operator P outside of a boundary
prefactor = 1/(2*n*k_0*Delta_x^2);
main = ones(N_x,1);
above = ones(N_x-1,1);
below = above;
P = prefactor*(diag(above,-1)-2*diag(main,0)+diag(below,1)); % matrix P
%
L_plus = eye(N_x) + 0.5i*h*P;          % step forward
L_minus = eye(N_x)-0.5i*h*P;           % step backward
%
```

```
%---- Implementation of boundary conditions
%
pref = 0.5i*h/(2*k_0*Delta_x^2);
k=1i/Delta_x*log(E_old(2)/E_old(1));
if real(k)<0
k=1i*imag(k);
end;
left = pref*exp(1i*k*Delta_x);          % left correction for next step
L_plus(1) = L_plus(1)+left;
L_minus(1) = L_minus(1)-left;
%
k=-1i/Delta_x*log(E_old(N_x)/E_old(N_x-1));
if real(k)<0
k=1i*imag(k);
end;
right = pref*exp(1i*k*Delta_x);         % right correction for nest step
L_plus(N_x) = L_plus(N_x) + right;
L_minus(N_x) = L_minus(N_x) - right;
%
E_new = L_minus\L_plus*E_old;           % determine new solution
```

参 考 文 献

[1] M.D. Feit and J.A. Fleck Jr. Light propagation in grated0index optical fibers. *Appl. Opt.*, 17:3990–3998, 1978.

[2] V.P. Tzolov, D. Feng, S. Tanev, and Z.J. Jakubczyk. Modeling tools for integrated and fiber optical devices. In G.C. Righini and S.Iraj Najafi, editors, *Integrated Optics Devices III. proceedings of SPIE*, volume 3620, pages 162–173. EMW Publishing, Cambridge, Massachusetts, 1999.

[3] K. Kawano and T. Kitoh. *Introduction to Optical Waveguide Analysis. Solving Maxwell's Equations and the Schroedinger Equation.* Wiley, New York, 2001.

[4] C. R. Pollock and M. Lipson. *Integrated Photonics.* Kluwer Academic Publishers, Boston, 2003.

[5] K. Okamoto. *Fundamentals of Optical Waveguides.* Academic Press, Amsterdam, 2006.

[6] G. Lifante. *Integrated Photonics. Fundamentals.* Wiley, Chichester, 2003.

[7] R.L. Liboff. *Introductory Quantum Mechanics.* Addison-Wesley, Reading, Massachusetts, 1992.

[8] C.L. Xu and W.P. Huang. Finite-difference beam propagation method for guide-wave optics. In J.A. Kong, editor, *Progress in Electromagnetic Research, PIER 11*, pages 1–49. EMW

Publishing, Cambridge, Massachusetts, 1995.

[9] W.P. Huang and C.L. Xu. Simulation of three-dimensional optical waveguides by a full-vector beam propagation method. *IEEE J. Quantum Electron.*, 29:2639–2649, 1993.

[10] Y. Chung and N. Dagli. An assessment of finite difference beam propagation method. *IEEE J. Quantum Electron.*, 26:1335–1339, 1990.

[11] A.L. Garcia. *Numerical Methods for Physics. Second Edition.* Prentice Hall, Upper Saddle River, 2000.

[12] G.R. Hadley. Transparent boundary condition for beam propagation. *Opt. Lett.*, 16:624–626, 1991.

[13] G.R. Hadley. Transparent boundary condition for the beam propagation method. *IEEE J. Quantum Electron.*, 28:363–370, 1992.

[14] F. Schmidt and P. Deuflhard. Discrete transparent boundary conditions for the numerical solution of Fresnel's equation. *Computers Math. Applic.*, 29:53–76, 1995.

[15] F. Fogli, G. Bellanca, and P. Bassi. TBC and PML conditions for 2D and 3D BPM: a comparison. *Optical and Quantum Electronics*, 30:443–456, 1998.

[16] D. Yevick, T. Friese, and F. Schmidt. A comparison of transparent boundary conditions for the Fresnel equation. *Journal of Computational Physics*, 168:433–444, 2001.

[17] F. Schmidt, T. Friese, and D. Yevick. Transparent boundary conditions for split-step Pade approximations of the one-way Helmholtz equation. *Journal of Computational Physics*, 170:696–719, 2001.

[18] T.M. Benson, B.B. Hu, and P. Sewell. What is the future for beam propagation methods? In G. Lampropoulos J. Armitage, R. Lessard, editor, *Proc. pf SPIE Photonics North 2004: Photonic Applications in Telecommunications, Sensors, Software and Lasers*, volume 5579, pages 351–358. SPIE, Bellingham, WA, 2004.

[19] D. Gallagher. Photonic CAD matures. *IEEE LEOS Newsletter*, 2:8–14, 2008.

[20] S. Lidgate. *Advanced Finite Difference - Beam Propagation Method Analysis of Complex Components.* PhD thesis, Nottingham, 2004.

第 13 章　波分复用 (WDM) 器件

波分复用 (WDM) 是为了提高光纤通信系统传输能力的现代实用方法. 从原理上说, 使不同波长的光束同时在一根光纤中传播而互不干扰. 在 1280~1650 nm 的波长范围内 (如同全通光纤[1]) 其单模光纤的可用带宽大约为 53THz. 近年来, 改进型 (密集型) 的 WDM 又称 DWDM 的系统正在研制中. 据了解,DWDM 可以支持 150 束不同波长的光波同时传输, 每束光最高达到 10Gbit/s 的传输速率. 本章我们将讨论 WDM 的一些器件并提供早先开发出来的用于模拟这些器件的 BPM 应用.

13.1　WDM 系统之基本

WDM 是实现全光学网络的主要技术, 是将一些不同波长结合在同一根光纤的技术.

WDM 的主要性能有:

(1) 升级能力 (capacity upgrade);

(2) 透明度 (transparent, 每个光通道用任何传输格式传输信息的能力);

(3) 波长路由 (wavelenght routing);

(4) 波长交换 (wavelength switching).

一个使用 N 个信道的 WDM 系统如图 13.1 所示. 该系统中为了在一根光纤中提高传输容量复用了 3 个波长. 使用国际通信联合会 (ITU) 所推荐的波长通过激光二极管发射进入波长复用器 (MUX) 的输入端, 所有的波长结合在一起后耦合到一根单模的光纤中. 如果需要, 传播的光在光纤中用光纤放大器放大, 最终进入波长解复器 (DMUX), 所有光信道被分离并传送到各自的输出端.

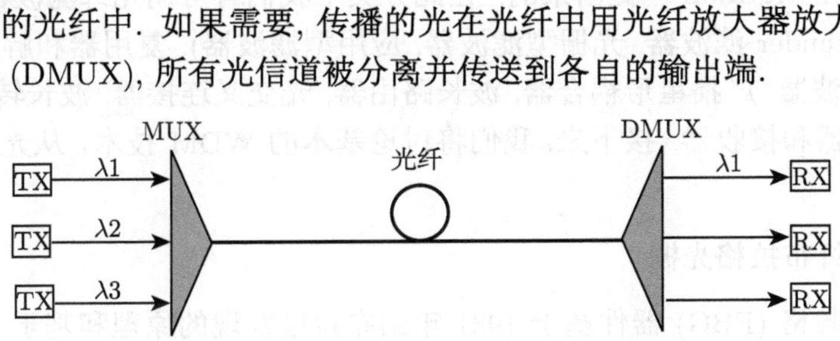

图 13.1　一个典型的 WDM 链接实施架构图

为了找出对应于在光区中的频谱宽度, 我们使用 $c = \lambda \cdot \nu$ 的关系, 其中, λ 是波长,ν 是载波频率，c 是光速. 对它求导数

$$\mathrm{d}\nu = c\frac{\mathrm{d}}{\mathrm{d}\lambda}\left(\frac{1}{\lambda}\right)\mathrm{d}\lambda = -\frac{c}{\lambda^2}\mathrm{d}\lambda$$

或者

$$|\Delta\nu| = \frac{c}{\lambda^2}|\Delta\lambda| \tag{13.1}$$

上述方程代表对应于波长 λ 附近波长变化 $\Delta\lambda$ 的频率变化 $\Delta\nu$. 利用上述公式我们可以对一根标准的单模光纤估计它的有用的波长范围. 假设通信波长范围是从 $\lambda_1 = 1280\text{nm}$ 延伸到 $\lambda_2 = 1625\text{nm}$, 因而最终光纤的带宽是 40THz [2]. 假定信道间隔为 50GHz 或 25GHz, 因而我们有可能传输 $800 \sim 1600$ 个波长信道.

接下来, 我们将讨论用在 WDM 系统中的基本器件并且提出用来模拟简单结构的波束传播方法 (BPM, 参阅第 12 章) 的两个应用.

13.2 基本的 WDM 技术

在一个理想的 WDM 系统中, 非线性效应可以忽略不计, 因而, 离散的波长可以用光学方法处理, 也就是说, 它们可以互相之间没有干扰而完成路由和交换. 光学过程既可以用无源器件也可以用有源器件实现.

当无须进行外部控制时，人们往往使用无源器件. 一般说来, 信号分离或合并时使用无源器件. 它们的实例是：$N \times N$ 耦合器, 功率分配器和星形耦合器.

有源器件使用电子学方法实现控制, 例如, 可调光学滤波器, 可调谐光源及光放大器. 这里我们将专注于无源器件.

用于开发 WDM 器件的基本技术是[3]：光纤布拉格光栅 (FBG), 阵列波导光栅 (AWG), 薄膜滤波器 (TFF)，以及衍射光栅 (DG).WDM 用于光纤通信系统，另一种分类法是由 Agrawal[4] 提出来的. 在此分类中我们有可调光纤滤波器 (FP 滤波器, Mach-Zehnder 滤波器, 光栅型滤波器, 应用型滤波器), 复用器和解复器, 加/减复用器和滤波器, 广播星形耦合器, 波长路由器, 光交叉连接器, 波长转换器，以及 WDM 发射器和接收器. 接下来, 我们将讨论基本的 WDM 技术，从光纤布拉格光栅开始.

13.2.1 光纤布拉格光栅

光栅布拉格 (FBG) 器件基于 1931 年由布拉格发现的原理和基于 Hill 在 1978 年演示的滤波器 (图 13.2). 滤波器的关键部分是一个利用在掺锗的光纤中的光敏效应形成一个周期性变化的折射率 (即栅格)[5]. 当由几个波长组成的光信号在该

光纤中通过 (从左向右) 时, 满足布拉格条件的波长反射回来. 满足布拉格条件的反射波, 其波长中心位于 λ_B:

$$\lambda_B = 2\Lambda n_{eff} \tag{13.2}$$

式中, Λ 是栅格的周期; n_{eff} 是纤芯有效群折射率. 布拉格光栅的应用多种多样, 其中包括滤波器和色散补偿. 对 FBG 的综合性介绍包括光纤栅格激光器和放大器, 可浏览 Kashyap 写的书[6].

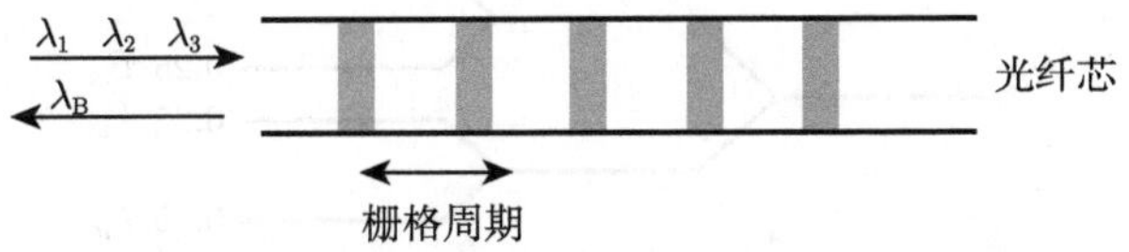

图 13.2 光纤栅格在光纤通信中作为光滤波器使用

13.2.2 阵列波导栅格

阵列波导栅格 (AWG) 的结构如图 13.3[2] 所示. 它由几个不同长度的波导所组成, 所有波导的两端都分别聚合到一起, 几个不同波长 $(\lambda_1, \lambda_2, \cdots)$ 组合在一起的光进入器件的左方. 仔细设计每个波导的长度以便在波导结构的末端 (右方) 相邻波导之间有一个精确的相位差. 结果, 在输出端形成了衍射图从而在波导输出端对某个特定波长得到光输出. AWG 可以用作无源的光复用器或解复器.

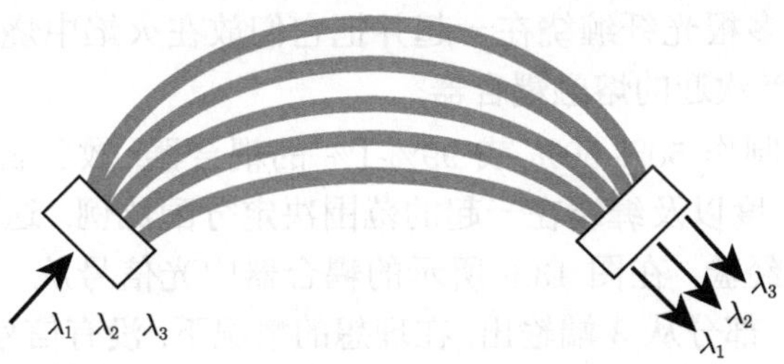

图 13.3 一个简单的阵列波导解复器的图示

13.2.3 耦合器和分束器

光耦合器是无源器件, 它把光信号分成多路或者把多路信号合并成一路. 耦合器的基本特征是输入和输出的数目, 通常用 $N \times M$ 来表示. 其中 N 代表输入端数,M 代表输出端数.

分束器是耦合器的改型. 例如,Y- 分岔功率分束器如图 13.4 所示. 一般说来, 这种 Y- 分岔功率分束器将功率平均地分配到两路输出端. 把几个 Y- 分岔器组合可以提供更多的输出, 如图 13.5 所示.

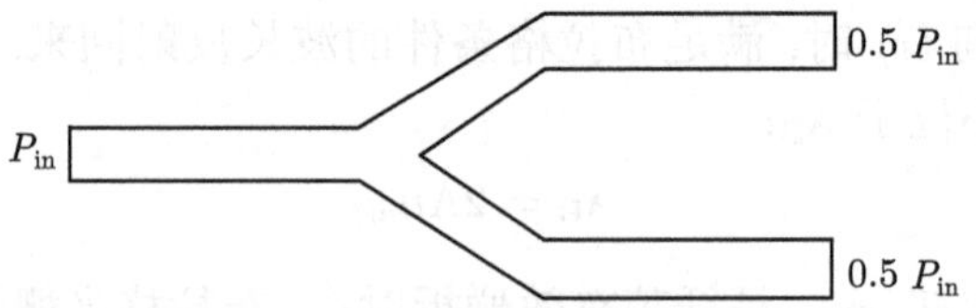

图 13.4 Y- 分岔功率分束器

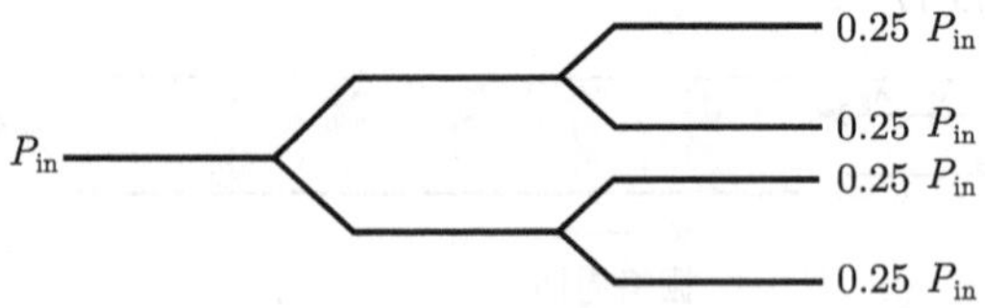

图 13.5 四端分配器

波导上的耦合器可以如图 13.6 所示, 通过离子交换, 离子注入或化学气相沉积的方法建构.

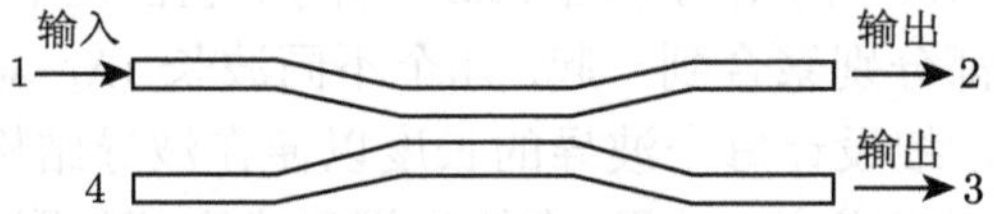

图 13.6 集成光方向耦合器

通过把两根或多根光纤缠绕在一起并把它们放在火焰中烧融在一起也能构建耦合器，这就是很受欢迎的熔融耦合器.

这种技术用来制作 50%-50% 或 99%-1% 的耦合器, 数字表明分配的比例. 耦合区 (熔融区) 的长度以及缠绕在一起的范围决定分配比例. 这种耦合器制作简单但要求丰富的制作经验. 在图 13.6 所示的耦合器中光信号从 1 端进入, 一部分信号从 2 端输出, 另一部分从 3 端输出. 在理想的情况下, 没有信号抵达 4 端, 也没有信号丢失. 但是事实上总有十分之几分贝的损耗, 而且仍然有耦合到 4 端的信号，虽然比 1 端小 30dB. 通过改变长度 L 可以使光耦合到不同端口有不同的比例. 耦合器和分配器的一般性应用有：

(1) 监测不同位置的光输出 (通常使用 99%-1% 的耦合器).

(2) 把输入的光信号同步地分配到不同的地方. 例如,4 端口的分配器 (图 13.5) 用它们的信号去驱动 4 个接收器.

接下来, 我们将讨论无源耦合器的数学描述.

13.2.4 无源耦合器的数学理论

考虑两个波导 a 和 b(图 13.7) [7]. 对于单个波导 (如波导 a), 我们可以把场表

示为

$$\boldsymbol{E}(x,y,z)=\boldsymbol{E}^{(a)}(x,y)\,a(z)$$
$$\boldsymbol{H}(x,y,z)=\boldsymbol{H}^{(a)}(x,y)\,a(z)$$

式中

$$a(z)=a_0\mathrm{e}^{\mathrm{i}\beta_a z}$$

而 $\boldsymbol{E}^{(a)}(x,y)$ 和 $\boldsymbol{H}^{(a)}(x,y)$ 是在 (x,y) 平面中的模式分布. 它们被归一化为

$$\frac{1}{2}\mathrm{Re}\int\int\boldsymbol{E}^{(a)*}(x,y)\times\boldsymbol{H}^{(a)*}\mathrm{d}x\mathrm{d}y\cdot\widehat{z}=1$$

另外

$$\frac{\mathrm{d}a(z)}{\mathrm{d}z}=\mathrm{i}\beta_a a(z)$$

总的导波功率

$$\begin{aligned}P&=\frac{1}{2}\int\int\boldsymbol{E}^{(a)*}(x,y,z)\times\boldsymbol{H}^{*}(x,y,z)\cdot\widehat{z}\mathrm{d}x\mathrm{d}y\\&=|a(z)|^2\end{aligned}$$

对于两个平行波导, 每一个的电场可以写为

$$\boldsymbol{E}(x,y,z)=a(z)\,\boldsymbol{E}^{(a)}(x,y)+b(z)\,\boldsymbol{E}^{(b)}(x,y) \tag{13.3}$$

$$\boldsymbol{H}(x,y,z)=a(z)\,\boldsymbol{H}^{(a)}(x,y)+b(z)\,\boldsymbol{H}^{(b)}(x,y) \tag{13.4}$$

振幅 $a(z)$ 和 $b(z)$ 满足下列 (耦合模式) 方程:

$$\frac{\mathrm{d}a(z)}{\mathrm{d}z}=\mathrm{i}\beta_a a(z)+\mathrm{i}\kappa_{ab}b(z) \tag{13.5}$$

$$\frac{\mathrm{d}b(z)}{\mathrm{d}z}=\mathrm{i}\kappa_{ba}a(z)+\mathrm{i}\beta_b b(z) \tag{13.6}$$

式中, κ_{ab} 和 κ_{ba} 是耦合系数. 导波功率是

$$\begin{aligned}P=&s_a|a(z)|^2+s_b|\,b(z)|^2+\mathrm{Re}\{a(z)\,b^*(z)\,C_{ba}\\&+b(z)\,a^*(z)\,C_{ab}\}\end{aligned} \tag{13.7}$$

式中

$$C_{pq}=\frac{1}{2}\int\int_{-\infty}^{+\infty}\boldsymbol{E}^{(q)}(x,y)\times\boldsymbol{H}^{(p)*}(\,x,y)\cdot\widehat{z}\mathrm{d}x\mathrm{d}y \tag{13.8}$$

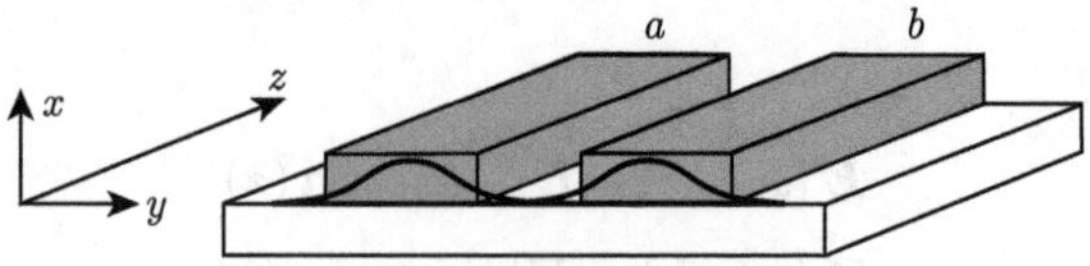

图 13.7　两个耦合的光波导

图中显示电场的分布

上述公式中当波沿 $+z$ 方向传播时 s_a, s_b =+1, 反之, 当沿 $-z$ 方向传播时 $s_a, s_b = -1$.

耦合方程可以写成矩阵形式

$$\frac{\mathrm{d}}{\mathrm{d}z}\begin{bmatrix} a(z) \\ b(z) \end{bmatrix} = \mathrm{i}\boldsymbol{M}\begin{bmatrix} a(z) \\ b(z) \end{bmatrix} \tag{13.9}$$

式中

$$\boldsymbol{M} = \begin{bmatrix} \beta_a & \kappa_{ab} \\ \kappa_{ba} & \beta_b \end{bmatrix} \tag{13.10}$$

方程的解应该是

$$\begin{bmatrix} a(z) \\ b(z) \end{bmatrix} = \begin{bmatrix} A \\ B \end{bmatrix} \mathrm{e}^{\mathrm{i}\beta z} \tag{13.11}$$

把它代入方程 (13.9), 我们得到

$$[\boldsymbol{M}-\beta\boldsymbol{I}]\begin{bmatrix} A \\ B \end{bmatrix} = 0 \tag{13.12}$$

式中, $\boldsymbol{I}$ 是单位矩阵. 简单运算后, 我们得到它的完整形式:

$$\begin{bmatrix} \beta_a-\beta & \kappa_{ab} \\ \kappa_{ba} & \beta_b-\beta \end{bmatrix}\begin{bmatrix} A \\ B \end{bmatrix} = 0 \tag{13.13}$$

为了使方程有解, 行列式必须为零, 也就是

$$\det = (\beta_a-\beta)(\beta_b-\beta) - \kappa_{ab}\cdot\kappa_{ba} = 0 \tag{13.14}$$

因此, 两个特征值是

$$\beta=\frac{1}{2}(\beta_a+\beta_b) \pm \gamma \equiv \begin{cases} \beta_+ \\ \beta_- \end{cases} \tag{13.15}$$

式中

$$\gamma=\sqrt{\Delta^2+\kappa_{ab}\cdot\kappa_{ba}},\ \ \Delta = \frac{1}{2}(\beta_b-\beta_a) \tag{13.16}$$

特征矢量分别为

$$\boldsymbol{v}_1=\begin{bmatrix}\kappa_{ab}\\ \Delta+\gamma\end{bmatrix}\quad 或者\quad \begin{bmatrix}-\Delta+\gamma\\ \kappa_{ba}\end{bmatrix}\quad (对于\ \beta_+) \tag{13.17}$$

和

$$\boldsymbol{v}_2=\begin{bmatrix}\kappa_{ab}\\ \Delta-\gamma\end{bmatrix}\quad 或者\quad \begin{bmatrix}-\Delta-\gamma\\ \kappa_{ba}\end{bmatrix}\quad (对于\ \beta_-) \tag{13.18}$$

于是, 方程的通解为

$$\begin{bmatrix}a(z)\\ b(z)\end{bmatrix}=\boldsymbol{V}\begin{bmatrix}\mathrm{e}^{\mathrm{i}\beta_+z} & 0\\ 0 & \mathrm{e}^{\mathrm{i}\beta_-z}\end{bmatrix}\boldsymbol{V}^{-1}\begin{bmatrix}a(0)\\ b(0)\end{bmatrix} \tag{13.19}$$

式中, 矩阵 $\boldsymbol{V}$ 是由两个特征矢量组成的:

$$\boldsymbol{V}=[\boldsymbol{V}_1;\boldsymbol{V}_2] \tag{13.20}$$

经过简单的代数运算, 我们得到方程的解

$$\begin{bmatrix}a(z)\\ b(z)\end{bmatrix}=\boldsymbol{S}(z)\begin{bmatrix}a(0)\\ b(0)\end{bmatrix} \tag{13.21}$$

式中

$$\boldsymbol{S}(z)=\begin{bmatrix}\cos\gamma z-\mathrm{i}\dfrac{\Delta}{\gamma}\sin\gamma z & \mathrm{i}\dfrac{\kappa_{ba}}{\gamma}\sin\gamma z\\ \mathrm{i}\dfrac{\kappa_{ba}}{\gamma}\sin\gamma z & \cos\gamma z+\mathrm{i}\dfrac{\Delta}{\gamma}\sin\gamma z\end{bmatrix}\cdot \mathrm{e}^{\frac{\mathrm{i}}{2}(\beta_a+\beta_b)z} \tag{13.22}$$

考虑在 $z=0$ 时的特殊情况, 这时光功率仅输入到波导 a, 即 $a(0)=1$, $b(0)=0$. 于是, 我们发现

$$|b(z)|^2=\left|\frac{\kappa_{ba}}{\gamma}\right|^2\sin^2\gamma z$$

当 $\gamma z=\dfrac{\pi}{2},3\dfrac{\pi}{2},...,(2n+1)\dfrac{\pi}{2}$ 时, 从波导 a 转化到 b 的光功率为极大值. 由于

$$\left|\frac{\kappa_{ba}}{\gamma}\right|^2=\frac{|\kappa_{ba}|^2}{\left[\frac{1}{2}(\beta_b-\beta_a)\right]^2+|\kappa_{ba}|^2}<1$$

对于 $\beta_a\neq\beta_b$, 两个波导间功率的完全转移永远不会实现. 详细的讨论可参见文献 [7].

13.2.5　光隔离器

光隔离器是一种使光信号只沿一个方向传播的无源器件. 与此同时, 沿反方向的回头信号抑制殆尽. 隔离器的两个关键参数是: 沿前进方向的插入损耗以及沿反方向的隔离损耗. 前者的典型数值是 1dB 而后者为 40~50dB. 光隔离器基于如图 13.8所示的法拉第 (Faraday) 效应. 器件由两个线性偏振片和一个 45° 的法拉第旋转器所组成. 光线从器件的左方进入, 通过线性偏振片后光沿垂直方向偏振. 然后, 光线通过法拉第旋转器使光线对垂直方向旋转 (如这里旋转了 45°). 之后, 光通过旋转器后传输到另一个成 45° 的偏振片. 因此, 垂直偏振的光可以通过, 其他角度的光都被阻隔. 法拉第旋转器的旋转角 α 等于

$$\alpha = VBL \tag{13.23}$$

式中，V 是费尔德 (Verdet) 常数; B 是磁感应;L 是互作用长度. 冕牌玻璃在温度为 18°C 时的费尔德常数是 $V = 2.68 \times 10^{-5\circ}/(\mathrm{Ga} \cdot \mathrm{mm})$.

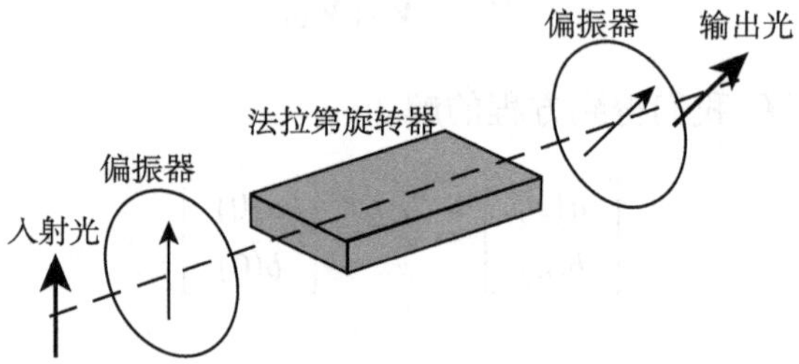

图 13.8　法拉第旋转器的原理图

13.3　BPM 在光电器件中的应用

开发用于 WDM 的新器件在投入生产之前需要有一个精确的模型. 多年来人们研究了许多不同的模拟和数值方法，它们通常可以分为两大类[8]：时谐 (单色连续波运作) 法和一般随时间变化 (脉冲运作) 法. 对这些器件在数值分析中起重要作用的是 BPM. BPM 有许多专门针对光电器件和电路模式化的应用, 例如，无源波导器件[9], 道坠器 (channel-dropping filters)[10], 多模波导器件[11], 偏振分束器[12], 多模干涉器件[13] 等. 关于集成光学的总结, 可以参考由 Hunsperger 撰写的书[14]. 本节我们将展示 BPM 早期在 WDM 器件中两个简单的波导结构中的应用. 这里要讨论的是脊形波导和锥形波导. 在图 13.9 和图 13.10 中我们看到的是高斯脉冲的传播和折射率的剖面. 用来产生这些图形的 Matlab 代码提供在附录 13A 的清单 13A.1 和清单 13A.2 中. 为了避免边界上带来的反射, 实施了透明的边界条件.

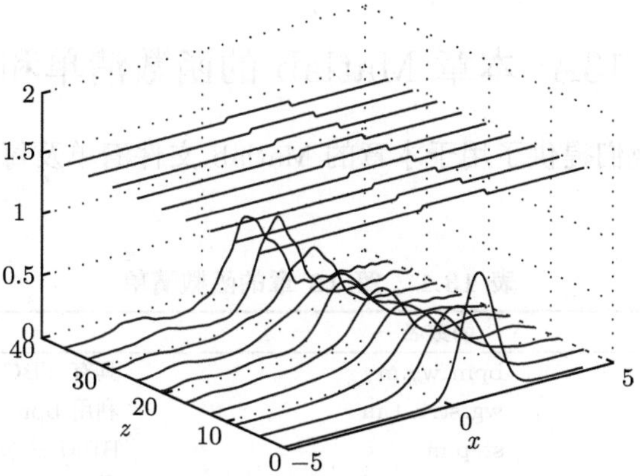

图 13.9 利用波束传播法得到的高斯脉冲在波导中的传播

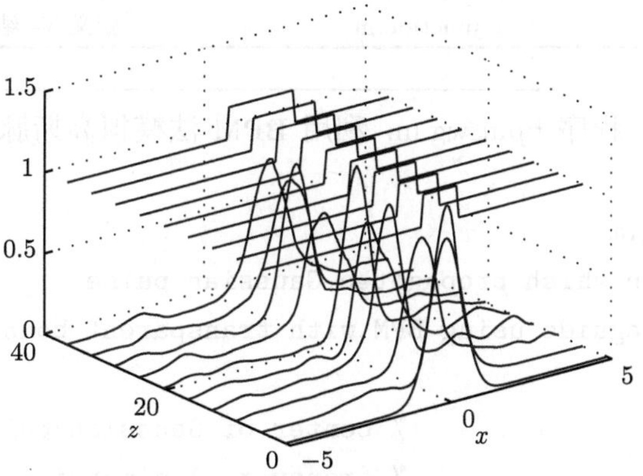

图 13.10 利用波束传播法得到的高斯脉冲在锥形波导中的传播

13.4 课 题

1. 出现在附录 13A 中的函数 y_junction.m 用来创建一个 Y- 结耦合器. 使用这个函数和其他的 BPM 的例程可以开发产生高斯脉冲在 Y- 结耦合器中的传播的程序. 分析文献中各种不同的波导结构, 可以参考文献 [15] 和 [16].

2. 利用第 12 章讨论的 BPM 法, 找到求解传播常数的方法. 参考资料是文献 [17] 和 [18].

3. 写出分析高斯脉冲在耦合的脊形波导中传播的 Matlab 代码，决定耦合长度. 参考资料为文献 [19] 和 [20].

4. 利用 BPM 法分析光纤布拉格栅格滤波器.

附录 13A: 本章 Matlab 的函数清单和代码

在表 13.1 中我们提供了用于本章的 Matlab 文件清单及每个用于本章的函数简要说明.

表 13.1 第 13 章的函数清单

清单	函数名	描述
13A.1	bpm_wg.m	具有 TBC 波导中的高斯脉冲
13A.1.1	wg_struct.m	利用 bpm_wg.m 构建导波结构
13A.1.2	step.m	BPM 法求解沿一台阶的光传播
13A.2	bpm_taper.m	具有 TBC 锥形波导中的高斯脉冲
13A.2.1	taper_struct.m	利用 bpm_taper.m 构建锥形波导
13A.3	plot_y.m	对 Y- 结作图
13A.3.1	y_junction.m	定义 Y- 结的函数

清单 13A.1 程序 bpm_wg.m: 利用 BPM 法模拟高斯脉冲在波导中传播的 Matlab 代码.

```
% 文件名: bpm_wg.m
% Driver function which propagates Gaussian pulse
% in a strip waveguide using BPM with transparent boundary conditions
clear all
x_0 = 1;                          % center of Gaussian pulse
L_x=10.0;                         % transversal dimension (along x-axis)
w_0=1.0;                          % width of input Gaussian pulse
lambda = 1.6;                     % wavelength
k_0=2*pi/lambda;                  % wavenumber
N_x=128;                          % points on x axis
Delta_x=L_x/(N_x-1);              % x axis spacing
h=5*Delta_x;                      % propagation step
N_z=100;                          % number of propagation steps
plot_index=zeros(N_x,N_z);        % storage for plotting ref. index
plot_field=zeros(N_x,N_z);        % storage for plotting field
x=linspace(-0.5*L_x,0.5*L_x,N_x); % coordinates along x-axis
x = x';
E=exp(-((x - x_0)/w_0).^2);       % initial Gaussian field
ref_index = wg_struct(x);         % structure is uniform along z-axis
```

```
n_eff = 1.40;                      % assumed value of prop. constant
%
z = 0;
z_plot = zeros(N_z);
for r=1:N_z
z = z + h;
z_plot(r) = z + h;
plot_index(:,r)=wg_struct(x);
plot_field(:,r)=abs(E).^2;
E = step(Delta_x,k_0,h,ref_index,n_eff,E);
end;
%
for k = 1:N_z/10:N_z               % choosing 2D plots every 10-th step
plot(x,plot_index(:,k),'LineWidth',1.2)
plot(x,plot_field(:,k),'LineWidth',1.5)
hold on
end
pause
close all
%
for k = 1:N_z/10:N_z               % choosing 3D plots every 10-th step
y = z_plot(k)*ones(size(x));  % spread out along y-axis
plot3(x,y,plot_index(:,k),'LineWidth',1.2)
plot3(x,y,plot_field(:,k),'LineWidth',1.5)
hold on
end
grid on
xlabel('x')
ylabel('z')                        % along propagation direction
pause
close all
```

清单 13A.1.1 函数 wg_struct.m: 在程序 bpm_wg.m 中使用的构建导波结函数的 Matlab 代码.

```
% 函数名:wg_struct.m
```

```
function ref_index = wg_struct(x)
% Construction of the waveguide structure used by BPM
width = 2.0;                % film width
n_c = 1.48;                 % refractive index of cover
n_s = 1.49;                 % refractive index of substrate
n_f = 1.52;                 % refractive index of film
ref_index = n_s*(x<0)+n_f*((x>=0)&(x<=width))+n_c*(x>width);
end
```

清单 13A.1.2　函数 step.m: 在程序 bpm_wg.m 中使用并且和第 12 章同名函数（step.m）略有不同函数的 Matlab 代码.

```
% 函数名: step.m
function E_new = step(Delta_x,k_0,h,ref_index,n_eff,E_old)
% Function propagates BPM solution along one step
N_x = size(E_old,1);                % determine size of the system
last_term = k_0^2*Delta_x^2*(ref_index.^2 - n_eff^2);
prefactor = 1/(2*k_0*n_eff*Delta_x^2);
main = ones(N_x,1) - 0.5*last_term;
above = ones(N_x-1,1);
below = above;
P = prefactor*(diag(above,-1)-2*diag(main,0)+diag(below,1)); % matrix P
%
L_plus = eye(N_x) + 0.5i*h*P;    % step forward
L_minus = eye(N_x)-0.5i*h*P;     % step backward
%
%---- Implementation of boundary conditions
%
pref = 0.5i*h/(2*k_0*Delta_x^2);
k=1i/Delta_x*log(E_old(2)/E_old(1));
if real(k)<0
k=1i*imag(k);
end;
left = pref*exp(1i*k*Delta_x);  % left correction for next step
L_plus(1) = L_plus(1)+left;
L_minus(1) = L_minus(1)-left;
```

```
%
k=-1i/Delta_x*log(E_old(N_x)/E_old(N_x-1));
if real(k)<0
k=1i*imag(k);
end;
right = pref*exp(1i*k*Delta_x); % right correction for nest step
L_plus(N_x) = L_plus(N_x) + right;
L_minus(N_x) = L_minus(N_x) - right;
%
E_new = L_minus\L_plus*E_old;   % determine new solution
```

清单 13A.2 程序 bpm_taper.m: 高斯脉冲在锥形波导使用透明边界条件的的 Matlab 代码.

```
% 文件名: bpm_taper.m
% Illustrates propagation of Gaussian pulse in a free space
% using BPM with transparent boundary conditions
clear all
L_x=10.0;                          % transversal dimension (along x-axis)
w_0=1.0;                              % width of input Gaussian pulse
lambda = 1.6;                         % wavelength
n=1.0;                                % refractive index of the medium
k_0=2*pi/lambda;                      % wavenumber
N_x=128;                              % number of points on x axis
Delta_x=L_x/(N_x-1);                  % x axis spacing
h=5*Delta_x;                          % propagation step
N_z=100;                              % number of propagation steps
plotting_struct=zeros(N_x,N_z);       % storage for plotting
plotting_field=zeros(N_x,N_z);        % storage for plotting
x=linspace(-0.5*L_x,0.5*L_x,N_x); % coordinates along x-axis
x = x';
E=exp(-(x/w_0).^2);                   % initial Gaussian field
n_eff = 1.15;
%
z = 0;
z_plot = zeros(N_z);
```

```
for r=1:N_z                           % BPM stepping
    z = z + h;
    z_plot(r) = z + h;
    index = taper_struct(z,x,N_x,N_z);
    plotting_struct(:,r)=taper_struct(z,x,N_x,N_z);
    plotting_field(:,r)=abs(E).^2;
    E=step(Delta_x,k_0,h,index,n_eff,E); % Propagates pulse over
                                           one step
end;
%
for k = 1:N_z/20:N_z         % choosing 2D plots every 10-th  step
    plot(plotting_struct(:,k),'LineWidth',1.1)
    plot(plotting_field(:,k),'LineWidth',1.5)
    set(gca,'FontSize',14);      % size of tick marks on both axis
    hold on
end
pause
close all
```

清单 13A.2.1　函数 taper_struct(z,x,N_x,N_z): 用于程序 bpm_taper.m 的函数的 Matlab 代码.

```
% 函数名: taper_struct.m
function index = taper_struct(z,x,N_x,N_z)
% Construction of the tapered structure used by BPM
% z - coordinate along propagation direction
% x - perpendicular coordinate
width = 2.0;                           % film width
n_c = 1.0;                             % refractive index of cover
n_s = 1.0;                             % refractive index of substrate
n_f = 1.2;                             % refractive index of film
a = 10;
%b = 8;
%c = 10;
%d = 1.0;
% Construction of tapered structure
```

```
slope = 0.03;
%
% ref_index = index_a;
index = zeros(N_x,N_z);
upper = width/2 + slope*z;
if 0<=z<=a
    index = n_s*(x<0)+n_f*((x>=0)&(x<=upper))+n_c*(x>upper); % region
        'a'
end
```

清单 13A.3 程序 plot_y.m: 用来绘制 Y- 结的 Matlab 代码.

```
% 文件名: plot_y.m
% Plots y-junction
clear all
L_x=10.0;                   % computational window along x-axis
N_x=100;                    % number of steps along x-axis
L_z = 20; N_z = 100;
h = L_z/N_z; % step size
plotting=zeros(N_x,N_z); % storage for plotting
z=0;
%
for i=1:N_z
z = z + h;
z_plot(i) = z + h;
x = linspace(-L_x,L_x,N_x);
plotting(:,i)=y_junction(z,x,N_x,N_z);
end
%
for k = 1:10:N_z            % choosing 3D plots every 10-th step
y = z_plot(k)*ones(size(x)); % spread out along y-axis
plot3(x,y,plotting(:,k),'.-','LineWidth',1.0)
hold on
end
xlabel('x');
grid on
```

```
pause
close all
```

清单 13A.3.1　函数 y_junction(z,x,Nx,Nz): 用来定义 Y 结并在程序 plot_y.m 中使用的 Matlab 代码.

```
% 函数名:y_junction(z,x,Nx,Nz)
function index = y_junction(z,x,N_x,N_z)
% Construction of the Y-junction structure used by BPM
% z - coordinate along propagation direction
% x - perpendicular coordinate
% Structure is described in only 2D, so we do not need cover
%
w = 2.0;                      % film width
n_s = 1.0;                    % refractive index of substrate
n_f = 1.52;                   % refractive index of film
a = 10; b = 20;
% Construction of Y-junction
slope = 0.1;
%
%index = zeros(N_x,N_z);
upper_1 = w/2 + slope*z; upper_2 = slope*z; lower_1 = - slope*z;
lower_2 = -w/2- slope*z;
%
n_1 = n_s*(x<-w/2)+n_f*((x>=-w/2)&(x<=w/2))+n_s*(x>w/2);
n_2 = n_s*(x<=lower_2)+n_f*((x>=lower_2)&(x<=lower_1))+...
n_s*((x>=lower_1)&(x<=upper_2))+n_f*((x>=upper_2)&(x<=upper_1))+...
n_s*(x>upper_1);
index = ((0<z)&(z<=a))*n_1+((a<z)&(z<=b))*n_2;
end
```

参 考 文 献

[1] G. Keiser. *Optical Fiber Communications. Third Edition.* McGraw-Hill, Boston, 2000.

[2] E.S. Koteles. Integrated planar waveguide demultiplexers for high density WDM applications. In Ray.T. Chen and Louis S. Lome, editors, *Wavelength Division Multiplexing*, pages 3–32. SPIE, 1999.

[3] B. Chomycz. *Planning Fiber Optic Networks.* McGraw-Hill, New York, 2009.

[4] G.P. Agrawal. *Fiber-Optic Communication Systems. Second Edition.* Wiley, New York, 1997.

[5] K.O. Hill, Y. Fujii, D.c. Johnson, and B.S. Kawasaki. Photosensitivity in optical fiber waveguides: applications to reflection filter fabrication. *Appl. Phys. Let.*, 32:647–649, 1978.

[6] R. Kashyap. *Fiber Bragg Gratings.* Academic Press, San Diego, 1999.

[7] S.-L. Chuang. *Physics of Optoelectronic Devices.* Wiley, New York, 1995.

[8] R. Scarmozzino, A. Gopinath, R. Pregla, and S. Helfert. Numerical techniques for modeling guided-wave photonic devices. *IEEE J. Select. Topics Quantum Electron.*, 6:150–162, 2000.

[9] L. Eldada, M.N. Ruberto, R. Scarmozzino, M. Levy, and R.M. Osgood. Laser-fabricated low-loss single-mode waveguiding devices in GaAs. *J. Lightwave Technol.*, 10:1610–, 1992.

[10] M. Levy, L. Eldada, R. Scarmozzino, R.M. Osgood, P.S.D. Lin, and F. Tong. Fabrication of narrow-band channel-dropping filters. *IEEE Photon. Technol. Lett.*, 4:1378, 1992.

[11] I. Ilic, R. Scarmozzino, R.M. Osgood, J.T. Yardley, K.W. Beeson, and M.J. McFarland. Modeling multimode-input star couplers in polymers. *J. Lightwave Technol.*, 12:996–1003, 1994.

[12] M. Hu, J.Z. Huang, R. Scarmozzino, M. Levy, and R.M. Osgood. Tunable Mach-Zehnder polarization splitter using heigh-tapered Y-branches. *IEEE Photon. Technol. Lett.*, 9:773–775, 1997.

[13] D.S. Levy, Y.M. Li, R. Scarmozzino, and R.M. Osgood. A multimode interference-based variable power splitter in GaAs-AlGaAs. *IEEE Photon. Technol. Lett.*, 9:1373–1375, 1977.

[14] R.G. Hunsperger. *Integrated Optics. Theory and Technology. Sixth Edition.* Springer, New York, 2009.

[15] M.H. Hu, J.Z. Huang, R. Scarmozzino, M. Levy, and R.M. Osgood. A low-loss and compact waveguide Y-branch using refractive-index tapering. *IEEE Photon. Technol. Lett.*, 9:203–205, 1997.

[16] T.A. Ramadan, R. Scarmozzino, and R.M. Osgood. Adiabatic couplers: design rules and optimization. *J. Lightwave Technol.*, 16:277–283, 1998.

[17] G. Lifante. *Integrated Photonics. Fundamentals.* Wiley, Chichester, 2003.

[18] H.J.W.M. Hoekstra. On beam propagation methods for modelling in integrated optics. *Optical and Quantum Electronics*, 29:157–171, 1997.

[19] Chenglin Xu. *Finite-Difference Techniques for Simulation of Vectorial Wave Propagation in Photonic Guided-Wave Devices.* PhD thesis, University of Waterloo, 1994.

[20] H.-P. Nolting, J. Haes, and S. Helfert. Benchmark tests and modelling tasks. In G. Guekos, editor, *Photonic Devices for Telecommunications*, pages 67–109. Springer, berlin, 1999.

第 14 章　光　链　路

本章, 我们将把前面几章讨论的方法综合起来创建最简单的点到点的光学仿真, 以便了解最简单的光系统. 它涉及发射器, 光纤和接收器. 我们也会讨论如何在这种系统中量化发射质量的问题. 在设计任何通信系统时的中心问题是对性能的评估和权衡分析，但是仅采用数学和物理上的分析无法评估现实生活中的通信系统. 因此, 计算机辅助技术是最受期待的办法之一. 10∼15 年前, 光子系统的设计已经从粗略计算发展到使用复杂的商用仿真器, 例如, 广告中见到的 Optiwave, [1], RSoft 设计组的光通信设计包[2], 以及 VPI Photonics 的生产线[3], 它们包含了复杂的物理模式, 使我们能迅速地评估仍在设计中的新器件的性能.

大约在 1955 年, 光学通信系统 (传输中等距离) 的设计仅涉及如何在功率损耗和脉冲展宽之间求得平衡的问题. 后来, 价值数十亿美元系统的需求在设计过程中要求更复杂的分析, 这必将激励出对复杂仿真器的要求. 计算机仿真能对所有设计光通信系统工程师的一些关键问题迅速提供答案, 例如，给定数位速率后中继站的间距应该是多少, 以及发射器的功率应该是多大? 在光纤光通信的模式化和仿真方面有大量的文献. 早期的工作集中在光纤传播特性的探讨和计算, 例如，Geckeler[4], 出版的书有 van Etten 和 van der Plaats[5], Einarsson[6], Liu[7], Lachs[8], Keiser[9], Palais[10]. 在杂志上发表的深入研究有文献 [11] ∼ [20]. 一般性的概述型文章可以阅读 Lowery 写的文章[22].

14.1　光通信系统

如我们在引言里用图 1.1 表明的那样, 一般的光链路包括发射器, 光纤和接收器. 在图 1.1 中我们看到使用激光二极管发射光, 用光纤构成光的通道, 然后用光检测器作为主要器件的接收器. 实际的系统是较复杂的.

在图 14.1 中, 我们看到数字光波系统[23] 的示意图, 从该图还可以看到接收器的某些具体元件, 我们在第 13 章中已经讨论过它们中的一些. 该图还标明用来说明特殊元件工作特征的信号符号. 系列 A_k 代表独立的但是分布相同的数据值,$H_{\mathrm{f}}(\omega)$ 是光滤波器的传输函数, 而 B_k 是接收器产生的输出数据系列. 当光传输长距离时, 由于前面讨论的各种效应, 光脉冲的品质降低了, 其结果是最大的传输距离受到限制. 为了增加距离, 安装了中继站. 中继站的典型结构如图 14.2 所示. 光脉冲转换成电信号, 放大和再激励后又转换回光信号.

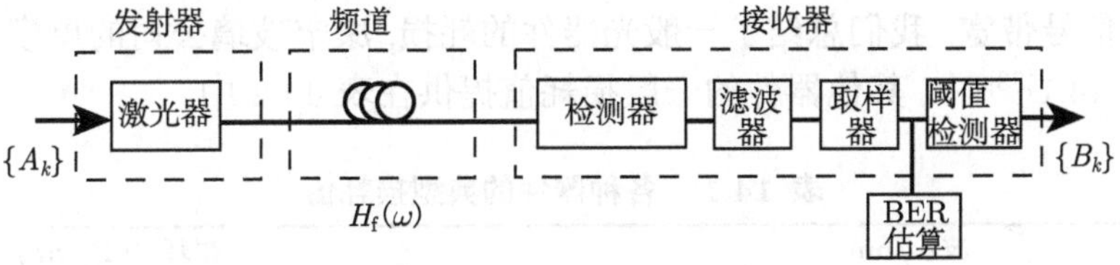

图 14.1 实用的光链路

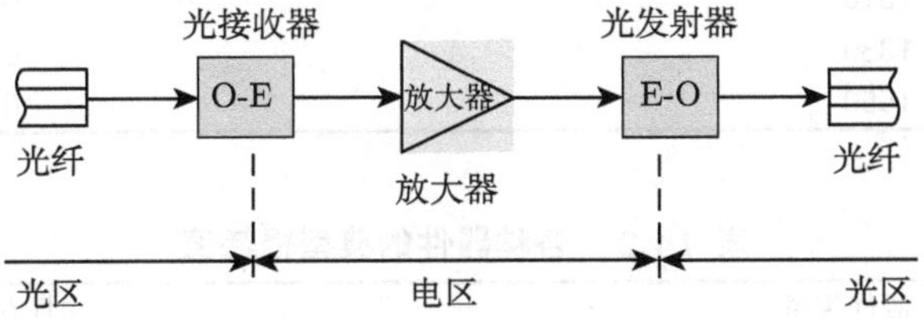

图 14.2 光信号的再激励

O-E 代表光到电, E-O 代表电到光

这种过程花费大又受许多限制. 深入的研究促进无需电光转换的全光学领域系统的发展, 再激励的器件在信号放大后除去噪声和畸变, 这种过程一般说来只能在数字系统中完成. 数字系统提供 2R(再放大和再成型) 或 3R(再放大, 再成型和再时控) 的目标任务. 这里, 我们需要知道如下的术语:

1R (仅再放大)—— 信号仅被放大.

2R (再放大和再成型)—— 再成型的过程把脉冲重新梳理成型.

3R (再放大, 再成型和再时控)—— 再时控把光脉冲在时间上的移动重新纠正过来.

再激励的过程后, 我们得到了一个干干净净的数字脉冲. 中继站的距离是可变的, 一般在 50~70km.

14.2 设计光链路

有大量的文献涉及光通信链接的设计. 下面是一些有用的论文和书籍:Carnes 等[24], Pepeljugoski 和 Kuchta [25], Iannone 等[26], Binh 等[27], Mortazy 等[28], Zheng 等[29], Lowery 等[30], Sabella 等[31], de Melo 等[32].

在设计光链路中, 会涉及几个描述发射器, 光纤和接收器特征的互联的变量. 关键性的实用要求是: 传输距离, 数据速率和数位误差率. 设计光链路最简单的方法是基于对功率预算和上升时间预算的评估[33]. 功率预算分析是为了确保在给定器材的情况下系统能在设定的距离内工作. 光源, 光纤和检测器的上升时间将决定能发射的信号带宽. 我们总结了一般光器件的耗损, 康宁玻璃公司的单模光纤损耗总结在表 14.1[33] 中, 其他器件的一般损耗值提供在表 14.2 中.

表 14.1　各种器件的典型损耗值

波长/nm	损耗/(dB/km)
850	1.81
1300	0.35
1310	0.34
1380	0.40
1550	0.19

表 14.2　各种器件的典型损耗值

器件类型	损耗/dB
连接器	0.1~0.2
熔融损耗	0.3

14.2.1　功率预算分析

在功率预算的分析中, 我们要决定在发射器和接收器之间能容许的总的耗损. 对耗损有贡献的器件有光纤, 熔合, 接头, 耦合器和分束器. 在标准器件中的耗损见表 14.2.

在图 14.3 中, 我们看到一个典型的功率预算图, 说明利用现有的器件实现的功率耗损与传送距离的关系. 该图中有接头, 连接器和光纤带来的耗损. 在计算功率预算时, 我们需要考虑链接中的有源和无源器件. 无源器件的耗损是由光纤耗损, 接头, 连接器, 耦合器, 以及分束器造成的. 系统功率预算的一个实例如表 14.3 所示.

表 14.3　功率配置预算

发射器		
	输出功率	−13dBm
接收器		
	Rx 灵敏度	−42dBm
	裕量	29dBm
系统损耗		
	光纤 (3.5×5km)	17.5dB
	连接器 (1dB×2)	2dB
	熔融 (0.5dB×5)	2.5dB
	系统裕量	6dB
	总计	28dB

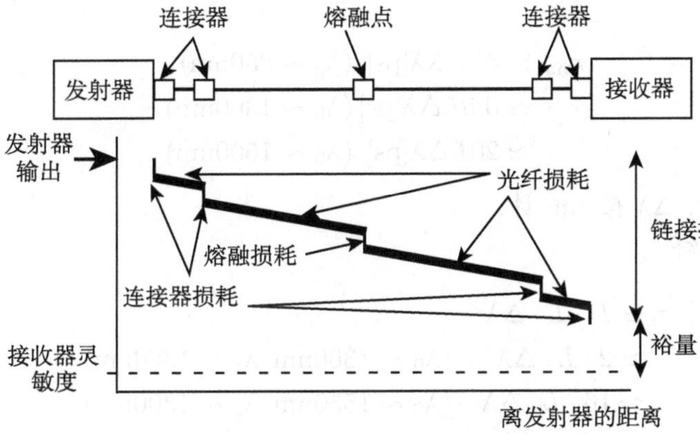

图 14.3 功率消耗分配图

这个实例中, 我们看到裕量超过 29dB−28dB=1dB (考虑整个系统的裕量总计为 7dB). 作为一个普通的规则, 链接耗损的裕量应该大于 3dB 以便应付发射器的老化造成的性能下降. 如果系统在工作期间光纤缆意外中断, 多留的裕量可用来补偿光纤熔合带来的耗损.

14.2.2 上升时间预算

上升时间预算是为了决定链接需要的数位速率. 数位速率通常受色散的限制, 如我们前面所解释的那样, 色散要对脉冲在光纤传播中的变宽负责. 材料色散 (τ_{mat}) 和模式色散 (τ_{mod}) 等效应使得时间上升. 此外, 发射器和接收器的响应也与时间上升有关. 因此, 系统总的链接上升时间是它们的总和[33]:

$$\tau_{\text{sys}} = \sqrt{\sum_{i=1}^{N} \tau_i^2} = \sqrt{\tau_{\text{tx}}^2 + \tau_{\text{mat}}^2 + \tau_{\text{mod}}^2 + \tau_{\text{rx}}^2} \tag{14.1}$$

对于两个主要数据编码结构, 即 RZ(回零) 及 NRZ(非回零)

$$\tau_{\text{sys,RZ}} \leqslant \frac{0.35}{B}, \quad \text{RZ} \tag{14.2}$$

$$\tau_{\text{sys,NRZ}} \leqslant \frac{0.70}{B}, \quad \text{NRZ} \tag{14.3}$$

式中, B 是数位速率. 光发射器和接收器的上升时间可以从制造厂商处获取. 多模阶跃式截面光纤的上升时间决定于[33] (下标 im 代表模间)

$$\tau_{\text{im}} = \frac{n_1 \varDelta}{c} L \tag{14.4}$$

对于材料色散

$$\begin{aligned}\tau_{\text{mat}} &\simeq 85L\Delta\lambda[\text{ps}]\ (\lambda_0 \sim 850\text{nm}) \\ &\simeq 0.5L\Delta\lambda[\text{ps}]\ (\lambda_0 \sim 1300\text{nm}) \\ &\simeq 20L\Delta\lambda[\text{ps}]\ (\lambda_0 \sim 1500\text{nm})\end{aligned} \tag{14.5}$$

式中,L 按 km 计; $\Delta\lambda$ 按 nm 计.

对于单模光纤

$$\begin{aligned}\tau_{\text{f}} &\simeq D \cdot L \cdot \Delta\lambda \\ &\simeq 2 \cdot L \cdot \Delta\lambda \quad (\lambda_0 \sim 1300\text{nm}, \lambda_z \sim 1300\text{nm}) \\ &\simeq 16 \cdot L \cdot \Delta\lambda \quad (\lambda_0 \sim 1550\text{nm}, \lambda_z \sim 1300\text{nm}) \\ &\simeq 2 \cdot L \cdot \Delta\lambda \quad (\lambda_0 \sim 1550\text{nm}, \lambda_z \sim 1550\text{nm})\end{aligned} \tag{14.6}$$

式中, $D \simeq 2\text{ps}/(\text{km}\cdot\text{nm})$ 取在 1300nm 的值, 而 $D \sim 16\text{ps}/(\text{km}\cdot\text{nm})$ 取在 1550nm 的值, 光纤为 $\lambda_z \sim 1300\text{nm}$. 另外, $D \simeq 2\text{ps}/(\text{km}\cdot\ \text{nm})$ 取在 1550nm 的值, 光纤为 $\lambda_z \sim 1550\text{nm}$.$\Delta\lambda$ 是光源的谱宽度, L 是光纤长度, λ_0 是工作波长,λ_z 是零色散时的波长.

典型的上升时间的概算总结于表 14.4[10] 中.

表 14.4 上升时间概算

器件			上升时间/ns	
系统概算 (NRZ)				1.75
光源			1.0	
光纤			0.23	
光电检测器				
	过渡时间	0.5		
	电路	1.3		
	总共		1.4	
系统上升时间			1.75	1.75

14.3 测量光链路性能

光网络对其性能有多方面的要求. 其中之一是安全性, 虽然这非常重要, 但超出本书的范围, 我们不去讨论. 最简单的光网络由点到点的光链路构成. 这种光链路的性能可以用接收器可接受误差水平[34] 来确定. 信息的流失由几方面的因数造成, 其中比较典型的是: ①接收信号幅度的减小; ②定时信号 (timing) 的丧失. 信号的质量由所谓的眼图的分析也即信噪比 (SNR) 来决定. 决定数字链接质量的主要参数是比特误差率 (BER), 较小的数位误差比一定会有较好的链接发射质量. 光纤通信系统通常的误差率在 $10^{-9} \sim 10^{-12}$ 的范围[35], 它们取决于接收器的 SNR. 我们在第 10 章中讨论过接收器的 BER. 感兴趣的读者可以阅读本书的有关章节. 这里我们仅讨论有关眼图的问题.

眼图

眼图技术是诊断数据系统简单又方便的方法. 如图 14.4 所示, 解调数据产生的时域信号和示波器相连, 并把伪随机数据产生后叠加到测量系统上. 它们通过测量系统后, 加到示波器的垂直输入端. 同时, 每个码元或固定的多个码元周期性地同步触发示波器. 图中, 从比特图形发生器用一根独立的线触发示波器. 于是, 该信号被折回并叠加在同样的图面上. 在无码间串扰和噪声的理想情况下, 波形无失真, 每个码元重叠在一起形成又大又清晰的眼图. 反之, 码间串扰和噪声对系统造成较大的干扰时, 眼图线条模糊和变小. 一个 3bit 长的数据系列的眼图如图 14.5 所示.

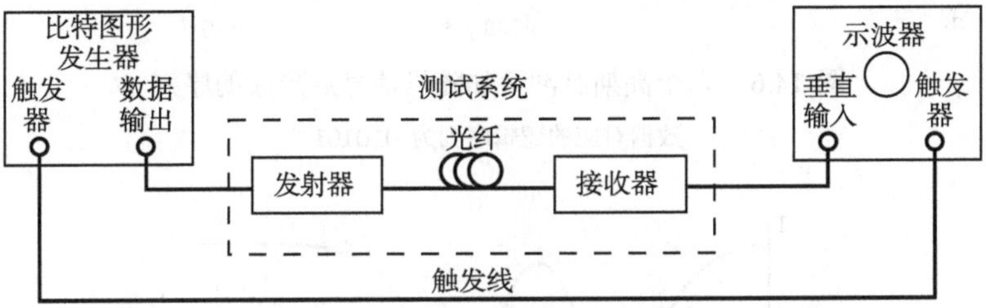

图 14.4 测量眼图设备的说明

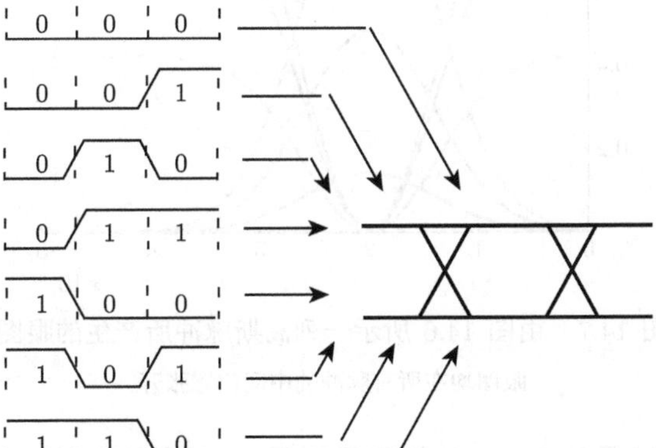

图 14.5 3bit 眼图的构建

其结果是接连不断接收到的码元的重叠而形成在示波器上的眼图. 眼图提供了大量有关系统或系统元素性能的信息. 眼图张开的宽度, 眼图斜边的斜率与其他眼图信息都为我们评价传输系统的优劣及了解码间串扰和噪声的影响提供了判据. 带有随机成分的高斯脉冲序列对于一个预定义的逻辑组合如图 14.6 所示. 它们的眼图如图 14.7 所示.

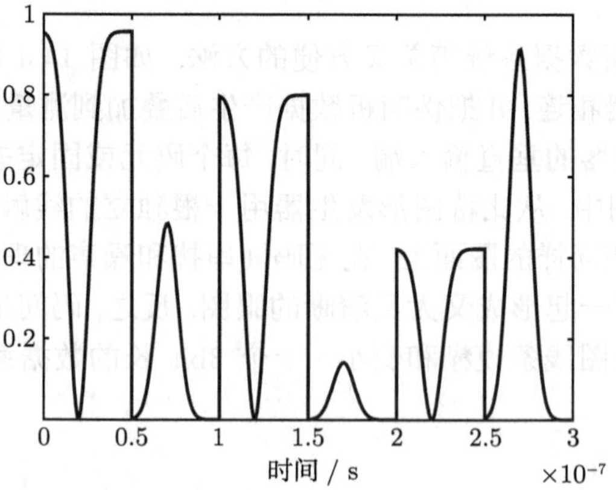

图 14.6 六个高斯脉冲叠加随机信号后形成的序列

数据对应的逻辑序列为 010101

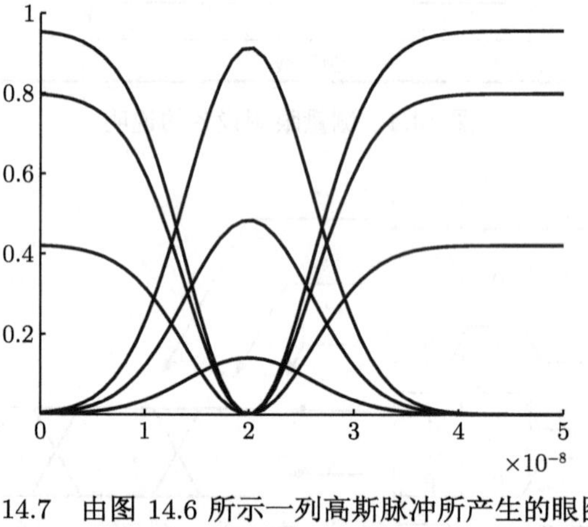

图 14.7 由图 14.6 所示一列高斯脉冲所产生的眼图

眼图均在所有脉冲的中间位置张开

用来产生这些结果的 Matlab 代码见附录 14A 中的清单 14A.1.

14.4 线性系统的光滤波器

本节我们将把光纤模式化为一个线性系统, 讨论光信号在这种系统中的传播问题. 当光信号在光纤中传播时, 它显示出衰减、延时和畸变. 延时可以通过适当的同步来解决. 一根特定光纤的衰减决定于发射器和接收器之间的最终距离. 畸变造成称为色散的脉冲变宽, 以至于由于脉冲重叠而无法分辨出代表不同逻辑信息的脉冲. 衰减和色散使光通信系统的信息传输特性受到实际限制, 除去色散造成的畸变外, 在接收器还会出现噪声产生的不利影响.

频率为 ω，长度为 L 而衰减系数为 α 的光信号的传输可以通过图 14.8 来阐明. 作为一阶近似, 光纤可以考虑为脉冲响应为 $h(t)$ 的线性系统. 它的傅里叶变换 $H(\omega)$(又称为传输函数)表达为

$$H(\omega)=\int_{-\infty}^{+\infty} h(t)\ \mathrm{e}^{-\mathrm{i}\omega t}\ \mathrm{d}t \tag{14.7}$$

光纤不是一个理想的系统. 因而在传输过程中, 用时间函数 $s(t)$ 或谱函数 $S(\omega)$ 代表的传输脉冲的特性都如图 14.8 所示发生了畸变 (谱函数 $S(\omega)$ 和时间函数 $s(t)$ 之间是傅里叶变换的关系). 在频域中, 脉冲传播的传输函数 $H(\omega)$ 表示为

$$H(\omega)=\frac{S_{\text{out}}(\omega)}{S_{\text{in}}(\omega)}=\mathrm{e}^{-\alpha(\omega)-\mathrm{i}\phi(\omega)} \tag{14.8}$$

式中,$\alpha(\omega)$ 是系统的衰减; $\phi(\omega)$ 是其相位; $S_{\text{out}}(\omega)$ 和 $S_{\text{in}}(\omega)$ 是传播脉冲输出和输入时间函数的傅里叶变换.

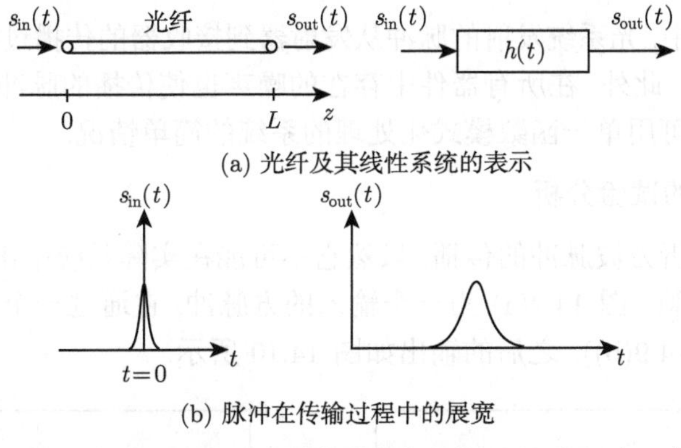

图 14.8 光纤中脉冲的传输可以用脉冲响应函数 $h(t)$ 表示为一个线性系统

通过下面几个实例增加对谱函数 $H(\omega)$ 的了解. 这些函数容易程序化, 它们都是无量纲的, 被归为低通函数. 当频率 $\nu=0$ 时 $H(\omega)$ 的值为 1, 而当 $\nu\to\infty$ 时它逼近零. 它们是实数函数而且对于 $\nu=0$ 是对称的. 这些函数如下[36].

(1) 高斯函数:

$$H_{\mathrm{G}}(\nu)=\exp\left(-\pi\nu^2\tau^2\right) \tag{14.9}$$

(2) 持续时间为 τ 的方波脉冲:

$$H_{\mathrm{RP}}(\nu)=\frac{\sin\left(\pi\nu\tau\right)}{\pi\nu\tau} \tag{14.10}$$

(3) 上升的余弦谱:

$$H_{\mathrm{RC}}(\nu) = \cos^2\left(\frac{\pi\nu\tau}{2}\right) = \frac{1}{2}\left(1 + \cos\pi\nu\tau\right) \tag{14.11}$$

(4) 持续期为 τ 而上升时间为 t_{r} 的梯形脉冲谱:

$$H_{\mathrm{TP}}(\nu) = \frac{\sin(\pi\nu\tau)}{\pi\nu\tau}\cdot\frac{1}{2}\left(1 + \cos\pi\nu t_{\mathrm{r}}\right) \tag{14.12}$$

(5) 奈奎斯特斜率 (Nyquist slope) 的谱:

$$H_{\mathrm{N}}(\nu) = \frac{1}{2}\left[1 - \mathrm{sgn}\,(1 - 2\nu\tau)\left((1 - |2\nu\tau|)^N - 1\right)\right] \tag{14.13}$$

式中, N 是控制该函数滚动的参数.

(6) 均衡的接收滤波器:

$$H_{\mathrm{E}}(\nu) = \frac{1 + \cos\pi\nu\tau}{2\exp\left(-\pi\nu^2\tau^2 Q\right)} \tag{14.14}$$

下面我们将总结光链路中的三个基本单元: 发射器, 滤波器和接收器.

14.5 基于滤波功能的光链路模式

在实际操作中, 光系统发射的脉冲从发射器到接收器的传播过程中不仅变宽了而且斜率也变了. 此外, 在所有器件中存在的噪声也使传播的脉冲进一步变形. 我们开始讨论一种可用单一函数模式化处理的系统的简单情况.

14.5.1 方脉冲的试验分析

本节我们分析方波脉冲的传播. 虽然它不可能在实际系统中出现, 但是它不失为一种有益的试验. 图 14.9(a) 为一个输入的方脉冲, 它通过一个模式化为方形滤波器的系统 (图 14.9(b)). 之后的输出如图 14.10 所示.

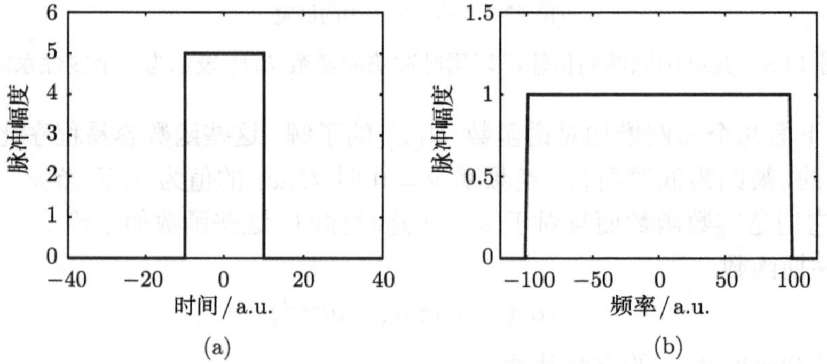

图 14.9 矩形脉冲 (a) 和方波滤波器 (b)

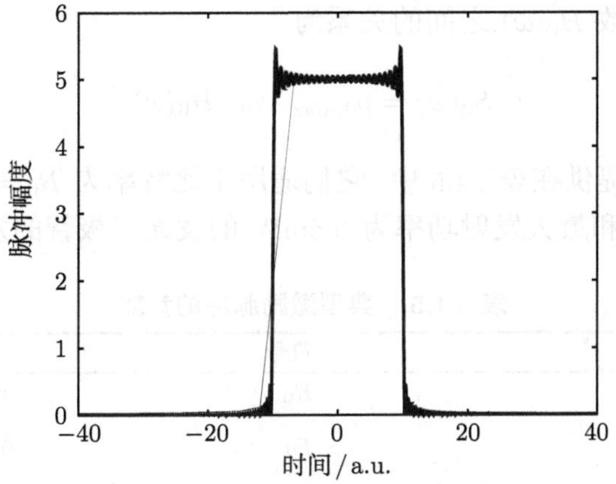

图 14.10 再激励后的矩形脉冲

Matlab 的代码见附录 14A 中的清单 14A.2.

下面, 我们将建立对光链路更为实用的模式. 我们的模式适用于构建光纤系统的所有器件, 其程序能分析光脉冲在该系统里的传播. 我们的方法基于 Geckeler[36] 的工作. 传输系统的主要部件如图 14.11 所示. 图中,E_0 是发射器产生的光脉冲的能量, τ_0 是脉冲宽度，$H_0(\omega)$ 是光脉冲的谱函数. 下面我们将详细讨论全部三个部件.

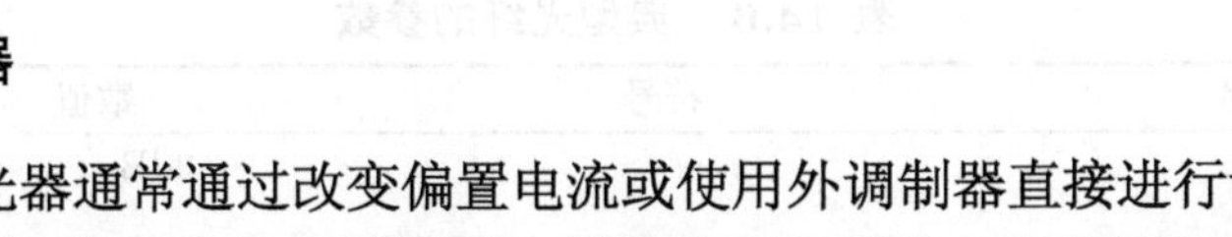

图 14.11 传输系统的主要组成部分

14.5.2 发射器

半导体激光器通常通过改变偏置电流或使用外调制器直接进行调制. 光源的主要特征量是波长, 输出功率, 调制速率, 频谱宽度和噪声. 对于直接调制的半导体激光器，其性能由其频率啁啾所决定 (见前面的讨论).

这里我们假设发射器产生了一个特殊的光脉冲. 前面的章节中我们已经讨论过光脉冲, 其中最重要的是方脉冲和高斯脉冲.

发射器产生的脉冲在时域上由函数 $p_0(t)$ 来描述, 它的傅里叶频谱是

$$S_0(\omega) = \int_{-\infty}^{+\infty} p_0(t)\ \mathrm{e}^{-\mathrm{j}\omega t}\ \mathrm{d}t$$

傅里叶频谱与谱函数 $H_0(\omega)$ 之间的关系为

$$S_0(\omega) = p_{0,\max} \cdot \tau_0 \cdot H_0(\omega)$$

产生的脉冲的参数提供在表 14.5 中, 它们适用于比特率为 $R_0 = 50$ Mbit/s 以及工作在波长为 1.3μm 和最大发射功率为 0.5mW 的发光二极管的发射器.

表 14.5　典型激励脉冲的参数

参数	符号	数值
比特率	R_0	50 Mbit/s
功率	P_0	0.5 mW
归一化的脉冲宽度	T_0	0.7

14.5.3　光纤

传播脉冲通过光纤后的频谱等于脉冲的频谱与光纤的频谱的乘积. 脉冲在光纤中的传播可视为两个函数: 描述损耗的 D_1 和它的传输函数 $H_1(\omega)$ 的乘积. 损耗表述为

$$D_1 = \frac{E_1}{E_0} = 10^{-\frac{\alpha L_1}{10\mathrm{dB}}} \tag{14.15}$$

传输函数 $H_1(\omega)$ 是一个归一化的滤波器函数, 它可以近似为高斯低通滤波器

$$H_1(\omega) = \mathrm{e}^{-\frac{1}{4\pi}\pi\omega^2\tau_1^2} \tag{14.16}$$

参数 τ_1 可以通过测量一个光纤的带宽 B_1 来确定. 光纤的参数见表 14.6.

表 14.6　典型光纤的参数

参数	符号	数值
损耗	α	3dB
长度	L_1	15 km
模式耦合长度	L_c	10 km
带宽–长度	B_L	500MHz · km
光纤参数	τ_1	方程 (14.17)

光纤的参数 τ_1 和带宽有如下的关系:

$$\tau_1 = \frac{1}{2B_1} \tag{14.17}$$

根据 Geckeler [36] 带宽可以写为

$$B_1 = B_L\left(\frac{1}{L_1} + \frac{1}{3L_c}\right) \tag{14.18}$$

式中, L_c 是模式耦合长度;B_L 是带宽–长度的乘积. 近似式 (14.18) 在 $0 < L_1 < 3L_c$ 的条件下成立. 参数 B_L 和 L_c 均是经验参数, 它们的数值列表于 14.6.

14.5.4 接收器

光接收器可以用低通滤波器的转换函数表示为

$$H_2(\omega) = \frac{1}{2}\left[1 + \cos\left(\frac{1}{2}\omega\tau_2\right)\right], \quad |\omega| \leqslant \frac{2\pi}{\tau_2} \tag{14.19}$$

式中有参数 τ_2.

在接收器输出端的信号谱为[4]

$$S_2(\omega) = i_T \cdot T \cdot M \cdot R \cdot G \cdot H_0(\omega) \cdot H_1(\omega) \cdot H_2(\omega) \tag{14.20}$$

式中,M 是雪崩二极管的倍增因子,G 是放大因子, 而且

$$i_T = P_{0,\max} \cdot \frac{\tau_0}{T} \cdot D_1 \frac{\eta e}{h\nu} \tag{14.21}$$

是脉冲在时隙 T 中的平均光电流.

接收器的参数提供在表 14.7 中.

表 14.7 典型接收器的参数

参数	符号	数值
接收器参数	τ_2	0.7

14.5.5 光链路模型的实现

前述方法已经由 Geckeler [36] Geckeler [4] 实现了光链路工作, 其 Matlab 代码见附录 14A 的清单 14A.3, 典型的结果如图 14.12 所示. 发射器的信号频谱是 $\sin(\pi\nu\tau_0)/(\pi\nu\tau_0)$, 这代表持续时间为 τ_0 的方波脉冲. 输入脉冲在图中用虚点表示, 而接收器后的输出信号如实线所示. 更详细的讨论可参见 Geckeler [36] 和 Geckeler[4] 的著作.

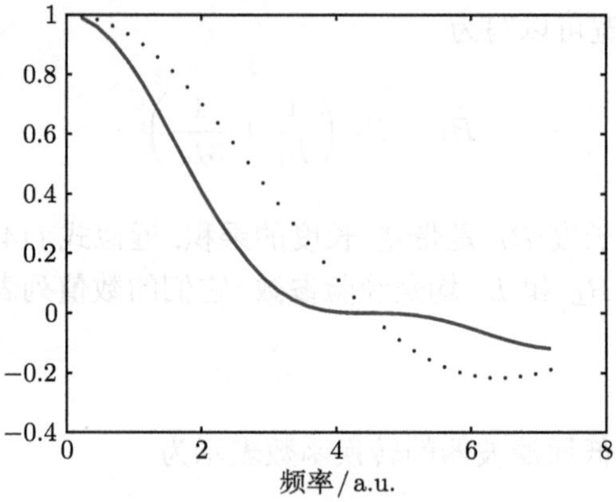

图 14.12 矩形脉冲在传输前 (虚线) 和传输后 (实线) 的频谱

14.6 习 题

1. 分析总结在 14.4 节中的谱函数, 画出各自的频率谱并计算各自的傅里叶变换, 对每一种函数作出它们与时间的关系图.

2. 利用滤波法分析高斯脉冲.

3. 分析高斯脉冲在单模光纤系统中的传播, 决定输出脉冲宽度和输入脉冲宽度的依赖关系.

14.7 课 题

1. 写出构建眼图程序 link.m 的 Matlab 代码.

2. 把噪声成分加入到程序 link.m 中去, 分析噪声对系统性能的影响。

附录 14A: 本章 Matlab 的函数清单和代码

在表 14.8 中我们提供了本章中建立的 Matlab 文件及每个函数的简要叙述。

表 14.8 在第 14 章中的 Matlab 函数清单

清单	函数名	描述
14A.1	bits_gen_eye.m	产生高斯脉冲图形和眼图
14A.2	rectangular.m	滤波前后的矩形脉冲
14A.3	link.m	光链接仿真 (矩形脉冲)

清单 14A.1 程序 bits_gen_eye.m: 产生 6 比特并带有随机项的高斯脉冲图形和眼图的 Matlab 代码.

```
% 文件名: bits_gen_eye.m
% Purpose:
% Generates 6-bits long pattern of Gaussian pulses with random terms
% Based on generated sequence, eye diagram is created
%
clear all
bits = [0 1 0 1 0 1];                % def. of bit's sequence
T_period = 50d-9;                    % pulse period [s]
t_zero = 20d-9;                      % center of incident pulse [s]
width = 6d-9;                        % width of the incident pulse [s]
% Generation of current pattern corresponding to bit pattern
I_p = 0;
N_div = 50;                          % number of divisions within
                                       each bit interval
t = linspace(0, T_period, N_div); % the same time interval is
% generated for each bit
g = exp(-0.5*((t_zero - t)/width).^2); % def. of a single Gaussian
                                         pulse
%
if bits(1)==0, I_p_1 = rand(1)*(1- g); % generates first bit
elseif bits(1)==1, I_p_1 = rand(1)*g;
end
temp = I_p_1;
number_of_bits = length(bits);
for k = 2:number_of_bits             % generation of remaining bits
if bits(k)==1
A = rand(1)*g;
elseif bits(k)==0, A = rand(1)*(1- g);
end
A = [temp,A];
temp = A;
end
```

```
temp_t = t;
for k = 2:number_of_bits
t = linspace(0, T_period, N_div);
t = [temp_t,(k-1)*T_period+t];
temp_t = t;
end
%
h = plot(t,A,'LineWidth',1.5);
xlabel('time [s]','FontSize',14); % size of x label
set(gca,'FontSize',14);           % size of tick marks on both axes
pause
close all
%
%=============== Eye diagram ==============================
% put all bit plots on the first one
t_eye = linspace(0, T_period, N_div);
hold on
for m = 1:number_of_bits
A_temp = A((1+(m-1)*N_div):(m*N_div));
e = plot(t_eye,A_temp);
set(e,'LineWidth',1.5);           % thickness of plotting lines
set(gca,'FontSize',14);           % size of tick marks on both axes
end
pause
close all
```

清单 14A.2　程序 rectangulare.m: 显示滤波前后矩形脉冲的 Matlab 代码.

```
% 文件名: rectangular.m
% Analysis of rectangular pulse after filtering
%
clear all
hwidth = 10;                 % half-width of a pulse
time_step = 0.001;           % time step
range = 40;
t = -range:time_step:range; % time range
```

```
%------ Creation of rectangular pulse -------
y = (5/2)*(sign(t+hwidth)-sign(t-hwidth));
plot(t,y,'LineWidth',1.5);
xlabel('time (a.u','FontSize',14);
ylabel('Pulse amplitude','FontSize',14);
set(gca,'FontSize',14);      % size of tick marks on both axes
axis([-range range 0 6]);
pause
% %----- Fourier transform of a rectangular pulse -------
y_shift = fftshift(fft(y));
N=length(y_shift);
n=-(N-1)/2:(N-1)/2;
%------ Definitions of different filters -----------------
filter = (1/2)*(sign(n+100)-sign(n-100));
%filter = exp(-pi*n*0.0001);
%filter = 0.1*cos(pi*n*0.005).^2;
%filter = (1+ cos(0.05*n))/2;
plot(n,filter,'LineWidth',1.5);
axis([-3*range 3*range 0 1.5]);
xlabel('Frequency (a.u.)','FontSize',14);
ylabel('Amplitude','FontSize',14);
set(gca,'FontSize',14);      % size of tick marks on both axes
pause
%-------- Regeneration of signal using filtered output ----------
y_reg=filter.*y_shift;       % Filter original frequency spectrum
y_reg_inv=ifft(y_reg);       % Inverse Fourier transform
plot (t,abs(y_reg_inv),'LineWidth',1.3);
axis([-range range 0 6]);
xlabel('Time(a.u.)','FontSize',14);
ylabel('amplitude','FontSize',14);
set(gca,'FontSize',14);      % size of tick marks on both axes
pause
close all
```

清单 14A.3 程序 link.m: 用来对光链接中矩形脉冲传播建模的 Matlab 代码.

```
% 文件名: link.m
% Optical link simulations
% Follow code on p.133 of S. Geckeler (1983) paper
% No model of a transmitter
% No noise
%
clear all
%---------- Pulse produced by transmitter ---------------------
R_0 = 50d5;           % Bit rate of binary digital signal, 50 Mbit/s
P_0 = 5d-4;           % Max power of optical pulse, 0.5 mW
T_0 = 0.7;            % Normalized pulse duration = tau_0/T
%------------ Fibre parameters ------------------------
L_1 = 15;             % Fibre length, 15 km
A_L = 3.0;            % Attenuation coefficient, 3 dB/km
D_1 = 10^(-A_L*L_1/10); % Power ratio
P_1 = P_0*T_0*D_1/2; % Mean optical power at the end of fibre
B_L = 5d8;            % Bandwidth-length product, 500 MHz km
L_C = 10;             % Coupling length of a multimode fibre, 10 km
B_1 = B_L/L_1 + B_L/(3*L_C); % Fibre bandwidth
T_1 = R_0/(2*B_1);
%------------- Receiver parameters ------------------------
T_2 = 0.7;
%============== System evaluation =================================
% Output signal spectrum
D_F = pi/(20*T_2);
N = 32;
f = zeros(1,N);
f_A = zeros(1,N);
f_B = zeros(1,N);
f_C = zeros(1,N);
H_F = zeros(1,N);
H_F(1) = 1.0;
for j = 1:N
f(j) = j*D_F;
f_A(j) = sin(f(j)*T_0)/(f(j)*T_0);     % transmitter
```

```
f_B(j) = exp(-f(j)^2*T_1*T_1/pi);             % fibre
f_C(j) = (1/2)*(1 + cos(f(j)*T_2));    % receiver
H_F(j) = f_A(j)*f_B(j)*f_C(j);
end
%
plot(f,f_A,'.',f,H_F,'LineWidth',1.5) % Plot signal after propagation
xlabel('Frequency (a.u.)','FontSize',14);
set(gca,'FontSize',14);                 % size of tick marks on both axes
pause
s = ifft(H_F);
s = s/max(s);
ff = linspace(0,2/3,N);
%
plot(fftshift(abs(s)),'LineWidth',1.5);
xlabel('time','FontSize',14);
ylabel('time output function','FontSize',14);
set(gca,'FontSize',14); % size of tick marks on both axes
grid
pause
close all
```

参考文献

[1] http://www.optiwave.com/products/system_overview.html.

[2] http://www.rsoftdesign.com/products.php?sub=System+and+Network.

[3] http://www.vpiphotonics.com/index.html.

[4] S. Geckeler. *Optical Fiber Transmission System.* Artech House, Inc., Norwood, MA, 1987.

[5] W. van Etten and J. van der Plaats. *Fundamentals of Optical Fiber Communications.* Prentice Hall, New York, 1991.

[6] G. Einarsson. *Principles of Lightwave Communications.* Wiley, Chichester, 1996.

[7] M.M.-K. Liu. *Principles and Applications of Optical Communications.* Irwin, Chicago, 1996.

[8] G. Lachs. *Fiber Optic Communications. Systems, Analysis, and Enhancements.* McGraw-Hill, New York, 1998.

[9] G. Keiser. *Optical Fiber Communications. Third Edition.* McGraw-Hill, Boston, 2000.

[10] J.C. Palais. *Fiber Optic Communications. Fifth Edition.* Prentice Hall, Upper Saddle River, New Jersey, 2005.

[11] D.G. Duff. Computer-aided design of digital lightwave systems. *IEEE J. Select. Areas Commun.*, 2:171–185, 1984.

[12] P.J. Corvini and Koch T.L. Computer simulation of high-bit-rate optical fiber transmission using single-frequency lasers. *J. Lightwave Technol.*, 5:1591–1595, 1987.

[13] G.P. Shen, T.-M.and Agrawal. Computer simulation and noise analysis of the system performance at 1.5μm single-frequency semiconductor lasers. *J. Lightwave Technol.*, 5:653–659, 1987.

[14] A.F. Elrefaie, J.K. Townsend, M.B. Romeiser, and K.S. Shanmugan. Computer simulation of digital lightwave links. *IEEE J. Select. Areas Commun.*, 6:94–104, 1988.

[15] J.C. Cartledge and G.S. Burley. The effect of laser chirping on lightwave system performance. *J. Lightwave Technol.*, 7:568–573, 1989.

[16] K. Hinton and Stephens T. Modeling high-speed optical transmission systems. *IEEE J. Select. Areas Commun.*, 11:380–392, 1993.

[17] K.B. Letaief. Performance analysis of digital lightwave systems using efficient computer simulation techniques. *IEEE Trans. on Communications*, 43:240–251, 1995.

[18] A. Lowery, O. Lenzmann, I. Koltchanov, R. Moosburger, R. Freund, A. Richter, S. Georgi, D. Breuer, and H. Hamster. Multiple signal representation simulation of photonic devices, systems, and networks. *IEEE J. Select. Topics Quantum Electron.*, 6:282–296, 2000.

[19] S.H.S. Al-Bazzaz. Simulation of single mode fiber optics and optical communication components using VC++. *IJCSNS International Journal of Computer Science and Network Security*, 8:300–308, 2008.

[20] L.N. Binh. MATLAB simulink simulation platform for photonic transmission systems. *I.J. Communications, Network and System Sciences*, 2:97–117, 2009.

[21] T.J. Batten, A.J. Gibbs, and G. Nicholson. Statistical design of long optical fiber systems. *J. Lightwave Technol.*, 7:209–217, 1989.

[22] A.J. Lowery. Computer-aided photonics design. *Spectrum*, 4:26–31, 1997.

[23] R.A.A. Lima, M.C.R. Carvalho, and L.F.M. Conrado. On the simulation of digital optical links with EDFA's: an accurate method for estimating BER through Gaussian approximation. *IEEE J. Select. Topics Quantum Electron.*, 3:1037–1044, 1997.

[24] H. Carnes, R. Kearns, and E. Basch. Digital optical system design. In E.E. B. Basch, editor, *Optical-Fiber Transmission*, pages 461–486. Howard W. Sams and Co., Indianapolis, 1987.

[25] P.K. Pepeljugoski and D.M. Kuchta. Design of optical communications data links. *IBM J. Res. and Dev.*, 47:223–237, 2003.

[26] E. Iannone, F. Matera, A. Mocozzi, and M. Settembre. *Nonlinear Optical Communication Networks.* Wiley, New York, 1998.

[27] L.N. Binh. *Optical Fiber Communications Systems.* CRC Press, Boca Raton, 2010.

[28] E. Mortazy and M.K. Moravvej-Farshi. A new model for optical communication systems. *Optical Fiber Technology*, 11:69–80, 2005.

[29] H. Zheng, S. Xie, Z. Zhou, and B. Zhou. Simulation of optical fiber transmission systems using SPW and an HP workstation. *SIMULATION*, 71:312–315, 1998.

[30] A.J. Lowery and P.C.R. Gurney. Two simulators for photonic computer-aided design. *Applied Optics*, 37:6066–6077, 1998.

[31] R. Sabella and P. Lugli. *High Speed Optical Communications.* Kluwer Academic Publishers, Dordrecht, 1999.

[32] C.F. de Melo JR, C.A. Lima, L.D.S. Alcantara, R.O. dos Santos, and J.C.W.A. Costa. A

Simulink toolbox for simulation and analysis of optical fiber links. In J. Javier Sanchez-Mondragon, editor, *Sixth International Conference on Education and Training in Optics and Photonics*, volume 3831, pages 240–251. SPIE, 2000.

[33] G. Ghatak and K. Thyagarajan. *Introduction to fiber optics.* Cambridge University Press, Cambridge, United Kingdom, 1998.

[34] L.D. Green. *Fiber Optic Communications.* CRC Press, Boca Raton, 1993.

[35] G. Keiser. *Optical Fiber Communications. 4th Edition.* McGraw-Hill, Boston, 2011.

[36] S. Geckeler. Modelling of fiber-optic transmission systems on a desk-top computer. *Siemens Res. and Dev. Reports*, 12:127–134, 1983.

第 15 章　光　孤　子

本章主要介绍光孤子及其在光纤中的传输过程, 由于光在光纤中的色散引起了脉冲展宽和非线性行为, 若能使两个相反的效应互相抵消, 光脉冲就会像一个孤子那样在光纤中保持不变, 实现超长距离和超大容量通讯的目标.

为了更好地理解孤子产生和传播的基本原理, 我们首先梳理有关孤子的基本知识. 与第 5 章中的线性脉冲理论形成对比, 本章的孤子纳入非线性极化体系, 使用孤子在光纤中传播的非线性方程.

Mollenauer、Stolen 和 Gordon 在贝尔实验室第一次实现了光孤子在光纤中的传播. Mollenauer 和 Gordon [1] 的著作阐述了孤子的基本原理和简单发展历史. 其他一些介绍光孤子或者光通信中的应用著作可以参考文献 [2]~[6].

15.1　非线性光学极化率

孤子由于非线性和色散而存在. 在书的前面, 已经介绍过色散. 我们这里将集中讨论非线性效应, 包括了非线性效应的光响应可以描述为[7]

$$\begin{aligned}P(t) &= \varepsilon_0\left\{\chi^{(1)}E(t)+\chi^{(2)}E^2(t)+\chi^{(3)}E^3(t)+\cdots\right\}\\&\equiv P^{(1)}(t)+P^{(2)}(t)+P^{(3)}(t)+\cdots\end{aligned}\tag{15.1}$$

式 (15.1) 把极化率 $P(t)$ 展开为电场强度 $E(t)$ 的幂级数. 式中, 常数项 $\chi^{(1)}$、$\chi^{(2)}$、$\chi^{(3)}$ 都是磁化系数; 其中, $\chi^{(1)}$ 是线性磁化系数, $\chi^{(2)}$、$\chi^{(3)}$ 则分别是二阶和三阶非线性极化系数.

对于一个典型的固态系统, $\chi^{(1)}$ 为 1 的数量级, 而 $\chi^{(2)}$、$\chi^{(3)}$ 可以分别 $1/E_{\text{at}}$, $1/E_{\text{at}}^2$ 的数量级. 这里 $E_{\text{at}}=e/\left(4\pi\varepsilon_0 a_0^2\right)$ 是特征原子电场强度; $a_o=4\pi\varepsilon_0\hbar^2/(me^2)$ 是氢原子的玻尔半径. 我们明确地知道[7]:

$$\begin{aligned}\chi^{(2)}&\simeq 1.94\times10^{-12}\text{m/V}\\\chi^{(3)}&\simeq 3.78\times10^{-24}\text{m}^2/\text{V}^2\end{aligned}$$

通常的三阶极化率公式为[7]

$$\begin{aligned}&P_i(\omega_0+\omega_n+\omega_m)\\&=\varepsilon_0 D\sum_{jkl}\chi_{ijkl}^{(3)}(\omega_0+\omega_n+\omega_m,\omega_0,\omega_n,\omega_m)\times E_j(\omega_0)E_k(\omega_n)E_l(\omega_m)\end{aligned}$$

式中, i,j,k,l 为电场强度的笛卡儿坐标分量; 简并因子 D 表示频率 $\omega_0,\omega_n,\omega_m$ 不同排列的数目.

$\chi^{(j)}\ (j=1,2,\cdots)$ 表示第 j 阶极化率. 线性极化系数 $\chi^{(1)}$ 和线性折射率 $\overline{n_0}$ 有关, 而 $\overline{n_0}$ 则包括实部和虚部两部分, 当然, 光场的衰减与虚部有关. 二阶极化系数 $\chi^{(2)}$ 和二次谐波有关. 对于 SiO_2, 它的二阶非线性效应可以忽略不计, 因为 SiO_2 具有反对称性. 因此光纤通常不会显示二阶非线性效应.

三阶极化系数 $\chi^{(3)}$ 对应于光纤中的最低阶非线性效应. 一般而言, 它主要表现为光功率中折射率的变化或者散射现象. 三阶极化系数 $\chi^{(3)}$ 和克尔效应、四波混频、三次谐波的产生、受激拉曼散射等效应有关, Hellwarth[8] 已经对此作了很好的讨论.

假设传播的光是线偏振的, 并且忽略 $\chi^{(3)}_{ijkl}$ 的张量性质. 对于非线性极化可以得到以下关系:

$$P^{\mathrm{NL}}(\omega)=3\varepsilon_0\chi^{(3)}(\omega=\omega+\omega-\omega)\left|E(\omega)\right|^2E(\omega)$$

总极化包括了线性和非线性两部分, 表达式如下:

$$P(\omega)=\varepsilon_0\chi^{(1)}E(\omega)+3\varepsilon_0\chi^{(3)}\left|E(\omega)\right|^2E(\omega)=\varepsilon_0\chi_{\mathrm{eff}}E(\omega)$$

有效极化率是和场强相关的:

$$\chi_{\mathrm{eff}}=\chi^{(1)}+3\chi^{(3)}\left|E(\omega)\right|^2$$

并且还与折射率

$$\overline{n}=1+\chi^{(3)}\equiv\overline{n}_0+\overline{n}_2I \tag{15.2}$$

有关. 式中, I 表示光场的时间平均强度. 下面讨论非线性效应的主要特点.

15.2 主要的非线性效应

15.2.1 克尔效应

克尔效应是在 1875 年由 Kerr 发现的. 他发现一个放置在强电场中的透明液体会产生双折射. 概括地说, 克尔所描述的效应中, 材料的折射率与电场有关:

$$\overline{n}\left(\omega,|E|^2\right)=\overline{n}_0(\omega)+\overline{n}_2(\omega)\left|E\right|^2$$

式中

$$\overline{n}_2(\omega)=\frac{3}{4\pi}\chi^3_{xxx}$$

其中, $\overline{n}_2$ 是沿 x 方向线性偏振光的克尔系数. 硅的克尔系数约为 $1.3\times10^{-22}\mathrm{m}^2/\mathrm{V}^2$. 克尔效应来源于分子中束缚电子的非简谐运动. 因此, 它是快速效应, 响应时间大约为 10^{-15}s.

15.2.2　受激拉曼散射

散射现象是拉曼和布里渊效应产生的原因. 在那些散射过程中, 光场的能量局部被转移到声子; 拉曼散射中散射的是光学声子, 而在布里渊散射中散射的是声学声子.

15.3　非线性薛定谔方程的推导

非线性薛定谔方程 (NSE) 方程可以用来描述光纤中的弧子行为. 接下来的推导过程中使用了传播脉冲的傅里叶光谱概念, 参阅考图 15.1.

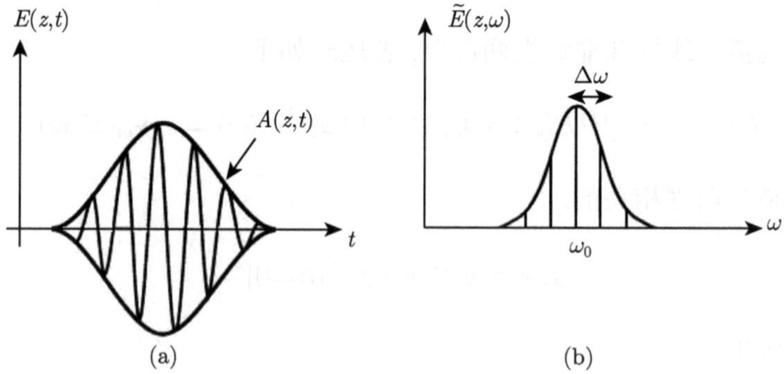

图 15.1　传播的调制脉冲 (a) 及其谱 (b) 的示意图

在一个孤子传播的介质中可以观察到克尔非线性效应. 在这个介质中, 折射率取决于电场强度 $I(t)$, 如下所示:

$$\overline{n}(t)=\overline{n}_0+\overline{n}_2\cdot I(t) \tag{15.3}$$

式中[7]

$$I(t)=2\overline{n}_0\varepsilon_0 c\left|A(z,t)\right|^2 \tag{15.4}$$

其中, $A(z,t)$ 是与光脉冲 $E(z,t)$ 有关的缓变的包络线, 如图 15.1 所示.

$$E(z,t)=A(z,t)\,\mathrm{e}^{\mathrm{i}(\omega_0 t-\beta_0 z)} \tag{15.5}$$

光场的傅里叶变换为[3,9]

$$E(z,t)=\int_{-\infty}^{+\infty}\mathrm{d}\omega\widetilde{E}(z,\omega)\,\mathrm{e}^{\mathrm{i}(\omega t-\beta z)} \tag{15.6}$$

式中, $\widetilde{E}(z,\omega)$ 是脉冲的傅里叶光谱;β 是传播常数; ω_0 是脉冲光谱中心频率, 如图 15.1. 所示.

对于准单色脉冲, $\Delta\omega \equiv \omega-\omega_0 \ll \omega_0$, 因此 $\beta(\omega)$ 可以用泰勒级数扩展

$$\beta(\omega)=\beta_0+\beta_1\cdot(\omega-\omega_0)+\frac{1}{2}\beta_2\cdot(\omega-\omega_0)^2+\Delta\beta_{\mathrm{NL}} \tag{15.7}$$

式中忽略了高阶次函数. 其中, $\Delta\beta_{\mathrm{NL}}=\overline{n}_2k_0I$ 是传播常数中的非线性部分.

将式 (15.7) 代入式 (15.6), 于是我们得到

$$\begin{aligned}
E(z,t)&=\mathrm{e}^{-\mathrm{i}\beta_0 z}\int_{-\infty}^{+\infty}\mathrm{d}(\Delta\omega)\widetilde{E}(z,w)\exp\left(\mathrm{i}wt-\mathrm{i}\beta_1 z\Delta\omega-\frac{1}{2}\mathrm{i}\beta_2 z\Delta\omega^2-\mathrm{i}\cdot z\cdot\Delta\beta_{\mathrm{NL}}\right)\\
&=\mathrm{e}^{\mathrm{i}(\omega_0 t-\beta_0 z)}\int_{-\infty}^{+\infty}\mathrm{d}(\Delta\omega)\widetilde{E}(z,w_0+\Delta\omega)\\
&\quad\times\exp\left(\mathrm{i}t\Delta\omega-\mathrm{i}\beta_1 z\Delta\omega-\frac{1}{2}\mathrm{i}\beta_2 z\Delta\omega^2-\mathrm{i}\cdot z\cdot\Delta\beta_{\mathrm{NL}}\right)\\
&\equiv\mathrm{e}^{\mathrm{i}(\omega_0 t-\beta_0 z)}A(z,t)
\end{aligned}$$

式中

$$\begin{aligned}
A(z,t)&=\int_{-\infty}^{+\infty}\mathrm{d}(\Delta\omega)\widetilde{E}(z,w_0+\Delta\omega)\\
&\quad\times\exp\left(\mathrm{i}t\Delta\omega-\mathrm{i}\beta_1 z\Delta\omega-\frac{1}{2}\mathrm{i}\beta_2 z\Delta\omega^2-\mathrm{i}\cdot z\cdot\Delta\beta_{\mathrm{NL}}\right)\\
&=\int_{-\infty}^{+\infty}\mathrm{d}(\Delta\omega)\widetilde{E}(z,w_0+\Delta\omega)\,\mathrm{e}^{\mathrm{i}g(z,t)}
\end{aligned} \tag{15.8}$$

接下来我们要获得 $A(z,t)$ 的一个微分方程, 而式 (15.8) 是积分的方式. 因此对于式 (15.8) 求偏导数, 可得

$$\frac{\partial A(z,t)}{\partial t}=\int_{-\infty}^{+\infty}\mathrm{d}(\Delta\omega)\widetilde{E}(z,w_0+\Delta\omega)\,\mathrm{i}\Delta\omega\mathrm{e}^{\mathrm{i}g(z,t)}$$

$$\frac{\partial^2 A(z,t)}{\partial t^2}=\int_{-\infty}^{+\infty}\mathrm{d}(\Delta\omega)\widetilde{E}(z,w_0+\Delta\omega)(\mathrm{i}\Delta\omega)^2\,\mathrm{e}^{\mathrm{i}g(z,t)}$$

$$\frac{\partial A(z,t)}{\partial z}=\int_{-\infty}^{+\infty}\mathrm{d}(\Delta\omega)\widetilde{E}(z,w_0+\Delta\omega)\left(-\mathrm{i}\beta_1\Delta\omega-\frac{1}{2}\mathrm{i}\beta_2\Delta\omega^2-\mathrm{i}\cdot\Delta\beta_{\mathrm{NL}}\right)\mathrm{e}^{\mathrm{i}g(z,t)}$$

在前面的 $I(t)$ 中, 我们没有考虑时间产生的影响. 对时间求导数, 并把以上各式结合在一起, 得到

$$\frac{\partial A(z,t)}{\partial z}+\beta_1\frac{\partial A(z,t)}{\partial t}-\mathrm{i}\frac{1}{2}\beta_2\frac{\partial^2 A(z,t)}{\partial t^2}$$

$$
\begin{aligned}
&=\int_{-\infty}^{+\infty}\mathrm{d}(\Delta\omega)\widetilde{E}\left(z,w_0+\Delta\omega\right)\\
&\times\left[\left(-\mathrm{i}\beta_1\Delta\omega-\frac{1}{2}\mathrm{i}\beta_2\Delta\omega^2-\mathrm{i}\cdot\Delta\beta_{\mathrm{NL}}\right)+\beta_1\mathrm{i}\Delta\omega-\mathrm{i}\frac{1}{2}\beta_2\left(\mathrm{i}\Delta\omega\right)^2\right]\times\mathrm{e}^{\mathrm{i}g(z,t)}
\end{aligned}
\tag{15.9}
$$

括号中的式子为 $[\cdots]=-\mathrm{i}\cdot\Delta\beta_{\mathrm{NL}}=-\mathrm{i}\overline{n}_2k_0I$, 因此, 式 (15.9) 变为

$$
\begin{aligned}
&\frac{\partial A\left(z,t\right)}{\partial z}+\beta_1\frac{\partial A\left(z,t\right)}{\partial t}-\mathrm{i}\frac{1}{2}\beta_2\frac{\partial^2 A\left(z,t\right)}{\partial t^2}\\
&=\int_{-\infty}^{+\infty}\mathrm{d}\left(\Delta\omega\right)\widetilde{E}\left(z,w_0+\Delta\omega\right)\left(-\mathrm{i}\overline{n}_2k_0I\right)\mathrm{e}^{\mathrm{i}g(z,t)}\\
&=-\mathrm{i}\overline{n}_2k_0I\int_{-\infty}^{+\infty}\mathrm{d}\left(\Delta\omega\right)\widetilde{E}\left(z,\omega\right)\mathrm{e}^{\mathrm{i}g(z,t)}\\
&=-\mathrm{i}\overline{n}_2k_0IA\left(z,t\right)
\end{aligned}
$$

式中应用了式 (15.8). 这样最终的孤子方程成为[3,10]

$$
\frac{\partial A\left(z,t\right)}{\partial z}+\beta_1\frac{\partial A\left(z,t\right)}{\partial t}+\mathrm{i}\frac{1}{2}\beta_2\frac{\partial^2 A\left(z,t\right)}{\partial t^2}=\mathrm{i}\gamma\left|A\left(z,t\right)\right|^2A\left(z,t\right)-\frac{\alpha}{2}A\left(z,t\right)\tag{15.10}
$$

式中, γ 的定义如下 [3]:

$$
\gamma=\frac{2\pi\overline{n}_2}{\lambda A_{\mathrm{eff}}}\tag{15.11}
$$

其中, A_{eff} 为纤芯的有效面积.

我们主要感兴趣的是传播过程中脉冲的演化, 而不是脉冲到达的时间. 因此可以通过变换到以群速度 v_{g} 移动的一个坐标系统简化上述方程. 在这个过程中, 新的时间 T 和新的坐标 Z 是

$$
\begin{aligned}
Z&=z\\
T&=t-\beta_1z
\end{aligned}
\tag{15.12}
$$

为了得到变换后的新方程, 要对新的变量求导:

$$
\frac{\partial A}{\partial t}=\frac{\partial A}{\partial T}\frac{\partial T}{\partial t}+\frac{\partial A}{\partial Z}\frac{\partial Z}{\partial t}=\frac{\partial A}{\partial T}
$$

这是由于 $\dfrac{\partial T}{\partial t}=1,\dfrac{\partial Z}{\partial t}=0$. 由上式得到

$$
\frac{\partial^2 A}{\partial t^2}=\frac{\partial^2 A}{\partial T^2}
$$

利用上面的结果, 得出

$$
\frac{\partial A}{\partial z}=\frac{\partial A}{\partial T}\frac{\partial T}{\partial z}+\frac{\partial A}{\partial Z}\frac{\partial Z}{\partial z}=-\beta_1\frac{\partial A}{\partial T}+\frac{\partial A}{\partial Z}
$$

最终结果运用到式 (15.10) 中去取代 $\dfrac{\partial A}{\partial t}$, 变换后方程变为

$$\frac{\partial A}{\partial z}+\mathrm{i}\frac{1}{2}\beta_2\frac{\partial^2 A}{\partial T^2}-\mathrm{i}\gamma\left|A\right|^2 A+\frac{1}{2}\alpha A=0 \tag{15.13}$$

式子最后用 z 代替了 Z. 式 (15.13) 就是非线性薛定谔方程.

为了进一步分析非线性薛定谔方程, 我们需要引入两个特征长度: 色散长度 (L_D) 和非线性长度 (L_NL), 它们的定义如下:

$$L_\mathrm{D}=\frac{T_0^2}{|\beta_2|}=\frac{T_0^2 2\pi c}{|D|\,\lambda^2} \tag{15.14}$$

$$L_\mathrm{NL}=\frac{1}{\gamma P_0} \tag{15.15}$$

式中,P_0 是缓变包络 $A(z,T)$ 的峰值功率; T_0 是初始脉冲的时间特征值, 也就是经常所说的半高宽 (脉冲的 3dB 宽度). 这两个长度量表明了要使脉冲显示特定的效应需要传播的长度. 物理上, L_D 是在高斯脉冲由于群速度色散 (GVD) 扩宽 $\sqrt{2}$ 倍时的脉冲传播长度.

当光纤的长度 L 范围满足 $L\geqslant L_\mathrm{D}$ 且 $L\ll L_\mathrm{NL}$ 的条件时, 群速度色散对脉冲在光纤中的传播起主导作用. 这种情况下, 在非线性薛定谔方程中的非线性情况可以忽略不计, 方程可以有分析解. 反之, 如果 $L\ll L_\mathrm{D}$ 且 $L\geqslant L_\mathrm{NL}$, 光纤中的非线性效应是主要的. 在这种情况下可以忽略色散的情况. 模拟中使用的参数值概括在表 15.1 中.

对于归一化变量的数值分析

$$U=\frac{1}{\sqrt{P_0}}A,\quad \tau=\frac{T}{T_0} \tag{15.16}$$

宽度参数 T_0 和输入脉冲的半宽度强度有关, 具体地说

$$T_\mathrm{s}=2T_0\ln\left(1+\sqrt{2}\right)\approx 1.763T_0 \tag{15.17}$$

表 15.1 用于模拟光孤子的参数

参数	符号	数值	单位
波长	λ	1.55	μm
非线性系数	γ	1.3	$\mathrm{km}^{-1}\cdot\mathrm{W}^{-1}$
群速度色散	β_2	15×10^{-24}	s^2/km
宽度参数	T_0	100	ps
峰功率	P_0	0.15	mW
损耗	α	0.01	dB/km
啁啾参数	c	1.2	无量纲
孤子周期	z_0	1047.2	km

经过简单计算, 式 (15.13) 变为

$$\frac{\partial U}{\partial z}-\mathrm{i}\frac{\operatorname{sign}(\beta_2)}{2L_{\mathrm{D}}}\frac{\partial^2 U}{\partial \tau^2}+\mathrm{i}\frac{1}{L_{\mathrm{NL}}}|U|^2U+\frac{1}{2}\alpha U=0 \tag{15.18}$$

这是薛定谔方程的另一种表现形式. 为了证明它,z 坐标需要归一化为:

$$\xi=\frac{z}{L_{\mathrm{D}}} \tag{15.19}$$

经过几步计算可得

$$\frac{\partial U}{\partial \xi}-\mathrm{i}\frac{\operatorname{sign}(\beta_2)}{2}\frac{\partial^2 U}{\partial \tau^2}+\mathrm{i}N^2|U|^2U=0 \tag{15.20}$$

N 是孤子的序号:

$$N^2=\frac{L_{\mathrm{D}}}{L_{\mathrm{NL}}}=\frac{\gamma P_0T_0^2}{|\beta_2|} \tag{15.21}$$

NLSE 的最后一种表达方式是通过引入参数 u:

$$u=NU=\left(\frac{\gamma P_0T_0^2}{|\beta_2|}\right)^{1/2}A \tag{15.22}$$

方程 (15.20) 最终可以表达为

$$\frac{\partial U}{\partial \xi}-\mathrm{i}\frac{\operatorname{sign}(\beta_2)}{2}\frac{\partial^2 u}{\partial \tau^2}-\mathrm{i}|u|^2u=0 \tag{15.23}$$

15.4　分步傅里叶方法

本节我们将使用所谓的分步傅里叶方法 (SSFM) 讨论描述光孤子传播的非线性薛定谔方程 (NLSE) 的数值解.

分步傅里叶变换方法 (SSFTM) 是一种用来求解非线性偏微分方程 (如非线性薛定谔方程) 的数值技术. 该方法依赖于解决小步长的计算方案并把线性和非线性步长分开来考虑. 线性步长既适用于频域也适用于时域, 而非线性步长仅在时域中使用. 该方法广泛应用于光纤中的非线性脉冲传播研究. 更多细节参阅文献 [11].

非线性薛定谔方程 (15.13) 含有色散和非线性项. 为了引入分步傅里叶变换方法, 把非线性薛定谔方程写成以下形式:

$$\frac{\partial A(z,T)}{\partial z}=\left(\widehat{L}+\widehat{N}\right)A(z,T) \tag{15.24}$$

式中

$$\widehat{L}A=-\frac{\alpha}{2}-\frac{\mathrm{i}}{2}\beta_2\frac{\partial^2 A}{\partial T^2} \tag{15.25}$$

包含线性介质中的损耗和色散, 而非线性项

$$\widehat{N}A = \mathrm{i}\gamma |A|^2 A \tag{15.26}$$

引起介质中的非线性效应.

分步傅里叶方法的原理是把从 z 到 $z+h(h$ 是小步长) 的传播分成两步操作 (假定它们相互独立): 在第一步中包含非线性效应, 第二步中包含线性效应, 如图 15.2 所示.

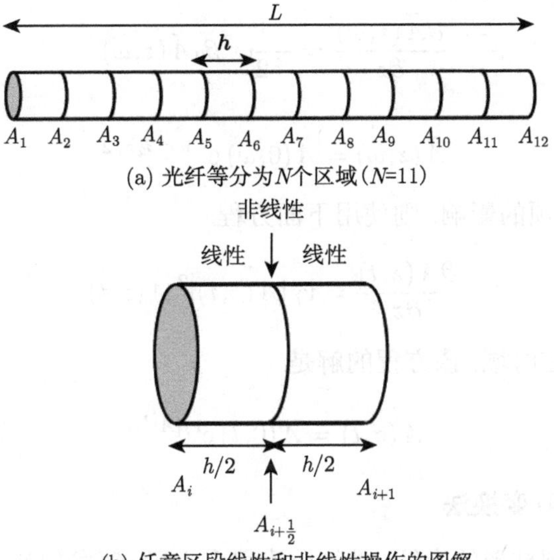

图 15.2 分步傅里叶方法的图解

方程 (15.24) 在一小步长 h 上的形式解是

$$A(z+h,t) = \mathrm{e}^{h\left(\widehat{L}+\widehat{N}\right)}A(z,t) \tag{15.27}$$

在一阶近似中, 式 (15.27) 可以写为

$$A(z+h,t) = \mathrm{e}^{h\widehat{L}}\mathrm{e}^{h\widehat{N}}A(z,t) + O\left(h^2\right) \tag{15.28}$$

这种近似建立在 Baker-Hausdorf 引理[12] 的基础之上, 给出算符 $\widehat{A}$ 和 $\widehat{B}$ 各自与 $\left[\widehat{A},\widehat{B}\right]$ 之间的互易.

$$\mathrm{e}^{\widehat{A}}\mathrm{e}^{\widehat{B}} = \mathrm{e}^{\widehat{A}+\widehat{B}}\mathrm{e}^{\frac{1}{2}\left[\widehat{A},\widehat{B}\right]} \tag{15.29}$$

方程 (15.28) 是实现该方法的基础. 它告诉我们通过两个独立的算符可以决定 $A(z+h,t)$. 从 z 到 $z+h$ 的传播可以分成两个操作步骤: 首先是非线性步长, 然后

是线性步长, 并且假定它们是相互独立的. 如果 h 足够小, 方程 (5.28) 可以给出很好的结果.

步进 h 的值可以通过假定最大相移$\phi_{\max} = \gamma\,|A_{\mathrm{p}}|^2 h$ 来决定, 其中 A_{p} 是 $A(z,t)$ 的峰值, 因为非线性算符比预先确定的值小. 据 Iannone 等[2] 报道:$\phi_{\max} \leqslant 0.05\mathrm{rad}$.

为了在实际中实现分步傅里叶方法, 我们需要为色散和非线性项确立实用的表达式. 因此下面在忽略损耗的情况下独立地分析这两项.

单独分析色散项的影响, 暂时不考虑非线性项的存在. 傅里叶变换之后, "线性方程" 变为

$$\frac{\partial \widetilde{A}(z,\omega)}{\partial z} = -\frac{\mathrm{i}}{2}\omega^2 \beta_2 \widetilde{A}(z,\omega)$$

它的解为

$$\widetilde{A}(z,\omega) = \widetilde{A}(0,\omega)\,\mathrm{e}^{-\mathrm{i}\omega^2 \beta_2 z/2}$$

而单独考虑非线性项的影响, 则使用下面方程:

$$\frac{\partial A(z,t)}{\partial z} = \mathrm{i}\gamma\,|A(z,t)|^2\,A(z,t)$$

它的 "自然" 解是在时域, 该方程的解是

$$A(z,t) = A(0,t)\,\mathrm{e}^{\mathrm{i}\gamma|A|^2 A}$$

15.4.1 分步傅里叶变换法

传播媒介 (如圆柱形的光纤) 被划分为很多小段, 每段的长度为 h, 如图 15.2 所示. 然后每个长度为 h 的小段再进一步被平分为更小的两个亚段. 线性算子在频域上对每个亚段进行计算, 而非线性算子只在中心点进行计算.

线性算子 $\widehat{L}$ 通过第一个亚段进行如下操作:

$$\mathrm{e}^{h\widehat{L}/2} A(z,t) = F^{-1}\left\{\mathrm{e}^{h\widehat{L}/2} F\left\{A(z,t)\right\}\right\} \tag{15.30}$$

也就是对初始的振幅进行由时域到频域的傅里叶变换, 通过线性算符 $\widehat{L}$ 和傅里叶逆变换使振幅变回为时域.

由方程 (15.26) 定义的非线性算子是

$$A_{i+1/2,L^{(z,t)}} = A_{i+1/2,R^{(z,t)}}\mathrm{e}^{h\widehat{N}} \tag{15.31}$$

式中, $A_{i+1/2,L}$ 是在无穷小点左侧距离 $i+1/2$ 的场振幅的值. 最后, 线性算子在长度为 $h/2$ 第二亚段上的计算和在第一亚段上的计算完全一样.

总结起来, 每个长度为 h 的小段上的计算方法包括三个步骤:

步骤 1 $\begin{cases} \widetilde{A_i}(z,\omega) = F\{A_i(z,t)\} \\ \widetilde{A_{i-}}(z,\omega) = \widetilde{A_i}(z,\omega)\cdot\exp\left(-\mathrm{i}\frac{1}{2}\omega^2\beta_2 h\right) \\ \widetilde{A_{i-}}(z,t) = F^{-1}\left\{\widetilde{A_{i-}}(z,\omega)\right\} \end{cases}$

步骤 2 $A_{i+}(z,t) = A_{i-}(z,t)\cdot\exp\left(\mathrm{i}\gamma|A|^2 Ah\right)$

步骤 3 $\begin{cases} \widetilde{A_{i+1}}(z,\omega) = F\{A_{i+1}(z,t)\} \\ \widetilde{A_{i+1}}(z,\omega) = \widetilde{A_{i+1}}(z,\omega)\cdot\exp\left(-\mathrm{i}\frac{1}{2}\omega^2\beta_2 h\right) \\ \widetilde{A_{i+1}}(z,t) = F^{-1}\left\{\widetilde{A_{i+1}}(z,\omega)\right\} \end{cases}$

式中, F 为傅里叶变换; F^{-1} 为傅里叶逆转换.

15.4.2 对称分步傅里叶变换法

仿真中在使用计算式 (15.28) 时非常重要的是如何选取步长 h 的大小. 为了减少计算时间, 我们可以尝试新的方法, 即采用较大的 h 值.

数学上可以采用下面的二级近似:

$$A(z+h,t) = \mathrm{e}^{\frac{1}{2}h\widehat{L}}\exp\left\{\int_z^{z+h}\widehat{N}(z')\,\mathrm{d}z'\right\}\mathrm{e}^{\frac{1}{2}h\widehat{L}}A(z,t) + O\left(h^3\right) \tag{15.32}$$

使用这种方法时, 更加现实的是假设 h 呈现非线性的分布特性. 对于小的 h, 可以将以下的计算近似为

$$\int_z^{z+h}\widehat{N}(z')\,\mathrm{d}z' \approx \frac{h}{2}\left[\widehat{N}(z)+\widehat{N}(z+h)\right]$$

在对称分布傅里叶变换法 (SSSFM) 算法中, 式 (15.31) 替代为

$$A_{i+1/2,L^{(z,t)}} = A_{i+1/2,R^{(z,t)}}\mathrm{e}^{h\left[\widehat{N}(z)+\widehat{N}(z+h)\right]} \tag{15.33}$$

由于不知道在 $z+\dfrac{1}{2}h$ 处的 A, 需要反复去计算 A_{l+1}. 最初假设 $\widehat{N}(z+h)$ 等于 $\widehat{N}(z)$.

15.5 数值结果

本节将讲述基于我们开发的软件进行光孤子在光纤中传播的数值分析. 分步傅里叶方法已经完成, 在附录 15A 中清单 15A.1 提供了 Matlab 的代码. 从单孤子开始分析数值结果.

15.5.1　单孤子

在分析中, 我们使用表 15.1 中的光纤和脉冲参数. 输入的孤子考虑为以下形式:

$$A_{\text{in}}(\xi=0,T)=\sqrt{A_0}\,\text{sech}\left(\frac{T}{T_0}\right) \tag{15.34}$$

式中, N 是在式 (15.21) 中孤子的序号. 图 15.3 是在没有衰减时, N=1 的孤子传播状况. 图 15.4 是在有衰减 ($\alpha=0.01\text{dB/km}$) 情况下, N=1 的孤子传播状况.

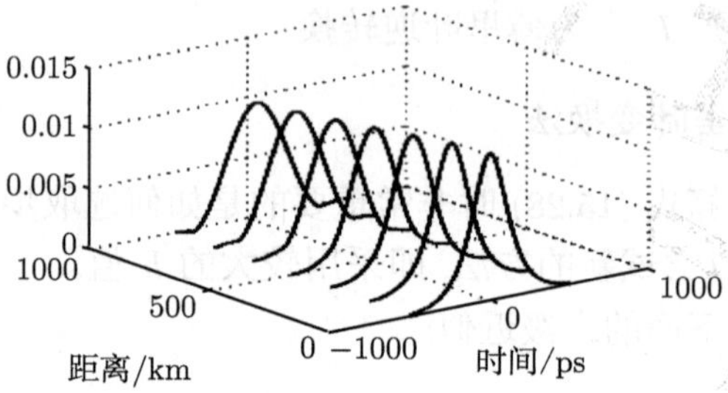

图 15.3　N=1 的光孤子在一个孤子周期内随时间的演化

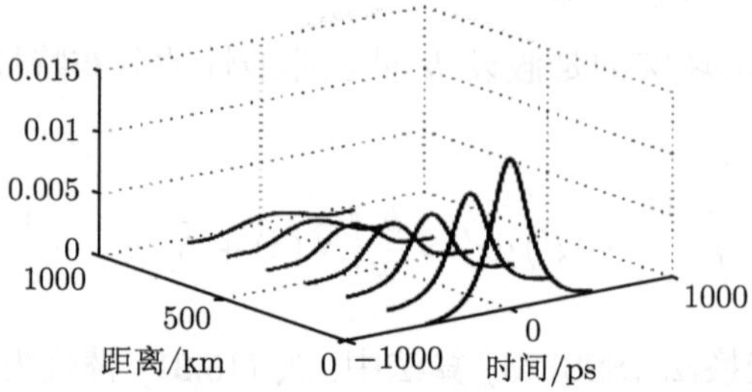

图 15.4　存在衰减时 N=1 的光孤子在一个孤子周期内随时间的演化

孤子波在更高阶 (N=3) 的情况下

$$A_{\text{in}}(\xi=0,T)=N^3\sqrt{A_0}\,\text{sech}\left(\frac{T}{T_0}\right) \tag{15.35}$$

仿真计算的结果对于孤子波在更高阶 ($N=3$) 情况下的传播可以在图 15.5(没有衰减) 和图 15.6(有衰减) 中看到, 可以观察到未衰减孤子波的周期性变化.

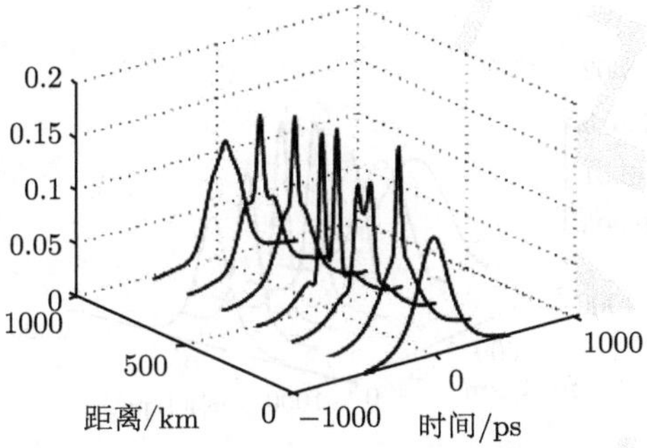

图 15.5 $N=3$ 的光孤子在一个孤子波周期内的时间演化

注意到孤子在 $z_0=0.5$ 附近的劈裂以及超越该点后的恢复

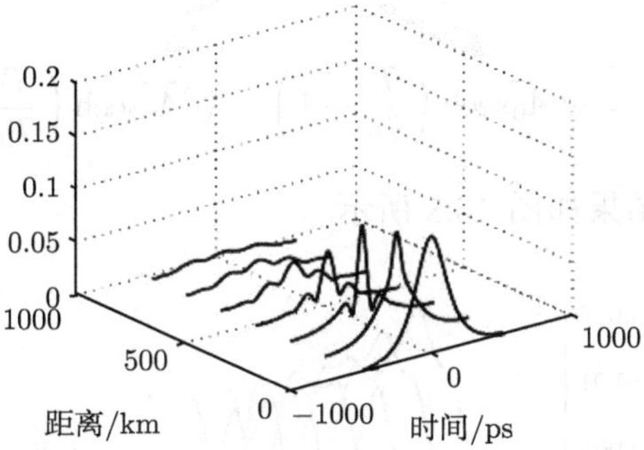

图 15.6 存在衰减情况下 $N=3$ 的光孤子在一个孤子波周期内的时间演化

15.5.2 啁啾孤子波

接下来, 介绍啁啾怎么影响单个孤子波的传播. 假设输入的孤子为

$$A_{\text{in}}(\xi=0,T)=\sqrt{A_0}\text{sech}\left(\frac{T}{T_0}\right)\exp\left[-\text{i}C/2\left(\frac{T}{T_0}\right)^2\right] \tag{15.36}$$

式中, C 是啁啾参数. 在 $N=1$ 和 $C=1.6$ 情况下孤子波演变的仿真结果如图 15.7 所示. 结果显示脉冲开始时被压缩, 后来被展宽.

15.5.3 两个相互作用的孤子波

如果两个孤子脉冲靠近, 非线性效应将引起它们之间的相互作用[13]. 在实用上以及对于更深入理解孤子的传播, 进一步研究这种相互作用都是十分重要的. 例如, 孤子之间的非线性相互作用会造成带宽被压缩十分之一, 这在评述性的文献 [14] 中有详细介绍.

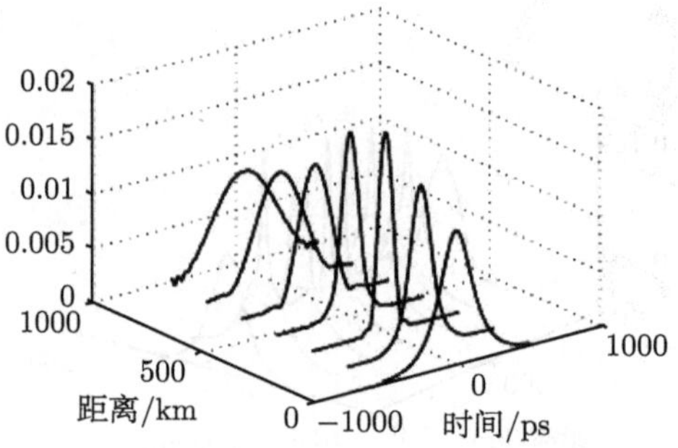

图 15.7 无衰减时 $N=1$ 的啁啾孤子波的时间演化

首先, 考虑两个等强度且 $N = 1$ 的孤子波之间的相互作用, 假设初始脉冲的形式为[15]

$$A_{\text{in}}(\xi = 0, T) = \sqrt{A_0}\text{sech}\left(\frac{T}{T_0} - 1\right) + \sqrt{A_0}\text{sech}\left(\frac{T}{T_0} + 1\right) \tag{15.37}$$

两者相互作用的计算结果如图 15.8 所示.

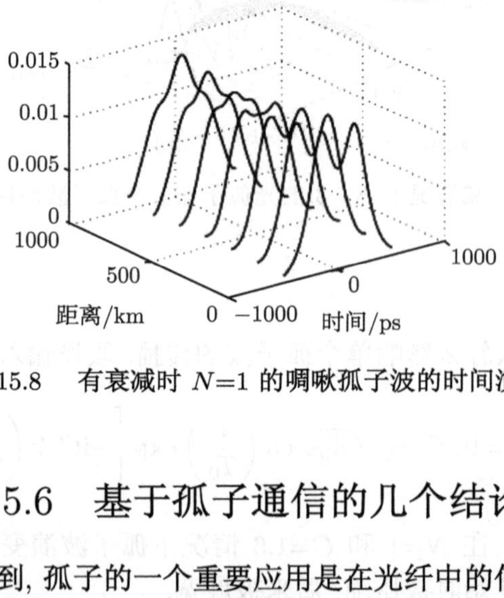

图 15.8 有衰减时 $N=1$ 的啁啾孤子波的时间演化

15.6 基于孤子通信的几个结论

正如本章前面讲到, 孤子的一个重要应用是在光纤中的信息传播. 孤子脉冲可以很稳定地传播很长距离. 在光纤中的损耗是一个很重要的限制因素, 因此周期性地补偿光纤损耗很有必要, 可以用 EDFA 来解决这个问题.

在信息传播中, 孤子波被看成线性脉冲. 在比特流中, 每个孤子波都有自己的位置, 表现为逻辑 1 或 0, 如图 15.9 所示. 比特流中驻留时间 T_{B} 和比特密度 B 有如下关系:

$$T_{\text{B}} = \frac{1}{B} = 2aT_0 \tag{15.38}$$

式中, T_0 是孤子宽度; $2a$ 是相邻孤子波的间距. 为了防止它们之间的相互作用, 相邻孤子波应该被很好地隔开. 由于孤子波有很强的携带信息的能力, 并且能够不断地被放大, 所以孤子波适合于长途通信. 然而孤子波系统仍需要等待全方面的部署, 目前距离长途通信的目标还很遥远. 有兴趣的读者可以参阅最近关于孤子光通信的出版物, 如文献 [16]~ [19].

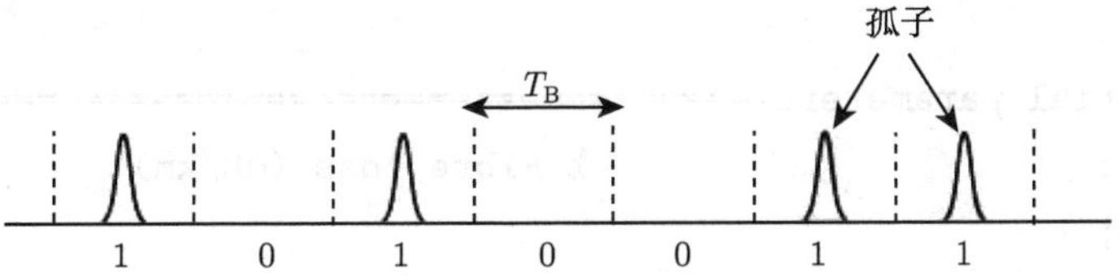

图 15.9　孤子流

15.7　习　　题

1. 基于方程 (15.33) 完成一个 SSFM 方案.

2. 针对 $\beta_3 \neq 0$ 完成一个包含 3 阶色散效应的方案, 分析 β_3 对 $N=1$ 和 $N=3$ 孤波传播的影响.

3. 针对由方程 (15.23) 描述的归一化 NLSE 完成一个 SSFM 的方案, 用该方案分析 $N=1$ 和 $N=3$ 孤子波的行为.

4. 用 SSFM 分析非线性光纤中高斯脉冲的传播过程, 请考虑正常高斯脉冲和啁啾高斯脉冲.

附录 15A：本章 Matlab 的函数清单和代码

表 15.2　第 15 章使用的 Matlab 文件清单

清单	文件名	描述
15A.1	ssftm_full.m	分析各种类型的孤子

清单 15A.1　程序 ssftw_full.m：使用分步傅里叶变换法分析各种类型的孤子.

```
% 文件名: ssftm_full.m
% Contains the following initial pulses
% N=1 soliton
% N=3 solitons
```

```
% Chirp N=1 soliton
% Two interacting solitons
% For the analysis of the appropriate case it should be uncommented
%
clear all
tic;
%===== Material parameters =========================================
%alpha=0.01;                          % Fibre loss (dB/km)
alpha = 0.0;
alpha=alpha/(4.343);                  % Fibre loss (1/km)
gamma = 1.3;                          % Fibre nonlinearity [1/W/km]
beta_2=15d-24;                        % 2nd order disp. (s^2/km)
%====== Time parameters ============================================
T =- 512e-12:1e-12: 511e-12;
delta_t=1e-12;
%======= Input pulse and its parameters ============================
T_0 = 100d-12; % Initial pulse width (s)
P_0 = 0.15d-3; % Input power (Watts)
A_0 = sqrt(P_0);
L_D =((T_0^2)/(abs(beta_2)));         % Dispersion length in [km]
L_NL = (1/(gamma*P_0));
h = 2d0; % step size [km]
z_plot = (0:h:((pi/2)*L_D));          % z-values to plot [in km]
n = 1; % controls stepping
z_0 = (pi/2)*L_D; % Soliton period [km]
N = 3; % Soliton number
%A = N^2*A_0*sech(T/T_0); % N=3 soliton
%A = A_0*sech(T/T_0); % N=1 soliton
C = 1.6; % chirp parameter
%A = A_0*sech(T/T_0).*exp((-1i*C/2).*(T/T_0).^2); % N=1 soliton
with chirp
A = A_0*sech(T/T_0-1.6)+A_0*sech(T/T_0+1.6); % interacting solitons
%
L = max(size(A));
Delta_omega=1/L/delta_t*2*pi;
```

```
omega = (-L/2:1:L/2-1)*Delta_omega;
A_f = fftshift(fft(A));                    % Pulse in frequency domain
for jj=h:h:z_0
A_f = A_f.*exp(-alpha*(h/2)-1i*beta_2/2*omega.^2*(h/2));
A_t =ifft(A_f); % Pulse in time domain
A_t = A_t.*exp(1i*gamma*((abs(A_t)).^2)*(h));
A_f = fft(A_t);
A_f = A_f.*exp(-alpha*(h/2)-1i*beta_2/2*omega.^2*(h/2));
A_t = ifft(A_f);
plotting(:,n) = abs(A_t);
n = n+1;
end
toc;
cputime=toc;
%
z_plot = h:h:z_0; % creates distance for plotting
length(z_plot)
for k = 1:80:length(z_plot)                 % Choosing 3D plots every
                                            10-th step
y = z_plot(k)*ones(size(T));                % Spread out along y-axis
plot3(T*1d12,y,plotting(:,k),'LineWidth',1.5)
hold on
end
xlabel('time (ps)','FontSize',14);
ylabel('distance (km)','FontSize',14);
set(gca,'FontSize',14);                     % size of tick marks on both axes
grid on
pause
close all
```

参考文献

[1] L.F. Mollenauer and J.P. Gordon. *Solitons in Optical Fibers. Fundamentals and Applications.* Elsevier, Amsterdam, 2006.

[2] E. Iannone, F. Matera, A. Mocozzi, and M. Settembre. *Nonlinear Optical Communication Networks.* Wiley, New York, 1998.

[3] G.P. Agrawal. *Fiber-Optic Communication Systems. Second Edition.* Wiley, New York, 1997.

[4] Y.S. Kivshar and G.P. Agrawal. *Optical Solitons. From Fibers to Photonic Crystals.* Academic Press, Amsterdam, 2003.

[5] A. Hasegawa and M. Matsumoto. *Optical Solitons in Fibers.* Springer, Berlin, 2003.

[6] A. Hasegawa and Y. Kodama. *Solitons in Optical Communications.* Clarendon Press, Oxford, 1995.

[7] R.W. Boyd. *Nonlinear Optics. Third Edition.* Academic Press, Amsterdam, 2008.

[8] R.W. Hellwarth. Third-order optical susceptibilites of liquids and solids. *Prog. Quant. Electr.*, 5:1–68, 1977.

[9] A. Yariv and P. Yeh. *Photonics. Optical Electronics in Modern Communications. Sixth Edition.* Oxford University Press, New York, Oxford, 2007.

[10] G.P. Agrawal. *Nonlinear Fiber Optics.* Academic Press, Boston, 1989.

[11] G.P. Agrawal. *Nonlinear Fiber Optics, 4-th Edition.* Elsevier Science & Technology Books, Boston, 2006.

[12] R.L. Liboff. *Introductory Quantum Mechanics.* Addison-Wesley, Reading, Massachusetts, 1992.

[13] P.L. Chu and C. Desem. Mutual interaction between solitons of unequal amplitudes in optical fibre. *Elect. Lett.*, 21:1133–1134, 1985.

[14] C. Desem and P.L. Chu. Soliton-soliton interactions. In J.R. Taylor, editor, *Optical solitons - theory and experiment*, pages 107–151, Cambridge, 1992. Cambridge University Press.

[15] Z.B. Wang, H.Y. Yang, and Z.Q. Li. The numerical analysis of soliton propagation with plit-step Fourier transform method. *Journal of Physics: Conference Series*, 48:878–882, 2006.

[16] A. Hasegawa. Soliton-based optical communications: An overview. *IEEE J. Select. Topics Quantum Electron.*, 6:1161–1172, 2000.

[17] M.F. Ferreira, M.V. Facao, S.V. Latas, and M.H. Sousa. Optical solitons in fibers for communication systems. *Fiber and Integrated Optics*, 24:287–313, 2005.

[18] R. Gangwar, S.P. Singh, and N. Singh. Soliton based optical communication. *Progress in Electromagnetics Research, PIER*, 74:157–166, 2007.

[19] N. Vijayakumar and N.S. Nair. Solitons in the context of optical fibre communications: a review. *Journal of Optoelectronics and Advanced Materials*, 9:3702–3714, 2007.

第16章 光伏电池

本章介绍光伏电池 (工业界又称为太阳能电池, 欧美学术界也称之为太阳电池) 工作的基本内容, 概述基本的物理原理, 总结一个基于等效电路的模型, 讨论通过使用多结结构或者制作中间带 (IB) 提高单结光伏电池的工作效率.

文献 [1]~[3] 是关于光伏电池的基本入门知识. [1] 和 [2] 主要介绍太阳能量转换的一些基本背景, 通过收集器估算入射太阳辐射, 太阳能收集器的光学原理, 集中器的类型和经济分析等.[3] 专注于介绍基本的物理方面和实际应用方面的关于光伏能量转换的半导体.

16.1 引 言

2009 年, 世界电能消费是 12~13TW. 除去常规的燃煤, 水利和风能发电外, 核能和太阳能也都可以产生电能.

假设一个核电站产生 1GW 的电力, 创造 10TW 的电力需要 10000 个这样的核电站. 这一巨大的数字肯定会产生社会问题, 同样, 那些核电站所需的铀在不到 20 年会被消耗殆尽.

就太阳能而言, 太阳辐照到地球上 1h 的太阳能比我们全球一年使用的能量还多. 可以这样比拟, 足球场覆盖约 17%的硅光伏电池受到 1 个太阳辐照将生产大约 500kW 的电力. 美国使用大约 3TW, 所以为了产生这些所需能量需要大约 600 万个足球场. 然而, 通过提高光伏电池效率, 如通过使用多结器件和聚焦太阳辐照, 半导体光伏电池使用的面积可以显著减小.

这些粗略的估计表明, 太阳能作为电能源可能是一个可行的选择, 并且增加光伏电池的效率是很重要的. 但是, 应该记住, 太阳在地球表面的辐照是不均匀的.

太阳辐射光谱 (太阳能光谱) 如图 16.1 所示. 当详细地讨论多结电池时, 该图是很重要的. 图中纵坐标显示的是光谱强度, 也就是每单位波长的太阳能强度. 图中地球大气层以上的辐照表示为 AM0(空气质量为零). 集成的 (在整个光谱) 强度在地球大气层上面是常量, 其近似值为 1.353kW/m^2. 它提供了垂直于太阳辐照方向的单位面积辐照的总功率流.

地球的大气层吸收太阳辐射明显. 在图 16.1 中, 辐射在地球表面被标记为 AM1.5. 图中给出了几个吸收峰和由于各种影响的最终光谱辐射分布. 为了比较, 还标出黑体辐射在 6000K 的温度对应的辐射光谱. 可以注意到, 在地球的大气层

(AM0) 以上的太阳光谱类似于黑体辐射.

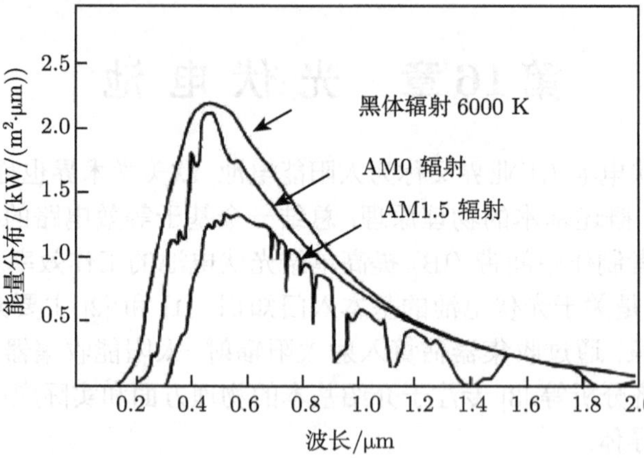

图 16.1　太阳辐射光谱 (引自 C.H. Herny, J. Appl. Phys. 51, 4494 (1980))

空气–质量这个系数定义为太阳光通过大气层的直达光程 (h), 与垂直向上到天顶的光程 (h_0) 的比例.

既然空气–质量 m 定义 (参见文献 [6]) 为实际辐射路径 h 与最短路径 h_0 的比值, 因此如图 16.2 所示，$m = h/h_0 = 1/\cos\theta$.

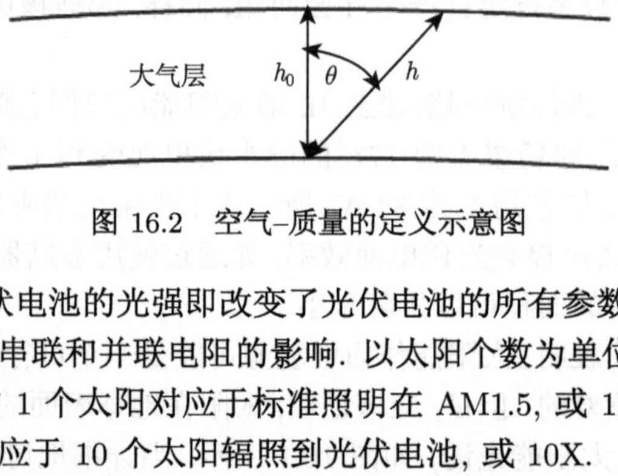

图 16.2　空气–质量的定义示意图

改变入射到光伏电池的光强即改变了光伏电池的所有参数, 包括短路电流, 开路电压, 效率，以及串联和并联电阻的影响. 以太阳个数为单位测量辐照在光伏电池中的光强度, 其中 1 个太阳对应于标准照明在 AM1.5, 或 1kW/m^2. 例如, 一个 10kW/m^2 的系统对应于 10 个太阳辐照到光伏电池, 或 10X.

光伏电池的材料种类繁多, 可以有单晶硅、多晶硅、CdTe、$CuIn_xGa_{1-x}Se_2$ 等半导体的, 或三五族、二六族的元素链的材料等. 其设计上主要透过不同的制程和方法, 测试对光的反应和吸收, 做到能隙结合宽度, 让短波长或长波长都可以全盘吸收的革命性突破, 来降低材料的成本.

光伏电池形式上可分为基板式与薄膜式, 基板式在材料上又可分为单晶式或相溶后冷却而成的多晶式; 薄膜式则可和建筑物有较佳的结合性, 它具有曲度, 有可挠、可折叠等特性, 材料上较常用非晶矽. 除前二者外, 另有有机或纳米材料制作的光伏电池, 目前仍处于研发阶段.

就光伏电池的发展时间而言, 可分为四个世代: 第一代硅基板 (silicon based), 第二代薄膜 (thin film), 第三代新观念研发 (new concept), 第四代复合薄膜材料.

第一代光伏电池发展最长久, 技术也最成熟. 种类可分为单晶硅 (monocrystalline silicon)、多晶硅 (polycrystalline silicon)、非晶硅 (amorphous silicon). 以应用来说是以前两者为主, 也因不同的设计需求需要用到不同材料 (例如, 对光波长的吸收、成本、面积等).

第二代薄膜光伏电池以薄膜制程来制造电池, 种类可分为碲化镉 (CdTe)、铜铟硒化物 (copper indium selenide,CIS)、铜铟镓硒化物 (copper indium gallium selenide, CIGS)、砷化镓.

第三代电池与前代电池最大的不同是制造中导入有机物和纳米技术. 种类有光化学太阳能电池、染料光敏化光伏电池、高分子光伏电池、纳米结晶光伏电池.

第四代则针对电池吸收光的薄膜做出多层结构.

16.2 光伏电池原理

最简单的光伏电池单元 (或者光电 (PV) 电池) 是一种正向偏压下操作的单结 p-i-n(p 型 - 本征型 -n 型) 半导体. 它是通过适当掺杂的硅形成 pin 结的, 如图 16.3 所示. 它可以产生电位差, 从而充当电池. 它包含了一个非常狭窄但重掺杂的 n 区, 覆盖有薄的防反射涂层, 以减少太阳光的反射, 这些进入硅的太阳光将从 n 区穿透 pn 结. 细节如图 16.4 所示.

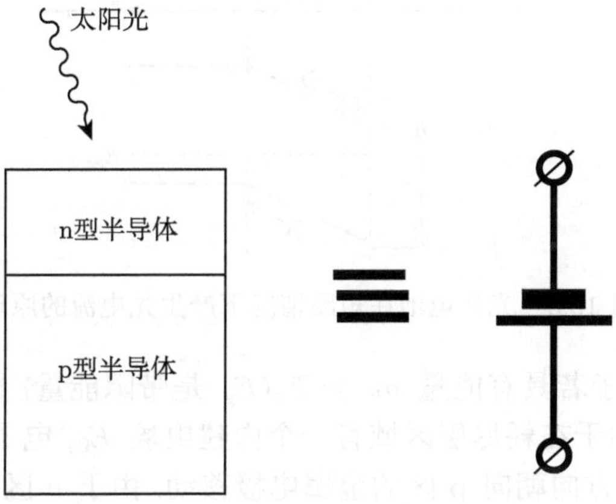

图 16.3 作为光伏电池的 pn

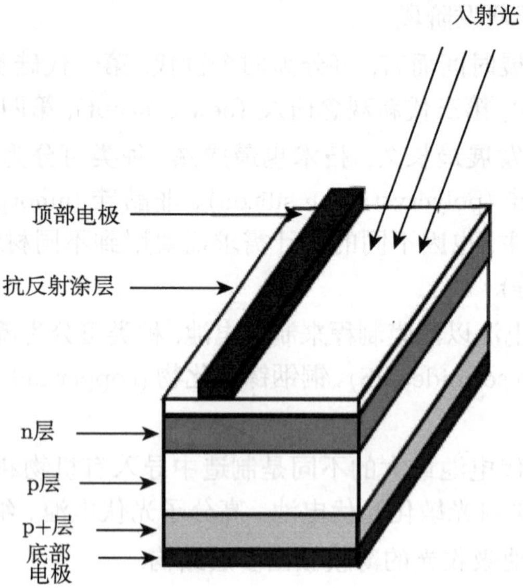

图 16.4　光伏电池示意图

短波长光仅穿透在 n 区域, 波长较长的光将穿透宽度 w 的耗尽层区域, 最长波长的光将到达 p 区, 如图 16.5 所示.

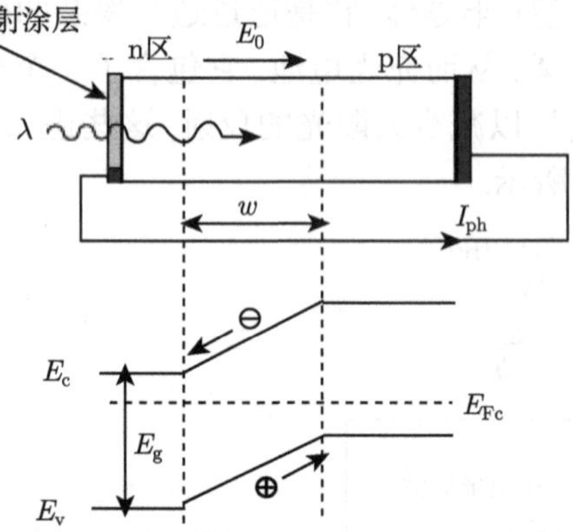

图 16.5　光伏电池在短路情况下产生光电流的原理

频率为 ν 的光子若具有能量 $h\nu \geqslant E_g$(E_g 是带隙能量) 的话, 它即可产生电子–空穴 (e-h) 对. 由于在耗尽层区域有一个内建电场 E_0, 电子向 n 区的金属电极移动, 而空穴沿相反方向朝向 p 区的金属电极移动. 由于 n 区是很窄的, 大部分光子在耗尽层区域被吸收. 光产生的电子在 n 区增加 $-e$ 电量; 同样空穴通过 +e 使 p 区电势更高, 导致在金属电极之间产生电势差.

半导体只有当光子能量等于带隙时才可以有效地将光子转化为电流. 小于带隙的光子能量不被吸收, 具有较高能量的光子通过光生载流子热运动消耗高于带隙的能量从而造成损耗.

光能和波长的基本关系可用下式表达:

$$\lambda\,[\mu\mathrm{m}] = \frac{1.24}{E\,[\mathrm{eV}]} \tag{16.1}$$

如果让光伏电池的两端电极短路, 在 n 侧的过量电子会开始通过外电路流动, 也就是光电流 I_{ph}, 如图 16.6 所示, 这与传统意义的短路电流 I_{sc} 方向正好相反. 如果 I_{light} 是光强度, 有

$$I_{\mathrm{sc}} = -I_{\mathrm{ph}} = -K \cdot I_{\mathrm{light}}$$

式中, K 是某种与器件有关的常数.

如图 16.6 所示, 当受到辐照的光伏电池回路中接入负载电阻 R 时, 电路中传统意义的电流为 $I = I_{\mathrm{d}} - I_{\mathrm{ph}}$, 其中 I_{d} 是一个正向二极管电流:

$$I_{\mathrm{d}} = I_0\left[\exp\left(\frac{eV}{\eta k_{\mathrm{B}}T}\right) - 1\right] \tag{16.2}$$

式中, I_0 是常数; V 是二极管两端电压; η 称为二极管保真度因数, 对于扩散产生的电流, η 等于 1, 而对于空间电荷层复合产生的电流, η 等于 2.

光伏电池的 I-V 特性如图 16.7 所示, 它是将二极管暗电流的 I-V 特征曲线向下平移 I_{ph} 获得的. 传统电流的解析表达式为

$$I = -I_{\mathrm{ph}} + I_0\left[\exp\left(\frac{eV}{\eta k_{\mathrm{B}}T}\right) - 1\right] \tag{16.3}$$

如将负载电阻 R 连接到所述光伏电池中, 如图 16.6 所示, 电流–电压关系可写为

$$I = -\frac{V}{R} \tag{16.4}$$

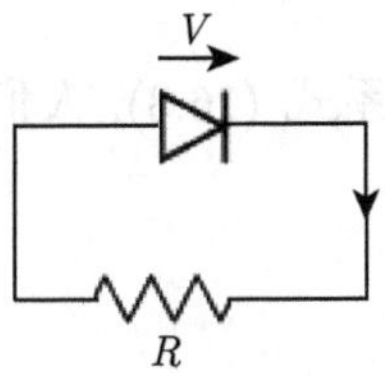

图 16.6　光伏电池驱动外部负载电阻 R

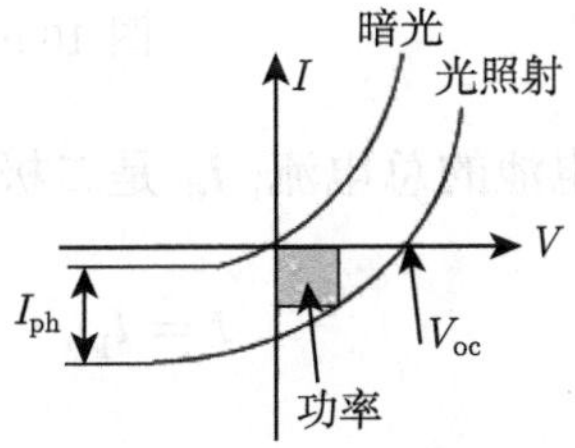

图 16.7　寻找一个光伏电池的工作区

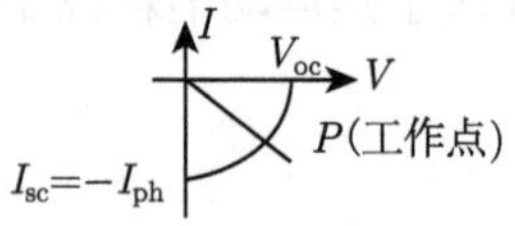

图 16.8　光伏电池特征工作点

V_{oc} 是开路电压

通过求解方程 (16.3) 和方程 (16.4) 获得在负载电阻为 R 时的太阳能电池的工作区间. 根据方程 (16.3) 和方程 (16.4) 作图 16.8, 由图中两线的交叉区域确定了光伏电池的工作点 (V_1, I_1).

与垂直电流轴线 I 相交的点处于短路状态, 对应的电流为短路电流 I_{sc}. 同样, 与水平轴电压 V 相交的点处于开路状态, 对应的电压为开路电压 V_{oc}. 这是电流为零时从光伏电池得到的最大电压.

电源提供给负载 R 的功率是 $P_{load} = I_1 \cdot V_1$, 它是矩形的区域, 参考图 16.7. 光伏电池设计的目标是最大化该功率.

16.3　光伏电池的等效电路

多年来存在多种光伏电池建模方法, 最简单的方法是基于等效电路模型. 一些最近发表的结果都是着重于 Matlab 的计算[7-9].

16.3.1　基本模型

图 16.9 是包括寄生效应的光伏电池等效电路的示意图. 它包括电流源 (产生光电流 I_{ph}), 理想的二极管, 并联电阻和串联电阻器. 在此模型中, 目标是获得电流和电压关系. 从基尔霍夫规则可以得到 (从现在起, 采用一个普遍的做法, 将电流方向与传统电流方向反向)

$$I = I_{ph} - I_d \tag{16.5}$$

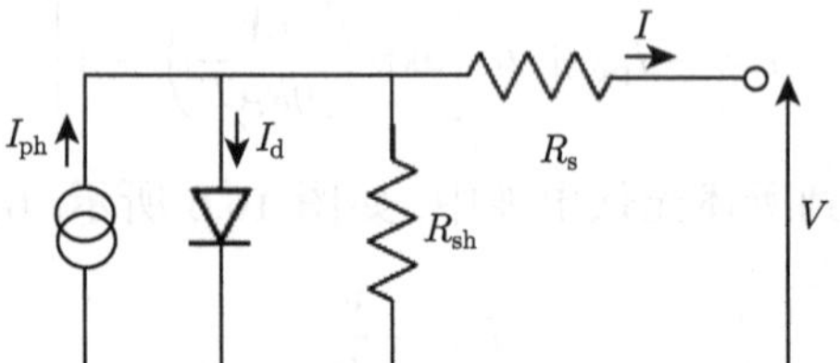

图 16.9　光伏电池等效电路

式中, I 是电池的总电流; I_d 是二极管电流. 综上所述及关系式 (16.3), 人们发现

$$I = I_{ph} - I_0 \left[\exp\left(\frac{eV}{\eta k_B T} \right) - 1 \right] \tag{16.6}$$

方程 (16.6) 描述了没有寄生效应的理想情况. 在实际的光伏电池中存在流过并联电阻 R_{sh} 的漏电流, 器件的电压降由串联电阻 R_s 表示. 加入分流电阻后光伏电池

电流 I 变成

$$I = I_{ph} - I_d - \frac{V_d}{R_{sh}} \tag{16.7}$$

串联电阻的影响包括

$$V_d = V + I \cdot R_s \tag{16.8}$$

包括了全部寄生效应后, 光电流为以下形式:

$$I = I_{ph} - I_0\left[\exp\left(\frac{eV_d}{\eta k_B T}\right) - 1\right] - \frac{V + I \cdot R_s}{R_{sh}} \tag{16.9}$$

光电流 I_{ph} 取决于太阳照辐量和单元的温度. 文献 [10] 和 [11] 已经给出了介绍:

$$I_{ph} = \left[I_{sc} + K_I\left(T_c - T_{ref}\right)\right] S_{in} \tag{16.10}$$

式中, I_{sc} 是在 25 摄氏度、1kW/m^2 下, 光伏电池的短路电流; K_I 是短路电流温度系数; T_{ref} 是基准温度; S_{in} 是用 kW/m^2 表示的太阳日照能量.

I_0 的表达式为[10,11]

$$I_0 = I_{RS}\left(\frac{T_c}{T_{ref}}\right)^{3/n} \exp\left[\frac{E_{gap}}{Ak_B\left(\frac{1}{T_{ref}} - \frac{1}{T_c}\right)}\right] \tag{16.11}$$

式中, I_{RS} 是在参考温度和太阳辐射下电池的反向饱和值; E_{gap} 是在电池中使用的半导体的带隙能量; A 是取决于光伏技术的理想因子. 一些典型值是: 对硅单晶 A=1.2, 对硅多晶 A =1.3, 对 CdTe 电池 A=1.5(取自文献 [10]).

16.3.2 其他模型

还有一些其他基本模型描述光伏电池. 在这里我们只稍提及两个模型: 双指数模型和理想光伏电池模型.

双指数模型[12] 如图 16.10 所示. 该模型包含一个光产生的电流源, 两个二极管 D1 和 D2, 以及串联和并联电阻. 该模型是从 pn 结的物理来源考虑的, 并且可以用于描述由多晶硅构成的电池.

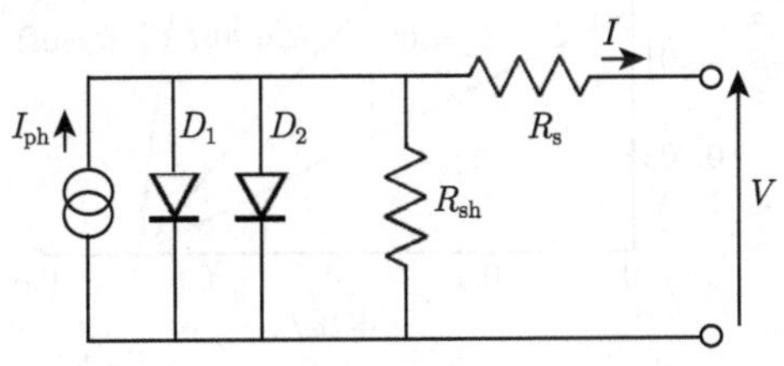

图 16.10 光伏电池的双指数模型

理想光伏电池模型 (简化模型). 分流电阻 R_{sh} 与分流漏电流成反比. 光伏效率对于分流电阻 R_{sh} 极不灵敏, 可以假设 $R_{\mathrm{sh}}=\infty$. 所得到的模型类似于一个简单基本电池, 如图 16.9 中所示, 没有 R_{sh} 的情况下, 这个模型的电流 - 电压表达式为

$$I=I_{\mathrm{ph}}-I_0\left[\exp\left(\frac{e\left(V+I\cdot R_{\mathrm{s}}\right)}{\eta k_{\mathrm{B}}T}\right)-1\right] \tag{16.12}$$

表 16.1　硅光伏电池等效电路的参数

参数描述	符号	数值
照度	I_{ph}	10mA
保真因子	η	1.5
电流	I_0	3×10^{-6}mA
串联电阻	R_{s}	$0\Omega, 20\Omega, 50\Omega$
并联电阻	R_{sh}	415Ω

一个理想的光伏电池模型是假设没有损耗, 无渗漏到地面, 即 $R_{\mathrm{s}}=0$ 和 $R_{\mathrm{sh}}=\infty$, 该等效电路包含唯一的电流源和一个二极管. 电流表示为

$$I=I_{\mathrm{ph}}-I_0\left[\exp\left(\frac{eV}{\eta k_{\mathrm{B}}T}\right)-1\right] \tag{16.13}$$

我们使用典型参数进行分析, 这些参数汇总于表 16.1 的清单 16A.1. 电流–电压特性为串联电阻的几个值, 如图 16.11 所示, 图 16.12 给出了在三个不同温度下的电流–电压特性. 用来产生这些特点的 Matlab 代码见附录 16A 中的清单 16A.1~清单 16A.3. 这些都是文献中典型的结果.

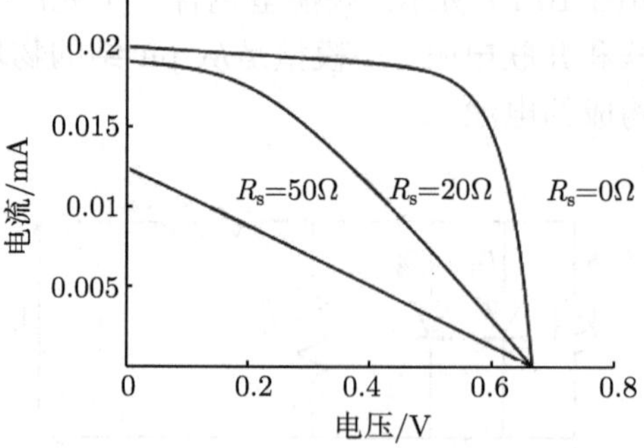

图 16.11　不同串联电阻值的硅理想光伏电池的电流–电压关系

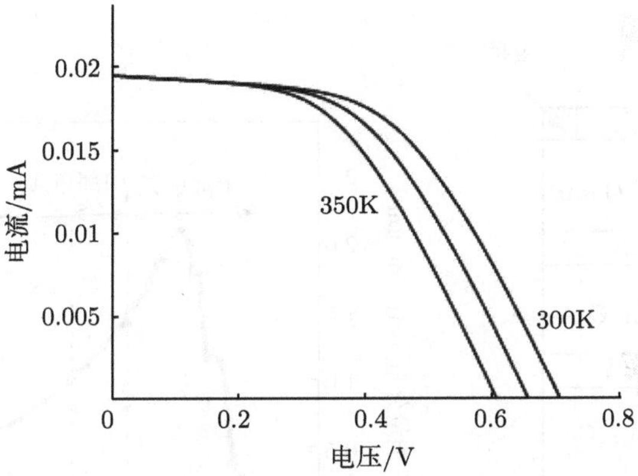

图 16.12 不同温度下理想硅光伏电池的电流–电压关系

16.4 多结光伏电池

正如 Shockley 和 Queisser[13] 所述, 单结光伏电池效率的最大理论极限约 31%. 为了提高理论效率, 人们需要增加电池中包含的 pn 结数目. Henry[14] 研究发现, 1 个太阳光辐射下理想电池的最大理论效率为 31%, 而在 1000 个太阳光辐照及 300K 时, 具有 1 个、2 个、3 个和 36 个 pn 结 (适当选择能隙大小构成不同结) 情况下多结光伏电池的效率分别为 37%、50%、56%和 72%.

增加效率可以通过把太阳光谱分为几个部分, 不同部分采用不同转换材料来实现光伏转换. 图 16.13 给出了用 $Ga_{0.49}In_{0.51}P$ (1.9eV), $Ga_{0.99}In_{0.01}As$ (1.4eV), Ge (0.7eV) 构造的三结光伏电池的示意图 (摘自文献 [15]). 使用锗主要是考虑电池的耐用性和降低生产成本, 这些不同的半导体材料生长在同一个衬底材料上. 隧道结将一个个电池电串联起来.

必须对每个小区选择合适的材料以便吸收适当波长的光子, 各材料的带隙用式 (16.1) 来确定. 能隙 E_g 必须从顶部电池逐渐向底部电池降低, 以便所有光子通过各结电池被全部吸收. 另外, 半导体的所有层必须晶格匹配, 使之消除电池之间的应变.

抗反射 (AR) 涂层一般由若干层介质组成. 可以使用在第 3 章中讨论的方法进行 AR 层的设计.

隧道结的存在提供了各电池之间的低电阻连接, 这些为多结光伏电池设计的各层的模拟已经由 Baudrit 和 Algora[16] 进行了详细描述.

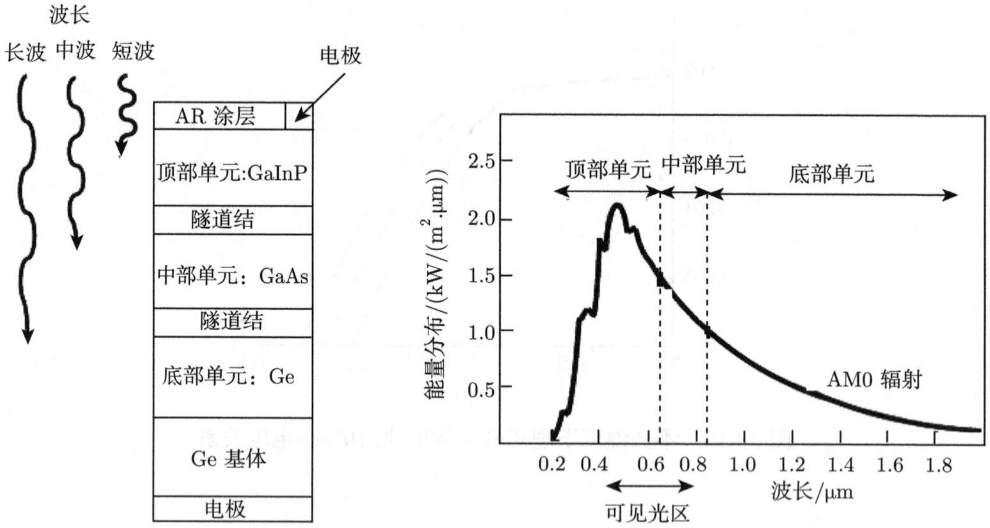

图 16.13　三结光伏电池 (见 F.Dimorth, III-V 半导体高效光伏电池, Phys. Stat. Sol.(c) 3, 373-9 (2006))

16.4.1　多结量子点

三结光伏电池是将一系列光伏电池串联起来, 它们电压相加, 但流过结构的电流由各电池中最小的电流所决定, 该结构产生的总功率大于单结电池产生的功率.

每结电池的厚度由它的吸收和它可用的光谱范围的光功率确定, 在该光谱范围内的所有结电池都工作. 参照图 16.13, 底层电池 (由 Ge 形成, 包括基材) 比两个上部的电池要厚得多, 这是因为该电池吸收光谱涵盖了太阳的大部分光谱范围. 相比于两个上层电池, Ge 电池产生大的电流.

降低锗电池电流并同时增加 GaAs 电池电流的解决方案是在 GaAs 电池中引入 InAs 量子点[17], 这些量子点被设计成具有稍小于 GaAs 的带隙. 因此, 它们可以从 Ga 电池底部“偷取”约 15%的电流, 增加顶层 GaInP 电池的厚度以匹配 GaAs 中电流增加导致的整体电流增加约 15%. 在 GaAs 电池中引入微小改变, 导致三结转换效率增长了约 13%.

16.4.2　中间带光伏电池

中间带光伏电池 (IBSC) 的概念最早是由 Luque 和 Marti[18] 及 Wolf [19] 阐述的, 其主要思想是在导带和价带之间构建一个附加能带, 如图 16.14 所示. 额外的中间能带可以采用用几种方法, 如类似小型带 (“迷你”带) 的方法建立起来.

标准电池仅能够吸收能量大于或等于 $E_{\text{gap}} = E_{\text{c}} - E_{\text{v}}$ 的光子. 在这个新方案中可能通过 IB 有额外的吸收.

IB 的电子态应该通过直接跃迁访问, 这样, 能量为 E_{IV} 的光子可以从价带转移电子进入 IB, 而另一个能量 E_{CI} 光子将能够从 IB 泵浦电子到导带, 因此光伏电池的效率增加.

基于这种设计的光伏电池很有吸引力, 因为预测的光子转换效率达到约 60%[20]. 文献 [20] 表明, 有序量子点的三维阵列, 即量子点晶体, 可用于制作太阳能电池的中间带, 这样的电池效率超过单结 Shockley-Queisser 电池效率的极限. 这个效率的增加是由于光生热载流子的利用可以产生更高的电压和更高的光电流.

这种结构的模型已经通过 CFD 研究公司进行的三维设备模拟器引用, NanoTCAD[21]. 他们进行量子点光伏电池性能的精确模拟和由空间辐射带来的电池效率降低的研究.

中间带光伏电池最近的一些研究内容发表在 *NaturePhotonics*[22].

16.4.3 数值仿真的作用

数值仿真和光伏电池的建模在光伏电池研究方面发挥重要作用, 一个特殊的例子已经在前面提到. 现代结构的优化, 特别是对于多结或量子点的实验试错法, 使研制成本变得十分昂贵, 这反过来为计算机仿真打开了大门.

在一个光伏电池中, 多结无数层之间的光电相互作用是非常复杂的. 过去几年来几个研究小组已经开发了各种精确的模拟模型. 前面我们已经总结了根据等效电路的最简单方法. 除此以外, 也有许多成功开发各种复杂微观模型的尝试. 可是, 对微观模型充分讨论, 包括基于漂移扩散的方法, 已经超出了本书的范围.

市场上有几种商用仿真软件：来自 Synopsys 的 Sentaurus, 来自 Silvaco 的 Atlas, 以及来自 RSoft 的 Solar Cell 仿真软件. 如果读者想了解太阳能电池最近的商用仿真和设计, 可参见文献 [23]~[25] 的介绍. 文献 [25] 提供了使用 Sentaurus 模拟量子阱太阳能电池的详细信息.

利用量子输运设计更复杂的量子阱太阳能电池也在最近获得了进展[26,27], 这种方法结合了半导体光学和纳米结构中的量子输运的要素, 文献 [26] 深入讨论了基于非平衡格林函数 (NEGF) 的基本方法. 发展的方法主要应用于非平衡量子统计力学框架内对吸收、输运和弛豫均等地处理.

最后讨论等离子体对于改善光电器件的性能所起的作用, 具体可参见最近的综述文献 [28]. 等离子体描述了在自由空间中小于光波长的纳米尺度内使光局域化和光传导的过程. 利用等离子体可以开创新型太阳能电池的设计, 其出发点是单量子阱对光子的完全吸收, 从而提出改善光伏器件中光吸收的解决方案.

附录 16A：本章 Matlab 的函数清单和代码

表 16.2　第 16 章使用的 Matlab 文件清单

清单	文件名	描述
16A.1	solar_Si.m	绘制具有不同串联电阻时的 *I-V* 特性图
16A.2	current_V.m	为程序 solar_Si.m 和 solar_Si_T.m 所使用的函数
16A.3	solar_Si_T.m	绘制 3 个不同温度时的 *I-V* 特性图

清单 16A.1　Matlab 程序 solar_Si.m：基于等效电路对理想光伏电池绘制几个串联电阻时的 *I-V* 特性图.

```
% 文件名: solar_Si.m
clear all
eta = 1.5;
I_ph = 0.02;                        % illumination current, in mA
T = 330;
V_init = 0;
V_final = 1.0;
V_step = 0.01;
V=0;
hold on
for R_s = [0.01 20 50]              % series resistance, in ohms
curr_total = fzero(@(curr) current_V(curr,V,T,eta,I_ph,R_s),0.2);
for V = V_init:V_step:V_final
curr = fzero(@(curr) current_V(curr,V,T,eta,I_ph,R_s),0.2);
curr_total = [curr_total, curr];
end
V_plot = V_init:V_step:V_final;  % creation voltage values for plot
V_plot = [0, V_plot];
plot(V_plot, curr_total,'LineWidth',1.5)
set(gca,'FontSize',14); % size of tick marks on both axes
axis([0 V_final*0.8 0 I_ph*1.2]);
ylabel('Current (mA)','Fontsize',14)
xlabel('Voltage (V)','Fontsize',14)
text(0.65, 0.01, 'R_s = 0 \Omega','Fontsize',14)
```

```
text(0.45, 0.01, 'R_s = 20 \Omega','Fontsize',14)
text(0.2, 0.01, 'R_s = 50 \Omega','Fontsize',14)
end
pause
close all
```

清单 16A.2 函数 current_V.m: 建立等效电路电流表达式的 Matlab 函数，用于函数 solar_Si.m 和 solar_Si_T.m.

```
% 函数名: current_V.m
% Expression for current used in solar cell model based on equivalent
% circuit
function fun = current_V(I,V,T,eta,I_ph,R_s)
q = 1.6d-19;              % charge of electron
k_B = 1.38d-23;           % Boltzmann constant
R_sh = 415;               % shunt resistance in ohms
I_0 = 3d-9;               % reverse saturation current of the diode
VV = V+I*R_s;
fun = I_ph - I - I_0*(exp(q*VV/(eta*k_B*T))-1) - VV/R_sh;
end
```

清单 16A.3 程序 solar_Si_T.m: 利用等效电路对理想光伏电池绘制 3 个不同温度时的 *I-V* 特性图.

```
% 文件名: solar_Si_T.m
% Simulates effect of temperature for ideal solar cell based on Si
clear all
eta = 1.5;
I_ph = 0.02;                   % illumination current, in mA
R_s = 10;                      % series resistance, in ohms
V_init = 0;
V_final = 1.0;
V_step = 0.01;
V=0;
hold on
for T = [300 325 350]          % temperature
curr_total = fzero(@(curr) current_V(curr,V,T,eta,I_ph,R_s),0.2);
```

```
for V = V_init:V_step:V_final
curr = fzero(@(curr) current_V(curr,V,T,eta,I_ph,R_s),0.2);
curr_total = [curr_total, curr];
end
V_plot = V_init:V_step:V_final; % creation voltage values for plot
V_plot = [0, V_plot];
plot(V_plot, curr_total,'LineWidth',1.5)
set(gca,'FontSize',14);   % size of tick marks on both axes
axis([0 V_final*0.8 0 I_ph*1.2]);
ylabel('Current (mA)','Fontsize',14)
xlabel('Voltage (V)','Fontsize',14)
text(0.65, 0.005, '300K','Fontsize',14)
text(0.38, 0.01, '350K','Fontsize',14)
end
pause
close all
```

参 考 文 献

[1] E.E. Anderson. *Fundamentals of Solar Energy Conversion.* Addison-Wesley, Reading, Massachusetts, 1983.

[2] A. Rabl. *Active Solar Collectors and Their Applications.* Oxford University Press, New York, Oxford, 1985.

[3] H.J. Moeller. *Semiconductors for Solar Cells.* Artech House, Boston, 1993.

[4] K. Tanabe. A review of ultrahigh efficiency III-V semiconductor compound solar cells: multijunction tandem, lower dimensional, photonic uo/down conversion and plasmonic nanometallic structures. *Energies*, 2:504–530, 2009.

[5] G.S. Kinsey, R.A. Sherif, R.R. King, C.M. Fetzer, H.L. Cotal, and N.H. Karam. Concentrator multijunction solar cells for utility-scale energy production, 2005. unpublished.

[6] S.O. Kasap. *Optoelectronics and Photonics: Principles and Practices.* Prentice Hall, Upper Saddle River, New Jersey, 2001.

[7] F.M. Gonzalez-Longatt. Model of photovoltaic module in Matlab. *2DO CONGRESO IBEROAMERICANO DE ESTUDIANTES DE INGENIERIA ELECTRICA, ELECTRONICA Y COMPUTACION (II CIBELEC 2005)*, pages 1–5, 2005.

[8] R.K. Nema, S. Nema, and G. Agnihotri. Computer simulation based study of photovoltaic cells/modules and their experimental verification. *International Journal of Recent Trends in Engineering*, 1:151–156, 2009.

[9] M. Azab. Improved circuit model of photovoltaic array. *International Journal of Electrical Power and Energy Systems Engineering*, 2:185–188, 2009.

[10] H.-L. Tsai, C.-S. Tu, and Y.-J. Su. Development of generalized photovoltaic model using Matlab/Simulink. *Proceedings of the World Congress on Engineering and Computer Science*, WCECS 2008, 2008.

[11] R. Hernanz, C. Martin, Z. Belver, L. Lesaka, Z. Guerrero, and E.P. Perez. Modelling of photovoltaic module. *International Conference on Renewable Energies and Power Quality*, ICREPQ'10, 2010.

[12] J.A. Gow and C.D. Manning. Development of a photovoltaic array model for use in power-electronics simulation studies. *IEE Proc.-Electr. Power Appl.*, 146:193–200, 1999.

[13] W. Shockley and H.J. Queisser. Detailed balance limit of efficiency of p-n junction solar cells. *J. Appl. Phys.*, 32:510–519, 1961.

[14] C. H. Henry. Limiting efficiencies of ideal single and multiple energy gap terrestrial solar cells. *J. Appl. Phys.*, 51:4494–4500, 1980.

[15] F. Dimroth. High-efficiency solar cells from III-V compound semiconductors. *phys. stat. sol.(c)*, 3:373–379, 2006.

[16] M. Baudrit and C. Algora. Tunnel diode modeling, including nonlocal trap-assisted tunneling: a focus on III-V multijunction solar cell simulation. *IEEE Trans. Electron Devices*, 57:2564–2571, 2010.

[17] B. Riel. Quantum dots: higher CPV efficiencies, same production cost. *Future Photovoltaics*, May, 2010.

[18] A. Luque and A. Marti. Increasing the efficiency of ideal solar cells by photon induced transitions at intermediate levels. *Phys. Rev. Lett.*, 78:5014–5017, 1997.

[19] W. Wolf. Limitations and possibilities for improvement of photovoltaic solar energy converters. *Proc. IRE*, 48:1246–1263, 1960.

[20] Q. Shao, A.A. Balandin, A. I. Fedoseyev, and M. Turowski. Intermediate-band solar cells based on quantum dot supracrystals. *Appl. Phys. Let.*, 91:163503, 2007.

[21] A.I. Fedoseyev, M. Turowski, A. Raman, E.W. Taylor, S. Hubbard, S. Polly, S. Shao, and A.A. Balandin. Space radiation effects modeling and analysis of quantum dot based photovoltaic cells. In E.W. Taylor and D.A. Cardimona, editors, *Proc. of SPIE. Nanophotonics and Macrophotonics for Space Environments III*, volume 7467, page 746705. 2009.

[22] A. Luque and A. Marti. Towards the intermediate band. *Nature Photonics*, 5:137–138, 2011.

[23] M. Hermle, G. Letay, S.P. Philipps, and A.W. Bett. Numerical simulation of tunnel diodes for multi-junction solar cells. *Prog. Photovolt: Res. Appl.*, 16:409–418, 2008.

[24] S.P. Philipps, M. Hermle, G. Letay, F. Dimroth, B.M. George, and A.W. Bett. Calibrated numerical model of a GaInP-GaAs dual-junction solar cell. *phys. stat. sol. (RRL)*, 2:166–168, 2008.

[25] P. Kailuweit, R. Kellenbenz, Philipps, W. Guter, A.W. Bett, and F. Dimroth. Numerical simulation and modeling of GaAs quantum-well solar cells. *J. Appl. Phys.*, 107:064317, 2010.

[26] U. Aeberhard. *A microscopic theory of quantum well photovoltaics*. PhD thesis, Swiss Federal Institute of Technology, Zurich, 2008.

[27] S. Agarwal. *Design guidelines for high efficiency photovoltaics and low power transistors using quantum transport*. PhD thesis, Purdue University, 2010.

[28] H.A. Atwater and A. Polman. Plasmonics for improved photovoltaic devices. *Nature Materials*, 9:205–213, 2010.

第17章　超　材　料

本章首先回顾超材料的基本概念. 超材料指的是一类具有特殊性质的人造材料, 这些材料是自然界没有的. 它们拥有一些特别的性质, 如让光和电磁波改变它们的通常性质, 达到传统材料无法实现的效果. 超材料在成分上并无特别之处, 它们的奇特性质源于其精密和特殊的几何结构及尺寸. 本章还将综述超材料理论原理和基本实验结果, 介绍包括隐形、慢光与光学黑洞等可能的应用.

17.1　引　言

超材料是人为制造的具有预先设定光学和电磁特性的结构型材料. 它们往往由相同的元素 (原子) 形成一维、二维或三维结构. 超材料类似天然的固态结构, 为了获得在自然中[1] 不具备的崭新特性, 超材料一般把人造元素建构成一种周期排列. 在某种意义上说, 它们由元素构成的方法就像材料由原子组成的方法一样.

超材料的特征决定于它们对电磁波的响应. 这种材料的光学特性是由有效介电常数 $\varepsilon_{\rm eff}$ 和有效磁导率 $\mu_{\rm eff}$ 确定的, 两者在长度尺度大于所述结构单元的大小的范围内有效. 为了引进有关的叙述, 人造物的尺寸需要满足 $d \ll \lambda$ 的要求.

名词 Meta 源自希腊文, 意思为“超越”. 超材料 (MM) 的主要特点有：

(1) 人造的;

(2) 具有自然界中未发现的性质;

(3) 设计的性质是合理的;

(4) 引入物将放在预定位置来建造.

随着现代制造技术的进步, 可以人为构造材料结构, 构造的人工结构尺寸可以比可见光波长小很多, 如此结构的一个特例是具有负折射率的材料. 虽然这个问题有很长的历史 (例如, Mandelstam[2] 在 1945 年讨论过负折射和负群速度), 那也只是在 1967 年时,Veselago[3] 提出了材料同时具有负的 μ、ε 的可能性. 他展示了具有负的折射率的材料在成像中应用这一技术的可能性. 最近负折射率的材料在光学上得到应用, 主要是由于在纳米材料制备方面进展迅速.

超材料最著名的性质是负折射率 (NIM—— 负折射率材料), 它另一种流行的名字是左手材料, 接下来解释这个术语的意义.

这种情况如图 17.1 所示. 对于长波长, 人们不用关注具体组分原子的性质, 如图 17.1(a) 所示; 而对于短波长, 和 “原子” 之间的距离在一个数量级上, 可有效地用于确定某些原子的属性 (如它们的位置). 在超材料问题上, 我们处理图 17.1(a) 的情形.

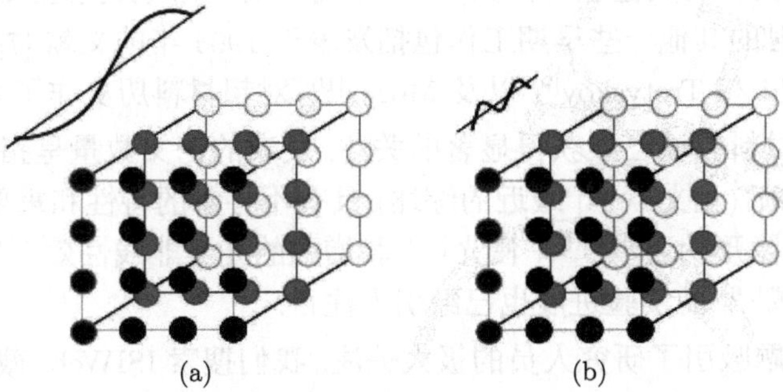

图 17.1　结构单元和外加电磁波波长在两种极端情形下的示意图

超材料可在很宽的频率范围内控制磁场和电场的响应, 这些响应取决于单个元素 (原子) 的属性. 在长波的限制下, 即 $a \ll \lambda$, 其中 a 为特征尺寸, λ 为电磁波的波长, 可以采用某种平均化过程来确定 NIM 的有效参数, 这方面的详细内容可参见文献 [4]. 实现 $\varepsilon_{\text{eff}} < 0, \mu_{\text{eff}} < 0$ 是可行的.

图 17.2 显示出了超材料的分类. 一般来说, 负折射率材料不存在于自然界中, 仅有的负折射率材料是铋, 当把铋放置在波导中波长为 $\lambda = 60\mu\text{m}$ 时, 它显示出负的折射率[5]. 在光学范围至今还没有发现自然界中有 NIM 存在. 然而, 人为地设计材料 (超材料) 却有可能使之成为 NIM. 但是需要注意的是, 在同一频率范围, NIM 的发生必须同时满足 $\varepsilon_{\text{eff}} < 0, \mu_{\text{eff}} < 0$ 的条件.

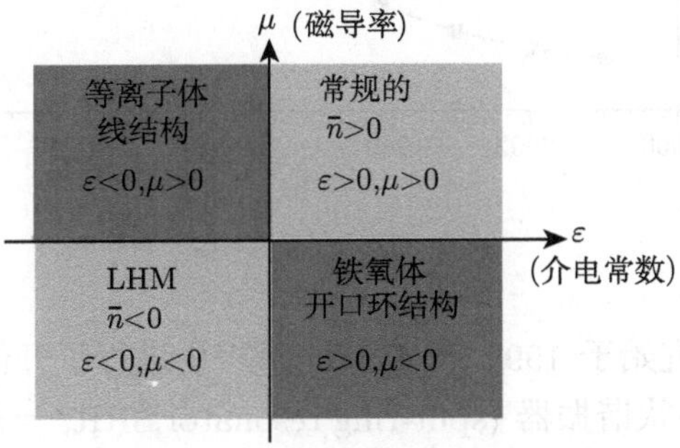

图 17.2　材料基于介电常数和磁极化率符号的分类

超材料可以开辟新的途径, 使人类得到原本无法实现的物理性质和现有的自然材料无法达到的功能. 光学 NIM 完全可以创造出新的方式达到控制和操纵光、光学传感、纳米成像和光刻的目的.

17.1.1　超材料简史

最早讨论负折射概念的可能是 Schuster[6]. 在《光学理论介绍》一书中, 作者注意到负折射率对波长的负色散, 即 $dn/d\lambda < 0$ 时, 可产生从真空进入这种介质光的负折射. 对负折射的其他一些早期工作包括发表于 1904 年的文献 [7] 及 1905 年的文献 [8]. Simovski 和 Tretyskov[9] 以及 Moroz[10] 对超材料历史作了系统的总结.

近年来, 超材料领域已经获得显著的关注, 发表的论文数量呈指数式增长. 这是由于这样的系统 (见文献 [4] 最近的综述) 具有不寻常的特性和重要的实际应用, 如完美透镜[11]、隐形伪装 [12,13]、慢光[14] 和增强的光学非线性效应[15]. 与理论发展同步, 在该领域[16] 的实验进展也已经引人注目.

超材料的主题吸引了研究人员的极大关注. 我们搜索 ISIWeb, 截至 2014 年 12 月, 已发表超过 10000 篇关于"超材料"的论文. 发表论文数的曲线如图 17.3 所示. 可以看到的是, 发表的论文数呈指数式增长.

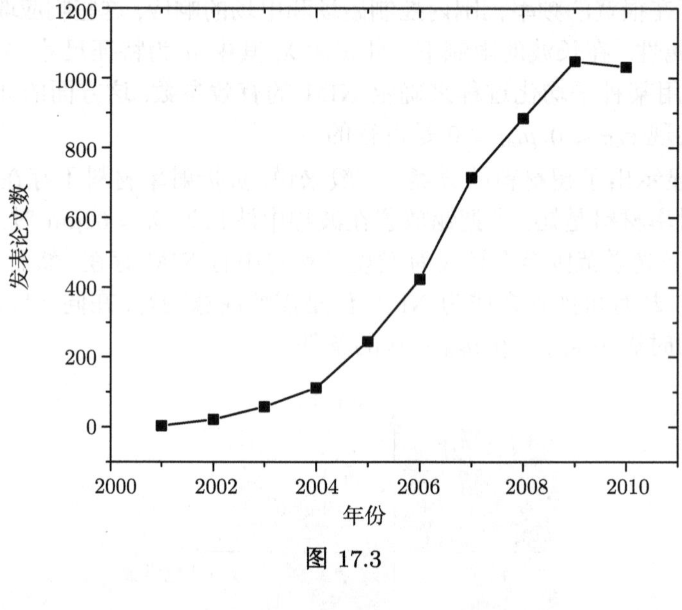

图 17.3

当代超材料的研究始于 1999 年, Pendry 等[17] 进行了开创性的工作, 讨论了人工电磁结构, 如开口环状谐振器 (split-ring resonator,SRR, 一般情况下, 它是两个同心开口环), 他们预测 SRR 存在负磁导率. 在这些结构中, 入射电磁波激发环中的循环电流, 这些电流又产生振荡磁偶极矩. 通过适当的设计, 这些电流共振增强, 导致负磁导率的出现.

在长波 (准静态) 区域, 一个开口环状谐振器可以用电阻/电感/电容 (RLC) 谐振电路作为模型[18], 这样的结构堆叠表现出负磁导率.

相对来说, 构造负介电常数比较容易. 例如, 处于光频的金属表现为等离子体, 它的介电常数可以假定是负数. 在较低的 (如微波) 的频率, 1996 年,Pendry 证明了这一结果 [19]: 当一个长导线阵列沿着长导线的轴向有电场作用时, 该阵列可视为稀释的德鲁德 (Drude) 金属体系. 在低于有效等离子体频率的情况下, 这样的系统存在负介电常数. 在一个合适的设计下, 电与磁两个元素在特定的频带组合会出现负折射率.

基于上述原理的第一个关于负折射率超材料设计的报道是 2000 年的文献 [20], 它工作在微波频率, 每个开口环状谐振器的谐振频率为 4.845GHz. 导线直径约为 0.8mm, 这导致了 $\omega_{\mathrm{p}} = 13\times10^9\mathrm{s}^{-1}$ 的等离子体频率. 该文献作者对传播方向上具有负折射率频率范围内的 NIM 结构作了透射测量. 在随后的文章中, Shelby 等[21](同样是透射实验) 展示了微波入射在空气和 NIM 界面上的负折射.

2003 年, 来自波音公司幻影工程 (Boeing Phantom Works) 的一个研究组报道[22] 使用一个楔形负折射率超材料在 12.6~13.2 GHz 频率范围内精确测量了折射率 (斯涅耳定律).

紧接着这些开创性的工作, 在随后几年中负折射率超材料的工作频率增高超过了 4 个数量级. 特别是 Yen 等[23] 将 SRR 放置在双面抛光石英衬底上得到的负折射率超材料的工作频率达到 1THz($\lambda = 300\mu\mathrm{m}$). 进一步的设计和制造改进中, 有研究者在亚波长光学区间获得了构建一个三维双负介质的方法[24,25]. 2008 年, 已经获得在光学频率的三维光子负折射率超材料[26].

17.2 韦谢拉戈方法

本节讨论韦谢拉戈 (Veselago) 早期发展的方法 [3].

17.2.1 波动方程

为了进一步定量描述, 需要再次讨论麦克斯韦方程. 在没有自由电荷和电流的情况下:

$$\nabla\times\boldsymbol{E} = -\mu\frac{\partial\boldsymbol{H}}{\partial t},\quad \nabla\times\boldsymbol{H} = \varepsilon\frac{\partial\boldsymbol{E}}{\partial t} \tag{17.1}$$

第一个方程两边施加 $\nabla\times$, 并且代入第二方程, 可得

$$\nabla\times\nabla\times\boldsymbol{E} = -\varepsilon\frac{\partial}{\partial}(\nabla\times\boldsymbol{H}) = -\mu\varepsilon\frac{\partial^2\boldsymbol{E}}{\partial t^2}$$

对于任意向量 $\boldsymbol{A}$ 有以下计算:

$$\nabla\times\nabla\times\boldsymbol{A} = \nabla(\nabla\cdot\boldsymbol{A}) - \nabla^2\boldsymbol{A} = -\nabla^2\boldsymbol{A}$$

最后, 由于 $\nabla\cdot\boldsymbol{E} = 0$, 可以得到波动方程:

$$\nabla^2 \boldsymbol{E} - \mu\varepsilon \frac{\partial^2 \boldsymbol{E}}{\partial t^2} = 0 \tag{17.2}$$

式中忽略损耗, 并且 ε、μ 为实数. 式 (17.2) 表明同时改变 ε、μ 的符号时, 方程是不变的.

17.2.2 左手材料

从基本的麦克斯韦方程开始, 假设简单的时域谐波场:

$$E(x,y,z,t) = E(x,y,z)\,\mathrm{e}^{\mathrm{i}\omega t} + \mathrm{c.c.}$$

引入波矢

$$\boldsymbol{E}, \boldsymbol{H} \sim \mathrm{e}^{\mathrm{i}\boldsymbol{k}\cdot\boldsymbol{r}}$$

麦克斯韦方程形式如下:

$$\boldsymbol{k} \times \boldsymbol{E} = -\mu\omega \boldsymbol{H} \tag{17.3}$$

$$\boldsymbol{k} \times \boldsymbol{H} = \varepsilon\omega \boldsymbol{E} \tag{17.4}$$

由式 (17.3)、式 (17.4) 和向量积可以得到, 对于 $\varepsilon > 0, \mu > 0$, 向量 $\boldsymbol{E}$、$\boldsymbol{H}$、$\boldsymbol{K}$ 为右手系坐标向量, 反之则为左手系, 可以参考图 17.4.

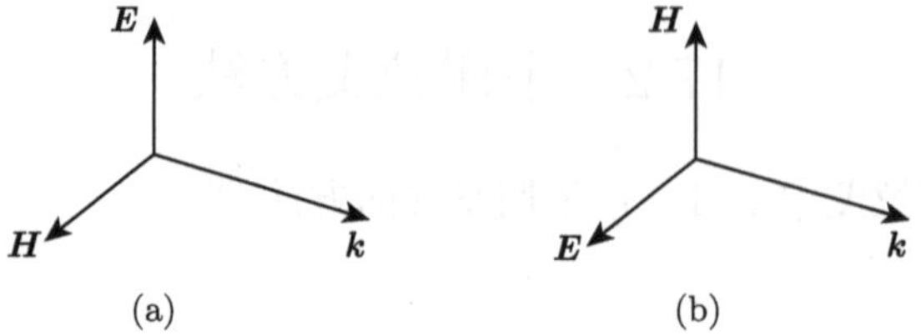

图 17.4 (a)$\varepsilon > 0$, $\mu > 0$ 条件下, $\boldsymbol{E}$、$\boldsymbol{H}$、$\boldsymbol{k}$ 的矢量方向符合右手定则; (b)$\varepsilon < 0$, $\mu < 0$ 条件下, $\boldsymbol{E}$、$\boldsymbol{H}$、$\boldsymbol{k}$ 的矢量方向符合左手定则 (获 CAP 授权引自 Wartak 等的工作[27])

17.2.3 光线的折射

考虑光线传播在左手和右手介质之间的边界时的情况 (图 17.5). 非垂直入射的光在界面出现折射, 其传播方向发生变化. 折射的角度取决于该介质折射率的绝对值. 图中 1 是入射光线, 2 是反射光线, 3 是假定介质“2”属于右手系的折射光线, 而 4 是假定介质“2”属于左手系时的折射光线. 超材料中折射光与入射光在入射光界面法向的同一侧, 如图 17.5 所示. 角之间的关系由斯涅耳定律来确定.

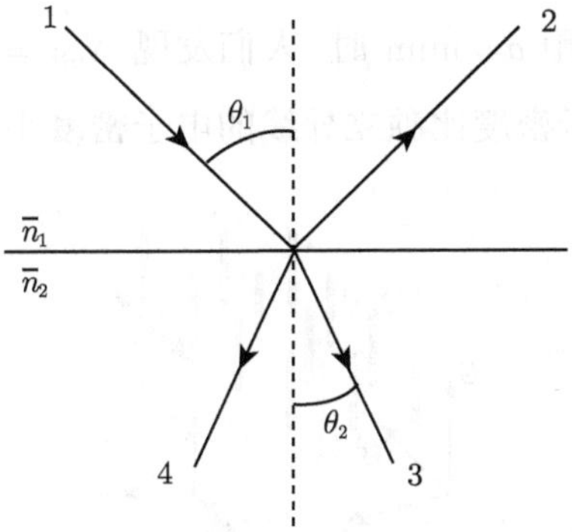

图 17.5 负介电材料的反射和折射示意图 (获 CAP 授权引自 Wartak 等的工作[27])

17.3 如何构造超材料

17.3.1 在微波下超材料具有负有效介电常数

根据 Drude 关系, 金属的特性在光频段时, 它的介电常数随频率按下式变化:

$$\varepsilon(\omega)=\varepsilon_0\left[1-\frac{\omega_{\mathrm{p}}^2}{\omega(\omega+\mathrm{i}\gamma)}\right] \tag{17.5}$$

式中, $\omega_{\mathrm{p}}^2=\dfrac{Ne^2}{m\varepsilon_0}$ 是等离子频率. 也就是说, 包括自由电子在内的等离子体当存在外部电场时产生这种频率下的振荡. 典型 ω_{p} 值是在紫外波段. 其他符号分别是: N 是电子密度; e 是电荷; m 是质量; 参数 γ 描述阻尼的大小, 如对于铜 $\gamma\approx 4\times10^{13}\mathrm{rad/s}$.

在 $\gamma=0$ 的极限下, 由式 (17.5), 当 $\omega<\omega_{\mathrm{p}}$ 时我们发现 $\varepsilon<0$, 即介质具有负介电常数的特征. 考虑到 ω_{p} 典型值时, 得到负 ε 值时它处在紫外波段. 然而, 在此频率范围 $\omega\ll\gamma$, 结果损耗主宰着 ε 的行为. 因此, 使用金属实现负 ε 在这个频率范围内将是不切实际的 (高损耗), 并且传播的光将耗散殆尽.

为了在微波频率上实现负 ε, Pendry 等[28] 提出了使用由半径为 r 的细长金属线布置成为一个水平平面 (xy) 的周期性结构, 如图 17.6 所示. 这种周期性结构的单元是一个正方形, 其边长等于 a.

当电场 $E=E_0\mathrm{e}^{-\mathrm{i}(wt-kz)}z$ 入射到该结构中时, 它迫使自由电子在入射场的方向上在导线内移动. 这种结构中参与等离子体振荡的有效电子密度 N_{eff} 可写为 $N_{\mathrm{eff}}=N\dfrac{\pi r^2}{a^2}$($N$ 是每根导线内的电子密度, r 是导线的半径, a 是导线线之间的距离), 等效电子密度远较 N 小, 从而减小了有效的等离子体频率. 例如, 对于一个半

径 $r=1\mu\text{m}$ 的导线, 线间距 a=5mm 时, 人们发现 $N_{\text{eff}}=N\dfrac{\pi r^2}{a^2}\approx 1.3\times 10^{-7}N$, 即新介质 (阵列) 的有效电子密度比独立导线的电子密度小 7 个数量级.

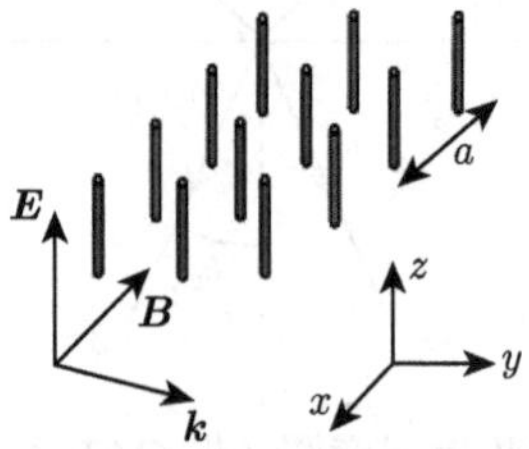

图 17.6　微波频率下沿 z 轴无限长导线周期排列构建有效等离子体的示意图 (获 CAP 授权引自 Wartak 等的工作[27])

此外, 在这种设计结构中的电子的有效质量 m_{eff} 与自由电子相比明显较大. 为了确定在这个导线阵列中电子的有效质量, 使用运动电子的经典运动学方程:

$$\mathrm{d}(m\boldsymbol{v})/\mathrm{d}t=e[\boldsymbol{E}+\boldsymbol{v}\times\boldsymbol{B}]\rightarrow\frac{\mathrm{d}}{\mathrm{d}t}[m\boldsymbol{v}+e\boldsymbol{A}]=-e\nabla(\phi-\boldsymbol{v}\cdot\boldsymbol{A})\tag{17.6}$$

式中, e 是电子的电荷; $\boldsymbol{v}$ 是电子的速度. 其中也有 $\boldsymbol{B}=\nabla\times\boldsymbol{A}$ 和 $\boldsymbol{E}=-\nabla\phi-\partial\boldsymbol{A}/\partial t$. 我们把 xy 平面分隔成以每根导线为中心、半径为 R_{c} 的圆环, 每个圆环的面积等于正方形单元, 即

$$R_{\text{c}}=a/\sqrt{\pi}$$

假设导线分离足够远, 使得导线电流 I 诱发的磁场在圆环处消失, 即 $H(R_{\text{c}})=0$. 与各线距离 R 的磁场强度由下式给出:

$$H=\frac{I}{2\pi R}\left(1-\frac{R^2}{R_{\text{c}}^2}\right)\tag{17.7}$$

磁场 $\boldsymbol{H}$ 和矢量势 $\boldsymbol{A}$ 有 $\boldsymbol{H}=\mu_0^{-1}\nabla\times\boldsymbol{A}$ 的关系, 因此, $\boldsymbol{A}$ 的表达式如下:

$$\boldsymbol{A}=\frac{\mu_0 I}{2\pi}\left(\ln(R_{\text{c}}/R)+\frac{R^2-R_{\text{c}}^2}{2R_{\text{c}}^2}\right)\boldsymbol{z}\tag{17.8}$$

式中,$\boldsymbol{z}$是沿着 z 轴的单位向量. $\boldsymbol{A}\left(R\geqslant R_{\text{c}}^2\right)=\boldsymbol{0}$, 对于距离非常接近导线, 也就是 $r\ll R_{\text{c}}$, 式 (17.8) 变成

$$\boldsymbol{A}\approx\frac{\mu_0 I}{2\pi}\ln(a/r)\,\boldsymbol{z}\tag{17.9}$$

由于两个矢量 $\boldsymbol{v}$ 和 $\boldsymbol{A}$ 都沿着 $\boldsymbol{z}$ 方向, 式 (17.6) 右边第二部分变为 0(对于一个给定的 R), 即电子的所谓的“共轭动量”, $(m\boldsymbol{v}+e\boldsymbol{A})$ 沿 $\boldsymbol{z}$ 方向守恒, 因此, 电子将以 $m_{\text{eff}}=eA(r)/v$ 的有效质量在上述构建的阵列中运动. 考虑到电流 I 可以简

单地重新表述为 $I=-\left(\pi r^2\right)(Nev)$, 利用式 (17.9) 可以得到在等效介质中电子的有效质量 $m_{\text{eff}}=0.5\times\mu_0 Ne^2r^2\ln(a/r)$. 因此, 对于半径 $r=1\mu\text{m}$ 的铜电线阵列相互分开 a=5mm 时, 得到 m_{eff}=1.3×10^4m, 即铜导线阵列中电子的有效质量比正常电子的质量增加 4 个数量级. 考虑到有效电子密度减小 7 个数量级的事实, 获得的有效的等离子体的振荡频率落在微波范围内:

$$\omega_{\text{p}}^2=\frac{N_{\text{eff}}e^2}{m_{\text{eff}}\varepsilon_0}=5.1\times10^{10}\,[\text{rad/s}]^2$$
$$\rightarrow v_{\text{p}}=\omega_{\text{p}}/(2\pi)=8.2\text{GHz} \tag{17.10}$$

但是应当指出的是, 根据式 (17.10), 计算出的波长 $\lambda_{\text{p}}=c/\nu_{\text{p}}$(这对应于阵列介质的有效等离子体频率) 远大于周期性结构的周期 ($\lambda_{\text{p}}\approx 7a$), 从而说明把周期性结构作为等效介质的描述是合理的. 因此, 我们可以构建一个在微波波段具有低损耗且具有负介电常数的人工介质.

17.3.2 磁学性能: 开口环振荡器 (SRR)

在前面的章节中, 我们研究如何构建一个具有负有效介电常数 ε 的人工结构. 本节将展示在微波领域使用所谓的 SRR 如何创建有效的负磁导率 μ.

图 17.7 是 SRR 的示意图, 该结构由两个同轴的圆柱构成. 图 17.8 用来表示 SRR 结构的模型. 在这里, 我们将基于等效电路模型的方法[18] 介绍 SRR 的工作.

我们将建立该结构的等效电路模型, 并表明它可以产生负等效磁导率 μ. 以上所示的周期单元可以使用图 17.9 所示的等效电路模型建模.

在 y 方向上施加一个随时间变化的外部磁场 H_0, 它会诱发电流 I 流过每个 SRR 单元. 根据法拉第定律, 由于外加磁场 H_0 下电压 V 为

$$V=\mathrm{i}\omega\mu_0\pi r^2H_0 \tag{17.11}$$

式中, r 是该环的半径. 沿 y 方向, SRR 环形成一个很长的柱状堆栈, 它看上去像一个螺旋管. 每一个线圈流入的电流为 I. 下面的分析中, 忽略磁场线的扩展造成的边缘效应. 这个柱状堆栈中的磁通量是

$$\varPhi=\pi r^2\mu_0\frac{I}{l} \tag{17.12}$$

式中, l 是线圈与线圈之间的距离. 在电路模型中产生的电感 L 是

$$L=\mu_0\pi\frac{r^2}{l} \tag{17.13}$$

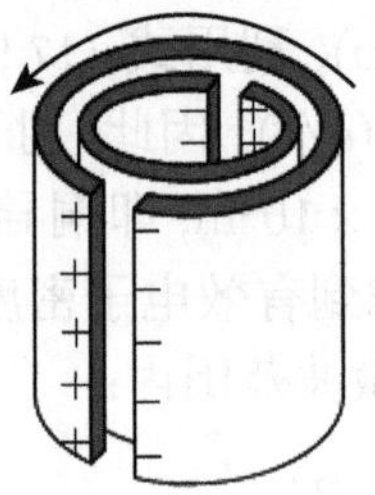

图 17.7　SRR 的俯视图

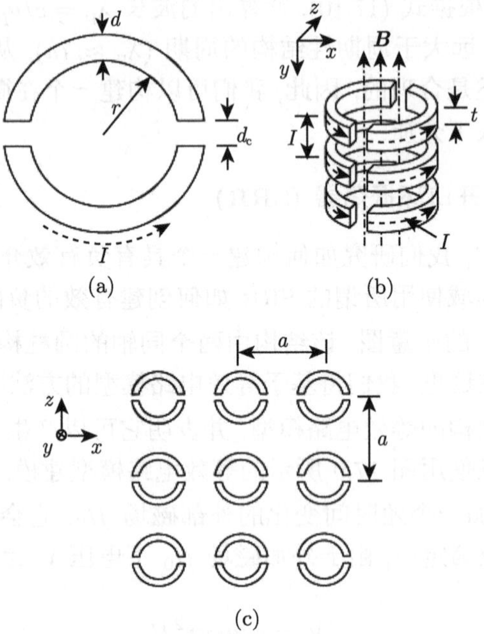

图 17.8　SRR 空间排列图 (参见 H. Chen, et al. J. Appl. Phys. ,100, 024915 (2006))

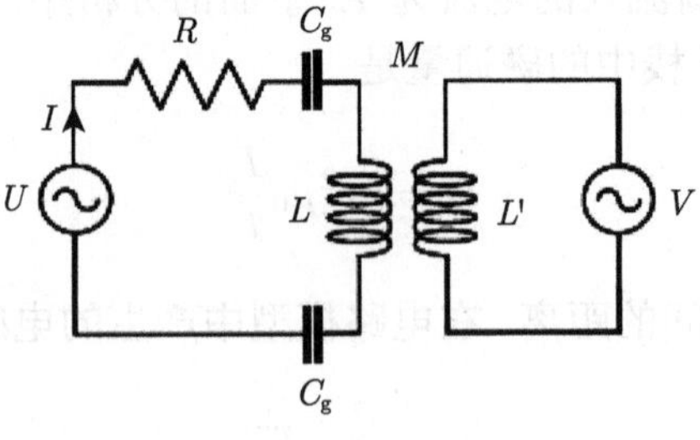

图 17.9　SRR 的等效电流

式中, L 定义为无限长环形柱中每一圈的电感. L' 是其他长柱 SRR 单元的总电感(不包括产生电感 L 的这个长柱). L 和 L' 之间的耦合决定于它们之间的互感 M. 对于 y 方向非常长的柱, 互感 M 为

$$\begin{aligned} M &= \frac{\varPhi_L}{I} = \lim_{n\to\infty} \frac{\pi r^2}{na^2}\frac{\phi_{\mathrm{d}}}{I} = \lim_{n\to\infty} \frac{\pi r^2}{na^2}(n-1)L \\ &= \frac{\pi r^2}{a^2}L = F\cdot L \end{aligned} \tag{17.14}$$

式中, $\varPhi_L$ 为位于 L 的内部去极化场的磁通量; $\varPhi = L\cdot I$ 是由一个环形柱形成的去极化场; $\phi_{\mathrm{d}} = (n-1)\varPhi = (n-1)L\cdot I$ 是总的去极化场的磁通; $F = \dfrac{\pi r^2}{a^2}$ 是 xz 平面内一个单元在整个 SRR 内部面积所占的比例.

对等效电路的环路应用基尔霍夫电压降定理, 如图 17.9 所示:

$$V = R\cdot I + \frac{I}{-\mathrm{i}\omega C} + (-\mathrm{i}\omega L)I - (-\mathrm{i}\omega M)I \tag{17.15}$$

式中, $C = \dfrac{1}{2}C_{\mathrm{g}}$ 是一圈的总电容.

由方程 (17.11)

$$V = \mathrm{i}\omega\mu_0\pi r^2 H_0 = \mathrm{i}\omega L I H_0 \tag{17.16}$$

以及方程 (17.15), 可以得到

$$V = \left(R - \frac{1}{\mathrm{i}\omega C} - \mathrm{i}\omega L + \mathrm{i}\omega M\right)I$$

求解电流:

$$\begin{aligned} I &= \frac{V}{R - \dfrac{1}{\mathrm{i}\omega C} - \mathrm{i}\omega L + I\omega M} = \frac{\mathrm{i}\omega L I H_0}{R - \dfrac{1}{\mathrm{i}\omega C} - \mathrm{i}\omega L + \mathrm{i}\omega F\cdot L} \\ &= \frac{LH_0}{\dfrac{R}{\mathrm{i}\omega L} + \dfrac{1}{\omega^2 LC} - 1 + F} = \frac{-LH_0}{(1-F) - \dfrac{1}{\omega^2 LC} + \mathrm{i}\dfrac{R}{\omega L}} \end{aligned} \tag{17.17}$$

该材料单位体积的磁偶极矩是

$$M = \frac{\pi r^2}{Ia^2}I$$

从上式可以推得

$$I = -\frac{H_0 l}{(1-F) - \dfrac{1}{\omega^2 LC} + \mathrm{i}\dfrac{R}{\omega L}} \tag{17.18}$$

最终, 与该介质相关的 (相对) 有效磁导率 (在 x 方向, 即入射磁场的偏振方向) 是

$$\mu_{\mathrm{r}} = \frac{B/\mu_0}{B/\mu_0 - M_{\mathrm{d}}} = 1 - \frac{F}{1 - \dfrac{1}{\omega^2 LC} + \mathrm{i}\dfrac{R}{\omega L}} \tag{17.19}$$

从式 (17.19) 可以看出, 在 $1/\sqrt{LC} < \omega_p < 1/\sqrt{LC(1-F)}$ 的范围内 μ_r 是负数. 其中 $\omega_{m0} = 1/\sqrt{LC}$ 是介质磁导率洛伦兹变量的谐振频率, 而 $\omega_{mp} = 1/\sqrt{LC(1-F)}$ 是对应的等离子体频率 (其中 $\mathrm{Re}\{\mu\}=0$). 重要的是, 我们注意到, 环结构的谐振波长 (λ_{m0}) 完全取决于环的有效电感 (L) 和电容 (C), 因此共振波长可远大于环结构的周期距离 (a), 从而充分证明 SRR 可以有效地实现负磁导率 μ 的人造材料.

SRR 有效磁导率的实部和虚部曲线如图 17.10 所示, 所用的 Matlab 代码见附录 17A 清单 17A.1.

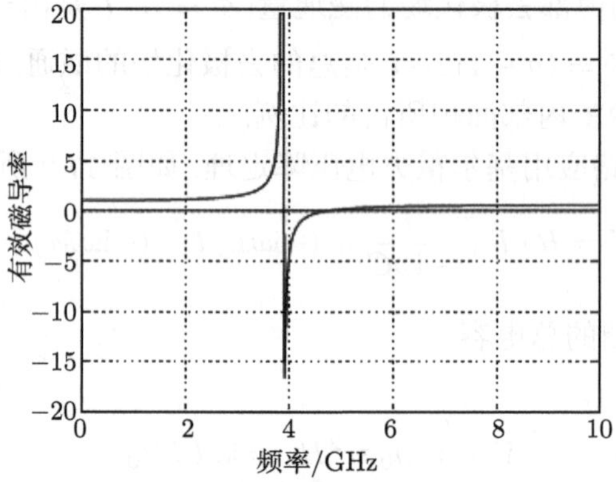

图 17.10　磁导率的实部和虚部图

一个单元的长导线和 SRR 的组合如图 17.11 所示. 两者相结合导致在同一频率带既有负有效介电常数又有负磁导率的结果.

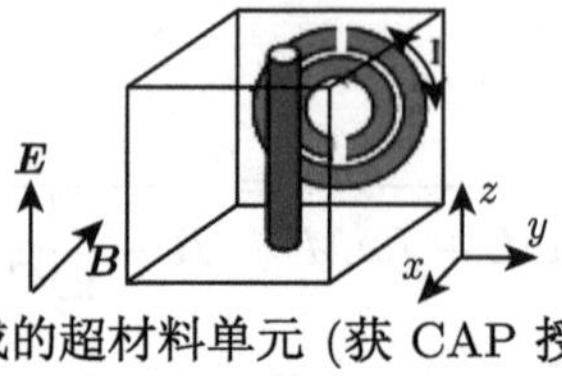

图 17.11　由细线和 SRR 形成的超材料单元 (获 CAP 授权引自 Wartak 等的工作 [27])

有效介电常数 ($\varepsilon_{\mathrm{eff}}$) 和磁导率 ($\mu_{\mathrm{eff}}$) 的草图如图 17.12 所示.

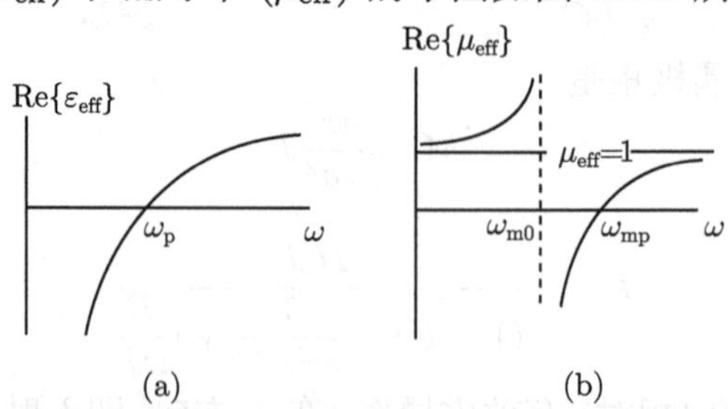

图 17.12　(a) 导线介质的介电常数证明了类等离子体介电常数的频率关系; (b) 有效磁导率的频率响应 (获 CAP 授权引自 Wartak 等的工作[27])

17.4 超材料的一些应用

超材料不寻常的特性可以实现特殊的应用, 我们无法对所有的应用作全面的评述, 本节将仅关注几个有趣的可能性. 先从构建所谓 "完美透镜" 的可能性开始.

17.4.1 完美透镜

直到最近, 人们还认为由于衍射定律, 光对相对长的波长 (如 0.5λ 左右) 的调控受到限制. 亚波长的信息由消逝谐波所携带的信息不仅指数式地衰减, 同时也受到噪声的影响. 传统的镜头只会聚传播的光波, 而对倏逝波则无能为力.

一种具有足够的厚度、由 NIM 组成的平板可以充当透镜, 也就是韦谢拉戈透镜. 这种折射率 $n = -1$ 的平板透镜放置在真空 (图 17.13), 能够以亚波长的精度[11] 获得重现一个物体的详细信息. 一些课题组, 如 Ramakrishna 和 Grzegorczyk[4] 以及 Cai 和 Shalaev[29] 等已经详细讨论过有关的数学分析.

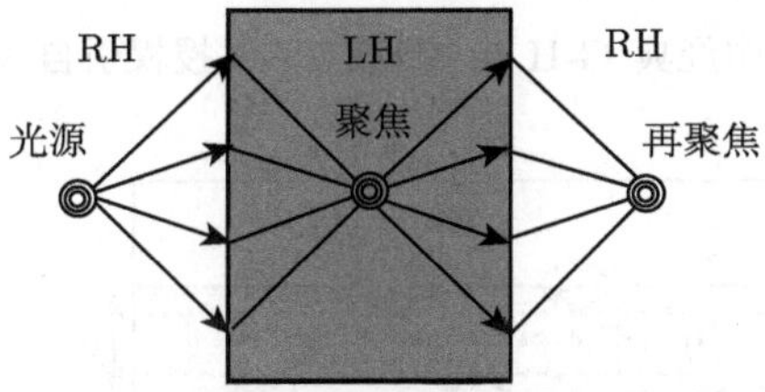

图 17.13 由正常 (右手材料) 电介质包围的具有双负 (左手材料) 超材料薄片形成光源的双聚焦

要理解这个问题, 需要考虑一个放置在空气中的厚度为 d 和折射率 $n = -1$ 的超构板. 它使从一个光源发出的所有光线产生双聚焦：首先, 在 NIM 板内部距离 $s = l < d$(l 是源与板之间的距离) 的一个点聚焦, 第二个聚焦点在距离板外 $d - l$ 的一处. 因此, 这种平板就像一个镜头, 可以把源产生的光线带到板外部的焦点上而不在介质界面上产生反射, 其原因是 $n = -1$ 板对自由空间是阻抗匹配的.

倏逝波与光源产生的电磁波高空间频率密切相关. 它们携带着光源的精细特征 (亚波长分辨). 因此, 一个 NIM 板在原理上可以使我们获得一个物体的"完美"分辨率的成像, 它可以具备物体所有亚波长的特征, 并克服传统透镜通常由衍射极限带来的不足.

17.4.2 在超材料中的静止光

数十年来, 科学家认为, 光学数据不能被静态地存储, 它必须在高速运转中处理和交换. 其原因是, 人们认为通过大幅度地降低光速实现停顿和存储光信号的做法是不可行的.

目前, 最成功的慢光设计是基于光子晶体[30] 或耦合谐振光波导 (CROW)[31], 它能让光有效地减缓为原来的 1/40. 但是, 大的群速度色散和衰减, 导致传导光脉冲的增宽, 使能获得的光的带宽受到严重的限制.

最近 Tsakmakidis 等[14] 提出了一种新的方法, 能让光线在负折射率材料中静止. 所提到静止光的配置是和一个负的古斯 - 汉辛 (G-H) 相移有关的, 也就是当光在两个不同的介质界面上全反射时光线发生的横向位移. 图 17.14 是经典的具有正折射率的介电材料之间 G-H 相移的示意图. 在由负折射率材料形成的中心层结构中,G-H 相移发生反转, 如图 17.15 所示.

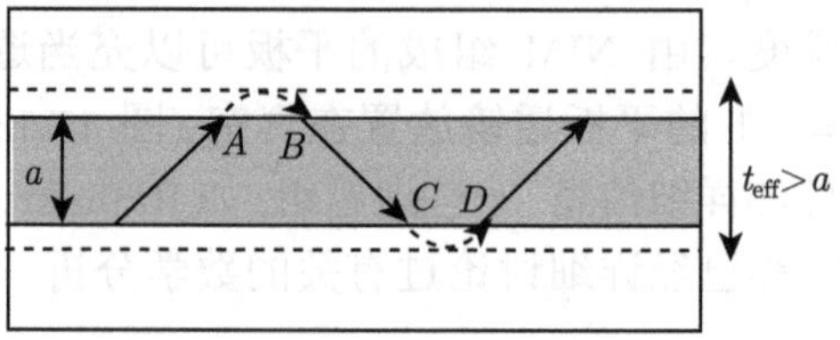

图 17.14　正常电介质中经典 G-H 相移 (获 CAP 授权引自 Wartak 等的论文[27])

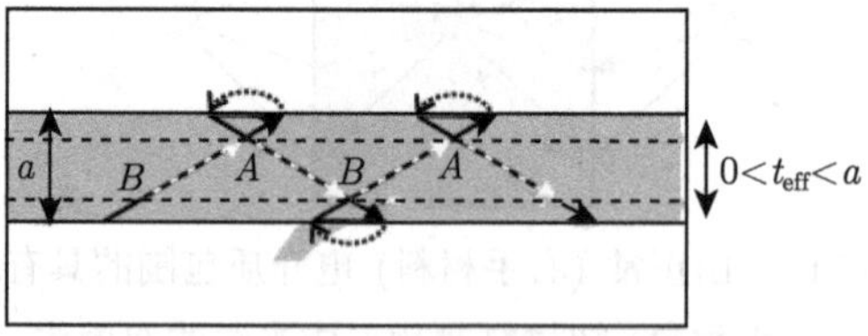

图 17.15　NIM 中 G-H 相移形成中心层 (获 CAP 授权引自 Wartak 等的论文[27])

为了更精确地了解光在这种结构中被减速的方式, 我们想象光线沿一个核心为负折射率 (左手材料) 的锯齿形波导的传播. 当光线每次碰到负折射率的核心部分与正系折射率 (右手材料) 的包层交界面时, 光线将产生负的 G-H 横向位移, 如图 17.15 所示. 因此, 入射和反射光线的交叉点将在左手系的核心材料里面, 波导的有效厚度将比它在自然材料中的厚度小. 合理的预期是, 当逐渐地降低中心层的物理厚度时, 波导有效厚度将最终消失. 显然, 超过该点的射线将不能进一步向下传播, 光线被有效地陷在 NIM 的异质结材料中, 如图 17.16 所示.

文献 [14] 提出了静止光脉冲的方法: 通过改变波导波芯的厚度以至于在波芯中和在包层中的平均功率流大小差不多. 当两部分功率的大小变得相等 (称为简并点) 时, 则沿波芯中心轴总时间平均的功率流完全消失. 这时, 光波的群速度 (或能量) 变为零并且光线的路径形成双光锥的“光学漏壶”. 当光线穿过波芯时, 它从负的 G-H 侧向位移变换到正的侧向位移. 绝热地减少 NIM 核心层的厚度, 原则上,使一系列包含不同频率的传导波包中的光线被完全捕获.

最近在实际的实验条件下, 在以超材料为基础的异质结构中把光束大幅度减速, 甚至变成完全静止光[32], 出现了一系列的实验工作[33,34]. 据报道, 在超材料波导中已观察到所谓的“被捕获彩虹”的静止光.

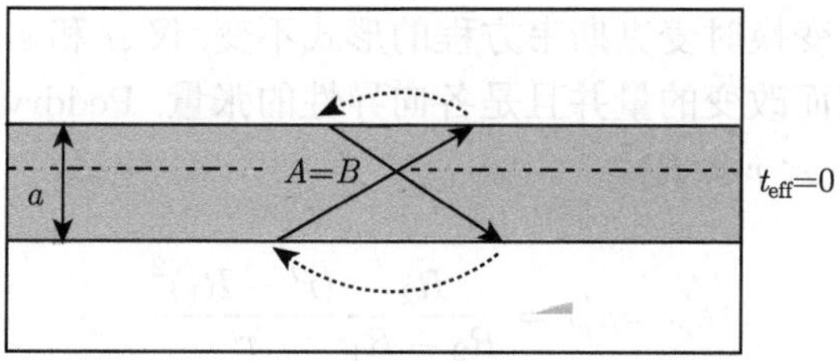

图 17.16 NIM 处于临界厚度情况下的 G-H 相移 (获 CAP 授权引自 Wartak 等的论文[27])

17.4.3 隐形伪装

仿佛普通性能的超材料能让光线弯曲, 这些材料的奇异特性有可能制作“隐形”物体, 对于在特殊频率的电磁辐射, 如光, 几乎看不见它们.

超材料的“隐形外衣”可以把光设计成不被反射回来, 也使他们不散射到其他方向. 有几种使物体不可见的方法已经被提出, 如基于散射对消[35] 或坐标转换. 由 Pendry 等提出的方法[36](另见文献 [12]) 依赖于控制电磁波的路径. 对一个球体采用坐标变换, 改变从球体过来的电磁波的路径, 把它挤压到被隐形球体包围的球壳中, 从而看不见入射辐射, 如图 17.17 所示. 该光线顺利避开隐形物体, 绕开隐形物体时像流体一样. 向外观察时, 它们似乎具有自由空间的特性. 光线要绕过被隐藏部分的装置而行, 它们必须在同一时间到达左方, 就好像是在真空中传播一样. 因为在隐形区域它们传播较长的距离, 其相速度必须超过 c. 这在原则上是可能的[37](对一个特定的频率).

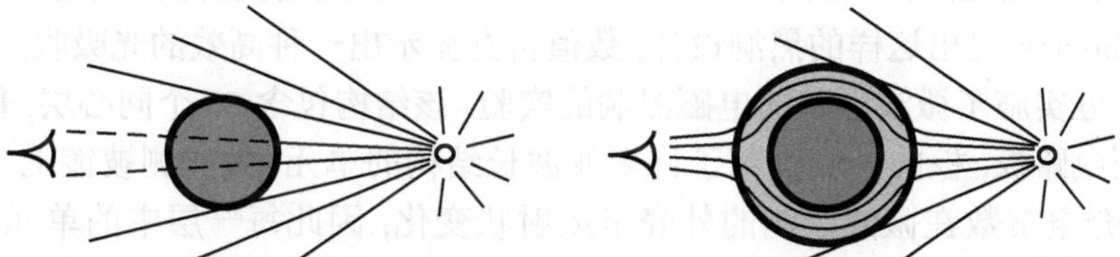

图 17.17 常规情况下光线被中间物体阻挡使人眼看不见光源 (左图), 使用隐形物后, 光绕开物体被人眼看见 (右图)

为了介绍有关的转换, 我们从数学上的一个点 (放置在一个坐标系统的原点) 开始, 它显然是小到看不见. 要隐藏较大的物体, 如半径为 R_1 的球, 我们把位于原点的数学上的点变换成半径为 R_1 的球体, 然后再变换到附近的另一个半径 $R_2 > R_1$ 的球体.

$$r' = R_1 + \frac{R_2 - R_1}{R_2} r, \quad \theta' = \theta, \quad \phi' = \phi \tag{17.20}$$

和上面一样, 当坐标变换时麦克斯韦方程的形式不变. 仅 μ 和 ε 受到坐标变换的影响, 它们成为随空间而改变的量并且是各向异性的张量. Peddry 等[36] 确定了 μ 和 ε 的表达式, 对于 $R_1 < r < R_2$

$$\varepsilon'_{r'} = \mu'_{r'} = \frac{R_2}{R_2 - R_1} \frac{(r' - R_1)^2}{r'}$$

$$\varepsilon'_{\theta'} = \mu'_{\theta'} = \frac{R_2}{R_2 - R_1}$$

$$\varepsilon'_{\phi'} = \mu'_{\phi'} = \frac{R_2}{R_2 - R_1} \tag{17.21}$$

在半径为 R_1 的球内, 介电常数和磁导率可以是任意的数值, 而球体之间的空间填充由式 (17.21) 决定的介电常数和磁导率张量的材料. 这样一来, 任何一个在此球体内 $r < R_1$ 的物体都要被遮蔽. 这些结论遵循麦克斯韦方程组的严格推敲, 并且不受射线近似法的限制.

17.4.4 光学黑洞

通过拓宽隐形的概念, 我们可以推测创建一个黑洞的光学模拟的可能性. 以这样的理念, 通过新超材料的适当设计, 可以预计到对光波的会聚和捕获, 就像在"黑洞"发生的事, 如图 17.18 所示. 在这种系统中, 光会永久地被捕获. 最近 Narimanov 和 Kildishev[38] 提出这样的黑洞设计, 数值仿真显示出一种高效的光吸收. 文献 [39] 和 [40] 最近实施了微波频率的电磁黑洞的实验, 该结构包含 60 个同心层, 每一层是薄的印刷电路板, 板的一侧蚀刻了许多亚波长结构的单元, 另一侧被镀上 0.018mm 厚的铜. 介电常数在微波黑洞的外壳呈放射状变化, 因此每一层中的单元相同, 但与相邻层具有不同的尺寸. 由于电磁场的局部控制, 该结构可有效地吸收来自各个方向的电磁波. 这样一种微波黑洞在太阳能光采收、热放射和降低微波电路及器件的串扰方面均能找到重要的应用. 这些专门设计的黑洞类似物也可以应用于控制、减缓和诱捕电磁波[40], 以及应用于研究一些更多的与天体物理有关的独特的物理现象.

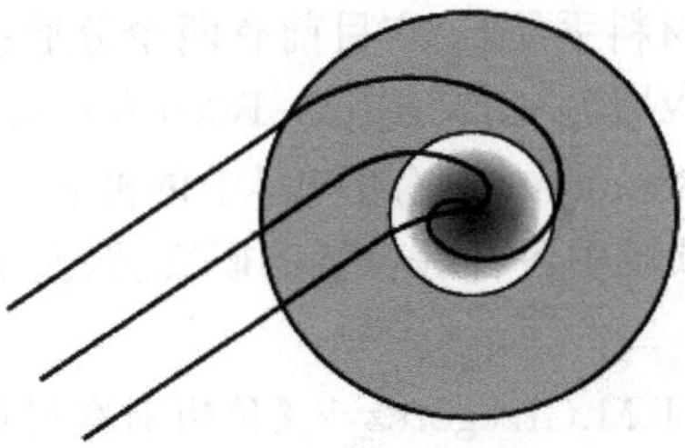

图 17.18 由梯度系数材料适当制作的超材料黑洞

17.5 有源超材料

本节简单讨论超材料中的损耗问题以及如何补偿它们. 如前所述, 超材料具有大的损耗, 而且, 目前由于损耗的数量级太大以至于超材料无法获得实际应用. 这也就是超材料目前受限的重要因素. 例如, 文献 [41] 详细分析表明损耗使理论超级透镜的分辨率受到限制. 虽然学界存在这种损耗是否合理的争论, 但是 Webb 和 Thylen[43] 指出, 极有可能完全把超材料中的损耗消除掉. 最近, 一些计算[44−46] 和实验工作[47] 也已表明, 在实际的负折射率超材料中光损耗被完全克服. 由文献 [44] 和 [47] 完成的无损耗特殊设计由两片起小矩形洞 (“鱼饵”) 作用的薄膜和置于它们之间的有源介质 (激光染料) 所组成. 此外, 一些报道 [48-50] 展望通过加入增益部件实现超材料补偿损耗的可能性. 例如, Wegener 等[49] 提出一个费米二能级系统的简单模型, 从而通过局域场耦合到单一波色子谐振实现超材料的等离子谐振. 也在不久前,Fang 等[50] 描述了用一个四能级原子系统建模的增益系统, 他们使用时域有限元技术得到数值分析的结果. 增益材料加入到 SRR 的空隙区域, 该系统的磁谐振频率为 100THz. Yuan 等[51] 和 Sivan 等[32] 也报道了有关有源超材料的设计与分析.

17.6 特别加注的参考书目

本节收集了几本出版不久的关于超材料的教科书并对它们特别加注, 供有兴趣的读者参考阅读:

(1) T.J. Cui, D.R. Smith, R. Liu,《超材料的理论, 设计和应用》. Springer,2010. 该书着重描述超材料的最新发展, 对光学传输理论、隐形材料、新型天线和光超材料有深入的讨论.

(2) W.CaiandV.Shalaev,《光超材料/基础和应用》. Springer, 2010. 该书对光超材料从基础研究到最新进展都有详细的讨论.

(3) F. Capolino,《超材料手册》, 它目前有两个分册：Vol. 1《超材料的理论和现象》, Vol. 2《超材料的应用》. CRC Press, Boca Raton, 2009.

(4) L. Solymar , E. Shamonina,《超材料中的波》. Oxford University Press, 2009. 该书提供在超材料领域中各种综合性的研究课题, 很适合物理系或电子工程系的高年级学生使用.

(5) S.A.Ramakrishna ,T.M.Grzegorczyk,《负折射率材料的物理及其应用》. SPIE and CRC Press,2009. 该书讨论负折射率的原理并与其他显示出类似特性的介质进行比较.

附录 17A：本章 Matlab 的函数清单和代码

表 17.1　第 17 章使用的 Matlab 文件清单

清单	文件名	描述
17A.1	ChenFig3.m	重新绘制 Chen 等论文[18] 中的图 3

清单 17.A.1　程序 ChenFig3.m: 重新绘制 Chen 等论文[18] 中图 3 的函数.

```
% 文件名: ChenFig3.m
% Matlab code to plot Fig.3 of Chen et al
% using equivalent circuits approach
% Plot Fig3. of Chen et al, JAP,v.100, 024915 (2006)
clear all
% Fundamental constants
epsilon_zero=8.8542d-12;           % epsilon zero (F/m)
mu_zero = 4*pi*10^-7;              % mu zero (H/m)
%
% Geometrical dimensions, see Fig.1 of Chen
r = 2.0;                           % internal radius = 2 mmm
a = 5.0;                           % distance between elements = 5 mm
l_vert = 1.0;                      % vertical separation = 1 mm
L_c = 1.0;                         % Dimension of capacitor = 1 mm
t = 0.8;                           % Dimension of capacitor = 0.8 mm
d_c = 0.2;                         % Dimension of capacitor = 0.2 mm
eps_r = 4.0;                       % permittivity of the gap
sigma = 10^-6;                     % resistance per unit length
```

```
%
% Intermediate parameters
F = pi*r^2/(a^2);                    % fractional volume (dimensionless)
C_g = (epsilon_zero*eps_r*L_c*t/d_c)*10^-3; % gap capacitance unit (F)
L = (mu_zero*pi*r^2/l_vert)*10^-3;      % Eg.(2) unit (H)
% pause
R = 2*pi*r*sigma;                    % resistance of the ring
C = C_g/2.0;                         % total capacitance in the loop
%
% Determination of frequency range
N_max = 200;                         % number of points for plot
                                     % in the interval [0,10] GHz
freq_GHz = linspace(0,10,N_max);      % creation of frequency
arguments
freq_Hz = freq_GHz*10^9;
omega_Hz = 2.0*pi*freq_Hz;
%
tt = 1./(omega_Hz.^2*L*C);
ttt = R./(omega_Hz.*L);
temp = 1./tt + 1i*ttt;
%
% effective permeability without coupling M, Eq.(9) of Chen
extra = F./(1. + F - tt + 1i*ttt);
%
mu_eff = 1. - F./(1. + F - tt + 1i*ttt);
result_re = real(mu_eff);
result_im = imag(mu_eff);
%
% plot(freq_GHz,result_im);
% pause
plot(freq_GHz,result_re,freq_GHz,result_im,'.','LineWidth',1.5);
axis([0 10 -20 20])
xlabel('Frequency (GHz)','FontSize',14);
ylabel('Effective permeability','FontSize',14);
set(gca,'FontSize',14);             % size of tick marks on both axes
```

```
grid
pause
close all
```

参 考 文 献

[1] M. Lapine and S. Tretyakov. Contemporary notes on metamaterials. *IET Microw. Antennas Propag.*, 1:3–11, 2007.

[2] L.I. Mandelstam. Group velocity in crystal lattice. *Zh. Eksp. Teor. Fiz.*, 15:475–478, 1945.

[3] V.G. Veselago. The electrodynamics of substances with simultaneously negative values of ϵ and μ. *Soviet Physics Uspekhi*, 10:509–514, 1968.

[4] S.A. Ramakrishna and T.M. Grzegorczyk. *Physics and Applications of Negative Refractive Index Materials*. SPIE Press and CRC Press, Bellingham, Washington, USA, 2009.

[5] V.A. Podolskiy, L. Alekseev, and E.E. Narimanov. *J. Mod. Optics*, 52:2343–49, 2005.

[6] A. Schuster. *An introduction to the theory of optics*. Edward Arnold, London, 1904.

[7] H. Lamb. On group-velocity. *Proc. London Math. Soc*, 1:473–479, 1904.

[8] H.C. Pocklington. *Nature*, 71:607–608, 1905.

[9] C.R. Simovski and S.A. Tretyakov. Historical notes on metamaterials. In F. Capolino, editor, *Theory and Phenomena of Metamaterials*, pages 1–1–1–17. CRC Press and Taylor and Francis Group, Boca Raton and London, 2009.

[10] A. Moroz, http://www.wave-scattering.com/negative.html.

[11] J.B. Pendry. Negative refraction makes a perfect lens. *Phys. Rev. Lett.*, 85:3966–3969, 2000.

[12] Ulf Leonhardt. Optical conformal mapping. *Science*, 312:1777–1780, 2006.

[13] D. Schurig, J. J. Mock, B. J. Justice, S. A. Cummer, J. B. Pendry, A. F. Starr and D. R. Smith. Metamaterial electromagnetic cloak at microwave frequencies. *Science*, 314:977–980, 2006.

[14] K. L. Tsakmakidis, A. D. Boardman and O. Hess. 'trapped rainbow' storage of light in metamaterials. *Nature*, 450:397–401, 2007.

[15] S. O 扡 rien, D. McPeake, S. A. Ramakrishna and J. B. Pendry. Near-infrared photonic band gaps and nonlinear effects in negative magnetic metamaterials. *Phys. Rev. B*, 69:241101(R), 2004.

[16] V.M. Shalaev. Optical negative-index metamaterials. *Nature Photonics*, 1:41–48, 2007.

[17] J.B. Pendry, A.J. Holden, D.J. Robbins and W.J. Stewart. Magnetism from conductors and enhanced nonlinear phenomena. *IEEE Trans. Microw. Theory Tech.*, 47:2075–2084, 1999.

[18] H. Chen, L. Ran, J. Huangfu, T.M. Grzegorczyk, and J.A. Kong. Equivalent circuit model for left-handed metamaterials. *J. Appl. Phys.*, 100:024915, 2006.

[19] J.B. Pendry, A.J. Holden, W.J. Stewart, and Youngs I. Extremely low frequency plasmons in metallic mesostructures. *Phys. Rev. Lett.*, 76:4773–4776, 1996.

[20] D.R. Smith, W.J. Padilla, D.C. Vier, S.C. Nemat-Nasser, and S. Schultz. Composite medium with simultaneously negative permeability and permittivity. *Phys. Rev. Lett.*, 84:4184–4187, 2000.

[21] R. A. Shelby, D. R. Smith, and S. Schultz. Experimental verification of a negative index of refraction. *Science*, 292:77–79, 2001.

[22] C.G. Parazzoli, R.B. Greegor, K. Li, B.E.C. Koltenbah, and M. Tanielian. Experimental verification and simulation of negative index of refraction using snell 抯 law. *Phys. Rev. Lett.*, 90:107401, 2003.

[23] T.J. Yen, W.J. Padilla, N. Fang, D.C. Vier, D.R. Smith, J.B. Pendry, D.N. Basov, and X. Zhang. Terahertz magnetic response from artificial materials. *Science*, 303:1494–1496, 2004.

[24] N. Liu and H. Guo and L. Fu and S. Kaiser and H. Schweizer and H. Giessen. Three-dimensional photonic metamaterials at optical frequencies. *Nature Materials*, 7:31–37, 2008.

[25] J. Yao, Z. Liu, Y. Liu, Y. Wang, C. Sun, G. Bartal, A.M. Stacy, and X. Zhang. Optical negative refraction in bulk metamaterials of nanowires. *Science*, 321:930, 2008.

[26] J. Valentine, S. Zhang, T. Zentgraf, E. Ulin-Avila, D.A. Genov, G. Bartal, and X. Zhang. Three-dimensional optical metamaterial with a negative refractive index. *Nature*, 455:376–380, 2008.

[27] M.S. Wartak, K.L. Tsakmakidis, and O. Hess. Introduction to metamaterials. *Physics in Canada*, 67:30–34, 2011.

[28] J.B. Pendry, A.J. Holden, D.J. Robbins and W.J. Stewart. Low frequency plasmons in thin-wire structures. *J.Phys.: Condens. Matter*, 10:4785–4809, 1998.

[29] W. Cai and V. Shalaev, editors. *Optical Metamaterials. Fundamentals and Applications.* Springer, New York, 2010.

[30] B. Corcoran, C. Monat, C. Grillet, D.J. Moss, T.P. Eggleton, B.J. White, L.O. O'Faolain, and T.F. Krauss. Green light emission in silicon through slow-light enhanced third-harmonic generation in photonic crystal waveguides. *Nature Photonics*, 3:206–210, 2009.

[31] F. Xia, L. Sekaric, and Y. Vlasov. Ultracompact optical buffers on a silicon chip. *Nature Photonics*, 1:65–71, 2006.

[32] Y. Sivan, S. Xiao, U. K. Chettiar, A. V. Kildishev, and V. M. Shalaev. Frequency-domain simulations of a negative-index material with embedded gain. *Opt. Express*, 26:24060–24074, 2009.

[33] X.P. Zhao, W. Luo, J.X. Huang, Q.H. Fu, K. Song, C. Cheng, and C.R. Luo. Trapped rainbow effect in visible light left-handed heterostructures. *Appl. Phys. Let.*, 95:071111, 2009.

[34] V. N. Smolyaninova, I.I. Smolyaninov, A.V. Kildishev, and V.M. Shalayev. Experimental observation of the trapped rainbow. *Appl. Phys. Let.*, 96:211121, 2010.

[35] A. Alu and N. Engheta. Plasmonic materials in transparency and cloaking problems: mechanism, robustness, and physical insights. *Opt. Express*, 15:3318–3332, 2007.

[36] J.B. Pendry, D. Schuring, and D.R. Smith. Controlling electromagnetic fields. *Science*, 312:1780–1780, 2006.

[37] P.W. Milonni. *Fast Light, Slow Light and Left-Handed Light.* Institute of Physics Publishing, Bristol and Philadelphia, 2005.

[38] E.E. Narimanov and A.V. Kildishev. Optical black hole: Broadband omnidirectional light absorber. *Appl. Phys. Let.*, 95:041106, 2009.

[39] Q. Cheng and T.J. Cui. An electromagnetic black hole made of metamaterials, 2009. arXiv:0910.2159v1.

[40] Q. Bai, J. Chen, N.-H. Shen, C. Cheng, and H.-T. Wang. Controllable optical black hole in left-handed materials. *Opt. Express*, 18:2106–2115, 2010.

[41] C. Hafner, Cui Xudong and R. Vahldieck. Resolution of negative-index slabs. *J. Opt. Soc.*

Am. A, 23:1768–1778, 2006.

[42] M.I. Stockman. Criterion for negative refraction with low optical losses from a fundamental principle of causality. *Phys. Rev. Lett.*, 98:177404, 2007.

[43] K.J. Webb and L. Thylen. Perfect-lens-material condition from adjacent absorptive and gain resonances. *Optics Letters*, 33:747–749, 2008.

[44] S. Wuestner, A. Pusch, K.L. Tsakmakidis, J.M. Hamm and O. Hess. Overcoming losses with gain in a negative refractive index metamaterial. *Phys. Rev. Lett.*, 105:127401, 2010.

[45] K. L. Tsakmakidis, M. S. Wartak, J. J. H. Cook, Hamm J. M., and O. Hess. Negative-permeability electromagnetically induced transparent and magnetically-active metamaterials. *Phys. Rev.* **B**, 81:195128, 2010.

[46] A. Fang, Th. Koschny, and C.M. Soukoulis. Self-consistent calculations of loss-compensated fishnet metamaterial. *Phys. Rev.* **B**, 82:121102, 2010.

[47] S. Xiao, V.P. Drachev, A.V. Kildishev, X. Ni, U.K. Chettiar, H.K. Yuan, and V.M. Shalaev. Loss-free and active optical negative-index metamaterials. *Nature*, 466:735–740, 2010.

[48] A. Bratkovsky, E. Ponizovskaya, S.-Y. Wang, P. Holmstrom, L. Thylen, Y. Fu and H. Agren. A metal-wire/quantum-dot composite metamaterial with negative ε and compensated optical loss. *Appl. Phys. Lett.*, 93:193106, 2008.

[49] M. Wegener, J.L. Garcia-Pomar, C.M. Soukoulis, N. Meinzer, M. Ruther, and S. Linden. Toy model for plasmonic metamaterial resonances coupled to two-level system gain. *Optics Express*, 16:19785–19798, 2008.

[50] A. Fang, Th. Koschny, M. Wegener and C.M. Soukoulis. Self-consistent calculation of metamaterials with gain. *Phys. Rev.* **B**, 79:241104(R), 2009.

[51] Y. Yuan, B.-Iopa Popa and S.A. Cummer. Zero los magnetic metamaterials using powered active unit cells. *Optics Express*, 17:16135–16143, 2009.

第 18 章　光子及其量子特性和应用

18.1　光　　子

我们前几章的讨论中已经涉及到光子 (photon) 的波动性和粒子性. 当然, 那时我们的关注点还停留大量光子集合体的宏观层面上. 关于波动性, 我们采用经典方法对 Maxwell 方程及波动方程及其电磁场在界面上的边界条件进行处理, 如光在波导和光纤中的传播. 涉及粒子性时, 主要采用量子的能级概念进行分析和计算, 如光源激光, 掺铒光放大器和光接收器. 爱因斯坦和普朗克首先认识到光的本质是量子化的基本粒子, 并将这种量子化的基本粒子称为光子. 这一概念的形成带动了实验和理论物理学在多个领域的巨大进步, 诸如激光, 玻色爱因斯坦凝聚, 量子场论, 量子密钥和量子雷达等等.

18.1.1　光子与基本粒子

根据粒子物理的标准模型, 光子是电磁场中的基本粒子. 而它们本身的存在, 则是满足物理定律在时空内每一点具有特定对称性要求的结果. 光子有它固有的内秉属性 (见表 18.1 中带边框的粒子 photon). 它和表 18.1 同居右方第二列的胶子 (Gluons) 及规范玻色子 (Gauge Bosons) 同属玻色子 (Bosons)[1], 它们的自旋皆为 1. 其它基本粒子如位于表左侧的夸克子 (Quarks) 和轻子 (Leptons) 属于费米子 (Feimuons), 它们的自旋皆为 1/2. 除此以外, 还有一个非常特别的希格斯 (Higgs) 粒子, 它的电荷和自旋都为零. 这些三大类每个基本粒子的三个基本属性: 质量 (mass), 电荷 (charge) 和自旋 (spin) 示于表中对应的每个粒子框内的左侧:

爱因斯坦进一步发展了普朗克的量子说. 他认为, 电磁辐射在本质上就是一份一份不连续的. 爱因斯坦还用光量子说解释了光电效应. 其后, 康普顿散射进一步证实了光的粒子性. 它表明, 光不仅在吸收和发射时表现出粒子性, 而且在弹性碰撞时也具有粒子性, 它是既有能量又有动量的粒子. 如此, 光就既具有波动性 (电磁波), 也具有粒子性 (光子), 即具有波粒二象性. 后来, 德布罗意又将波粒二象性推广到了所有的微观粒子. 作为玻色子的光子服从玻色爱因斯坦 (Bose-Einstein) 统计分布 (18.1), 而在半导体激光器中产生光子的电子是费米子, 它们服从费米狄拉克 (Fermi-Dirack) 统计分布 (18.2).

$$f(E)=\frac{1}{\exp\left(\dfrac{E}{kT}\right)-1} \tag{18.1}$$

$$f(E) = \frac{1}{\exp\left(\dfrac{E - E_f}{kT}\right) + 1} \tag{18.2}$$

上述两式中 E 分别是玻色子 (如光子) 或费米子 (如电子) 的能量, E_f 是费米能级, k 是波尔茨曼常数, 最后 T 是绝对温度. 为比较起见, 我们把玻色子与费米子统计分布分别作图于图 18.1(a) 与 (b), 它们的统计分布 f(E) 随粒子能量的大小 E 及温度 T 的变化极其不同. 读者可以在本章的附录 18C 中找到这两种不同属性的统计分布的 Matlab 代码.

表 18.1　光子及其它基本粒子的分类和三个参数的比较

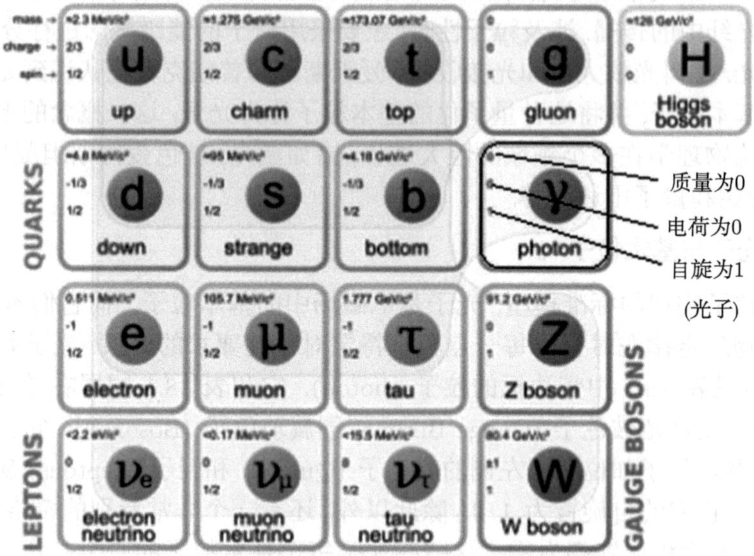

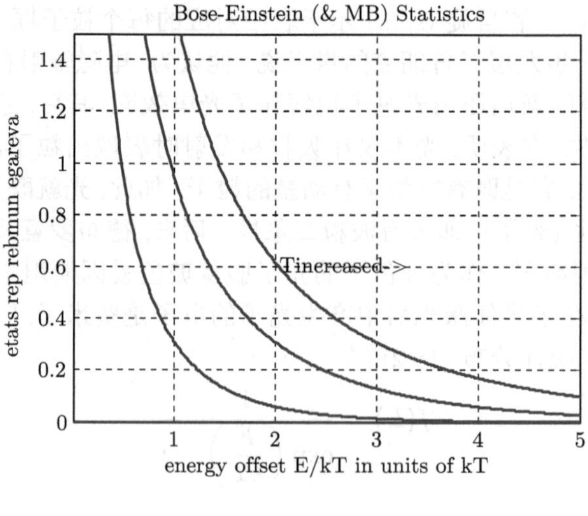

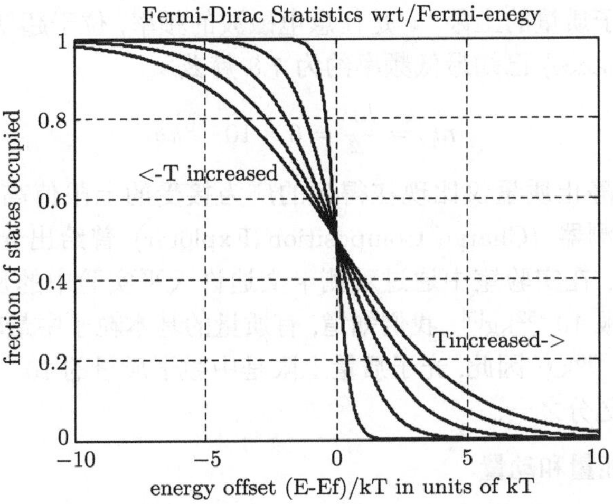

图 18.1 玻色爱因斯坦 (上图) 与费米狄拉克 (下图) 的统计分布

表 18.2 两大基本粒子的特性比较

基本粒子	能级密集程度	泡利不相容原理 [2]	统计分布
玻色子 (如光子) (Bosons)	太密集到不可辨识的程度 (Indistinguishable)	不服从 (Not subject to Pauli exclusion principle)	$f(E)=\dfrac{1}{\exp\left(\dfrac{E}{kT}\right)-1}$
费米子 (如电子) (Fermions)	太密集到不可辨识的程度 (Indistinguishable)	服从 (Subject to Pauli exclusion principle)	$f(E)=\dfrac{1}{\exp\left(\dfrac{E-E_f}{kT}\right)+1}$

18.1.2 光子的基本参数

光子的静止质量严格为 0. 根据规范场理论, 如果光子静质量不为 0, 那么库仑定律也不是严格的平方反比定律. 在对称性满足的前提下, 阿贝尔规范场的量子必须是无质量的, 不带电荷的玻色子. 因此, 理论预言光子为无质量无电荷并带有整数自旋的粒子. 物理学家一直在致力于检查实验结果和标准模型的预言相矛盾之处, 特别是从实验中计算光子所带电荷和内秉质量的上限, 任何一个值非零结果都是对标准模型致命的破坏. 然而, 目前为止所有实验都证明光子所具有的电荷和内秉质量都不是严格意义上的零, 现今最为广泛接受的上限值分别为 5×10^{-52} 库仑 (电子电荷的 3×10^{-33} 倍) 和 1.1×10^{-52} 千克 (6×10^{-17} 电子伏特)[3]。使用上述量子关系式以及爱因斯坦质能等价关系可约略得到光子质量的上限:

$$h\nu=m_\gamma c^2 \tag{18.3}$$

此处 m_γ 即是光子质量的上限, γ 是任意电磁波的频率, 位于超低频段的舒曼共振 (Schumann Resonance) 已知最低频率约为 7.8 赫兹.

$$m_\gamma = \frac{h\nu}{c^2} = 6 \times 10^{-50} kg \tag{18.4}$$

由此计算的光子静止质量仅比现在得到的广为接受的上限值高出一个的数量级. 电荷成分宇宙探测器 (Charge Composition Explorer) 曾给出光子质量的上限是 10^{-51}kg[4]. 后来, 在实验室中通过观测卡文迪许天平实验中的反常力, 又给出了更精确一点的上限 10^{-52}kg[5]. 我们知道, 有质量的基本粒子中最轻的是中微子, 它的质量大约是 10^{-36}kg. 因此, 光子质量上限是中微子质量的 10^{-16} 倍, 或者说是中微子质量的一亿亿分之一.

18.1.3 光子的能量和动量

在自由空间以光速 C 传播的光子具有能量 E 和动量 p, 它们之间的关系为: $E = pc$, 这是当 $m = 0$ 时由下式 (18.5) 演化而来的结果:

$$E^2 = p^2c^2 + m^2c^4 \tag{18.5}$$

于是, 光子的能量 E 和动量 p 如下式所示, 它们都依赖于光子的频率 γ 或波长 λ

$$E = \hbar\omega = h\nu \tag{18.6}$$

$$\vec{p} = \hbar\vec{k} \tag{18.7}$$

式中 $\vec{k}$ 是波矢量, 它的绝对值与波长 λ 的关系为: $k = 2\pi/\lambda$, $\hbar$ 是 Planck 常数. 对于一个包含 n 个光子的电磁波, 它的能量显然成为: $E = n\hbar\omega = nh\nu$. 光子还具有与频率无关的自旋角动量 [6]. 自旋的大小为 $\sqrt{2}\hbar$[7], 沿运动方向测量得到的分量又称为旋转度 (helicity), 按照旋转方向又有右手和左手之分: $\pm\hbar$, 对应于光子的两种园偏振量子状态.

18.1.4 光子的波粒两重性

光子和所有的量子一样, 都遵循波粒两象性. 光子的波动性表现出经典波的折射、干涉、衍射等性质. 而光子的粒子性则表现为和物质相互作用时不像经典的波那样可以传递任意值的能量, 光子只能传递量子化的能量. 除能量以外, 光子还具有动量和偏振态, 不过由于有量子力学定律的制约, 单个光子没有确定的动量或偏振态, 而只存在测量其位置、动量或偏振时得到对应本征值的几率. 注意到当描述电子状态时, 我们的讨论必须提到海森堡不确定原理 (Heisenberg's uncertainty principle): 描述测量电子的微观的坐标和它的动量不可能同时具有确定的测量值, 即

$$\Delta x \Delta p \geqslant \hbar/2 \tag{18.8}$$

式中 Δx 和 Δp 分别是测量电子位置 x 和动量 p 的不确定性. 但是这个不等式不适用于光子. 对于光子, 类似的不确定性表现在

$$\Delta n \Delta \phi \geqslant \hbar \tag{18.9}$$

式中 Δn 是测量一个电磁波中的光子的数目的不确定性, 而 $\Delta \phi$ 是测量其相位时的不确定性 [8]. 光子不仅是传递电磁相互作用的传播子, 而且当电子在发生能级跃迁时, 会发射或吸收能量等于其能级差的光子. 正反粒子相遇时将发生湮灭, 转化成为几个光子 [9]. 光子本身不带电, 它的反粒子就是它本身. 光子的静止质量为零, 在真空中总以光速 c 运动, 而与观察者的运动状态无关. 由于光速不变的特殊重要性, 成为建立狭义相对论的两个基本原理之一.

18.2 光的量子纠缠

在现代物理的相关研究中, 量子纠缠 (Quantum Entanglement) 无疑是量子研究中争论最多绵延最久的课题之一 [10−12]. 在量子力学里, 当几个粒子在彼此相互作用后, 由于各个粒子所拥有的特性已综合成为整体性质, 无法单独描述各个粒子的性质, 只能描述整体系统的性质, 则称这现象为量子纠缠. 该现象发生在光子时, 将两粒来自同一光束的孪生光子, 发生在其中一粒光子上的事情, 在另一粒光子上都能反映出来, 这就是光子纠缠. 正如常规的量子纠缠一样, 一个系统的多个光子之间也会存在量子纠缠, 这种关联性超越空间, 超越时间, 是瞬时超距发生的强关联. 这是一种纯粹发生于量子系统的现象, 在经典力学里, 找不到类似的现象.

那么, 什么样的量子态才算是纠缠态呢? 假设我们考虑由光子 A 和光子 B 组成的双光子体系. 设光子 A 的本征态记作 $|\Psi\rangle_A$ 而光子 B 的本征态记作 $|\Psi\rangle_B$. 如果 A 与 B 之间没有发生过纠缠, 那么该双光子系统的量子态可以表示为它们态的直积形式, 即 $|\Psi\rangle = |\Psi\rangle_A \otimes |\Psi\rangle_B$, 反之, 如果 A 与 B 从某时刻起发生相互作用, 则从该时刻起, 该双光子系统的量子态不能用 A 和 B 的状态直积来表示, 这时双光子的量子态 $|\Psi\rangle_{AB}$ 为纠缠态.

将激光束照射偏硼酸钡晶体 (一种非线性 BBO 晶体)[13], 大多数光子会穿透过晶体, 只有少数光子, 会因第二型自发参量下转换, 生成一对对的孪生纠缠光子. 这些孪生光子对的直线轨道分别包含于两个圆锥面, 如图 18.2 所示. 一个圆锥面包含水平偏振轨道, 另一个圆锥面包含垂直偏振轨道, 而两个圆锥面的交集是两条直线, 轨道为这两条直线的两个光子可以具有水平偏振或垂直偏振. 假若一个具有水平偏振, 则另一个具有垂直偏振; 假若一个具有垂直偏振, 则另一个具有水平偏振. 假若不做测量, 则不能知道到底哪个光子具有水平偏振, 哪个光子具有垂直偏振, 因此, 这两个偏振相互垂直的光子纠缠在一起, 双光子的纠缠态 $|\Psi\rangle_{AB}$ 用下式

表示：

$$|\Psi\rangle_{AB} = \frac{1}{\sqrt{2}}\left(|H_A\rangle\,|V_B\rangle + |V_A\rangle\,|H_B\rangle\right) \tag{18.10}$$

式中，$|H\rangle$ 是水平偏振态，$|V\rangle$ 是垂直偏振态；下标 A 和 B 代表光子 A 和光子 B。

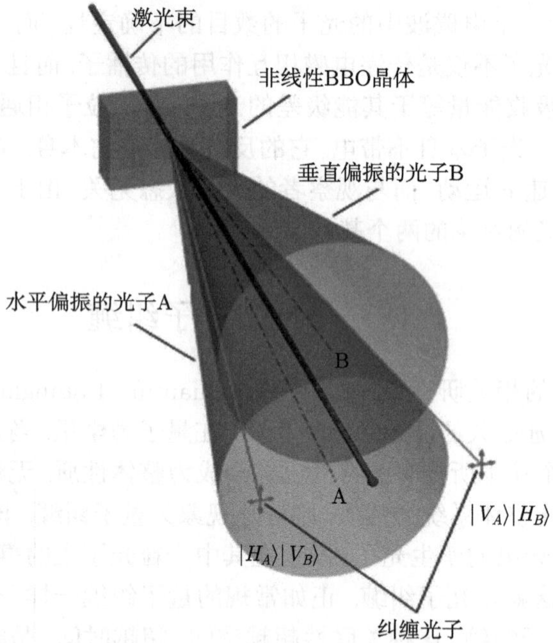

图 18.2 利用非线性 BBO 晶体的自发参量下转换产生光纠缠子

纠缠状态所纠缠的粒子数量越多，对经典物理学的偏离越明显，获得有用量子效应的机会就越大. 但是，多光子的纠缠态，其难度会随着光子数目的增加而指数增大.

光子数在 3 个以上时，量子纠缠态需要用 GHZ(Greenberger-Horne-Zeilinger) 态或者 W 态 [14] 表示. 若全部子系统皆为二维时，GHZ 的表达式当 $M > 2$ 时成为：

$$|GHZ\rangle = \frac{1}{\sqrt{2}}\left(|0\rangle^{\otimes M} + |1\rangle^{\otimes M}\right) \tag{18.11}$$

最简单的 GHZ 针对 3-qubit 表达式为：

$$|GHZ\rangle = \frac{1}{\sqrt{2}}\left(|000\rangle + |111\rangle\right) \tag{18.12}$$

而对于 W 态，对于 3-qubit 它的表达式为：

$$|W\rangle = \frac{1}{\sqrt{3}}\left(|100\rangle + |010\rangle + |001\rangle\right) \tag{18.13}$$

在附录 18A 中我们从 QETLAB 中引用了两个产生 GHZ 态和 W 态的 MATLAB 程序.

虽然 GHZ 态和 W 态都可以用来处理 3 光子的纠缠问题, 它们之间的最大差别在于: W 态即使失去了一个量子位元, 剩下的 2- 量子位元之间仍然处于强劲的纠缠关联. 反之, GHZ 态如若失去了一个量子位元, 另外两个将完全失联.

据报道, 我国科学家已于 2012 年和 2016 年相继研制出 8 光子纠缠和 10 光子纠缠, 保持着国际领先水平.

18.3 光的量子密钥分发

量子密钥分发 (Quantum Key Distribution)[15−16], 是利用下列的量子力学特性来保证通信的安全性:

1. 量子状态的随机性和叠加性导致的量子状态的不可分取性和不可预测性;
2. 量子状态的不可克隆定理;
3. 量子测量塌缩: 一旦测量将破坏原有量子状态.

因此, 如果有第三方试图窃听密码, 他必定会用某种方式进行测量, 而这些测量就会带来可察觉的异常. 通过量子叠加态或量子纠缠态来传输信息, 通信系统便可以检测是否存在窃听. 当窃听达到一定标准, 一个有安全保障的密钥就顺势产生了.

18.3.1 量子密钥交换

确保通信安全性的量子密钥分发术有不同的实施方法. 通常, 光子被用来制备量子态. 根据所利用量子态特性的不同, 可以分为两大类:

1. 基于测量: 与经典物理不同, 测量是量子力学中不可缺或的组成部分. 一般来讲, 测量一个未知的量子态会以某种形式改变该量子的状态. 这种量子特性可以被用来检测通信过程中是否有任何窃听 (窃听必定需要测量), 更重要的是, 我们还能够计算被截获信息的数量.

2. 基于纠缠态: 两个或更多的量子状态能够创建某种量子关联, 使得它们无论距离多远依然要被看做是一个整体的量子状态, 而不是独立的个体. 如果纠缠的量子对被通信的双方分别持有, 任何对信息的测量或拦截都会改变这个纠缠的量子状态, 从而检测到是否存在第三方的存在以及被截获信息的数量.

18.3.2 量子密钥分发协议

查理斯 · 贝内特 (Charles Bennett) 与吉勒 · 布拉萨 (Gilles Brassard) 于 1984 年发表的论文中提到的量子密码分发协议, 后来被称为 BB84 协议 [17]. BB84 协议是最早描述如何利用光子的偏振态来传输信息的. 发送方 A 和接收方 B 用量子信道来传输量子态. 如果用光子作为量子态载体, 对应的量子信道可以是光纤. 而公共经典信道可以用无线网或因特网, 当然, 也可以用光纤. 公共信道的安全性不需考虑, 因为 BB84 协议在设计时已考虑到了两种信道都被第三方窃听的可能.

图 18.3 和图 18.4 为量子密钥分发 BB84 的示意图. 在图 18.3 中, 发送方 A 有四种不同的偏振片, 分别为上下、左右偏振, 上左下右和上右下左偏振 4 种偏振片. 发送方 A 把不同的偏振片放置于光子源前, 就可分别得到 4 种不同偏振的光子, 分别用来代表 "0" 和 "1"(见图中左上角). 接收方 B 只有两种偏振片, 上下左右开缝的 "+" 字式和斜交开缝的 "×" 字式. 由于接收方 B 无法预知到达的每个光子的偏振状态, 他只能随机挑选两种偏振片的一种. 接收方 B 如果使用了 "+" 字偏振片, 上下或左右偏振的光子可以保持原量子状态顺利通过 (见图中的第一选择), 说明接收方 B 用了正确的偏振片. 而上左下右、上右下左偏振的光子在通过时量子状态改变, 变成上下或左右偏振且状态不确定 (见图中的第二种选择). 接送方 B 如果使用 × 字滤色片情况正好相反, 见图中第 2 选择 (错误) 和第 3 选择 (正确).

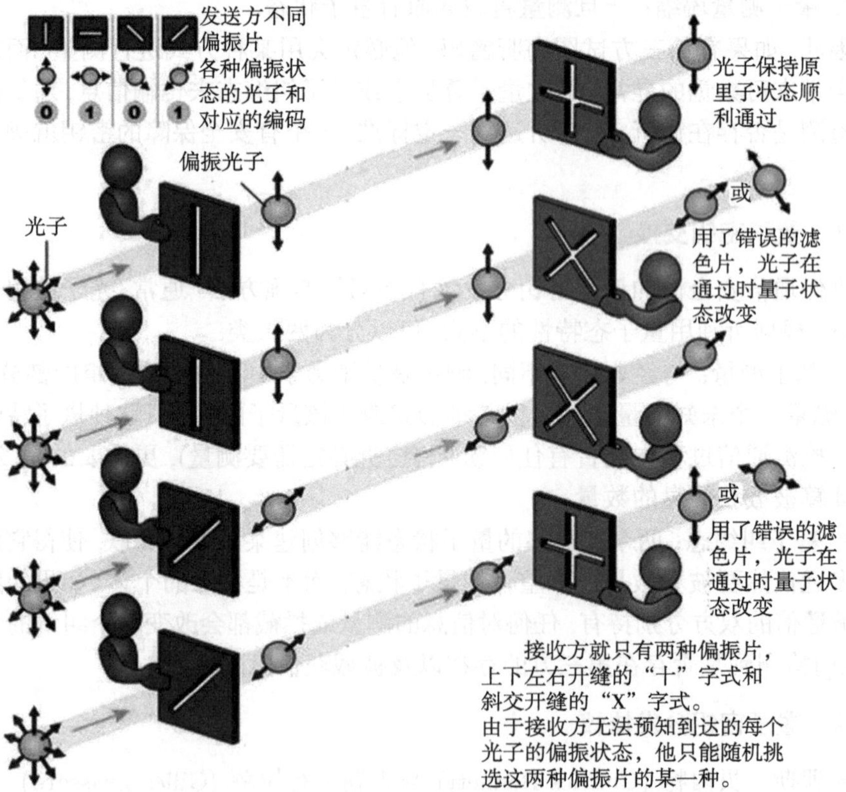

图 18.3　量子密钥的信息分发 BB84 协议之示意图一

图 18.4 最上方显示发送方 A 所使用的四种不同偏振片, 从左至右将 9 个不同偏振状态的光子随时间先后逐个发送给接收方 B, 显示于第 1 排的光子列. 接收方 B 并不知道发送者 A 制备量子状态时选择了哪种基, B 可以随机的选择基 ("+" 或"×") 来测量接收到的量子状态. B 测量接受到的每个光子, 记录所选的基和测量结果示于第二排的光子列. B 测量过所有 9 个光子后, 然后与 A 通过公共经典信道联系. A 公布制备每个光子时所选择的基.

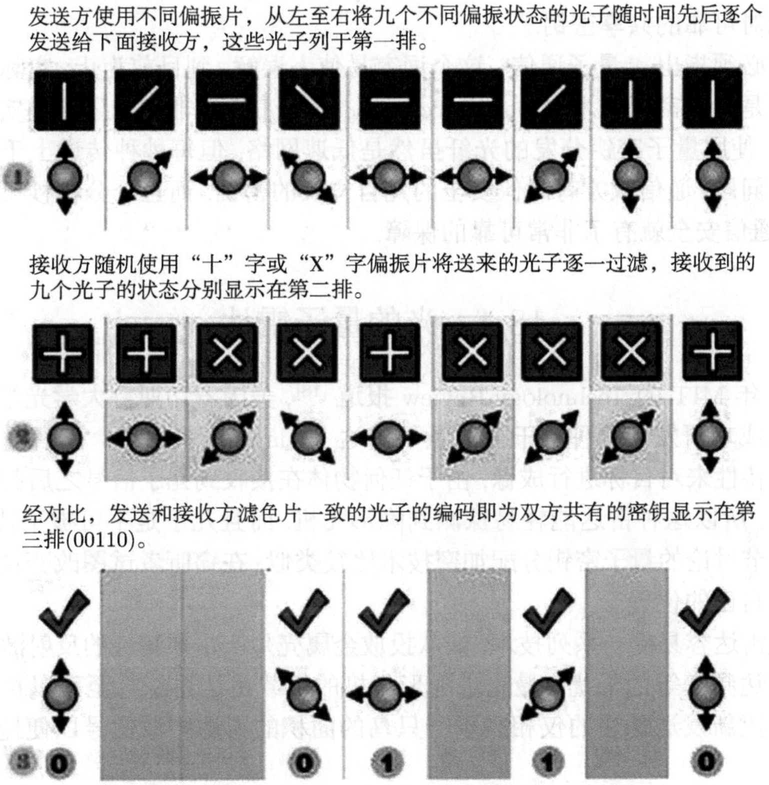

图 18.4 量子密钥的信息分发 BB84 协议之示意图二

接着, 密钥 (key) 产生了, 它的关键步骤是: 接收方 B 通过公开信道把自己使用的偏振片的序列告知发送方 A, 发送方 A 把接收方 B 偏振片的序列与自己使用的序列逐一对照, 然后告知接收方哪几次用了正确的偏振片 (图 18.4 倒数第 3 行, 打勾 $\surd$ 的 1, 4, 5, 7, 9). 对应于这些用了正确偏振片后接收到的光子状态的代码是: 00110, 于是, 这组代码就是它们两人共享的密钥.

为什么第三者不可能截获这个密钥? 假设窃密者在公开信道上得知了接送方使用的偏振片序列, 也知道了发送方的确认信息 (上述打勾 $\surd$ 的 1, 4, 5, 7, 9), 但是窃密者依旧无法确认密钥序列. 譬如对第一列, 窃密者知道接收方用的是 "十" 字滤色片, 而且发送方确认是对的, 但这可能对应于上下或左右偏振的两种不同的光子, 它们分别代表 "1" 或 "0", 除了发送和接收双方都清楚知道, 窃密者是无法确认的. 窃密者真要确认的话, 也要在中途插入偏振片来观察, 但它又无法事先知道应该使用 "十" 还是 "×" 偏振片, 一旦使用错误, 光子状态改变, 窃密的行为立即暴露. 通常的做法是通信双方交换很长的光子序列, 得到确认的密钥后分段使用奇偶校验核对, 出错段被认为是技术误差或已被中间窃听, 则整段予以删除, 留下的序列就是绝对可靠的共享密钥.

我们必须指出, "量子通信" 这个词容易使人误解, 到目前为止, 实际上量子通信指的就是量子密码技术 (Quantum cryptography), 而并非用量子传递实质性的信息. 另外, 使用量子密钥分发的光纤虽然是低速网络, 但每秒种传送上千位的密钥没有任何问题, 通信双方有确保安全的几百位长的密钥, 而且分分秒秒可以随时更换密钥, 通信安全就有了非常可靠的保障.

18.4 光的量子雷达

2012 年 MIT 的 Technology Review 报道 [18], 美国罗切斯特大学光学研究所的研究团队成功研发出一种抗干扰的量子雷达 (Quantum Radar). 这种雷达利用光子的量子特性来对目标进行成像, 由于任何物体在接收到光子信号之后都会改变其量子特性, 所以这种雷达能轻易探测到隐形飞机, 而且几乎是不可被干扰的. 该技术与上一节讨论的量子密钥分配加密技术比较类似, 在窃听者试图改变量子特性时就会暴露自己的位置.

传统雷达容易受一系列技术, 如从投放金属壳片产生欺骗性的反射波到利用噪音干扰雷达频率等的干扰. 最先进隐形飞机的机载雷达系统甚至可以拦截雷达中的光子并重新发送伪造的仅相当于一只鸟的面积的雷达回波信号以便掩盖自身的真实位置.

量子雷达使用新型侦测技术对光子量子态的精细测量去识别虚假信号. 因为拦截行为或者虚假信号必定打破原有光子的精细量子态, 从而引入统计误差. 罗彻斯特光学研究所的科学家梅胡尔 · 马利克 (Mehul Malik) 利用量子雷达新技术对隐形飞机进行反射光子测试实验, 测量反射光子信号的偏振态的误碼率, 从而发现目标. 其原理图如图 18.5 所示:

量子雷达另一个模式是由一个国际研究小组 [19−22] 提出来的. 他们所设计的一个量子雷达模型可用来探测在强微波背景中的如隐形飞机那样的弱反射率目标, 其探测能力远远超出传统的微波雷达. 通过使用如图 18.6 所示的波长转换器, 将一部分光信号转换成微波信号发送出去, 另一部分光信号作为光学闲频信号储存在接收机内. 当目标反射回来的微波信号被接收后, 再通过波长转换器转换成光学信号. 由于反射的光学信号和储存的光学闲频信号之间基于量子纠缠形成性能优异的量子相关性. 通过高灵敏度的检测器内的信号处理器对它们量子相关性能的破解就能显示目标的形状.

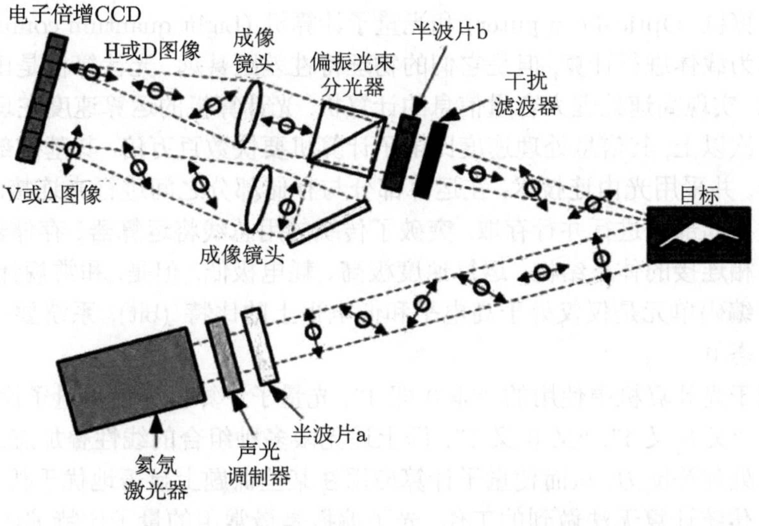

图 18.5 美国罗切斯特大学光学研究所研制的量子雷达

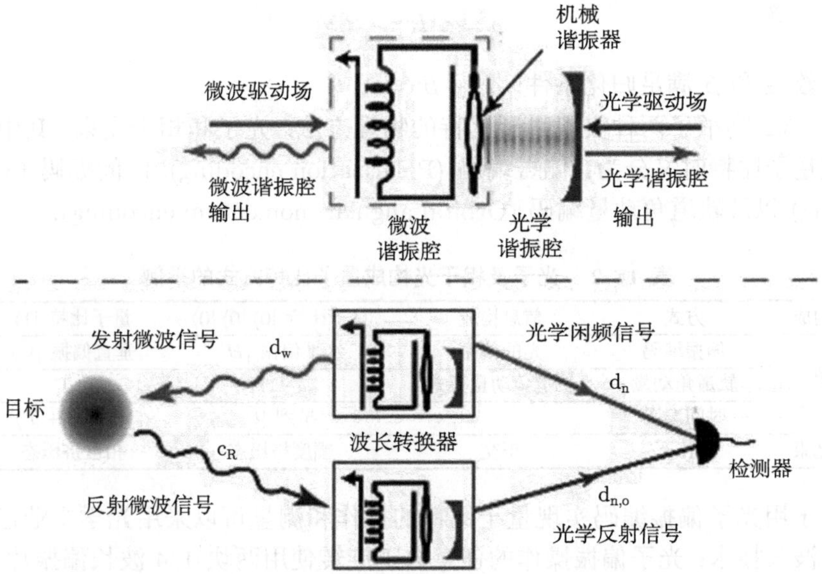

图 18.6 使用波长转换器的量子雷达

18.5 光量子计算机

18.5.1 光计算机与光量子计算机

光计算机 (Optical computer) 和光量子计算机 (Light quantum computer) 均利用光子作为载体进行计算, 但是它们的物理特性差距甚远. 光计算机是由光代替电子或电流, 实现高速处理大容量信息的计算机. 光计算机的运算速度在理论上可达每秒千亿次以上, 其信息处理速度比电子计算机要快数百万倍. 其基础部件是空间光调制器, 并采用光内连技术, 在运算部分与存储部分之间进行光连接, 运算部分可直接对存储部分进行并行存取. 突破了传统的用总线将运算器、存储器、输入和输出设备相连接的体系结构. 运算速度极高、耗电极低. 但是, 和常规计算机一样, 它的信息编码单元是仅仅处于高电平和低电平上的比特 (bit), 系统要么为状态 1 要么是状态 0.

不同于光计算机中使用的 "非 0 即 1", 光量子计算机中使用量子比特 (qubit) 可以处于 "又 0 又 1", "又 0 又 1". 即上述无限多种组合的线性叠加态. 这导致了量子平行处理等能力, 从而使量子计算应用在某些课题上显著地优于传统计算, 甚至可进行传统计算无法做到的工作. 光子偏振是最常用的量子比特编码的自由度. 光子路径和角动量也是量子比特的候选物理量. 以光子的水平偏振 (H) 和垂直偏正 (V) 构成的量子比特为:

$$\varphi = \alpha|H\rangle + \beta|V\rangle \tag{18.14}$$

其中系数 α 和 β 满足归化条件: $\alpha^2 + \beta^2 = 1$.

表 18.2 列举了两种实现量子比特的物理方法: 光子和相干光束. 其中利用光子实现量子比特时又分为: 偏振编码 (Polarization encoding), 时间编码 (Time bin encoding) 以及轨道角动量编码 (Orbital angular momentum encoding).

表 18.2 光子及相干光构成量子比特方式的举例

物理构成	方式	信息构成	量子比特 $\|0\rangle\|0\rangle\|0\rangle$	量子比特 $\|1\rangle$
光子	偏振编码	光的偏振	水平偏振 $\|H\rangle$	垂直偏振 $\|V\rangle$
	轨道角动量	轨道角动量模式	$\|-1\rangle$	$\|+1\rangle$
	时间编码		早到 $\|t\rangle$	迟到 $\|t+T\rangle$
相干光束	挤压光	正交	幅度挤压态	相位挤压态

对于用光子偏振编码实现量子比特的操作和测量可以采用光学中业已十分成熟的半波长技术: 光子偏振操作的任意幺正旋转使用两块 1/4 波长偏振片 (QWP) 和一块 1/2 波长偏振片 (HWP), 而测量时使用一块 1/4 波长偏振片, 一块 1/2 波

长偏振片和一个偏振分束器 (PBS) 和两个接收器, 如图 18.7 所示 [23].

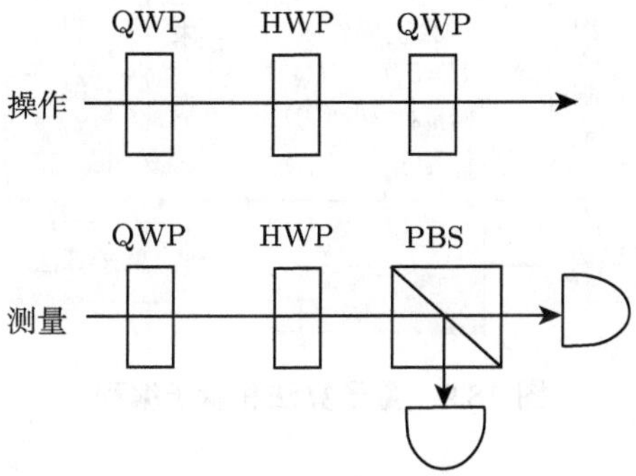

图 18.7 光子偏振量子比特的操作和测量

18.5.2 量子算法和编程

常规计算机使用一道道有限的序列指令让计算机求解问题, 量子算法也是由一道道的指令组成. 尽管常规计算机的算法语言也可以在量子计算机执行, 但是量子计算具有它固有的量子特性, 例如算法语句中包含量子叠加和量子纠缠的重要特质.

为了利用量子特性进行信息处理, 量子算法首先需要将经典信息量子化, 比如将可并行处理的数据以叠加的方式存放在量子态中, 然后通过量子幺正变换等方式对信息进行处理. 为了得到算法预期的结果, 量子演化过程需要将表征结果的态矢在整个叠加态中出现的概率调节得足够大. 这样, 利用量子测量的手段, 在计算终态中就可以以很大的概率得到算法所希望得到的结果. 这就是整个量子算法设计的主要过程 [23]: (1) 量子态制备 (量子算法的初始化), (2) 量子演化 (量子计算过程) 和 (3) 量子测量 (量子算法的结果输出). 量子计算目前主要的量子算法都遵循这个设计过程, 从而获得了相对于经典计算在计算性能方面的极大提升. 图 18.8 给出了量子算法设计的基本过程. 量子算法中的一些常用的技术包括相位反转 (phase kick back), 相位估计, 量子傅里叶变换, 量子行进 (quantum walks), 幅度放大和拓扑量子场理论 (topological quantum field theory). 图 18.9 显示了量子算法和量子编程 [24] 之间的关系.

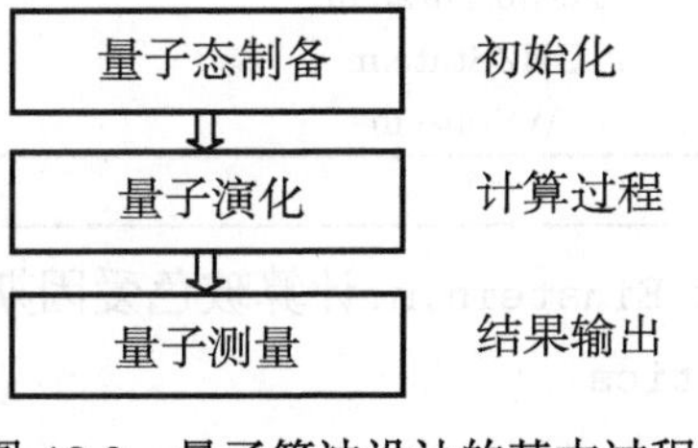

图 18.8 量子算法设计的基本过程

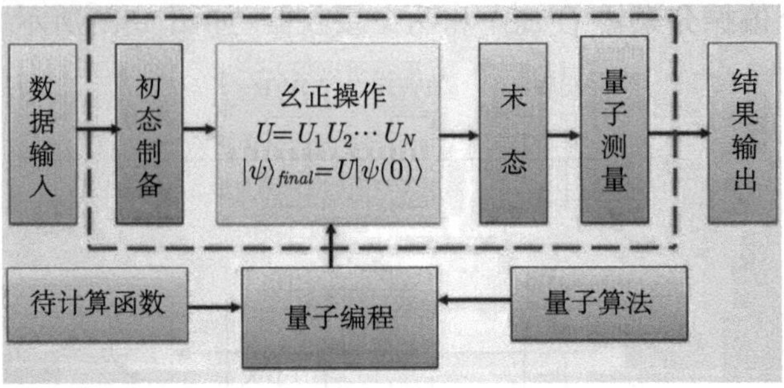

图 18.9　量子算法和量子编程

18.5.3　量子计算机的实现难度

当下常规计算机中的处理器已非常可靠, 反之, 量子逻辑器件却容易出错. 这是因为储存和发射信息的量子比特当与外界接触时极易丧失其量子特性. 其次, 光子具有弱互作用的特性. 设法建造当物理量子比特出错时, 逻辑量子比特能够自行恢复从而保证量子计算得以继续下去的容错量子计算机是一种应对措施. 牛津大学和布里斯托尔大学的研究人员 [25] 已经计算出创建容错的线性光量子计算机 (LOQC) 中所需的组件数量. 他们的综合研究发现, 基于光子的计算机所需组件的总数将比常规计算机中使用的处理器要多至少五个数量级. 研究人员认为, 实际的量子计算机当逻辑量子比特数高达 1000 时才能执行有效的量子计算, 例如 Shor 的因式分解算法. 他们假设他们的模型计算机中的每个组件将在 1000 中丢失一个光子, 并且每个组件的错误率是 10^{-5}. 如果使用目前技术达到的公差, 则 LOQC 的规模将会更大. 他们表示: "我们选择的数字超出了最先进的水平, 但也许不是不可能实现的, 并且表明即使如此, 量子计算机的整体资源成本将会很高. "

附录 18A　本章 Matlab 的函数清单和代码

清单	函数名	描述
清单 18.1	Bose_Einstein.m	计算玻色爱因斯坦统计分布
清单 18.2	Fermi_Dirac.m	计算费米狄拉克统计分布
清单 18A.3	GHZState.m	用来产生 GHZ 量子态的函数
清单 18A.4	WState.m	用来产生 W 量子态的函数

清单 18.1　程序`Bose_Einstein.m`:计算玻色爱因斯坦统计分布

```
% Bose-Einstein Statistics
k=1.38;
```

```
TT=eps;
E0=0:0.01:5;
for T=0:0.5:1.5
    F_E = 1./(exp(E0./(k*(T+TT)))-1);
    plot(E0,F_E,'r','LineWidth',2)
    hold on
end
grid on
title('Bose-Einstein (& MB) Statistics ')
ylabel('average number per state','FontSize',14);
xlabel('energy offset E/kT in units of kT','FontSize',14);
set(gca,'FontSize',14); % size of tick marks on
set(gca,'Ytick',[0,0.2,0.4,0.6,0.8,1.0,1.2,1.4],'Xtick',[1 2 3 4 5]);
axis([0,5,0,1.5]);
text(2,0.6,'T increased->','Fontsize', 12)
```

清单 18.2 程序Fermi_Dirac.m:计算费米狄拉克统计分布

```
% Statistical Distributions
%Fermi-Dirac occupancies
clear all
k=1.38   %normalized ,actually 1.38e-23
TT=eps
E=-10:0.01:10;
for T=0.2:0.4:2
F_E = 1./(exp(E./(k*(T+TT)))+1);
plot(E,F_E,'LineWidth',2)
hold on
end
grid on
ylabel('frection of states occupied','FontSize',14);
xlabel('energy offset (E-Ef)/kT in units of kT','FontSize',14);
title('Fermi-Dirac Statistics wrt/Fermi-enegy')
set(gca,'FontSize',14); % size of tick marks on
set(gca,'Ytick',[0,0.2,0.4,0.6,0.8,1.0],'Xtick',[-10 -5 0 5 10]);
axis([-10,10,0.0,1.0]);
```

```
text(-7,0.7,'<-T increased','Fontsize', 12)
text(4,0.25,'T increased->','Fontsize', 12)
```

清单 18A.3　函数GHZState.m用来产生GHZ量子态的函数. 读者只需要预先将该函数复制在自己的MATLAB文件夹中, 然后在MATLAB的运行界面中输入维数的数目, 如 2(代表 2 维), 和 qubit 数, 如 3(代表量子位元是 3): GHZState(2,3),立即看到可以产生的多粒子的纠缠态, 如 ans= (1,1) 0.7071; (8,1) 0.7071 的结果.

```
function ghz_state = GHZState(dim,q,varargin)

% set optional argument defaults: coeff = [1,1,..,1]/sqrt(dim)
[coeff] = opt_args({ ones(1,dim)/sqrt(dim) },varargin{:});

% Do some error checking.
if dim < 2
    error('GHZState:InvalidDim','DIM must be at least 2.');
elseif q < 2
    error('GHZState:InvalidQ','Q must be at least 2.');
elseif length(coeff) ~= dim
    error('GHZState:InvalidCoeff','COEFF must be a vector of length
    equal to DIM.');
end

% Construct the state (and do it in a way that is less memory-intesting
% than naively tensoring things together).
dim_sum = 1;
for j = 1:q-1
    dim_sum = dim_sum + dim^j;
end
```

清单 18A.4　函数 WState.m 是用来产生 W 量子态的函数. 读者只需要预先将该函数复制在自己的 MATLAB 文件夹中, 然后在 MATLAB 的运行界面中输入纠缠粒子数 n, 如 3(代表 3 个粒子), 立即可以看到产生的多粒子的纠缠态. 读者只需要预先将该函数复制在自己的 MATLAB 文件夹中, 然后在 MATLAB 的运行界面中输入 qubit 数, 如 3(代表量子位元是 3): WState(3), 立即看到可以产生的多粒子的纠缠态, 如 ans=(2,1) 0.5774; (3,1) 0.5774; (5,1) 0.5774 的结果.

```
function w_state = WState(q,varargin)
% set optional argument defaults: coeff = [1,1,...,1]/sqrt(q)
[coeff] = opt_args({ ones(1,q)/sqrt(q), 1 },varargin{:});

% Do some error checking.
if q < 2
    error('WState:InvalidQ','Q must be at least 2.');
elseif length(coeff) ~= q
    error('WState:InvalidCoeff','COEFF must be a vector of length equal
    to Q.');
end

w_state = sparse(2^q,1);
for j = 1:q
    w_state(2^(j-1)+1) = coeff(q-j+1);
end
```

参 考 文 献

[1] "Role as gauge boson and polarization" section 5.1 inAitchison, I.J.R.; Hey, A.J.G. (1993). *Gauge Theories in Particle Physics* IOP PublishingISBN 0-85274-328-9

[2] "Review of Particle Physics".*Physics Letters B* **667**: 1–1340. Bibcode: 2008PhLB ..667....1Adoi:10.1016/j.physletb.2008.07.018

[3] Halliday, David; Resnick, Robert; Walker, Jerl (2005),*Fundamental of Physics* (7th ed.), USA: John Wiley and Sons, Inc., ISBN 0-471-23231-9

[4] Adelberger, Eric; Dvali, Gia; Gruzinov, Andrei (2007). "Photon-Mass Bound Destroyed by Vortices". *Physical Review Letters* **98** (1): 010402.

[5] Amsler, C; Doser, M; Antonelli, M; Asner, D; Babu, K; Baer, H; Band, H; Barnett, R; et al. (2008). "Review of Particle Physics". *Physics Letters B* **667**:

[6] This property was experimentally verified by Raman and Bhagavantam in 1931: Raman, C.V.; Bhagavantam, S. (1931). "Experimental proof of the spin of the photon" (PDF). *Indian Journal of Physics* **6**: 353.

[7] Griffiths, David J., Introduction to Quantum Mechanics (2nd ed.), Prentice Hall, 2004, ISBN0-13-111892-7

[8] Schiff, L.I.. *Quantum Mechanics* (3rd ed.). McGraw-Hill. ASIN B001B3MINM ISBN 0-07-055287-8

[9] Halliday, David; Resnick, Robert; Walker, Jerl (2005),*Fundamental of Physics* (7th ed.), USA: John Wiley and Sons, Inc., ISBN 0-471-23231-9

[10] Einstein A, Podolsky B, Rosen N. Can Quantum-Mechanical Description of Physical Reality Be Considered Complete?. Phys. Rev. 1935,**47** (10): 777–780.

[11] Schrödinger E; Born, M. Discussion of probability relations between separated systems. Mathematical Proceedings of the Cambridge Philosophical Society. 1935, **31** (4): 555–563

[12] Anton Zeilinger. The super-source and closing the communication loophole. Dance of the Photons: From Einstein to Quantum Teleportation. Farrar, Straus and Giroux. 12 October 2010. ISBN978-1-4299-6379-4

[13] Horodecki R, Horodecki P, Horodecki M, Horodecki K; Horodecki; Horodecki; Horodecki (2007). "Quantum entanglement". *Rev. Mod. Phys* **81**(2): 865–942.

[14] W. Dür; G. Vidal & J.I. Cirac (2000). "Three qubits can be entangled in two inequivalent ways". *Phys. Rev. A* **62**

[15] G. Brassard and L. Salvail "Secret key reconciliation by public discussion" Advances in Cryptology: Eurocrypt 93 Proc. pp 410-23 (1993)

[16] C. H. Bennett, F. Bessette, G. Brassard, L. Salvail and J. Smolin "Experimental Quantum Cryptography" Journal of Cryptology vol.5, no.1, 1992, pp. 3-28.

[17] 徐令予http://www.guancha.cn/Science/2016_08_16_371382.shtml

[18] Mehul Malik, MIT technology review, 12-04, 2012,

[19] Shabir Barzanjeh, Saikat Guha, Christian Weedbrook, David Vitali, Jeffrey H. Shapiro, and Stefano Pirandola, *Microwave Quantum Illumination* Phys. Rev. Lett. **114**, 080503 (2015) ([1]); quant-ph

[20] Shabir Barzanjeh, Saikat Guha, Christian Weedbrook, David Vitali, Jeffrey H. Shapiro, and Stefano Pirandola, *Quantum Mechanics Could Improve Radar*, Physics 8, 18 (2015)

[21] Seth Lloyd *Enhanced Sensitivity of Photodetection via Quantum Illumination* Science **321**, 1463-1465 (2008)

[22] Si-Hui Tan, Baris I. Erkmen, Vittorio Giovannetti, Saikat Guha, Seth Lloyd, Lorenzo Maccone, Stefano Pirandola, and Jeffrey H. Shapiro *Quantum Illumination with Gaussian States* Phys. Rev. Lett. **101**, 253601 (2008)

[23] 郭光燦院士："摩爾定律的終結與量子計算機的誕生"，https://read01.com/Aj3o5N.html

[24] 蔡昕東, 光量子计算及其算法实现, 中国科技大学博士学位论文, 2015

[25] Hamish Johnston, physicsworld.com, Light-based quantum computers will come at a great cost, Oct. 26, 2015

附录A　Matlab 的基本知识

我们将在本附录中讨论 Matlab 的基本结构和操作技巧, 包括它的代码设计以及 Matlab 中有关程序的实例. 我们还向读者推荐一些 Matlab 的入门书籍：由 Chapman 撰写的《工程师用的 MATLAB》[1], 由 Gilat 撰写的《MATLAB 的引论和应用》[2] 以及由 Hanselman 和 Littlefield 撰写的《掌握 MATLAB5- 综合性的自学和参考资料》[3].

Matlab 可以使用二种模式工作:

(1) 从命令窗口 (command window) 出发, 在 Matlab 的提示下写入命令.

(2) 从 m- 文件的脚本 (script) 出发. 把所有的命令都写在一个文件中 (*.m). 这种文件在 Matlab 的提示下通过键入它们的文件名激活和工作. 每个 *.m 文件能呼叫几个其他的 *m 文件.

我们总是鼓励人们使用 m-file. 它们不仅可以被一再使用, 而且它们可以与其他程序组合起来使用. M 文件就是使用者把要实现的命令写在一个 *.m 作为文件扩展名的文件中,Matlab 系统进行解释, 运行出结果. 实际上,m-file 是一个命令集. 通过编写 m 文件, 读者可以像编写批命令一样, 将多个 Matlab 命令集中在文件夹里以便能方便地进行调用, 又便于修改, 降低代码重用率. 实际上,Matlab 自带的许多函数就是 m 函数文件. 总之, 这两种方法都能书写代码. 本附录分为几个小节, 分别处理 Matlab 中遇到的不同问题. 在提供的代码中, 我们往往加入许多描述性的评注. 我们建议读者把代码运行一遍, 并理解和分析它们的结果. 表 A.1 提供了一份为附录 A 创建的 Matlab 文件的清单, 并对每个函数都有简短的描述.

表 A.1　附录 A 中的 Matlab 函数清单

清单	函数名	描述
A.A.1	intro_session.m	Matlab 的入门指南
A.A.2	memory.m	比较各种内存运行时间
A.A.3	loops.m	比较各种循环语句运行时间
A.A.4	basic_2D_plot.m	2D Matlab 作图之基本
A.A.5	sub_plots.m	子图绪论
A.A.6.1	pview.m	3D 作图
A.A.6.2	3D_pdpm.m	3D 图的更多功能
A.A.6.3	3D_pdpm1.m	3D 图的灯光处理
A.A.6.4	ani_ssftm_full.m	电影动画之一
A.A.6.5	ani_modulation.m	电影动画之二

续表

清单	函数名	描述
A.A.7	file_write.m	文件写入
A.A.8	file_read.m	文件读出
A.A.9	deriv.m	使用 Matlab 函数的数值差分 $diff()$

在开始讨论 Matlab 具体的细节和它的规则之前, 我们将首先介绍并运行涉及 Matlab 基本问题的部分.

A.1 m-文件的工作部分

我们通过几个例子来了解 m- 文件中使用 Matlab 的基本方法. 首先, 把被称为 intro_session.m 的例子中的全部代码列出. 我们建议读者复制并运行该代码, 了解其结果. 然后试图修改它, 再分析修改后的运行结果. 我们在代码间加入许多评注以便让读者了解它们运作的意义.

```
% 清单A.A.1文件名: intro_session.m
%----------------------- 初始化 --------------------------
clear all
'its me'                    % 屏幕上输出文字
pause
d=6;                        % 把6赋值给变量d
C=[1 2 3; 3 2 1; 4 5 6];% 定义矩阵 C
C
who                         % 列出被定义的矩阵
pause
whos                        % 列出矩阵和它的大小
pause
%------------------ 列的操作 --------------------------------
x =C( : , 3)                % 选取C矩阵的第三列
pause
format long                 % 用长格式在屏幕上显示变量
% format short
t = 0:0.1:2;
t                           % 列出t的数值
pause
t'                          % 行列转置操作,新建垂直矢量
```

```
pause
%------------- 特殊数值及特殊矩阵 ----------------
pi                       % 显示 pi的数值
1i
Inf
clock                    % 年,月,日,时,分,秒
pause
date                     % 用字符串格式显示日期
eps                      % 本人所使用电脑的最小数目字
pause
A = zeros(4)             % 创建由0组成的 4×4 矩阵
B = zeros(4,3)           % 创建由0组成的 3×4 矩阵
pause
A1 = ones(3)             % 创建由1组成的 3×3 矩阵
B1 = ones(4,3)           % 创建由1组成的 3×4 矩阵
G = ones(1,5)            % 创建由1组成的长度为5的矢量
pause
D = eye(3)               % 创建单位矩阵

z=input('input  z');
z                        % 显示输入的数字
pause
%------------- 列表形式打印余弦cos的数值 ----------------
clc                      % 清除屏幕
n = 21; x = linspace(0,1,n); y = cos(2*pi*x); disp(' ') disp('k
x(k)   cos(x(k))') disp('------------------------') for k=1:n
   degrees = (k-1)*360/(n-1);
fprintf(' %2.0f  %5.0f %8.3f \n',
k,degrees,ay
(k)); end disp( ' '); disp('x(k) is given in
degrees.') pause
%------------- 输出选择 ------------------------------------
a = 1.23456789; format short
a                        % 以短格式显示
pause format long
```

```
a                          % 以长格式显示
disp(a)                    % 另一种长格式显示
fprintf('Its me,\n %4.24f ', a)
pause
%--------------------- 数据文件 ---------------------------
save data_1 x y;           % 作为 *.mat 文件保存
pause load data_1; z=x' save data_5.dat z /ascii; pause
%------------- 标量和阵列的运算操作----------------------
clear all 2+5 A=[1 2 3; 3 2 1; 4 5 6]; B=[2 3 4; 4 5 6; 5 6 7];
%
C1=A+B                     % 把两个矩阵相加
C2=A*B                     % 矩阵相乘
C3=A.*B                    % 元素和元素相乘
C4=A./B                    % 元素被元素除
C5=A.^B                    % 元素的指数值
pause
```

A.2　基本法则

表 A.2 中列出用于 Matlab 的一些特殊符号. 我们知道,Matlab 中的变量都用矩阵处理的. 因此, 各种运算都考虑为矩阵的运算而且使矢量和矩阵的运算最佳化. 为了得到最佳结果, 读者应该将算法和循环语句矢量化, 而且对所有的对象 (矩阵) 都要提前预置内存. 我们利用一些简单的例子来总结和说明 Matlab 的基本规则.

表 A.2　Matlab 中的一些特殊符号

符号	描述
=	赋值
[ ]	构建矩阵
+	阵列元素相加
−	阵列元素相减
.*	阵列元素相乘
*	矩阵相乘
./	阵列元素相除
'	矩阵行列置换
%	评注开始

- 循环语句的矢量化. 这意味着要用适当的矢量或矩阵符号取代 *for* 和 *while*

的循环语句.

假设我们需要在 0 到 1 范围内生成函数 sin 的 100 个数值, 有两种方法可供选择:

(1) 利用 *for* 循环语句 (非矢量化)

```
t0 = clock; for n = 0:0.001:1
    x = sin(n)
end time_no_vect = etime(clock,t0)
```

在我们的计算机中, 运行时间为 $time\_no\_vect = 0.2300$.

(2) 应用如下的矢量化完成循环语句

```
t0 = clock; n = 0:0.001:1; x = sin(n); time_vect =etime(clock,t0);
```

现在, 仍然用我们的计算机, 运行时间缩短为 $time\_vect = 0.0810$. 为了计算起始到终止的运行时间, 我们使用 Matlab 中的函数 *etime*, 它可以极其精确地计算语句的运行时间. 在使用 Matlab 时, 应准守以下的基本规则:

- 保留内存;
- 使用冒号 (:);
- 限制使用 *for* 式的循环语句;
- 使用函数式而非脚本式的 m- 文件;
- 提供密集式的命令;
- 给变量起描述性的名字;
- 使用句号 (.).

现在讨论以上几个规则中的一些细节.

A.3 Matlab 编程中的良好习惯

这里总结一些对 Matlab 适用的良好编程习惯.

(1) 一定要给你的程序加上注释, 这样, 别人也包括你自己若干时间以后还能回忆起和理解程序中语句的意义.

①变量要采用有意义的名字. ②变量的单位应与你公式相一致, 最好采用无量纲 (标量) 的变量.

(2) 所有在 Matlab 中的 Command Window 或 m-files 中执行的计算能够用 Command Window 中同样类型的源代码创建. m-files 起到函数或者 subroutines 的作用.

(3) Matlab 语句后加上分号 (;) 表示赋过的值禁止出现在屏幕的命令窗口中, 从而大大加快编译速度.

A.3.1　预置内存

随时给产生的矩阵预留内存. 当矩阵中的每个元素决定后,Matlab 无需再增加矩阵的大小, 因为这样做会增加编译速度. 用下面的程序 *memory_res.m* 运行和体验. 你能观察到运行速度上的明显差别. 也许你已经注意到第二个方法中 y=zeros(1,N) 就是预置内存的语句. 因此, 它与第一个未留内存的方法相比, 运算速度快了一倍.

```
% 清单A.A.2文件名: memory.m
% 比较预留和未预留内存造成运算耗时的差别
clear all
% 未预留内存的普通循环语句
% 使用tic和toc以便测算运算时间
N = 10000;
tic;   % start timer
n = 0; for x = 1:N
    n = n + 1;
    y(n) = cos(2*pi*x);
end
toc     % measure elapsed time since last call to tic
%
% 预留内存的普通循环语句
tic n = 0; y  =zeros(1,N); for x = 1:N
    n = n + 1;
    y(n) = cos(2*pi*x);
end toc
```

A.3.2　矢量化的循环

Matlab 设计了矢量运算. 它们运行起来远比常规的循环语句快. 下面的程序 *loops.m* 将两者作了比较. 我们利用 *tic* 和 *toc* 测试了各自花费的时间.

```
% 清单A.A.3文件名: loops.m
% 比较普通循环语句和矢量循环语句两者运算耗时的差别
clear all
% 普通循环语句
% we use functions tic and toc to measure elapsed time
tic;        % start timer
n = 0; for x = 1:0.1:1000
    n = n + 1;
```

```
    y(n) = cos(2*pi*x);
end
toc          % measure elapsed time since last call to tic
%
% 矢量循环语句
tic x = 0:0.1:1000; y = cos(2*pi*x); toc
```

A.4 作图之基本

图像品质非常好是 Matlab 受欢迎的一个原因.Matlab 不仅可以绘制二维图形, 还可以制作三维图形, 甚至动画图片. 我们将基本法则总结如下.

A.4.1 二维作图之基本

产生简单的二维图时的两个步骤如下:

(1) 创建两个相同长度的阵列, 其中一个是自变量 x, 而另一个是应变量 $y = f(x)$. 有几种不同的方法可以创建自变量. 下面我们举例说明使用不同的方法创建一个从 0 到 2π 的点阵列.

```
x1 = 0:pi/100:2*pi;          % 100个等距点
x2 = [0:0.25:2*pi];          % predefined spacing of 0.25
x3 = linspace(0,2*pi,100); % 100个等距点
```

(2) 把创建的阵列 x 和 y 输入到 Matlab 的函数 *plot* 中去. 其步骤见下面 Matlab 程序的说明.

```
clear all              % 内存清空所有变量
x = 0:pi/100:2*pi;     % 创建自变量的阵列
y = cos(2*x);          % 创建函数阵列
plot(x,y)              % 作图,但无具体说明
pause                  % 暂停看图
close all              % 关闭所有图形
```

A.4.2 二维作图

这里使用的主函数是 *plot*. 它可以调用不同数量的自变量. 如 plot(y)、plot(x,y)、*plot(x, y,' line_type')*.

这里我们来举几个例子说明它的用处Listing: Basic 2D plot.

下面我们来看看通过作图函数 $y = 3x$ 创建最简单的二维图, 并加上基本的描述和格子. 绘图用文件 *basic_2D_plot.m* 产生, 结果见图 A.1.

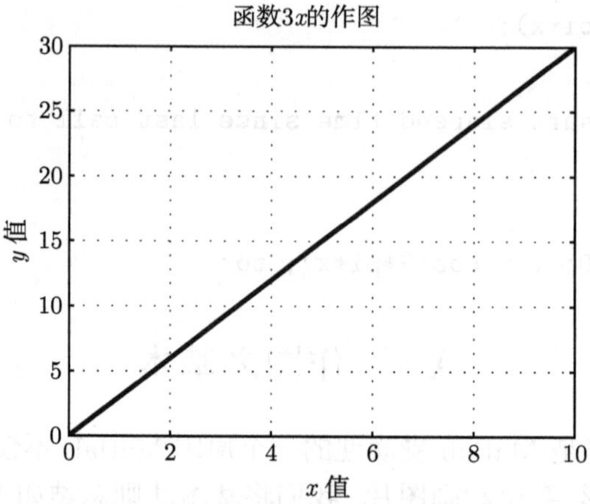

图 A.1　普通的二维作图

Matlab 代码如下所示. 它解释如何生成基本的二维图.

```
% 清单A.A.4文件名: basic_2D_plot.m
% 解释Matlab如何绘制简单图形
clear all
% 产生作图的数据
n = 100;                          % 作图的点数
x = linspace(0,10,n);             % 在x轴上建立的作图点
y = 3*x;                          % 作图函数
% 创建简单图形并添加说明
h = plot(x,y);                    % basic plot
pause                             % stop to analyze plot
title('Plot of function 3*x','FontSize',14)   % adding title
xlabel('x value','FontSize',14);% adding text on x-axix and size of
                                  x label
ylabel('y value','FontSize',14);% adding text on y-axix sand ize of
                                  y label

%
pause(2)                          % stop for 2 seconds
grid                              % adding grid
set(h,'LineWidth',1.5);           % new thickness of plotting lines
set(gca,'FontSize',14);           % new size of tick marks on both
                                  axis
```

```
%
pause                                   % final stop
close all                               % closing all windows
```

函数 subplot(2,2,1) 把图的视窗分割成垂直方向 2 个和水平方向 2 个的 4 个子视窗, 而把现有的图置于窗口 1(左上方) 的位置. 余下的代码生成其他的图并置于余下的子窗口中.

程序 *sub_plots.m* 的结果示于图 A.2 中.Matlab 的代码如下所示. 它表示子窗口的生成.

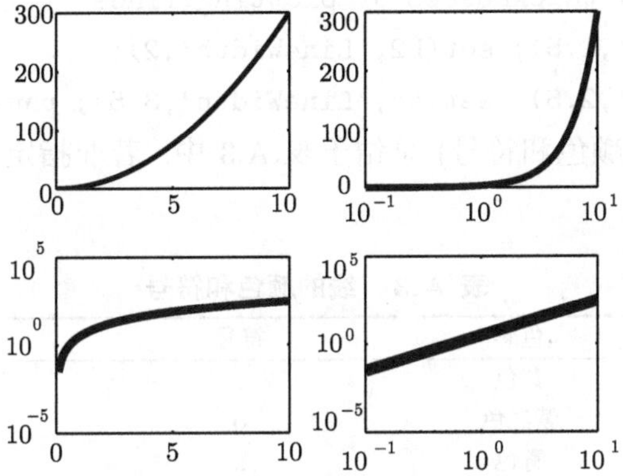

图 A.2 创建不同特性的子图

```
% 清单A.A.5文件名: sub_plots.m
% Creation of subplots with different properties.
clear all
% Generate data for plot
n = 100;                                % number of plotting points
x = linspace(0,10,n);                   % generates points on x-axis
y = 3*x.^2;                             % function to be plotted
subplot(2,2,1)                          % division of Figure window
h1 = plot(x,y);                         % basic plot shown in top-left
                                          window
set(gca,'FontSize',10);                 % size of tick marks on both axis
pause                                   % stop to contemplate effects
% The above function is now plotted on different log scales
% and plots are placed in the remaining sub-windows
subplot(2,2,2)
```

```
h2 = semilogx(x,y);               % log scale on x-axis
set(gca,'FontSize',14);           % size of tick marks on both axis
subplot(2,2,3)
h3 = semilogy(x,y);               % log scale on y-axis
set(gca,'FontSize',15); subplot(2,2,4)
h4 = loglog(x,y);                 % log scale on both axes
set(gca,'FontSize',16);           % size of tick marks on both axis
%
% Below we set new thicknesses of plotting lines
set(h1,'LineWidth',1.5); set(h2,'LineWidth',2);
set(h3,'LineWidth',2.5); set(h4,'LineWidth',3.5); pause close all
```

我们把线条的类型 (颜色和符号) 总结于表 A.3 中. 若非指定,Matlab 会自动挑选或错开颜色.

表 A.3 线的颜色和符号

符号	色彩	符号	线的类型
y	黄色	.	点
m	紫红色	o	圆
c	青色	x	图中 X 型符号
r	红色	+	图中 + 型符号
g	绿色	*	图中 * 型符号
b	蓝色	-	连续线
w	白色	:	图中: 型符号
k	黑色	-.	虚线

在 Matlab 中至少有 3 种方式可以在同一张图中作出多条曲线, 但是如果新的曲线数据处于原图的坐标区间之外, 原图的坐标比例需要重新调整.

(1) 最简单的方法是采用

hold on

来保持图中的曲线, 该语句将保持当前窗口为激发状态, 但必须使用一组兼容的图形创建函数, 如 surf() 与 plot3() 或 plot() 与 fill(), 所有后续的曲线可以叠加到原图上, 直到再次采用

hold off

(2) 第二种方法是采用 plot() 函数的多参数作图方式

plot(x1, y1, x2, y2, x3, y3...)

作出矢量对 (x1,y1),(x2,y2),(x3,y3),... 所表示的曲线.Matlab 会自动给出不同曲线的不同长度, 并选用不同的颜色.

(3) 第三种方法是利用

$$\mathrm{plot}(x, y)$$

其中,x 和 y 均为矩阵, 或者一个是向量另一个是矩阵.

A.4.3 三维作图和动画作图

我们将表明如何把几个 2D 的图合在一起, 使之看起来就像一个 3D 图. 代码如下所示, 它生成的图像示于图 A3.

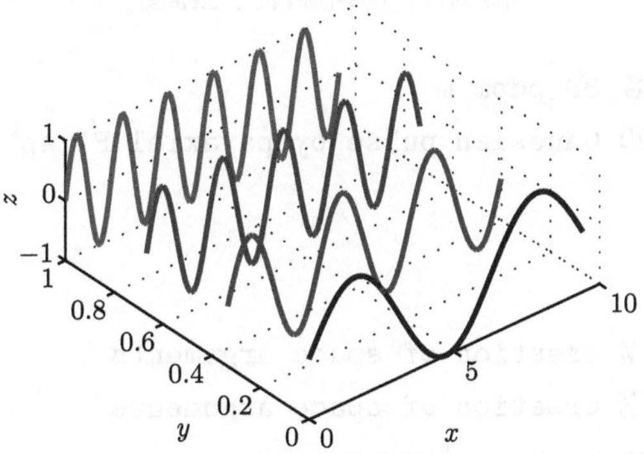

图 A.3 3D 绘图

```
% 清单A.A.6.1文件名: pview.m
% 把几个二维图合在一起,形成三维视觉
clear all
x = linspace(0,3*pi).';          % x-axis data
Z = [sin(x) sin(2*x) sin(3*x) sin(4*x)];
% Code below gives each curve different value on y-axis
Y = [zeros(size(x)) ones(size(x))/3 (2/3)*ones(size(x))
ones(size(x))]; plot3(x,Y,Z,'LineWidth',1.5) grid on
xlabel('x','FontSize',14) ylabel('y','FontSize',14)
zlabel('z','FontSize',14)
set(gca,'FontSize',14);          % size of tick marks on both axis
view(-40,60) pause close all
```

Matlab 有强劲的 3D 作图功能. 我们可以以第 12 章里的高斯脉冲为例, 理解三维作图的语句. 它的三维图如图 A.4 所示.

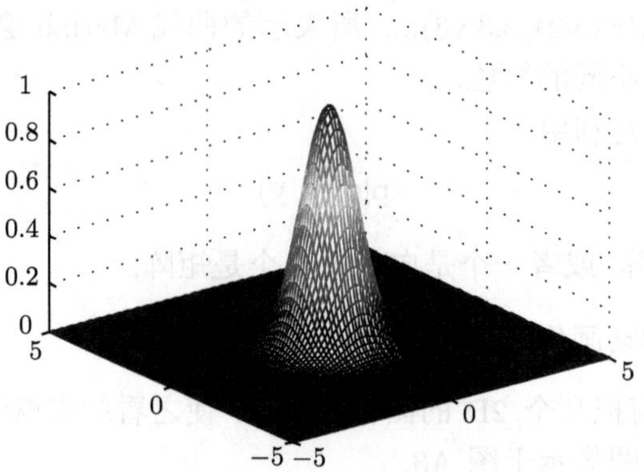

图 A.4 高斯脉冲的三维图

```
%清单A.A.6.2 文件名 3D_pdpm.m
% Propagation of 2D Gaussian pulse by paraxial FT split-step BPM
clear all
N = 10;
delta_x = 1/N;
x = -5:delta_x:5; % creation of space arguments
y = -5:delta_x:5; % creation of space arguments
delta_z = 5.0; % step size along z-axis
delta_n = 0.4; k_zero = 100;
beta = 20; % propagation constant
%
u_init=(exp(-x.^2))'*exp(-y.^2); % % 注意这是第一次对起始的高斯脉冲作图
mesh(x,y,abs(u_init)); % plots original pulse
pause
%
k_x = -5:1/N:5; % creation of Fourier variables
k_y = -5:1/N:5; % creation of Fourier variables
%
temp = delta_z/(2*beta);
H_transfer = (exp(1i*temp*k_x.^2))'*(exp(1i*temp*k_y.^2));
H_transfer = fftshift(H_transfer);
S_phase = exp(-1i*k_zero*delta_n);
%
for n=1:100
```

```
z = fft2(u_init);
zz = z.*H_transfer;
u_prime = ifft2(zz);
u = S_phase.*u_prime;
u_init = u;
end
%
mesh(x,y,abs(u_init)) %注意这是第二次对最终的高斯脉冲的作图
pause
close all
```

又如下列的 3D 作图程序. 我们再以上述的高斯脉冲为例, 增加灯光效果再作更新. 其结果如图 A.5a(起始脉冲) 和图 A.5b(最终脉冲) 所示.

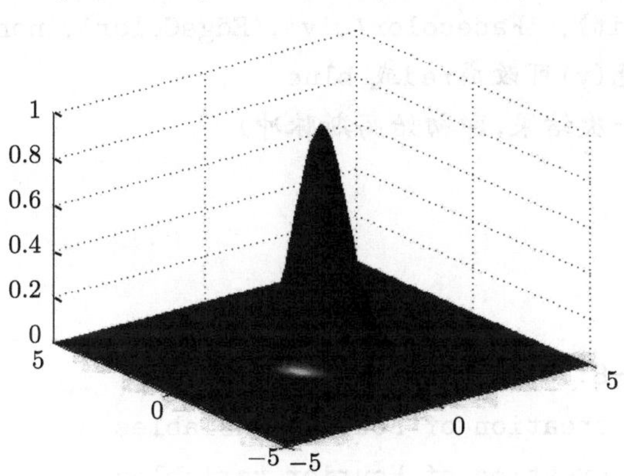

图 A.5a 起始高斯脉冲的三维图

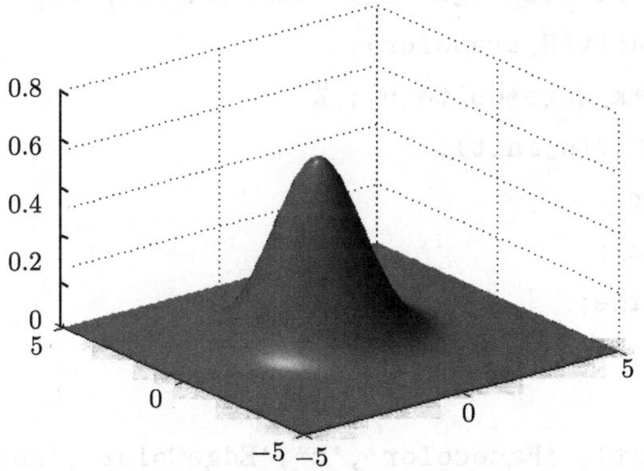

图 A.5b 最终高斯脉冲的三维图

```
>> % 清单A.A.6.3文件名: 3D_pdpm1.m
clear all
N= 10;
delta_x = 1/N;
x = -5:delta_x:5; % creation of space arguments
y = -5:delta_x:5; % creation of space arguments
delta_z = 5.0; % step size along z-axis
delta_n = 0.4;
k_zero = 100;
beta = 20; % propagation constant
%
u_init=(exp(-x.^2))'*exp(-y.^2); % initial Gaussian pulse
surf(x,y,abs(u_init), 'Facecolor','y','EdgeColor','none')
%Facecolor中的黄色(y)可改成red或 blue
%其他颜色(这是第一次结果,即初始高斯脉冲)
camlight left;
lightingphong
pause
%
[X,Y] = meshgrid(-8:.5:8); % 3-D Plot
k_x = -5:1/N:5; % creation of Fourier variables
k_y = -5:1/N:5; % creation of Fourier variables
temp = delta_z/(2*beta);
H_transfer = (exp(1i*temp*k_x.^2))'*(exp(1i*temp*k_y.^2));
H_transfer = fftshift(H_transfer);
S_phase = exp(-1i*k_zero*delta_n); %
for n=1:100 z = fft2(u_init);
zz = z.*H_transfer;
u_prime = ifft2(zz);
u = S_phase.*u_prime;
u_init = u;
end %
surf(x,y,abs(u_init), 'Facecolor','c','EdgeColor','none')
%Facecolor中的青色(c)改成red或 % yellow其他颜色
% (这是第二次结果,即最后时刻的高斯脉冲)
```

```
camlight left;
lightingphong
pause
close all
```

Matlab 也具有强大的动画制作功能, 通过科学计算和动画相结合, 把计算结果生动地展示出来. 例如高斯脉冲或孤子在媒介中的传播时外形随时间或距离的变化. 在 Matlab 中实现动画的方法有三种方式: 质点动画, 擦除动画和电影动画. 我们最感兴趣的是电影动画和擦除动画.

(1) 电影动画. 首先保存想要产生动画的图片, 存储为一序列的二位或三维的图形, 然后再像放电影的方式按序列播放出来. 其具体步骤是由 getframe() 函数将当前的图片变为电影的画面, 再有 movie() 函数将动画放映出来. getframe 函数的一般形式如下:

```
for k=m:n
  ... % 图像的绘制部分
  frame(k)=getframe;
end
```

movie函数的用法比较简单，它的一般形式如下:

```
movie(frame) %播放frame
movie(frame,n)   %将frame播放n遍
movie(frame,n,fps)   %将frame以每秒fps帧的速度播放n遍
```

下面以本书业已讨论过的孤子传播为例, 看如何使用这两个函数. 该程序的动画中的两个瞬间画面如图 A.6a(孤子开始时刻) 和图 A.6b(孤子后来时刻) 所示.

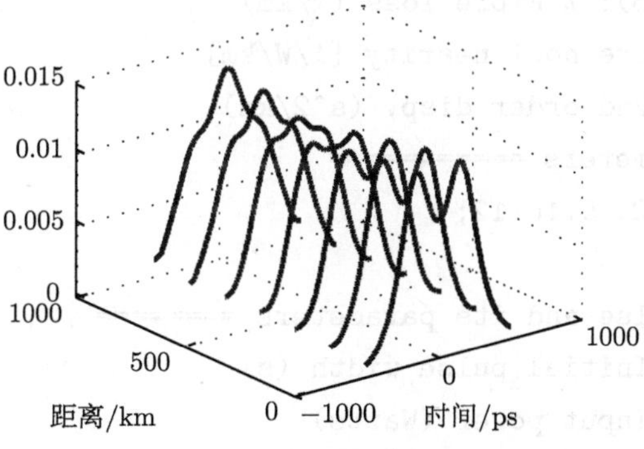

图 A.6a 孤子传播动画的开始时刻

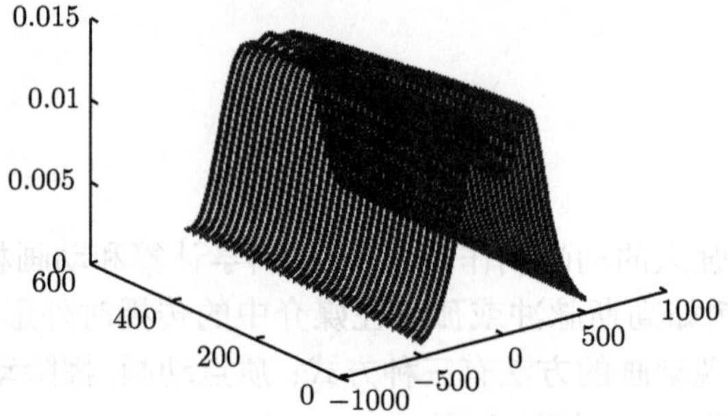

图 A.6b　孤子传播动画的后来时刻

```
% 清单A.A.6.4 文件名: ani_ssftm_full.m
% 用动画展示孤子的传播过程
% Split-step Fourier transfer method for the analysis of solitons
% Contains the following initial pulses
% N=1 soliton
% N=3 solitons
% Chirp N=1 soliton
% Two interacting solitons
% For the analysis of the appropriate case it should be uncommented
%
clearall
%===== Material parameters ===================
%alpha=0.01; % Fibre loss (dB/km)
alpha = 0.0;
alpha=alpha/(4.343); % Fibre loss (1/km)
gamma = 1.3; % Fibre nonlinearity [1/W/km]
beta_2=15d-24; % 2nd order disp. (s^2/km)
%====== Time parameters ===========
T =- 512e-12:1e-12: 511e-12;
delta_t=1e-12;
%======= Input pulse and its parameters ========
T_0 = 100d-12; % Initial pulse width (s)
P_0 = 0.15d-3; % Input power (Watts)
A_0 = sqrt(P_0);
L_D =((T_0^2)/(abs(beta_2))); % Dispersion length in [km]
```

```
L_NL = (1/(gamma*P_0));
h = 2d0; % step size [km]
z_plot = (0:h:((pi/2)*L_D)); % z-values to plot [in km]
n = 1; % controls stepping
z_0 = (pi/2)*L_D; % Soliton period [km]
N = 3; % Soliton number
%A = N^2*A_0*sech(T/T_0); % N=3 soliton
%A = A_0*sech(T/T_0); % N=1 soliton
C = 1.6; % chirp parameter
%A = A_0*sech(T/T_0).*exp((-1i*C/2).*(T/T_0).^2); % N=1 soliton with
chirp
A = A_0*sech(T/T_0-1.6)+A_0*sech(T/T_0+1.6); % interacting solitons
%
L = max(size(A));
Delta_omega=1/L/delta_t*2*pi;
omega = (-L/2:1:L/2-1)*Delta_omega;
A_f = fftshift(fft(A)); % Pulse in frequency domain
forjj=h:h:z_0
A_f = A_f.*exp(-alpha*(h/2)-1i*beta_2/2*omega.^2*(h/2));
A_t =ifft(A_f); % Pulse in time domain
A_t = A_t.*exp(1i*gamma*((abs(A_t)).^2)*(h));
A_f = fft(A_t);
A_f = A_f.*exp(-alpha*(h/2)-1i*beta_2/2*omega.^2*(h/2));
A_t = ifft(A_f);
plotting(:,n) = abs(A_t);
n = n+1;
end
%
z_plot = h:h:z_0; % creates distance for plotting
length(z_plot)
for k = 1:10:length(z_plot) % Choosing 3D plots every 10-th step
y = z_plot(k)*ones(size(T));% Spread out along y-axis
plot3(T*1d12,y,plotting(:,k),'LineWidth',1.5)
holdon
F(k)=getframe; %3D-动画的关键词句
```

```
end
movie(F(k)) %3D-动画的擦除语句
xlabel('time (ps)','FontSize',14);
ylabel('distance (km)','FontSize',14);
set(gca,'FontSize',14); % size of tick marks on both axes
gridon
pause
closeall
```

(2) 擦除动画. 擦除动画是在图形窗口中按一定程序连续擦除和重绘图形对象, 运行结果表现为动画形式.Matlab 中擦除和重绘动画的过程分为三个步骤. 第一步, 设置重绘对象的擦除模式"EraseMode" 模式. 它又包括三种模式: non 模式适合图形的生成过程; 例如曲线和旋转曲面的生成过程; xor 模式适合产生对象移动的效果;background 模式适合擦除任何对象和它下面的任何图形. 第二步, 在循环语句中使用 set 更改图形的 xdata,ydata 和 zdata 等坐标数据. 第三步, 使用 drawnow 命令刷新屏幕. 下面以调制和被调制的信号说明擦除动画的过程和语句. 该动画的某个瞬间的画面如图 A.7 所示.

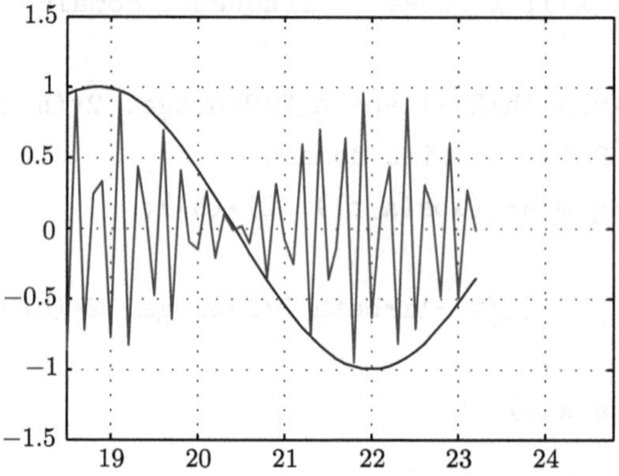

图 A.7 调制与被调制波的动画瞬间

```
%清单A.A.6.5文件名: ani_modualation
% 本程序说明如何应用擦除动画解释调制及被调制信号
clearall
t=[0];
omega =0.1;
Delta_k = 10; %
m=[cos(omega*t);cos(omega*t)*cos(Delta_k*t)];
```

```
p=plot(t,m,'EraseMode','background','MarkerSize',5); %3D-动画的关键语句
x=-1.5*pi;
axis([x x+2*pi -1.5 1.5]);
gridon;
fori=1:250
t=[t 0.1*i];
m=[m [cos(0.1*i);cos(0.1*i)*cos(10*i)]];
set(p(1),'XData',t,'YData',m(1,:))
set(p(2),'XData',t,'YData',m(2,:))
drawnow
x=x+0.1;
axis([x x+2*pi -1.5 1.5]);
pause(0.2);
end
pause
closeall
```

A.5 基本的输入–输出

A.5.1 写入文件

为了把一些计算结果保存到一个文件中, 我们需要完成下列步骤.

(1) 利用 fopen 打开一个新文件, 或重写一个旧文件, 使之成为“待处理”的文件.

(2) 利用 fprint, 把文件表示式的数值打印出来, 并写入到指定文件中.

(3) 利用 fclose 把待处理文件关闭.

我们可以用 fopen 语句把文件标式 (file id) 和权限 (permission, 若只读则用 r, 反之, 若写入则用 wt) 传递给磁盘文件, 用 fclose 把它们从中分开. 一旦一个文件用 fopen 语句得到一个文件标示后, 我们就可以利用 Matlab 写入语句. 当对这个文件操作完毕后,fclose 语句关闭文件并使文件标示失效. 如果处理的文件只是一个变量, 而且它与程序中打开的文件的变量相同. 这可以让你一次打开任何数目的文件. 下面是一个简单的例子.

```
% 清单A.A.7文件名: file_write.m
% open file
fid = fopen('myfile .txt','wt');        % 'wt'表示"写入文字",如果是'r'则
```

```
                                        代表只读.两者皆为权限.
if (fid < 0) error('could not open file "myfile.txt"'); end;
for i=1:10                              % write to file
 fprintf(fid,'Number = %3d Square = %6d\n',i,i*i);
end;
fclose(fid);                            % close the file
```

A.5.2 读出文件

如果你仅仅要把整个文档下载到内存中, 那么从文档中读出某些结果是十分简便的. 下面是其步骤.

(1) 利用 fopen, 打开一个已有的文本文件, 让它成为待处理的文件.

(2) 利用 fscanf, 从文件中把表示式中所需要的文字放到一个阵列中读出来.

(3) 利用 fclose, 结束读出过程.

函数 fscanf() 是函数 fprintf() 的反函数. 但是, 它把读出的数值变成矩阵里的数值. 它的格式是 array=fscanf(fid,format,size). 其中 fid 是所要读取文件的文件标示 (file id),format 控制如何读取格式字符串, array 是接受数据的数组. 参数 size 指定从文件读取数据的数目, 它有三种类型. 若为 n 时, 准确读取 n 个数值. 若为 inf 时, 读取文件中所有的值. 若为 [n,m] 时, 从文件中读取 $n \times m$ 个值. 可以用第三个变量控制输出矩阵的“形状”. 下面是一个简单的例子.

```
% 清单A.A.8文件名: file_read.m
% open file
fid = fopen('myfile.txt','rt'); % 'rt' means "read text"
 if (fid < 0)
  error('could not open file "myfile.txt"');
 end;
% read from file into table with 2 rows and 1 column per line
out = fscanf(fid,'Number = %d Square = %d\n',[2,inf]);
fclose(fid);                        % close the file
xx = out';                          % convert to 2 columns and 1 row
                                      per line.
xx                                  % output results to screen
```

A.6 数值微分法

我们利用 Matlab 函数 *diff* 来说明如何实现数值微分. 它在阵列的元素之间计

算微分.

给出一个包括 x_k 点的矢量 $x = \{..., x_{k-1}, x_k, x_{k+1}, ...\}$ 我们就可以得到函数 $y = f(x)$ 的一阶微分 $f'(x) = \dfrac{\mathrm{d}y}{\mathrm{d}x}$ 的近似表示式. 有三种基本的可能性 [4].

$$\text{后向差分} \quad f'(x_k) \approx \frac{f(x_k) - f(x_{k-1})}{x_k - x_{k-1}} \tag{A.1}$$

$$\text{前向差分} \quad f'(x_k) \approx \frac{f(x_{k+1}) - f(x_k)}{x_{k+1} - x_k} \tag{A.2}$$

$$\text{中间差分} \quad f'(x_k) \approx \frac{f(x_{k+1}) - f(x_{k-1})}{x_{k+1} - x_{k-1}} \tag{A.3}$$

为了计算一阶微分我们使用 Matlab 函数 *diff(x)*, 它被用来决定矢量 x 相邻数字之间的差额. 微分决定于

$$\mathrm{dy} = \mathrm{diff(y)./diff(x)}$$

返回的差值的阵列的元素比原先的少了一个. 人们观察到 x 中被修剪下来的最后一个数字生成一个前置的差额, 而修剪下来的第一个数字给出后置的差额. 为了得到二阶微分, 可以把上述算法再用一次. 利用后置的差额, 可以得到

$$f''(x_k) \approx \frac{f'(x_k) - f'(x_{k-1})}{x_k - x_{k-1}} \tag{A.4}$$

```
% 清单A.A.9文件名: deriv.m
% Program evaluates first and second derivatives and plots results
clear all font_size = 18; N_max = 190; x = linspace(0,2,N_max); y1
= sin(pi.*x);
h1 = plot(x,y1);              % plot of original function
xlabel('x','FontSize',font_size); ylabel('Original
function','FontSize',font_size); grid on pause
%
temp1 = y1; dy1 = diff(temp1)./diff(x); xnew1 = x(1:length(x)-1);
h2 = plot(xnew1,dy1);         % plots first derivative
xlabel('x','FontSize',font_size); ylabel('First
derivative','FontSize',font_size); grid on pause
%
temp2 = dy1; dy2 = diff(temp2)./diff(xnew1); xnew2 =
xnew1(1:length(xnew1)-1);
```

```
h3 = plot(xnew2,dy2);        % plots second derivative
xlabel('x','FontSize',font_size); ylabel('Second
derivative','FontSize',font_size); grid on pause close all
```

A.7 复习问题

1. 如何在 Matlab 中表示变量?
2. 在 Matlab 中分号 (;) 的操作起什么作用?
3. 函数 $linspace(0,1,10)$ 用处何在?
4. 在 Matlab 中句号 (.) 的操作起什么作用?
5. 函数 $subplot(3,2,1)$ 用处何在?
6. 极坐标作图.
7. 利用随机法估计 π .

参 考 文 献

[1] S.J. Chapman. *MATLAB Programming for Engineers.* Brooks/Cole, Pacific Grove, California, 2000.

[2] A. Gilat. *MATLAB. An Introduction with Applications.* John Wiley and Sons, Hoboken, 2008.

[3] D. Hanselman and B. Littlefield. *Mastering MATLAB 5. A Comprehensive Tutorial and Reference.* Prentice Hall, Upper Saddle River, New Jersey, 1998.

[4] S.E. Koonin. *Computational Physics.* The Benjamin/Cummings, Menlo Park, California, 1986.

附录B　基本数值方法总结

开发各种不同任务的计算机程序, 针对各种不同过程和不同器件进行仿真是本书的主要目的. 许多计算机程序都建立在数值方法的基础上. 因此, 我们有必要把数值分析, 特别是要把本书开发程序常用的数值方法的关键点加以分析和深入理解. 数值分析方面有许多优秀的书籍. 我们发现 Koonin [1], DeVries [2], Garcia [3], Gerald 和 Wheatley [4], Rao [5], Heath [6], Recktenwald [7] 的教科书具有十分可贵的教学价值. 由 Press 出版的书 [8] 提供了许多非常实际可用的计算代码.

我们专注于实用数值方法的叙述和实施, 而不拘泥这些方法所解决的典型实例. 我们从求解非线性方程的方法开始讨论. 很多教科书介绍数值方法和它们的应用. 最受欢迎的有 Fausett 著的《利用 Matlab 进行数值分析》[9], 由 Garcia 撰写的《物理的数值方法》[3],van Loan 的《科学计算引论》[10], Harman 等人的《借助 Matlab 的"最新工程数学》[11], 以及 Brian 的《数值分析的友好引论》[12].

这些书都涉及到数值方法及其应用. 最难能可贵的是它们均收集大量用 Matlab(也有用别的计算机语言) 写的代码. 这对于理解和实践, 极具意义.

我们的目的在于总结数值方法和技巧, 直接帮助读者解决在书中遇到的问题.

下面的表 B.1 提供在本章 B 所用的 Matlab 文件并对每个函数都有简要描述.

B.1　单变量的牛顿法

非常有效和受欢迎的方法是用来求根的牛顿–拉夫孙 (Newton-Raphson method). 通过下面的实例, 我们来讨论如何求任意一元方程 $f(x)$ 的根, 以便了解该方法的原理.

$$f(x^*) = 0 \tag{B.1}$$

牛顿法的原理是通过在特定点对函数求正切并对方程求线性近似. 图 B.1 是我们用图示说明牛顿法的原理.

从一个初始点开始, 例如 x_1 , 它离根 x^* 不太远. 在点 x_1 取正切, 与 x 轴相交于点 x_2 , 不断重复下去. 根据泰勒展开, 函数 $f(x)$ 在初始点 x_1 的相关数学公式为

$$f(x^*) = f(x_1 - \delta x) = f(x_1) - \frac{\mathrm{d}f(x_1)}{\mathrm{d}x}\delta x + O(\delta x^2) \tag{B.2}$$

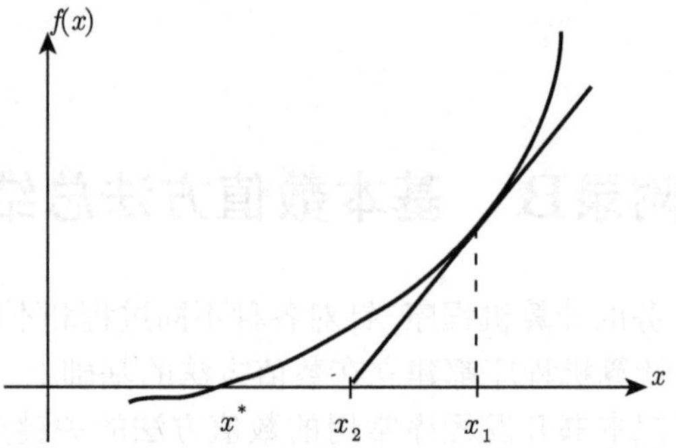

图 B.1 牛顿法的图示

表 B.1 用于附录 B 的 Matlab 函数清单

清单	函数名	描述
B.A.1	*muller.m*	穆勒法的函数实施
B.A.2	*dmuller.m*	试验穆勒法的驱动函数
B.A.3	*fmuller.m*	穆勒法的试验函数
B.A.4	*ode_single.m*	RK 法 (single eq.) 的驱动函数
B.A.5	*func_ode.m*	被称为 *ode_single.m* 的函数
B.A.6	*func_ode_sys.m*	被称为 *ode_sys.m* 的函数
B.A.7	*ode_sys.m*	RK 法 (system of eqs.) 的驱动函数
B.A.8	*square_wave.m*	对方波实施傅里叶变换
B.A.9	*FT_example_1.m*	初级傅里叶变换
B.A.10	*FT_example_2.m*	Matlab 试验傅里叶变换

上式中, $f(x^*)=0$. 求解 δx 我们得到

$$\delta x=\frac{f(x_1)}{f'(x_1)}$$

由方程 (B.1) 发现点 x_2 可以变为

$$x_2=x_1-\delta x=x_1-\frac{f(x_1)}{f'(x_1)} \tag{B.3}$$

上述步骤推广到任意步 n, 于是有

$$x_{n+1}=x_n-\frac{f(x_n)}{f'(x_n)},\quad n=1,2,... \tag{B.4}$$

B.2 穆 勒 法

穆勒法对于一元变量 x 的标量函数 $f(x)$ 寻找其实数或复数根是个有效的方

法, 尽管我们完全不知道它的导数是什么. 该方法是三个点的二次插入 (quadratic interpolation)[13]. 许多书中都讨论过穆勒法, 例如, Atkinson [14] 以及 Fausett [9].

为了解释穆勒法如何工作, 让我们从三个点 x_0, x_1, x_2 开始猜想. 使用穆勒法, 我们得到一个改进的点 x_3. 该方法中利用了二次函数 $y(x)$, 它被用来弥合初始函数 $f(x)$. 函数 $y(x)$ 的形式为

$$y(x) = a\ (x - x_2)^2 + b\ (x - x_2) + c \tag{B.5}$$

它包括的三个常数 a, b, c 可以在 x_0, x_1, x_2 由方程 (B.5) 计算决定. 得到

对于$x = x_2$ $\qquad f(x_2) = c$

对于$x = x_1$ $\qquad f(x_1) = a\ (x_1 - x_2)^2 + b\ (x_1 - x_2) + c$

或 $\qquad f(x_1) - f(x_2) = a\ (x_1 - x_2)^2 + b\ (x_1 - x_2)$

对于 $x = x_0$ $\qquad f(x_0) = a\ (x_0 - x_2)^2 + b\ (x_0 - x_2) + c$

或 $\qquad f(x_0) - f(x_2) = a\ (x_0 - x_2)^2 + b\ (x_0 - x_2)$

引入符号 $u_0 = x_0 - x_2$ 以及 $u_1 = x_1 - x_2$, 于是把上式改写为

$$f(x_0) - f(x_2) = a\ u_0^2 + b\ u_0 \tag{B.6}$$

$$f(x_1) - f(x_2) = a\ u_1^2 + b\ u_1 \tag{B.7}$$

方程 (B.6) 和方程 (B.7) 的系统可以用标准方法求解, 于是得到

$$a = \frac{u_1\,[f(x_0) - f(x_2)] - u_0\,[f(x_1) - f(x_2)]}{(x_0 - x_2)\,(x_1 - x_2)\,(x_0 - x_1)}$$

$$b = \frac{u_0^2\,[f(x_1) - f(x_2)] - u_1^2\,[f(x_0) - f(x_2)]}{(x_0 - x_2)\,(x_1 - x_2)\,(x_0 - x_1)}$$

有了上面的信息以及方程 (B.5), 就可以找到方程

$$y(x) = 0$$

的根. 为了推广到 $f(x)$ 新的更接近的根. 我们有

$$x - x_2 = \frac{-b \pm \sqrt{b^2 - 4ac}}{2a} \tag{B.8}$$

上述两个根中, 我们选择最接近 x_2 的根. 为了避免由于两个差不多相等的数相减时的四舍五入带来的误差, 我们将分子和分母都乘以 $-b \mp \sqrt{b^2 - 4ac}$, 于是得到 (现

在新的解为 x_3)

$$
\begin{aligned}
x_3-x_2 &= \frac{\left(-b\pm\sqrt{b^2-4ac}\right)\left(-b\mp\sqrt{b^2-4ac}\right)}{2a\left(-b\mp\sqrt{b^2-4ac}\right)} \\
&= -\frac{2c}{-b\pm\sqrt{b^2-4ac}}
\end{aligned}
\tag{B.9}
$$

一旦得到 x_3, 最旧的点 x_0 被舍弃, 并令 $x_0=x_1, x_1=x_2, x_2=x_3$, 该过程不断重复下去. 下面就是应用穆勒法的 Matlab 算法.

```
% 清单B.A.1文件名: muller.m
function out = muller(f, x0, x1, x2 , epsilon, max)
% Finds zeroes using Muller's method, good for complex roots.
% Variable description:
% out       - result of search
% x1,x2,x3 - previous guesses
% epsilon  - tolerance
% max       - max number of iterations
%
y0 = f(x0);
y1 = f(x1);
y2 = f(x2);
iter = 0;
while (iter <= max)
    iter = iter + 1;
    a =( (x1 - x2)*(y0 - y2) - (x0 - x2)*(y1 - y2)) / ...
        ( (x0 - x2)*(x1 - x2)*(x0 - x1) );
    %
    b = ( ( x0 - x2 )^2 *( y1 - y2 )-( x1 - x2 )^2 *( y0 - y2 ))/...
        ( (x0 - x2)*(x1 - x2)*(x0 - x1) );
    %
    c = y2;
    %
    if (a ~= 0)
        disc = b*b - 4*a*c;
        q1 = b + sqrt(disc);
        q2 = b - sqrt(disc);
        if (abs(q1) < abs(q2))
```

```
            dx = - 2*c/q2;
        else
            dx = - 2*c/q1;
        end
        elseif (b ~= 0)
            dx = - c/b;
    end
    x3 = x2 + dx;
    x0 = x1;
    x1 = x2;
    x2 = x3;
    %
    y0 = y1;
    y1 = y2;
    y2 = f(x2);
    %
    if (abs(dx) < epsilon)
        out = x2; break;
    end
end
```

穆勒法的驱动程序为

```
% 清单B.A.2文件名: dmuller.m
% Driver to test Muller's method
clear all format short max = 100; epsilon = 1e-6;
% starting points
x1 = 0.5; x2 = 1.5; x3 = 1.0;
% call to Muller's method
out = muller(@fmuller, x1, x2, x3 , epsilon, max)
```

试验穆勒法的函数如下. 我们可以作适当的改动.

```
% 清单B.A.3文件名: fmuller.m
function out = fmuller(x)
% Test functions for Muller's method
out = x.^6 - 2;
%out = x.^10 - 0.5;
%out = x - x.^3/3;
```

```
%out = x.^3 - 5*x.^2 + 4*x;
```

试验穆勒法

利用上述函数, 我们对两个方程进行了穆勒法的试验.

(1) 计算 $\sqrt[6]{2}$, 依照 Fausett [9]. 我们定义 $f(x) = x^6 - 2$, 并假设起始点为 $x_0 = 0.5, x_1 = 1.5, x_2 = 1.0$. 最后得到的值 $x = 1.1225$.

(2) 对方程 $f(x) = e^x + 1 = 0$ 求根. 分析方法给出 $x = \mathrm{i}\pi$. 假设初始值 $x_0 = 1, x_1 = 0, x_2 = -1$. 从穆勒法得到 $x = -0.0000 + 3.1416\mathrm{i}$.

B.3 数值微分

科学和工程中经常要把所遇到的问题用微分的形式表达. 为了在数值上解决这些问题, 需要用有限差分的方法取代微分. 科学和工程中常常遇到的典型问题是二阶微分方程. 例如牛顿第二定律 $m\ddot{x} = F$ 或者拉普拉斯方程 $V''(x) = 0$. 一般二阶微分方程可以写作

$$\frac{\mathrm{d}^2 y(x)}{\mathrm{d}x^2} + a(x)\frac{\mathrm{d}y(x)}{\mathrm{d}x} = b(x)$$

式中, $a(x)$ 和 $b(x)$ 是函数. 上述方程可以改写成两个一阶方程.

$$\begin{aligned}\frac{\mathrm{d}y(x)}{\mathrm{d}x} &= z(x)\\ \frac{\mathrm{d}z(x)}{\mathrm{d}x} &= b(x) - a(x)z(x)\end{aligned}$$

式中, $z(x)$ 是新的变量. 该过程可以推广到任意阶, 例如 n 阶的微分方程, 当如法炮制时, 我们得到了 n 个一阶微分方程, 如

$$\frac{\mathrm{d}y_i(x)}{\mathrm{d}x} = f_i(x, y_1, y_2, ..., y_n), \qquad i = 1, 2, ...n$$

式中右方的函数 f_i 是已知的.

为了有一个完整的数学问题, 上述方程组必须配备边界 (或初始) 条件. 边界条件是在分立但是特定点上使函数 y_i 成立的代数条件. 函数 $f(x)$ 的第一个导数定义为

$$\left.\frac{\mathrm{d}f(x)}{\mathrm{d}x}\right|_{x_0} = f'(x_0) = \lim_{x\to x_0}\frac{f(x) - f(x_0)}{x - x_0}$$

对于 $\Delta x = x - x_0$ 的有限值 (非零值), 上述的导数近似为

$$f'(x_0) \approx \frac{f(x) - f(x_0)}{\Delta x}$$

在表 B.2 中, 我们总结了几个常用的有限差分公式.

表 B.2 常用有限差分公式的总结

近似类型	公式	截取误差
前向求差	$f_i'=\frac{f_{i+1}-f_i}{h}$	$O(h)$
	$f_i''=\frac{f_{i+2}-2f_{i+1}+f_i}{h^2}$	
后向求差	$f_i'=\frac{f_i-f_{i-1}}{h}$	$O(h)$
	$f_i''=\frac{f_i-2f_{i-1}+f_{i-2}}{h^2}$	
中间求差	$f_i'=\frac{f_{i+1}-f_{i-1}}{2h}$	$O(h^2)$
	$f_i''=\frac{f_{i+1}-2f_i+f_{i-1}}{h^2}$	

B.3.1 利用泰勒级数展开的数值微分

要决定函数 $f(x)$ 在点 x_i 的导数以及它的二阶导数. 利用图 B.2 中的符号, 可以把泰勒展开写成

$$f_{i+1}=f_i+hf_i'+\frac{1}{2}h^2f_i''+\frac{1}{6}h^3f_i'''+O(h^4) \tag{B.10}$$

$$f_{i-1}=f_i-hf_i'+\frac{1}{2}h^2f_i''-\frac{1}{6}h^3f_i'''+O(h^4) \tag{B.11}$$

式中使用了下列数学符号,

$$f_n=f(x_n),\quad x_n=n\cdot h,\quad n=0,\pm1,\pm2,\ldots$$

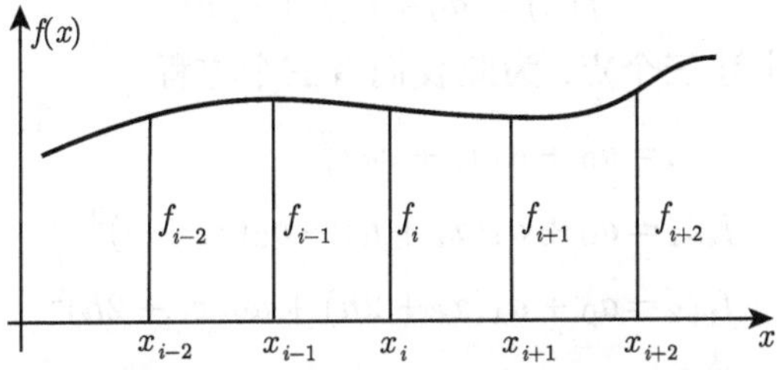

图 B.2 用来决定导数的图示

上述方程给出了定义一阶导数的所有数值流程. 由方程 (B.10) 得到前向公式

$$f_i'=\frac{f_{i+1}-f_i}{h}+O(h)$$

由方程 (B.11), 得到后向公式

$$f_i'=\frac{f_i-f_{i-1}}{h}+O(h)$$

两式相减, 得到中间公式

$$f_i'=\frac{f_{i+1}-f_{i-1}}{2h}$$

泰勒级数在下一个点 $(i \pm 2)$ 是

$$f_{i+2} = f_i + 2hf_i' + \frac{1}{2}(2h)^2 f_i'' + \frac{1}{6}(2h)^3 f_i''' + O(h^4) \tag{B.12}$$

以及

$$f_{i-2} = f_i - 2hf_i' + \frac{1}{2}(2h)^2 f_i'' - \frac{1}{6}(2h)^3 f_i''' + O(h^4) \tag{B.13}$$

将方程 (B.10) 乘以 2, 再加到方程 (B.12) 上, 得到

$$\begin{aligned} f_{i+2} - 2f_{i+1} &= f_i + 2hf_i' + 2h^2 f_i'' - 2f_i - 2hf_i' - h^2 f_i'' + O(h^3) \\ &= -f_i + h^2 f_i'' + O(h^3) \end{aligned}$$

或者

$$f_i'' = \frac{f_{i+2} - 2f_{i+1} + f_i}{h^2}$$

其他的流程可以以同样的方法获得.

B.3.2　插入多项式的数值微分

为了说明其基本概念, 考虑如图 B.3 所示的通过以下三个数据点的二阶多项式 $f(x)$,

$$(x_i, f_i), (x_{i+1}, f_{i+1}), (x_{i+2}, f_{i+2})$$

多项式的解析形式是

$$f(x) = a_0 + a_1 x + a_2 x^2 \tag{B.14}$$

函数 $f(x)$ 必需穿过上述三个点. 为此我们有三个方程

$$\begin{aligned} f_i &= a_0 + a_1 x_i + a_2 x_i^2 \\ f_{i+1} &= a_0 + a_1(x_i + h) + a_2(x_i + h)^2 \\ f_{i+2} &= a_0 + a_1(x_i + 2h) + a_2(x_i + 2h)^2 \end{aligned}$$

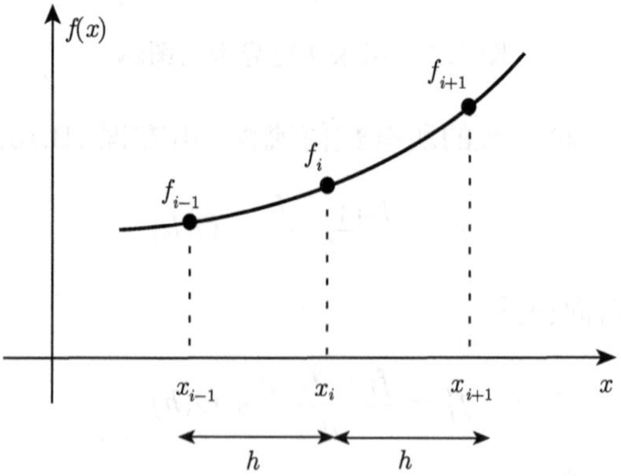

图 B.3　插入过程的图示

用上述方程求系数 a_0, a_1, a_2. 其路径必定和点 x_i 的选择无关, 所以选择 $x_i = 0$,从而大大方便了代数运算. 我们得到

$$
\begin{aligned}
f_i &= a_0 \\
f_{i+1} &= a_0 + a_1 h + a_2 h^2 \\
f_{i+2} &= a_0 + 2a_1 h + 4a_2 h^2
\end{aligned}
$$

方程的解是

$$
\begin{aligned}
a_0 &= f_i \\
a_1 &= \frac{-f_{i+2} + 4f_{i+1} - 3f_i}{2h} \\
a_2 &= \frac{f_{i+2} - 2f_{i+1} + f_i}{2h^2}
\end{aligned}
\tag{B.15}
$$

对方程 (B.14) 求导而且利用方程 (B.15), 可以得到

$$
\begin{aligned}
f_i' &= f'(x_i = 0) = a_1 = \frac{-f_{i+2} + 4f_{i+1} - 3f_i}{2h} \\
f_i'' &= f''(x_i = 0) = 2a_2 = \frac{f_{i+2} - 2f_{i+1} + f_i}{h^2}
\end{aligned}
$$

上式就是阶数为 $O(h^2)$ 的前向差分. 给出包括 x_k 的矢量 $x = \{..., x_{k-1}, x_k, x_{k+1}, ...\}$, 可以推导函数 $y = f(x)$ 的一阶导数 $f'(x) = \dfrac{\mathrm{d}y}{\mathrm{d}x}$ 的近似式. 三种可能的差分是[1]

$$
\text{后向差分,} \quad f'(x_k) \approx \frac{f(x_k) - f(x_{k-1})}{x_k - x_{k-1}} \tag{B.16}
$$

$$
\text{前向差分,} \quad f'(x_k) \approx \frac{f(x_{k+1}) - f(x_k)}{x_{k+1} - x_k} \tag{B.17}
$$

$$
\text{中间差分,} \quad f'(x_k) \approx \frac{f(x_{k+1}) - f(x_{k-1})}{x_{k+1} - x_{k-1}} \tag{B.18}
$$

为了计算第一个导数, 使用 Matlab 的函数 diff(x),该函数决定矢量 x 邻近数值间的差值. 与原阵列相比,差值返回阵列少了一个元素. 我们观察到 x 删掉的最后数值产生了前向差, 而删掉的第一个数值给出了后向差.

为了得到二阶微分, 把上述算法再做一次. 利用后向差分, 我们得到

$$
f''(x_k) \approx \frac{f'(x_k) - f'(x_{k-1})}{x_k - x_{k-1}} \tag{B.19}
$$

B.3.3　克依克–尼科尔森法

现在来讨论扩散方程的求解方法. 我们把它写成

$$\frac{\partial u}{\partial t}=\frac{\partial^2 u}{\partial x^2} \tag{B.20}$$

Crank-Nicolson (CN) 是上述方程有限差分的离散化过程. 该方法能克服稳定性限制和改善微分方程的收敛速度. 该方法的收敛速度是 $O\left(\Delta t\right)^2$, 而显性和隐性法是 $O\left(\Delta t\right)$.

从本质上说, CN 方法是显性和隐性两种方法的折中. 它是这样做的：把前向差分近似运用到扩散方程的时间求导时, 我们得到显性流程

$$\frac{u_i^{n+1}-u_i^n}{\Delta t}+O\left(\Delta t\right)=\frac{u_{i+1}^n-2u_i^n+u_{i-1}^n}{(\Delta x)^2}+O\left(\Delta x\right)^2 \tag{B.21}$$

当对同样的方程使用后向差分时, 我们得到隐性流程

$$\frac{u_i^{n+1}-u_i^n}{\Delta t}+O\left(\Delta t\right)=\frac{u_{i+1}^{n+1}-2u_i^{n+1}+u_{i-1}^{n+1}}{(\Delta x)^2}+O\left(\Delta x\right)^2 \tag{B.22}$$

两个流程的代数平均值是

$$\frac{u_i^{n+1}-u_i^n}{\Delta t}+O\left(\Delta t\right)=\frac{1}{2}\left[\frac{u_{i+1}^n-2u_i^n+u_{i-1}^n}{(\Delta x)^2}+\frac{u_{i+1}^{n+1}-2u_i^{n+1}+u_{i-1}^{n+1}}{(\Delta x)^2}\right]+O\left(\Delta x\right)^2 \tag{B.23}$$

由上述方程, 我们最终得到 Crank-Nicolson 的流程为

$$u_i^{n+1}-\frac{1}{2}\alpha\left(u_{i+1}^{n+1}-2u_i^{n+1}+u_{i-1}^{n+1}\right)=u_i^n+\frac{1}{2}\alpha\left(u_{i+1}^n-2u_i^n+u_{i-1}^n\right) \tag{B.24}$$

式中, $\alpha=\dfrac{\Delta t}{(\Delta x)^2}$.可以看到 (见习题) 流程精确到 $O\left(\Delta t\right)^2$ 而不是 $O\left(\Delta t\right)$. 注意在 CN 流程中 $u_{i+1}^{n+1},u_i^{n+1},u_{i-1}^{n+1}$ 是由 $u_{i+1}^n,u_i^n,u_{i-1}^n$ 隐性决定的.

B.3.4　数值微分的简单方法

1. 欧拉法

最简单的方法是欧拉法.

$$y_{n+1}=y_n+hf(x_n,y_n)$$

它将解从 x_n 推进到 $x_{n+1}=x_n+h$. 但是, 这不是一个实用的方法, 因为它不仅不精确而且不稳定. 在下面还会讨论到它.

让我们讨论几种源于欧拉法的方法. 以一维运动的加速度为例来说明欧拉法.

$$\frac{\mathrm{d}^2x(t)}{\mathrm{d}t^2} = a(x,v)$$

一般说来, 加速度取决于位置和速度. 首先, 把上述方程写成两个一阶微分方程

$$\frac{\mathrm{d}v}{\mathrm{d}t} = a(x,v) \tag{B.25}$$
$$\frac{\mathrm{d}x}{\mathrm{d}t} = v$$

引入 τ 作为实间步长. 一般函数 $g(t)$ 的微分公式是

$$\frac{\mathrm{d}g(t)}{\mathrm{d}t} = \frac{g(t+\tau)-g(t)}{\tau} + O(\tau)$$

把这些公式应用到方程 (B.25) 可以得到

$$\frac{\mathrm{v}(t+\tau)-\mathrm{v}(t)}{\tau} + O(\tau) = a(x(t),v(t))$$
$$\frac{x(t+\tau)-x(t)}{\tau} + O(\tau) = v(t)$$

我们已经明确地表明所有的量在这特殊时刻都关联在一起. 于是

$$v(t+\tau) = v(t) + \tau\cdot a(x(t),v(t)) + O(\tau^2)$$
$$x(t+\tau) = x(t) + \tau\cdot v(t) + O(\tau^2)$$

为了后面的计算, 引入下面的符号

$$g_n \equiv g((n-1)\tau), \qquad n = 1,2,3,... \tag{B.26}$$

以及

$$g_1 \equiv g(t=0)$$

上式中, n 指的是时间步长. 基于上述符号, 欧拉算法把加速度解读成

$$v_{n+1} = v_n + \tau\cdot a_n$$
$$x_{n+1} = x_n + \tau\cdot v_n$$

欧拉方法的算法有如下五步.

(1) 给出具体的初始条件 (即对应于 $t=0$ 的值): x_1 及 v_1.

(2) 选择时间步长 τ.

(3) 对于给定的 x_n 和 v_n 计算加速度.

(4) 利用欧拉法算出新的 x 和 v.

(5) 用循环语句涵括到第三步, 直到所有的时间步长都算完.

欧拉算法的实施留作读者的习题去做.

2. **欧拉–克罗默法 (E-C) 和中点法**

这两个方法是刚才讨论的欧拉法的简化形式. E-C 法在于用 v_{n+1}, 取代 v_n, 以及下一个时间步长时的速度值 (必须先算速度值, 因为计算需要按一定章法进行). 简要地说, E-C 方法是

$$v_{n+1} = v_n + \tau \cdot a_n$$
$$x_{n+1} = x_n + \tau \cdot v_{n+1}$$

另一种可能的修改方法是中点法.

$$v_{n+1} = v_n + \tau \cdot a_n$$
$$x_{n+1} = x_n + \tau \cdot \frac{1}{2}(v_n + v_{n+1})$$

式中最后一项代表当下和下一个时间步长时速度的代数平均值.

3. **跨越方法**

为了开发这个方法, 让我们从方程式 (B.25) 开始讨论. 利用中间差分法写下 (注意中间时间值等于两个方程的差值)

$$\frac{v(t+\tau) - v(t-\tau)}{2\tau} + O(\tau^2) = a(x(t))$$
$$\frac{x(t+2\tau) - x(t)}{2\tau} + O(\tau^2) = v(t+\tau)$$

采用方程 (B.26), 上述系统被读作

$$\frac{v_{n+1} - v_{n-1}}{2\tau} = a(x_n)$$
$$\frac{x_{n+2} - x_n}{2\tau} = v_{n+1}$$

或者

$$v_{n+1} = v_{n-1} + 2\tau \cdot a(x_n)$$
$$x_{n+2} = x_n + 2\tau \cdot v_{n+1}$$

为了使该流程工作, 需要适当的初始值. 注意位置的速度随不同点而不同.

位置的取值点	$x_1, x_3, x_5, \ldots$
速度的取值点	$\mathrm{v}_2, \mathrm{v}_4, \mathrm{v}_6, \ldots$

4. 福乐特方法

为了开发 Verlet 方法, 我们不用方程 (B.25), 取而代之将它们写成 [3]

$$\frac{\mathrm{d}x}{\mathrm{d}t}=v$$
$$\frac{\mathrm{d}^2x}{\mathrm{d}t^2}=a$$

使用一阶和二阶中间差分公式, 因此

$$\frac{x_{n+1}-x_{n-1}}{2\tau}+O(\tau^2)=v_n$$
$$\frac{x_{n+1}+x_{n-1}-2x_n}{\tau^2}+O(\tau^2)=a_n$$

于是, 得到被称为福乐特方法的公式

$$v_n=\frac{1}{2\tau}\left(x_{n+1}-x_{n-1}\right)$$
$$x_{n+1}=2x_n-x_{n-1}+\tau^2a_n$$

B.4 龙格–库塔 (RK) 法

B.4.1 二阶龙格–库塔法

我们的目标是求解下列线性微分方程的线性系统.

$$\frac{\mathrm{d}\overrightarrow{x}(t)}{\mathrm{d}t}=\overrightarrow{f}(\overrightarrow{x}(t),t)$$

式中, 矢量 $\overrightarrow{x}$ 表示为 $\overrightarrow{x}=[x_1,x_2,...,x_n]$. 为了建立二阶 RK 法, 让我们从一阶导数 (也就是一阶的泰勒展开) 的简单欧拉近似开始讨论.

$$\overrightarrow{x}(t+\tau)=\overrightarrow{x}(t)+\tau\cdot\overrightarrow{f}(\overrightarrow{x}(\xi),\xi)$$

式中, τ 是某个任意时间步长, 而且 $t<\xi<t+\tau$. 可以随意选择 ξ 以便得到我们认为最为方便的值. 二阶 RK 法首选 $\xi=t+\tau/2$, 而且

$$\overrightarrow{x}(t+\tau)=\overrightarrow{x}(t)+\tau\cdot\overrightarrow{f}(\overrightarrow{x}^*(t+\tau/2),t+\tau/2)$$

式中

$$\overrightarrow{x}^*(t+\tau/2)=\overrightarrow{x}(t)+1/2\cdot\tau\cdot\overrightarrow{f}(\overrightarrow{x}(t),t)$$

B.4.2 四阶龙格–库塔法

这是四个最佳计算流程之一也是实践中最常用的方法. 它定义为

$$\vec{x}(t+\tau) = \vec{x}(t) + 1/6 \cdot \tau \cdot (\vec{F}_1 + 2\vec{F}_2 + 2\vec{F}_3 + \vec{F}_4)$$

式中

$$\vec{F}_1 = \vec{f}(\vec{x}, t)$$
$$\vec{F}_2 = \vec{f}(\vec{x} + \tau/2 \cdot \vec{F}_1, t + \tau/2)$$
$$\vec{F}_3 = \vec{f}(\vec{x} + \tau/2 \cdot \vec{F}_2, t + \tau/2)$$
$$\vec{F}_4 = \vec{f}(\vec{x} + \tau \cdot \vec{F}_3, t + \tau)$$

Matlab 具有内嵌 RK 方法的 Matlab 程序.

B.5 求解算微分方程

这里我们利用 Matlab 函数 *ode45.m* 提供求解常微分方程 (ODE) 的一些常用的实际方法, 它既适用于单个方程也适用于系统方程.

B.5.1 单个微分方程

作为开始, 考虑初始条件为

$$\frac{\mathrm{d}x(t)}{\mathrm{d}t} = x(t)\left(\frac{2}{t} - 1\right), \quad x(0) = 0.009 \tag{B.27}$$

的方程. 我们需要求解该方程并在 [0.1, 10] 区间中作图.Matlab 代码包括两个 m 文档. 一个是驱动者程序, 包括所有的参数并调用适当的 m- 函数, 它被定义为

```
% 清单B.A.4文件名: ode_single.m
% Illustrates application of R-K method to a single diff. equation
% Results are compared with an exact solution
%
clear all
tspan = [0.1 10];                    % time interval
x0 = 0.009;                          % initial value
%
[t,x] = ode45('func_ode_single',tspan,x0); t_ex = linspace(0.1,
10, 100);
x_ex = t_ex.^2.*exp(-t_ex);          % Exact solution
```

```
plot(t,x,t_ex,x_ex,'.','LineWidth',1.5) xlabel('t','FontSize',14)
ylabel('x','FontSize',14)
set(gca,'FontSize',14);                    % size of tick marks on both axis
pause close all
```

另一个是需要调用的函数:

清单B.A.5文件名:func_ode.m

```
function xdot = func_ode_single(t,x)
% Function called by ode_single.m
xdot = x*(2/t -1);
```

上述问题的解答作图于 B.4, 其精确的解是 $x(t) = t^2 e^{-t}$.

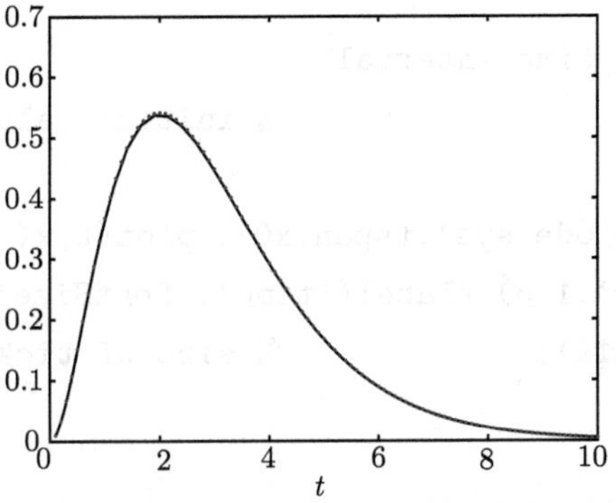

图 B.4 利用数字和分析方法求解单个常微分方程的比较

B.5.2 微分方程系统

为了说明如何运用 *ode45.m* 函数去解微分方程, 我们考虑洛罗子模型 [3], 该系统定义为

$$\begin{aligned}\frac{\mathrm{d}x_1(t)}{\mathrm{d}t} &= \sigma(x_2 - x_1)\\ \frac{\mathrm{d}x_2(t)}{\mathrm{d}t} &= rx_1 - x_2 - x_1x_3\\ \frac{\mathrm{d}x_3(t)}{\mathrm{d}t} &= x_1x_2 - bx_3\end{aligned} \tag{B.28}$$

式中 σ, r, b 是正的常数. 上述方程最先用来求解流体中的浮力对流. 该流体表明出现了混沌状态. 初始条件假定为 $x_1(t) = 1, x_2(t) = 1, x_3(t) = 10.04$. 在时间间隔 $[0, 10]$ 内对系统进行分析. 上述系统方程需要的函数是:

清单B.A.6文件名:func.ode

```
function xdot = func_ode_sys(t,x)
```

```
% Function called by ode_sys.m
%
sigma = 10; b = 7/3; r = 25;  % parameters
%
xdot(1) = sigma*(x(2) - x(1)); xdot(2) = r*x(1) - x(2) -
x(1)*x(3); xdot(3) = x(1)*x(2) - b*x(3); xdot = xdot';
```

上述系统的 Matlab 驱动代码是

```
% 清单B.A.7文件名: ode_sys.m
% Illustrates application of R-K method to system of diff. equations
%
clear all
tspan = [0 10];    % time interval
x0 = [1, 1, 10.04];                      % initial value
%
[t,x] = ode45('func_ode_sys',tspan,x0); plot(t,x(:,1), t,x(:,2),
t,x(:,3),'LineWidth',1.5) xlabel('time','FontSize',14)
set(gca,'FontSize',14);                  % size of tick marks on both axis
pause
close all
```

利用上述函数两次运算的结果如图 B.5 所示.

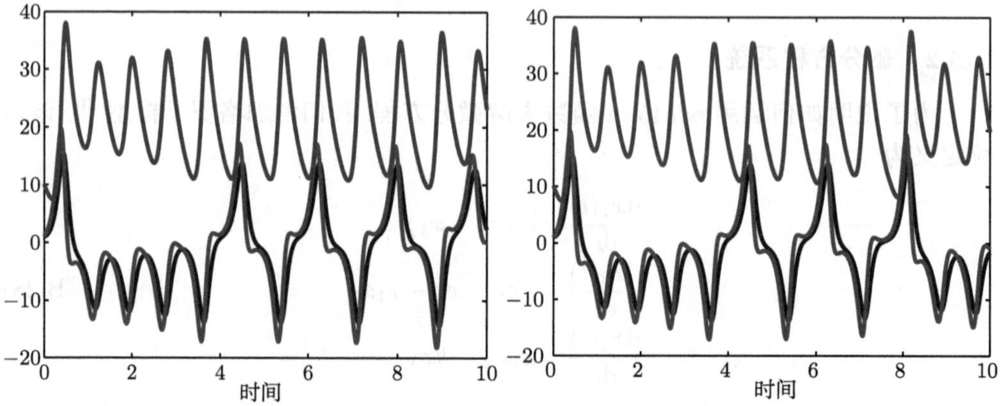

图 B.5 表征混沌的常微分方程系统在两个不同初始条件下的解;
[1,1,10.04](左方) 和 [1,1,10.02] (右方)

B.6 数值积分

我们遇到的问题是用数值方法计算积分

$$I = \int_a^b f(x)\mathrm{d}x$$

区间 $[a,b]$ 可以分成总数为 $N = \dfrac{b-a}{h}$, 中等间距的许多子区间, 而 h 是相邻节点之间的距离. 于是, 取而代之, 上述积分因此变成

$$I = \int_a^b f(x)\mathrm{d}x = \int_a^{x_i} f(x)\mathrm{d}x + \int_{x_i}^{x_2} f(x)\mathrm{d}x + ... = \sum_i A_i$$

式中, A_i 是基本单元的面积. 接着, 可以仅仅考虑单个子区间里的积分

$$A_i = \int_{x_{i-1}}^{x_i} f(x)\mathrm{d}x \tag{B.29}$$

用哪种不同的计算流程取决于如何计算上述积分.

B.6.1 欧拉法

子面积由范围 $x_{i-1} < x_i < x_{i+1}$ 所决定. 因此积分 (B.29) 成为

$$A_i = \int_{x_{i-1}}^{x_i} f(x)\mathrm{d}x \approx h \cdot f_i$$

函数 $f_i = f(x_i)$ 可以用子区间 $x_{i-1} < x_i < x_{i+1}$ 的右端数值, 也可以取子范围的左边数值, 甚至该区间任何一点的数值都可以. 总面积因此是

$$\begin{aligned} I &\approx \sum_i A_i \\ &= h \cdot (f_1 + f_2 + ... f_n) \end{aligned}$$

B.6.2 梯形法则

积分在本方法中近似为一序列的梯形. 每个子区间是这样计算的

$$A_i = \int_{x_{i-1}}^{x_i} f(x)\mathrm{d}x \approx \frac{1}{2}(f_{i-1} + f_i) \cdot (x_i - x_{i-1})$$

式中,$h = x_i - x_{i-1}$. 取 h 作为一个常数, 积分变成

$$\begin{aligned} I &= \int_a^b f(x)\mathrm{d}x \approx \sum_i \frac{1}{2}(f_{i-1} + f_i) \cdot h \\ &= \frac{1}{2}h\left[(f_0 + f_1) + (f_1 + f_2) + (f_2 + f_3) + ... + (f_{n-2} + f_{n-1}) + (f_{n-1} + f_n)\right] \\ &= \frac{1}{2}h\left[f_0 + 2f_1 + 2f_2 + ... 2f_{n-1} + f_n\right] \end{aligned}$$

积分可以用更紧凑的形式表示为

$$I = h\sum_{i=1}^{n-1} f_i + \frac{1}{2}h\left(f_0 + f_n\right)$$

B.6.3　辛普森法则

辛普森法给出比梯形法更精确的结果. 梯形法用直线连接相邻的点；而辛普森法连接三个点. 也就是说做成多边形 (抛物线). 考虑

$$p(x) = c_2x^2 + c_1x + c_0$$

不失普遍性, 可以取 $x_i = 0$. 因此, $x_{i-1} = -h$ 而且 $x_{i+1} = h$. 计算上述的多边形, 可以得到

$$\begin{aligned} p(-h) &= c_2h^2 - c_1h + c_0 = f_{i-1} \\ p(0) &= c_0 = f_i \\ p(h) &= c_2h^2 + c_1h + c_0 = f_{i+1} \end{aligned}$$

求解上述系统, 结果是

$$\begin{aligned} c_0 &= f_i \\ c_1 &= \frac{1}{2h}\left(f_{i+1} - f_{i-1}\right) \\ c_2 &= \frac{1}{2h^2}\left(f_{i+1} + f_{i-1} - 2f_i\right) \end{aligned}$$

计算面积 A_i 的单元积分得到

$$\begin{aligned} A_i &= \int_{-h}^{h} p(x)\mathrm{d}x \\ &= \int_{-h}^{h}\left[\frac{1}{2h^2}\left(f_{i+1} + f_{i-1} - 2f_i\right)x^2 + \frac{1}{2h}\left(f_{i+1} - f_{i-1}\right)x + f_i\right]\mathrm{d}x \\ &= \frac{1}{3}h\left(f_{i-1} + 4f_i + f_{i+1}\right) \end{aligned}$$

最终的积分是

$$\begin{aligned} I &= \int_a^b f(x)\mathrm{d}x = \sum_i A_i \\ &= \frac{1}{3}h\left(f_0 + 4f_1 + 2f_2 + 4f_3 + \ldots + 2f_{n-2} + 4f_{n-1} + f_n\right) \end{aligned}$$

B.7 Matlab 符号积分法

Matlab 容许进行符号处理. 使用 Maple, 一种强有力的计算机代数系统去处理和解决符号的表达. 为了完成符号数学, 必须使用运算子 *syms* 告诉 Matlab 我们正在使用符号变量, 因而不需要具体数值. 在本书中仅仅利用符号处理去计算不定积分. 通过下面的例子让我们知道 Matlab 符号处理的概念.

实例

计算函数 $f(x) = x^2$ 的积分.

最快的方法是在命令窗口 Command Widows 的 syms 操作中给变量 x 赋予定义，然后键入 x 的表达式: $>> int(x^2)$. 我们就立刻得到答案:$ans = x^3/3$.

```
>> syms x
>> int(x^2)


ans =


x^3/3
```

B.8 傅里叶级数

我们知道, 任何函数可以表示为傅里叶级数的形式

$$f(t) = \frac{1}{2}a_0 + \sum_{n=1}^{\infty} a_n \cos nt + \sum_{n=1}^{\infty} b_n \sin nt \tag{B.30}$$

把函数表示为在有限的范围 $[0, T]$ 或无限的区间 $(-\infty, +\infty)$ 内的一个傅里叶级数是十分有用的, 只要它是周期性的函数. 假设对于我们有兴趣的问题, 傅里叶级数是收敛的, 如 Arfken [15] 所述. 余弦和正弦函数在 2π 区段内形成完整的互为正交的一族. 因此它们可以被用来描述任何函数. 正交关系是

$$\int_0^{2\pi} \sin mt \ \sin nt \ \mathrm{d}t = \begin{cases} \pi\delta_{m,n}, & m \neq 0 \\ 0, & m = 0 \end{cases} \tag{B.31}$$

$$\int_0^{2\pi} \cos mt \ \cos nt \ \mathrm{d}t = \begin{cases} \pi\delta_{m,n}, & m \neq 0 \\ 2\pi, & m = n = 0 \end{cases} \tag{B.32}$$

$$\int_0^{2\pi} \sin mt \ \cos nt \ \mathrm{d}t = 0, \qquad m \text{ 和 } n \text{ 皆为整数} \tag{B.33}$$

此外, 还有

$$\frac{1}{2\pi}\int_0^{2\pi}\left(\mathrm{e}^{\mathrm{i}mt}\right)^*\ \mathrm{e}^{\mathrm{i}nt}\ \mathrm{d}t=\delta_{m,n} \tag{B.34}$$

利用上述的正交关系, 方程 (B.30) 中级数的系数为

$$a_n=\frac{1}{\pi}\int_0^{2\pi} f(t)\ \cos nt\ \mathrm{d}t \tag{B.35}$$

以及

$$b_n=\frac{1}{\pi}\int_0^{2\pi} f(t)\ \sin nt\ \mathrm{d}t \tag{B.36}$$

此外, 指数形式的傅里叶级数也经常使用, 这时函数的级数变成

$$f(t)=\sum_{n=-\infty}^{n=+\infty} c_n\ \mathrm{e}^{\mathrm{i}nt} \tag{B.37}$$

比较上述关系式, 可以得到系数 c_n 为

$$\begin{aligned} c_0&=\frac{1}{2}a_0 && n=0\\ c_n&=\frac{1}{2}\left(a_n-ib_n\right) && n>0\\ c_{-n}&=\frac{1}{2}\left(a_{|n|}+ib_{|n|}\right) && n<0 \end{aligned} \tag{B.38}$$

B.8.1　改变积分区间

在上述公式中, 我们的讨论局限于区间 $[0,2\pi]$. 如果函数 $f(t)$ 是一个周期为 $2T$ 的周期性函数, 可以把它写成

$$f(x)=\frac{1}{2}a_0+\sum_{n=1}^{\infty}a_n\cos nt+\sum_{n=1}^{\infty}b_n\sin nt \tag{B.39}$$

式中

$$a_n=\frac{1}{T}\int_{-T}^{T} f(t')\ \cos\frac{n\pi t'}{T}\ \mathrm{d}t',\qquad n=0,1,2,3,\ldots \tag{B.40}$$

以及

$$b_n=\frac{1}{T}\int_{-T}^{T} f(t')\ \sin\frac{n\pi t'}{T}\ \mathrm{d}t',\qquad n=1,2,3,\ldots \tag{B.41}$$

式 (B.30) 和式 (B.39) 是有关的如果改变变量,即 $t=\dfrac{\pi t'}{T}$. 对称区间 $[-T,T]$ 的选择并非重要; 事实上, 对于周期为 $2T$ 周期性函数, 它可以在 $[t_0,t_0+2T]$ 之间的任意区间.

B.8.2 实例

傅里叶级数可以近似表示为方波函数 $f(t)$, 如图 B.6 所示. 利用 Heaviside 台阶函数 $H(t)$, 函数 $f(t)$ 可以写成

$$f(t)=2\left[H\left(\frac{t}{T}\right)-H\left(\frac{t}{T}-1\right)\right]-1$$

式中

$$H(t)=\begin{cases}0 & t<0\\ 1 & t>0\end{cases}$$

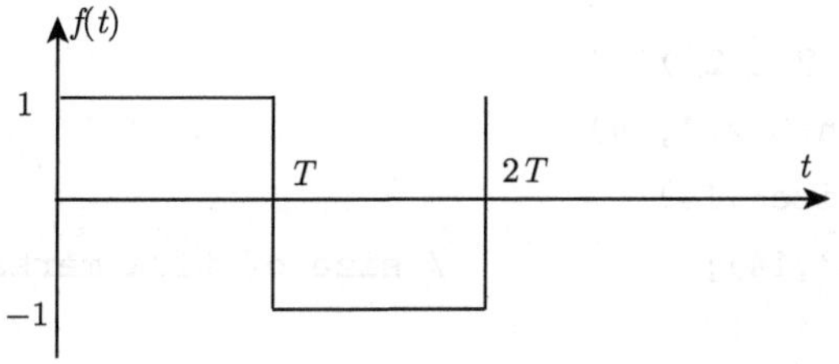

图 B.6 方波

决定傅里叶级数中的系数 a_n 和 b_n. 编写 Matlab 程序, 以便绘制不同级数项数时的上述近似.

由图 B.6 我们观察到 $f(t)=f(2T-t)$, 即函数 $f(t)$ 是奇函数. 因此系数 a_n 为零. 系数 b_n 可以这样计算,

$$\begin{aligned}b_n&=\frac{1}{T}\int_0^{2T}f(t)\ \sin\left(\frac{n\pi t}{T}\right)\mathrm{d}t=\frac{1}{T}\int_0^{T}\sin\left(\frac{n\pi t}{T}\right)\mathrm{d}t-\frac{1}{T}\int_T^{2T}\sin\left(\frac{n\pi t}{T}\right)\mathrm{d}t\\&=\frac{1}{n\pi}\int_0^{n\pi}\sin x\mathrm{d}x-\frac{1}{n\pi}\int_{n\pi}^{2n\pi}\sin x\mathrm{d}x\\&=\begin{cases}\dfrac{4}{n\pi} & n\text{为奇数}\\ 0 & n\text{为偶数}\end{cases}\end{aligned}$$

于是, 傅里叶级数是

$$f(t)=\frac{4}{\pi}\sum_{n=1,3,5,\ldots}^{\infty}\frac{1}{n}\sin\left(\frac{n\pi t}{T}\right)$$

计算上式的 Matlab 程序如下所列. 计算结果见图 B.7 所示.

```
% 清单B.A.8文件名: square_wave.m
clear all
L = 0.5;
```

```
t = [0:100]/100;                    % arguments of independent variable
hold on
for N = [20 100];
    f = zeros(1,101);               % function initialization
    for n = 1:2:N
        pref = 4/(pi*n);            % evaluate prefactor
        f = f + pref*sin(n*pi*t/L);  % summation of function
    end
    plot(t,f,'LineWidth',1.5)
end
axis([-0.2 1.2 -1.2 1.2])
ylabel('f(t)','FontSize',14)
xlabel('t','FontSize',14)
set(gca,'FontSize',14);             % size of tick marks on both axis
pause
close all
```

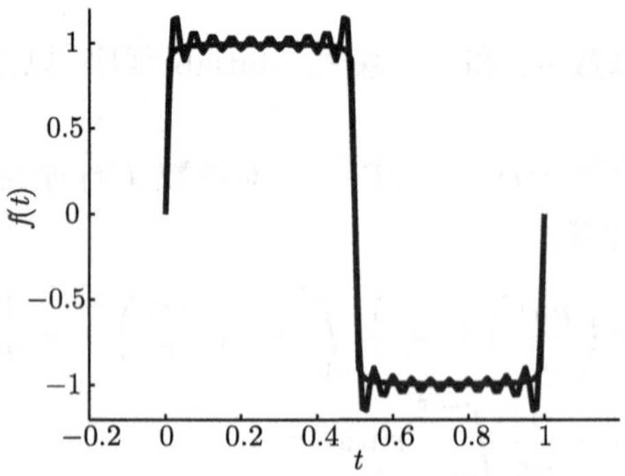

图 B.7　方波傅里叶级数的近似. 振动线对应于 $N = 20$ 项, 另一个对应于 $N = 100$ 项

B.9　傅里叶变换

基于上一节的结果, 现在开始讨论傅里叶变换 (FT). 在无限区间内我们认为函数 $f(t)$ 是非周期性的. 考虑傅里叶级数 (B.30) 所表示的函数在区间 $[0, T]$ 内是个周期性的函数, 这里 T 是周期. 首先, 作替换

$$t \to \frac{\pi}{T}t$$

于是, 得到

$$f(t)=\sum_{n=-\infty}^{n=+\infty} c_n\ \mathrm{e}^{\mathrm{i}n\frac{\pi t}{T}},\quad c_n=\frac{1}{T}\int f(t)\ \mathrm{e}^{-\mathrm{i}n\frac{\pi t}{T}}\mathrm{d}t \tag{B.42}$$

接下来, 引入离散角频率

$$\omega_n=n\frac{\pi}{T}$$

两个相邻频率的差 $\Delta\omega$ 估计为

$$\Delta\omega=\omega_{n+1}-\omega_n=(n+1)\frac{\pi}{T}-n\frac{\pi}{T}=\frac{\pi}{T}$$

利用上述定义, 由方程 (B.42) 给出的傅里叶级数可以写成

$$f(t)=\sum_{n=-\infty}^{n=+\infty} c_n\ \mathrm{e}^{\mathrm{i}nt\Delta\omega},$$

$$c_n=\frac{1}{T}\int_{-T}^{+T} f(t)\ \mathrm{e}^{-\mathrm{i}nt\Delta\omega}\mathrm{d}t \tag{B.43}$$

根据下面的关系式, 我们引入新的函数 g

$$c_n=\frac{\Delta\omega}{\sqrt{2\pi}}g\left(n\cdot\Delta\omega\right) \tag{B.44}$$

于是, 得到

$$g\left(n\Delta\omega\right)=\frac{1}{\sqrt{2\pi}}\int_{-T}^{+T} f(t)\ \mathrm{e}^{-\mathrm{i}nt\Delta\omega}\mathrm{d}t \tag{B.45}$$

以及

$$f(t)=\frac{1}{\sqrt{2\pi}}\sum_{n=-\infty}^{n=+\infty}\Delta\omega g\left(n\Delta\omega\right)\mathrm{e}^{\mathrm{i}nt\Delta\omega} \tag{B.46}$$

取极限 $T\to\infty$, 求和变成积分而 $n\Delta\omega$ 变成连续变量 ω. 可以发现

$$g(\omega)=\frac{1}{\sqrt{2\pi}}\int_{-\infty}^{+\infty} f(t)\ \mathrm{e}^{-\mathrm{i}\omega t}\mathrm{d}t \tag{B.47}$$

以及

$$f(t)=\frac{1}{\sqrt{2\pi}}\int_{-\infty}^{+\infty} g(\omega)\ \mathrm{e}^{\mathrm{i}\omega t}\mathrm{d}t \tag{B.48}$$

上述关系式就是傅里叶变换和它的反变换. 在方程 (B.44) 中可以随意选择前因子 (prefactor). 不同的选择, 会得出不同的傅里叶变换.

B.10　Matlab 中的 FFT

Matlab 中的快速傅里叶变换 (FFT) 定义为

$$X(k)=\sum_{n=1}^{N}x(n)\mathrm{e}^{-\mathrm{j}2\pi(k-1)(n-1)/N},\quad 1\leqslant k\leqslant N \tag{B.49}$$

这对应于分析定义 (B.47), 但是没有 $\dfrac{1}{\sqrt{2\pi}}$ 因子. 在 Matlab 中 FFT 是通过函数 *fft.m* 实现的.

在 Matlab 中反 FFT (IFFT) 是通过函数 *ifft.m* 完成的, 它定义为

$$x(n)=\frac{1}{N}\sum_{k=1}^{N}X(k)\mathrm{e}^{\mathrm{j}2\pi(k-1)(n-1)/N},\quad 1\leqslant k\leqslant N \tag{B.50}$$

它对应于分析定义 (B.48). 再者, 另外, 这里也没有因子 $\dfrac{1}{\sqrt{2\pi}}$. 现在让我们举例说明 FT 在 Matlab 中的简单运用.

实例 1

为了简单介绍函数 *fft.m* 和 *ifft.m*, 下面提供了 Matlab 代码以期完成对高斯脉冲的傅里叶及其反变换. 最后, 还原原始的高斯脉冲.

```
% 清单B.A.9文件名: FT_example_1.m
% Doing preliminary Fourier transform in Matlab
clear all N = 320; T_0 = 10; T_domain = 200; Delta_t = T_domain/N;
T = Delta_t*(-N/2:1:(N/2)-1);
A_in = exp(-(T/T_0).^2);      % input gaussian pulse
plot(A_in)                    % plot of input gaussian pulse
pause A_freq = fft(A_in);
plot(A_freq)                  % not a correct pulse
pause                         % (I explain it in the next example)
orig = ifft(A_freq);
plot(orig)                    % plots original input gaussian pulse
pause close all
```

实例 2

前面的例子中, 我们看到了 Matlab 中的傅里叶变换. 下面的例子中, 将看到 Matlab 中的 FFT. 让我们用图例来说明它的 Matlab 的代码. 首先, 产生一个高斯脉

冲, 它对应于 $x-$ 轴的许多点作图. 图的上方是函数表达式. 第二张图, 利用 Matlab 函数 $fft()$ 绘制了归一的傅里叶变换. 但是, 该图看起来和我们所期待的不一样, 这是因为傅里叶变换产生了频率的复数函数. 矢量 F 包括复数, 因此当你在 Matlab 中绘图时, 画的是实数随虚数的变化. 为了纠正它, 在绘制第三张图时, 使用上述变换时还加上 Matlab 的函数 $abs()$. 合在一起, 两个函数产生了理想的结果,即高斯脉冲傅里叶变换的幅度. 剩下的两张图中, 我们完成了傅里叶变换的反傅里叶变换. 发现在使用函数 *fftshift.m* 时, 负的频率放在正的频率之前. 所以这样做, 原因是当使用 Matlab 函数 *fft.m* 计算 FFT 时, 输出正的频率分量在前, 负的分量在后.

在图 B.8~B.10 中, 我们展示了时域的高斯脉冲和它的傅里叶变换. 下面就是相关的 Matlab 程序.

```
% 清单B.A.10文件名: FT_example_2.m
% Testing Fourier transform in Matlab
clear all;
x=-4:0.1:4;                        % Interval of independent variable
y=exp(-x.^2);                      % Define Gaussian function
plot(y,'LineWidth',1.5);           % Plot Gaussian (Fig.1)
xlabel('Number of points','FontSize',14);
ylabel('y(x)','FontSize',14);
set(gca,'FontSize',14);            % size of tick marks on both axis
title('y=exp(-x^2)'); pause
%
F=fft(y);                          % Calculate FFT
plot(F,'LineWidth',1.5);           % Plot of  FT (Fig.2)
title('F=fft(y)'); pause
%
plot(abs(F),'LineWidth',1.5);       % Plot of abs value (Fig.3)
title('abs(F)');                    % Take absolute value and plot
pause
%
plot(fftshift(abs(F)),'LineWidth',1.5);
                                   % Use Matlab fftshift function
xlabel( 'Spatial frequency'); ylabel('|F|'); % (Fig.4)
title('FT of a Gaussian: fftshift(abs(F)))'); pause
%------------------------------------------------------------
```

```
% Take inverse Fourier transform
%-----------------------------------------------------------
plot(ifft(abs(F)),'LineWidth',1.5);                % Use Matlab function
                                                     ifft (Fig.5)
title('ifft(abs(F))'); pause
%
plot(fftshift(ifft(abs(F))),'LineWidth',1.5); % Use functions fftshift
title('Inverse FT: fftshift(ifft(abs(F)))');   % and ifft (Fig.6)
xlabel('number of points'); ylabel('y(x)'); pause close all
```

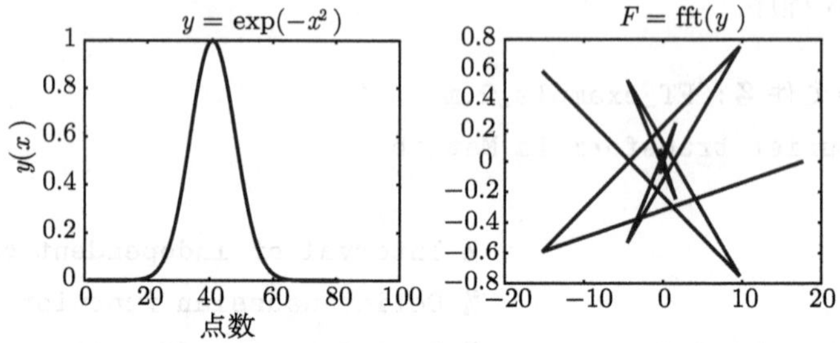

图 B.8　高斯脉冲 (左方) 和它的 FT (右方)

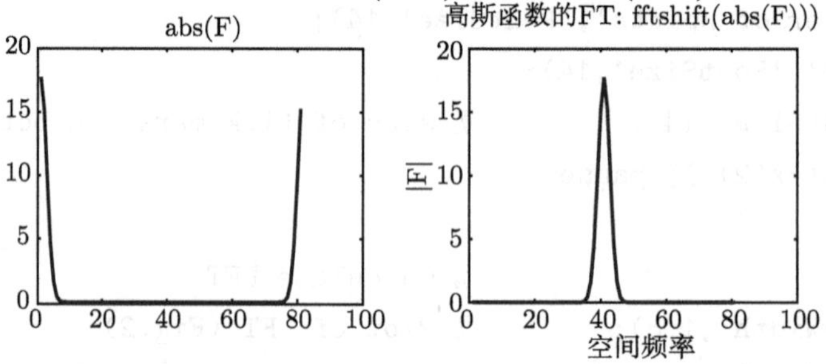

图 B.9　对高斯脉冲作傅里叶变换后的步骤. 使用 $abs()$(左方), 及使用 $fftshift()$(右方)

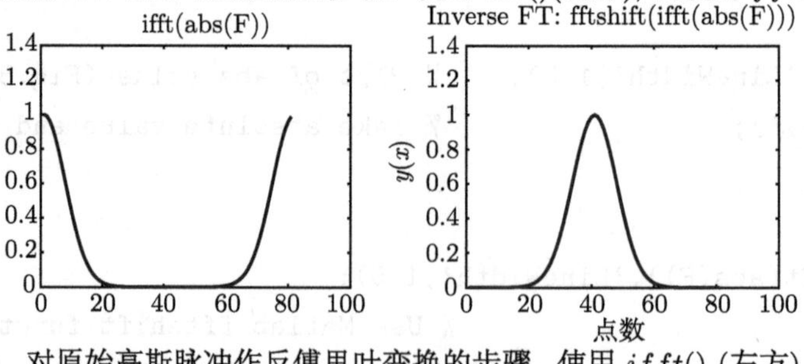

图 B.10　对原始高斯脉冲作反傅里叶变换的步骤. 使用 $ifft()$ (左方), 及使用 fftshift($ifft()$)(右方)

B.11 习 题

1. 利用牛顿法求解方程 $e^x = 1 - \cos 3x$ 的根. 先作图然后从图中决定所用牛顿法的起点.
2. 证明方程 (B.35) 和方程 (B.36) 之间的正交性 (积分上下限是 $[0, 2\pi]$ 和 $[-\pi, \pi]$).
3. 利用新的上下限推导出系数 a_n, b_n, c_n 的表达式.
4. 表明 Crank-Nicolson 流程达到的精度为 $O(\Delta t)^2$.
5. 利用欧拉法的 2D 格式分析抛物线运动 [3].
6. 分析在 Matlab 中傅里叶变换的标量影响.

参 考 文 献

[1] S.E. Koonin. *Computational Physics.* The Benjamin/Cummings, Menlo Park, California, 1986.

[2] P.L. DeVries. *A First Course in Computational Physics.* John Wiley & Sons, New York, 1994.

[3] A.L. Garcia. *Numerical Methods for Physics. Second Edition.* Prentice Hall, Upper Saddle River, 2000.

[4] C.F. Garald and P.O. Wheatley. *Applied Numerical Analysis.* Addison-Wesley, Reading, Massachusetts, 1999.

[5] S.S. Rao. *Applied Numerical Methods for Engineers and Scientists.* Prentice Hall, Upper Saddle River, 2002.

[6] M.T. Heath. *Scientific Computing. An Introductory Survey. Second Edition.* McGraw-Hill, Boston, 2002.

[7] G.W. Recktenwald. *Numerical Methods with Matlab. Implementations and Applications.* Prentice Hall, Upper Saddle River, New Jersey, 2000.

[8] W.H. Press, S. A. Teukolsky, W.T. Vetterling, and B.P. Flannery. *Numerical Recipes in Fortran 90. The Art of Scientific Computing. Second Edition.* Cambridge University Press, Cambridge, 1992.

[9] L.V. Fausett. *Applied Numerical Analysis Using MATLAB.* Prentice Hall, Upper Saddle River, 1999.

[10] C.F. van Loan. *Introduction to Scientific Computing. Second Edition.* Prentice-Hall, Upper Saddle River, New Jersey, 2000.

[11] T.L. Harman, J. Dabney, and Richert N. *Advanced Engineering Mathematics with MATLAB.* Brooks/Cole, Pacific Grove, 2000.

[12] B. Bradie. *A Friendly Introduction to Numerical Analysis.* Pearson Prentice Hall, Upper Saddle River, New Jersey, 2006.

[13] I. Barrodale and K.B. Wilson. A Fortran program for solving a nonlinear equation by Muller's method. *Journal of Computational and Applied Mathematics*, 4:159–166, 1978.

[14] K.E. Atkinson. *An Introduction to Numerical Analysis. Second Edition.* Wiley, New York, 1989.

[15] G. Arfken. *Mathematical Methods for Physicists.* Academic Press, Orlando, Florida, 1985.

附录C 本书 Matlab 清单的作图总汇 [1]

本书汇集了光子学中多种课题计算所需要的 Matlab 程序 (详见各章最后部分的 Matlab 清单). 为了便于读者核对各自独立运行程序的结果, 我们把本书全部 Matlab 清单的运行结果汇集于本附录中. 本书的正文有 17 章, 从第 2 章到第 17 章大约有 70 个左右的程序. 除去部分是函数或提供数据的代码外, 本书总共产生了 63 个计算图形. 每张计算图前的标号与它们各自的清单号数相呼应. 有的程序甚至可以生成两个或者三个图形, 因此有的标号后缀有 a, b 和 c 的缘故. 读者应该很容易找到他们所要寻找的图形结果.

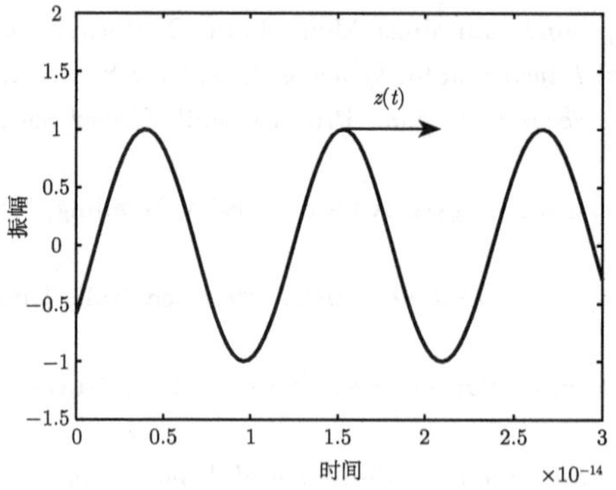

图 2-1 平面波相速度

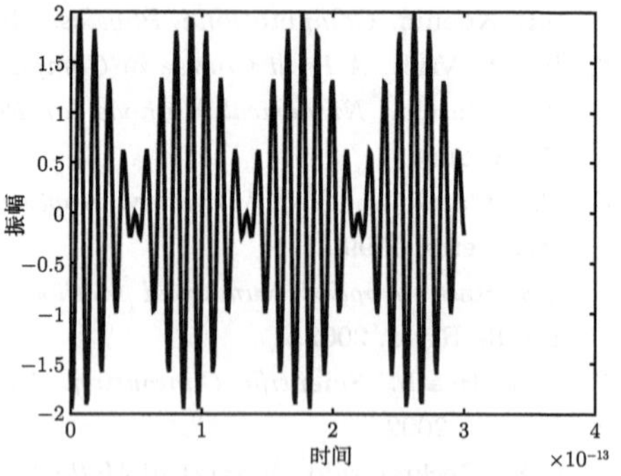

图 2-2 平面波群速度

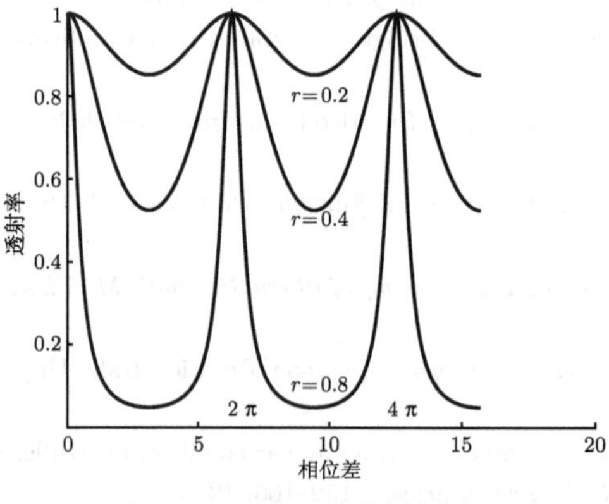

图 2-3 FP 干涉仪透射率

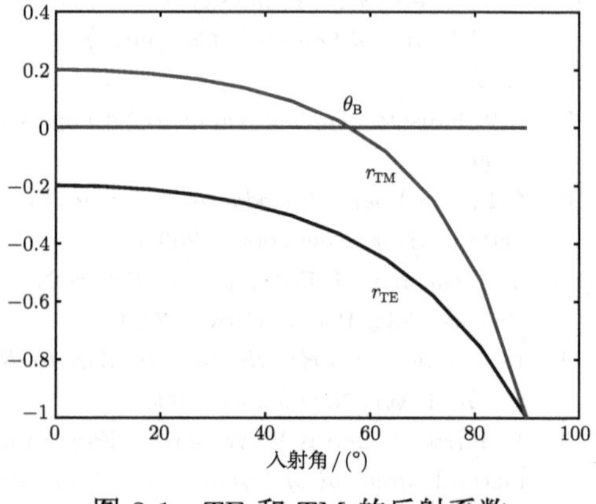

图 3-1 TE 和 TM 的反射系数

1. 本附录为译者所加, 目的是为读者方便检索本书 Matlab 清单中所有程序运行的结果图形.

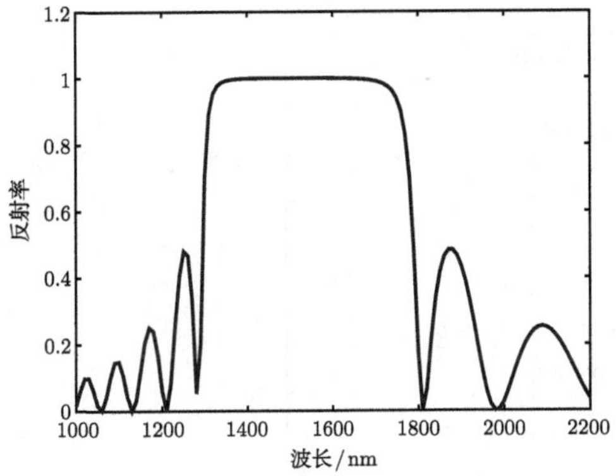

图 3-2 布拉格镜的反射系数

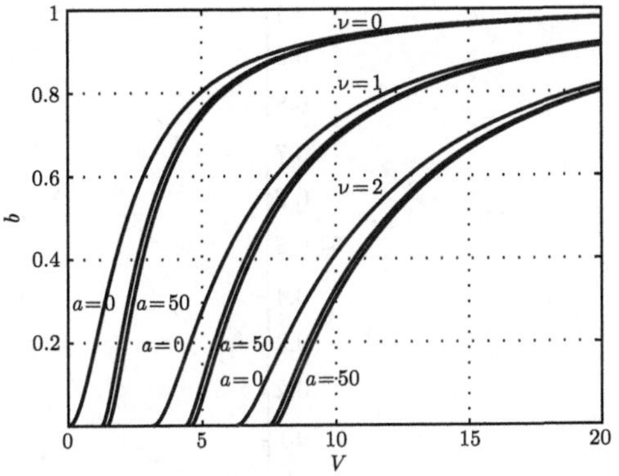

图 4-1 平面波导 b~V 图

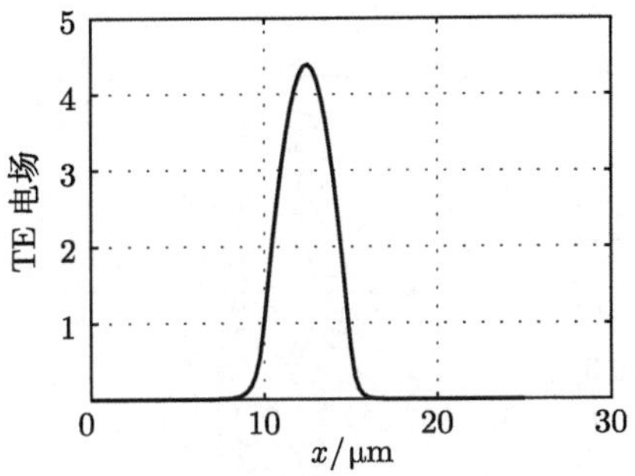

(a) 基模 TE_0 的分布

图 4-2 3 层波导中的 TE 分布

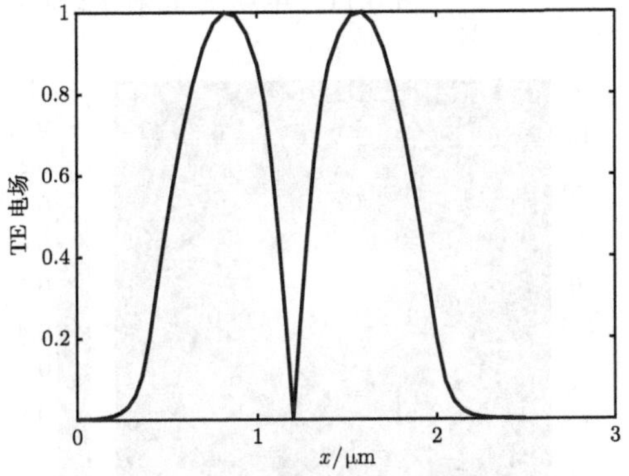

图 4-3 多层波导中的 TE 分布

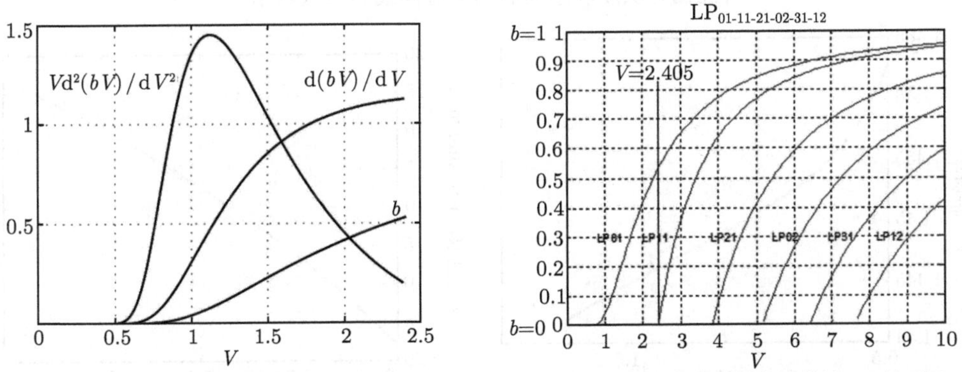

(a) HE_{11}的b及bv的导数与V的关系数

(b) LP01(HE11)及其高次模的b~V关系图

图 5.8 基模 HE_{11} 及其高次模的归一化导波指数 b 随 V 参数的变化. 对于基模还计算了导数 $d(bV)/dv$ 和 $Vd^2(bV)/dv^2$ 随 V 的变化

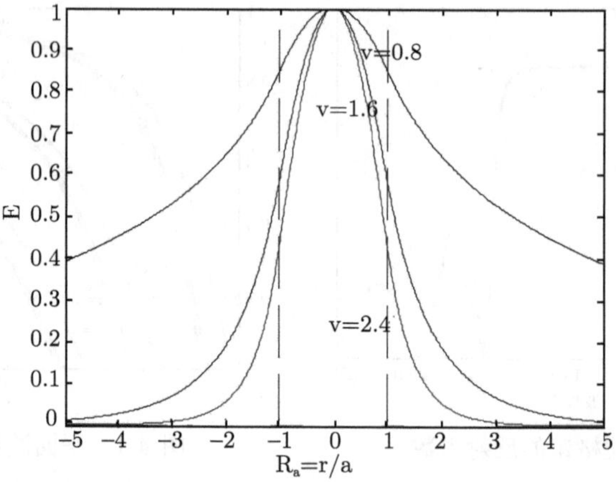

图 5.11　电场 E 相对于纤芯半径归一化值 Ra=r/a 的变化关系

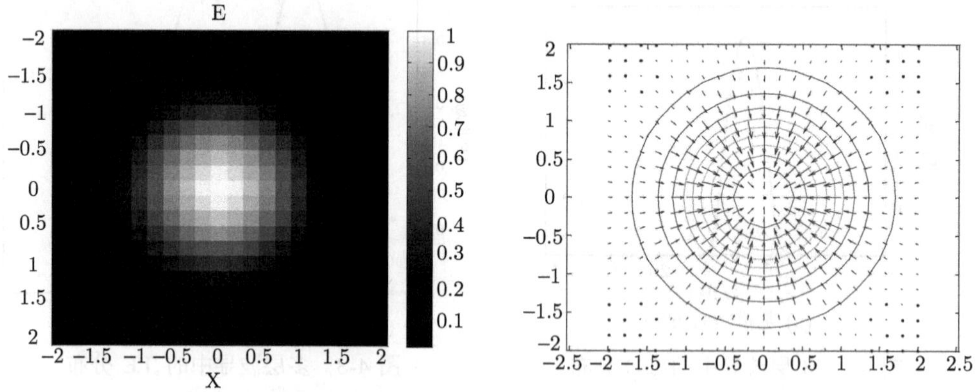

图 5.12　单模光纤 LP_{01} 当 $V = 2.4$ 时的二维电场分布：

左图为灰度表示而右图为等高线和矢量表示

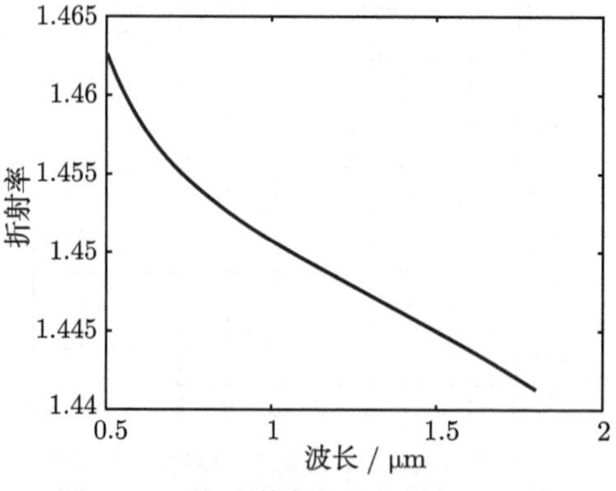

图 5.14　基于谢米尔方程的 SiO_2 的折射率与波长的关系

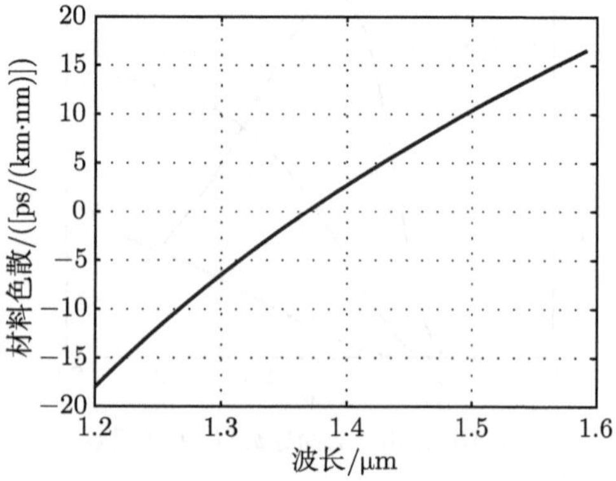

图 5.15　材料色散与光波长的关系

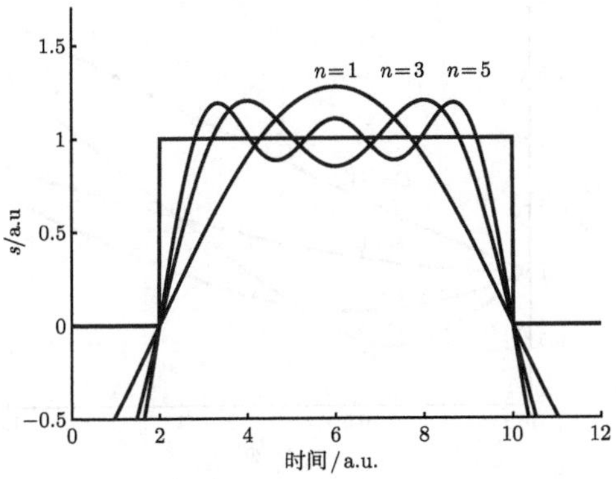

图 6-1　不同级数傅里叶展开表示的矩形脉冲

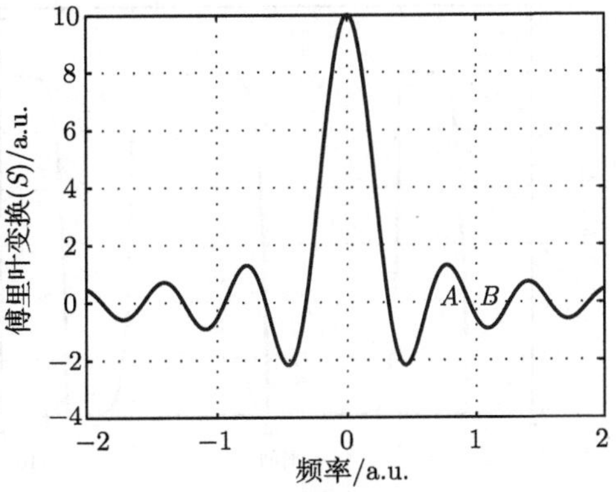

图 6-2　矩形脉冲傅里叶变换

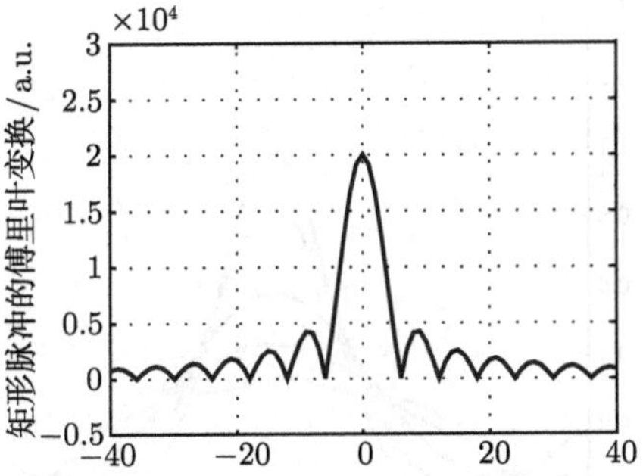

(b)

图 6-3　矩形脉冲傅里叶变换绝对值

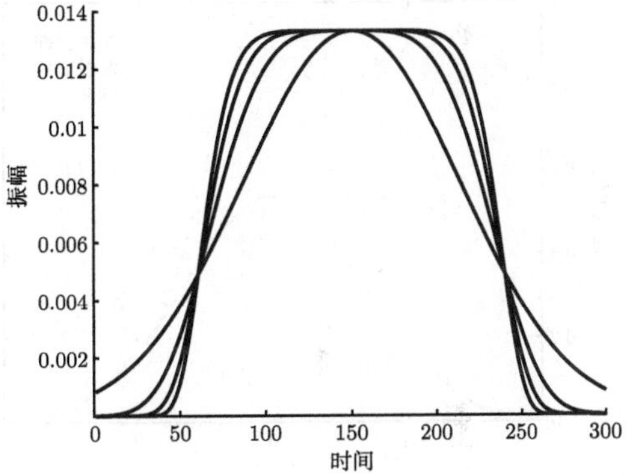

图 6-4　超高斯脉冲

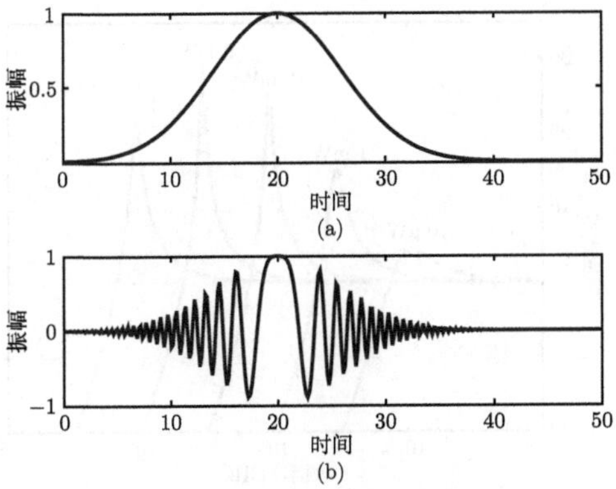

图 6-5　高斯及啁啾高斯脉冲

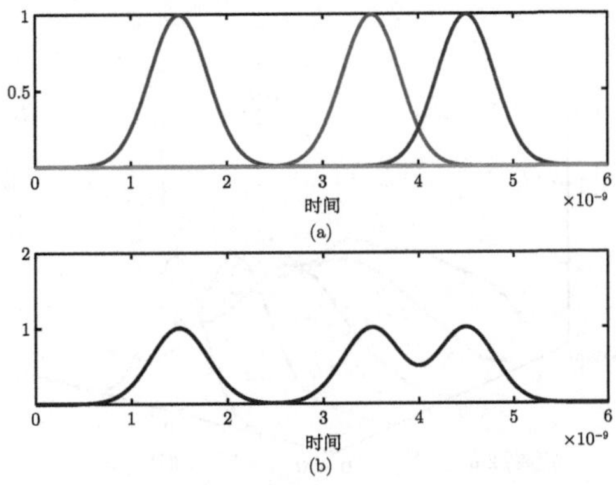

图 6-6　010110 逻辑组合的独立与合成脉冲列

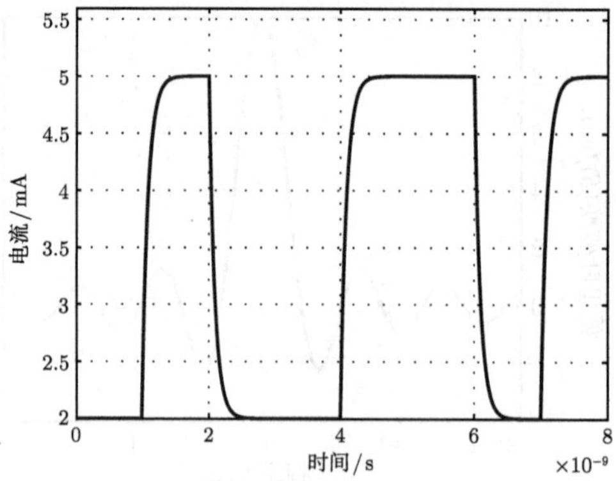

图 6-7　8 比特脉冲列

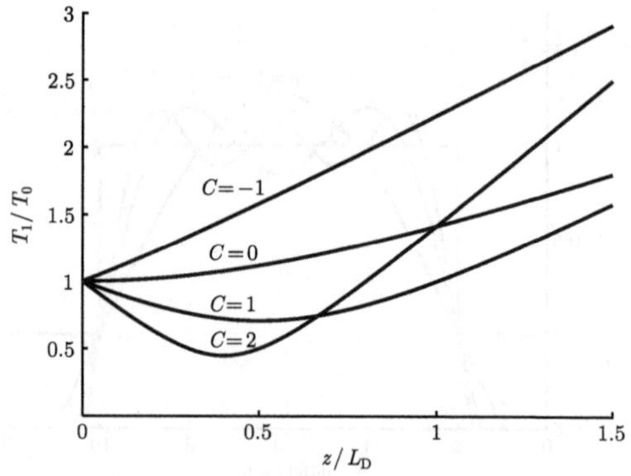

图 6-8　参数 C 不同时的啁啾高斯高斯脉冲宽度在传播过程中的演变

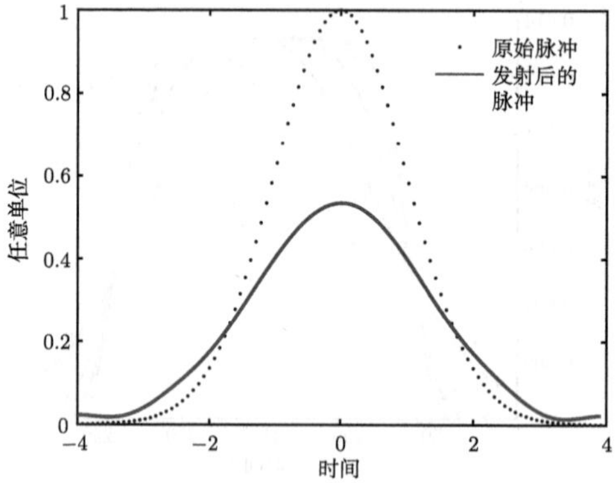

图 6-9　色散引起的高斯脉冲加宽

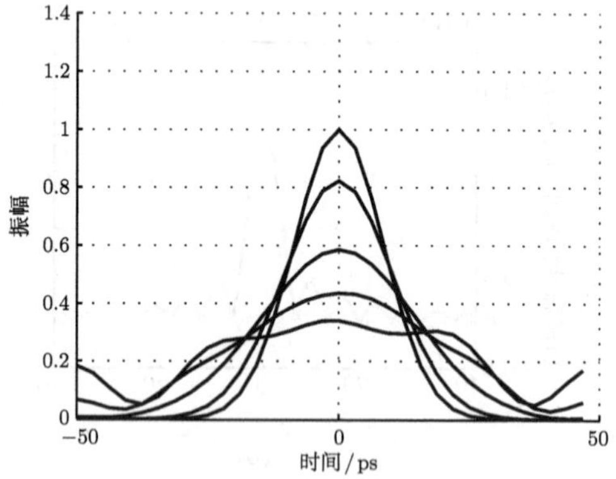

图 6-10　高斯脉冲随距离的演变

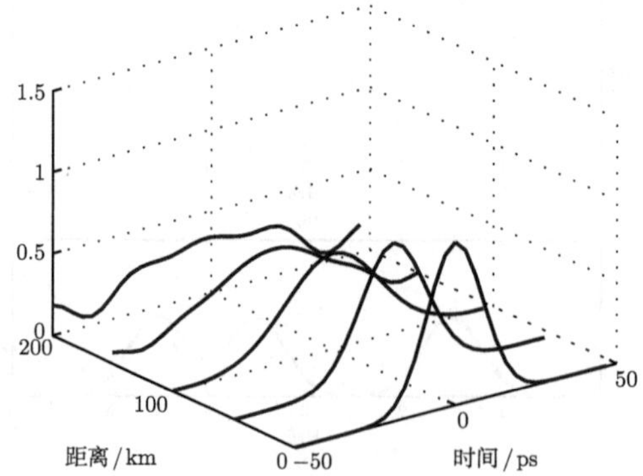

图 6-11　3 维高斯脉冲的演变

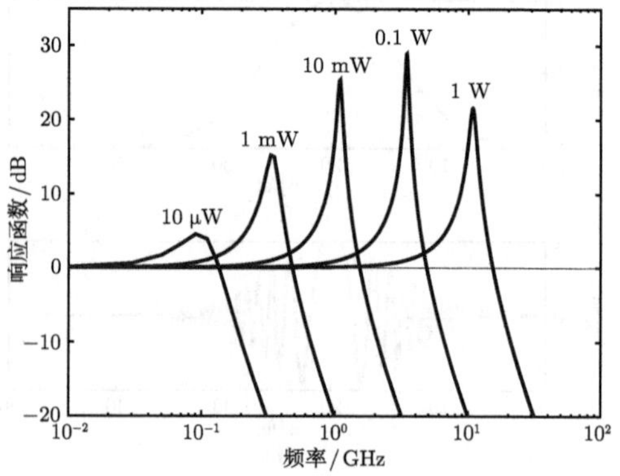

图 7-1　半导体激光器的响应函数

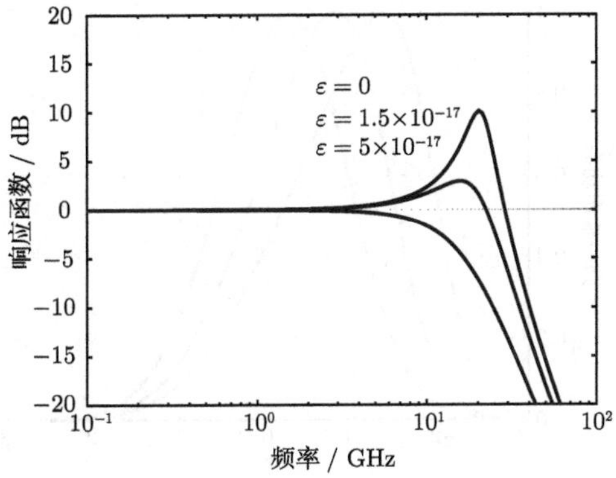

图 7-2　大信号响应函数

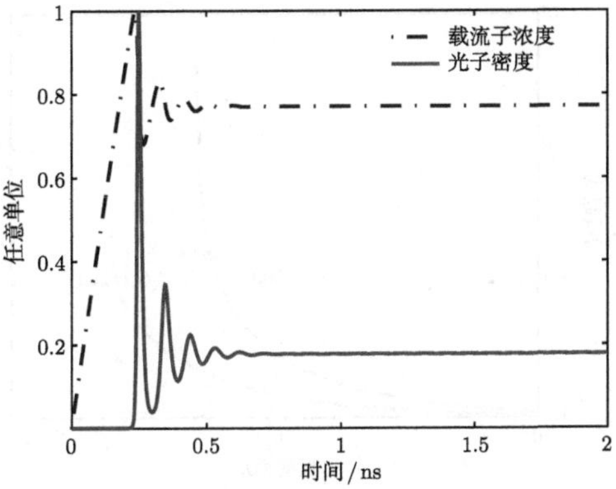

图 7-3　速率方程的大信号方程

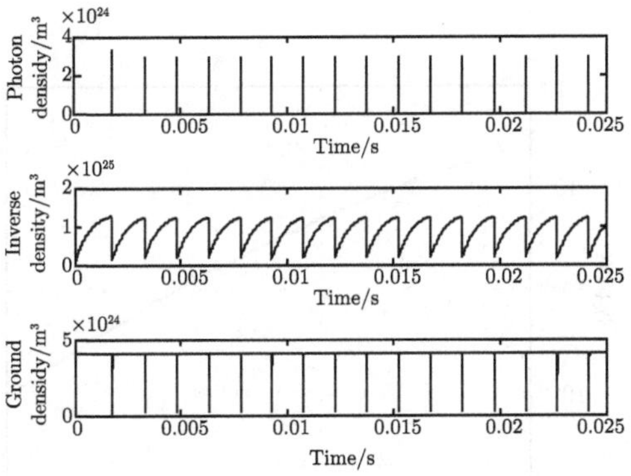

图 7-4　被动调 Q 仿真结果 (从上到下分别为光子密度，增益介质反转粒子数密度以及可饱和吸收体基态粒子数密度随时间的变化)

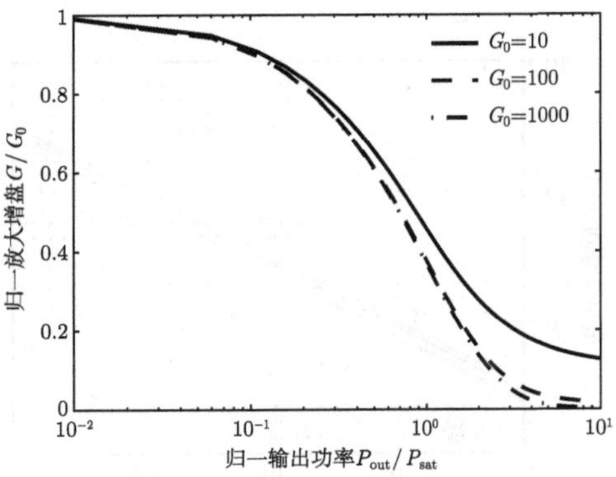

图 8-1　振幅增益

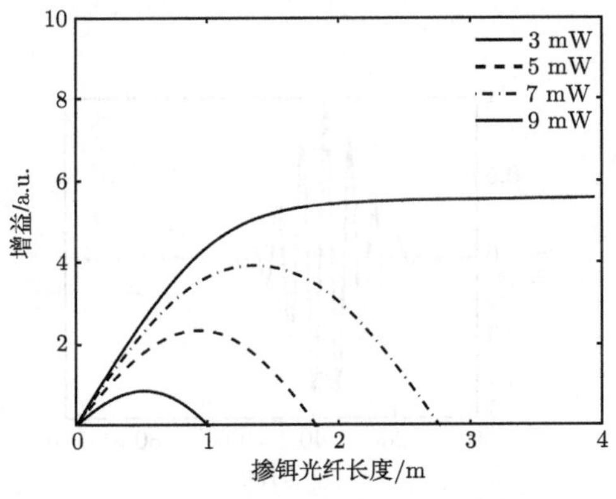

图 8-2　增益随掺杂光纤长度的变化曲线

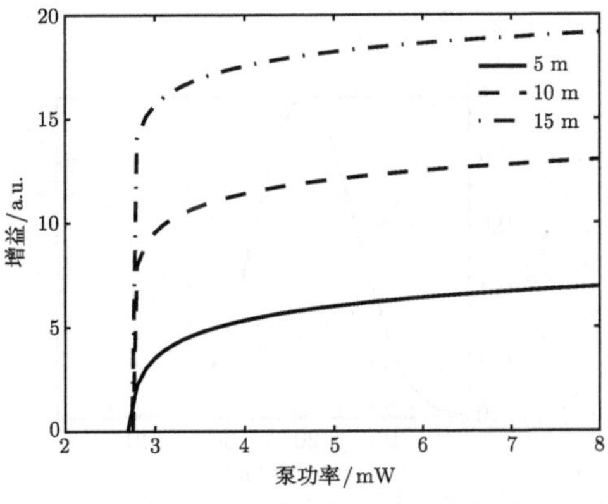

图 8-3　增益随泵功率的变化曲线

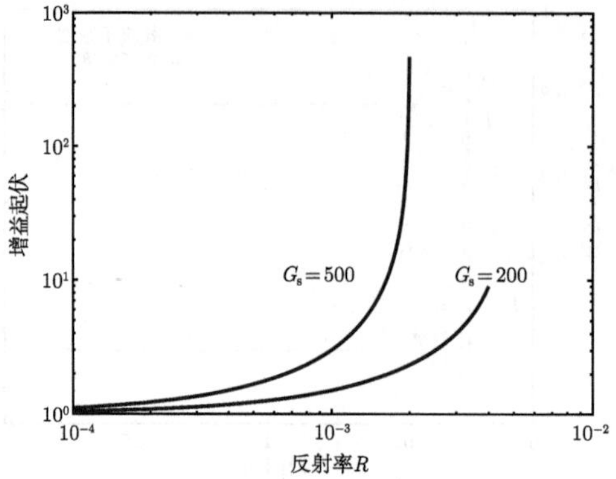

图 9-1　增益起伏

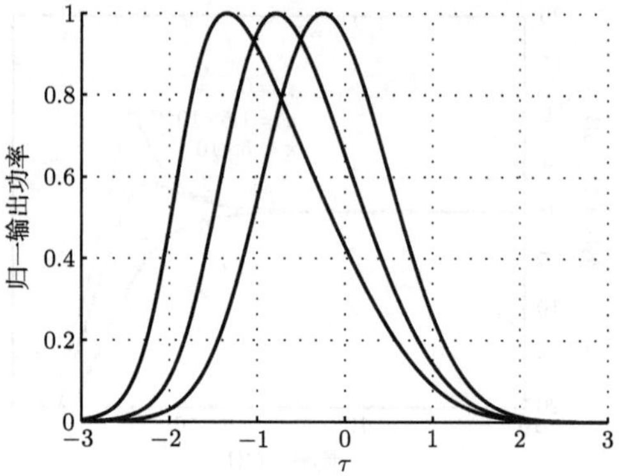

图 9-2　输出的脉冲形状

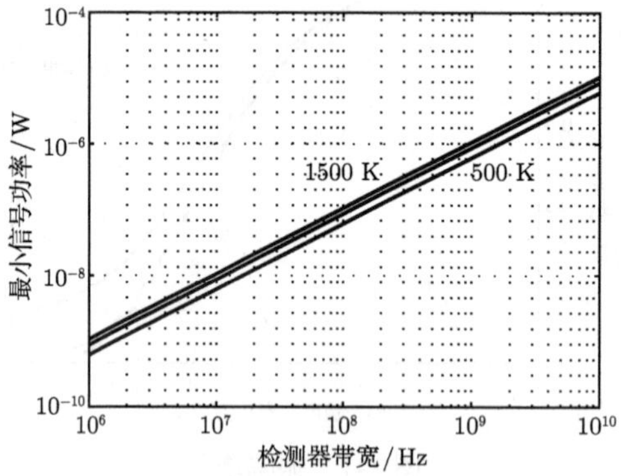

图 10-1　最小信号功率随检测带宽的变化曲线

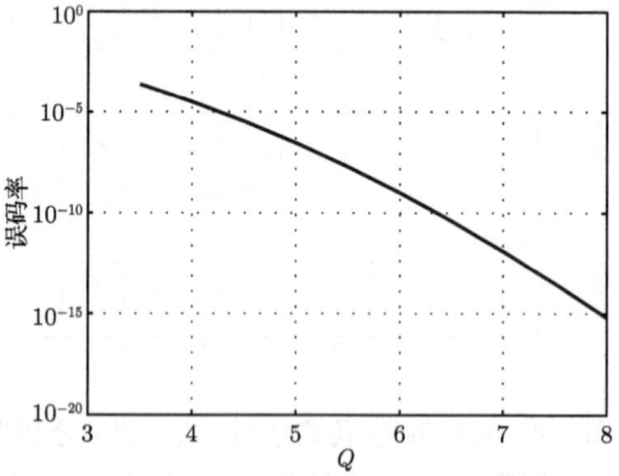

图 10-2　比特误码随信噪比 Q 的变化曲线

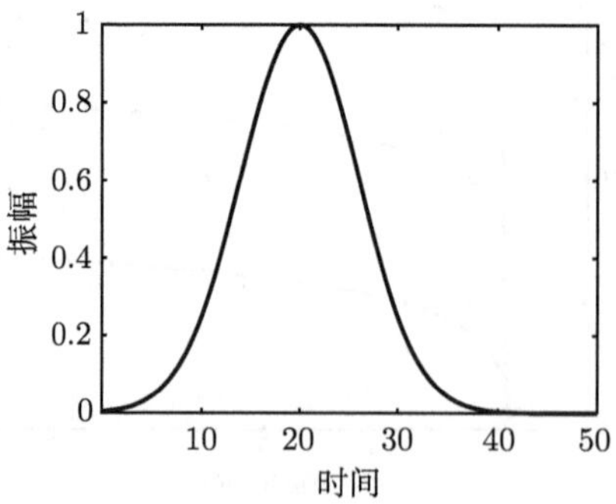

图 11-1　高斯脉冲

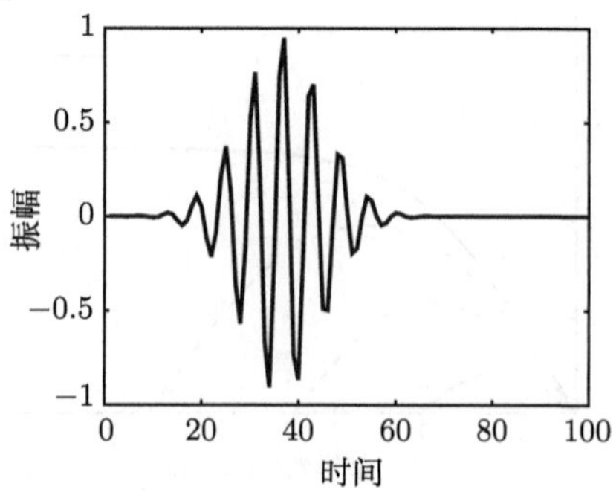

图 11-2　调制高斯脉冲

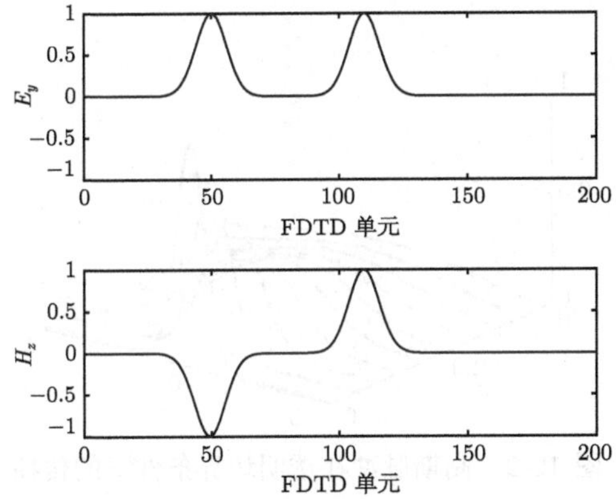

图 11-3　高斯脉冲的 FDTD 模拟

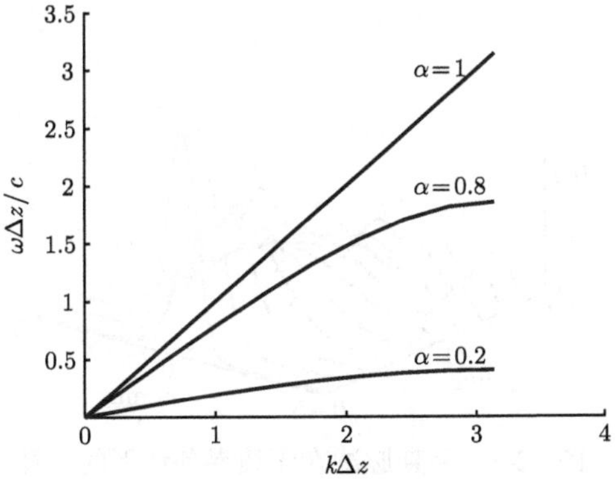

图 11-4　数值色散

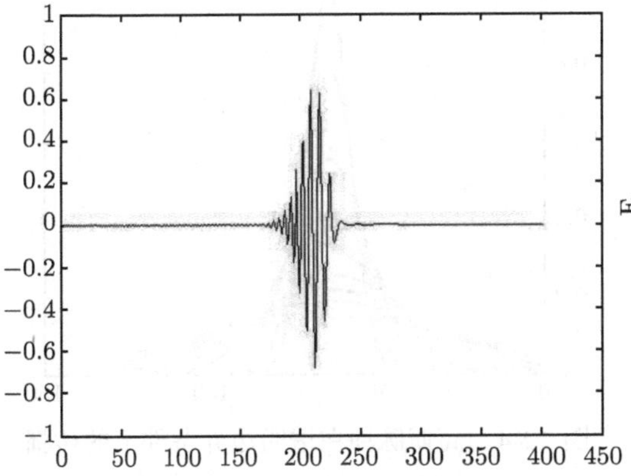

图 11-5　激发自由空间中的高斯脉冲拟

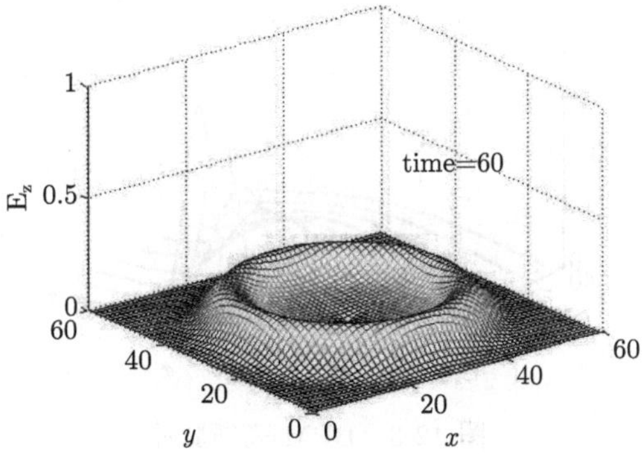

图 11-6　二维高斯脉冲

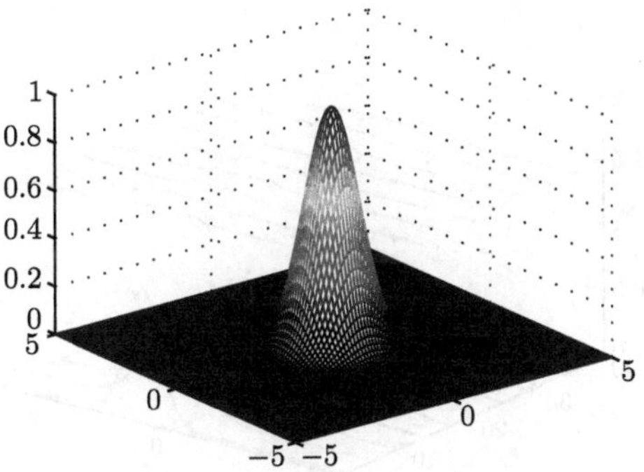

(a)

图 12-1　初始高斯脉冲

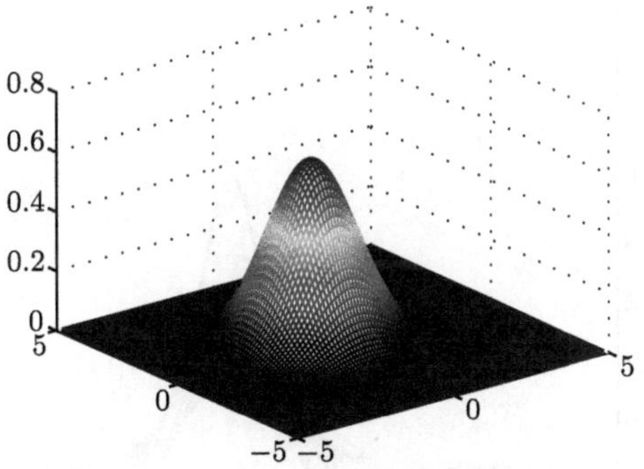

(b)

图 12-2　传播中的高斯脉冲

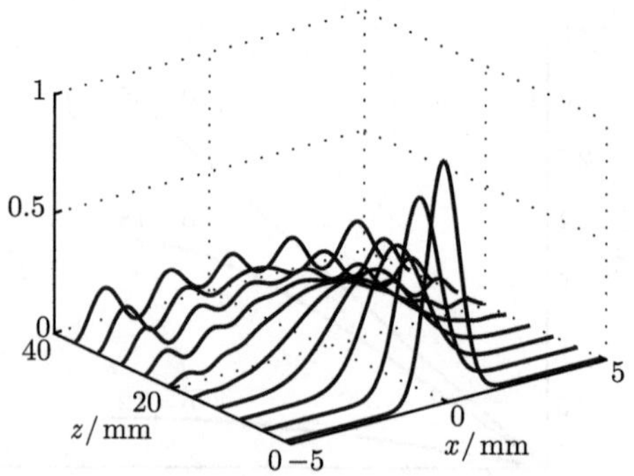

图 12-1　高斯脉冲在无边界条件下的传播

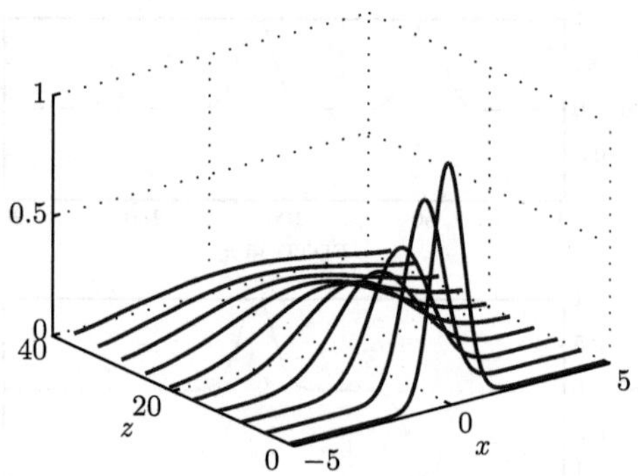

图 12-2　高斯脉冲在透明边界条件下的传播

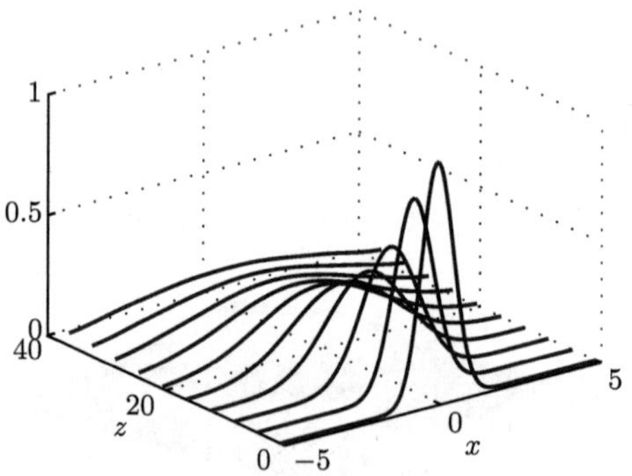

图 12-3　BPM 高斯脉冲

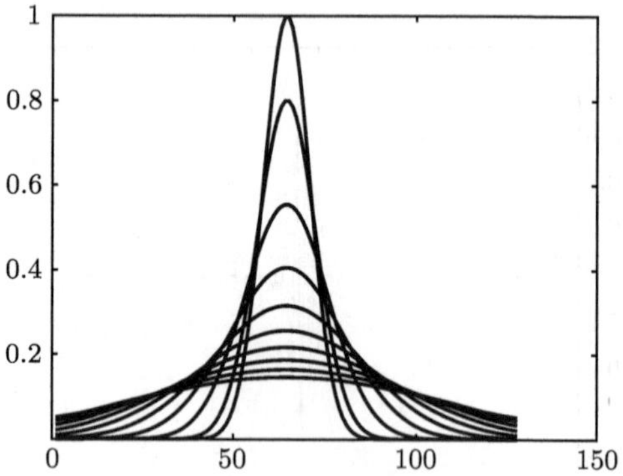

图 12-4　高斯脉冲在透明边界条件下的传播

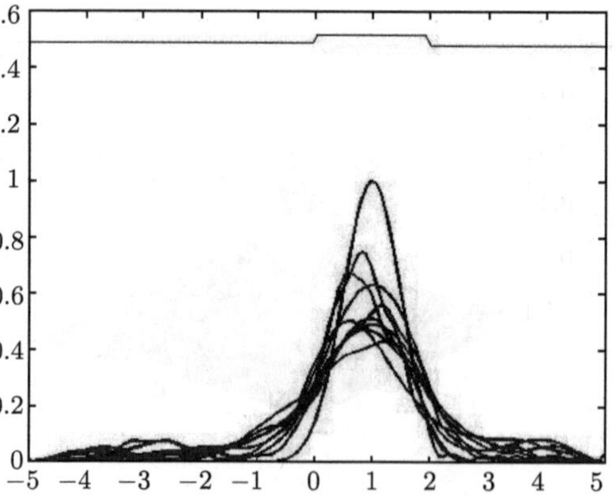

图 13-1　高斯脉冲在 Y-结波导

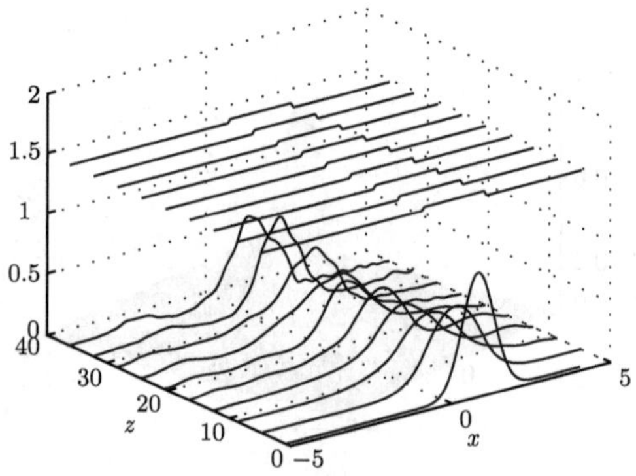

图 13-2　高斯脉冲在 Y-结波导中的传播

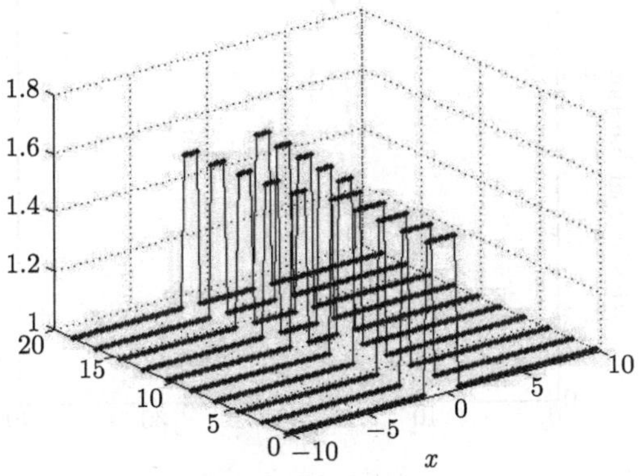

图 13-3 高斯脉冲在锥形波导中的传播

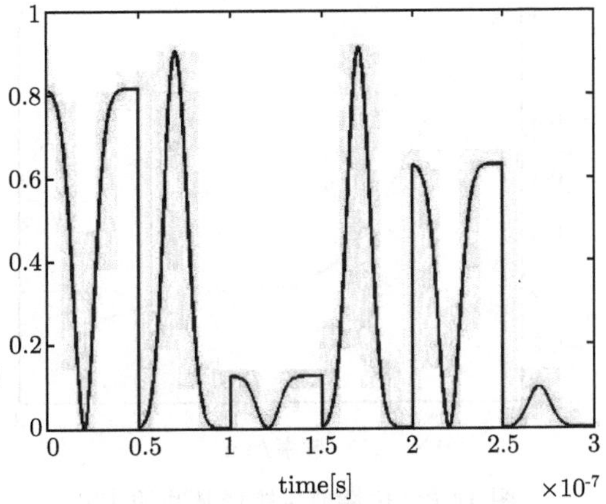

图 14-1 6-比特的高斯脉冲序列

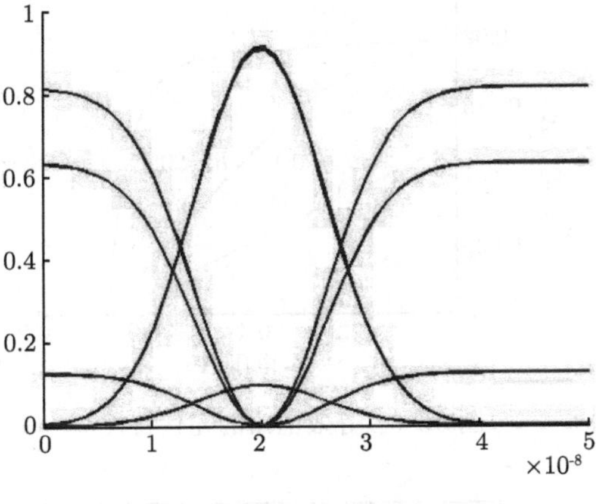

图 14-2 高斯脉冲序列的眼图

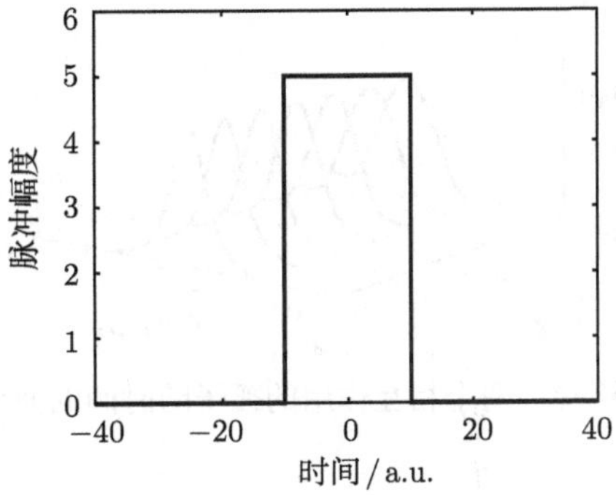

图 14-3 输入矩形脉冲

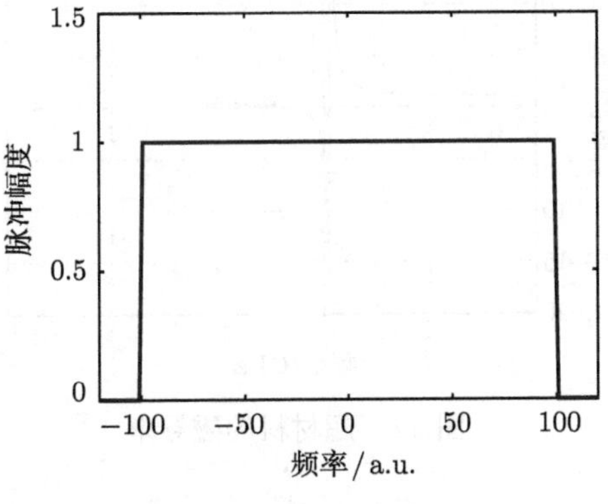

图 14-4 矩形滤波器

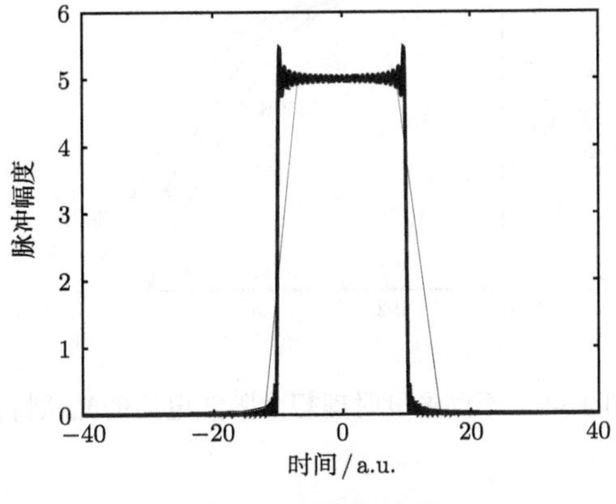

图 14-5 输出波形

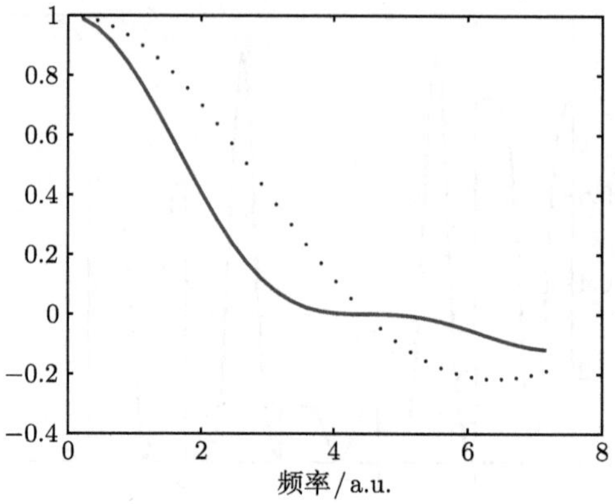

图 14-6　传播前后矩形脉冲的 FT

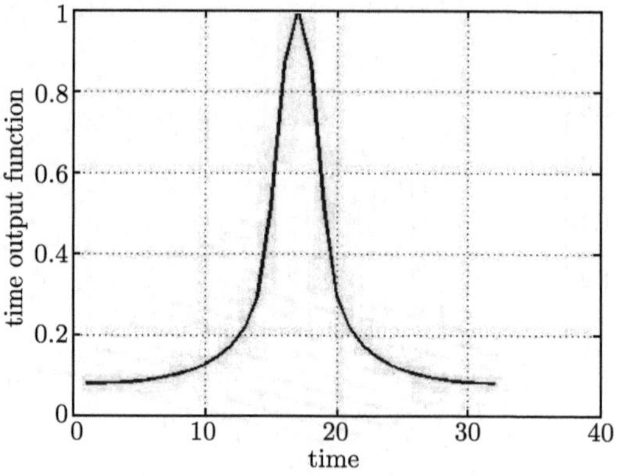

图 14-7　光链接中的脉冲

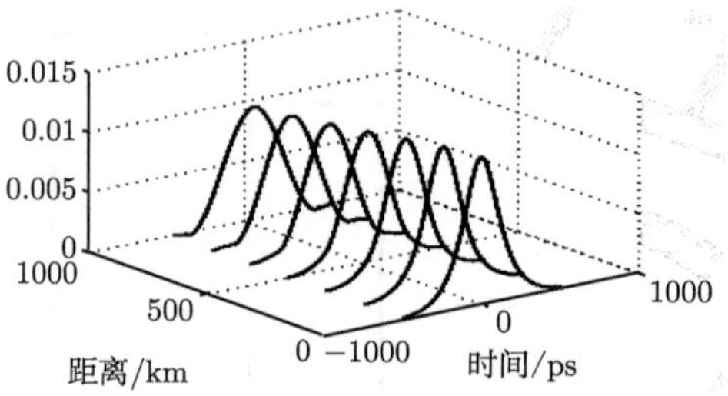

图 15　两个相互作用的孤子随时间的演变

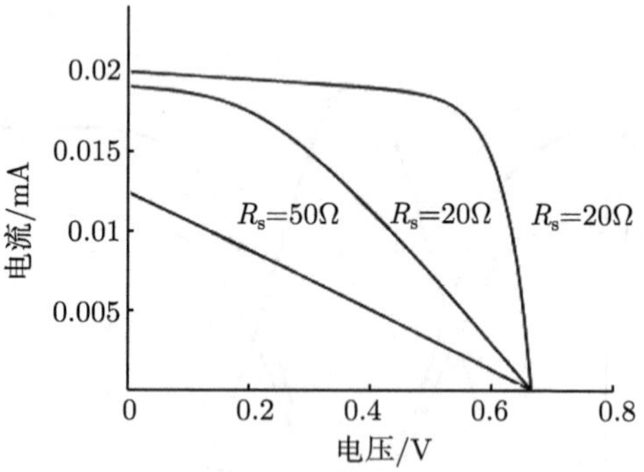

图 16-1　等效电路的光伏特性

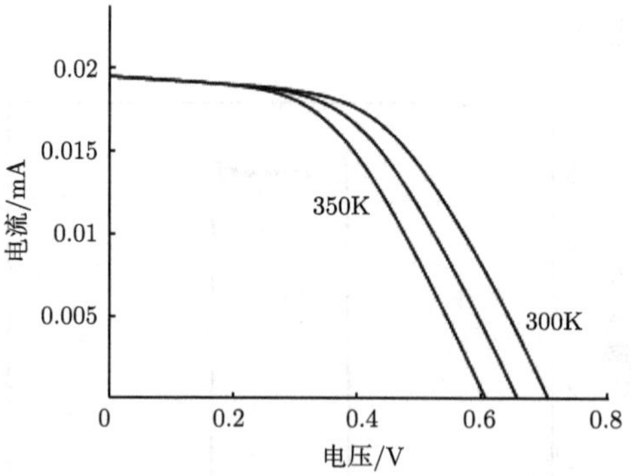

图 16-2　不同温度时理想太阳能电池的光伏特性

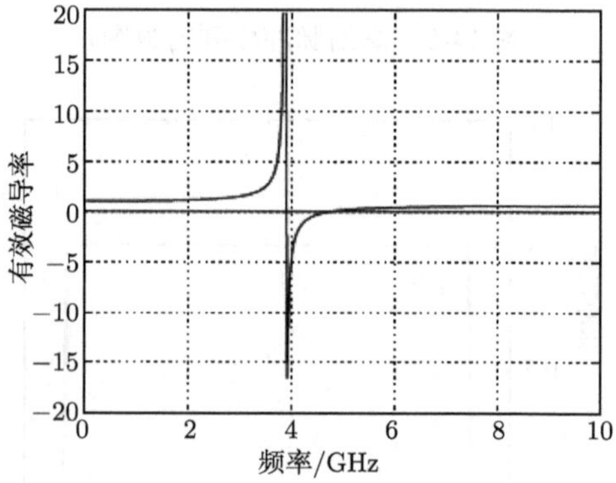

图 17　超材料的磁导率

附录D 有关“光量子学”的视频节目

(视频节目名及其网址)

第一章绪言

1.“什么是光量子学及其应用？”(What is photonics and how is it used? Professor Tanya Monro explains.)

https://www.youtube.com/watch?v=FmEAes44j5s

2. “光学和光量子学” (Optics and Photonics, Essential Technologies for Our Nation)

https://www.youtube.com/W3opV28i6oo

3. “没有光量子的一天” (A Day Without Photonics: A modern horror story)

https://www.youtube.com/watch?v=ybiobv1xaFI

4.“晚间秀热议引力波” (Gravitational Waves Hit The Late Show)

https://www.youtube.com/watch?v=ajZojAwfEbs

5. “硅光量子集成电路与激光器 “(Silicon photonic integrated circuits and lasers)

https://www.youtube.com/rutmJRCwGL4

第二章光学的基本知识

“光的全反射”(Total internal reflection of light)

https://www.youtube.com/NXGLBMTtk40

“色散，相速度和群速度 “(Dispersion, Phase Velocity, Group Velocity | 8.03 Vibrations and Waves by Walter Lewin)

https://www.youtube.com/CtFSovvN19g

3. “ 群速度/相速度四种情况的动画 “(Group Velocity / Phase Velocity Animation - 1-4)

https://www.youtube.com/tlM9vq-bepA

https://www.youtube.com/v9DPzMoWpc0

https://www.youtube.com/ePJdV75fT5o

https://www.youtube.com/iVJNcANWmI0

4. “法布里 - 佩罗干涉仪”(Fabry-Peroit Interferometer)

https://www.youtube.com/watch?v=-tJcmmKQiqY

5. “法布里 - 佩罗干涉仪的应用” (Application of Fabry-Peroit Interferometer)

https://www.youtube.com/watch?v=JS6JECf72QY

6. “渐变折射系数“ (GRIN)

https://www.youtube.com/watch?v=rnNjV3fh-4M

第三章电磁学基础

1. ” 电磁学 - 麦克斯韦定律 “(Electromagnetism-Maxell's law)

https://www.youtube.com/9Tm2c6NJH4Y

2. “麦克斯韦方程式”(Maxwell's equations)

https://www.youtube.com/H6cMdkB19nc

3. “布儒斯特角” (Brewster angle)

https://www.youtube.com/watch?v=_D1z6t2z168

4. “园偏振”(Circular polarization)

https://www.youtube.com/Fu-aYnRkUgg

5. “光的偏振 “(Polarization of light)

https://www.youtube.com/watch?v=HH58VmUbOKM

6. “什么是布拉格栅格？”(What Is Fiber Bragg Grating (FBG) ?)

https://www.youtube.com/apr-XUtjmBY

第四章平板波导

” 波导的有限差分分析 “(Lecture 11 (CEM) – Finite Difference Analysis of Waveguides)

https://www.youtube.com/Q0UectEWaCU?list=PLLYQF5WvJdJVmCm4cDrKmek6cDJZWVomk

第五章线状光纤和信号退化

1. ” 数值孔径 “(Numerical Aperture - EXFO animated glossary of Fiber Optics)

https://www.youtube.com/Wh9knsYSodI

2. ” 如何讲述光纤光学 “(How to Talk Fiber Optics - The Language of Fiber Optics)

https://www.youtube.com/MKu3R84Jkvw

3. ” 什么是光纤中的色散？“(What is Chromatic Dispersion in Optical Fibers？)

https://www.youtube.com/PWaNMjimtP0

第六章线性脉冲的传播

1. ” 矩形脉冲及其傅里叶变换 “(Rectangular Pulse and Its Fourier Transform)

https://www.youtube.com/bZuxNbWrEOg

2. ” 高斯脉冲 “(Gaussian pulse)

https://www.youtube.com/1MQkljiRAgQ

3.” 啁啾飞秒激光脉冲”(Chirped femtosecond laser pulse)

https://www.youtube.com/watch?v=n4iIx8XuJlU

4.” 啁啾信号”(Chirplet signal)

https://www.youtube.com/watch?v=O88-ea3Vd8U

第七章光源

1. “激光如何工作？”(How Lasers work？)

https://www.youtube.com/watch?v=1LmcUaWuYao

2. ” 激光基础 II“(Laser Fundamentals II | MIT Understanding Lasers and Fiberoptics)

https://www.youtube.com/urbZ8CTceu0

4. ” 什么是 VCSEL“(What is VCSEL Laser ?)

https://www.youtube.com/C0XvoT0Kn1k

5. ” 半导体激光器原理 “(Principle of Semiconductor Laser)

https://www.youtube.com/NpePZjTXqRw

6. ” 激光器 “(Lasers)

https://www.youtube.com/watch?v=R_QOWbkc7UI

第八章光放大器和掺铒光纤放大器

1. “掺铒光纤放大器 - 它是如何发展的?”(The EDFA - how it was developed)

https://www.youtube.com/v_Xkn14XWcQ

2. “掺铒放大器”(EDFA)

https://www.youtube.com/xwID_lXgOQ8

第十章光接收器

1. “光检测器之基本”(Photodetector Basics SAMPLE)

https://www.youtube.com/SyZ3s45StaM

2. ” 雪崩光检测器 “(Avalanche photodetectors)

https://www.youtube.com/watch?v=TX-9pY4t6P8

第十三章光分复用 (WDM) 器件

“什么是 WDM？”(What is WDM (Wavelength Division Multiplexer)？)

https://www.youtube.com/94Vg3pzjHNU

第十四章光链路

“什么是示波器上的眼图 “(What is an Eye Pattern on an Oscilloscope - A Tutorial?)

https://www.youtube.com/cL7QsELuv_M

第十五章光孤子

1. “kdv 孤子的碰撞”(Collision of KdV solitons)

https://www.youtube.com/wEbYELtGZwI

2. “光纤中单个孤子的传播“(Spectrogram : propagation of a fundamental soliton in an optical fiber)

https://www.youtube.com/ua0GQHmlZaQ

第十六章光伏电池

1. “光伏电池 (3 维动画)(Solar energy / Solar photovoltaics / Photovoltaic effect (3D animation))

https://www.youtube.com/1gta2ICarDw

2. ” 如何制备光伏电池板 “(How to make a Solar Panel - Wiring, Soldering, and Cell Layout - Explained Simply!)

https://www.youtube.com/ybvP8vjv1UY

第十七章超材料

1. “隐蔽伪装是怎样工作的？”(How Does This Invisibility Cloak Work?)

https://www.youtube.com/qt-xo1lp60s

2. “用超材料构建完美透镜”(Building the perfect lens with metamaterials)

https://wwww.youtube.com/watch?v=5JSab6z7hFs

3. ” 负折射率材料的光折射 “(Refraction of Light Rays by Material with Negative Refractive Index)

https://www.youtube.com/watch?v=la5Bjt_ixzI

索　引

M

N

本书 Matlab 函数名及关键词索引 [1]

1 本索引为译者所加. 按英语字母顺序将本书使用到的Matlab 函数, 从abs() 开始直到zeros(), 列出它们在各章出现的程序清单、编辑成索引, 便于读者查阅学习本书所用的Matlab 函数名及关键词.